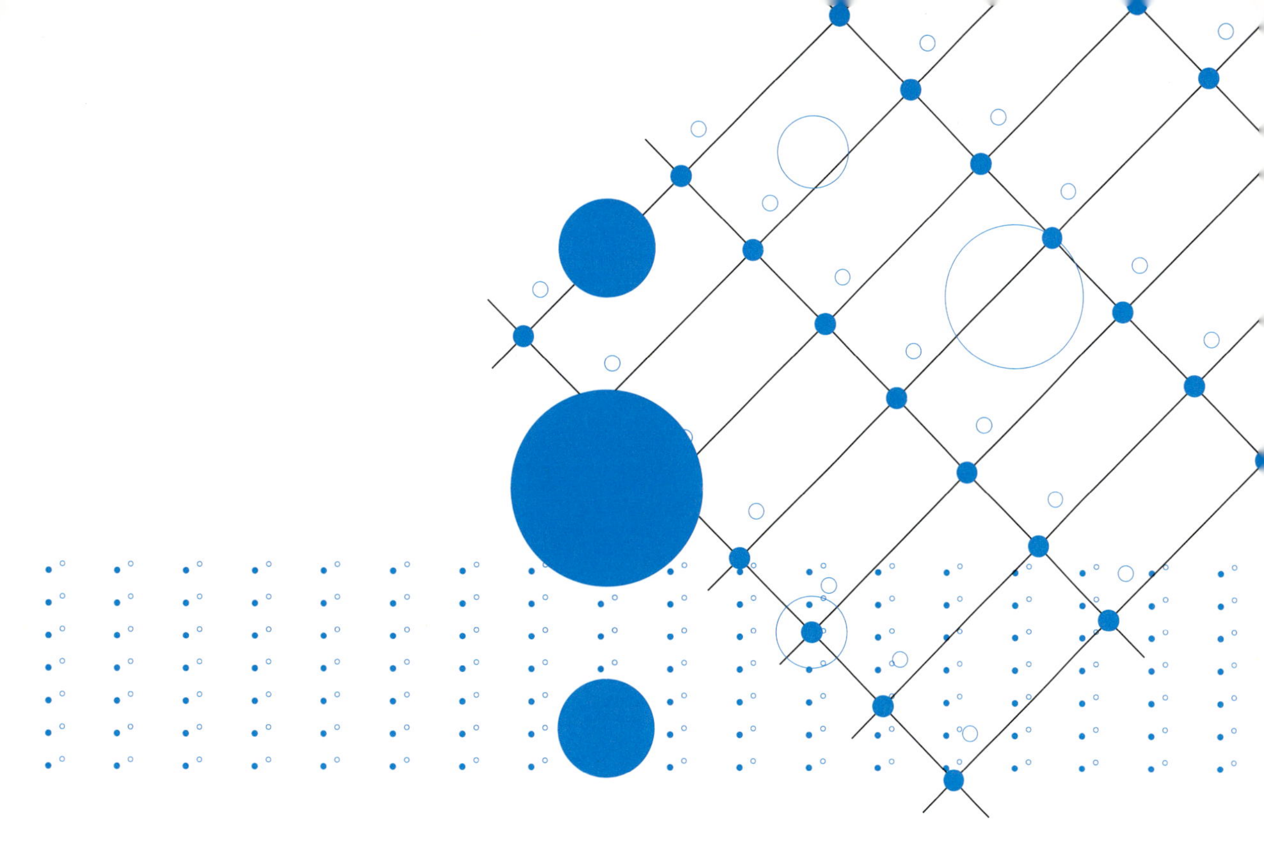

初歩から学ぶ SOLID STATE PHYSICS

固体物理学

Hiroyuki Yaguchi
矢口裕之
［著］

講談社

まえがき

本書は，固体物理学を学ぶ人のために，単なる知識の詰め込みではなく，基本概念の説明に重きをおいたサブテキストを作成するという企画の下で書き始めて，ようやくここにあるような形にまとめることができた。執筆開始当時に筆者が書いたメールには，「基本的な概念を説明することになるため，できるだけごまかしのない記述を心がけるつもり」という決意表明のようなものが残っており，振り返ってみると，このときの気持ちを持ち続けて執筆してきたと改めて感じている。

筆者がこれまで長きにわたって担当している固体物理学に関連する講義の内容が本書を執筆する上での基本となっているものの，講義では時間が限られているためにきちんと説明できていない事項も多くあった。そこで，今回はそれらを端折ることなく説明したいと考えながら書いていくうちに分量がかなり多くなってしまった。できるだけていねいに説明するように心がけたつもりなので，少し冗長な部分もあるかもしれないが，他書を読んだときに理解できなかったことがある読者にとって，本書が少しでも理解の助けになれば幸いである。なお，本書で扱いたかったが，ページ数の関係から割愛せざるを得なかった事項として，筆者の専門分野に関連する「クラマース–クローニッヒの関係式」「励起子」「半導体ヘテロ構造」などがある。これらについては他書をご参照いただきたい。また，事項をより正確に記述しようと試みた結果，かなり数式が多くなった感は否めない。途中の式変形を省略している箇所がいくつもあるが，これらについては **チャレンジ** というマークをつけた。そして，可能な限り本書だけで読み進められるようにしたいという方針で「第4章 量子力学の基礎」と「第5章 統計力学の基礎」を設けた。しかし残念ながら，本書を読み進める上で重要な「電磁気学」や「ベクトル解析」などについては，ページ数の関係から含めることができなかったので，これらについても他書をご参照していただきたい。

執筆，校閲に際しては，数式や記述の間違いなどを可能な限りなくすように努力したつもりである。しかしながら，これまでに数学，物理学，固体物理学に関する講義で多くの教科書を使い，また筆者自身も教科書を執筆してきたが，ほとんどすべての教科書に何かしらの間違いがあったことから考えると，本書に間違いがないとは言えない。そこで内容を鵜呑みにせず，もし間違いを見つけた場合にはぜひご連絡いただきたい。

本書を執筆するにあたって，中央大学の庄司一郎先生にはご議論いただき，特に固体の光学的性質に関する記述を進める上で多くのご助言を頂戴した。山形大学の高橋 豊先生には，お忙しいなか完成前の原稿をていねいにお読みいただき，たいへん貴重なご意見を頂戴した。また出版に際しては講談社サイエンティフィクの五味研二氏にお世話になった。諸氏には，ここに深く感謝の意を表します。

2017年1月
矢口　裕之

目　次

第 13 章　固体の磁気的性質　205

第 14 章　半導体　234

第 15 章　超伝導　265

付録　274

第1章　序章
—固体物理学では何を学ぶのか

固体物理学（solid state physics）は，主に固体の物理的性質（**物性**）を扱う物理学の分野である。固体に限らずに液体やガラス，液晶などを含めた，凝縮相[*1]にある物質の示す物性を研究対象とする場合，固体物理学の代わりに**凝縮系物理学**（condensed matter physics）と呼ばれる。日本では**物性物理学**と呼ばれることが多い。

*1　気相以外の物質の相のこと

我々の身の回りにある，テレビ，ラジオ，パーソナルコンピュータ，スマートフォン，タブレット，ゲーム機，デジタルカメラ，ビデオカメラ，ハードディスクレコーダー，カーナビゲーションなど電子機器のすべてで固体（あるいは凝縮相）の物性が利用されている。これらの製品が将来にわたって利用され続けているかどうかはわからないが，これらに代わる新たな電子機器が誕生したとしても凝縮相にある物質の物性が利用されることは間違いない。

電子機器において利用される固体の物性は，電気的性質，光学的性質，磁気的性質，力学的性質，熱的性質などさまざまである。例えば，パーソナルコンピュータのCPU（central processing unit）を構成する素子の1つである電界効果トランジスタ（field effect transistor, FET）では固体の電気的性質が利用されており，デジタルカメラやビデオカメラの撮像素子であるCCD（charge coupled device）やCMOS（complementary metal-oxide-semiconductor）イメージセンサでは固体の光学的性質が利用されている。また，ハードディスクレコーダーでの録画やパーソナルコンピュータでのデータ記録を行うためのハードディスクドライブでは固体の磁気的性質が利用されている。

これらの動作原理を理解するためには，固体の物性について知る必要があり，新しい電子機器を研究開発するためにも固体の物性についての知識は欠くことができない。固体物理学が重要である理由の一つは，このような応用的な側面にある。また，固体において生じる，これまでに知られていなかった新しい物理現象を理解するという基礎的な観点からも固体物理学は重要である。

表 1.1 に固体物理学に関わるノーベル物理学賞のリストを示す[*2]。固体において生じる，新しい物理現象の発見および理論的研究に対してノーベル賞が数多く与えられており，固体物理学の基礎的研究が重要とされていることがよくわかる。それと同時に固体物理学の成果による画期的な発明にもノーベル賞が与えられていることがわかる。

*2　本来ならば，固体物理学に関わる発明・発見のあった年の年表を示すべきである。しかし，発明・発見の選択の妥当性や，誰が発明・発見を行ったのかということに対して異論があることは否めない。そこで，選択の妥当性の是非はノーベル賞の選考に任せることにして，このようなリストを示した。

表 1.1　固体物理学に関わるノーベル物理学賞

受賞年	受賞者	受賞理由
1956	ショックレー，バーディーン，ブラッテン	半導体の研究およびトランジスタ効果の発見
1970	ネール	反強磁性およびフェリ磁性に関する 基礎的研究および発見
1972	バーディーン，クーパー，シュリーファー	超伝導現象を説明する BCS 理論
1973	江崎玲於奈 ジェーバー ジョセフソン	半導体におけるトンネル効果の実験的発見 超伝導体におけるトンネル効果の実験的発見 ジョセフソン効果の理論的予測
1977	アンダーソン，モット，ヴァン・ヴレック	磁性体と無秩序系の電子構造の理論的研究
1985	クリッツィング	量子ホール効果の発見
1987	ベドノルツ，ミュラー	セラミックス材料における超伝導の発見
1998	ラフリン，シュテルマー，ツイ	分数量子ホール効果の発見
2000	アルフェロフ，クレーマー キルビー	半導体ヘテロ構造の開発 集積回路の発明
2003	アブリコソフ，ギンツブルク	超伝導の理論に関する先駆的貢献*3
2007	フェール，グリューンベルク	巨大磁気抵抗効果の発見
2009	ボイル，スミス	CCD センサーの発明*4
2010	ガイム，ノボセロフ	2 次元物質グラフェンに関する革新的実験
2014	赤﨑 勇，天野 浩，中村修二	青色発光ダイオードの発明

ところで，物理学において基礎となるのは，古典力学（classical mechanics），電磁気学（electromagnetism），熱力学（thermodynamics），統計力学（statistical mechanics），量子力学（quantum mechanics），相対論（theory of relativity）などからなる体系であろう。しかし，これらをひととおり理解しておけば，固体物理学を改めて学ぶ必要はないというわけにはいかない。その理由の一つは固体物理学という分野に独自の専門性があるためである。

例えば，固体物理学とは別の分野であるが，機械工学や土木工学を専門とする者にとっては連続体力学，材料力学，流体力学に関する知識が必須である。その基礎となるのは古典力学であるが，古典力学で最初に学ぶ質点の運動に対する理解だけでは不十分であり，物理的対象を連続体とし，巨視的な見方でとらえる連続体力学まで理解を深める必要がある。特に流体力学においては非線形微分方程式を解くために数値的解法が必要となることもある。また土木工学においては重力の影響を考えることが必須であるなど各分野に独自の専門性がある。

固体の物性を扱う固体物理学は，古典力学，電磁気学，統計力学，量子力学などを基礎とする。ただし，土木工学などとは異なり，働く力として重力は無視して差し支えなく，電磁力のみ*5を考えればよい。また，連続体力学では物質を巨視的にとらえるが，固体物理学では電子や原子核のレベルまで掘り下げて*6物質を微視的に扱う。特に固体の物性の多くは，固体における電子のふるまいによって決定されるので微視的な扱いは不可欠であり，また固体の光学的性質を考える場合には，光を光子として考える必要がある。したがって，固体物理学の理解には量子力学が必要となり，本書では章を設けてその説明を行う。

*3　同年には超流動の理論に関する先駆的貢献でレゲットも受賞している。

*4　同年には光通信を目的としたファイバー内光伝達に関する画期的業績でカオも受賞している。

*5　例えば，水素原子について考える場合，陽子と電子との間に働くクーロン引力のみを考え，互いの間に働く重力の影響は考えない。また，素粒子物理学で考える弱い力や強い力も必要としない。

*6　ただし，陽子，中性子のレベルまででとどめて，素粒子物理学のようにクオークのレベルまで掘り下げることはしない。

通常，固体物理学においてボース粒子として対象とするのは光子のみ，レプトンとして対象とするのは電子のみである。反粒子の存在を考えることもほとんどない。

その一方で，固体の物性は，本書でもたびたび説明するように，量子力学が登場する以前から古典力学や電磁気学に基づいて研究されてきた。そのため，電子の運動は古典的な質点の運動として扱われ，光は電磁波として扱われてきた。しかもこのような古典的な扱いによって得られる結果は，量子力学を用いて得られる結果と一致することが多い。なかでも，光を電磁気学で扱い，電子を量子力学で扱う，古典物理学と量子力学の折衷である半古典論（semiclassical theory）は固体物理学において有効である。これは，電気抵抗や光の反射率の原因が微視的な物理現象に根ざしているにもかかわらず，これらの固体の物性が巨視的な物理量だからである。このように，固体物理学は古典物理学による理解がある程度まで可能であるため，本書でもいくつかの箇所で古典物理学からのアプローチで説明する。

また，固体物理学では，結晶が周期性をもつことから始めてさまざまな理論を構築していくのが標準的な方法である。そのため，結晶の周期性およびそれに基づく数学的な扱いに対する理解が不可欠である。特に周期性を利用することでさまざまな物理量の総和が求められるようになり，結果として固体の物性が導かれる。さらに，固体物理学では，固体の示すさまざまな物性について考える際にしばしば近似を用いることがある。固体物理学を学ぶ際には，最終的な結果だけを用いるのではなく，その結果に至るまでにどのような近似が用いられ，また近似がどのような条件で成り立つのかを理解することを薦める。そうすることで最終的な結果の適用可能な範囲がはっきりするからである。本書では近似が成り立つ条件をできるだけ明示するように心がけた。近似を用いて得られた結果の適用可能な範囲を越えたところに新しい物理現象が存在する可能性もあることからも近似について意識することは大切である。

最後に，本書における各章の関係を**図 1.1** に示すので，読み進めるための参考にしてほしい。

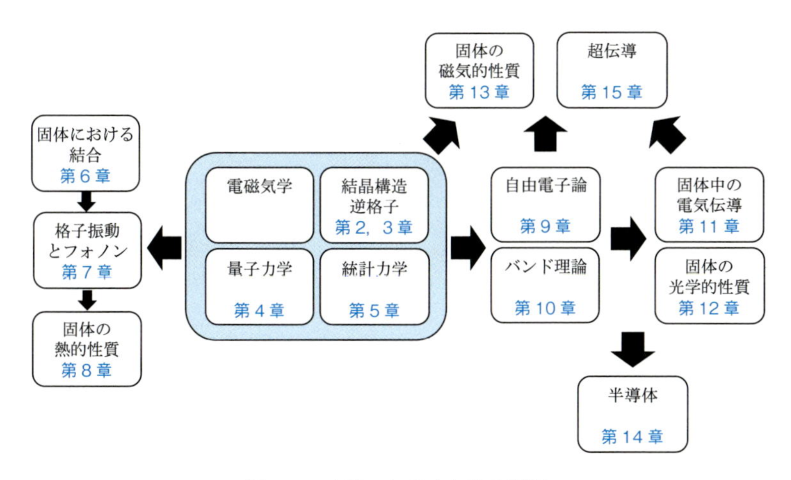

図 1.1　本書における各章の関係

第2章　結晶構造

原子・分子が3次元空間で周期的に配列したものを**結晶**（crystal）という。電子デバイスに用いられるシリコンなどの半導体，配線に用いられる銅などの金属といった多くの固体は，原子が周期的に配列した結晶である。固体の性質の多くは，結晶構造，すなわち原子・分子の配列と密接に関連している。そこで，本章では結晶構造を考える際に重要となる格子，基本単位胞，ミラー指数などについて学ぶ。

2.1　結晶とは

ダイヤモンドとグラファイトはどちらも炭素原子からなる固体であるが，ダイヤモンドは天然で最も固い物質であり，無色透明の絶縁体であるのに対して，グラファイトは層状にはがれやすく，黒色で導電性を示す。これらの性質の違いは**図2.1**に示すようなダイヤモンドとグラファイトの結晶の構造の違いに深く関わっている。このように固体の性質は結晶の構造によることから，固体物理学の教科書では最初に結晶構造をとりあげる場合が多い。本書でも結晶構造とそれに関連する重要な事項についての説明から始める。

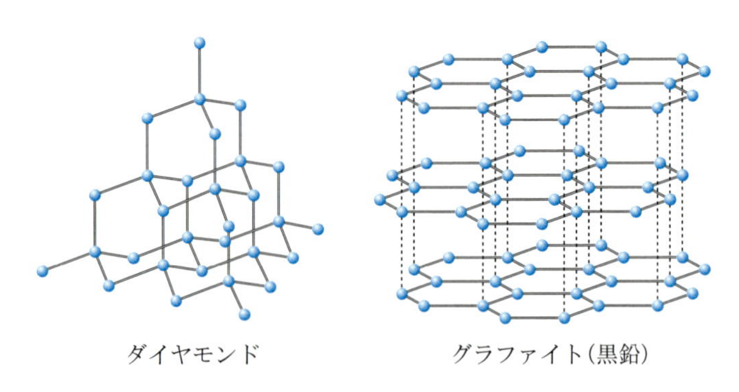

図2.1　ダイヤモンドとグラファイトの構造

2.2　格子

2.2.1　格子とは

結晶中での原子・分子の繰り返しの様子を表すために必要となる**格子**(lattice) という概念について説明する。

結晶において原子・分子が繰り返される様子を記述するために導入されたのが格子という概念である。「格子戸」「格子縞」「鉄格子」などの言葉からわかるように，日常的には，「格子」は細長いものを一定間隔で並べた構造物を意味している。

例えば，**図 2.2** に示すように，原子が 2 次元的に周期的に配列した構造が形づくられている場合を見てみよう。実際の結晶では，3 次元空間で原子・分子が周期的に配列しているが，3 次元の構造を紙面上で表すのは難しいので，説明のために便宜的に 2 次元の構造を用いている。この図では紙面に限りがあるので有限に繰り返したものしか示すことができないが，実際には無限に繰り返した構造を想像してもらいたい。

この構造の繰り返しの様子を明らかにするために●を通る直線を一定間隔に並べてみたのが**図 2.3** である。この直線の集まりは，日常的な意味での「格子」である。図 2.2 に「格子」を追加した図 2.3 では繰り返しの様子がよくわかる。例えば，1 つの長方形の枠内の原子の配列は，どの長方形においても同じになっていることや，横あるいは縦へどれだけ平行移動すれば元の図形と同じものが得られるのかなど一目瞭然である。

ところで，図 2.3 では●を通るような直線で格子をつくったが，**図 2.4** のように○を通るような直線や，**図 2.5** のように●が長方形の中心になるようにした直線で格子をつくっても図 2.2 の周期性を示す上ではかまわないはずである。長方形内部の原子の配列は，3 者で異なっているものの，格子の枠の大きさと向きはまったく変わらないことがわかる。つまり，図 2.2 で示されている原子の細かい配列にとらわれることなく，繰り返しの様子だけが格子の枠の大きさと向きに抽出されているのである。これが繰り返しの様子を記述するために格子の概念を用いる理由である。

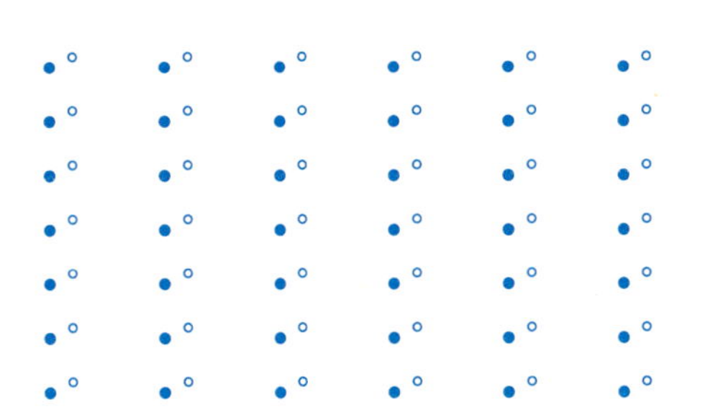

図 2.2　2 次元的な周期構造

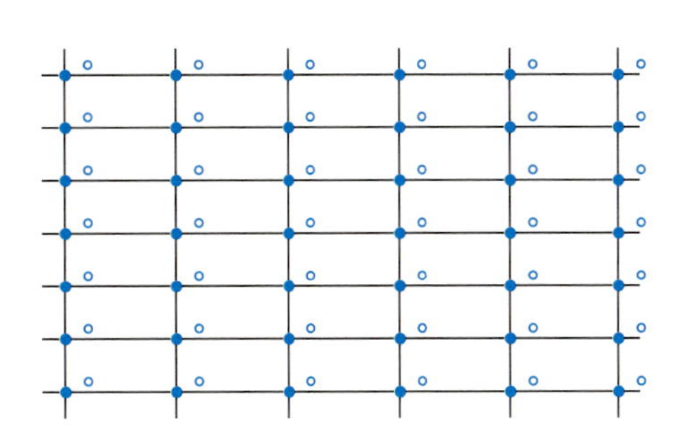

図 2.3　●を通る直線を一定間隔に並べて得られる「格子」

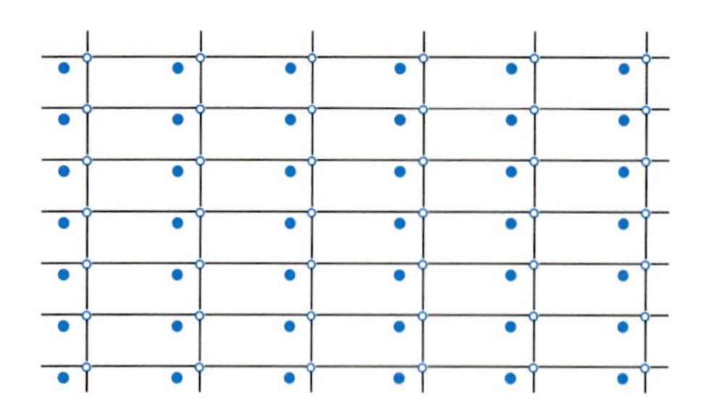

図 2.4　○を通る直線を一定間隔に並べて得られる「格子」

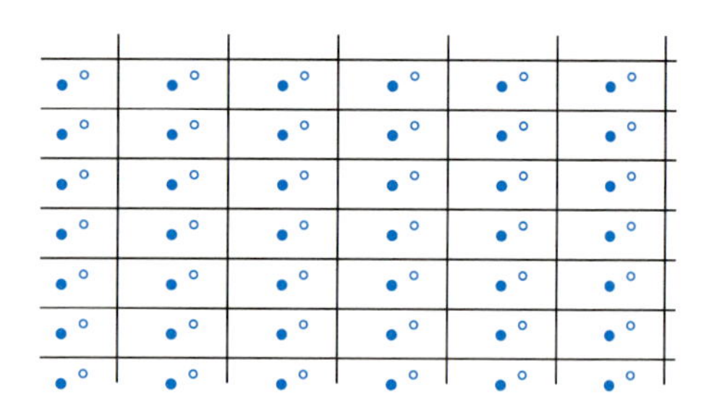

図 2.5　●が長方形の中心になるようにした「格子」

2.2.2　基本単位胞と格子点

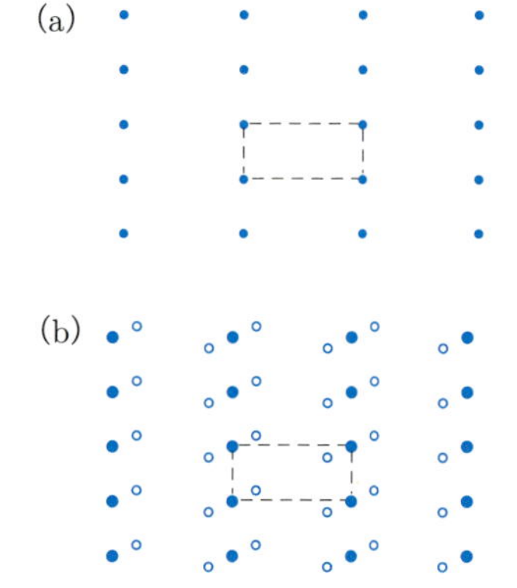

図2.6　構造は異なるが同じ格子をもつ周期的な配列

図 2.6 に示した 2 つの構造はまったく異なるが，繰り返しの様子，つまり格子はどちらも同じである。同じ格子であることを理解しやすくするために，2 つの構造中にそれぞれの繰り返しの単位を，破線の長方形で示した。なお，この長方形は，繰り返しの単位のうち面積が最小である。このように面積が最小となる単位構造を**基本単位胞**（primitive unit cell）*1 という。2 つの構造では，長方形の中の原子の種類，数，配列が異なるが，どちらの場合もこの長方形の繰り返しによって 2 次元平面が隙間なくかつ重なりなく埋めつくされる。

ここまでは，直線を一定間隔で並べたものを格子として考えてきた。つまり基本単位胞を囲む枠に注目してきたが，ここからは観点を変えて枠の頂点に注目してみよう。

まず，面や辺に限らず基本単位胞中のどこか 1 つの点を代表させ，この点を規則的に繰り返す。この点は**格子点**（lattice point）と呼ばれる。格子点どうしを直線でつなげば結局，枠になるから，格子点を規則的に繰り返すことで格子を形成できる。格子点として代表させる点は基本単位胞中であればどこを選んでもかまわない。**図 2.7** には，格子点として代表させる点の選び方のいくつかの例を示した。例えば A のように●を格子点として選んだり，B あるいは C のように 2 つある○のどちらかを格子点として選んだり，D のように○でも●でもない位置を選んだりしてもかまわない。さらに言えば，基本単位胞としては長方形にこだ

*1 「胞」は，細胞などの語で用いられるように，包み込むものあるいは包み込まれるものを意味する。細胞が生物を構成する単位であるのと同様に，基本単位胞は結晶を構成する単位である。ちなみに細胞も英語では cell である。また，基本単位胞は基本単位格子と呼ばれることもあるが，本来，格子という概念が意味するものとは異なるので本書では混乱を避けるために基本単位胞と呼ぶことにする。

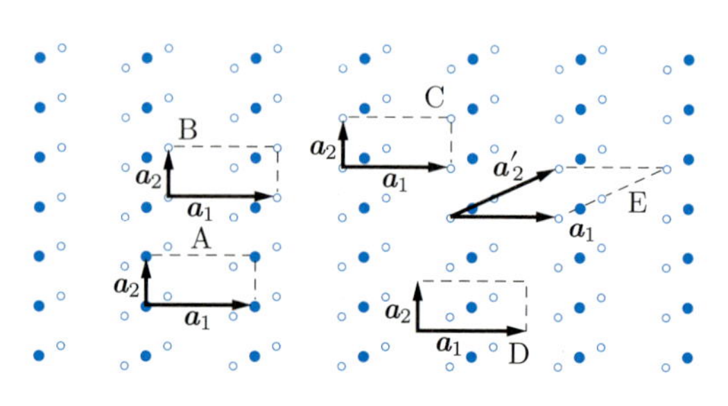

図 2.7　格子点の選び方

わる必要はなく，E のような平行四辺形としてもかまわない。このような格子をつくる格子点は，以下の式で与えられる。

格子をつくる格子点 $\boldsymbol{R_n}$ を表す式

$$\boldsymbol{R}_n = n_1\boldsymbol{a}_1 + n_2\boldsymbol{a}_2 \tag{2.1}$$

ここで，n_1, n_2 は任意の整数である。また $\boldsymbol{a}_1, \boldsymbol{a}_2$ は**基本並進ベクトル**（primitive translation vector）と呼ばれる。n_1, n_2 は正や負やゼロの場合を含むので，この数学的な表現によって無限の繰り返しが定義される。ベクトル $\boldsymbol{R}_n$ の分だけ結晶を平行移動しても，結晶の構造は不変である。このような平行移動の操作を**並進操作**（translation）*2といい，並進操作に対して構造が不変である性質を**並進対称性**（translation symmetry）あるいは**並進不変性**（translation invariance）という。ベクトルは大きさと方向が同じであれば，同じベクトルとなるので，図 2.7 に示した格子点の選び方のうち，A, B, C, D いずれの場合も式(2.1)で表現できる。言い換えれば，式(2.1)の定義は，格子点の選び方に自由度があることを意味している。ところで E の場合は，他の A, B, C, D の場合とは異なり，基本並進ベクトルが $\boldsymbol{a}_1, \boldsymbol{a}'_2$ の組となる。ところが，$\boldsymbol{a}'_2 = \boldsymbol{a}_1 + \boldsymbol{a}_2$ であることに注意すると

$$\begin{aligned}
\boldsymbol{R}'_n &= n_1\boldsymbol{a}_1 + n_2\boldsymbol{a}'_2 \\
&= n_1\boldsymbol{a}_1 + n_2(\boldsymbol{a}_1 + \boldsymbol{a}_2) \\
&= (n_1 + n_2)\boldsymbol{a}_1 + n_2\boldsymbol{a}_2
\end{aligned}$$

となる。n_1, n_2 は任意の整数なので，$n_1 + n_2$ を新たに整数 n'_1 などと置き換えれば，

$$\boldsymbol{R}'_n = n'_1\boldsymbol{a}_1 + n_2\boldsymbol{a}_2$$

となるので，本質的に式(2.1)で定義される格子と同じとなることがわかる。

このように見てくると，最初は，日常的な言葉からイメージしやすいように，格子を枠として説明してきたが，格子点を表す式(2.1)こそが格子の定義としてふさわしいことがわかる。実際に 3 次元空間については，これからすぐに説明するように，「格子＝枠」のイメージから離れ，式(2.1)の拡張を考えることにする。

*2 並進は英語では "translation" である。translation は，日常的には，ある言語から別の言語への翻訳の意味で用いられるが，物理学では，図形を回転させずに平行移動させることを意味する。

2.2.3 3 次元空間格子

ここでは，3 次元空間における格子について説明する。2 次元平面から 3 次元空間への移行は，式(2.1)について単純に次元を拡張することで行われ，格子点は以下の式で与えられる。

3 次元空間において格子点 $\boldsymbol{R}_n$ を表す式

$$\boldsymbol{R}_n = n_1\boldsymbol{a}_1 + n_2\boldsymbol{a}_2 + n_3\boldsymbol{a}_3 \tag{2.2}$$

ここで，n_1, n_2, n_3 は任意の整数である。また $\boldsymbol{a}_1$, $\boldsymbol{a}_2$, $\boldsymbol{a}_3$ は 3 次元空間における基本並進ベクトルである。式(2.2)によって定義される格子を **3 次元空間格子**（3-dimensional space lattice）という。すでに 2 次元平面の際に議論したのと同様に n_1, n_2, n_3 は任意の整数であるから，この数学的な表現によって無限の繰り返しが定義されることになる。また，2 次元平面では，基本並進ベクトル $\boldsymbol{a}_1$, $\boldsymbol{a}_2$ を辺とする平行四辺形が基本単位胞であったのに対して，3 次元空間の場合，**図 2.8** に示すような，基本並進ベクトル $\boldsymbol{a}_1$, $\boldsymbol{a}_2$, $\boldsymbol{a}_3$ を辺とする平行六面体が基本単位胞である。3 次元空間においても，ベクトル $\boldsymbol{R}_n$ による並進操作に対して並進対称性が成り立つ。このような並進対称性は，実際に存在する結晶では成り立たない。実際には結晶サイズが有限であるため，あくまで理想化された結晶においてのみ成立することを注意しておく。

図 2.8　3 次元空間格子の基本単位胞となる平行六面体

2.2.4　3 次元空間格子の例

3 次元空間格子は 14 種類に分類される。ここでは 3 次元空間格子のいくつかの具体例を示す。

単純立方格子

図 2.9 に示すように，立方体（辺の長さを a とする）の頂点に格子点が位置する格子を**単純立方格子**（simple cubic lattice, sc）という。単純立方格子ではこの立方体が基本単位胞となる。基本並進ベクトルは

$$\begin{aligned} \boldsymbol{a}_1 &= a\boldsymbol{e}_x \\ \boldsymbol{a}_2 &= a\boldsymbol{e}_y \\ \boldsymbol{a}_3 &= a\boldsymbol{e}_z \end{aligned} \tag{2.3}$$

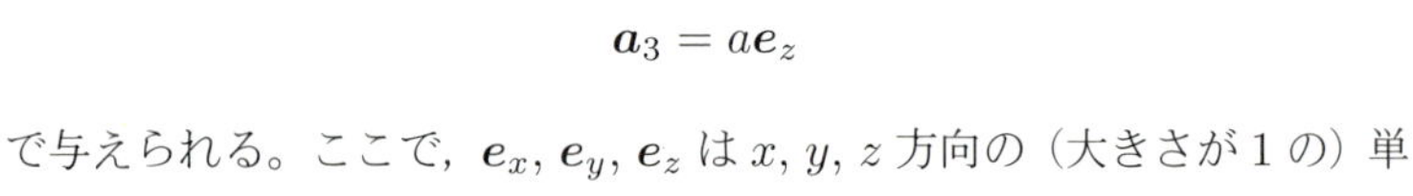

で与えられる。ここで，$\boldsymbol{e}_x$, $\boldsymbol{e}_y$, $\boldsymbol{e}_z$ は x, y, z 方向の（大きさが 1 の）単位ベクトルである。

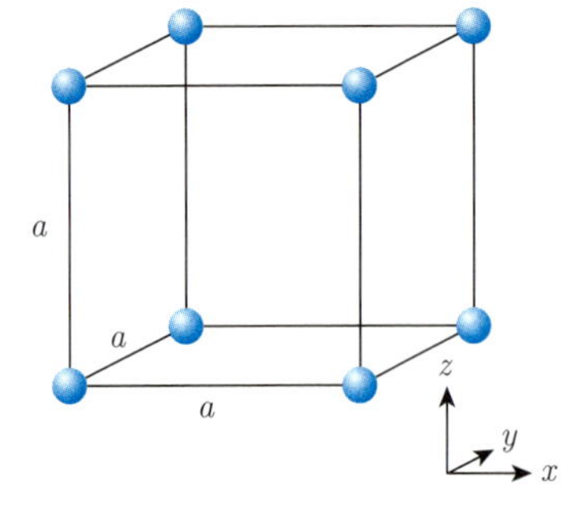

図 2.9　単純立方格子

体心立方格子

図 2.10 に示すような，立方体（辺の長さを a とする）の頂点と中心に格子点が位置する格子を**体心立方格子**（body-centered cubic lattice, bcc）という。体心とは，立方体の中心のことを指す。この格子が 3 次元空間格子であること，つまり格子点が式(2.2)によって与えられることを理解するのは，単純立方格子と比べるとそれほど簡単ではない。基本並進ベクトルを

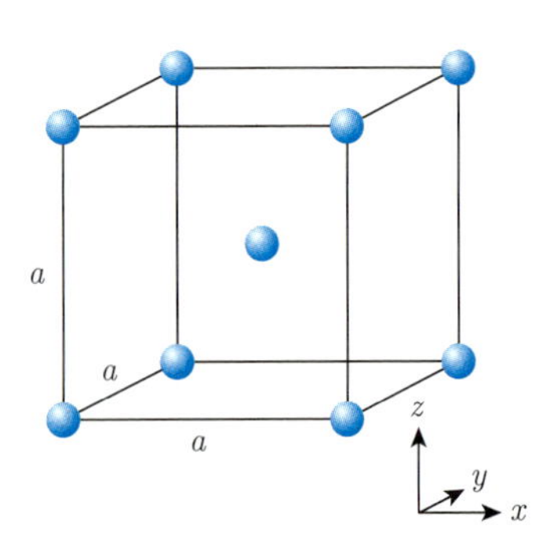

図 2.10　体心立方格子

$$
\begin{aligned}
\boldsymbol{a}_1 &= \frac{a}{2}(\boldsymbol{e}_y + \boldsymbol{e}_z - \boldsymbol{e}_x) \\
\boldsymbol{a}_2 &= \frac{a}{2}(\boldsymbol{e}_z + \boldsymbol{e}_x - \boldsymbol{e}_y) \\
\boldsymbol{a}_3 &= \frac{a}{2}(\boldsymbol{e}_x + \boldsymbol{e}_y - \boldsymbol{e}_z)
\end{aligned}
\tag{2.4}
$$

とすると，例えば $n_1 = 1, n_2 = 1, n_3 = 0$ であるとき，

$$
\boldsymbol{a}_1 + \boldsymbol{a}_2 = a\boldsymbol{e}_z
$$

となる。同様に

$$
\begin{aligned}
\boldsymbol{a}_2 + \boldsymbol{a}_3 &= a\boldsymbol{e}_x \\
\boldsymbol{a}_3 + \boldsymbol{a}_1 &= a\boldsymbol{e}_y
\end{aligned}
$$

となり，これらは先ほどの単純立方格子の基本並進ベクトルと同じなので，1 辺の長さが a である立方体の頂点に格子点がつくられる。また $n_1 = 1, n_2 = 1, n_3 = 1$ であるとき

$$
\boldsymbol{a}_1 + \boldsymbol{a}_2 + \boldsymbol{a}_3 = \frac{a}{2}(\boldsymbol{e}_x + \boldsymbol{e}_y + \boldsymbol{e}_z)
$$

となり，立方体の中心，つまり体心に格子点がつくられる。このように体心立方格子は式(2.4)で示した 3 つの基本並進ベクトルから得られるので 3 次元空間格子であることがわかる。体心立方格子では，**図 2.11** に示すような，基本並進ベクトルからつくられる平行六面体が基本単位胞となる。

念のため注意しておくと，基本並進ベクトルおよび基本単位胞の選び方は唯一ではない。例えば

$$
\begin{aligned}
\boldsymbol{a}_1 &= a\boldsymbol{e}_x \\
\boldsymbol{a}_2 &= a\boldsymbol{e}_y \\
\boldsymbol{a}_3 &= \frac{a}{2}(\boldsymbol{e}_x + \boldsymbol{e}_y + \boldsymbol{e}_z)
\end{aligned}
$$

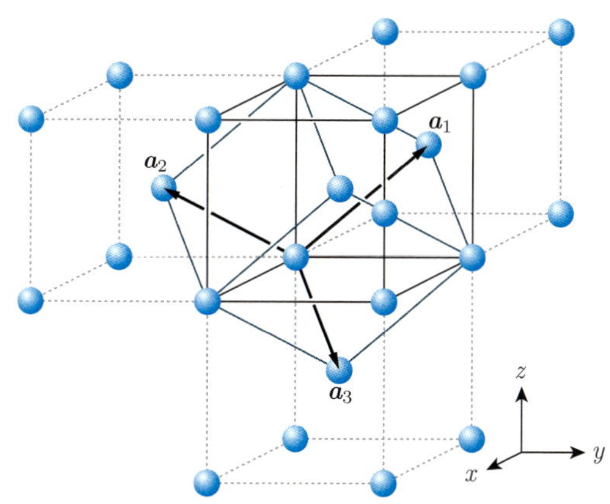

図 2.11　体心立方格子における基本単位胞

などのような選び方も可能である。この基本並進ベクトルは図形的には理解しやすいが，式(2.4)の基本並進ベクトルと比べて互いの関係が対称的ではない。

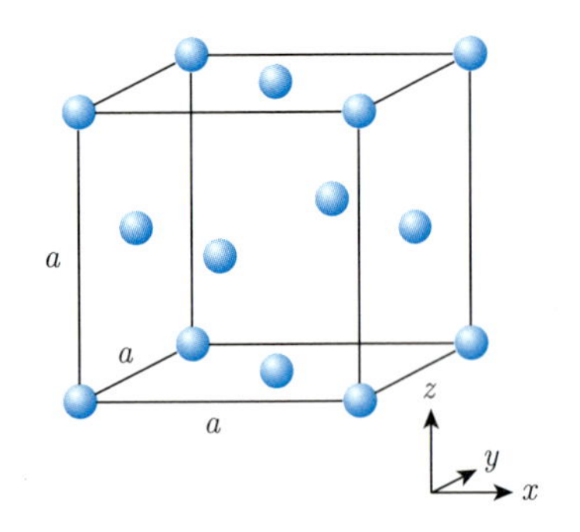

図2.12　面心立方格子

面心立方格子

図 2.12 に示した立方体（辺の長さを a とする）の頂点と 6 つの面の中心に格子点が位置するような格子を**面心立方格子**（face-centered cubic lattice, fcc）という。面心とは，立方体の面の中心を指す。基本並進ベクトルを

$$
\begin{aligned}
\boldsymbol{a}_1 &= \frac{a}{2}(\boldsymbol{e}_y + \boldsymbol{e}_z) \\
\boldsymbol{a}_2 &= \frac{a}{2}(\boldsymbol{e}_z + \boldsymbol{e}_x) \\
\boldsymbol{a}_3 &= \frac{a}{2}(\boldsymbol{e}_x + \boldsymbol{e}_y)
\end{aligned}
\tag{2.5}
$$

とすると，これらによって面心に格子点がつくられる。また，例えば $n_1 = 1, n_2 = 1, n_3 = -1$ であるとき

$$
\boldsymbol{a}_1 + \boldsymbol{a}_2 - \boldsymbol{a}_3 = a\boldsymbol{e}_z
$$

となる。同様に

$$
\boldsymbol{a}_2 + \boldsymbol{a}_3 - \boldsymbol{a}_1 = a\boldsymbol{e}_x
$$
$$
\boldsymbol{a}_3 + \boldsymbol{a}_1 - \boldsymbol{a}_2 = a\boldsymbol{e}_y
$$

となり，これらは単純立方格子の基本並進ベクトルと同じなので，1 辺の長さが a である立方体の頂点に格子点がつくられる。このように面心立方格子も，式(2.5)で定義した 3 つの基本並進ベクトルを用いることによって得られるので，3 次元空間格子であることがわかる。面心立方格子では，**図 2.13** に示すような，基本並進ベクトルからつくられる平行六面体が基本単位胞となる。

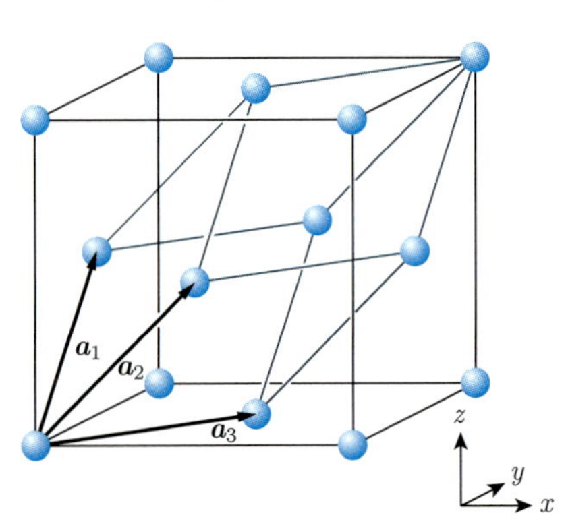

図 2.13　面心立方格子における基本単位胞

2.2.5 ブラヴェ格子

これまでに説明した 3 種類の格子を含めて 3 次元空間格子には合計 14 種類ある。3 次元空間における格子が 14 種類に限られることは 1850 年にブラヴェ*3によって示された。そのため，14 種類の 3 次元空間格子は 3 次元**ブラヴェ格子**（Bravais lattice）と呼ばれる。それらを**表 2.1** にまとめておく。表中の格子の長さは $a = |\boldsymbol{a}_1|$, $b = |\boldsymbol{a}_2|$, $c = |\boldsymbol{a}_3|$ と定義した。

*3 オーギュスト・ブラヴェ（Auguste Bravais, 1811〜1863）はフランスの物理学者。

2.2.6 ウィグナー–ザイツ胞

基本並進ベクトル $\boldsymbol{a}_1$, $\boldsymbol{a}_2$, $\boldsymbol{a}_3$ がつくる平行六面体が基本単位胞と

表 2.1 3 次元ブラヴェ格子

結晶系	格子条件	単純	底心	体心	面心
三斜晶	$a \neq b \neq c$, $\alpha \neq \beta \neq \gamma$	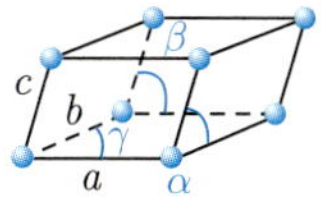			
単斜晶	$a \neq b \neq c$, $\alpha = \gamma = 90°$, $\beta \neq 90°$	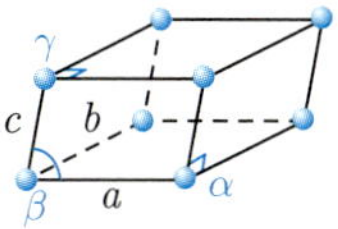	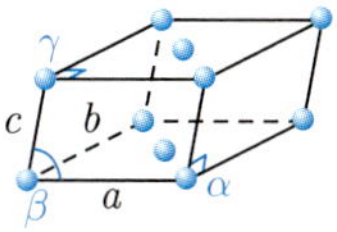		
直方晶	$a \neq b \neq c$, $\alpha = \beta = \gamma = 90°$	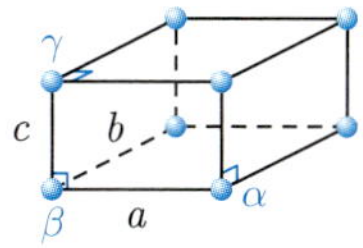	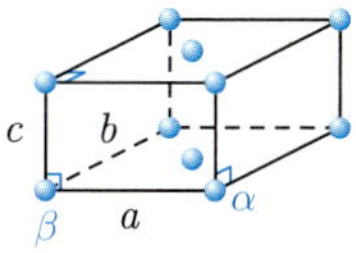	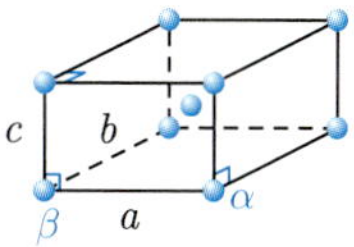	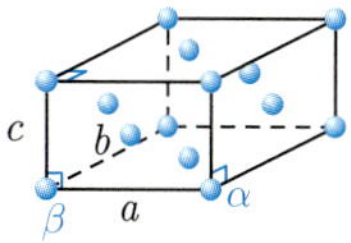
六方晶	$a = b \neq c$, $\alpha = \beta = 90°$, $\gamma = 120°$	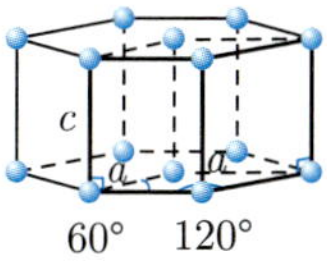 60° 120°			
三方晶	$a = b = c$, $\alpha = \beta = \gamma \neq 90°$	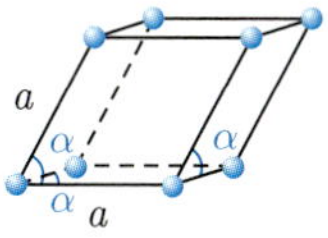			
正方晶	$a = b \neq c$, $\alpha = \beta = \gamma = 90°$	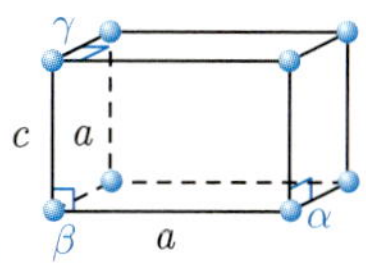		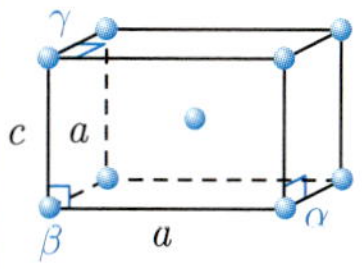	
立方晶	$a = b = c$, $\alpha = \beta = \gamma = 90°$	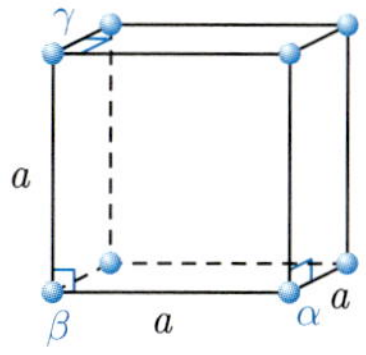		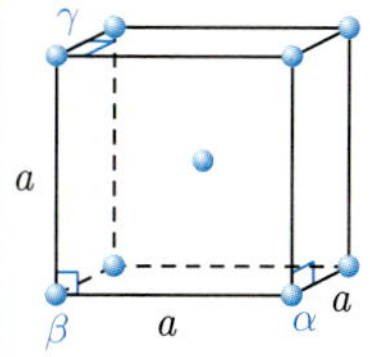	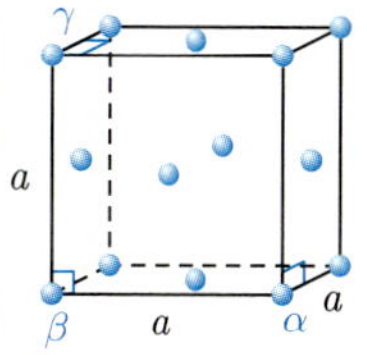

なることを説明した。これ以外に，格子点どうしを結ぶ線分を垂直二等分するような面で囲まれた領域を基本単位胞として選ぶことも可能である。このような基本単位胞を**ウィグナー–ザイツ胞**（Wigner–Seitz cell）*4という。

*4　ユージン・ウィグナーとフレデリック・ザイツに因む。ユージン・ウィグナー（Eugene Paul Wigner, 1902〜1995）はハンガリー出身の物理学者。原子核および素粒子に関する理論への貢献，特に対称性の基本原理の発見とその応用によって1963年にノーベル物理学賞を受賞している。フレデリック・ザイツ（Frederick Seitz, 1911〜2008）はアメリカの物理学者である。ウィグナーの指導を受けて研究を行い，ウィグナー–ザイツ胞の概念を生み出した。トランジスタ効果の発見や超伝導現象を説明するBCS理論で有名なバーディーンもウィグナーの指導を受けた。

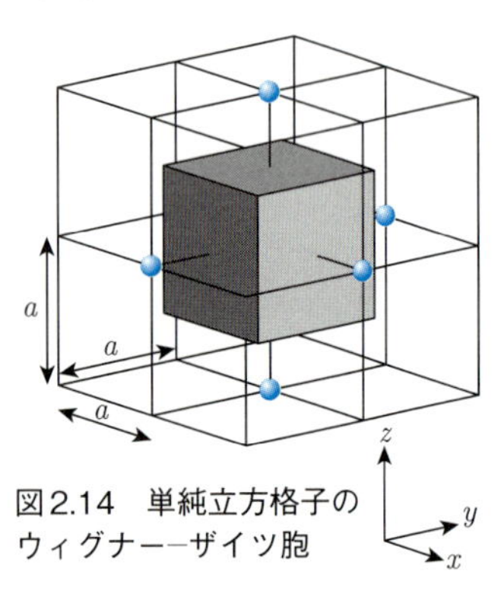

図2.14　単純立方格子のウィグナー–ザイツ胞

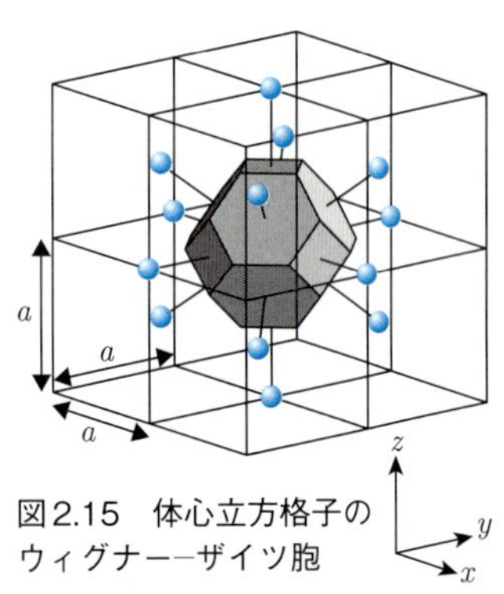

図2.15　体心立方格子のウィグナー–ザイツ胞

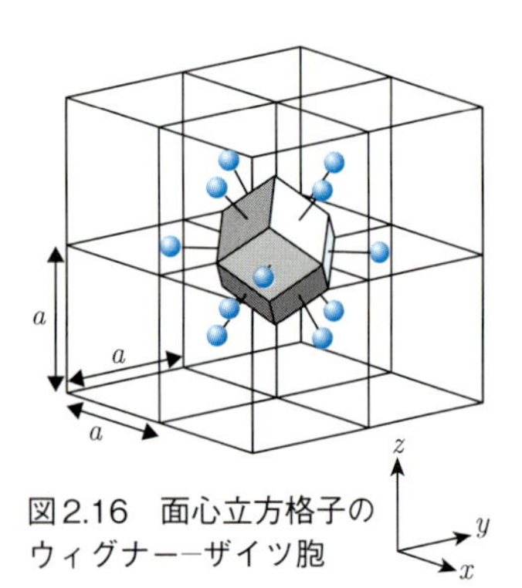

図2.16　面心立方格子のウィグナー–ザイツ胞

単純立方格子のウィグナー–ザイツ胞

単純立方格子のウィグナー–ザイツ胞は**図 2.14** に示すような図形となり式(2.3)で与えられる基本並進ベクトルからつくられる基本単位胞と同じ大きさの立方体となる。

体心立方格子のウィグナー–ザイツ胞

体心立方格子のウィグナー–ザイツ胞は**図 2.15** のような図形となり，図 2.11 に示した基本並進ベクトルからつくられる平行六面体とは形状が大きく異なる。このウィグナー–ザイツ胞は，原点 $(0,0,0)$ と体心に位置する 8 つの格子点 $(\pm\frac{a}{2},\pm\frac{a}{2},\pm\frac{a}{2})$ を結ぶ線分の垂直二等分面である正六角形 8 面と，原点と 6 つの格子点 $(\pm a,0,0)$, $(0,\pm a,0)$, $(0,0,\pm a)$ を結ぶ線分の垂直二等分面である正方形 6 面によって囲まれている。基本並進ベクトルからつくられる平行六面体とは形状が異なるが，図 2.15 に示した立体図形も並進操作させることによって，3 次元空間を隙間なくかつ重なりなく埋めつくすことができる。また図 2.11，図 2.15 のどちらの場合も体積は同じで $\frac{a^3}{2}$ である。

面心立方格子のウィグナー–ザイツ胞

図 2.16 に面心立方格子のウィグナー–ザイツ胞を示す。このウィグナー–ザイツ胞は，原点 $(0,0,0)$ と面心に位置する 12 個の格子点 $(\pm\frac{a}{2},\pm\frac{a}{2},0)$, $(\pm\frac{a}{2},0,\pm\frac{a}{2})$, $(0,\pm\frac{a}{2},\pm\frac{a}{2})$ を結ぶ線分の垂直二等分面となる 12 面の菱形によって囲まれている。この立体図形はやはり面心立方格子の基本単位胞になっており，並進操作によって，3 次元空間を隙間なくかつ重なりなく埋めつくすことができる。このウィグナー–ザイツ胞の体積は，基本並進ベクトルからつくられる平行六面体と同じく $\frac{a^3}{4}$ である。

2.2.7　慣用単位胞

体心立方格子と面心立方格子の基本単位胞は，基本並進ベクトルからつくられる平行六面体にせよ，ウィグナー–ザイツ胞にせよ，必ずしも理解しやすい立体図形とは言えない。そこで基本単位胞よりは体積が大きくなるが，繰り返しの単位であり，かつ図形として理解が容易な，辺の長さが a である立方体を単位胞として選ぶことがある。この単位胞を**慣用単位胞**（conventional unit cell）という。この慣用単位胞の中には，体心立方格子では 2 つの格子点が，面心立方格子では 4 つの格子点が含まれる。

2.3　結晶構造の具体例

単純立方構造

最も簡単なのは，格子点に 1 つの原子が配置されている場合である。例えば単純立方格子において，格子点に 1 つの原子が配置されていると**図 2.17** に示すような**単純立方構造**（simple cubic structure）が得られる。

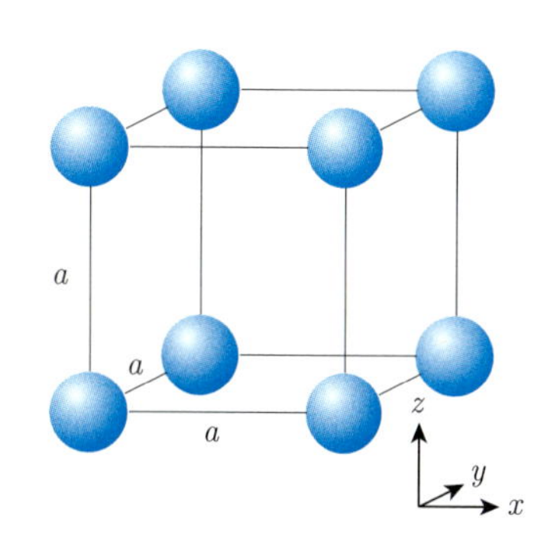

図 2.17　単純立方構造

単純立方構造における基本単位胞を，辺の長さが a である立方体とするとき，a を結晶の**格子定数**（lattice constant）という。一方，結晶中のある原子の中心から別の原子の中心までの距離のうち最も短いものを**最近接原子間距離**（nearest neighbor distance）という。簡単にわかるように，単純立方構造の最近接原子間距離は格子定数 a に等しい。また，ある原子を中心として最近接原子間距離に位置する原子の数を求めると 6 個になる。この数を**配位数**（coordination number）という。

結晶の体積のうち，原子がどのくらいの割合を占めているのかを示すのが**充填率**（atomic packing factor）である。充填率を求める際には，原子を剛体球と仮定し，球どうしが重ならないように充填した状態について考える。

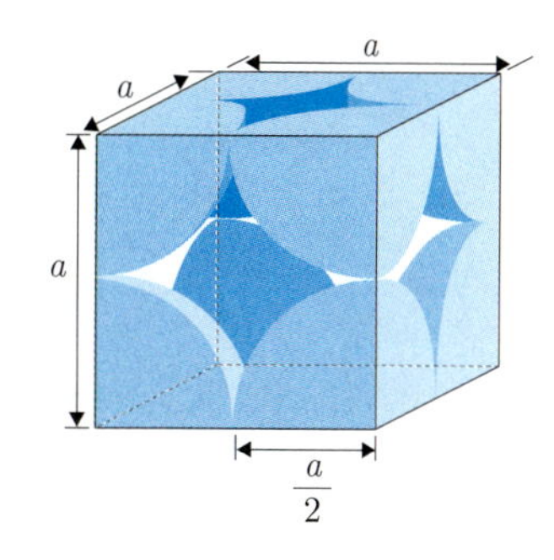

図 2.18　単純立方構造の充填率

格子定数 a の単純立方構造では，**図 2.18** に示すように，球の半径が $\frac{a}{2}$ となる。単位胞には $\frac{1}{8}$ 球が 8 個含まれるので，実質的に

$$\frac{1}{8} \times 8 = 1$$

個の原子が含まれることになる。単位胞の体積が

$$a^3$$

であり，原子 1 個分の体積が

$$\frac{4\pi}{3}\left(\frac{a}{2}\right)^3 = \frac{\pi a^3}{6}$$

なので，充填率は

$$\underbrace{\frac{\pi a^3}{6}}_{\text{原子 1 個分の体積}} \div \underbrace{a^3}_{\text{単位胞の体積}} = \underbrace{\frac{\pi}{6}}_{\text{充填率}}$$

であり，およそ 52% となる。

体心立方構造

体心立方格子において，格子点に 1 つの原子が配置される結晶の構造が**体心立方構造**（body-centered cubic structure, bcc）である（**図 2.19**）。

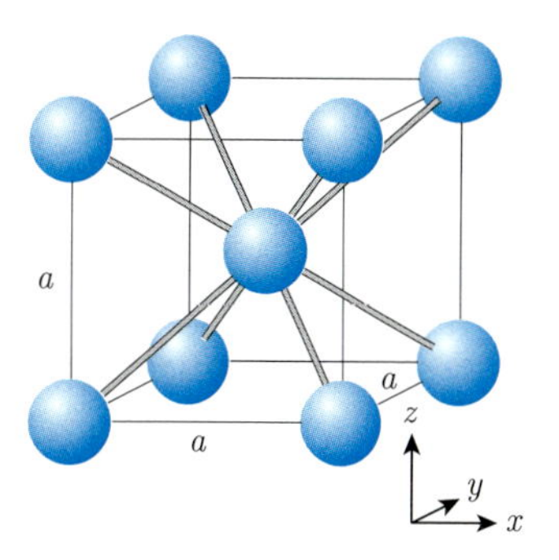

図 2.19　体心立方構造

体心立方構造における慣用単位胞を辺の長さが a である立方体とするとき，a が体心立方構造の格子定数となる。最近接原子間距離は立方体の頂点 $(0,0,0)$ に位置する原子の中心と体心 $(\frac{a}{2}, \frac{a}{2}, \frac{a}{2})$ に位置する原子の中心との間の距離に相当し，

$$\sqrt{\left(\frac{a}{2}\right)^2+\left(\frac{a}{2}\right)^2+\left(\frac{a}{2}\right)^2}=\frac{\sqrt{3}a}{2}$$

となる。配位数は体心に位置する原子を中心にすると理解しやすく，それを取り囲むように立方体の頂点に位置する原子の個数であるから 8 になる。

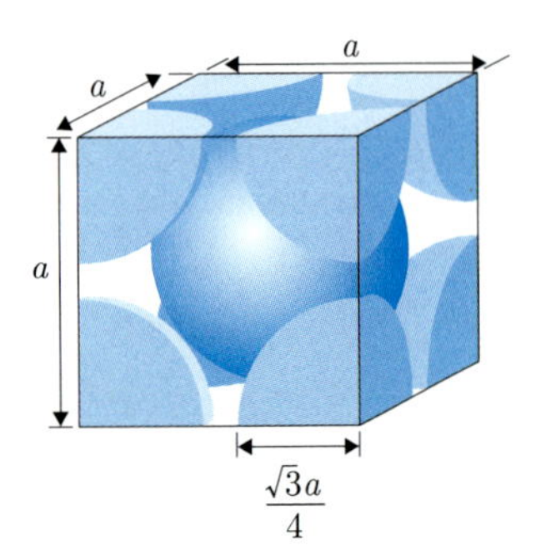

図 2.20　体心立方構造の充填率

図 2.20 をもとにして充填率を求めよう。慣用単位胞には，立方体の頂点に位置する $\frac{1}{8}$ 球が 8 個，体心に位置する球が 1 個含まれるので，実質的に $\frac{1}{8}\times 8+1=2$ 個が含まれる。原子の半径は最近接原子間距離の半分であるから $\frac{\sqrt{3}a}{4}$ と求められる。したがって，充填率は

$$\frac{4\pi}{3}\left(\frac{\sqrt{3}a}{4}\right)^3\times 2\div a^3=\frac{\sqrt{3}\pi}{8}$$

となる。つまり，体心立方構造の充填率はおよそ 68% である。

面心立方構造

面心立方格子において，格子点に 1 つの原子が配置される結晶の構造が**面心立方構造**（face-centered cubic structure, fcc）である（**図 2.21**）。

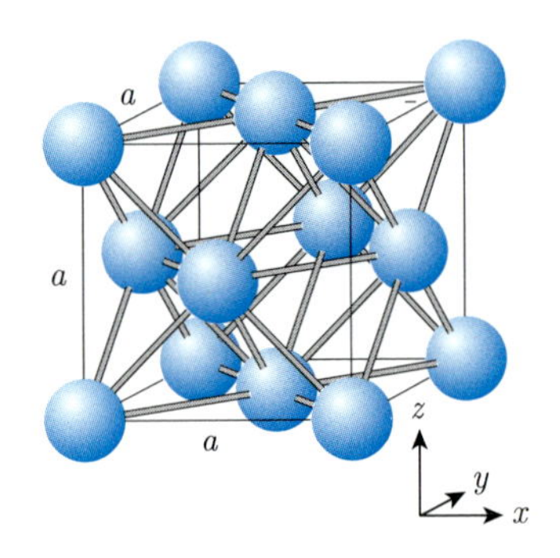

図 2.21　面心立方構造

面心立方構造における慣用単位胞を辺の長さが a である立方体とするとき，a が面心立方構造の格子定数となる。最近接原子間距離は立方体の頂点 $(0,0,0)$ に位置する原子の中心と面心 $(\frac{a}{2},\frac{a}{2},0)$ などに位置する原子の中心との間の距離に相当し，

$$\sqrt{\left(\frac{a}{2}\right)^2+\left(\frac{a}{2}\right)^2}=\frac{\sqrt{2}a}{2}$$

となる。

配位数は立方体の頂点 $(0,0,0)$ に位置する原子を中心にそれを取り囲むように面心 $(\pm\frac{a}{2},\pm\frac{a}{2},0)$, $(\pm\frac{a}{2},0,\pm\frac{a}{2})$, $(0,\pm\frac{a}{2},\pm\frac{a}{2})$ に位置する原子の個数であるから 12 になる。

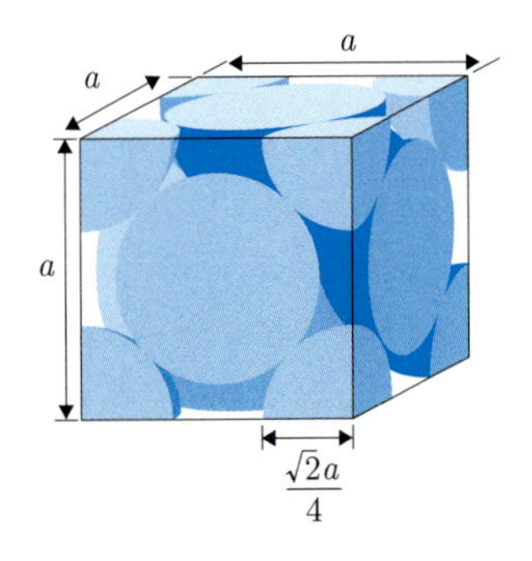

図 2.22　面心立方構造の充填率

図 2.22 をもとにして面心立方構造の充填率を求めよう。面心立方構造の慣用単位胞には，立方体の頂点に位置する $\frac{1}{8}$ 球が 8 個，面心に位置する半球が 6 個含まれるので，実質的に $\frac{1}{8}\times 8+\frac{1}{2}\times 6=4$ 個の原子が含まれることになる。原子の半径は最近接原子間距離から $\frac{\sqrt{2}a}{4}$ と求められる。したがって，充填率は

$$\frac{4\pi}{3}\left(\frac{\sqrt{2}a}{4}\right)^3\times 4\div a^3=\frac{\sqrt{2}\pi}{6}$$

で，およそ 74% となる。この充填率は 1 種類の原子を充填したときに得られる最大値である。面心立方構造の充填率が最大であることは 1611 年にケプラー*5によって予想された，いわゆるケプラー予想として知られる数学の問題の 1 つであり，1998 年にトマス・ヘールズ（Thomas Callister Hales, 1958〜）によってコンピューターを用いて証明された。充填率が最大であるため，この構造は**立方最密充填構造**（cubic close-packed structure, ccp）とも呼ばれる。

*5　ヨハネス・ケプラー（Johannes Kepler, 1571〜1630）は惑星の運動に関するケプラーの法則で有名なドイツの天文学者である。

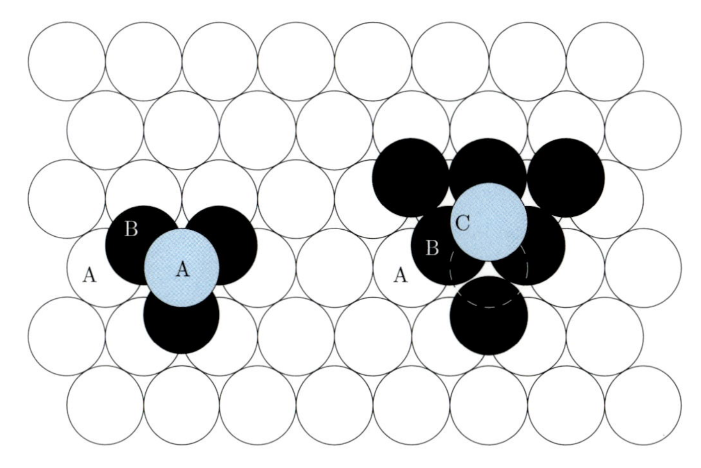

図 2.23 六方最密充填と立方最密充填

六方最密充填構造

最密充填構造には，面心立方構造のほかに，**六方最密充填構造** (hexagonal close-packed structure, hcp) がある。最密充填構造では剛体球をできるだけ隙間なく詰めていくのに**図 2.23** のような 2 通りの方法が考えられる。まず，白丸で示す A のように球を平面上に最密充填すると 2 次元の六方格子になる。その上に球を詰めるときには，B のように球のない凹みに置くことになる。さらに次の球を置く場合には，右図に示すような C の位置あるいは左図に示すような A の位置に置くことが可能である。ABCABC…と繰り返し球を詰めたときにつくられる結晶構造が立方最密充填構造すなわち面心立方構造である。一方，ABAB…と繰り返し球を詰めたときにつくられる構造が六方最密充填構造であり，**図 2.24** のような結晶構造となる。六方最密充填構造の基本単位胞は，図中に示した基本並進ベクトル $\boldsymbol{a}_1, \boldsymbol{a}_2, \boldsymbol{a}_3$ がつくる平行六面体となる。$\boldsymbol{a}_1$ と $\boldsymbol{a}_2$ とのなす角は 120°，$\boldsymbol{a}_1 \perp \boldsymbol{a}_3$, $\boldsymbol{a}_2 \perp \boldsymbol{a}_3$ であり，$|\boldsymbol{a}_1| = |\boldsymbol{a}_2|$ となるから，六方最密充填構造は六方格子に属する。 また，図 2.24 に示すように，この基本単位胞には実質的に 2 個の原子が含まれる。六方最密充填構造の格子定数には

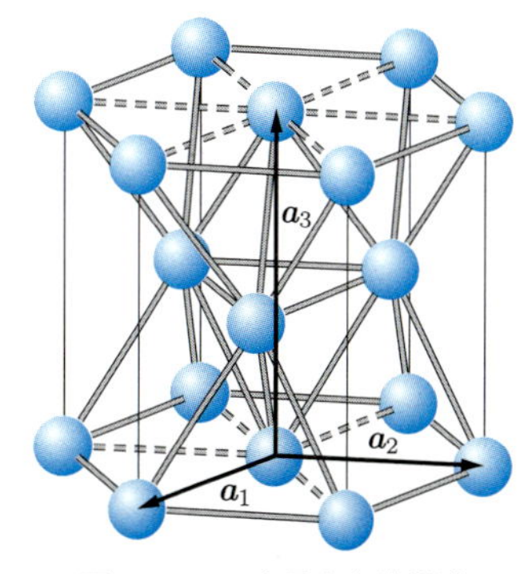

図2.24 六方最密充填構造

$$a = |\boldsymbol{a}_1| = |\boldsymbol{a}_2|$$
$$c = |\boldsymbol{a}_3|$$

という 2 つを用いる。最密充填であるという幾何学的な要請から $c = \dfrac{2\sqrt{6}a}{3}$ となるが，実際の物質ではこの関係を満たしていないので*6格子定数として a と c を用いる必要がある。最近接原子間距離は正六角形の辺の長さに等しく a である。配位数は面心立方構造と同じ 12 である。充填率も面心立方構造と同じ $\dfrac{\sqrt{2}\pi}{6}$ となる。

*6 つまり正確には六方最密充填構造とは呼べない。

$c = \dfrac{2\sqrt{6}a}{3}$ となること，および，充填率が $\dfrac{\sqrt{2}\pi}{6}$ となることを自分で確認してみよう。

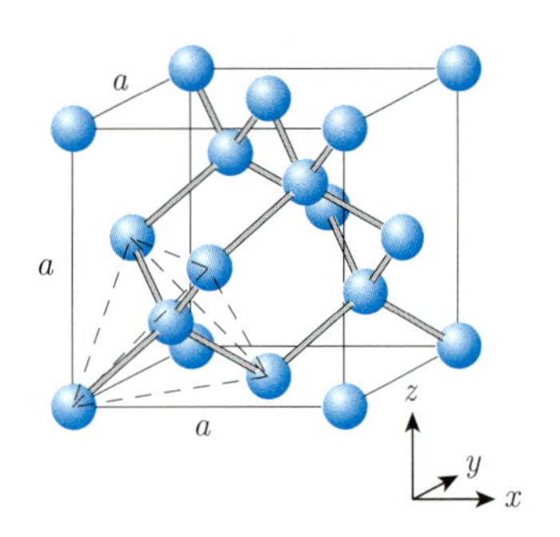

図2.25　ダイヤモンド構造

ダイヤモンド構造

図 2.25 に**ダイヤモンド構造**（diamond structure）を示す。ダイヤモンド構造の格子定数は，図に示した立方体（ダイヤモンド構造の慣用単位胞）の辺の長さ a になる。ダイヤモンド構造は，$(0,0,0)$ と $(\frac{a}{4},\frac{a}{4},\frac{a}{4})$ に配置された 2 つの原子を含む基本単位胞に対して，面心立方格子の並進操作を適用することによって得られる結晶構造である。つまり，ダイヤモンド構造は面心立方格子に属する結晶構造である。面心立方格子の基本並進ベクトルによって座標 $(\frac{a}{4},\frac{a}{4},\frac{a}{4})$ を平行移動するとわかるように $(\frac{a}{4},\frac{3a}{4},\frac{3a}{4}),(\frac{3a}{4},\frac{a}{4},\frac{3a}{4}),(\frac{3a}{4},\frac{3a}{4},\frac{a}{4})$ にも原子が位置する。

最近接原子間距離は立方体の頂点 $(0,0,0)$ に位置する原子の中心と $(\frac{a}{4},\frac{a}{4},\frac{a}{4})$ に位置する原子の中心との間の距離に相当し，$\sqrt{(\frac{a}{4})^2+(\frac{a}{4})^2+(\frac{a}{4})^2}=\frac{\sqrt{3}a}{4}$ となる。配位数は図からもわかるように，$(\frac{a}{4},\frac{a}{4},\frac{a}{4})$ に位置する原子を取り囲む原子の個数と等しく，4 である。取り囲むように位置する 4 つの原子は破線で示すような正四面体の頂点となっている。この正四面体の構造については 6.2 節の共有結合において議論する。

慣用単位胞中には，立方体の頂点に位置する $\frac{1}{8}$ 球が 8 個，面心に位置する半球が 6 個，$(\frac{a}{4},\frac{a}{4},\frac{a}{4}),(\frac{a}{4},\frac{3a}{4},\frac{3a}{4}),(\frac{3a}{4},\frac{a}{4},\frac{3a}{4}),(\frac{3a}{4},\frac{3a}{4},\frac{a}{4})$ に位置する球が 4 個含まれるので，実質的に $\frac{1}{8}\times 8+\frac{1}{2}\times 6+4=8$ 個が含まれることになる。このことは，ダイヤモンド構造が基本単位胞に 2 個の原子が含まれる面心立方格子であることから $2\times 4=8$ としても求められる。原子の半径は最近接原子間距離から $\frac{\sqrt{3}a}{8}$ と求められる。したがって，充填率は

$$\frac{4\pi}{3}\left(\frac{\sqrt{3}a}{8}\right)^3\times 8\div a^3=\frac{\sqrt{3}\pi}{16}$$

となり，およそ 34% と他の結晶構造と比べてかなり小さな値となることがわかる。

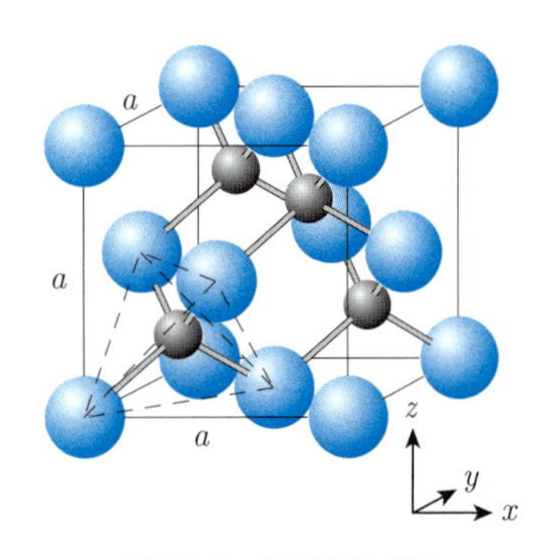

図2.26　閃亜鉛鉱構造

閃亜鉛鉱構造

閃亜鉛鉱構造（zincblende structure）はこれまで紹介してきた結晶構造とは異なり，2 種類の原子からなる。結晶構造は**図 2.26** に示すようなものである。閃亜鉛鉱構造の格子定数は，図に示した立方体（閃亜鉛鉱構造の慣用単位胞）の辺の長さ a である。閃亜鉛鉱構造はダイヤモンド構造と似た構造であり，$(0,0,0)$ に位置する原子と $(\frac{a}{4},\frac{a}{4},\frac{a}{4})$ に位置する原子の種類が異なるような基本単位胞に対して，面心立方格子の並進操作を適用することによって得られる結晶構造である。ダイヤモンド構造と同様に，閃亜鉛鉱構造も面心立方格子に属する結晶構造である。$(\frac{a}{4},\frac{a}{4},\frac{a}{4})$ に位置する原子を取り囲む 4 つの原子は破線で示すように正四面体の頂点となっている。また，図には示さないが，$(0,0,0)$ に位置する原子を取り囲む 4 つの原子も正四面体の頂点となっている。

ウルツ鉱構造

面心立方構造に対して六方最密充填構造が存在するのと同様の関係で，閃亜鉛鉱構造に対して存在する結晶構造が**ウルツ鉱構造**（wurtzite structure）である。そのため，閃亜鉛鉱構造において見られた正四面体*7が破線で示すようにウルツ鉱構造においても見られる。また，図には示さないがもう一方の種類の原子を中心に取り囲む4つの原子も正四面体の頂点となっている。

*7　六方最密充填構造の場合と同様に $c = \frac{2\sqrt{6}a}{3}$ が必ずしも成り立たないため，正確には正四面体とはならない。

ウルツ鉱構造は六方格子に属する結晶構造であり，その基本単位胞は**図 2.27** のようになる。格子定数としては，六方最密充填構造の場合と同様に，基本並進ベクトル $\boldsymbol{a}_1, \boldsymbol{a}_2, \boldsymbol{a}_3$ の大きさから求められる

$$a = |\boldsymbol{a}_1| = |\boldsymbol{a}_2|$$

$$c = |\boldsymbol{a}_3|$$

という2つの格子定数を用いる。

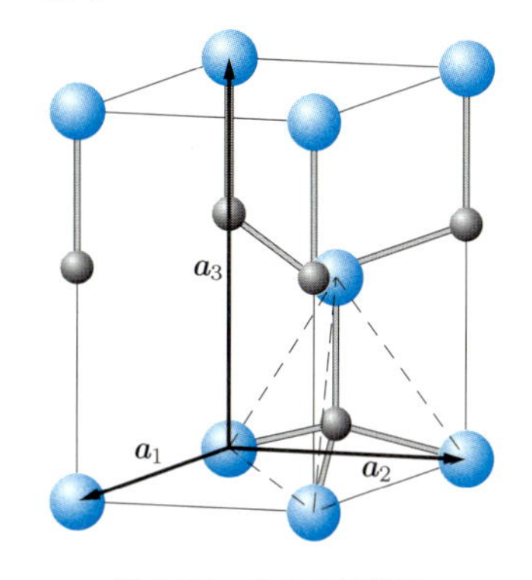

図2.27　ウルツ鉱構造

塩化ナトリウム構造

塩化ナトリウム構造（rock-salt structure）は，**図 2.28** に示すような2種類の原子からなる結晶構造である。片方の原子のみに注目して配列を見ると面心立方格子になっていることがわかる。図 2.28 に示した立方体の辺の長さを a とするとき，もう一方の原子は，先ほど注目した原子から $(\frac{a}{2}, 0, 0)$ だけ平行移動した位置にある。したがって，この2種類の原子からなる基本単位胞に対して，面心立方格子の基本並進ベクトルを用いて並進操作を行えば塩化ナトリウム構造となる。すなわち，塩化ナトリウム構造は面心立方格子に属する。格子定数は a である。

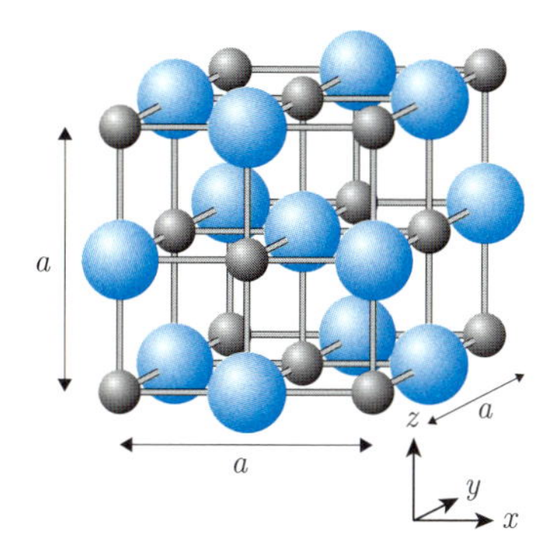

図2.28　塩化ナトリウム構造

塩化セシウム構造

塩化セシウム構造（caesium chloride structure）は，2種類の原子からなる**図 2.29** に示すような結晶構造である。格子定数は a である。片方の原子は立方体の頂点に位置し，もう一方の原子は体心に位置する構造になっている。したがって，この立方体が基本単位胞となる単純立方格子である。これまでに説明した結晶構造となる物質を**表 2.2** にまとめた。

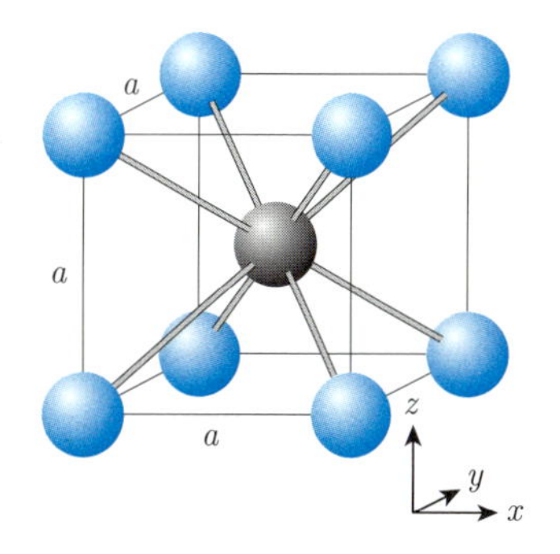

図2.29　塩化セシウム構造

表 2.2　結晶構造と物質の種類

結晶構造	物質
単純立方構造	ポロニウム(Po)
体心立方構造	ナトリウム(Na)，カリウム(K)，タングステン(W) など
面心立方構造	アルミニウム(Al)，金(Au)，銀(Ag)，銅(Cu) など
六方最密充填構造	マグネシウム(Mg)，亜鉛(Zn) など
ダイヤモンド構造	ダイヤモンド(C)，シリコン(Si)，ゲルマニウム(Ge) など
閃亜鉛鉱構造	ヒ化ガリウム(GaAs)，リン化インジウム(InP) など
ウルツ鉱構造	窒化ガリウム(GaN)，窒化アルミニウム(AlN) など
塩化ナトリウム構造	塩化ナトリウム(NaCl)，酸化マグネシウム(MgO) など
塩化セシウム構造	塩化セシウム(CsCl)，ヨウ化セシウム(CsI) など

2.4　ミラー指数

力学的な強度，腐食性，屈折率などの性質は，結晶の方位や面によって異なることがある。そのために，結晶の方位や面を指定する必要がある。結晶中の方位や面を指定するために用いるのが**ミラー指数**（Miller indices）*8である。

*8　イギリスの結晶学者ミラー（William Hallowes Miller, 1801〜1880）によって考え出された。1839 年に出版された著作 *A Treatise on Crystallography* には結晶の面や方向を示すための指数について記されている。

2.4.1　面を示すためのミラー指数

いま，結晶中の座標軸を互いに独立な 3 つのベクトル $\boldsymbol{a}_1$, $\boldsymbol{a}_2$, $\boldsymbol{a}_3$ で表すとする。ここで，$\boldsymbol{a}_1$, $\boldsymbol{a}_2$, $\boldsymbol{a}_3$ は基本並進ベクトルである必要はない。むしろ，体心立方格子や面心立方格子では，対称性が理解しやすいように，立方体の辺を座標軸とする

$$\boldsymbol{a}_1 = a\boldsymbol{e}_x,\ \boldsymbol{a}_2 = a\boldsymbol{e}_y,\ \boldsymbol{a}_3 = a\boldsymbol{e}_z$$

が用いられることが多い。また，結晶中のある面がそれぞれのベクトルの u 倍，v 倍，w 倍の位置で座標軸と交わるとする。**図 2.30** には面が $u = 2, v = 3, w = 4$ の位置で座標軸と交わる様子を示している。例として u, v, w が整数である場合を示しているが，必ずしも整数でなくてもよく，また負の数であってもかまわない。座標軸と交わらない場合，u, v または w は ∞ となる。ここで $(\frac{1}{u}, \frac{1}{v}, \frac{1}{w})$ のそれぞれを整数倍し，互いに素である整数の組 $(h\ k\ l)$ を求める。図 2.30 に示した例では，

$$\left(\frac{1}{u}\ \frac{1}{v}\ \frac{1}{w}\right) = \left(\frac{1}{2}\ \frac{1}{3}\ \frac{1}{4}\right)$$

なので，これらを 12 倍した

$$(h\ k\ l) = (6\ 4\ 3)$$

が互いに素である整数の組となる。この手続きによって求められる整数の組は，ある指定された面に対してただ 1 つに決まる。この整数の組がミラー指数であり，(6 4 3) のように 3 つの数字を丸括弧で囲んで表記する。なお，数字を区切るための「,」は入れないことになっている。

ミラー指数の他の例を見てみよう。**図 2.31** に示した面は座標軸と $u = 2, v = 1, w = -2$ の位置で交わっている。この場合，

$$\left(\frac{1}{u}\ \frac{1}{v}\ \frac{1}{w}\right) = \left(\frac{1}{2}\ 1\ -\frac{1}{2}\right)$$

なので，整数倍して互いに素となる整数の組は

$$(h\ k\ l) = (1\ 2\ -1)$$

となる*9。

*9　負の数の場合，マイナス符号の代わりに数字の上にバーを付けて $(1\ 2\ \bar{1})$ と表すこともある。

また**図 2.32** に示した面は $\boldsymbol{a}_2$ 軸とのみ $v = 1$ の位置で交わっているので，$u = \infty, w = \infty$ となることから $(\frac{1}{u}\ \frac{1}{v}\ \frac{1}{w}) = (0\ 1\ 0)$ であり，この面のミラー指数は $(h\ k\ l) = (0\ 1\ 0)$ となる。

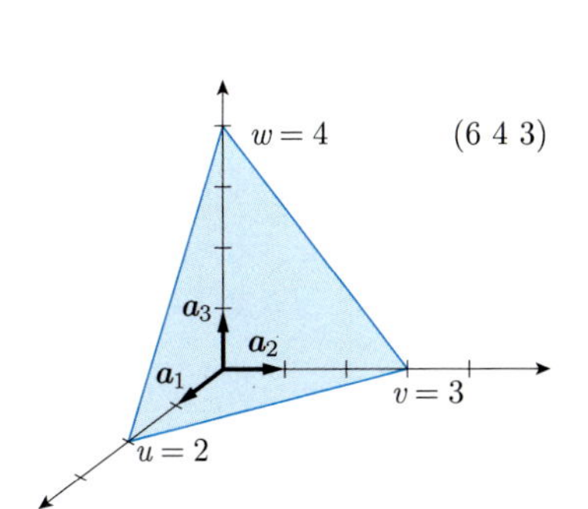

図 2.30 面を示すためのミラー指数：(6 4 3) の例

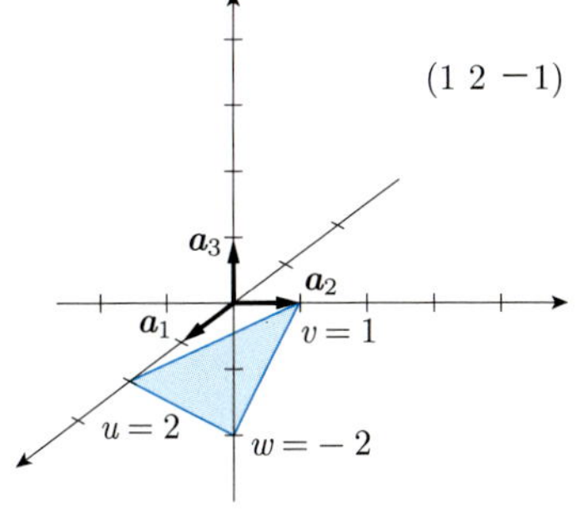

図 2.31 面を示すためのミラー指数：(1 2 − 1) の例

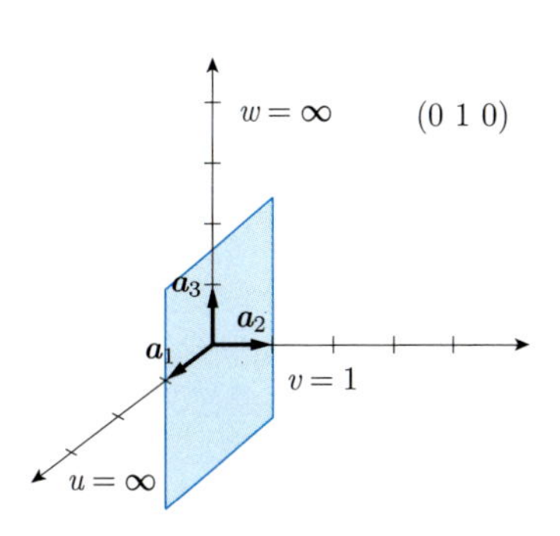

図 2.32 面を示すためのミラー指数：(0 1 0) の例

2.4.2 方位を示すためのミラー指数

先ほどと同様に結晶中の座標軸を互いに独立な 3 つのベクトル $\boldsymbol{a}_1$, $\boldsymbol{a}_2$, $\boldsymbol{a}_3$ で表す。面を示すためのミラー指数と同様に $\boldsymbol{a}_1$, $\boldsymbol{a}_2$, $\boldsymbol{a}_3$ は基本並進ベクトルである必要はない。ある方位を表すベクトル $\boldsymbol{A}$ が $\boldsymbol{a}_1$, $\boldsymbol{a}_2$, $\boldsymbol{a}_3$ および整数の組 h, k, l を用いて

$$\boldsymbol{A} = h\boldsymbol{a}_1 + k\boldsymbol{a}_2 + l\boldsymbol{a}_3 \tag{2.6}$$

と表されるとき，$[h\ k\ l]$ が，方位を示すためのミラー指数である。3 つの数字を角括弧で囲んで表記し，数字を区切るための「, 」は入れないことになっている。

2.4.3 三方晶・六方晶のミラー指数

三方晶，六方晶のように，ある軸を中心として 120° 回転させると同一の結晶構造となるものについては，面を指定するために慣用的に 4 つの整数の組が使われる。結晶構造が六方晶となるものには GaN や SiC などの主要な半導体材料があるため，ミラー指数として 4 つの整数の組を用いる慣用的な表現法を知っておくことは重要である。

具体的にはベクトル $\boldsymbol{c}$ を回転軸に平行な座標軸として設定し，回転軸と直交して，それぞれが角度 120° をなすような座標軸を $\boldsymbol{a}_1$, $\boldsymbol{a}_2$, $\boldsymbol{a}_3$ で表すことになる。これ以降の手続きはこれまでと同様であり，$\boldsymbol{a}_1$, $\boldsymbol{a}_2$, $\boldsymbol{a}_3$, $\boldsymbol{c}$ で表される座標軸と結晶中の面がどの位置で交わるのかを求める。**図 2.33** に示した例では $\boldsymbol{a}_1$, $\boldsymbol{a}_2$, $\boldsymbol{a}_3$, $\boldsymbol{c}$ とそれぞれ $u = 2$, $v = -1$, $w = 2$, $x = 1$ の位置で交わるので

$$\left(\frac{1}{u}\ \frac{1}{v}\ \frac{1}{w}\ \frac{1}{x}\right) = \left(\frac{1}{2}\ -1\ \frac{1}{2}\ 1\right)$$

となり，この面のミラー指数は，それぞれを整数倍して互いに素である整数の組として $(h\ k\ l\ m) = (1\ \ -2\ 1\ 2)$ と求められる。本来，面を指定するのには 3 つの整数の組で十分であるので，実は 4 つの整数の組は冗長である。また，$h + k + l = 0$ の関係（この関係は比較的簡単に導く

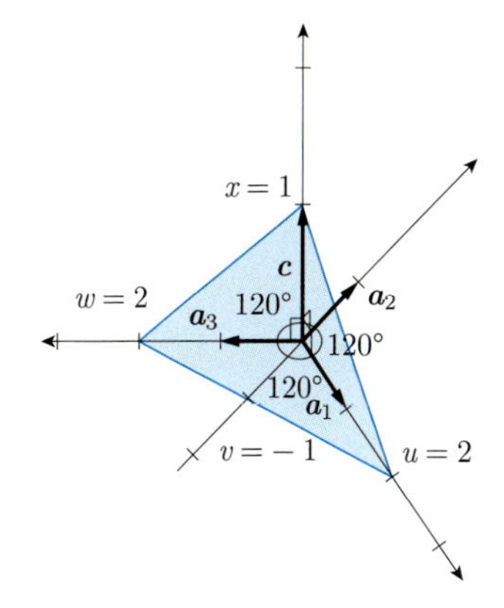

図2.33 三方晶・六方晶のミラー指数：(1 − 2 1 2) の例

◆ 固体物理学の基本的な姿勢

石英（六角柱）や食塩（塩化ナトリウム，立方体）の結晶の外観は結晶内部の原子あるいは分子の周期的な配列の様子をしているわけだが，固体物理学では，このような実際の結晶とは異なる，理想化された結晶を対象とする。物理学ではしばしば理想的なものを考える。例えば，物体の運動を考えるとき，空気抵抗の影響は無視するとか，質点と称して大きさの無視できる物体を扱うといった具合に物事を理想化する。

固体物理学で対象とする理想的な結晶では，基本単位胞が，ある規則的なパターンに従って無限に繰り返して並んでいる。無限に繰り返すということは，言い換えれば表面が存在せず，外側から見ることができないということを意味し，また周期を乱すようなものは存在しないということを意味する。もちろん，実際の結晶には表面が存在するので，繰り返しは有限であり，周期性を乱す欠陥や不純物が存在する。ところが，実際の結晶においても繰り返しの回数は相当に大きな数になる。例えば，1 辺の長さが 1 mm の立方体の形状をした食塩の結晶では，繰り返しの単位の 1 つの大きさが 0.56 nm であるから，$1\ \mathrm{mm} \div 0.56\ \mathrm{nm} = 1.8 \times 10^6$ 回，つまり繰り返しの単位 1 つが百万回以上周期的に繰り返して配列していることになる。このくらい繰り返しの回数が多ければ，結晶の内部の様子は，無限に繰り返した場合とほぼ同じになるだろうと考えられる。反対に，仮に繰り返しが有限であるとして結晶を考える場合には，数学的な取り扱いが難しくなってしまう。そこで固体物理学では，結晶は周期の乱れがなく無限に同じ構造が繰り返されるものとして理想化する。また，周期を乱す欠陥や不純物の影響については，まず理想的な結晶を出発点にして考えるというのが固体物理学における基本的な姿勢である。

ことが可能；演習問題 2.6 参照）が成り立つことから，実際には h, k, l のどれか 2 つを求めればよい。

本章では，格子の概念と，結晶構造は基本単位胞を繰り返したものであるという 2 つのことを理解してほしい。特に格子は逆格子空間，さらにはバンド構造へとつながる重要な概念である。

演習問題

2.1　フッ化カルシウム（CaF_2）の結晶構造がどのような構造であるかを調べ，どのブラヴェ格子であるのかを答えなさい。

2.2　フッ化マグネシウム（MgF_2）の結晶構造がどのような構造であるかを調べ，どのブラヴェ格子であるのかを答えなさい。

2.3　チタン酸バリウム（$BaTiO_3$）の結晶構造がどのような構造であるかを調べ，どのブラヴェ格子であるのかを答えなさい。

2.4　酸化銅 (I)（Cu_2O）の結晶構造がどのような構造であるかを調べ，どのブラヴェ格子であるのかを答えなさい。

2.5　二ホウ化マグネシウム（MgB_2）の結晶構造がどのような構造であるかを調べ，どのブラヴェ格子であるのかを答えなさい。

2.6　三方晶・六方晶のミラー指数において $h + k + l = 0$ の関係が成り立つことを証明しなさい。

2.7　結晶構造がダイヤモンド構造および閃亜鉛鉱構造である物質について，表 2.2 に載せた物質を含めてそれらの格子定数を調べなさい。また，物質を構成する元素の種類と格子定数との間にどのような関連があるのかを調べなさい。

第3章　逆格子

本章では，第 2 章で学んだ結晶の周期性を数学的に扱う際に必要となる逆格子について学ぶ。また逆格子の応用例として結晶による回折について学ぶ。

3.1　逆格子空間

逆格子空間（reciprocal space）とは簡単に言えば**波数ベクトル**（wave vector）$\boldsymbol{k}$ を座標とする空間である。したがって，$\boldsymbol{k}$ 空間とも呼ばれる。ただし，格子という言葉が含まれていることからもわかるように，単なる $\boldsymbol{k}$ の空間ではなく，「周期的な繰り返し」が反映されていることがポイントとなる。

3.1.1　固体物理学で波数ベクトルを用いる理由

固体物理学では波数ベクトルをよく用いる。その理由を説明するために，一見，別のものと思われるかもしれないが，まず振動について考えてみることにする。振動の特徴は，振り子における物体の位置や電流，電圧などの物理量が時間に対して周期的に繰り返すことにある。

図 3.1.1 に示すような単振動は，対象とする物理量を A とすると時間 t の関数として正弦関数を用いて

$$A(t) = A_0 \sin\left(\frac{2\pi t}{T} + \phi\right) \tag{3.1}$$

あるいは

$$A(t) = A_0 \sin(\omega t + \phi) \tag{3.2}$$

のように表される。ここで，A_0 は振幅であり，T は周期，$\omega\ (= \frac{2\pi}{T})$ は角振動数，ϕ は初期位相である。

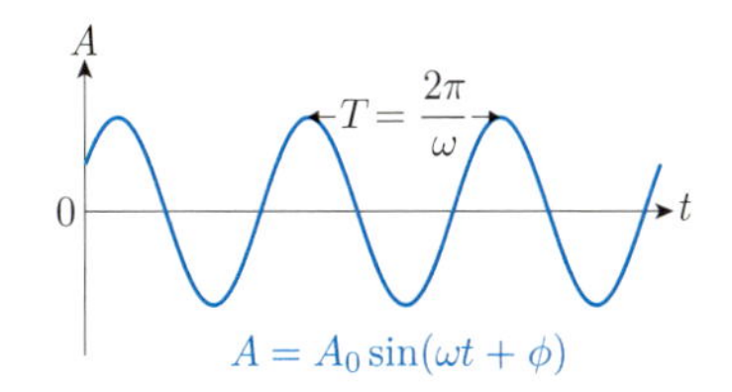

図 3.1　単振動

周期 T および角振動数 ω はともに時間に対する周期的な振動の様子を表すパラメータである。振動数 $\nu = \frac{\omega}{2\pi}$ を用いても振動の様子を表現できる。例えば，時報の予告音の振動数は 440 Hz であると表現したり，新聞のラジオ欄などには，放送局で用いられている電波の振動数が 594 kHz や 82.5 MHz などと表示されている。

さらに，**図 3.2** に示すような時間 t に対して複雑に変化する振動を考えてみよう。実はこのような複雑な振動も，さまざまな振動数をもつ単

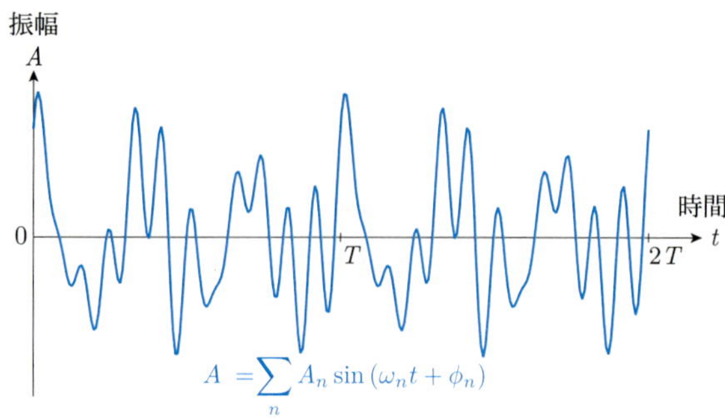

図 3.2　時間に対する複雑な振動

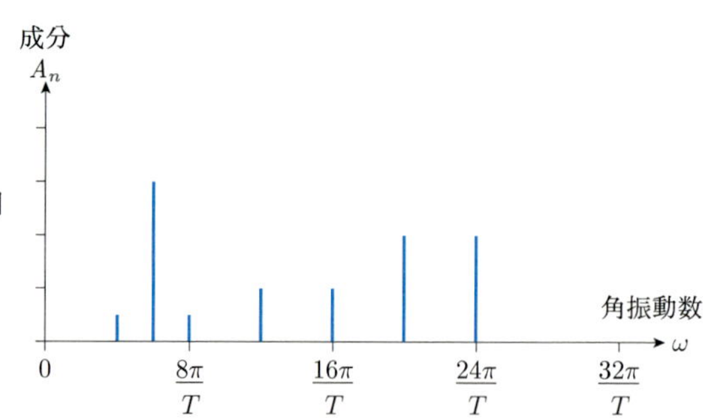

図 3.3　図 3.2 に示した複雑な振動に含まれる単振動の成分を振動数について表示したグラフ（周波数スペクトル）

振動の重ね合わせ

$$A = \sum_n A_n \sin(\omega_n t + \phi_n) \tag{3.3}$$

によって表すことができる。図 3.2 に示した複雑な振動にはどのような振動数をもつ単振動がどの程度含まれているのかを示したのが**図 3.3** である。

これは周波数スペクトル[*1]と呼ばれる。周波数スペクトルでは，周期 T と反比例の関係にある角振動数 ω あるいは振動数 ν を座標軸に用いて，時間 t に対する振動の様子を記述できる。

*1　工学分野では振動数の代わりに周波数という用語が使われることが多く，振動数スペクトルではなく周波数スペクトルという呼び方が一般的である。

振動が，物理量の時間に対する周期的な変動であるのに対して，ある瞬間における波は，物理量の空間座標に対する周期的な変動である。例えば，**図 3.4** に示すような，ある瞬間における x 軸上での正弦波は

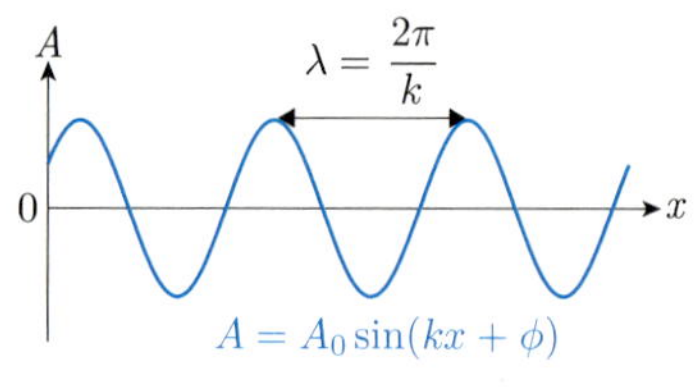

図3.4　ある瞬間における x 軸上での正弦波

$$A(x) = A_0 \sin\left(\frac{2\pi x}{\lambda} + \phi\right) \tag{3.4}$$

のように表すことができる。ここで，λ は波長である。さらに，これを式(3.2)に相当する形式に書き直せば

$$A(x) = A_0 \sin(kx + \phi) \tag{3.5}$$

となる。k $(= \frac{2\pi}{\lambda})$ は**波数**（wavenumber）と呼ばれ，単位長さあたりに含まれる 1 波長分の波の数に 2π をかけた量である。

したがって，角振動数 ω が時間 t に対する周期性を表す物理量であるのと同様に，波数 k は位置 x に対する周期性を表す物理量となる。

振動では

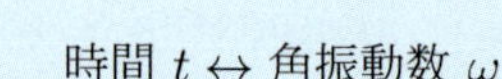

ある瞬間における波では

$$\text{位置 } x \leftrightarrow \text{波数 } k$$

という対応関係である。

振動についての議論とまったく同様の理由から，波長 λ と反比例の関係にある波数 k を用いることによって空間における波の変動の様子が記述できる。

ところで，固体中では 3 次元空間 (x, y, z) における波の変動の様子を記述する必要があるので，空間座標 x，y，z に対して，波数 k_x，k_y，k_z を組み合わせた 3 次元の波数ベクトル $\boldsymbol{k} = (k_x, k_y, k_z)$ を用いる。すなわち

$$\text{位置ベクトル } \boldsymbol{r} = (x, y, z) \leftrightarrow \text{波数ベクトル } \boldsymbol{k} = (k_x, k_y, k_z)$$

のような対応関係を考える。時間 t に対する振動の周期性や振動の様子を記述するのに角振動数 ω が役立つのと同様に，この波数ベクトル $\boldsymbol{k} = (k_x, k_y, k_z)$ が 3 次元空間における波の周期性や変動の様子を記述するのに役に立つ。これが固体物理学で波数ベクトルを用いる理由である。

波数ベクトルのもつ意味についてもう少し考えてみよう。波数ベクトルを用いて，式(3.5)に相当する，3 次元空間における正弦波の式を書き表すと

$$\begin{aligned} A(\boldsymbol{r}) = A(x, y, z) &= A_0 \sin(\boldsymbol{k} \cdot \boldsymbol{r} + \phi) \\ &= A_0 \sin(k_x x + k_y y + k_z z + \phi) \end{aligned} \tag{3.6}$$

となる。ここで，正弦関数 sin の変数の値が一定という条件，すなわち

$$\boldsymbol{k} \cdot \boldsymbol{r} + \phi = k_x x + k_y y + k_z z + \phi = \phi_0$$

を考える。$\boldsymbol{k}$ と $\boldsymbol{r}$ との内積 $\boldsymbol{k} \cdot \boldsymbol{r}$ の値が一定であることから，**図 3.5** に示すように，位置ベクトル $\boldsymbol{r} = (x, y, z)$ は，波数ベクトル $\boldsymbol{k}$ と垂直な平面を表すことになる。位相 ϕ_0 の値が変化すれば，位置ベクトル $\boldsymbol{r} = (x, y, z)$ によって表される平面の位置は変化していくが，平面は常

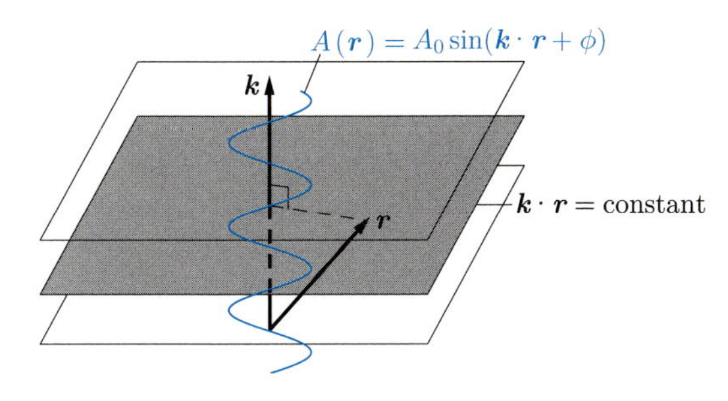

図 3.5　3 次元空間における正弦波の式の意味

に波数ベクトル $\boldsymbol{k}$ と垂直に交わる。つまり，式(3.6)で表される波においては，位相が同じ値となる面は $\boldsymbol{k}$ と直交する平面である。このように同位相となる面が平面である波を**平面波**（plane wave）という。波数ベクトル $\boldsymbol{k}$ の方向は平面波の進行方向を表し，その大きさ $|\boldsymbol{k}|$ は $\frac{2\pi}{\lambda}$ に等しい。このように平面波を考えると波数ベクトルのもつ意味が理解しやすい。

3.1.2　逆格子空間

逆格子空間は，波数ベクトル $\boldsymbol{k}$ を座標とし，位置ベクトル $\boldsymbol{r}$ を座標とする空間の周期性が反映された空間である。逆格子空間を考える理由は，上に述べたとおり，3次元空間における波の周期性や変動の様子を記述するための座標となるからである。例えば，後で説明するように，結晶中でのX線[*2]の回折を考える際に役に立つ。逆格子空間に対して，位置ベクトル $\boldsymbol{r}$ を座標とする空間は**実空間**（real space），あるいは特に周期的な繰り返しがある場合には**実格子空間**（real lattice space）と呼ばれる。

*2　X線は電磁波の一種，つまり波である。

3.2　逆格子ベクトル

第2章では，結晶の周期性を記述するための格子点を表すベクトルである

$$\boldsymbol{R}_n = n_1\boldsymbol{a}_1 + n_2\boldsymbol{a}_2 + n_3\boldsymbol{a}_3$$

について説明した。この節では，逆格子空間において，このようなベクトルに相当する**逆格子ベクトル**（reciprocal lattice vector）を考える。つまり，逆格子ベクトルは逆格子点を表すベクトルである。

3.2.1　1次元の逆格子点

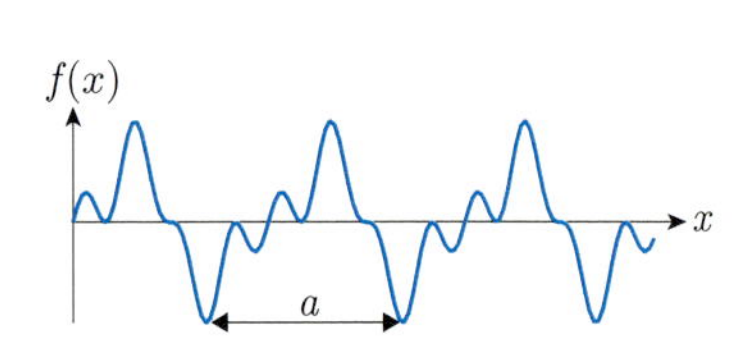

図3.6　周期 a の1次元周期関数

まず，1次元の周期関数を考える。**図3.6**に示すような周期 a の関数は

$$f(x+na) = f(x) \tag{3.7}$$

と表すことができる。ただし，n は任意の整数である。この周期関数は複素フーリエ級数[*3]を用いて

$$f(x) = \sum_{m=-\infty}^{\infty} A_m \exp\left(i\frac{2\pi}{a}mx\right) \tag{3.8}$$

のように表される。A_m はフーリエ係数である。実際に，式(3.8)中の x の代わりに $x+na$ とすると

$$\begin{aligned} f(x+na) &= \sum_{m=-\infty}^{\infty} A_m \exp\left\{i\frac{2\pi}{a}m(x+na)\right\} \\ &= \sum_{m=-\infty}^{\infty} A_m \exp\left(i\frac{2\pi}{a}mx\right)\exp(i2\pi mn) \end{aligned}$$

*3　複素フーリエ級数を用いる理由については付録Aを参照のこと。

$$= \sum_{m=-\infty}^{\infty} A_m \exp\left(i\frac{2\pi}{a}mx\right)$$
$$= f(x)$$

となることから，式(3.8)で表される関数は周期 a の関数となっていることが確かめられる。

ここで，次の式で与えられる点を**逆格子点**（reciprocal lattice point）と呼ぶ。

1 次元の逆格子点を与える式

$$G_m = \frac{2\pi}{a}m \quad (m \text{ は任意の整数}) \tag{3.9}$$

x の逆数の次元をもつ G_m は当然，波数と同じ次元をもち，**図 3.7** に示すように，波数 k を座標軸とする 1 次元逆格子空間では間隔 $\frac{2\pi}{a}$ で並ぶ点に対応する。

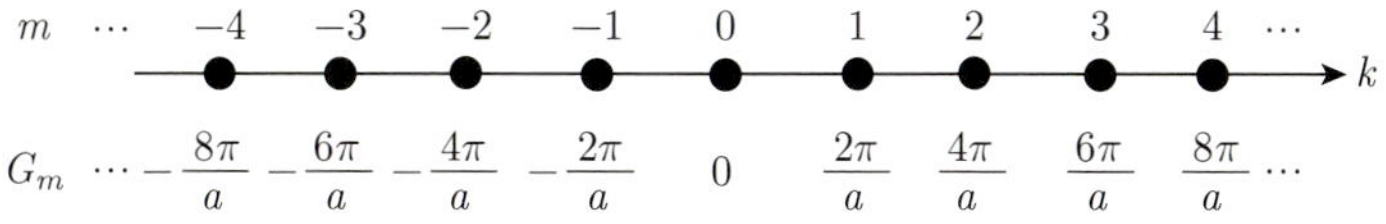

m	$\cdots$	-4	-3	-2	-1	0	1	2	3	4	$\cdots$
G_m	$\cdots$	$-\frac{8\pi}{a}$	$-\frac{6\pi}{a}$	$-\frac{4\pi}{a}$	$-\frac{2\pi}{a}$	0	$\frac{2\pi}{a}$	$\frac{4\pi}{a}$	$\frac{6\pi}{a}$	$\frac{8\pi}{a}$	$\cdots$

k

図 3.7　1 次元波数空間（1 次元逆格子空間）における逆格子点

G_m を用いると，式(3.8)は

$$f(x) = \sum_{G_m} A_{G_m} \exp(iG_m x) \tag{3.10}$$

と表される。ただし，G_m に関して和をとる際には式(3.9)の条件に従って総和をとる。このことからわかるように，逆格子点は「周期関数をフーリエ級数で展開するために用いられる波数の集合」である。

式(3.10)中のフーリエ係数 A_{G_m} はフーリエ変換

$$A_{G_m} = \frac{1}{a}\int_0^a f(x)\exp(-iG_m x)\,\mathrm{d}x \tag{3.11}$$

によって求められる。A_{G_m} は一般には複素数であり，波数が G_m であるような波の（振幅と位相の情報を含んだ）成分に相当する。

3.2.2　3 次元の逆格子点

これまでの議論を 3 次元の場合に拡張してみよう。基本並進ベクトル $\boldsymbol{a}_1, \boldsymbol{a}_2, \boldsymbol{a}_3$ を用いて表現される，次のような 3 次元における周期関数を考える。

$$f(\boldsymbol{r} + \boldsymbol{R}_n) = f(\boldsymbol{r} + n_1\boldsymbol{a}_1 + n_2\boldsymbol{a}_2 + n_3\boldsymbol{a}_3) = f(\boldsymbol{r}) \tag{3.12}$$

ここで，n_1，n_2，n_3 は任意の整数である。この周期性を表現するために，第 2 章でとりあげた格子の概念が用いられている。この周期関数は，1 次元の場合に考えた式(3.10)を形式的に 3 次元に拡張することによって

$$f(\boldsymbol{r}) = \sum_{\boldsymbol{G}_m} A_{\boldsymbol{G}_m} \exp\left(i\boldsymbol{G}_m \cdot \boldsymbol{r}\right) \tag{3.13}$$

と表現できると予想される。ベクトル $\boldsymbol{G}_m$ に関して総和をとるというのはかなり形式的な表現であるが，$\boldsymbol{G}_m$ に課される条件に従って総和をとるという意味である。では $\boldsymbol{G}_m$ にどのような条件が課されるのかを，式(3.13)が周期関数でなければならないという前提条件から導いていこう。このことが 3 次元の逆格子点を求めることにつながる。

式(3.12)に式(3.13)を適用することによって得られる，次のような式の変形

$$\begin{aligned} f(\boldsymbol{r}+\boldsymbol{R}_n) &= \sum_{\boldsymbol{G}_m} A_{\boldsymbol{G}_m} \exp\left\{i\boldsymbol{G}_m \cdot (\boldsymbol{r}+\boldsymbol{R}_n)\right\} \\ &= \sum_{\boldsymbol{G}_m} A_{\boldsymbol{G}_m} \exp\left(i\boldsymbol{G}_m \cdot \boldsymbol{r}\right) \exp\left(i\boldsymbol{G}_m \cdot \boldsymbol{R}_n\right) \\ &= \sum_{\boldsymbol{G}_m} A_{\boldsymbol{G}_m} \exp\left(i\boldsymbol{G}_m \cdot \boldsymbol{r}\right) \\ &= f(\boldsymbol{r}) \end{aligned}$$

が成り立つためには，2 行目から 3 行目の変形において

$$\exp\left(i\boldsymbol{G}_m \cdot \boldsymbol{R}_n\right) = 1 \tag{3.14}$$

すなわち

$$\begin{aligned} \boldsymbol{G}_m \cdot \boldsymbol{R}_n &= \boldsymbol{G}_m \cdot (n_1\boldsymbol{a}_1 + n_2\boldsymbol{a}_2 + n_3\boldsymbol{a}_3) \\ &= n_1\boldsymbol{G}_m \cdot \boldsymbol{a}_1 + n_2\boldsymbol{G}_m \cdot \boldsymbol{a}_2 + n_3\boldsymbol{G}_m \cdot \boldsymbol{a}_3 \\ &= 2\pi N \end{aligned} \tag{3.15}$$

とならなければならない。ただし，N は整数である。式(3.15)は任意の n_1, n_2, n_3 について成立する必要があるから

$$\boldsymbol{G}_m \cdot \boldsymbol{a}_1 = 2\pi m_1, \quad \boldsymbol{G}_m \cdot \boldsymbol{a}_2 = 2\pi m_2, \quad \boldsymbol{G}_m \cdot \boldsymbol{a}_3 = 2\pi m_3 \tag{3.16}$$

となる。ただし，m_1, m_2, m_3 は任意の整数である。ここで，基本並進ベクトル $\boldsymbol{a}_1$，$\boldsymbol{a}_2$，$\boldsymbol{a}_3$ は同一平面上にはない互いに独立したベクトルであるから

$$\boldsymbol{a}_i \cdot \boldsymbol{b}_j = 2\pi\delta_{ij} \quad (i, j = 1, 2, 3) \tag{3.17}$$

を満足する $\boldsymbol{b}_j$（$j = 1, 2, 3$）を用いて

$$\boldsymbol{G}_m = m_1\boldsymbol{b}_1 + m_2\boldsymbol{b}_2 + m_3\boldsymbol{b}_3 \tag{3.18}$$

とすれば式(3.16)が成り立つ。式(3.17)中の δ_{ij} はクロネッカー*4のデ

*4 レオポルト・クロネッカー(Leopold Kronecker, 1823〜1891)はドイツの数学者である。

ルタ（Kronecker delta）であり

$$\delta_{ij} = \begin{cases} 1 & (i = j) \\ 0 & (i \neq j) \end{cases}$$

と定義される。つまりベクトル $\boldsymbol{b}_j$ は，基本並進ベクトル $\boldsymbol{a}_i$ に対して，添え字が等しいときには互いの内積が 2π となり，添え字が等しくないときには直交するベクトルである。

1 次元の場合，逆格子点が式(3.9)によって与えられたように，3 次元の逆格子点を与える式は式(3.18)である。この式は重要なので，強調するために改めて示しておこう。

3 次元の逆格子点を与える式

$$\boldsymbol{G}_m = m_1\boldsymbol{b}_1 + m_2\boldsymbol{b}_2 + m_3\boldsymbol{b}_3$$

式(3.13)に示したとおり，3 次元の周期関数はこの $\boldsymbol{G}_m$ によってフーリエ級数展開できるので，1 次元の場合と同様，3 次元の逆格子点も「周期関数をフーリエ級数展開するために用いられる波数ベクトルの集合」である。

式中の $\boldsymbol{b}_1$, $\boldsymbol{b}_2$, $\boldsymbol{b}_3$ は**逆格子の基本ベクトル**と呼ばれ，式(3.17)で示される性質をもつ。この性質も重要なので繰り返し示しておこう。

逆格子の基本ベクトルの性質

$$\boldsymbol{a}_i \cdot \boldsymbol{b}_j = 2\pi\delta_{ij} \quad (i, j = 1, 2, 3)$$

この性質から，逆格子の基本ベクトルは次のように定義できる。

逆格子の基本ベクトルの定義

$$\begin{aligned} \boldsymbol{b}_1 &= 2\pi\frac{\boldsymbol{a}_2 \times \boldsymbol{a}_3}{\boldsymbol{a}_1 \cdot (\boldsymbol{a}_2 \times \boldsymbol{a}_3)} \\ \boldsymbol{b}_2 &= 2\pi\frac{\boldsymbol{a}_3 \times \boldsymbol{a}_1}{\boldsymbol{a}_2 \cdot (\boldsymbol{a}_3 \times \boldsymbol{a}_1)} \\ \boldsymbol{b}_3 &= 2\pi\frac{\boldsymbol{a}_1 \times \boldsymbol{a}_2}{\boldsymbol{a}_3 \cdot (\boldsymbol{a}_1 \times \boldsymbol{a}_2)} \end{aligned} \tag{3.19}$$

この定義に従って $\boldsymbol{a}_i \cdot \boldsymbol{b}_j$ を具体的に計算してみれば，逆格子の基本ベクトルの性質を満たしていることが簡単に確かめられる。例えば $i = 1$，$j = 1$ の場合には

$$\boldsymbol{a}_1 \cdot \boldsymbol{b}_1 = 2\pi\frac{\boldsymbol{a}_1 \cdot (\boldsymbol{a}_2 \times \boldsymbol{a}_3)}{\boldsymbol{a}_1 \cdot (\boldsymbol{a}_2 \times \boldsymbol{a}_3)} = 2\pi$$

であり，$i = 1$，$j = 2$ の場合には $\boldsymbol{b}_2$ の式中に含まれる $\boldsymbol{a}_3 \times \boldsymbol{a}_1$ はベクトル $\boldsymbol{a}_1$ と直交するので，$\boldsymbol{a}_1$ との内積を求めると，$\boldsymbol{a}_1 \cdot (\boldsymbol{a}_3 \times \boldsymbol{a}_1) = 0$ となる。したがって，$\boldsymbol{a}_1 \cdot \boldsymbol{b}_2 = 0$ である。$i = 1$，$j = 3$ の場合も同様に $\boldsymbol{a}_1 \cdot \boldsymbol{b}_3 = 0$ となる。

ちなみに分母の $\boldsymbol{a}_1 \cdot (\boldsymbol{a}_2 \times \boldsymbol{a}_3)$ はスカラー三重積であり，その絶対値は図 2.8 に示したような，$\boldsymbol{a}_1, \boldsymbol{a}_2, \boldsymbol{a}_3$ によってつくられる平行六面体の体積に等しく，

$$\boldsymbol{a}_1 \cdot (\boldsymbol{a}_2 \times \boldsymbol{a}_3) = \boldsymbol{a}_2 \cdot (\boldsymbol{a}_3 \times \boldsymbol{a}_1) = \boldsymbol{a}_3 \cdot (\boldsymbol{a}_1 \times \boldsymbol{a}_2)$$

の関係がある。

単純立方格子の逆格子点

式(3.19)を用いて，単純立方格子の逆格子点を求めてみよう。単純立方格子の基本並進ベクトルは式(2.3)で与えたように

$$\begin{aligned} \boldsymbol{a}_1 &= a\boldsymbol{e}_x \\ \boldsymbol{a}_2 &= a\boldsymbol{e}_y \\ \boldsymbol{a}_3 &= a\boldsymbol{e}_z \end{aligned}$$

である。これをもとにすると

$$\begin{aligned} \boldsymbol{a}_2 \times \boldsymbol{a}_3 &= a^2 \boldsymbol{e}_y \times \boldsymbol{e}_z \\ &= a^2 \boldsymbol{e}_x \\ \boldsymbol{a}_1 \cdot (\boldsymbol{a}_2 \times \boldsymbol{a}_3) &= a^3 \boldsymbol{e}_x \cdot \boldsymbol{e}_x \\ &= a^3 \end{aligned}$$

なので，逆格子の基本ベクトルは

$$\boldsymbol{b}_1 = \frac{2\pi}{a}\boldsymbol{e}_x$$

である。同様に

$$\boldsymbol{b}_2 = \frac{2\pi}{a}\boldsymbol{e}_y$$

$$\boldsymbol{b}_3 = \frac{2\pi}{a}\boldsymbol{e}_z$$

である。したがって，単純立方格子の逆格子点は

$$\begin{aligned} \boldsymbol{G}_m &= m_1\boldsymbol{b}_1 + m_2\boldsymbol{b}_2 + m_3\boldsymbol{b}_3 \\ &= \frac{2\pi}{a}m_1\boldsymbol{e}_x + \frac{2\pi}{a}m_2\boldsymbol{e}_y + \frac{2\pi}{a}m_3\boldsymbol{e}_z \end{aligned}$$

で与えられる。これは 1 辺の長さが $\frac{2\pi}{a}$ である立方体を単位胞とする単純立方格子の格子点と等しい。

■例題■　面心立方格子の逆格子点

式(3.19)を用いて，面心立方格子の逆格子点を求めなさい。

[解答]

面心立方格子の基本並進ベクトルは式(2.5)で与えたように

$$a_1 = \frac{a}{2}\left(e_y + e_z\right)$$
$$a_2 = \frac{a}{2}\left(e_z + e_x\right)$$
$$a_3 = \frac{a}{2}\left(e_x + e_y\right)$$

である。これをもとにすると

$$\begin{aligned} a_2 \times a_3 &= \frac{a^2}{4}\left(e_z + e_x\right) \times \left(e_x + e_y\right) \\ &= \frac{a^2}{4}\left(e_y + e_z - e_x\right) \\ a_1 \cdot \left(a_2 \times a_3\right) &= \frac{a^3}{8}\left(e_y + e_z\right) \cdot \left(e_y + e_z - e_x\right) \\ &= \frac{a^3}{4} \end{aligned}$$

なので，逆格子の基本ベクトルは

$$b_1 = \frac{2\pi}{a}\left(e_y + e_z - e_x\right)$$

である。同様に

$$b_2 = \frac{2\pi}{a}\left(e_z + e_x - e_y\right)$$
$$b_3 = \frac{2\pi}{a}\left(e_x + e_y - e_z\right)$$

である。したがって，面心立方格子の逆格子点は

$$\begin{aligned} G_m &= m_1 b_1 + m_2 b_2 + m_3 b_3 \\ &= \frac{2\pi}{a} m_1 \left(e_y + e_z - e_x\right) + \frac{2\pi}{a} m_2 \left(e_z + e_x - e_y\right) \\ &\quad + \frac{2\pi}{a} m_3 \left(e_x + e_y - e_z\right) \end{aligned}$$

で与えられる。これは，式(2.4)で示した体心立方格子の基本並進ベクトルと見比べるとわかるように，1 辺の長さが $\frac{4\pi}{a}$ である立方体を慣用単位胞とする体心立方格子の格子点と等しい。

3.2.3 ブリュアンゾーン

逆格子空間におけるウィグナー–ザイツ胞を**ブリュアンゾーン**(Brillouin zone)[*5]という。つまりブリュアンゾーンは逆格子空間の基本単位胞である。**図 3.8** に面心立方格子のブリュアンゾーンを示す。この図形は第 2 章で説明した体心立方格子のウィグナー–ザイツ胞と同じ形をしている。それは当然のことで，面心立方格子の逆格子が体心立方格子だからである。

*5 フランス出身の物理学者であるブリュアン（Leon Nicholas Brillouin, 1889〜1969）による。磁性で登場するブリュアン関数や，物質による光散乱の 1 つであるブリュアン散乱も彼の名に因む。

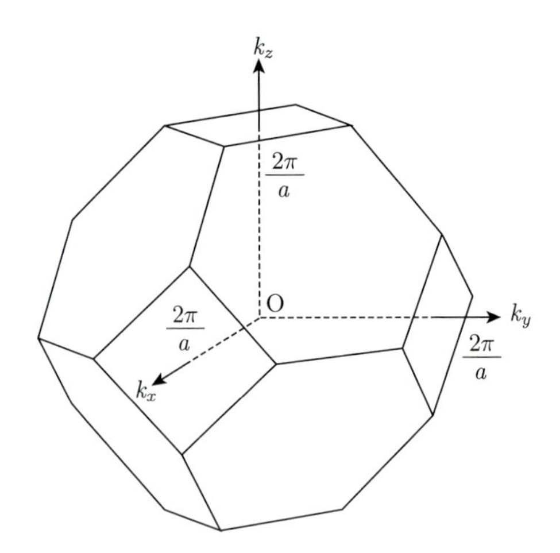

図 3.8　面心立方格子のブリュアンゾーン

3.3　結晶による回折

逆格子を考えるとどのように役に立つかがわかる例として結晶による**回折**（diffraction）について考えることにする。

3.3.1　原子による X 線の散乱

原子に X 線を照射するとさまざまな相互作用が生じる。そのうち，X 線の波長（エネルギー）が変化しない弾性散乱（elastic scattering）は，X 線と原子内の電子との相互作用が主たる原因となって生じる。したがって，原子による X 線の弾性散乱においては原子内の電子による弾性散乱のみを考えればよい。

図 3.9 に示すように原子内に電子が分布している場合に，X 線がどのように散乱されるかを考えてみよう。波数ベクトル $\boldsymbol{k}_0$ をもつ X 線が入射し，波数ベクトル $\boldsymbol{k}$ の方向に弾性散乱されるとする。X 線の波長を λ とするとき，散乱前後で波数ベクトルの大きさは変わらないので

$$|\boldsymbol{k}_0| = |\boldsymbol{k}| = \frac{2\pi}{\lambda} \tag{3.20}$$

である。

原子の中心（原点 O とする）から $\boldsymbol{r}$ だけ離れた点 P に分布する電子によって X 線が散乱される場合には，原点 O で散乱される場合と比べて $\overline{\mathrm{AP}} - \overline{\mathrm{OB}}$ だけの行路差が生じる。図 3.9 に示した図形の関係からわかるように

$$\overline{\mathrm{AP}} = \overline{\mathrm{OP}} \cos\theta_0$$
$$\overline{\mathrm{OB}} = \overline{\mathrm{OP}} \cos\theta$$

であるので，位相差は，行路差を波長で割ったものを 2π 倍した

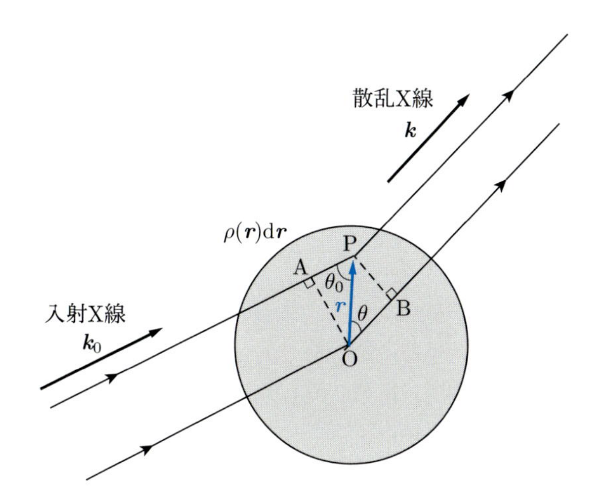

図 3.9　原子による X 線の散乱

$$\frac{2\pi}{\lambda}\left(\overline{\mathrm{AP}}-\overline{\mathrm{OB}}\right)=\frac{2\pi}{\lambda}\overline{\mathrm{OP}}\,(\cos\theta_0-\cos\theta)$$
$$=\frac{2\pi}{\lambda}|\boldsymbol{r}|\,(\cos\theta_0-\cos\theta)$$

で与えられる。ここでは，$|\boldsymbol{r}|=\overline{\mathrm{OP}}$ であることを用いた。さらに，ベクトルの内積に関して

$$\boldsymbol{k}_0\cdot\boldsymbol{r}=|\boldsymbol{k}_0||\boldsymbol{r}|\cos\theta_0$$
$$\boldsymbol{k}\cdot\boldsymbol{r}=|\boldsymbol{k}||\boldsymbol{r}|\cos\theta$$

であることと，式(3.20)を用いることによって，位相差は

$$\frac{2\pi}{\lambda}\left(\overline{\mathrm{AP}}-\overline{\mathrm{OB}}\right)=(\boldsymbol{k}_0-\boldsymbol{k})\cdot\boldsymbol{r}$$

と表される。ここで新たに，散乱ベクトル $\boldsymbol{K}=\boldsymbol{k}-\boldsymbol{k}_0$ を定義すると，生じる位相差は $-\boldsymbol{K}\cdot\boldsymbol{r}$ となる。

位置 $\boldsymbol{r}$ における電子分布密度を $\rho(\boldsymbol{r})$ とするとき，点 P に分布する電子によって散乱される X 線の振幅 E は，点 P 周辺の微小体積 $\mathrm{d}\boldsymbol{r}$*6に含まれる電荷 $\rho(\boldsymbol{r})\mathrm{d}\boldsymbol{r}$ に比例することと，原点で散乱される X 線との位相差を考慮すると，

$$E\propto\rho(\boldsymbol{r})\exp(-i\boldsymbol{K}\cdot\boldsymbol{r})\,\mathrm{d}\boldsymbol{r}$$

となる。したがって，原子によって散乱される X 線の振幅は，上式を原子全体にわたって積分した

$$f(\boldsymbol{K})=\int_{\text{原子}}\rho(\boldsymbol{r})\exp(-i\boldsymbol{K}\cdot\boldsymbol{r})\,\mathrm{d}\boldsymbol{r}\qquad(3.21)$$

に比例する。$f(\boldsymbol{K})$ は**原子散乱因子**（atomic scattering factor）あるいは**原子形状因子**（atomic form factor）と呼ばれる。

*6　これは微小体積の慣習的な表記法で，例えばデカルト座標であれば $\mathrm{d}x\,\mathrm{d}y\,\mathrm{d}z$ を意味し，極座標であれば $r^2\sin\theta\,\mathrm{d}r\,\mathrm{d}\theta\,\mathrm{d}\phi$ を意味している。これ以降もこの表記を用いるがベクトル $\boldsymbol{r}$ の微小量ではないので注意すること。

3.3.2　結晶による X 線回折

*7　つまり第 2 章で説明したような理想化された結晶ではない。

X 線が 1 つの原子ではなく，有限の大きさの結晶[*7]によって散乱される場合を考える。この場合，式(3.21)に相当する積分を結晶全体にわたって

$$A(\boldsymbol{K}) = \int_{\text{結晶全体}} \rho(\boldsymbol{r}) \exp(-i\boldsymbol{K}\cdot\boldsymbol{r})\,\mathrm{d}\boldsymbol{r} \tag{3.22}$$

のように行うことで，結晶によって散乱される X 線の振幅に比例する因子が求められる。ところで第 2 章で扱ったように，結晶とは原子・分子が 3 次元空間で周期的に配列したものである。その周期の様子は基本並進ベクトルを用いた格子によって記述することができ，電子密度分布は次式を満たす周期関数となる。

$$\rho(\boldsymbol{r} + n_1\boldsymbol{a}_1 + n_2\boldsymbol{a}_2 + n_3\boldsymbol{a}_3) = \rho(\boldsymbol{r}) \tag{3.23}$$

したがって，**図 3.10** に示すように，結晶全体にわたる積分を 1 つ 1 つの単位胞（この単位胞は基本単位胞でも慣用単位胞でもかまわない）についての積分の総和に置き換え，さらに式(3.23)を用いることによって，式(3.22)は

$$\begin{aligned}
A(\boldsymbol{K}) &= \sum_{n_1=0}^{N_1-1}\sum_{n_2=0}^{N_2-1}\sum_{n_3=0}^{N_3-1}\int_{\text{単位胞}} \rho(\boldsymbol{r} + n_1\boldsymbol{a}_1 + n_2\boldsymbol{a}_2 + n_3\boldsymbol{a}_3) \\
&\quad \times \exp\{-i\boldsymbol{K}\cdot(\boldsymbol{r} + n_1\boldsymbol{a}_1 + n_2\boldsymbol{a}_2 + n_3\boldsymbol{a}_3)\}\,\mathrm{d}\boldsymbol{r} \\
&= \sum_{n_1=0}^{N_1-1}\sum_{n_2=0}^{N_2-1}\sum_{n_3=0}^{N_3-1} \exp\{-i\boldsymbol{K}\cdot(n_1\boldsymbol{a}_1 + n_2\boldsymbol{a}_2 + n_3\boldsymbol{a}_3)\} \\
&\quad \times \int_{\text{単位胞}} \rho(\boldsymbol{r}) \exp(-i\boldsymbol{K}\cdot\boldsymbol{r})\,\mathrm{d}\boldsymbol{r}
\end{aligned} \tag{3.24}$$

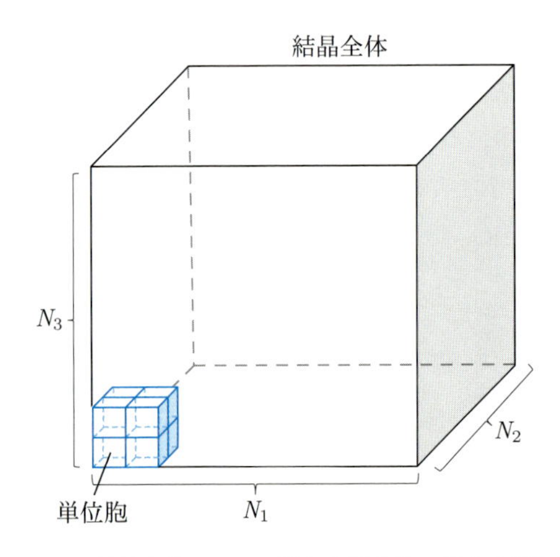

図 3.10　結晶全体にわたる積分を単位胞の積分の総和に置き換えるための模式図

と表すことができる。ここで，$\int_{\text{単位胞}}$ は単位胞についての積分を意味する。

式(3.24)中の積分の部分

$$F(\boldsymbol{K}) = \int_{\text{単位胞}} \rho(\boldsymbol{r}) \exp(-i\boldsymbol{K}\cdot\boldsymbol{r})\,\mathrm{d}\boldsymbol{r} \tag{3.25}$$

を**結晶構造因子**（crystal structure factor）と呼ぶ。また，式(3.24)中の総和の部分は

$$\begin{aligned}
G(\boldsymbol{K}) &= \sum_{n_1=0}^{N_1-1}\sum_{n_2=0}^{N_2-1}\sum_{n_3=0}^{N_3-1} \exp\{-i\boldsymbol{K}\cdot(n_1\boldsymbol{a}_1+n_2\boldsymbol{a}_2+n_3\boldsymbol{a}_3)\} \\
&= \left\{\sum_{n_1=0}^{N_1-1}\exp(-in_1\boldsymbol{K}\cdot\boldsymbol{a}_1)\right\}\left\{\sum_{n_2=0}^{N_2-1}\exp(-in_2\boldsymbol{K}\cdot\boldsymbol{a}_2)\right\} \\
&\quad\times\left\{\sum_{n_3=0}^{N_3-1}\exp(-in_3\boldsymbol{K}\cdot\boldsymbol{a}_3)\right\} \\
&= \exp\left(-i\frac{N_1-1}{2}\boldsymbol{K}\cdot\boldsymbol{a}_1\right)\frac{\sin\frac{N_1\boldsymbol{K}\cdot\boldsymbol{a}_1}{2}}{\sin\frac{\boldsymbol{K}\cdot\boldsymbol{a}_1}{2}} \\
&\quad\times\exp\left(-i\frac{N_2-1}{2}\boldsymbol{K}\cdot\boldsymbol{a}_2\right)\frac{\sin\frac{N_2\boldsymbol{K}\cdot\boldsymbol{a}_2}{2}}{\sin\frac{\boldsymbol{K}\cdot\boldsymbol{a}_2}{2}} \\
&\quad\times\exp\left(-i\frac{N_3-1}{2}\boldsymbol{K}\cdot\boldsymbol{a}_3\right)\frac{\sin\frac{N_3\boldsymbol{K}\cdot\boldsymbol{a}_3}{2}}{\sin\frac{\boldsymbol{K}\cdot\boldsymbol{a}_3}{2}}
\end{aligned} \tag{3.26}$$

となる（演習問題 3.3 参照）。$N_1, N_2, N_3 \gg 1$ である場合，この関数の絶対値 $|G(\boldsymbol{K})|$ は

$$\boldsymbol{K}\cdot\boldsymbol{a}_1 = 2\pi m_1,\quad \boldsymbol{K}\cdot\boldsymbol{a}_2 = 2\pi m_2,\quad \boldsymbol{K}\cdot\boldsymbol{a}_3 = 2\pi m_3 \tag{3.27}$$

であるときのみ値が大きくなり，それ以外での値は小さくなる。ただし，m_1, m_2, m_3 は任意の整数である。言い換えれば X 線が強く散乱されるためには，散乱ベクトル $\boldsymbol{K}$ が式(3.27)を満足する必要がある。このように個々の原子により散乱される X 線が互いに強め合うことによって，結晶による X 線の回折*8が生じる。

ところで，式(3.27)は，式(3.16)とまったく同じ形をしていることがわかる。このことから，

$$\boldsymbol{K} = \boldsymbol{G}_m \tag{3.28}$$

つまり，散乱ベクトル $\boldsymbol{K}$ が逆格子点を与えるベクトル $\boldsymbol{G}_m$ と一致することが結晶による X 線回折が起こるための必要条件となる。結晶によって X 線回折が起こる条件を与える式(3.27)あるいは式(3.28)を**ラウエ条件**（Laue conditions）*9という。

ラウエ条件を模式的に示すと**図 3.11** のようになる。入射 X 線と回折 X 線とのなす角を 2θ とすれば図形の関係から

$$|\boldsymbol{K}| = |\boldsymbol{G}_m| = 2|\boldsymbol{k}|\sin\theta \tag{3.29}$$

*8 通常，回折とは光などの波が障害物の背後に回り込む現象を指すが，結晶による回折の場合は内部の原子・分子による散乱波が足し合わされることによって生じる現象を指す。

*9 マックス・フォン・ラウエ（Max Theodor Felix von Laue, 1879〜1960）はドイツの物理学者。結晶による X 線回折現象から X 線が電磁波であることを明らかにした。「結晶による X 線回折の発見」によって 1914 年にノーベル物理学賞を受賞した。

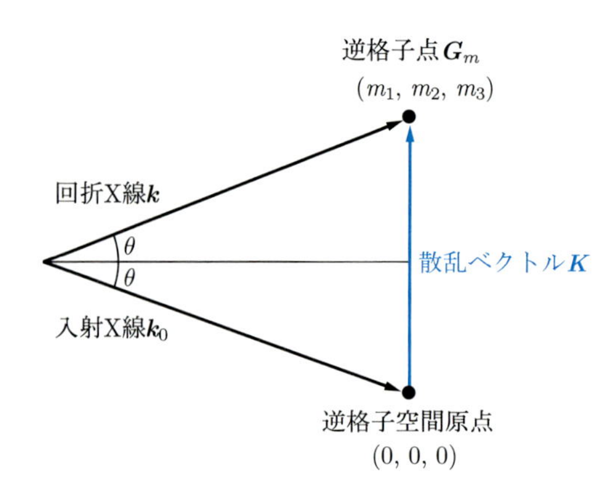

図 3.11　結晶による X 線回折が起こるための必要条件

となる。ところで，$|\boldsymbol{G}_m|$ は結晶内の面間隔 d と

$$|\boldsymbol{G}_m| = \frac{2\pi}{d} \tag{3.30}$$

という関係にある。このことを一般の場合について示すのは簡単ではないが，単位胞が 1 辺 a の立方体である場合には

$$|\boldsymbol{G}_m| = \left|\frac{2\pi}{a}m_1\boldsymbol{e}_x + \frac{2\pi}{a}m_2\boldsymbol{e}_y + \frac{2\pi}{a}m_3\boldsymbol{e}_z\right| = \frac{2\pi}{a}\sqrt{{m_1}^2 + {m_2}^2 + {m_3}^2} \tag{3.31}$$

となり，$d = \dfrac{a}{\sqrt{{m_1}^2 + {m_2}^2 + {m_3}^2}}$ である（演習問題 3.5 参照）ことから，式(3.30)が成り立つことが確かめられる。

さらに，$|\boldsymbol{k}| = \frac{2\pi}{\lambda}$ であることを用いて式(3.29)を変形すると

$$2d\sin\theta = \lambda \tag{3.32}$$

が得られる。この式は結晶によって回折が起こる条件を示す**ブラッグの法則**（Bragg's law）*10にほかならない。

*10　イギリスの物理学者である，ヘンリー・ブラッグ（William Henry Bragg, 1862〜1942）とローレンス・ブラッグ(William Lawrence Bragg, 1890〜1971）父子によって発見された。ブラッグ父子は「X 線を用いた結晶構造の解析」によって父子で1915年にノーベル物理学賞を受賞した。これまでに，ノーベル賞を受賞した親子は7組あるが，共同受賞したのはブラッグ父子のみである。また，ローレンス・ブラッグが受賞したのは25歳のときで，2014年にマララ・ユサフザイが17歳でノーベル平和賞を受賞するまでは長らく最年少記録であった。ロザリンド・フランクリン（Rosalind Elsie Franklin, 1920〜1958)，モーリス・ウィルキンス（Maurice Hugh Frederick Wilkins, 1916〜2004）の X 線回折の結果から，ジェームズ・ワトソン（James Dewey Watson, 1928〜），フランシス・クリック（Francis Harry Compton Crick, 1916〜2004）が DNA の二重らせん構造を明らかにした1953年，キャヴェンディッシュ研究所所長はローレンス・ブラッグであった。

結晶構造因子の具体的な求め方

式(3.28)に示したように散乱ベクトル $\boldsymbol{K}$ が逆格子点を与えるベクトル $\boldsymbol{G}_m$ と一致することが結晶による X 線回折が生じるための必要条件である。一方で，式(3.25)に示した結晶構造因子 $F(\boldsymbol{K})$ の値も X 線回折が生じるかどうかに影響する。

結晶の単位胞内に N 個の原子が含まれ，その中の j 番目の原子の中心位置が単位胞内の $\boldsymbol{r}_j$ にあるとすると，単位胞内の電子密度分布は，近似的に各々の原子による電子密度分布の和として

$$\rho(\boldsymbol{r}) = \sum_{j=1}^{N}\rho_j(\boldsymbol{r} - \boldsymbol{r}_j)$$

のように表される。したがって，結晶構造因子は

$$F(\boldsymbol{K}) = \sum_{j=1}^{N}\int_{\text{単位胞}}\rho_j(\boldsymbol{r} - \boldsymbol{r}_j)\exp(-i\boldsymbol{K}\cdot\boldsymbol{r})\,\mathrm{d}\boldsymbol{r}$$

となる。ここで，$\boldsymbol{r}' = \boldsymbol{r} - \boldsymbol{r}_j$ とし，また電子密度は原子の中心近傍に集中し，他の原子まで分布が及んでいないとすれば，積分は個々の原子の中心近傍だけで行えばよく

$$F(\boldsymbol{K}) = \sum_{j=1}^{N} \exp(-i\boldsymbol{K}\cdot\boldsymbol{r}_j) \int_{\text{原子}} \rho_j(\boldsymbol{r}') \exp(-i\boldsymbol{K}\cdot\boldsymbol{r}')\,\mathrm{d}\boldsymbol{r}'$$
$$= \sum_{j=1}^{N} f_j(\boldsymbol{K}) \exp(-i\boldsymbol{K}\cdot\boldsymbol{r}_j)$$

と近似できる。ここで，

$$f_j(\boldsymbol{K}) = \int_{\text{原子}} \rho_j(\boldsymbol{r}') \exp(-i\boldsymbol{K}\cdot\boldsymbol{r}')\,\mathrm{d}\boldsymbol{r}'$$

は j 番目の原子についての原子散乱因子である。X 線回折が起こるための必要条件は $\boldsymbol{K} = \boldsymbol{G}_m$ であるからこのときの結晶構造因子は次の式で与えられる。

$\boldsymbol{K} = \boldsymbol{G}_m$ であるときの結晶構造因子

$$F(\boldsymbol{G}_m) = \sum_{j=1}^{N} f_j(\boldsymbol{G}_m) \exp(-i\boldsymbol{G}_m\cdot\boldsymbol{r}_j) \tag{3.33}$$

■例題■　体心立方構造の結晶構造因子

式(3.33)を用いて体心立方構造の結晶構造因子を求めなさい。

[解答]

ここでは，格子定数 a を辺の長さとする立方体を慣用単位胞として考えることにする。この慣用単位胞には 2 個の原子が含まれ，その位置は $\boldsymbol{r}_1 = (0,0,0)$ および $\boldsymbol{r}_2 = (\frac{a}{2},\frac{a}{2},\frac{a}{2})$ である。2 個の原子はどちらも同じ種類の原子なので原子散乱因子は $f = f_1 = f_2$ である。考えている慣用単位胞は単純立方格子なので，この場合の逆格子点を与えるベクトルを成分表示すると

$$\boldsymbol{G}_m = \left(\frac{2\pi}{a}m_1, \frac{2\pi}{a}m_2, \frac{2\pi}{a}m_3\right)$$

である。したがって，このときの結晶構造因子は

$$F(\boldsymbol{G}_m) = f_1 \exp(-i\boldsymbol{G}_m\cdot\boldsymbol{r}_1) + f_2 \exp(-i\boldsymbol{G}_m\cdot\boldsymbol{r}_2)$$
$$= f\left[1 + \exp\{-i\pi(m_1+m_2+m_3)\}\right]$$
$$= \begin{cases} 0 & (m_1+m_2+m_3 = \text{奇数}) \\ 2f & (m_1+m_2+m_3 = \text{偶数}) \end{cases}$$

となる。この結果は，m_1, m_2, m_3 が整数であるというだけでは回折が起こる条件として十分ではなく，$m_1+m_2+m_3 = \text{偶数}$ であるこ

とも必要であること（あるいは $m_1 + m_2 + m_3 =$ 奇数 である場合には回折が起こらないこと）を意味している。このように特定の指数の組 $(m_1\ m_2\ m_3)$ で回折が見られない規則を**消滅則**（extinction rule）という。

この条件についてさらに考えてみよう。結晶構造因子が 0 でない場合について逆格子空間に $\boldsymbol{G}_m$ に対応する点を打っていくと，**図 3.12** に示すような，1 辺の長さが $\frac{4\pi}{a}$ の面心立方格子となることがわかる。実は，慣用単位胞ではなく，最初から単位胞として体心立方格子を考えていればその逆格子は面心立方格子であるので，式(3.28)より，回折が生じる条件が直接求められた。しかし，X 線回折の実験では通常，格子定数 a の立方体を慣用単位胞としたミラー指数を用いて面を示すので，この例題で求めた消滅則はたいへん有用である。

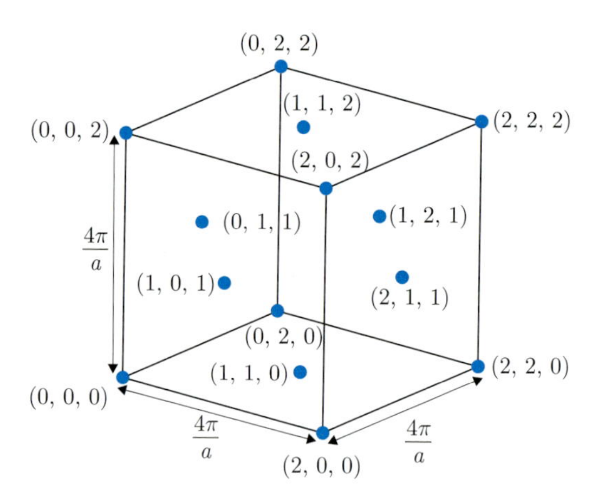

図 3.12　体心立方構造の結晶構造因子が 0 でない条件

❖ 演習問題

3.1 逆格子の基本ベクトルを与える式(3.19)を用いて体心立方格子の逆格子点を求めなさい。ただし，体心立方格子の基本並進ベクトルは式(2.4)で与えられたように

$$
\begin{aligned}
\boldsymbol{a}_1 &= \frac{a}{2}(\boldsymbol{e}_y + \boldsymbol{e}_z - \boldsymbol{e}_x) \\
\boldsymbol{a}_2 &= \frac{a}{2}(\boldsymbol{e}_z + \boldsymbol{e}_x - \boldsymbol{e}_y) \\
\boldsymbol{a}_3 &= \frac{a}{2}(\boldsymbol{e}_x + \boldsymbol{e}_y - \boldsymbol{e}_z)
\end{aligned}
$$

であることを用いなさい。

3.2 逆格子の基本ベクトルを与える式(3.19)を用いて六方格子の逆格子点を求めなさい。ただし，六方格子の基本並進ベクトルは，x, y, z 方向の単位ベクトル $\boldsymbol{e}_x$, $\boldsymbol{e}_y$, $\boldsymbol{e}_z$ を用いて

$$
\begin{aligned}
\boldsymbol{a}_1 &= \frac{a}{2}\boldsymbol{e}_x - \frac{\sqrt{3}a}{2}\boldsymbol{e}_y \\
\boldsymbol{a}_2 &= \frac{a}{2}\boldsymbol{e}_x + \frac{\sqrt{3}a}{2}\boldsymbol{e}_y \\
\boldsymbol{a}_3 &= c\boldsymbol{e}_z
\end{aligned}
$$

で与えられるとしなさい。ちなみに，六方格子の基本並進ベクトルにはいろいろな表現法があり，ここで示したのはそのうちの1つである。

3.3 結晶構造因子に関する式(3.26)を導出する過程を確かめなさい。

3.4 $N_1, N_2, N_3 \gg 1$ である場合に，式(3.27)を満たすときのみ，式(3.26)の値が大きくなることを確かめるために，$N = 20$ であるときの関数 $\left|\frac{\sin N\pi x}{\sin \pi x}\right|$ のグラフを作成しなさい。

3.5 法線ベクトルを $\boldsymbol{n} = (m_1, m_2, m_3)$ とし，x, y, z 軸とそれぞれ $\frac{na}{m_1}, \frac{na}{m_2}, \frac{na}{m_3}$ で交わる面の間隔 d を求めなさい。ただし，m_1, m_2, m_3 は整数，n は任意の整数である。

3.6 ダイヤモンド構造の結晶構造因子を求めなさい。

3.7 塩化ナトリウム構造の結晶構造因子を求めなさい。ただし，2種類の原子AおよびBについて，それぞれの原子散乱因子を f_{A} および f_{B} としなさい。

第4章　量子力学の基礎

第3章までは，主に結晶構造や周期性，あるいはそれに関連する回折などに関する議論にとどまっていたため，特に量子力学を用いる必要はなかった。しかし，これ以降の章，特に第6章以降で扱う事項を理解するためには量子力学が不可欠である。本章では固体物理学を理解する上で必要となる量子力学の基礎について学ぶ。

4.1　粒子と波の二重性

4.1.1　光子

歴史的には，量子力学は1900年にプランク*1によって発表された**エネルギーの量子仮説**（Planck postulate）に端を発する。これは，絶対温度 T の黒体から放射される電磁波スペクトルのエネルギー密度 $u(\nu, T)$ の実験結果と良く一致する**プランクの法則**（Planck's law）

$$u(\nu, T) = \frac{8\pi h\nu^3}{c^3} \frac{1}{\exp\left(\frac{h\nu}{k_B T}\right) - 1} \tag{4.1}$$

を説明するために立てられた仮説である。式(4.1)中の ν は電磁波の振動数，k_B はボルツマン定数*2，c は光速である。また，h は**プランク定数**（Planck constant）と呼ばれ，その値は

$$h = 6.626070040 \times 10^{-34}\,\mathrm{J\,s}$$

である*3。**図4.1**に示すように，プランクの法則は，黒体から放射される電磁波スペクトルの低い振動数領域における実験結果と良い一致を示す**レイリー–ジーンズの法則**（Rayleigh-Jeans law）*4

$$u(\nu, T) = \frac{8\pi\nu^2}{c^3} k_B T$$

と高い振動数領域における実験結果と良い一致を示す**ヴィーンの放射法則**（Wien's radiation law）*5

$$u(\nu, T) = \frac{8\pi h\nu^3}{c^3} \exp\left(-\frac{h\nu}{k_B T}\right)$$

とを内挿する式として提案された。式(4.1)を導くために，プランクは振動数 ν の電磁波のエネルギーは連続的な値をとることはできずに

$$\mathcal{E} = h\nu \tag{4.2}$$

*1　マックス・プランク（Max Karl Ernst Ludwig Planck, 1858～1947）はドイツの物理学者。エネルギー量子の発見による物理学の進展への貢献によって1918年にノーベル物理学賞を受賞した。彼の名前に因んだマックス・プランク研究所は世界的に有名な研究所で，これまでに18名のノーベル賞受賞者を輩出している。前身のカイザー・ヴィルヘルム研究所も合わせるとノーベル賞受賞者は33名にのぼる（2016年末現在）。

*2　オーストリアの物理学者であるルートヴィッヒ・ボルツマン（Ludwig Eduard Boltzmann, 1844～1906）に因む。ボルツマン定数の値は $k_B = 1.38064852 \times 10^{-23}$ J K^{-1}（2014 CODATA（Committee on Data for Science and Technology：科学技術データ委員会）推奨値）である。1998年以降，物理定数は4年ごとに改訂されており，ボルツマン定数は2018年に改訂される対象となっている。ボルツマン定数を表すためには k が用いられることが多いが，波数 k と紛らわしいので，本書では一貫して k_B を用いる。なお，ウィーンにあるボルツマンの墓石にはエントロピーを与えるボルツマンの公式 $S = k \log W$ が金文字で刻まれている。

*3　2014 CODATA 推奨値。

*4　レイリー卿（Lord Rayleigh, John William Strutt, 1842～1919）はイギリスの物理学者。気体の密度に関する研究，およびこの研究によりなされたアルゴンの発見によって1904年にノーベル物理学賞を受賞した。ジェームズ・ジーンズ（James Hopwood Jeans, 1877～1946）はイギリスの物理学者。1900年にレイリー卿がこの法則を発表した後，1905年にジーンズが係数の誤りを指摘した。

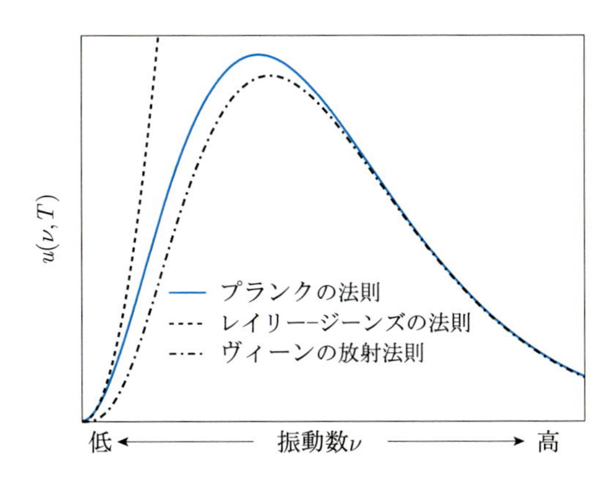

図 4.1　黒体放射のスペクトル

の n 倍（$n = 0, 1, 2, 3, \cdots$）で表される離散的な値をとるという仮説を立てた。すなわち，電磁波のエネルギーにはそれ以上細かく分けることのできない最小単位 $h\nu$（エネルギー量子）があるとした。これがエネルギーの量子仮説と呼ばれる仮説である。

その後，1905 年にアインシュタインが行った光量子による**光電効果**（photoelectric effect）の説明*6や，電子によって X 線が散乱されると元の波長よりも長くなるという，1923 年に発見された**コンプトン効果**（Compton effect）*7についての説明などを経て，エネルギーの量子仮説で考えられた整数 n は粒子の個数に相当し，電磁波を量子化したものは，エネルギー $\mathcal{E} = h\nu$ をもつ**光子**（photon）と呼ばれる素粒子であるという理解が定着した*8。すなわち，これまで波として扱われていた電磁波（あるいは光）は粒子でもあるという二重性をもつことになった。

コンプトン効果についての説明においては，光子は

$$p = \frac{h}{\lambda} \tag{4.3}$$

という式で与えられるような運動量 p をもつ粒子として扱われる。ただし，式(4.3)中の λ は電磁波の波長である。波と粒子の二重性をつなぐ関係式をまとめると

振動数 ν，波長 λ の波
$\Uparrow$
$\mathcal{E} = h\nu,\ p = \dfrac{h}{\lambda}$
$\Downarrow$
エネルギー $\mathcal{E}$，運動量 p の粒子

のように，波の特徴を表す物理量である振動数 ν および波長 λ と，粒子の特徴を表す物理量であるエネルギー $\mathcal{E}$ および運動量 p とが関係づけられていることがわかる。例えば，波長 $\lambda = 500\,\mathrm{nm}$ の光については，光速を c とすれば $\nu = \frac{c}{\lambda}$ を用いて振動数 ν を求めることができ，具体

*5　ヴィルヘルム・ヴィーン（Wilhelm Carl Werner Otto Fritz Franz Wien, 1864〜1928）はドイツの物理学者。熱放射の諸法則に関する発見によって 1911 年にノーベル物理学賞を受賞した。

*6　アルベルト・アインシュタイン（Albert Einstein, 1879〜1955）はドイツ生まれの物理学者。彼の最大の業績と考えられる相対性理論によってではなく光電効果に関する業績によって 1921 年にノーベル物理学賞を受賞した。

*7　アーサー・コンプトン（Arthur Holly Compton, 1892〜1962）はアメリカの物理学者。1927 年にこの業績によってノーベル物理学賞を受賞した。

*8　本書では，$\mathcal{E}$ は 1 つの粒子のもつエネルギーを表す文字として用いることにする。複数の粒子の総エネルギーを表すためには E を用いることにする。

的に数値計算すると

$$\nu = \frac{c}{\lambda} = \frac{2.99792458 \times 10^{8}\,\mathrm{m\ s^{-1}}}{500\,\mathrm{nm}} \simeq 6 \times 10^{14}\,\mathrm{Hz}$$

となる。したがって，この場合の光子 1 個のエネルギーは

$$\mathcal{E} = h\nu = 6.626 \times 10^{-34}\,\mathrm{J\,s} \times 6 \times 10^{14}\,\mathrm{Hz} \simeq 4 \times 10^{-19}\,\mathrm{J} \simeq 2.5\,\mathrm{eV}$$

である。また，光子の運動量は

$$p = \frac{h}{\lambda} = \frac{6.626 \times 10^{-34}\,\mathrm{J\,s}}{500\,\mathrm{nm}} \simeq 1.3 \times 10^{-27}\,\mathrm{kg\ m\ s^{-1}}$$

となる。

上の 2 つの関係式にはどちらも共通してプランク定数 h が含まれるものの，一方では $\mathcal{E}$ と ν は比例関係にあり，もう一方では p と λ が反比例の関係にあり，対応関係が不ぞろいである。そこでこの対応関係の不ぞろいを解消するために，波長 λ の代わりに，第 3 章で説明した波数 k $(= \frac{2\pi}{\lambda})$ を用いると $p = \frac{h}{\lambda}$ は $p = \frac{h}{2\pi}k$ となり，2 つの物理量 p と k が比例関係にある式が得られる。ついでに 2 つの物理量をつなぐ比例定数が $\frac{h}{2\pi}$ となるように，振動数 ν の代わりに角振動数 ω $(= 2\pi\nu)$ を用いることとし，さらにこの比例定数 $\frac{h}{2\pi}$ を $\hbar$*9と表すことにすれば

*9　$\hbar$はディラック定数（Dirac's constant）と呼ばれ，エイチバーと読む。値は$1.054571800 \times 10^{-34}\,\mathrm{J\,s}$（2014 CODATA 推奨値）である。イギリスの物理学者ポール・ディラック（Paul Adrian Maurice Dirac, 1902〜1984）に由来する。ディラックは相対論的量子力学に基づいて電子のスピンを説明するとともに陽電子の存在を予言した。1933 年にシュレーディンガーとともにノーベル物理学賞を受賞した。

角振動数 ω，波数 k の波

⇑

$$\mathcal{E} = \hbar\omega,\ p = \hbar k$$

⇓

エネルギー $\mathcal{E}$，運動量 p の粒子

のように対応関係が統一される。

ところで，本来，運動量はベクトル量 $\boldsymbol{p}$ として表される物理量である。また，3.1.1 項で説明したように，3 次元空間における平面波の進行方向は波数ベクトル $\boldsymbol{k}$ で表され，波数ベクトルの大きさは $|\boldsymbol{k}| = \frac{2\pi}{\lambda}$ である。したがって，粒子の運動方向を表す運動量 $\boldsymbol{p}$ の方向と波の進行方向を表す波数ベクトル $\boldsymbol{k}$ の方向が一致していると考えれば，波と粒子の二重性をつなぐ関係式は

角振動数 ω，波数ベクトル $\boldsymbol{k}$ の波

⇑

$$\mathcal{E} = \hbar\omega,\ \boldsymbol{p} = \hbar\boldsymbol{k} \tag{4.4}$$

⇓

エネルギー $\mathcal{E}$，運動量 $\boldsymbol{p}$ の粒子

のようになる。

4.1.2 電子の波動性

ド・ブロイは，1924 年に提出した博士論文の中で，電磁波が粒子でもあるならば，反対にあらゆる粒子は波動性を示すのではないかと提案した[*10]。このとき，二重性をつなぐ関係式は光子の場合と同様に式(4.4)になると考えた（実際には相対論に基づいた議論からこの関係式を導いた）。電子の運動量は電子の質量 m_{e} と速度 $\boldsymbol{v}$ の積

$$\boldsymbol{p} = m_{\mathrm{e}}\boldsymbol{v}$$

によって求められるから，電子が波動性を示すとすれば，その波数ベクトルおよび波長はそれぞれ

$$\boldsymbol{k} = \frac{\boldsymbol{p}}{\hbar} = \frac{m_{\mathrm{e}}\boldsymbol{v}}{\hbar}$$

および

$$\lambda = \frac{2\pi}{|\boldsymbol{k}|} = \frac{2\pi\hbar}{m_{\mathrm{e}}|\boldsymbol{v}|} = \frac{h}{p}$$

で与えられるとした。この波長は**ド・ブロイ波長**（de Broglie wavelength）と呼ばれる。

ド・ブロイの予言は，1927 年，デイヴィソンとガーマーによって，ニッケル単結晶表面における電子回折の実験で実証された。それとは独立に同年，G. P. トムソンは金属薄膜による電子回折の実験で電子の波動性を実証した[*11]。つまり，粒子と考えられていた電子は波でもあるという二重性を示すことが明らかになったのである。また，電子が波動性を示すということは，固体中における電子のふるまいを考える上で，第 3 章で扱った逆格子の概念が役に立つことを意味する。

*10 ルイ・ド・ブロイ（Louis-Victor-Pierre-Raymond 7e duc de Broglie, 1892〜1987）はこの電子の波動性の発見によって1929年にノーベル物理学賞を受賞した。

*11 クリントン・デイヴィソン（Clinton Joseph Davisson, 1881〜1958）はアメリカの物理学者。レスター・ガーマー（Lester Halbert Germer, 1896〜1971）とともに電子回折の実験を行った。G. P. トムソン（George Paget Thomson, 1882〜1975）はイギリスの物理学者。彼の父は電子の発見に貢献したJ. J. トムソン（Joseph John Thomson, 1856〜1940）である。デイヴィソンとG. P. トムソンは，1937年に，結晶による電子回折現象の発見によってノーベル物理学賞を受賞した。ちなみにJ. J. トムソンは1906年に気体の電気伝導に関する研究でノーベル物理学賞を受賞しており，親子でノーベル賞を受賞した7組のうちの1組である。

4.2 演算子，固有値・固有関数

4.2.1 運動量演算子

4.1.2 項で説明したように電子は波動性を示すことがわかったので，これを波数ベクトルが $\boldsymbol{k}$，角振動数が ω である平面波として表すことにすれば，三角関数を用いて

$$\psi(\boldsymbol{r}, t) = A_0 \sin(\boldsymbol{k} \cdot \boldsymbol{r} - \omega t)$$

あるいは

$$\psi(\boldsymbol{r}, t) = A_0 \cos(\boldsymbol{k} \cdot \boldsymbol{r} - \omega t)$$

のようになる。ここで，A_0 は平面波の振幅，$\boldsymbol{r}$ は位置ベクトルである。さらに，オイラーの公式 $e^{i\theta} = \cos\theta + i\sin\theta$ に基づいて三角関数の代わりに複素関数を用いれば

$$\psi(\boldsymbol{r}, t) = A_0 e^{i(\boldsymbol{k}\cdot\boldsymbol{r} - \omega t)} \tag{4.5}$$

となる。複素関数を用いて平面波を表した式(4.5)を x で偏微分すれば

$$\frac{\partial}{\partial x}\psi(\boldsymbol{r},t) = ik_x A_0 e^{i(\boldsymbol{k}\cdot\boldsymbol{r}-\omega t)}$$
$$= ik_x\psi(\boldsymbol{r},t)$$

となる。さらに，$p_x = \hbar k_x$ となることを念頭に置いて，両辺に $-i\hbar$ をかけると

$$-i\hbar\frac{\partial}{\partial x}\psi(\boldsymbol{r},t) = \hbar k_x\psi(\boldsymbol{r},t)$$
$$= p_x\psi(\boldsymbol{r},t)$$

となる。このことから，$-i\hbar\dfrac{\partial}{\partial x}$ という**演算子**（operator）*12を $\psi(\boldsymbol{r},t)$ に作用させると，運動量の x 成分 p_x と $\psi(\boldsymbol{r},t)$ の積*13が得られることがわかる。y 成分，z 成分についてもまったく同様であるので，ベクトル微分演算子（ナブラ，nabla）

$$\nabla = \boldsymbol{e}_x\frac{\partial}{\partial x} + \boldsymbol{e}_y\frac{\partial}{\partial y} + \boldsymbol{e}_z\frac{\partial}{\partial z}$$

を用いて，$-i\hbar\nabla$ という演算子を $\psi(\boldsymbol{r},t)$ に作用させれば

$$-i\hbar\nabla\psi(\boldsymbol{r},t) = (p_x\boldsymbol{e}_x + p_y\boldsymbol{e}_y + p_z\boldsymbol{e}_z)\psi(\boldsymbol{r},t) = \boldsymbol{p}\psi(\boldsymbol{r},t)$$

となる。

この関係式は，量子力学の基本的な考え方を示す典型的な例となっており，量子力学ではこのように演算子を関数に作用させることによって物理量が求められる。もう少し具体的に説明すると，$-i\hbar\nabla$ という演算子は運動量を求めるための演算子，すなわち**運動量演算子**（momentum operator）であり，

$$\underbrace{-i\hbar\nabla}_{\text{運動量演算子}}\ \underbrace{\psi(\boldsymbol{r},t)}_{\text{波動関数}} = \underbrace{\boldsymbol{p}}_{\text{運動量}}\ \underbrace{\psi(\boldsymbol{r},t)}_{\text{波動関数}} \tag{4.6}$$

のようにして，$-i\hbar\nabla$ を**波動関数**（wave function）*14と呼ばれる $\psi(\boldsymbol{r},t)$ に作用させると，運動量と波動関数の積が得られ，運動量が求められるというしくみになっている。

4.2.2　一般的な演算子

一般的には，ある物理量 A（A は例えば運動量 $\boldsymbol{p}$ でもよいし，エネルギー $\mathcal{E}$ でもよい）を求めるための演算子を $\hat{A}$ とすれば*15

$$\underbrace{\hat{A}}_{\text{演算子}}\ \underbrace{\psi(\boldsymbol{r},t)}_{\text{波動関数}} = \underbrace{a}_{\text{物理量}}\ \underbrace{\psi(\boldsymbol{r},t)}_{\text{波動関数}} \tag{4.7}$$

のようにして，物理量 A の値が a であるという結果が得られる。これ

*12　関数に作用させて演算を行うものである。変数 x について微分する演算子 $\dfrac{\partial}{\partial x}$ は典型的な演算子である。

*13　平面波を三角関数で表した場合には，例えば
$$\frac{\partial}{\partial x}\{\sin(\boldsymbol{k}\cdot\boldsymbol{r}-\omega t)\}$$
$$= k_x\cos(\boldsymbol{k}\cdot\boldsymbol{r}-\omega t)$$
のようになってしまい，複素関数のようにはうまくいかない。

*14　波動関数は本来は波動性を表すための関数であるが，量子力学では量子的な状態を表す関数である。

*15　物理量を求める演算子であることを明示するためにハットを付けて表すことにする。

は $\psi(\boldsymbol{r},t)$ が**固有関数**（eigenfunction），a が**固有値**（eigenvalue）となる**固有値問題**（eigenvalue problem）であり，このような固有値問題を解くことが量子力学において物理量を求めることにつながる。

ここで，物理量を求めるための演算子の例をいくつかあげておく。

運動量演算子	$\boldsymbol{p}$	$\rightarrow$	$\hat{\boldsymbol{p}} = -i\hbar\nabla$
運動エネルギー演算子	$T = \dfrac{p^2}{2m}$	$\rightarrow$	$\hat{T} = -\dfrac{\hbar^2}{2m}\Delta$
エネルギー演算子	$\mathcal{E} = \hbar\omega$	$\rightarrow$	$\hat{\mathcal{E}} = i\hbar\dfrac{\partial}{\partial t}$
位置演算子	$\boldsymbol{r}$	$\rightarrow$	$\hat{\boldsymbol{r}} = \boldsymbol{r}$

この中で，説明を必要とするであろう運動エネルギー演算子とエネルギー演算子について触れておく。

運動エネルギー演算子については，質量 m の粒子の運動エネルギーが $T = \frac{p^2}{2m}$ であることから*16，運動量 $\boldsymbol{p}$ を運動量演算子 $\hat{\boldsymbol{p}}$ に置き換えれば，

$$\hat{T} = \frac{\hat{\boldsymbol{p}}\cdot\hat{\boldsymbol{p}}}{2m} = \frac{(-i\hbar\nabla)\cdot(-i\hbar\nabla)}{2m} = -\frac{\hbar^2}{2m}\nabla\cdot\nabla = -\frac{\hbar^2}{2m}\Delta$$

となる。ここで，Δ はラプラシアン（Laplacian）であり，デカルト座標では

$$\begin{aligned}\Delta &= \nabla\cdot\nabla \\ &= \left(\boldsymbol{e}_x\frac{\partial}{\partial x} + \boldsymbol{e}_y\frac{\partial}{\partial y} + \boldsymbol{e}_z\frac{\partial}{\partial z}\right)\cdot\left(\boldsymbol{e}_x\frac{\partial}{\partial x} + \boldsymbol{e}_y\frac{\partial}{\partial y} + \boldsymbol{e}_z\frac{\partial}{\partial z}\right) \\ &= \frac{\partial^2}{\partial x^2} + \frac{\partial^2}{\partial y^2} + \frac{\partial^2}{\partial z^2}\end{aligned}$$

である。

エネルギー演算子については，式(4.5)で表される平面波を波動関数として用いた場合

$$\begin{aligned}&\hat{\mathcal{E}}\psi(\boldsymbol{r},t) \\ &= i\hbar\frac{\partial}{\partial t}A_0\exp\{i(\boldsymbol{k}\cdot\boldsymbol{r} - \omega t)\} = i\hbar(-i\omega)A_0\exp\{i(\boldsymbol{k}\cdot\boldsymbol{r} - \omega t)\} \\ &= \hbar\omega\psi(\boldsymbol{r},t) = \mathcal{E}\psi(\boldsymbol{r},t)\end{aligned}$$

となることから，この演算子によってエネルギー $\mathcal{E}$ が求められることが確かめられる。

*16　ここでは粒子の速さ v は真空中の光速 c_0 より十分に小さいとして，非相対論的な運動エネルギーを考えている。

4.3　シュレーディンガー方程式

4.3.1　ハミルトン演算子

質量 m の粒子が**ポテンシャルエネルギー**（potential energy）$V(\boldsymbol{r},t)$

の影響を受けながら運動するとき，粒子のもつエネルギー H は運動エネルギー T とポテンシャルエネルギー V の和となる。すなわち

$$H = T + V$$

であり，古典力学では H は**ハミルトン関数**（Hamiltonian function）*17あるいは単に**ハミルトニアン**（Hamiltonian）と呼ばれる。これを量子力学における演算子に変換すると

$$\hat{H} = -\frac{\hbar^2}{2m}\Delta + V(\boldsymbol{r}, t) \tag{4.8}$$

となり，これは**ハミルトン演算子**（Hamiltonian operator）あるいは単に**ハミルトニアン**（Hamiltonian）と呼ばれる。つまり，ハミルトン演算子はエネルギーを求めるための演算子である。

*17　イギリスの数学者・物理学者であるウィリアム・ハミルトン（William Rowan Hamilton, 1805〜1865）に因む。ハミルトン力学と呼ばれる解析力学の一形式をつくり上げた。

4.3.2　時間に依存するシュレーディンガー方程式

量子力学では演算子を波動関数に作用させることによって物理量が求められる。上で述べたように，ハミルトン演算子を波動関数に作用させればエネルギーという物理量が得られる。この結果はエネルギー演算子 $\hat{\mathcal{E}} = i\hbar\frac{\partial}{\partial t}$ を波動関数に作用させて得られる結果と一致するから

$$\hat{H}\psi(\boldsymbol{r}, t) = \left\{-\frac{\hbar^2}{2m}\Delta + V(\boldsymbol{r}, t)\right\}\psi(\boldsymbol{r}, t) = i\hbar\frac{\partial\psi(\boldsymbol{r}, t)}{\partial t} \tag{4.9}$$

となる。これが量子力学において基本方程式となる**シュレーディンガー方程式**（Schrödinger equation）*18である。ポテンシャルエネルギーが時間に依存する場合，式(4.9)は，特に**時間に依存するシュレーディンガー方程式**（time-dependent Schrödinger equation）と呼ばれる。

*18　この方程式は1926年にオーストリア出身の物理学者であるシュレーディンガー（Erwin Rudolf Josef Alexander Schrödinger, 1887〜1961）によって導出された。シュレーディンガーはこの方程式による新しい原子理論の発見についての業績で1933年にノーベル物理学賞を受賞した。「シュレーディンガーの猫」やDNAの二重らせん構造を明らかにしたジェームス・ワトソンに大きな影響を与えた著作『生命とは何か（*What is Life?*）』でも有名である。

4.3.3　時間に依存しないシュレーディンガー方程式

ポテンシャルエネルギーが時間に依存しない場合，式(4.9)は

$$\left\{-\frac{\hbar^2}{2m}\Delta + V(\boldsymbol{r})\right\}\psi(\boldsymbol{r}, t) = i\hbar\frac{\partial\psi(\boldsymbol{r}, t)}{\partial t} \tag{4.10}$$

となる。ここで，位置 $\boldsymbol{r}$ のみに依存する関数 $\varphi(\boldsymbol{r})$ と時間 t のみに依存する関数 $T(t)$ の積 $\varphi(\boldsymbol{r})T(t)$ をこの方程式の解 $\psi(\boldsymbol{r}, t)$ であるとして代入すると

$$T(t)\left\{-\frac{\hbar^2}{2m}\Delta + V(\boldsymbol{r})\right\}\varphi(\boldsymbol{r}) = i\hbar\varphi(\boldsymbol{r})\frac{\partial T(t)}{\partial t}$$

となり，さらに上式の両辺を $\psi(\boldsymbol{r}, t) = \varphi(\boldsymbol{r})T(t)$ で割ると

$$\frac{1}{\varphi(\boldsymbol{r})}\left\{-\frac{\hbar^2}{2m}\Delta + V(\boldsymbol{r})\right\}\varphi(\boldsymbol{r}) = \frac{i\hbar}{T(t)}\frac{\partial T(t)}{\partial t} \tag{4.11}$$

が得られる。ここで，式(4.11)の左辺は $\boldsymbol{r}$ のみに依存し，一方，右辺は t のみに依存することから，これらを同時に満足するためには両辺は $\boldsymbol{r}$ にも t にも依存しない定数でなければならない。最終的に得られる結果

を見越して，この定数を $\mathcal{E}$ とすれば式(4.11)の右辺からは

$$i\hbar\frac{\partial T(t)}{\partial t} = \mathcal{E}T(t)$$

が得られる。上式の左辺の $i\hbar\frac{\partial}{\partial t}$ がエネルギー演算子であることを考えれば，定数 $\mathcal{E}$ はエネルギーに相当することになる。このエネルギー $\mathcal{E}$ は時間変化せずに常に一定の値をとる。ちなみに，上の微分方程式は簡単に解くことができ

$$T(t) = C\exp\left(-\frac{i\mathcal{E}}{\hbar}t\right) \tag{4.12}$$

となる。ここで，C は任意定数である。

式(4.11)の左辺からは

$$\left\{-\frac{\hbar^2}{2m}\Delta + V(\boldsymbol{r})\right\}\varphi(\boldsymbol{r}) = \mathcal{E}\varphi(\boldsymbol{r}) \tag{4.13}$$

が得られる。この式は**時間に依存しないシュレーディンガー方程式**（time-independent Schrödinger equation）と呼ばれる。式(4.13)を解いて $\varphi(\boldsymbol{r})$ が求められたとすれば，式(4.10)の解は式(4.13)の解 $\varphi(\boldsymbol{r})$ と式(4.12)の積

$$\psi(\boldsymbol{r},t) = \varphi(\boldsymbol{r})\exp\left(-\frac{i\mathcal{E}}{\hbar}t\right)$$

によって与えられる。ただし，任意定数 C は $\varphi(\boldsymbol{r})$ の中に組み入れることができるので $C=1$ とした。

多くの場合，ポテンシャルエネルギーは時間に依存しないので，粒子のエネルギー $\mathcal{E}$ を求めるためには式(4.13)の時間に依存しないシュレーディンガー方程式を解けばよいことになる。これまでの考え方の流れを改めてまとめると次のようになる。

1. 系に応じたポテンシャルエネルギー $V(\boldsymbol{r})$ が与えられる。
2. 解くべき（時間に依存しない）シュレーディンガー方程式が決定する。
$$\left\{-\frac{\hbar^2}{2m}\Delta + V(\boldsymbol{r})\right\}\varphi(\boldsymbol{r}) = \mathcal{E}\varphi(\boldsymbol{r})$$
3. 固有値問題であるシュレーディンガー方程式を解くとエネルギー $\mathcal{E}$ および波動関数 $\varphi(\boldsymbol{r})$ が求まる。
4. 波動関数 $\varphi(\boldsymbol{r})$ にある物理量を求めるための演算子を作用させると物理量が求まる*19。

*19　波動関数 $\varphi(\boldsymbol{r})$ がその演算子の固有関数でない場合，物理量は確定しない。その場合は物理量が確率的に与えられるので4.4節で説明するように物理量の期待値を求めることになる。

4.3.4　波動関数の物理的な意味

式(4.9)で与えたシュレーディンガー方程式を解くことによってエネ

ルギー $\mathcal{E}$ を求めることができる。このとき同時に波動関数 $\psi(\boldsymbol{r},t)$ も求まる。シュレーディンガーはこの波動関数を実在する波と考えた。ところが電子の波動関数を実在する波であるとすれば，空間中に連続的に分布しているので，いくらでも細かく分割できることになってしまい，1 個の電子はこれ以上には分割できないという粒子性との整合がとれないという問題が生じる。そこで，ボルン[*20]は波動関数の絶対値の 2 乗 $|\psi(\boldsymbol{r},t)|^2$ は，時刻 t における測定によって粒子が位置 $\boldsymbol{r}$ に見出される確率密度[*21]に比例すると解釈した。これは**波動関数の確率解釈**（statistical interpretation of wave function）と呼ばれる。

*20　マックス・ボルン（Max Born, 1882〜1972）はドイツ生まれの物理学者。波動関数の確率解釈によって1954年にノーベル物理学賞を受賞した。著書 *Dynamical Theory of Crystal Lattices* や *Principles of Optics* も有名。

*21　この確率密度に微小体積 $\mathrm{d}\boldsymbol{r}$ をかけた $|\psi(\boldsymbol{r},t)|^2\mathrm{d}\boldsymbol{r}$ は微小体積 $\mathrm{d}\boldsymbol{r}$ 中に粒子が見出される確率を表す。

波動関数 $\psi(\boldsymbol{r},t)$ はシュレーディンガー方程式の固有関数であるため，その定数倍，すなわち $C\psi(\boldsymbol{r},t)$ も

$$\left\{-\frac{\hbar^2}{2m}\Delta+V(\boldsymbol{r},t)\right\}\{C\psi(\boldsymbol{r},t)\}=i\hbar\frac{\partial\{C\psi(\boldsymbol{r},t)\}}{\partial t}$$

$$C\left\{-\frac{\hbar^2}{2m}\Delta+V(\boldsymbol{r},t)\right\}\psi(\boldsymbol{r},t)=Ci\hbar\frac{\partial\psi(\boldsymbol{r},t)}{\partial t}$$

$$\left\{-\frac{\hbar^2}{2m}\Delta+V(\boldsymbol{r},t)\right\}\psi(\boldsymbol{r},t)=i\hbar\frac{\partial\psi(\boldsymbol{r},t)}{\partial t}$$

となり，同じシュレーディンガー方程式を満足する。そのため，波動関数には定数 C 倍の任意性がある。しかし，波動関数の絶対値の 2 乗 $|\psi(\boldsymbol{r},t)|^2$ が粒子の見出される確率密度を表しているという確率解釈に基づくと，粒子は全空間のどこかに必ず存在するので，確率密度を全空間にわたって積分した結果は

$$\int|\psi(\boldsymbol{r},t)|^2\mathrm{d}\boldsymbol{r}=\int\psi^*(\boldsymbol{r},t)\psi(\boldsymbol{r},t)\mathrm{d}\boldsymbol{r}=1 \tag{4.14}$$

でなければならない。ただし，$\psi^*(\boldsymbol{r},t)$ は波動関数 $\psi(\boldsymbol{r},t)$ の複素共役である。波動関数は一般に複素関数であるので，絶対値を得るためには複素共役との積を求める必要がある。この**規格化条件**（normalization condition）を用いることによって，定数 C は任意でなくなり，波動関数の絶対値の 2 乗は粒子が見出される確率密度そのものを表すことができる。

4.4　物理量の期待値

4.3.4 項で波動関数の絶対値の 2 乗 $|\psi(\boldsymbol{r},t)|^2$ は粒子が見出される確率密度を表すと述べた。このことから，粒子の位置 $\boldsymbol{r}$ は確率的な物理量となる。また，その期待値 $\langle\boldsymbol{r}\rangle$ は，位置 $\boldsymbol{r}$ を確率の重み付きで平均したものであるから

$$\langle\boldsymbol{r}\rangle=\int\boldsymbol{r}|\psi(\boldsymbol{r},t)|^2\mathrm{d}\boldsymbol{r}=\int\psi^*(\boldsymbol{r},t)\hat{\boldsymbol{r}}\psi(\boldsymbol{r},t)\mathrm{d}\boldsymbol{r} \tag{4.15}$$

で与えられる。ただし，この波動関数は，式(4.14)に示した条件に従って規格化されているものとする。

式(4.15)から類推すると，一般的に，物理量 A の期待値 $\langle A\rangle$ は物理量 A を求める演算子 $\hat{A}$ および波動関数 $\psi(\boldsymbol{r},t)$ を用いて

$$\langle A\rangle = \int \psi^*(\boldsymbol{r},t)\hat{A}\psi(\boldsymbol{r},t)\mathrm{d}\boldsymbol{r} \tag{4.16}$$

によって与えられる[*22]。物理量の測定値 A は確率的であるから，期待値 $\langle A\rangle$ とは必ずしも一致しない。期待値 $\langle A\rangle$ からの測定値 A のずれを $\delta A = A - \langle A\rangle$ と表すことにすれば，A の**標準偏差**（standard deviation）ΔA は，δA の**2乗平均平方根**（root mean square）で与えられるから

$$\begin{aligned}\Delta A &= \sqrt{\langle(\delta A)^2\rangle} \\ &= \sqrt{\langle(A-\langle A\rangle)^2\rangle} \\ &= \sqrt{\langle A^2 - 2A\langle A\rangle + \langle A\rangle^2\rangle}\end{aligned}$$

となる。ここで，A^2 の期待値は $\langle A^2\rangle$，A の期待値は $\langle A\rangle$ であることから

$$\begin{aligned}\langle A^2 - 2A\langle A\rangle + \langle A\rangle^2\rangle &= \langle A^2\rangle - 2\langle A\rangle\langle A\rangle + \langle A\rangle^2 \\ &= \langle A^2\rangle - \langle A\rangle^2\end{aligned}$$

となるので，物理量 A の測定値の標準偏差 ΔA は

$$\Delta A = \sqrt{\langle A^2\rangle - \langle A\rangle^2} \tag{4.17}$$

によって与えられる。

*22　物理量が運動量である場合については，付録Bで証明を与えた。

物理量の期待値と標準偏差の具体的な例

以上のことを具体的な例について確かめてみよう。まず，議論を簡単にするために1次元の場合[*23]を扱うことにして，次のような波動関数を考える。

$$\psi(x,t) = \begin{cases}\sqrt{\dfrac{2}{a}}\cos\dfrac{\pi x}{a}e^{-i\omega t} & \left(-\dfrac{a}{2}\le x\le\dfrac{a}{2}\right) \\ 0 & \left(x<-\dfrac{a}{2},\ x>\dfrac{a}{2}\right)\end{cases} \tag{4.18}$$

この波動関数の絶対値の2乗は次のような関数となる。

$$|\psi(x,t)|^2 = \begin{cases}\dfrac{2}{a}\cos^2\dfrac{\pi x}{a} & \left(-\dfrac{a}{2}\le x\le\dfrac{a}{2}\right) \\ 0 & \left(x<-\dfrac{a}{2},\ x>\dfrac{a}{2}\right)\end{cases}$$

波動関数の絶対値の2乗 $|\psi(x,t)|^2$ の概形を**図4.2**に示す。この関数を x について積分すると

$$\int_{-\infty}^{\infty}|\psi(x,t)|^2\mathrm{d}x = \int_{-a/2}^{a/2}\frac{2}{a}\cos^2\frac{\pi x}{a}\mathrm{d}x = 1$$

となることから，規格化条件を満たすことがわかる。

*23　3次元の場合を扱いたいのであれば，$|\psi(x,y,z,0)|^2 = \frac{8}{a_x a_y a_z}\cos^2\frac{\pi x}{a_x}\cos^2\frac{\pi y}{a_y}\cos^2\frac{\pi z}{a_z}$ のような関数を考えればよい。形式的には x, y, z のそれぞれについて計算することになるが，得られる結果は同様なので1次元の場合について理解できれば十分である。

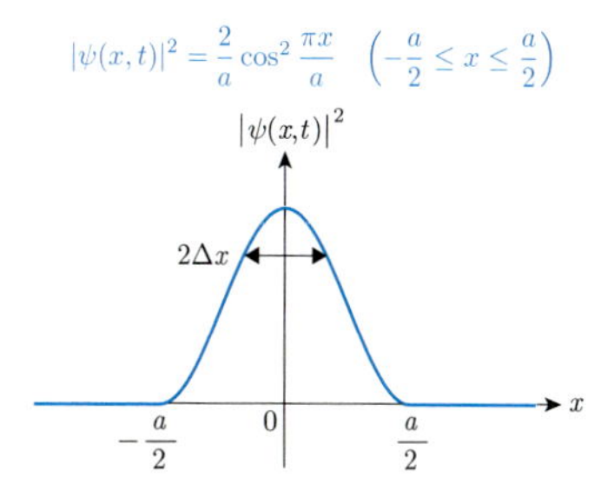

図4.2　式(4.18)で与えられる波動関数の絶対値の2乗

位置 x の期待値を求めると

$$
\begin{aligned}
\langle x\rangle &= \int_{-\infty}^{\infty}\psi^*(x,t)\hat{x}\psi(x,t)\mathrm{d}x \\
&= \int_{-\infty}^{\infty} x|\psi(x,t)|^2\mathrm{d}x \\
&= \int_{-a/2}^{a/2}\frac{2x}{a}\cos^2\frac{\pi x}{a}\mathrm{d}x \\
&= 0
\end{aligned}
$$

となる。位置 x の期待値が 0 となることは波動関数の絶対値の 2 乗が $x=0$ で極大となり x の偶関数になっていることからも予想されるとおり，当然の結果である。また，x^2 の期待値は

$$
\begin{aligned}
\langle x^2\rangle &= \int_{-\infty}^{\infty}\psi^*(x,t)\hat{x}^2\psi(x,t)\mathrm{d}x \\
&= \int_{-\infty}^{\infty} x^2|\psi(x,t)|^2\mathrm{d}x \\
&= \int_{-a/2}^{a/2}\frac{2x^2}{a}\cos^2\frac{\pi x}{a}\mathrm{d}x \\
&= \frac{\pi^2-6}{12\pi^2}a^2
\end{aligned}
\tag{4.19}
$$

と求められる。したがって，位置 x の測定値の標準偏差は，式(4.17)より

$$
\Delta x = \sqrt{\langle x^2\rangle - \langle x\rangle^2} = \sqrt{\frac{\pi^2-6}{12\pi^2}}a
$$

となる。ちなみに $\sqrt{\frac{\pi^2-6}{12\pi^2}} \simeq 0.18$ であるので，$2\Delta x$ は図 4.2 中に示すような大きさになる。

4.5　不確定性原理

4.5.1　位置と運動量との不確定性関係

量子力学における重要な原理の 1 つに**不確定性原理**（uncertainty principle）*24がある。これは「粒子の位置と運動量の両方を同時に正確に決定することはできない」というものである。例えば粒子の位置の x 成分の測定値の標準偏差を Δx とし，粒子の運動量の x 成分の測定値の標準偏差を Δp_x とするとき，その積は次のような**不確定性関係**（uncertainty relation）と呼ばれる不等式に従う。

$$
\Delta x \Delta p_x \geq \frac{\hbar}{2} \tag{4.20}
$$

ここでも，議論を簡単にするために 1 次元の場合を扱うことにして，平面波とガウス関数（Gaussian）の積からなる，次のような式で示される波動関数に対して不確定性関係が成り立つことを確かめてみよう。

*24　1927年に不確定性原理を提唱したハイゼンベルク（Werner Karl Heisenberg, 1901〜1976）は量子力学の創始を主な業績として1932年にノーベル物理学賞を受賞した。

なお，4.5節で扱う不確定性原理は量子状態のもつ不確定さに関するものであり，式(4.20)で示した不確定性関係を表す不等式はケナード（Earle Hesse Kennard, 1885〜1968）の不等式とも呼ばれる。また，式(4.28)で示した位置と運動量以外の一般の物理量に対して成り立つ不確定性関係を示す不等式はロバートソン（Howard Percy Robertson, 1903〜1961）の不等式と呼ばれる。

一方，ハイゼンベルクが自身の不確定性原理を説明するために用いた γ 線顕微鏡の思考実験（Gedankenexperiment）では測定誤差と測定による擾乱との間の不確定性関係が扱われており，概念の異なる，量子状態のもつ不確定さとの混同があった。そのため，4.5節では測定誤差と測定による擾乱に関する不確定性関係については扱わなかった。

このような測定誤差と測定による擾乱に関する不確定性関係を明確に記述する不等式として小澤（小澤正直，1950〜）の不等式（"Universally valid for reformulation of the Heisenberg uncertainty principle on noise and disturbance measurement", M. Ozawa, *Phys. Rev. A*, **67**, 042105 (2003)）が提案されている。こうした不確定性原理にまつわる話題をとりあげた一般向けの本として，石井 茂『ハイゼンベルクの顕微鏡—不確定性原理は超えられるか』（日本BP社）がある。

$$\psi(x,t) = \frac{1}{\pi^{1/4}\sigma^{1/2}} e^{-\frac{(x-x_0)^2}{2\sigma^2}} e^{i(kx-\omega t)} \tag{4.21}$$

ここで，σ^2 はガウス関数の分散である。この波動関数は複素関数なので，そのままでは概形を示すことができない。そこで，**図 4.3** には，この波動関数のある時刻における実部と虚部を示した。破線はガウス関数に ± 1 をかけたこの関数の包絡関数

$$f_{\pm}(x) = \pm\frac{1}{\pi^{1/4}\sigma^{1/2}} e^{-\frac{(x-x_0)^2}{2\sigma^2}}$$

を示しており，包絡関数の極大および極小は $x = x_0$ に位置する。なお，式(4.21)で示した波動関数については

$$\int_{-\infty}^{\infty} |\psi(x,t)|^2 \mathrm{d}x = \int_{-\infty}^{\infty} \frac{1}{\sqrt{\pi}\sigma} e^{-\frac{(x-x_0)^2}{\sigma^2}} \mathrm{d}x = 1$$

となり，規格化条件を満たす。

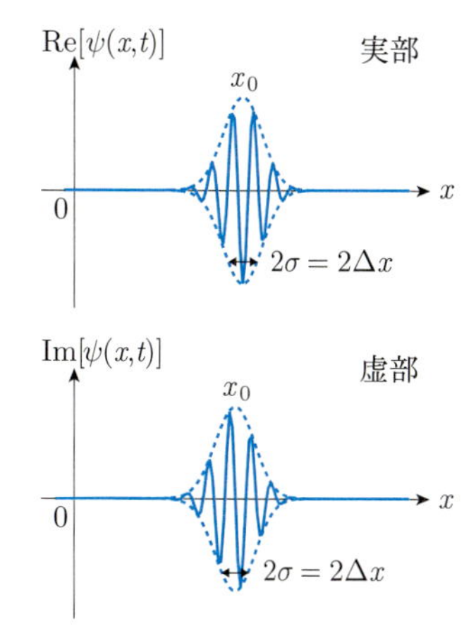

図 4.3　式(4.21)で示した波動関数の実部と虚部

位置 x の期待値は

$$\begin{aligned}\langle x\rangle &= \int_{-\infty}^{\infty} x|\psi(x,t)|^2 \mathrm{d}x \\ &= \int_{-\infty}^{\infty} \frac{x}{\sqrt{\pi}\sigma} e^{-\frac{(x-x_0)^2}{\sigma^2}} \mathrm{d}x \\ &= x_0\end{aligned}$$

となる。また，x^2 の期待値は

$$\begin{aligned}\langle x^2\rangle &= \int_{-\infty}^{\infty} x^2|\psi(x,t)|^2 \mathrm{d}x \\ &= \int_{-\infty}^{\infty} \frac{x^2}{\sqrt{\pi}\sigma} e^{-\frac{(x-x_0)^2}{\sigma^2}} \mathrm{d}x \\ &= {x_0}^2 + \frac{\sigma^2}{2}\end{aligned}$$

である。したがって，位置 x の測定値の標準偏差は，式(4.17)より

$$\Delta x = \sqrt{\langle x^2\rangle - \langle x\rangle^2} = \sqrt{{x_0}^2 + \frac{\sigma^2}{2} - {x_0}^2} = \frac{\sigma}{\sqrt{2}}$$

と求まる。

一方，運動量の x 成分である p_x の期待値は

$$\begin{aligned}\langle p_x\rangle &= \int_{-\infty}^{\infty} \psi^*(x,t)\hat{p}_x\psi(x,t)\mathrm{d}x \\ &= \int_{-\infty}^{\infty} \psi^*(x,t)\left\{-i\hbar\frac{\partial}{\partial x}\psi(x,t)\right\}\mathrm{d}x \\ &= \int_{-\infty}^{\infty} \frac{1}{\sqrt{\pi}\sigma}\left(\hbar k + i\hbar\frac{x-x_0}{\sigma^2}\right) e^{-\frac{(x-x_0)^2}{\sigma^2}} \mathrm{d}x \\ &= \hbar k\end{aligned}$$

自分で導出してみよう。

となる。また，${p_x}^2$ の期待値は

$$
\begin{aligned}
\langle {p_x}^2 \rangle &= \int_{-\infty}^{\infty} \psi^*(x,t) \hat{p}_x{}^2 \psi(x,t) \mathrm{d}x \\
&= \int_{-\infty}^{\infty} \psi^*(x,t) \left\{ -\hbar^2 \frac{\partial^2}{\partial x^2} \psi(x,t) \right\} \mathrm{d}x \\
&= \int_{-\infty}^{\infty} \frac{\hbar^2}{\sqrt{\pi}\sigma} \left\{ -\frac{(x-x_0)^2}{\sigma^4} + i\frac{(x-x_0)k}{\sigma^2} + k^2 + \frac{1}{\sigma^2} \right\} e^{-\frac{(x-x_0)^2}{\sigma^2}} \mathrm{d}x \\
&= \hbar^2 k^2 + \frac{\hbar^2}{2\sigma^2}
\end{aligned}
$$

自分で導出してみよう。

となる。したがって，運動量の x 成分である p_x の測定値の標準偏差は，式(4.17)より

$$
\Delta p_x = \sqrt{\langle {p_x}^2 \rangle - \langle p_x \rangle^2} = \sqrt{\hbar^2 k^2 + \frac{\hbar^2}{2\sigma^2} - \hbar^2 k^2} = \frac{\hbar}{\sqrt{2}\sigma}
$$

である。結果として

$$
\Delta x \Delta p_x = \frac{\sigma}{\sqrt{2}} \times \frac{\hbar}{\sqrt{2}\sigma} = \frac{\hbar}{2} \tag{4.22}
$$

が得られる。この結果は，式(4.20)に示した不確定性関係において等号関係が成り立つ場合に相当する。式(4.22)には σ は含まれないことからこの等号関係はガウス関数の分散の大きさによらないことがわかる。このことは，**図 4.4** の左側に示すように $\Delta x = \frac{\sigma}{\sqrt{2}}$ の増減によって波動関数（ここでは波動関数の実部のみを示している）の形が変化するにもかかわらず，等号関係は常に成り立つことを意味している。すなわち，式(4.22)は位置 x の標準偏差 Δx が増加（減少）すれば，運動量の x 成分の標準偏差 Δp_x は減少（増加）することを示している。Δx の増減にともなう運動量の x 成分の標準偏差 Δp_x の変化の様子を，波動関数 $\psi(x,t)$ をフーリエ変換した結果[*25]

*25　x から p_x へとフーリエ変換することによって得られる $\tilde{\psi}(p_x,t)$ の絶対値の 2 乗 $|\tilde{\psi}(p_x,t)|^2$ は p_x についての確率密度を与える。

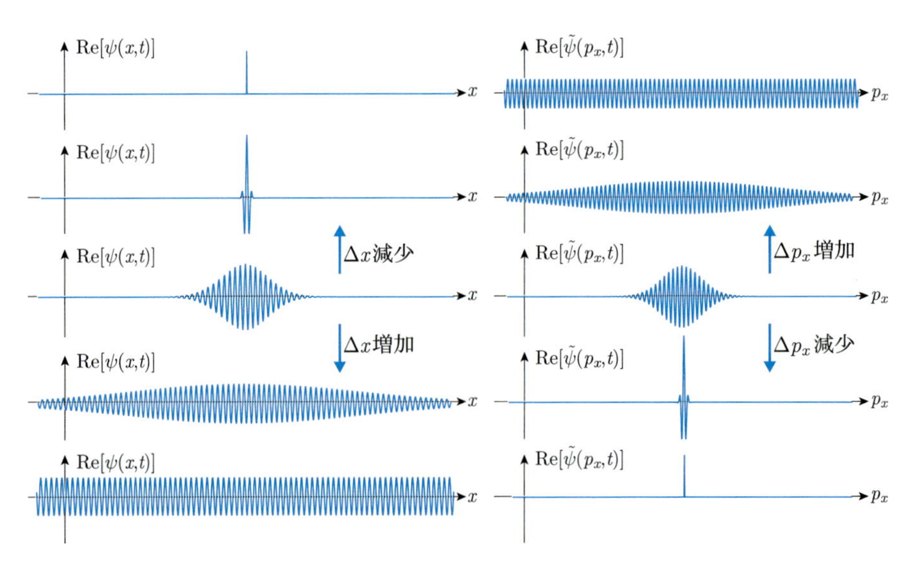

図 4.4　Δx の増減による波動関数の変化

$$\tilde{\psi}(p_x,t) = \frac{1}{\sqrt{2\pi\hbar}}\int_{-\infty}^{\infty}\psi(x,t)e^{-i\frac{p_x x}{\hbar}}\mathrm{d}x$$
$$= \frac{1}{\pi^{1/4}}\left(\frac{\sigma}{\hbar}\right)^{1/2} e^{-\frac{\sigma^2}{2\hbar^2}(p_x-\hbar k)^2} e^{-i\left(\frac{p_x}{\hbar}-k\right)x_0} e^{-i\omega t}$$

自分で導出してみよう。

を用いて，図 4.4 の右側に示した。なお，$\Delta x \to \infty$ の極限では波動関数は平面波となり，運動量の x 成分の標準偏差は $\Delta p_x \to 0$ となる。また，$\Delta x \to 0$ の極限では運動量の x 成分の標準偏差は $\Delta p_x \to \infty$ となる。

もう 1 つ，式(4.18)に示した場合についても不確定性関係が成り立つことを確かめてみよう。位置 x の標準偏差についてはすでに求めたように

$$\Delta x = \sqrt{\frac{\pi^2-6}{12\pi^2}}a \tag{4.23}$$

である。

一方，運動量の x 成分である p_x の標準偏差については，波動関数

$$\psi(x,t) = \begin{cases} \sqrt{\dfrac{2}{a}}\cos\dfrac{\pi x}{a}e^{-i\omega t} & \left(-\dfrac{a}{2} \le x \le \dfrac{a}{2}\right) \\ 0 & \left(x < -\dfrac{a}{2}, x > \dfrac{a}{2}\right) \end{cases} \tag{4.24}$$

に対して

$$\langle p_x \rangle = \int_{-\infty}^{\infty}\psi^*(x,t)\hat{p}_x\psi(x,t)\mathrm{d}x$$
$$= \int_{-a/2}^{a/2}\frac{2}{a}\cos\frac{\pi x}{a}\left(i\frac{\hbar\pi}{a}\right)\sin\frac{\pi x}{a}\mathrm{d}x$$
$$= 0$$

および

$$\langle {p_x}^2 \rangle = \int_{-\infty}^{\infty}\psi^*(x,t){\hat{p}_x}^2\psi(x,t)\mathrm{d}x$$
$$= \int_{-a/2}^{a/2}\frac{2}{a}\left(\frac{\hbar\pi}{a}\right)^2\cos^2\frac{\pi x}{a}\mathrm{d}x$$
$$= \left(\frac{\hbar\pi}{a}\right)^2$$

より

$$\Delta p_x = \frac{\hbar\pi}{a} \tag{4.25}$$

である。したがって，式(4.23)および式(4.25)より

$$\Delta x\Delta p_x = \sqrt{\frac{\pi^2-6}{12\pi^2}}a \times \frac{\hbar\pi}{a} = \sqrt{\frac{\pi^2-6}{12}}\hbar$$

となる。ここで，$\sqrt{\frac{\pi^2-6}{12}} \simeq 0.57 > \frac{1}{2}$ なので，不確定性関係が成り立つことがわかる。

ところで，式(4.24)で示した波動関数をフーリエ変換すると

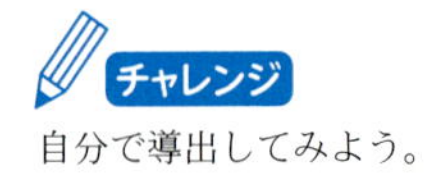

自分で導出してみよう。

$$\begin{aligned}\tilde{\psi}(p_x,t) &= \frac{1}{\sqrt{2\pi\hbar}}\int_{-\infty}^{\infty}\psi(x,t)e^{-\frac{ip_x x}{\hbar}}\mathrm{d}x \\ &= \frac{1}{\sqrt{2\pi\hbar}}\int_{-a/2}^{a/2}\sqrt{\frac{2}{a}}\cos\frac{\pi x}{a}e^{-i\omega t}e^{-\frac{ip_x x}{\hbar}}\mathrm{d}x \\ &= 2\sqrt{\pi}\left(\frac{\hbar}{a}\right)^{3/2}\frac{\cos\frac{p_x a}{2\hbar}}{\left(\frac{\hbar\pi}{a}\right)^2 - {p_x}^2}e^{-i\omega t}\end{aligned}$$

のようになる。この関数の絶対値の 2 乗である

$$\frac{4\pi\hbar^3}{a^3}\frac{\cos^2\frac{p_x a}{2\hbar}}{\left\{\left(\frac{\hbar\pi}{a}\right)^2 - {p_x}^2\right\}^2}$$

を図示すると**図 4.5** のようになる。この図は運動量の x 成分 p_x の確率密度を表している。$2\Delta p_x$ の大きさを図中に示した。

以上，2 つの例について位置と運動量との間に成り立つ不確定性関係を示した。

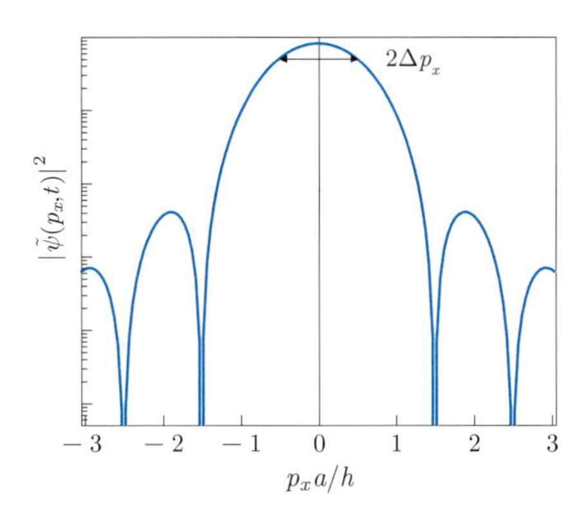

図 4.5　運動量の x 成分 p_x の確率密度。縦軸は対数表示である。

4.5.2　交換関係と不確定性原理

x と p_x との間に不確定性関係が存在する理由は 2 つの物理量を求めるための演算子の交換関係にある。一般に，2 つの物理量を求めるための演算子が交換可能でない場合には，2 つの物理量を同時に不確定さゼロで決定することはできない。

演算子の交換関係

2 つの物理量を求めるための演算子を $\hat{A}$ および $\hat{B}$ とする。これらの演算子から次のような交換関係

$$[\hat{A},\hat{B}] = \hat{A}\hat{B} - \hat{B}\hat{A}$$

を用いた新しい演算子を考える。ここで，演算子 $[\hat{A},\hat{B}]$ をある波動関数に作用させたとき，$i\hat{C}$ という演算子を作用させたのと同じ結果が得られるとする。すなわち，

$$[\hat{A}, \hat{B}] = i\hat{C}$$

であるとする。次に，物理量 A, B の測定値と期待値 $\langle A \rangle$, $\langle B \rangle$ の差を求めるための演算子を考えるとそれぞれ

$$\delta\hat{A} = \hat{A} - \langle A \rangle \tag{4.26}$$

$$\delta\hat{B} = \hat{B} - \langle B \rangle \tag{4.27}$$

と表すことができる。このように定義した $\delta\hat{A}$ と $\delta\hat{B}$ との間の交換関係は

$$\begin{aligned}
[\delta\hat{A}, \delta\hat{B}] &= (\hat{A} - \langle A \rangle)(\hat{B} - \langle B \rangle) - (\hat{B} - \langle B \rangle)(\hat{A} - \langle A \rangle) \\
&= \hat{A}\hat{B} - \hat{B}\hat{A} - \langle A \rangle\langle B \rangle + \langle B \rangle\langle A \rangle \\
&= i\hat{C}
\end{aligned}$$

であることから，$[\hat{A}, \hat{B}]$ と同じ結果を与える。

いま，λ を実数として，式(4.26), (4.27)から新たにつくった演算子 $\delta\hat{A} + i\lambda\,\delta\hat{B}$ について絶対値の 2 乗の期待値を考えると

$$\begin{aligned}
\langle |\delta\hat{A} + i\lambda\delta\hat{B}|^2 \rangle &= \langle (\delta\hat{A} - i\lambda\delta\hat{B})(\delta\hat{A} + i\lambda\delta\hat{B}) \rangle \\
&= \langle (\delta\hat{A})^2 + i\lambda[\delta\hat{A}, \delta\hat{B}] + \lambda^2(\delta\hat{B})^2 \rangle \\
&= (\Delta A)^2 - \lambda\langle \hat{C} \rangle + \lambda^2(\Delta B)^2
\end{aligned}$$

となる。これは，演算子の絶対値の 2 乗の期待値であるから，任意の実数 λ に対して 0 以上でなければならない。そのためには λ についての 2 次方程式

$$(\Delta A)^2 - \lambda\langle \hat{C} \rangle + \lambda^2(\Delta B)^2 = 0$$

が 2 つの異なる実数解をもたないことが必要なので，**図 4.6** に示すように，解の判別式について $D \leq 0$ となればよく，

$$D = \langle \hat{C} \rangle^2 - 4(\Delta A)^2(\Delta B)^2 \leq 0$$

である。したがって，上式より

$$\Delta A \Delta B \geq \frac{|\langle \hat{C} \rangle|}{2} \tag{4.28}$$

が得られる。

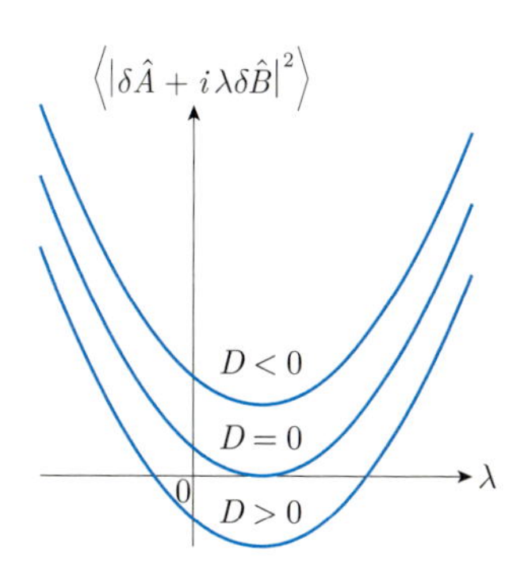

図 4.6　2 次関数 $\langle |\delta\hat{A} + i\lambda\delta\hat{B}|^2 \rangle = (\Delta A)^2 - \lambda\langle \hat{C} \rangle + \lambda^2(\Delta B)^2$ のグラフ。判別式について $D \leq 0$ であれば，任意の実数 λ に対して負の値をとらない。

これまでの結果を利用して $\hat{x}$ と $\hat{p}_x$ の交換関係について調べてみよう。波動関数 $\psi(x)$ に対して $[\hat{x}, \hat{p}_x]$ を作用させると

$$\begin{aligned}
[\hat{x}, \hat{p}_x]\psi(x) &= (\hat{x}\hat{p}_x - \hat{p}_x\hat{x})\psi(x) \\
&= \hat{x}\{p_x\psi(x)\} - \hat{p}_x\{x\psi(x)\} \\
&= xp_x\psi(x) + i\hbar\frac{\partial}{\partial x}\{x\psi(x)\} \\
&= xp_x\psi(x) + i\hbar\psi(x) - xp_x\psi(x) \\
&= i\hbar\psi(x)
\end{aligned}$$

となるから $[\hat{x}, \hat{p}_x] = i\hbar$ である。したがって，この結果を式(4.28)に適用すれば，式(4.20)で示した

$$\Delta x \Delta p_x \geq \frac{\hbar}{2}$$

が得られる。このように $\hat{x}$ と $\hat{p}_x$ が交換可能でないために位置と運動量には不確定性関係が存在する*26。

*26　より正確には，$[\hat{x}, \hat{p}_x]$ が i の実数倍だからである。式(4.28)において，演算子 $\hat{C}$ の期待値が $\langle \hat{C} \rangle = 0$ であれば，物理量 A, B は不確定さゼロで決定できる。

4.6　無限に深い 1 次元の井戸型ポテンシャル

シュレーディンガー方程式を解く一例として，**図 4.7** に示すような無限に深い 1 次元の井戸型ポテンシャルの問題を考えることにしよう。具体的にはポテンシャルとして

$$V(x) = \begin{cases} 0 & \left(-\dfrac{a}{2} \leq x \leq \dfrac{a}{2}\right) \\ \infty & \left(x < -\dfrac{a}{2}, x > \dfrac{a}{2}\right) \end{cases} \tag{4.29}$$

を考える。$-\frac{a}{2} \leq x \leq \frac{a}{2}$ の範囲内が井戸の内側であり，それ以外の範囲が井戸の外側にあたる。井戸の外側のポテンシャルの高さは無限であるため，粒子は存在できず，波動関数は 0 となる。一方，井戸の内側については式(4.13)に示した時間に依存しないシュレーディンガー方程式を適用して

$$-\frac{\hbar^2}{2m}\frac{\mathrm{d}^2\varphi(x)}{\mathrm{d}x^2} = \mathcal{E}\varphi(x) \tag{4.30}$$

を解けばよい。ここで，関数 $\varphi(x)$ は x のみに依存し，y, z には依存しないので，y および z に関する微分項がなくなり，1 変数のみになったために，x の偏微分が x の全微分に書き換えられている。式(4.30)の一般解は簡単に求めることができ，

$$\varphi(x) = Ae^{i\frac{\sqrt{2m\mathcal{E}}}{\hbar}x} + Be^{-i\frac{\sqrt{2m\mathcal{E}}}{\hbar}x} \tag{4.31}$$

となる。$x = \frac{a}{2}$ と $x = -\frac{a}{2}$ における境界条件から

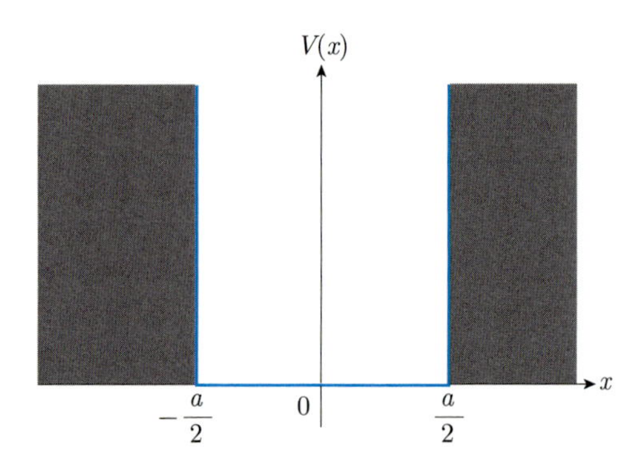

図 4.7　無限に深い 1 次元の井戸型ポテンシャル

$$\varphi\left(\frac{a}{2}\right) = Ae^{i\frac{\sqrt{2m\mathcal{E}}}{\hbar}\frac{a}{2}} + Be^{-i\frac{\sqrt{2m\mathcal{E}}}{\hbar}\frac{a}{2}} = 0$$
$$\varphi\left(-\frac{a}{2}\right) = Ae^{-i\frac{\sqrt{2m\mathcal{E}}}{\hbar}\frac{a}{2}} + Be^{i\frac{\sqrt{2m\mathcal{E}}}{\hbar}\frac{a}{2}} = 0$$

でなければならない。すなわち

$$\begin{bmatrix} e^{i\frac{\sqrt{2m\mathcal{E}}}{\hbar}\frac{a}{2}} & e^{-i\frac{\sqrt{2m\mathcal{E}}}{\hbar}\frac{a}{2}} \\ e^{-i\frac{\sqrt{2m\mathcal{E}}}{\hbar}\frac{a}{2}} & e^{i\frac{\sqrt{2m\mathcal{E}}}{\hbar}\frac{a}{2}} \end{bmatrix} \begin{bmatrix} A \\ B \end{bmatrix} = \begin{bmatrix} 0 \\ 0 \end{bmatrix} \tag{4.32}$$

でなければならず，A, B が 0 でない解をもつためには

$$\begin{vmatrix} e^{i\frac{\sqrt{2m\mathcal{E}}}{\hbar}\frac{a}{2}} & e^{-i\frac{\sqrt{2m\mathcal{E}}}{\hbar}\frac{a}{2}} \\ e^{-i\frac{\sqrt{2m\mathcal{E}}}{\hbar}\frac{a}{2}} & e^{i\frac{\sqrt{2m\mathcal{E}}}{\hbar}\frac{a}{2}} \end{vmatrix} = e^{i\frac{\sqrt{2m\mathcal{E}}}{\hbar}a} - e^{-i\frac{\sqrt{2m\mathcal{E}}}{\hbar}a}$$
$$= 2i\sin\left(\frac{\sqrt{2m\mathcal{E}}}{\hbar}a\right) = 0$$

である必要がある。この条件を満足するためには

$$\sin\left(\frac{\sqrt{2m\mathcal{E}}}{\hbar}a\right) = 0$$

でなければならない。ここで，$m, \mathcal{E}, \hbar, a > 0$ であることに注意すると

$$\frac{\sqrt{2m\mathcal{E}}}{\hbar}a = N\pi \quad (N \text{ は任意の自然数})$$

という結果が得られる。これを変形すれば

$$\mathcal{E} = \frac{\hbar^2}{2m}\left(\frac{N\pi}{a}\right)^2 \quad (N \text{ は任意の自然数}) \tag{4.33}$$

となる。式(4.32)で示した連立 1 次方程式の解は，自然数 N が偶数か奇数かによって異なる。

自然数 N が奇数，すなわち $N = 2n + 1$（n は 0 以上の整数）である場合には，式(4.32)は

$$\begin{bmatrix} e^{i\left(n+\frac{1}{2}\right)\pi} & e^{-i\left(n+\frac{1}{2}\right)\pi} \\ e^{-i\left(n+\frac{1}{2}\right)\pi} & e^{i\left(n+\frac{1}{2}\right)\pi} \end{bmatrix} \begin{bmatrix} A \\ B \end{bmatrix} = \begin{bmatrix} 0 \\ 0 \end{bmatrix}$$

となるので，$A = B$ が得られる。このとき，

$$\varphi(x) = 2A\cos\left(\frac{\sqrt{2m\mathcal{E}}}{\hbar}x\right) = 2A\cos\frac{N\pi x}{a}$$

である。さらにこれを規格化すれば

$$\varphi(x) = \sqrt{\frac{2}{a}}\cos\frac{N\pi x}{a}$$

となる。

自然数 N が偶数，すなわち $N = 2n$（n は任意の自然数）である場合には，式(4.32)は

$$\begin{bmatrix} e^{in\pi} & e^{-in\pi} \\ e^{-in\pi} & e^{in\pi} \end{bmatrix} \begin{bmatrix} A \\ B \end{bmatrix} = \begin{bmatrix} 0 \\ 0 \end{bmatrix}$$

となるので，$A = -B$ が得られる。このとき，

$$\varphi(x) = 2iA\sin\left(\frac{\sqrt{2m\mathcal{E}}}{\hbar}x\right) = 2iA\sin\frac{N\pi x}{a}$$

である。これを規格化すれば

$$\varphi(x) = \sqrt{\frac{2}{a}}\sin\frac{N\pi x}{a}$$

となる。

無限に深い 1 次元の井戸型ポテンシャルについて，以上の結果をまとめると，式(4.33)に示したとおり，エネルギー固有値は

$$\mathcal{E} = \frac{\hbar^2}{2m}\left(\frac{N\pi}{a}\right)^2 \quad (N \text{ は任意の自然数}) \tag{4.34}$$

であり，波動関数は式(4.12)を用いて

$$\psi(x,t) = \varphi(x)e^{-i\frac{\mathcal{E}t}{\hbar}} = \begin{cases} \sqrt{\frac{2}{a}}\cos\frac{N\pi x}{a}e^{-i\frac{\mathcal{E}}{\hbar}t} & (N \text{ は 1 以上の奇数}) \\ \sqrt{\frac{2}{a}}\sin\frac{N\pi x}{a}e^{-i\frac{\mathcal{E}}{\hbar}t} & (N \text{ は 2 以上の偶数}) \end{cases} \tag{4.35}$$

となる。$N = 1 \sim 4$ の場合についてエネルギー準位，波動関数および波動関数の絶対値の 2 乗を図示すると**図 4.8** のようになる。ちなみに，4.4 節の式(4.18)および 4.5 節の式(4.24)は $N = 1$ の場合の波動関数である。

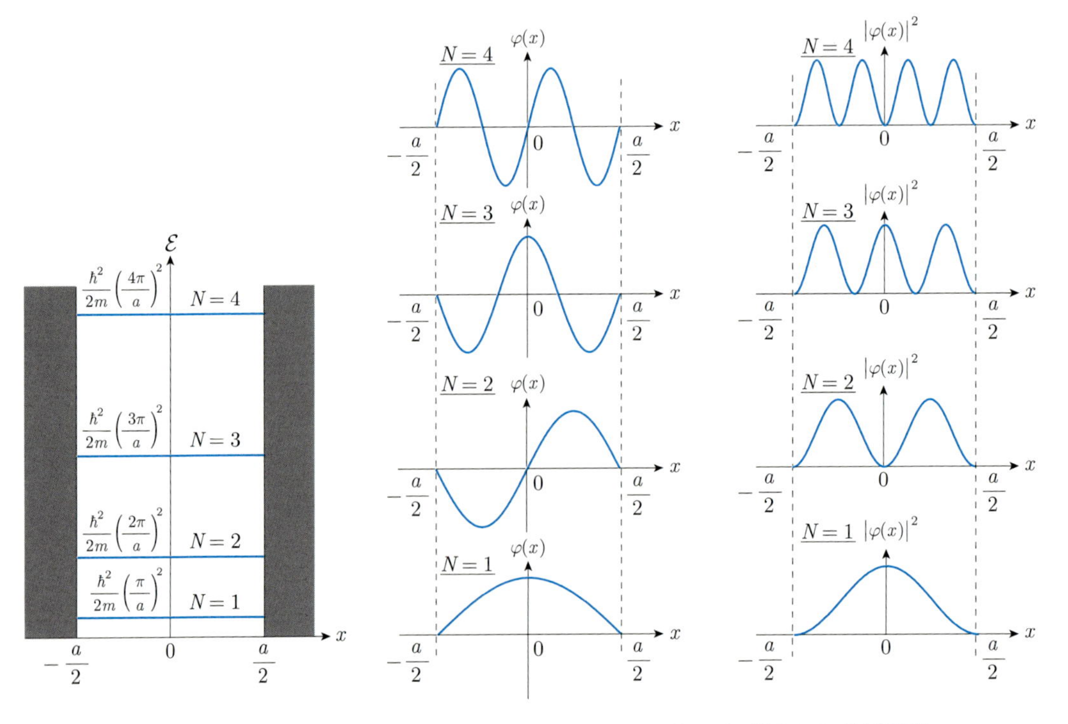

図 4.8　無限に深い 1 次元の井戸型ポテンシャルにおけるエネルギー準位および波動関数

4.7 角運動量

角運動量（angular momentum）は，原子核を中心とした球対称なポテンシャルエネルギーの影響を受ける電子の状態を記述するために不可欠な物理量である。そこでまず，質量 m の質点が半径 r，角速度 ω で円運動している場合について，古典力学に基づいて角運動量を求めてみよう。スカラー量で考えると，角運動量 ℓ は

$$
\begin{aligned}
\ell = mr^2\omega &= r \times mr\omega \\
&= r \times mv \\
&= r \times p
\end{aligned}
$$

であるので，半径 $r \times$ 運動量 p で表されることがわかる。ところで，角運動量は実際にはベクトル量で定義される物理量であり，ベクトルの向きは，図 4.9 に示すように回転軸の右ネジの規則に従う向きと定義される。このことから，ベクトルの外積を用いて

$$\boldsymbol{\ell} = \boldsymbol{r} \times \boldsymbol{p} \tag{4.36}$$

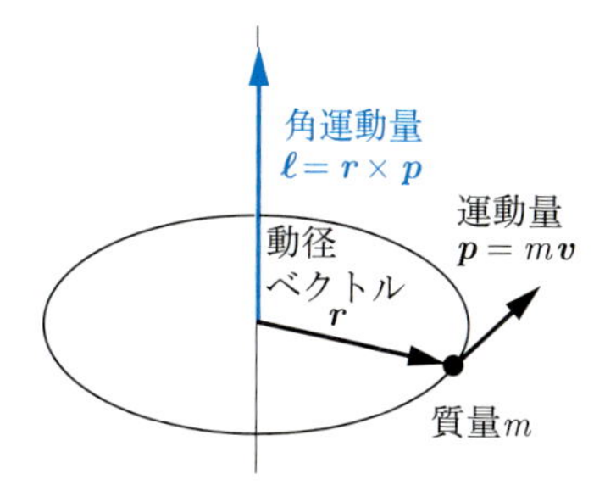

図 4.9　質量 m の質点が円運動しているときの角運動量

と表される。ここで，$\boldsymbol{r}$ は動径ベクトル，$\boldsymbol{p}$ は運動量である。例えば，ℓ_z であれば z 軸を回転軸とする角運動量成分ということになる。角運動量成分をデカルト座標を用いて具体的に表すと

$$\ell_x = yp_z - zp_y \tag{4.37}$$

$$\ell_y = zp_x - xp_z \tag{4.38}$$

$$\ell_z = xp_y - yp_x \tag{4.39}$$

のようになる。

4.7.1 角運動量演算子

古典力学での角運動量をもとに量子力学での角運動量の演算子を求めてみよう。運動量 $\boldsymbol{p}$ の演算子が $\hat{\boldsymbol{p}} = -i\hbar\nabla$ であるから

$$\hat{\boldsymbol{\ell}} = \hat{\boldsymbol{r}} \times \hat{\boldsymbol{p}} = -i\hbar\boldsymbol{r} \times \nabla \tag{4.40}$$

が得られる。それぞれの成分を表すと

$$\hat{\ell}_x = -i\hbar\left(y\frac{\partial}{\partial z} - z\frac{\partial}{\partial y}\right) \tag{4.41}$$

$$\hat{\ell}_y = -i\hbar\left(z\frac{\partial}{\partial x} - x\frac{\partial}{\partial z}\right) \tag{4.42}$$

$$\hat{\ell}_z = -i\hbar\left(x\frac{\partial}{\partial y} - y\frac{\partial}{\partial x}\right) \tag{4.43}$$

のようになる。 極座標を用いてこれらを書き直すと

$$\hat{\ell}_x = i\hbar\left(\sin\phi\frac{\partial}{\partial\theta} + \cot\theta\cos\phi\frac{\partial}{\partial\phi}\right)$$
$$\hat{\ell}_y = i\hbar\left(-\cos\phi\frac{\partial}{\partial\theta} + \cot\theta\sin\phi\frac{\partial}{\partial\phi}\right)$$
$$\hat{\ell}_z = -i\hbar\frac{\partial}{\partial\phi}$$

となる。また，角運動量の2乗を求めるための演算子については極座標を用いて表すと

$$\begin{aligned}\hat{\boldsymbol{\ell}}^2 &= \hat{\ell}_x{}^2 + \hat{\ell}_y{}^2 + \hat{\ell}_z{}^2 \\ &= -\hbar^2\left\{\frac{1}{\sin\theta}\frac{\partial}{\partial\theta}\left(\sin\theta\frac{\partial}{\partial\theta}\right) + \frac{1}{\sin^2\theta}\frac{\partial^2}{\partial\phi^2}\right\}\end{aligned} \tag{4.44}$$

となる。

4.7.2 角運動量の固有値

導出については省略するが*27，式(4.44)で示した角運動量の2乗を求める演算子 $\hat{\boldsymbol{\ell}}^2$ に関する固有値問題は

$$\hat{\boldsymbol{\ell}}^2 Y_{l\,m}(\theta,\phi) = l(l+1)\hbar^2 Y_{l\,m}(\theta,\phi) \tag{4.45}$$

となる。ここで，固有関数となる $Y_{l\,m}(\theta,\phi)$ は**球面調和関数**（spherical harmonics）と呼ばれる関数である。添え字 l は**方位量子数**（azimuthal quantum number）と呼ばれ，$l = 0, 1, 2, 3, \cdots$ である。添え字 m は**磁気量子数**（magnetic quantum number）と呼ばれ，$m = -l, -l+1, \cdots, l$ である。式(4.45)の意味するところは，量子力学では，角運動量の2乗は $l(l+1)\hbar^2$（$l = 0, 1, 2, 3, \cdots$）という離散的な値をとるということである。

角運動量の z 成分を求める演算子 $\hat{\ell}_z$ に関する固有値問題においても，同じ球面調和関数が固有関数となり

$$\hat{\ell}_z Y_{l\,m}(\theta,\phi) = m\hbar Y_{l\,m}(\theta,\phi) \tag{4.46}$$

である。このように，量子力学では，角運動量の z 成分も $m\hbar$（$m = -l, -l+1, \cdots, l$）のように離散的な値をとる。

*27 巻末に参考書としてあげた上村洸，山本貴博『基礎からの量子力学』（裳華房，第6章）や猪木慶治，川合光『基礎量子力学』（講談社，第6章）など，一般的な量子力学の教科書であれば必ず導出について説明がある。

4.7.3 スピン角運動量

電子などの素粒子は，回転運動していなくても，それ自身が固有の角運動量をもっている。電子に固有の角運動量が存在することは**シュテルン–ゲルラッハの実験**（Stern-Gerlach experiment）*28などによって示された。この角運動量は**スピン角運動量**（spin angular momentum）と呼ばれる。例えば光子のスピン角運動量の大きさは $\hbar$，陽子や中性子のスピン角運動量の大きさは $\frac{1}{2}\hbar$，ヒッグス粒子のスピン角運動量の大きさは0である。スピン角運動量はきわめて量子力学的な物理量であり，古典力学から説明することは難しい。固体物理学において最も重要な素

*28 この実験は，ドイツ出身の物理学者であるシュテルン（Otto Stern, 1888〜1966）とドイツの物理学者であるゲルラッハ（Walther Gerlach, 1889〜1979）によって1922年に行われた。炉の中で加熱して蒸発させた銀粒子をビームとして不均一な磁場中を通過させると，ビームが2つに分裂することは電子に2通りの固有の角運動量が存在することを意味している。シュテルンは分子線の手法の開発への貢献と陽子の磁気モーメントの発見によって1943年にノーベル物理学賞を受賞した。

粒子である電子のスピン角運動量の大きさは陽子，中性子と同じく $\frac{1}{2}\hbar$ である。電子のスピンがとりうる状態は 2 つのみなので，これらの固有関数を α, β と表す。α は上向きスピンに，β は下向きスピンに対応する。

スピン角運動量の 2 乗を求める演算子は

$$\hat{\boldsymbol{s}}^2 = \hat{s}_x{}^2 + \hat{s}_y{}^2 + \hat{s}_z{}^2 \tag{4.47}$$

で定義され，式(4.45)に相当する式は，方位量子数 l に対応する量子数を $s = \frac{1}{2}$ として

$$\hat{\boldsymbol{s}}^2\alpha = s(s+1)\hbar^2\alpha = \frac{1}{2}\left(\frac{1}{2}+1\right)\hbar^2\alpha = \frac{3}{4}\hbar^2\alpha \tag{4.48}$$

$$\hat{\boldsymbol{s}}^2\beta = s(s+1)\hbar^2\beta = \frac{1}{2}\left(\frac{1}{2}+1\right)\hbar^2\beta = \frac{3}{4}\hbar^2\beta \tag{4.49}$$

となる。すなわち，上向きスピン，下向きスピンともに $\hat{\boldsymbol{s}}^2$ の固有値は $\frac{3}{4}\hbar^2$ である。

式(4.46)に相当するスピン角運動量の z 成分を求める演算子 $\hat{s}_z$ については，磁気量子数 m に対応する**スピン磁気量子数**（spin magnetic quantum number）を m_s として

$$\hat{s}_z\alpha = m_s\hbar\alpha = \frac{1}{2}\hbar\alpha \tag{4.50}$$

$$\hat{s}_z\beta = m_s\hbar\beta = -\frac{1}{2}\hbar\beta \tag{4.51}$$

となる。すなわち，$\hat{s}_z$ の固有値は $\frac{1}{2}\hbar$ と $-\frac{1}{2}\hbar$ の 2 通りである。また $m_s = -\frac{1}{2}, \frac{1}{2}$ である。

電子の状態を表すためには，位置座標 $\boldsymbol{r}$ に加えて，スピン角運動量を表すための座標が必要である。電子のスピン角運動量は 2 通りあるので，それを表すために $\sigma = +1$ と $\sigma = -1$ という座標を用いることにする[*29]。この座標を**スピン座標**（spin coordinate）と呼ぶ。スピン座標 $\sigma = \pm 1$ を変数とするスピンの固有関数である $\alpha(\sigma), \beta(\sigma)$ は

$$\alpha(+1) = 1, \quad \alpha(-1) = 0 \tag{4.52}$$

$$\beta(+1) = 0, \quad \beta(-1) = 1 \tag{4.53}$$

と定義される。スピン座標については，4.9 節で多電子原子を考える際に用いる。

4.8　水素原子の電子状態

水素原子のシュレーディンガー方程式は，陽子を原点に固定した場合[*30]には，次のように表される[*31]。

$$\left(-\frac{\hbar^2}{2m_e}\Delta - \frac{e^2}{4\pi\varepsilon_0 r}\right)\varphi(\boldsymbol{r}) = \mathcal{E}\varphi(\boldsymbol{r}) \tag{4.54}$$

*29　$+\frac{1}{2}$ と $-\frac{1}{2}$ を座標として用いる流儀もある。

*30　正確には陽子も運動するので，陽子の質量 m_p と電子の質量 m_e から $\mu = \frac{m_p m_e}{m_p + m_e}$ によって求められる換算質量 μ を m_e の代わりに用いる必要がある。ただし，m_p は m_e のおよそ 1836 倍なので μ は m_e より 0.05% 小さいだけである。したがって，近似的には，陽子を固定して考えてもかまわない。

*31　式(4.54)中の e は電気素量であり，その値は $e = 1.6021766208 \times 10^{-19}$ C（2014CODATA 推奨値）である。ネイピア数 e と同じ文字であるので注意が必要である。ε_0 は**真空の誘電率**（vacuum permittivity）であり，その値は真空中の光速 c_0 を用いて $\varepsilon_0 = \frac{10^7}{4\pi c_0{}^2} = 8.854187817\cdots \times 10^{-12}$ F m^{-1} で与えられる。

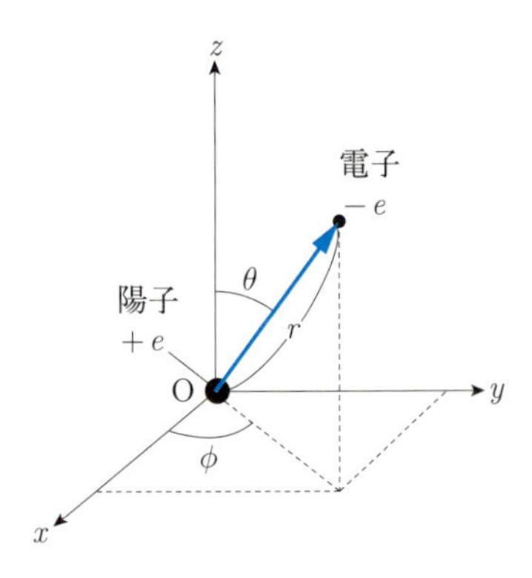

図 4.10　極座標による水素原子の表示

このとき，電子と陽子の間に働くクーロンポテンシャルは距離 r のみに依存する。つまりポテンシャルは球対称な関数となるのでデカルト座標ではなく，**図 4.10** に示す極座標を用いるべきである。極座標の場合，ラプラシアンは

$$\Delta = \frac{1}{r^2}\frac{\partial}{\partial r}\left(r^2\frac{\partial}{\partial r}\right) + \frac{1}{r^2\sin\theta}\frac{\partial}{\partial\theta}\left(\sin\theta\frac{\partial}{\partial\theta}\right) + \frac{1}{r^2\sin^2\theta}\frac{\partial^2}{\partial\phi^2} \tag{4.55}$$

となる。つまり，極座標を用いると式(4.54)は

$$\begin{aligned}&-\frac{\hbar^2}{2m_\mathrm{e}}\left\{\frac{1}{r^2}\frac{\partial}{\partial r}\left(r^2\frac{\partial}{\partial r}\right) + \frac{1}{r^2\sin\theta}\frac{\partial}{\partial\theta}\left(\sin\theta\frac{\partial}{\partial\theta}\right)\right.\\&\quad\left.+\frac{1}{r^2\sin^2\theta}\frac{\partial^2}{\partial\phi^2}\right\}\varphi(\boldsymbol{r}) - \frac{e^2}{4\pi\varepsilon_0 r}\varphi(\boldsymbol{r}) = \mathcal{E}\varphi(\boldsymbol{r})\end{aligned} \tag{4.56}$$

と表すことができる。式(4.56)の両辺に r^2 をかけて整理すると

$$\begin{aligned}&\left\{-\frac{\hbar^2}{2m_\mathrm{e}}\frac{\partial}{\partial r}\left(r^2\frac{\partial}{\partial r}\right) - \frac{e^2 r}{4\pi\varepsilon_0} - \mathcal{E}r^2\right\}\varphi(\boldsymbol{r})\\&= \frac{\hbar^2}{2m_\mathrm{e}}\left\{\frac{1}{\sin\theta}\frac{\partial}{\partial\theta}\left(\sin\theta\frac{\partial}{\partial\theta}\right) + \frac{1}{\sin^2\theta}\frac{\partial^2}{\partial\phi^2}\right\}\varphi(\boldsymbol{r})\end{aligned} \tag{4.57}$$

のように，変数として r のみを含む項と θ, ϕ を含む項とに分けることができることから，このシュレーディンガー方程式の解は，r のみを変数とする関数と θ, ϕ を変数とする関数の積

$$\varphi(\boldsymbol{r}) = R_{n\,l}(r)Y_{l\,m}(\theta, \phi) \tag{4.58}$$

として表せる。ここで，$R_{n\,l}(r)$ は r のみを変数とする関数で**動径関数**（radial function）と呼ばれる。また，$Y_{l\,m}(\theta,\phi)$ は式(4.45)あるいは式(4.46)でも登場した球面調和関数である。関数の添え字 n, l, m は整数であり，これを指定すれば関数の形が決まる。ただし，n, l, m のとりうる範囲には制限があり，**主量子数**（principal quantum number）と呼ばれる n，方位量子数と呼ばれる l，磁気量子数と呼ばれる m は，すでに一部については説明したように，それぞれ

$$\begin{aligned}n &= 1, 2, 3, \cdots\\ l &= 0, 1, 2, \cdots, n-1\\ m &= -l, -l+1, \cdots, l\end{aligned}$$

という範囲の整数をとりうる。

動径関数は次式で与えられる。

$$R_{n\,l}(r) = -\left(\frac{2}{na_0}\right)^{3/2}\sqrt{\frac{(n-l-1)!}{2n(n+l)!}}\,r^l L_{n+l}^{2l+1}\left(\frac{2r}{na_0}\right)e^{-\frac{r}{na_0}} \tag{4.59}$$

ここで，a_0 は**ボーア半径**（Bohr radius）*32であり，

$$a_0 = \frac{4\pi\varepsilon_0\hbar^2}{m_\mathrm{e}e^2} \tag{4.60}$$

*32　デンマークの物理学者であるニールス・ボーア（Niels Henrik David Bohr, 1885〜1962）に因む。ボーアは原子構造とその放射に関する研究により 1922 年にノーベル物理学賞を受賞。

で与えられ，その値は $0.52917721067 \times 10^{-10}\,\mathrm{m}$ である[33]。$L_{n+l}^{2l+1}\left(\frac{2r}{na_0}\right)$ は**ラゲールの陪多項式**（associated Laguerre polynomial）であり，

$$L_n^k(x) = \sum_{m=0}^{n-k}(-1)^{m+k}\frac{(n!)^2}{m!(m+k)!(n-m-k)!}x^m \tag{4.61}$$

のように定義される。動径関数のいくつかを具体的に示すと

$$\begin{aligned}
R_{1\,0}(r) &= 2\left(\frac{1}{a_0}\right)^{3/2} e^{-\frac{r}{a_0}} \\
R_{2\,0}(r) &= \frac{1}{2\sqrt{2}}\left(\frac{1}{a_0}\right)^{3/2}\left(2-\frac{r}{a_0}\right)e^{-\frac{r}{2a_0}} \\
R_{2\,1}(r) &= \frac{1}{2\sqrt{6}}\left(\frac{1}{a_0}\right)^{3/2}\frac{r}{a_0}e^{-\frac{r}{2a_0}} \\
R_{3\,0}(r) &= \frac{2}{81\sqrt{3}}\left(\frac{1}{a_0}\right)^{3/2}\left(27-\frac{18r}{a_0}+\frac{2r^2}{{a_0}^2}\right)e^{-\frac{r}{3a_0}} \\
R_{3\,1}(r) &= \frac{4}{81\sqrt{6}}\left(\frac{1}{a_0}\right)^{3/2}\left(6-\frac{r}{a_0}\right)\frac{r}{a_0}e^{-\frac{r}{3a_0}} \\
R_{3\,2}(r) &= \frac{4}{81\sqrt{30}}\left(\frac{1}{a_0}\right)^{3/2}\frac{r^2}{{a_0}^2}e^{-\frac{r}{3a_0}} \\
&\ \vdots
\end{aligned} \tag{4.62}$$

のようになる。**図 4.11** には動径関数 $R_{n\,l}(r)$ の例をいくつか示した。

また，球面調和関数は**ルジャンドル陪関数**（associated Legendre function）$P_l^{|m|}$ を用いて

$$Y_{l\,m}(\theta,\phi) = (-1)^{\frac{m+|m|}{2}}\sqrt{\frac{2l+1}{4\pi}\frac{(l-|m|)!}{(l+|m|)!}}P_l^{|m|}(\cos\theta)e^{im\phi} \tag{4.63}$$

のように表すことができ，ルジャンドル陪関数は

$$P_l^{|m|}(x) = (1-x^2)^{\frac{|m|}{2}}\frac{\mathrm{d}^{|m|}}{\mathrm{d}x^{|m|}}\frac{1}{2^l l!}\frac{\mathrm{d}^l}{\mathrm{d}x^l}(x^2-1)^l \tag{4.64}$$

のように定義される。球面調和関数のいくつかを具体的に示すと

$$\begin{aligned}
Y_{0\,0}(\theta,\phi) &= \frac{1}{\sqrt{4\pi}} \\
Y_{1\,0}(\theta,\phi) &= \sqrt{\frac{3}{4\pi}}\cos\theta \\
Y_{1\,1}(\theta,\phi) &= -\sqrt{\frac{3}{8\pi}}\sin\theta e^{i\phi} \\
Y_{1\,-1}(\theta,\phi) &= \sqrt{\frac{3}{8\pi}}\sin\theta e^{-i\phi} \\
Y_{2\,0}(\theta,\phi) &= \sqrt{\frac{5}{16\pi}}(3\cos^2\theta-1) \\
Y_{2\,1}(\theta,\phi) &= -\sqrt{\frac{15}{8\pi}}\sin\theta\cos\theta e^{i\phi}
\end{aligned}$$

*33 2014 CODATA 推奨値。

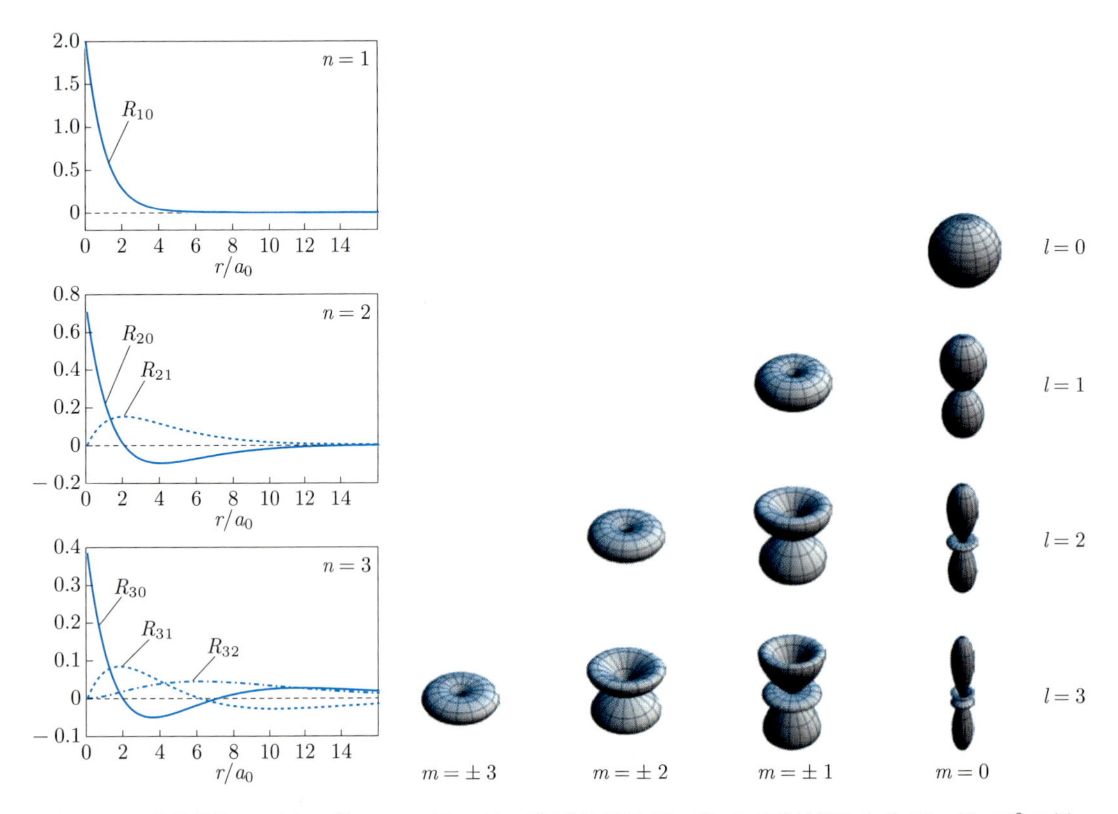

図 4.11　動径関数 $R_{n\,l}(r)$ の例

図 4.12　球面調和関数 $Y_{l\,m}(\theta,\phi)$ の絶対値の 2 乗 $|Y_{l\,m}(\theta,\phi)|^2$ の例

$$Y_{2\,-1}(\theta,\phi)=\sqrt{\frac{15}{8\pi}}\sin\theta\cos\theta e^{-i\phi}$$

$$Y_{2\,2}(\theta,\phi)=-\sqrt{\frac{15}{32\pi}}\sin^2\theta e^{2i\phi}$$

$$Y_{2\,-2}(\theta,\phi)=\sqrt{\frac{15}{32\pi}}\sin^2\theta e^{-2i\phi}$$

$$\vdots$$

のようになる。**図 4.12** に球面調和関数 $Y_{l\,m}(\theta,\phi)$ の絶対値の 2 乗 $|Y_{l\,m}(\theta,\phi)|^2$ の例を示す。

エネルギー固有値は，主量子数 n のみによって決まり，

$$\mathcal{E}=\mathcal{E}_n=-\frac{m_{\mathrm{e}}}{2\hbar^2}\left(\frac{e^2}{4\pi\varepsilon_0}\right)^2\frac{1}{n^2} \tag{4.65}$$

で与えられる。やはり，水素原子における電子のエネルギーは離散的な値をとることがわかる。

方位量子数 l の数字を用いる代わりに，習慣的に $l=0,1,2,3,4,\cdots$ に対応する電子の状態をそれぞれ s, p, d, f, g, $\cdots$ と呼ぶ[*34]。例えば，$n=1$, $l=0$ であれば 1s，$n=3$, $l=2$ であれば 3d，$n=4$, $l=3$ であれば 4f などと呼ぶ。

*34　sは“sharp”に，pは“principal”に，dは“diffuse”に，fは“fundamental”にそれぞれ由来する。f以降はアルファベット順である。

4.9 多電子原子の電子状態

4.9.1 多電子原子のハミルトニアン

水素原子以外の炭素原子や酸素原子など多数個の電子をもつ多電子原子を考えよう。ここでも議論を簡単にするために水素原子の場合と同様に，原子核を原点に固定しておく。原子番号 Z（$=N$）の原子のハミルトニアンは，**図 4.13** に示すように水素原子の場合とは異なって電子間のクーロン相互作用があることから

$$\hat{H} = \sum_{i=1}^{N}\left(-\frac{\hbar^2}{2m_{\mathrm{e}}}\Delta_i - \frac{Ze^2}{4\pi\varepsilon_0|\boldsymbol{r}_i|}\right) + \sum_{i=1}^{N-1}\sum_{j=i+1}^{N}\frac{e^2}{4\pi\varepsilon_0|\boldsymbol{r}_i - \boldsymbol{r}_j|} \tag{4.66}$$

のように表される。ここで，$\boldsymbol{r}_i$ は i 番目の電子の位置ベクトルである。第 1 項が電子の運動エネルギーを，第 2 項が電子と原子核との間のクーロン引力ポテンシャルを，第 3 項が電子間のクーロン斥力ポテンシャルを表す。この第 3 項があるために，水素原子の場合と異なり，シュレーディンガー方程式を厳密に解くことはできない。そこで，**平均場近似**（mean field approximation）という考え方を用いる。具体的には i 番目の電子に注目し，他の電子とのクーロン相互作用を，平均化した実効的なポテンシャルに置き換えるという考え方である。次にそのような近似法の一つであるハートリー–フォック近似について説明する。

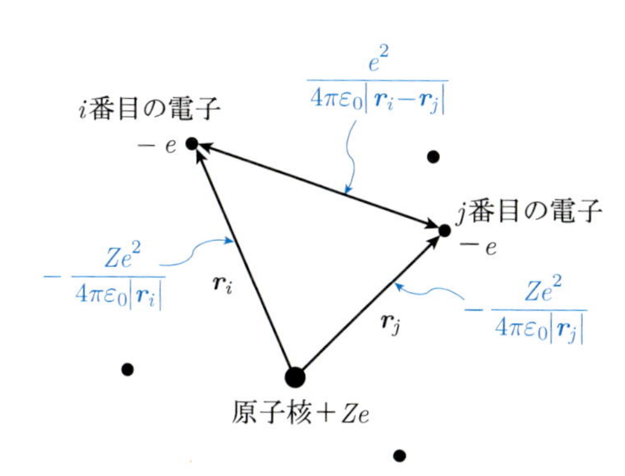

図 4.13 多電子原子中での電子–原子核間および電子–電子間の相互作用

4.9.2 ハートリー–フォック近似 (Hartree-Fock approximation)

i 番目の電子の位置座標を $\boldsymbol{r}_i$，スピン座標を σ_i（ただし，$\sigma_i = \pm 1$）とし，これらを 1 つにまとめた座標として $\xi_i = (\boldsymbol{r}_i, \sigma_i)$ と表すことにする。N 個の電子からなる波動関数は，ξ_i（$i = 1, \cdots, N$）を変数とした $\Psi(\xi_1, \xi_2, \cdots, \xi_N)$ で表される。第 5 章で説明するように，電子は**フェルミ粒子**（Fermion）*35であり，後述する**パウリの排他律**（Pauli exclusion

*35 イタリア出身の物理学者であるフェルミ（Enrico Fermi, 1901～1954）に因む。フェルミは中性子による原子核反応の発見によって 1938 年にノーベル物理学賞を受賞。

principle)[*36]に従うので，$\xi_i \leftrightarrow \xi_j$ という 1 対の座標の交換に対して波動関数の符号が

$$\Psi(\cdots,\xi_i,\cdots,\xi_j,\cdots) = -\Psi(\cdots,\xi_j,\cdots,\xi_i,\cdots) \tag{4.67}$$

のように変わる。

このような関係を満足する波動関数を得るために，以下に示すような行列式を用いる。

$$\Psi(\xi_1,\cdots,\xi_N) = \frac{1}{\sqrt{N!}}\begin{vmatrix} \psi_1(\xi_1) & \psi_2(\xi_1) & \cdots & \psi_N(\xi_1) \\ \psi_1(\xi_2) & \psi_2(\xi_2) & \cdots & \psi_N(\xi_2) \\ \vdots & \vdots & & \vdots \\ \psi_1(\xi_N) & \psi_2(\xi_N) & \cdots & \psi_N(\xi_N) \end{vmatrix} \tag{4.68}$$

行列式には

$$\begin{vmatrix} \vdots & \vdots & & \vdots \\ a_{i1} & a_{i2} & \cdots & a_{iN} \\ \vdots & \vdots & & \vdots \\ a_{j1} & a_{j2} & \cdots & a_{jN} \\ \vdots & \vdots & & \vdots \end{vmatrix} = -\begin{vmatrix} \vdots & \vdots & & \vdots \\ a_{j1} & a_{j2} & \cdots & a_{jN} \\ \vdots & \vdots & & \vdots \\ a_{i1} & a_{i2} & \cdots & a_{iN} \\ \vdots & \vdots & & \vdots \end{vmatrix}$$

$$\begin{vmatrix} \cdots & a_{1i} & \cdots & a_{1j} & \cdots \\ \cdots & a_{2i} & \cdots & a_{2j} & \cdots \\ & \vdots & & \vdots & \\ \cdots & a_{Ni} & \cdots & a_{Nj} & \cdots \end{vmatrix} = -\begin{vmatrix} \cdots & a_{1j} & \cdots & a_{1i} & \cdots \\ \cdots & a_{2j} & \cdots & a_{2i} & \cdots \\ & \vdots & & \vdots & \\ \cdots & a_{Nj} & \cdots & a_{Ni} & \cdots \end{vmatrix}$$

のように，2 つの行あるいは列を交換すると符号が変わるという性質と，

$$\begin{vmatrix} \vdots & \vdots & & \vdots \\ a_1 & a_2 & \cdots & a_N \\ \vdots & \vdots & & \vdots \\ a_1 & a_2 & \cdots & a_N \\ \vdots & \vdots & & \vdots \end{vmatrix} = 0$$

$$\begin{vmatrix} \cdots & a_1 & \cdots & a_1 & \cdots \\ \cdots & a_2 & \cdots & a_2 & \cdots \\ & \vdots & & \vdots & \\ \cdots & a_N & \cdots & a_N & \cdots \end{vmatrix} = 0$$

のように，2 つの行あるいは列が同じであれば 0 になるという性質があるから，フェルミ粒子の特徴を記述するのに都合が良い。式(4.68)は**スレーター行列式**（Slater determinant）[*37]と呼ばれる。ここで，$\psi_i(\xi_j)$ は 1 電子の**スピン軌道**（spin orbital）関数[*38]である。i はスピン軌道の番号を，j は電子の番号を表す。スピン軌道関数は 1 電子波動関数と

*36　オーストリア出身の物理学者パウリ（Wolfgang Ernst Pauli, 1900〜1958）によって提案された。この業績によって 1945 年にノーベル物理学賞を受賞。また，パウリは中性子の β 崩壊においてエネルギー保存則が成り立つようにニュートリノの存在を提唱したことでも知られる。パウリは実験が不得意で，実験装置に触れたり，近づいたりしただけで壊れることがあったそうで，パウリ効果（Pauli effect）と呼ばれていた。

*37　スレーター（John Clarke Slater, 1900〜1976）はアメリカ出身の物理学者。

*38　軌道という言葉は，ボーアが，水素原子における電子が原子核を中心に回転運動しているとしたことに由来する。これは，電子の運動の軌跡を太陽の周りを運動する惑星の軌道（orbit）のように考えていたためである。しかし，電子が軌道運動しているわけではなく，量子力学では電子状態は波動関数によって記述すべきであることがわかっているので，英語の場合“orbit”ではなく“orbital”という言葉を用いて区別している。日本語では両者の区別がない上，初学者はボーアの原子モデルだけを学ぶことが多く，「軌道」という用語について誤解が生じる可能性がある。これ以降，「軌道」という用語が登場する際にはどのような意味で使われているのかを意識していただきたい。

スピンの固有関数の積で表すことができ，

$$\psi_i(\xi_j)=\phi_i(\boldsymbol{r}_j)\alpha(\sigma_j)\ \text{あるいは}\ \phi_i(\boldsymbol{r}_j)\beta(\sigma_j) \tag{4.69}$$

である。なお，スピン軌道関数は

$$\sum_{\sigma=\pm1}\int \mathrm{d}\boldsymbol{r}\,\psi_i^*(\xi)\psi_j(\xi)=\delta_{ij} \tag{4.70}$$

のように規格直交関係を満足するようにしておく。ここで，$\xi=(\boldsymbol{r},\sigma)$ である。式(4.68)中の $\dfrac{1}{\sqrt{N!}}$ は波動関数 $\Psi(\xi_1,\cdots,\xi_N)$ を規格化するための因子である。

式(4.66)のハミルトニアンに対して，式(4.68)のスレーター行列式を展開しながらエネルギー E の期待値を求めると

自分で導出してみよう。

$$\begin{aligned}
\langle E\rangle &= \sum_{\sigma_1=\pm1}\cdots\sum_{\sigma_N=\pm1}\int \mathrm{d}\boldsymbol{r}_1\cdots\int \mathrm{d}\boldsymbol{r}_N\,\Psi^*(\xi_1,\cdots\xi_N)\hat{H}\Psi(\xi_1,\cdots\xi_N)\\
&=\sum_{i=1}^{N}\sum_{\sigma=\pm1}\int \mathrm{d}\boldsymbol{r}\,\psi_i^*(\xi)\left(-\frac{\hbar^2}{2m_\mathrm{e}}\Delta-\frac{Ze^2}{4\pi\varepsilon_0|\boldsymbol{r}|}\right)\psi_i(\xi)\\
&\quad+\frac{1}{2}\sum_{i=1}^{N}\sum_{j=1}^{N}\sum_{\sigma=\pm1}\sum_{\sigma'=\pm1}\int \mathrm{d}\boldsymbol{r}\int \mathrm{d}\boldsymbol{r}'\psi_i^*(\xi)\psi_j^*(\xi')\\
&\qquad\qquad\times\frac{e^2}{4\pi\varepsilon_0|\boldsymbol{r}-\boldsymbol{r}'|}\psi_i(\xi)\psi_j(\xi')\\
&\quad-\frac{1}{2}\sum_{i=1}^{N}\sum_{j=1}^{N}\sum_{\sigma=\pm1}\sum_{\sigma'=\pm1}\int \mathrm{d}\boldsymbol{r}\int \mathrm{d}\boldsymbol{r}'\psi_i^*(\xi)\psi_j^*(\xi')\\
&\qquad\qquad\times\frac{e^2}{4\pi\varepsilon_0|\boldsymbol{r}-\boldsymbol{r}'|}\psi_j(\xi)\psi_i(\xi')
\end{aligned} \tag{4.71}$$

となる。ここで，$\xi'=(\boldsymbol{r}',\sigma')$ である。また，第 2 項，第 3 項にある $\frac{1}{2}$ は，$\sum\limits_{i=1}^{N}\sum\limits_{j=1}^{N}$ で総和を求める際に同じものを 2 回数え上げていることを修正するために付いている。

式(4.70)において $i=j$ とした場合の，スピン軌道関数の規格化条件

$$\sum_{\sigma=\pm1}\int \mathrm{d}\boldsymbol{r}\,\psi_i^*(\xi)\psi_i(\xi)=1$$

の下で，エネルギーの期待値 $\langle E\rangle$ が極値となる場合を求めるために，**ラグランジュの未定乗数法**（method of Lagrange multiplier あるいは Lagrange's method of undetermined multplier）を用いると

$$\begin{aligned}
&-\frac{\hbar^2}{2m_\mathrm{e}}\Delta\psi_i(\xi)-\frac{Ze^2}{4\pi\varepsilon_0|\boldsymbol{r}|}\psi_i(\xi)\\
&+\left\{\sum_{j=1}^{N}\sum_{\sigma'=\pm1}\int \mathrm{d}\boldsymbol{r}'\psi_j^*(\xi')\frac{e^2}{4\pi\varepsilon_0|\boldsymbol{r}-\boldsymbol{r}'|}\psi_j(\xi')\right\}\psi_i(\xi)\\
&-\sum_{j=1}^{N}\left\{\sum_{\sigma'=\pm1}\int \mathrm{d}\boldsymbol{r}'\psi_j^*(\xi')\frac{e^2}{4\pi\varepsilon_0|\boldsymbol{r}-\boldsymbol{r}'|}\psi_i(\xi')\right\}\psi_j(\xi)=\mathcal{E}_i\psi_i(\xi)
\end{aligned} \tag{4.72}$$

が得られる。

式(4.72)は形式的に 1 電子のスピン軌道 $\psi_i(\xi)$ についての方程式になっており，**ハートリー–フォック方程式**(Hartree-Fock equation)[*39]と呼ばれる。さらに，式(4.72)に対して，スピン座標 σ' についての総和を求めると

$$
\begin{aligned}
&-\frac{\hbar^2}{2m_{\rm e}}\Delta\phi_i(\boldsymbol{r})-\frac{Ze^2}{4\pi\varepsilon_0|\boldsymbol{r}|}\phi_i(\boldsymbol{r})\\
&+\left\{\sum_{j=1}^{N}\int{\rm d}\boldsymbol{r}'\phi_j^*(\boldsymbol{r}')\frac{e^2}{4\pi\varepsilon_0|\boldsymbol{r}-\boldsymbol{r}'|}\phi_j(\boldsymbol{r}')\right\}\phi_i(\boldsymbol{r})\\
&-\sum_{j=1\ (j\parallel i)}^{N}\left\{\int{\rm d}\boldsymbol{r}'\phi_j^*(\boldsymbol{r}')\frac{e^2}{4\pi\varepsilon_0|\boldsymbol{r}-\boldsymbol{r}'|}\phi_i(\boldsymbol{r}')\right\}\phi_j(\boldsymbol{r})=\mathcal{E}_i\phi_i(\boldsymbol{r})
\end{aligned}
\tag{4.73}
$$

*39　ハートリー（Douglas Rayner Hartree, 1897〜1958）はイギリスの物理学者。フォック（Vladimir Aleksandrovich Fock, 1898〜1974）はロシア出身の物理学者。

のように 1 電子波動関数 $\phi_i(\boldsymbol{r})$ についての方程式が得られる。ただし，式(4.73)の左辺第 4 項の総和中の $(j \parallel i)$ という記号は j 番目のスピン軌道が i 番目のスピン軌道と同じ向きのスピンをもつ場合についてのみ和をとることを意味している。左辺第 1 項は電子の運動エネルギーを，第 2 項は原子核によるクーロン引力ポテンシャルを，第 3 項は電子間のクーロン斥力ポテンシャルを，第 4 項は同じ向きのスピンをもつ電子間に働く**交換ポテンシャル**（exchange potential）を表す。パウリの排他律から，2 つの電子が同じ状態を占有することはできないので，同じ向きのスピンをもつ 2 つの電子は同じ位置に存在することはない。そのため，実効的に 2 つの電子間のクーロン斥力ポテンシャルは弱められる。交換ポテンシャルは，このような理由によってもたらされるエネルギーを低下させる効果を表している。式(4.73)は，$\phi_i(\boldsymbol{r})$ に対する非線形方程式であり，すべての 1 電子波動関数 $\phi_1(\boldsymbol{r}),\cdots,\phi_N(\boldsymbol{r})$ を自己無撞着（self-consistent）に解く必要がある。

4.9.3　多電子原子の電子配置

ハートリー–フォック近似から得られた結果をもとに多電子原子における電子配置について考えてみよう。式(4.73)の左辺第 3 項については

$$
\rho(\boldsymbol{r})=\sum_{j=1}^{N}|\phi_j(\boldsymbol{r})|^2 \tag{4.74}
$$

が，位置 $\boldsymbol{r}$ における電子の確率密度であることから

$$
\begin{aligned}
&\sum_{j=1}^{N}\int{\rm d}\boldsymbol{r}'\phi_j^*(\boldsymbol{r}')\frac{e^2}{4\pi\varepsilon_0|\boldsymbol{r}-\boldsymbol{r}'|}\phi_j(\boldsymbol{r}')\phi_i(\boldsymbol{r})\\
&=\left\{\int\frac{e^2}{4\pi\varepsilon_0|\boldsymbol{r}-\boldsymbol{r}'|}\rho(\boldsymbol{r}'){\rm d}\boldsymbol{r}'\right\}\phi_i(\boldsymbol{r})
\end{aligned}
$$

となる。式(4.73)の左辺第 4 項の交換ポテンシャルについては，**交換相**

関正孔密度（exchange-correlation hole density）と呼ばれる

$$\rho_i^{\mathrm{XC}}(\boldsymbol{r},\boldsymbol{r}') = -\sum_{j=1\ (j\|i)}^{N} \frac{\phi_j^*(\boldsymbol{r}')\phi_i^*(\boldsymbol{r})\phi_i(\boldsymbol{r}')\phi_j(\boldsymbol{r})}{\phi_i^*(\boldsymbol{r})\phi_i(\boldsymbol{r})} \tag{4.75}$$

という関数を定義することによって

$$\begin{aligned}
&-\sum_{j=1\ (j\|i)}^{N} \int \mathrm{d}\boldsymbol{r}' \phi_j^*(\boldsymbol{r}') \frac{e^2}{4\pi\varepsilon_0|\boldsymbol{r}-\boldsymbol{r}'|}\phi_i(\boldsymbol{r}')\phi_j(\boldsymbol{r}) \\
&= \int \mathrm{d}\boldsymbol{r}' \frac{e^2}{4\pi\varepsilon_0|\boldsymbol{r}-\boldsymbol{r}'|}\left\{-\sum_{j=1\ (j\|i)}^{N} \frac{\phi_j^*(\boldsymbol{r}')\phi_i^*(\boldsymbol{r})\phi_i(\boldsymbol{r}')\phi_j(\boldsymbol{r})}{\phi_i^*(\boldsymbol{r})\phi_i(\boldsymbol{r})}\right\}\phi_i(\boldsymbol{r}) \\
&= \left\{\int \frac{e^2}{4\pi\varepsilon_0|\boldsymbol{r}-\boldsymbol{r}'|}\rho_i^{\mathrm{XC}}(\boldsymbol{r},\boldsymbol{r}')\mathrm{d}\boldsymbol{r}'\right\}\phi_i(\boldsymbol{r})
\end{aligned}$$

のように書き改められる。結果として，式(4.73)は

$$\begin{aligned}
&\left\{-\frac{\hbar^2}{2m_\mathrm{e}}\Delta - \frac{Ze^2}{4\pi\varepsilon_0|\boldsymbol{r}|} + \int \frac{e^2}{4\pi\varepsilon_0|\boldsymbol{r}-\boldsymbol{r}'|}\rho(\boldsymbol{r}')\mathrm{d}\boldsymbol{r}' \right. \\
&\quad \left. + \int \frac{e^2}{4\pi\varepsilon_0|\boldsymbol{r}-\boldsymbol{r}'|}\rho_i^{\mathrm{XC}}(\boldsymbol{r},\boldsymbol{r}')\mathrm{d}\boldsymbol{r}'\right\}\phi_i(\boldsymbol{r}) = \mathcal{E}_i\phi_i(\boldsymbol{r})
\end{aligned} \tag{4.76}$$

という方程式になる。この方程式は

$$\left\{-\frac{\hbar^2}{2m_\mathrm{e}}\Delta + V(\boldsymbol{r})\right\}\phi_i(\boldsymbol{r}) = \mathcal{E}_i\phi_i(\boldsymbol{r}) \tag{4.77}$$

という形式をとっており，$V(\boldsymbol{r})$ を球対称な関数として近似できれば，水素原子の場合と同様に極座標を用いて，この方程式の解を，r を変数とする動径関数および θ と ϕ を変数とする球面調和関数の積の形で求めることができる。つまり，主量子数 n，方位量子数 l，磁気量子数 m，さらにスピン磁気量子数 m_s によっておよその解の形を指定することができる。式(4.77)から求められた，n, l, m, m_s で指定される解に対して，パウリの排他律に従ってエネルギーの低いものから順に電子を 1 個ずつ占有させていけば原子の電子配置が得られる。

電子状態をエネルギーの低い方から並べると，$n+l$ が小さいほどエネルギーが低く，$n+l$ が同じ場合には n が小さいほどエネルギーが低くなる傾向にあり，

$$1\mathrm{s} < 2\mathrm{s} < 2\mathrm{p} < 3\mathrm{s} < 3\mathrm{p} < 4\mathrm{s} < 3\mathrm{d} < 4\mathrm{p} < \cdots$$

のようになる。これは**マーデルングの規則**（Madelung's rule）*40と呼ばれ，**図 4.14** のように表すことができる。また，ハートリー–フォック近似からわかったように電子どうしが同じ向きのスピンをもつとエネルギー的に安定になることから，同じエネルギーの電子状態がある場合にはスピンが同じ向きになるように電子を占有させればよい。この規則は**フントの規則**（Hund's rules）*41と呼ばれる。マーデルングの規則とフントの規則を用いて原子番号 15 であるリン原子（P）の電子配置を考

*40 マーデルング（Erwin Madelung, 1881〜1972）はドイツの物理学者。ボルンの後任としてフランクフルト大学（Johann Wolfgang Goethe-Universität Frankfurt am Main）理論物理学教授となった。

*41 フント（Friedrich Herman Hund, 1896〜1997）はドイツの物理学者。ボルンの指導で学位をとり，ボーアやハイゼンベルクとともに量子論の発展に携わった経験をもとに著した『量子論の歴史（*Geschichte der Quantentheorie*）』などが有名。

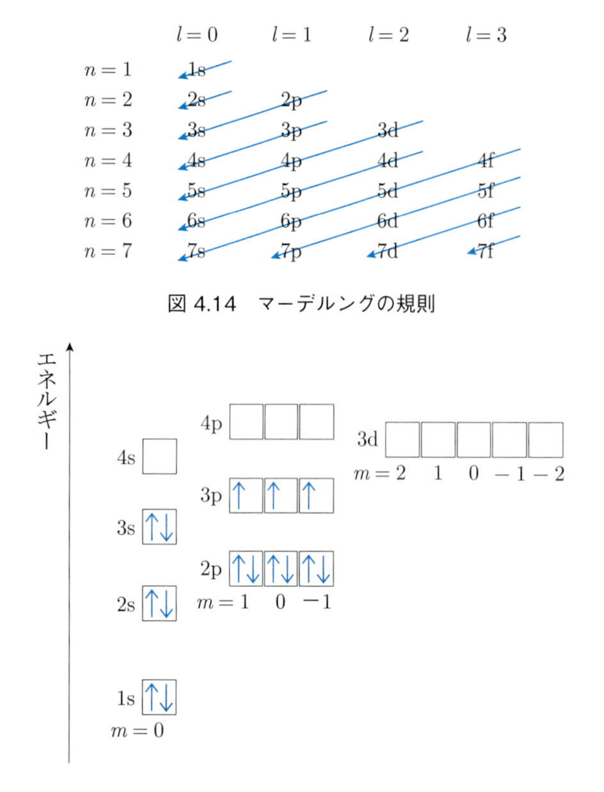

図 4.14　マーデルングの規則

図 4.15　P（原子番号 15）の電子配置

表 4.1　原子の電子配置

原子番号	元素	電子配置
1	H	$(1s)^1$
2	He	$(1s)^2$
3	Li	$(1s)^2(2s)^1$
4	Be	$(1s)^2(2s)^2$
5	B	$(1s)^2(2s)^2(2p)^1$
6	C	$(1s)^2(2s)^2(2p)^2$
7	N	$(1s)^2(2s)^2(2p)^3$
8	O	$(1s)^2(2s)^2(2p)^4$
9	F	$(1s)^2(2s)^2(2p)^5$
10	Ne	$(1s)^2(2s)^2(2p)^6$
11	Na	$(1s)^2(2s)^2(2p)^6(3s)^1$
12	Mg	$(1s)^2(2s)^2(2p)^6(3s)^2$
13	Al	$(1s)^2(2s)^2(2p)^6(3s)^2(3p)^1$
14	Si	$(1s)^2(2s)^2(2p)^6(3s)^2(3p)^2$
15	P	$(1s)^2(2s)^2(2p)^6(3s)^2(3p)^3$
16	S	$(1s)^2(2s)^2(2p)^6(3s)^2(3p)^4$
17	Cl	$(1s)^2(2s)^2(2p)^6(3s)^2(3p)^5$
18	Ar	$(1s)^2(2s)^2(2p)^6(3s)^2(3p)^6$

えると**図 4.15** のようになる。図からわかるように，1 つの枠には上向きスピン，下向きスピンをもつ電子を 1 個ずつ，合計 2 個まで占有させることができる。エネルギーの低い方から 1s, 2s, 2p, 3s までは 1 つの枠に電子を 2 個ずつ占有させることによって 12 個の電子を配置させ，残り 3 個の電子についてはスピンが同じ向きになるように 3p に配置させている。磁気量子数の違いを無視すれば，結果として，P の電子配置は $(1s)^2(2s)^2(2p)^6(3s)^2(3p)^3$ となる。

原子番号 1 から 18 までの原子の電子配置をまとめると**表 4.1** のようになる。He, Ne, Ar のように最外殻電子を完全に占有している状態を**閉殻**（closed shell）という。閉殻構造をとる原子は安定であり，化学的にほぼ不活性である。

4.10　調和振動子

量子力学で解析的に結果を求めることのできるものの 1 つが**調和振動子**（harmonic oscillator）である。量子力学による調和振動子の取り扱いは，第 7 章の格子振動で登場するフォノンを理解する上で必要となるので，ここで必要事項を説明しておこう。調和振動子の考えは電磁波を量子化して光子を導出する際にも用いられる。

4.10.1 1次元調和振動子

1次元調和振動子のモデルとして，**図4.16**に示すような，質量 m の質点の変位が x であるときに，バネ定数 K のバネによる復元力

$$F = -Kx$$

が働く系を考えることにしよう。最初に，この系に対して古典力学による扱いについて説明しておく。このモデルの運動方程式は

$$m\frac{\mathrm{d}^2x}{\mathrm{d}t^2} = -Kx \tag{4.78}$$

のようになるので，その解を $x = x_0e^{-i\omega t}$ として，式(4.78)に代入すると

$$-m\omega^2 = -K$$

となることから，$\omega^2 = \frac{K}{m}$ が得られる。したがって，式(4.78)は

$$\frac{\mathrm{d}^2x}{\mathrm{d}t^2} + \omega^2x = 0 \tag{4.79}$$

と表される*42。この系の運動エネルギーは

$$T = \frac{1}{2}mv^2 = \frac{1}{2}m\left(\frac{\mathrm{d}x}{\mathrm{d}t}\right)^2 = \frac{{p_x}^2}{2m}$$

で与えられる。また，ポテンシャルエネルギーは

$$V = -\int F\,\mathrm{d}x = \frac{1}{2}Kx^2 = \frac{1}{2}m\omega^2x^2$$

で与えられるので，それらの合計である全エネルギーは

$$\mathcal{E} = T + V = \frac{{p_x}^2}{2m} + \frac{1}{2}m\omega^2x^2$$

となる。

このようにして得られた古典力学の結果を量子力学に適用するために，古典力学の運動量 p_x を

$$\hat{p}_x = -i\hbar\frac{\partial}{\partial x}$$

によって量子力学の運動量演算子に置き換える。すると1次元調和振動子のハミルトニアンは

$$\hat{H} = -\frac{\hbar^2}{2m}\frac{\partial^2}{\partial x^2} + \frac{1}{2}m\omega^2x^2 \tag{4.80}$$

となる。したがって，解くべきシュレーディンガー方程式は

$$\hat{H}\varphi(x) = \left(-\frac{\hbar^2}{2m}\frac{\partial^2}{\partial x^2} + \frac{1}{2}m\omega^2x^2\right)\varphi(x) = \mathcal{E}\varphi(x) \tag{4.81}$$

となる。詳しい説明は省略するが*43，このシュレーディンガー方程式の固有関数 $\varphi_n(x)$ およびエネルギー固有値 $\mathcal{E}_n$ は

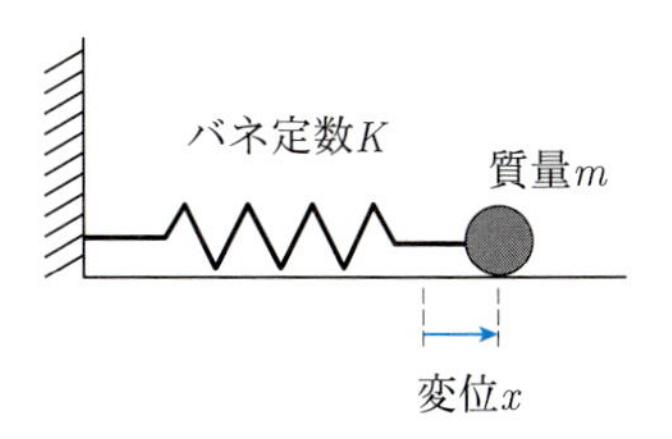

図4.16 バネにつながった質点による1次元調和振動子モデル

*42 この式変形によって，調和振動子の問題は質量 m もバネ定数 K も含まない問題となることがわかる。つまり，調和振動子の本質は角振動数 ω の単振動であり，式(4.78)と同じ形の方程式が得られれば同等に扱えることを意味する。

*43 巻末に参考書としてあげた上村洸，山本貴博『基礎からの量子力学』（裳華房，5.4節）や猪木慶治，川合 光『基礎量子力学』（講談社，4.5節）など，一般的な量子力学の教科書であれば必ず導出について説明がある。

$$\varphi_n(x) = \sqrt{\frac{1}{2^n n!}\sqrt{\frac{m\omega}{\pi\hbar}}} H_n\left(\sqrt{\frac{m\omega}{\hbar}}x\right) e^{-\frac{m\omega}{2\hbar}x^2} \tag{4.82}$$

$$\mathcal{E}_n = \left(n + \frac{1}{2}\right)\hbar\omega \tag{4.83}$$

で与えられる。ただし，$n = 0, 1, 2, 3, \cdots$ である。$H_n(y)$ は**エルミート多項式**（Hermite polynomial）と呼ばれ

$$H_n(y) = (-1)^n e^{y^2} \frac{\mathrm{d}^n}{\mathrm{d}y^n} e^{-y^2} \tag{4.84}$$

によって定義される。また，エルミート多項式は

$$\frac{\mathrm{d}}{\mathrm{d}y} H_n(y) = 2nH_{n-1}(y) \tag{4.85}$$

$$H_{n+1}(y) = 2yH_n(y) - 2nH_{n-1}(y) \tag{4.86}$$

という漸化式を満たす。エルミート多項式を具体的に表すと

$$\begin{aligned} H_0(y) &= 1 \\ H_1(y) &= 2y \\ H_2(y) &= 4y^2 - 2 \\ H_3(y) &= 8y^3 - 12y \\ H_4(y) &= 16y^4 - 48y^2 + 12 \\ &\vdots \end{aligned}$$

のようになる。

図 4.17 に，1 次元調和振動子の固有関数 $\varphi_n(x)$（$n = 0\sim6$）を示す。

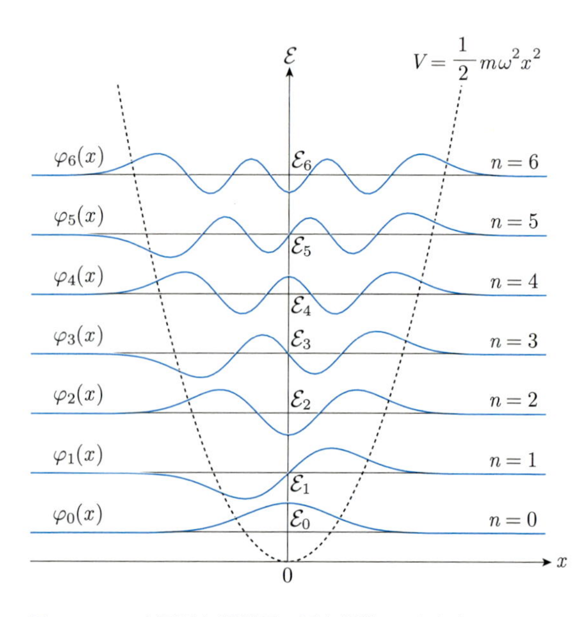

図 4.17　1 次元調和振動子の固有関数 $\varphi_n(x)$ $(n = 0 \sim 6)$

4.10.2 生成演算子・消滅演算子

1 次元調和振動子の問題の見通しをもっとよくするために，位置演算子 $\hat{x}$ と運動量演算子 $\hat{p}_x$ を組み合わせた

$$\hat{a} = \sqrt{\frac{m\omega}{2\hbar}}\hat{x} + i\frac{1}{\sqrt{2m\hbar\omega}}\hat{p}_x = \sqrt{\frac{m\omega}{2\hbar}}x + \sqrt{\frac{\hbar}{2m\omega}}\frac{\partial}{\partial x} \quad (4.87)$$

$$\hat{a}^\dagger = \sqrt{\frac{m\omega}{2\hbar}}\hat{x} - i\frac{1}{\sqrt{2m\hbar\omega}}\hat{p}_x = \sqrt{\frac{m\omega}{2\hbar}}x - \sqrt{\frac{\hbar}{2m\omega}}\frac{\partial}{\partial x} \quad (4.88)$$

で表される新しい演算子を定義する。これらの演算子 $\hat{a}$ と $\hat{a}^\dagger$ を用いると 1 次元調和振動子のハミルトニアンは

$$\begin{aligned}\hat{H} &= -\frac{\hbar^2}{2m}\frac{\partial^2}{\partial x^2} + \frac{1}{2}m\omega^2 x^2 \\ &= \hbar\omega\left\{\left(\sqrt{\frac{m\omega}{2\hbar}}x - \sqrt{\frac{\hbar}{2m\omega}}\frac{\partial}{\partial x}\right)\left(\sqrt{\frac{m\omega}{2\hbar}}x + \sqrt{\frac{\hbar}{2m\omega}}\frac{\partial}{\partial x}\right) + \frac{1}{2}\right\} \\ &= \hbar\omega\left(\hat{a}^\dagger\hat{a} + \frac{1}{2}\right) \end{aligned} \quad (4.89)$$

のように，その内容はまだ不明だがすっきりした形に変形できる。

ここで，式(4.87)および式(4.88)で定義した演算子 $\hat{a}$ と $\hat{a}^\dagger$ の性質について考えよう。まず，演算子 $\hat{a}$ を式(4.82)の固有関数 $\varphi_n(x)$ に以下のように演算させてみる。

$$\begin{aligned}&\hat{a}\varphi_n(x) \\ &= \left(\sqrt{\frac{m\omega}{2\hbar}}x + \sqrt{\frac{\hbar}{2m\omega}}\frac{\partial}{\partial x}\right)\sqrt{\frac{1}{2^n n!}\sqrt{\frac{m\omega}{\pi\hbar}}}H_n\left(\sqrt{\frac{m\omega}{\hbar}}x\right)e^{-\frac{m\omega}{2\hbar}x^2}\end{aligned} \quad (4.90)$$

ここで，$y = \sqrt{\frac{m\omega}{\hbar}}x$ と変数変換すると，式(4.90)は

$$\begin{aligned}&\hat{a}\varphi_n(x) \\ &= \left(\frac{1}{\sqrt{2}}y + \frac{1}{\sqrt{2}}\frac{\partial}{\partial y}\right)\sqrt{\frac{1}{2^n n!}\sqrt{\frac{m\omega}{\pi\hbar}}}H_n(y)e^{-\frac{1}{2}y^2} \\ &= \sqrt{\frac{1}{2^n n!}\sqrt{\frac{m\omega}{\pi\hbar}}}\frac{1}{\sqrt{2}}\left\{yH_n(y)e^{-\frac{1}{2}y^2} + e^{-\frac{1}{2}y^2}\frac{\partial H_n(y)}{\partial y} - yH_n(y)e^{-\frac{1}{2}y^2}\right\} \\ &= \sqrt{\frac{1}{2^n n!}\sqrt{\frac{m\omega}{\pi\hbar}}}\frac{1}{\sqrt{2}}e^{-\frac{1}{2}y^2}2nH_{n-1}(y) \\ &= \sqrt{\frac{n}{2^{n-1}(n-1)!}\sqrt{\frac{m\omega}{\pi\hbar}}}H_{n-1}(y)e^{-\frac{1}{2}y^2} \\ &= \sqrt{n}\varphi_{n-1}(x)\end{aligned}$$

のようになる。ここで，2 行目から 3 行目に移るときに式(4.85)を用いた。

同様に，演算子 $\hat{a}^\dagger$ を式(4.82)の固有関数 $\varphi_n(x)$ に作用させてみる。

$$\hat{a}^\dagger \varphi_n(x) = \left(\sqrt{\frac{m\omega}{2\hbar}}x - \sqrt{\frac{\hbar}{2m\omega}}\frac{\partial}{\partial x}\right)\sqrt{\frac{1}{2^n n!}\sqrt{\frac{m\omega}{\pi\hbar}}}H_n\left(\sqrt{\frac{m\omega}{\hbar}}x\right)e^{-\frac{m\omega}{2\hbar}x^2} \tag{4.91}$$

先ほどと同様に $y = \sqrt{\frac{m\omega}{\hbar}}x$ と変数変換すると，式(4.91)は

$$\begin{aligned}
&\hat{a}^\dagger \varphi_n(x) \\
&= \left(\frac{1}{\sqrt{2}}y - \frac{1}{\sqrt{2}}\frac{\partial}{\partial y}\right)\sqrt{\frac{1}{2^n n!}\sqrt{\frac{m\omega}{\pi\hbar}}}H_n(y)e^{-\frac{1}{2}y^2} \\
&= \sqrt{\frac{1}{2^n n!}\sqrt{\frac{m\omega}{\pi\hbar}}}\frac{1}{\sqrt{2}}\left\{yH_n(y)e^{-\frac{1}{2}y^2} - e^{-\frac{1}{2}y^2}\frac{\partial H_n(y)}{\partial y} + yH_n(y)e^{-\frac{1}{2}y^2}\right\} \\
&= \sqrt{\frac{1}{2^n n!}\sqrt{\frac{m\omega}{\pi\hbar}}}\frac{1}{\sqrt{2}}H_{n+1}(y)e^{-\frac{1}{2}y^2} \\
&= \sqrt{\frac{1}{2^{n+1} n!}\sqrt{\frac{m\omega}{\pi\hbar}}}H_{n+1}(y)e^{-\frac{1}{2}y^2} \\
&= \sqrt{n+1}\varphi_{n+1}(x)
\end{aligned}$$

のようになる。ここで，2 行目から 3 行目に移るときに式(4.85), (4.86)を用いた。

結果をまとめると，新しくつくった演算子 $\hat{a}$ と $\hat{a}^\dagger$ について

$$\hat{a}\varphi_n = \sqrt{n}\varphi_{n-1} \tag{4.92}$$

$$\hat{a}^\dagger\varphi_n = \sqrt{n+1}\varphi_{n+1} \tag{4.93}$$

であることがわかった。さらに，式(4.92), (4.93)を利用して，2 つの演算子の積からなる $\hat{a}^\dagger\hat{a}$ という演算子を式(4.82)で示した固有関数に作用させると

$$\begin{aligned}
\hat{a}^\dagger\hat{a}\varphi_n &= \hat{a}^\dagger\left(\hat{a}\varphi_n\right) \\
&= \hat{a}^\dagger\left(\sqrt{n}\varphi_{n-1}\right) \\
&= \sqrt{n}\hat{a}^\dagger\varphi_{n-1} \\
&= \sqrt{n}\left(\sqrt{n}\varphi_n\right) \\
&= n\varphi_n
\end{aligned} \tag{4.94}$$

であることがわかる。したがって，式(4.94)より，1 次元調和振動子のハミルトニアンについて

$$\begin{aligned}
\hat{H}\varphi_n &= \hbar\omega\left(\hat{a}^\dagger\hat{a} + \frac{1}{2}\right)\varphi_n \\
&= \hbar\omega\left(n + \frac{1}{2}\right)\varphi_n
\end{aligned}$$

という結果が得られる。この式の固有値は，式(4.83)で示したエネル

ギー固有値

$$\mathcal{E}_n = \left(n + \frac{1}{2}\right)\hbar\omega$$

と一致する。

これまでの結果をまとめると，量子力学で扱うと 1 次元調和振動子のエネルギーは，式(4.83)で表されるようなとびとびの値をとる。n は 0 以上の整数なので，光子の場合と同様に n をエネルギー量子の数と考えることができる。そこで φ_n をエネルギー量子が n 個の状態を表す関数としよう。このように考えると，式(4.92)で示したように演算子 $\hat{a}$ を φ_n に作用させるとエネルギー量子の数が 1 つ減った状態を表す関数 φ_{n-1} をつくり出すので，$\hat{a}$ を**消滅演算子**（annihilation operator）という。また，式(4.93)で示したように演算子 $\hat{a}^\dagger$ を φ_n に作用させるとエネルギー量子の数が 1 つ増えた状態を表す関数 φ_{n+1} をつくり出すので，$\hat{a}^\dagger$ を**生成演算子**（creation operator）という。最後に，式(4.94)で示したように $\hat{a}^\dagger\hat{a}$ という演算子に対しては，固有値が n，固有関数が φ_n であることから $\hat{a}^\dagger\hat{a}$ はエネルギー量子の個数を求めるための演算子であることがわかる。

第 7 章では，そのままの形ではないが，生成演算子・消滅演算子を用いて格子振動を量子化してフォノンを求める。

最後にここまでの結果をまとめておく。

生成演算子・消滅演算子を用いた 1 次元調和振動子の扱いについてのまとめ

ハミルトニアン　$\hat{H} = \hbar\omega\left(\hat{a}^\dagger\hat{a} + \frac{1}{2}\right)$

シュレディンガー方程式　$\hat{H}\varphi_n = \left(n + \frac{1}{2}\right)\hbar\omega\varphi_n$

消滅演算子　$\hat{a}\varphi_n = \sqrt{n}\varphi_{n-1}$

生成演算子　$\hat{a}^\dagger\varphi_n = \sqrt{n+1}\varphi_{n+1}$

❖ 演習問題

4.1 Cu の特性 X 線である Cu Kα の波長は $\lambda = 0.154\,\mathrm{nm}$ である。光子として考えたときエネルギーの大きさはいくらか。

4.2 電圧 100 V で加速された電子の角振動数，波数，波長を求めなさい。

4.3 電圧 100 kV で加速された電子の波長を求めなさい。ただし，この問題では，電子の速さ v は光速 c_0 に比べて小さいという近似が成り立たないので相対論効果を考慮すること。

第5章　統計力学の基礎

固体物理学で必要となる統計力学に関する知識は主にフェルミ分布とボース分布である。フェルミ粒子である電子はフェルミ分布に従い，ボース粒子である光子はボース分布に従う。本章ではこれらについて学ぶ。

5.1　フェルミ粒子とボース粒子

一般に，量子力学で N 個の粒子からなる系を考えるとき，その波動関数は粒子の座標 $\boldsymbol{r}_1, \boldsymbol{r}_2, \cdots, \boldsymbol{r}_N$ を変数とする関数として

$$\psi(\boldsymbol{r}_1, \boldsymbol{r}_2, \cdots, \boldsymbol{r}_N)$$

と表される。粒子が電子である場合，第4章で述べたように交換という操作に対して波動関数の符号が変わる。このように波動関数の符号が変わることを**反対称**（antisymmetric）であるという。例えば i 番目と j 番目の電子の座標を交換すると

$$\psi(\cdots, \boldsymbol{r}_i, \cdots, \boldsymbol{r}_j, \cdots) = -\psi(\cdots, \boldsymbol{r}_j, \cdots, \boldsymbol{r}_i, \cdots) \tag{5.1}$$

のように反対称となる。このような性質を示す粒子を**フェルミ粒子**（Fermion）という。

もし，i 番目と j 番目のフェルミ粒子が同じ量子状態[*1]であるとすれば，2つのフェルミ粒子の座標を交換しても状態は変わらないので，式(5.1)の右辺と左辺は等しくなければならない。このとき，波動関数は $\psi(\boldsymbol{r}_1, \boldsymbol{r}_2, \cdots, \boldsymbol{r}_N) = 0$ となるからこのような状態は存在しないことがわかる。したがって，2つのフェルミ粒子が同じ量子状態となることは許されない。言い換えればフェルミ粒子の場合，1つの量子状態を占有できるのは最大1つである。これが4.9.2項で触れたパウリの排他律である。

一方，2つの粒子の座標交換に対して波動関数の符号が変わらない粒子，すなわち

$$\psi(\cdots, \boldsymbol{r}_i, \cdots, \boldsymbol{r}_j, \cdots) = \psi(\cdots, \boldsymbol{r}_j, \cdots, \boldsymbol{r}_i, \cdots) \tag{5.2}$$

となる粒子もある。このように符号が変わらないことを**対称**（symmetric）であるといい，そのような性質を示す粒子を**ボース粒子**（Boson）[*2]という。光子はボース粒子の1つである。式(5.2)においては2つの粒子の座標を交換しても対称であるから，フェルミ粒子の場

*1　同じ波動関数で表される状態のことを意味する。したがって4.4節で説明したように，同じ量子状態であればエネルギー，位置，スピンなどの物理量の期待値が同じである。

*2　インドの物理学者ボース（Satyendra Nath Bose, 1894～1974）に因む。ボースは1924年に"Planck's Law and the Hypothesis of Light Quanta"という短い論文をアインシュタイン宛に送り，もし掲載する価値があると考えるならばドイツ語に翻訳して *Zeitschrift für Physik* への掲載を手配してくれるようにお願いする手紙を添えた。アインシュタインはこの論文をドイツ語に翻訳して"Plancks Gesetz und Lichtquantenhypothese"という題目で *Zeitschrift für Physik* に掲載してもらった。この論文はそれだけ価値のある論文であった。

合とは異なり，波動関数が 0 となる必要はない。したがって，ボース粒子では 2 つの粒子が同じ量子状態となることが許される。ある 2 つの粒子が同じ量子状態となることが許されれば，さらに他の粒子について座標交換しても同じ結果が得られるから，この粒子も同じ量子状態となることが可能となる。したがってボース粒子の場合，1 つの量子状態を占有できる粒子の個数に制限はない。

粒子がフェルミ粒子とボース粒子のどちらになるのかは粒子のもつスピン s の値によって決定される。s が半整数の場合はフェルミ粒子，s が整数の場合はボース粒子となる。例えば，電子のスピンは $s = \frac{1}{2}$ であるのでフェルミ粒子であり，光子のスピンは $s = 1$ であるのでボース粒子である。

5.2 グランドカノニカル分布

図 5.1 に示すような，熱量も粒子数も十分にある熱浴・粒子浴との間で熱および粒子の流出入が自由に行われる，体積 V の系を考える。考えている系との間で熱および粒子の流出入があったとしても，熱浴・粒子浴は熱および粒子を十分に蓄えているので，その温度 T および**化学ポテンシャル**（chemical potential）[*3] μ は一定に保たれるものとする。このような熱浴・粒子浴に接している系における統計分布を**グランドカノニカル分布**（grand canonical distribution）という。グランドカノニカル分布では，系のエネルギーが E，粒子数が N である確率 $P(E, N)$ は

$$P(E, N) = \frac{1}{\Xi(T, \mu)} \exp\left(-\frac{E - \mu N}{k_{\mathrm{B}} T}\right) \tag{5.3}$$

のように表すことができる。ただし，k_{B} はボルツマン定数である。また，$\Xi(T, \mu)$ は**大分配関数**（grand partition function）と呼ばれ，確率 $P(E, N)$ を規格化するための役割を果たす。

*3 化学ポテンシャル μ とは，簡単に言えば，系の間における粒子の移動にともなうエネルギーである。粒子の移動が可能な 2 つの系で化学ポテンシャルが異なるときには，化学ポテンシャルの高い系から低い系へと粒子の移動が起こる。

いま考えている系において，粒子が占有できる量子状態に $1, 2, 3, \cdots$ のように番号付けを行い，i 番目の量子状態を占有している粒子数を n_i とする。この系の状態は

$$(n_1, n_2, n_3, \cdots, n_i, \cdots)$$

のように 1 番目，2 番目，3 番目，$\cdots$，i 番目，$\cdots$ の量子状態を占有している粒子数を記述することによって指定できる。例えば，**図 5.2** に示す系の状態であれば

$$(n_1, n_2, n_3, n_4, n_5, \cdots) = (5, 1, 0, 3, 2, \cdots)$$

のようになっている。フェルミ粒子の場合，1 つの量子状態を占有できる粒子は最大で 1 個であるから

$$n_i = 0 \text{ または } 1 \tag{5.4}$$

であり，ボース粒子の場合，1 つの量子状態を占有できる粒子の個数に制限がないので

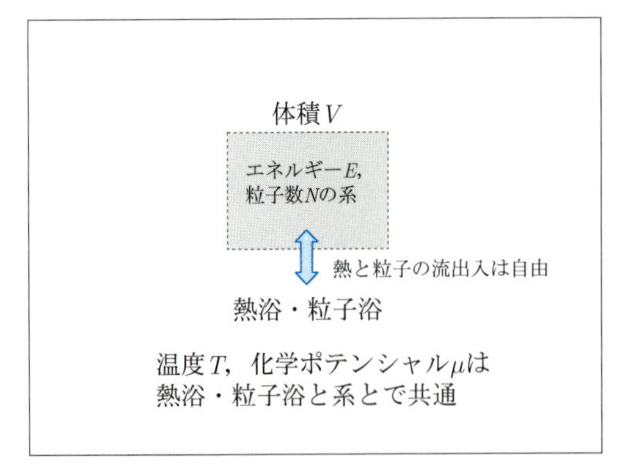

図 5.1　グランドカノニカル分布

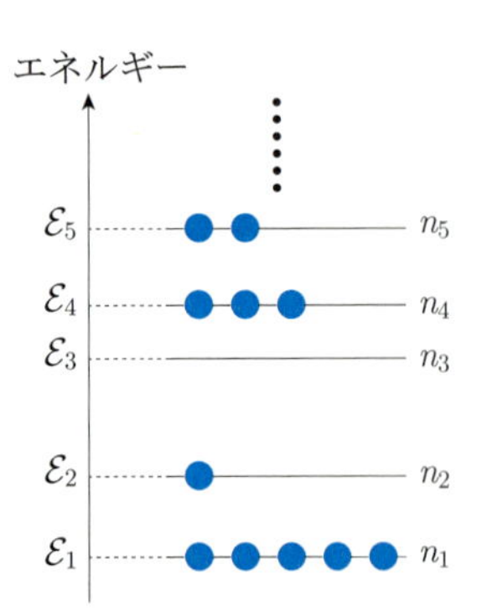

図 5.2　多数の粒子が系の量子状態を占有している様子

$$n_i = 0, 1, 2, 3, 4, 5, \cdots \tag{5.5}$$

のように 0 以上の整数となる。

考えている系に含まれる粒子の総数が N であるとすれば，

$$N = \sum_{i=1}^{\infty} n_i \tag{5.6}$$

という条件を満たす。また，i 番目の量子状態のエネルギーを $\mathcal{E}_i$ とすれば，系のエネルギー E は

$$E = \sum_{i=1}^{\infty} \mathcal{E}_i n_i \tag{5.7}$$

で与えられる。ここでは量子状態の番号が無限にあるとしたが，もし量子状態の番号が有限の l 個である場合には特に条件を変更せずに，$n_i = 0$（$i > l$）であるとすればよい。以下の議論においても，量子状態の番号が有限個であるのならば，総和 $\sum_{i=1}^{\infty}$ については同様に $n_i = 0$（$i > l$）であるとして処理すればよい。

さて，系に含まれる粒子の総数が N である確率は，系の状態 $(n_1, n_2, n_3, \cdots, n_i, \cdots)$ について $\sum_{i=1}^{\infty} n_i = N$ を満たす組み合わせの総和をとることによって

$$P\left(\sum_{i=1}^{\infty} n_i = N\right) = \frac{1}{\Xi(T, \mu)} \sum_{\sum_{i=1}^{\infty} n_i = N} \exp\left[-\frac{1}{k_{\mathrm{B}}T} \sum_{i=1}^{\infty} (\mathcal{E}_i - \mu)\, n_i\right] \tag{5.8}$$

のようになる。ここで，式(5.8)中の

$$\sum_{\sum_{i=1}^{\infty} n_i = N}$$

という記号は $\sum_{i=1}^{\infty} n_i = N$，すなわち系に含まれる粒子数が N であると

いう条件の下で可能となる，あらゆる組み合わせの量子状態について総和をとることを意味している。規格化の役割を果たす大分配関数は，式(5.8)のありとあらゆるすべての場合について総和をとると 1 になることから

$$\Xi(T,\mu)=\sum_{N=0}^{\infty}\sum_{\sum_{i=1}^{\infty}n_i=N}\exp\left[-\frac{1}{k_\mathrm{B}T}\sum_{i=1}^{\infty}(\mathcal{E}_i-\mu)n_i\right] \tag{5.9}$$

で与えられる。式(5.9)においては，$\sum_{N=0}^{\infty}$ とすることで，系に含まれる粒子数 N があらゆる値をとる場合について考えるので，$\sum_{\sum_{i=1}^{\infty}n_i=N}$ と合わせると量子状態を占有する粒子数について可能なあらゆる組み合わせ $(n_1,n_2,n_3,\cdots)$ について総和をとることになる。

結果として，式(5.9)は

$$\begin{aligned}\Xi(T,\mu)&=\sum_{n_1}\sum_{n_2}\sum_{n_3}\cdots\exp\left[-\frac{1}{k_\mathrm{B}T}\sum_{i=1}^{\infty}(\mathcal{E}_i-\mu)n_i\right]\\&=\sum_{n_1}\sum_{n_2}\sum_{n_3}\cdots\exp\left[-\frac{1}{k_\mathrm{B}T}\{(\mathcal{E}_1-\mu)n_1+(\mathcal{E}_2-\mu)n_2\right.\\&\qquad\left.+(\mathcal{E}_3-\mu)n_3+\cdots\}\right]\\&=\sum_{n_1}e^{-\frac{(\mathcal{E}_1-\mu)n_1}{k_\mathrm{B}T}}\sum_{n_2}e^{-\frac{(\mathcal{E}_2-\mu)n_2}{k_\mathrm{B}T}}\sum_{n_3}e^{-\frac{(\mathcal{E}_3-\mu)n_3}{k_\mathrm{B}T}}\cdots\end{aligned}$$

のように書き換えることができる。

フェルミ粒子の場合，大分配関数は，式(5.4)に示した n_i に関する規則に従って，

$$\begin{aligned}\Xi_\mathrm{Fermi}(T,\mu)&=\sum_{n_1=0}^{1}e^{-\frac{(\mathcal{E}_1-\mu)n_1}{k_\mathrm{B}T}}\sum_{n_2=0}^{1}e^{-\frac{(\mathcal{E}_2-\mu)n_2}{k_\mathrm{B}T}}\sum_{n_3=0}^{1}e^{-\frac{(\mathcal{E}_3-\mu)n_3}{k_\mathrm{B}T}}\cdots\\&=\left(1+e^{-\frac{\mathcal{E}_1-\mu}{k_\mathrm{B}T}}\right)\left(1+e^{-\frac{\mathcal{E}_2-\mu}{k_\mathrm{B}T}}\right)\left(1+e^{-\frac{\mathcal{E}_3-\mu}{k_\mathrm{B}T}}\right)\cdots\\&=\prod_{i=1}^{\infty}\left(1+e^{-\frac{\mathcal{E}_i-\mu}{k_\mathrm{B}T}}\right)\end{aligned} \tag{5.10}$$

と求めることができる。

ボース粒子の場合，大分配関数は，式(5.5)に示した規則によって，

$$\begin{aligned}&\Xi_\mathrm{Bose}(T,\mu)\\&=\sum_{n_1=0}^{\infty}e^{-\frac{(\mathcal{E}_1-\mu)n_1}{k_\mathrm{B}T}}\sum_{n_2=0}^{\infty}e^{-\frac{(\mathcal{E}_2-\mu)n_2}{k_\mathrm{B}T}}\sum_{n_3=0}^{\infty}e^{-\frac{(\mathcal{E}_3-\mu)n_3}{k_\mathrm{B}T}}\cdots\\&=\frac{1}{1-e^{-(\mathcal{E}_1-\mu)/k_\mathrm{B}T}}\frac{1}{1-e^{-(\mathcal{E}_2-\mu)/k_\mathrm{B}T}}\frac{1}{1-e^{-(\mathcal{E}_3-\mu)/k_\mathrm{B}T}}\cdots\\&=\prod_{i=1}^{\infty}\frac{1}{1-e^{-(\mathcal{E}_i-\mu)/k_\mathrm{B}T}}\end{aligned} \tag{5.11}$$

となる。ここでは無限等比級数の公式によって

$$\sum_{n_i=0}^{\infty} e^{-\frac{(\mathcal{E}_i-\mu)n_i}{k_\mathrm{B}T}} = 1 + e^{-\frac{\mathcal{E}_i-\mu}{k_\mathrm{B}T}} + e^{-\frac{2(\mathcal{E}_i-\mu)}{k_\mathrm{B}T}} + \cdots$$
$$= \frac{1}{1-e^{-(\mathcal{E}_i-\mu)/k_\mathrm{B}T}}$$

となることを用いた。

フェルミ粒子の場合，j 番目の量子状態を占有する粒子数の期待値は

$$\begin{aligned}
&\langle n_j \rangle_{\mathrm{Fermi}} \\
&= \frac{1}{\Xi_{\mathrm{Fermi}}(T,\mu)} \sum_{N=0}^{\infty} \sum_{\sum_{i=1}^{\infty} n_i = N} n_j \exp\left[-\frac{1}{k_\mathrm{B}T}\sum_{i=1}^{\infty}(\mathcal{E}_i-\mu)n_i\right] \\
&= \frac{1}{\Xi_{\mathrm{Fermi}}(T,\mu)} \sum_{n_1=0}^{1} e^{-\frac{(\mathcal{E}_1-\mu)n_1}{k_\mathrm{B}T}} \sum_{n_2=0}^{1} e^{-\frac{(\mathcal{E}_2-\mu)n_2}{k_\mathrm{B}T}} \cdots \\
&\quad \cdots \sum_{n_j=0}^{1} n_j e^{-\frac{(\mathcal{E}_j-\mu)n_j}{k_\mathrm{B}T}} \cdots \\
&= \frac{1+e^{-(\mathcal{E}_1-\mu)/k_\mathrm{B}T}}{1+e^{-(\mathcal{E}_1-\mu)/k_\mathrm{B}T}} \frac{1+e^{-(\mathcal{E}_2-\mu)/k_\mathrm{B}T}}{1+e^{-(\mathcal{E}_2-\mu)/k_\mathrm{B}T}} \cdots \frac{e^{-(\mathcal{E}_j-\mu)/k_\mathrm{B}T}}{1+e^{-(\mathcal{E}_j-\mu)/k_\mathrm{B}T}} \cdots \\
&= \frac{e^{-(\mathcal{E}_j-\mu)/k_\mathrm{B}T}}{1+e^{-(\mathcal{E}_j-\mu)/k_\mathrm{B}T}} \\
&= \frac{1}{e^{(\mathcal{E}_j-\mu)/k_\mathrm{B}T}+1}
\end{aligned} \tag{5.12}$$

で与えられる。ここでは，$\sum_{n_j=0}^{1} n_j e^{-\frac{(\mathcal{E}_j-\mu)n_j}{k_\mathrm{B}T}} = e^{-\frac{\mathcal{E}_j-\mu}{k_\mathrm{B}T}}$ となることがポイントとなる。

ボース粒子の場合，j 番目の量子状態を占有する粒子数の期待値は

$$\begin{aligned}
\langle n_j \rangle_{\mathrm{Bose}} &= \frac{1}{\Xi_{\mathrm{Bose}}(T,\mu)} \sum_{N=0}^{\infty} \sum_{\sum_{i=1}^{\infty} n_i = N} n_j \exp\left[-\frac{1}{k_\mathrm{B}T}\sum_{i=1}^{\infty}(\mathcal{E}_i-\mu)n_i\right] \\
&= \frac{1}{\Xi_{\mathrm{Bose}}(T,\mu)} \sum_{n_1=0}^{\infty} e^{-\frac{(\mathcal{E}_1-\mu)n_1}{k_\mathrm{B}T}} \sum_{n_2=0}^{\infty} e^{-\frac{(\mathcal{E}_2-\mu)n_2}{k_\mathrm{B}T}} \cdots \\
&\quad \cdots \sum_{n_j=0}^{\infty} n_j e^{-\frac{(\mathcal{E}_j-\mu)n_j}{k_\mathrm{B}T}} \cdots \\
&= \left(1-e^{-\frac{\mathcal{E}_j-\mu}{k_\mathrm{B}T}}\right) \sum_{n_j=0}^{\infty} n_j e^{-\frac{(\mathcal{E}_j-\mu)n_j}{k_\mathrm{B}T}}
\end{aligned} \tag{5.13}$$

で与えられる。さらに，式(5.13)においては

$$\sum_{n_j=0}^{\infty} n_j e^{-\frac{(\mathcal{E}_j-\mu)n_j}{k_\mathrm{B}T}} = k_\mathrm{B}T \frac{\partial}{\partial\mu} \sum_{n_j=0}^{\infty} e^{-\frac{(\mathcal{E}_j-\mu)n_j}{k_\mathrm{B}T}}$$

$$= k_\mathrm{B}T \frac{\partial}{\partial \mu} \frac{1}{1 - e^{-(\mathcal{E}_j - \mu)/k_\mathrm{B}T}}$$
$$= \frac{e^{-(\mathcal{E}_j - \mu)/k_\mathrm{B}T}}{\left\{1 - e^{-(\mathcal{E}_j - \mu)/k_\mathrm{B}T}\right\}^2}$$

であることから

$$\langle n_j \rangle_\mathrm{Bose} = \left(1 - e^{-\frac{\mathcal{E}_j - \mu}{k_\mathrm{B}T}}\right) \frac{e^{-(\mathcal{E}_j - \mu)/k_\mathrm{B}T}}{\left\{1 - e^{-(\mathcal{E}_j - \mu)/k_\mathrm{B}T}\right\}^2}$$
$$= \frac{1}{e^{(\mathcal{E}_j - \mu)/k_\mathrm{B}T} - 1} \tag{5.14}$$

が得られる。

5.3 フェルミ分布

式(5.12)で求められた粒子数の期待値からわかるように，温度 T で，電子などのフェルミ粒子がエネルギー $\mathcal{E}$ の状態を占有する確率は

$$f(\mathcal{E}, T) = \frac{1}{e^{(\mathcal{E} - \mu)/k_\mathrm{B}T} + 1} \tag{5.15}$$

で与えられる。この関数は**フェルミ分布関数**（Fermi distribution function）あるいは**フェルミ–ディラック分布関数**（Fermi-Dirac distribution function）と呼ばれる。μ は化学ポテンシャルであり，系におけるフェルミ粒子の総数によって決定される。

$T = 0\,\mathrm{K}$ ではフェルミ分布関数は

$$f(\mathcal{E}, 0) = \begin{cases} 1 & (\mathcal{E} < \mu) \\ 0 & (\mathcal{E} > \mu) \end{cases}$$

で表されるような関数となる。これを図示すると**図 5.3** のようになる。つまり，$T = 0\,\mathrm{K}$ ではエネルギー $\mathcal{E}$ が μ 以下にある状態はすべて占有され，μ 以上にある状態はまったく占有されていない。ちなみに図 5.3 では化学ポテンシャルの値を $\frac{\mu}{k_\mathrm{B}} = 200\,\mathrm{K}$ となるように設定している。

一方，$T > 0\,\mathrm{K}$ のさまざまな温度におけるフェルミ分布関数を図示

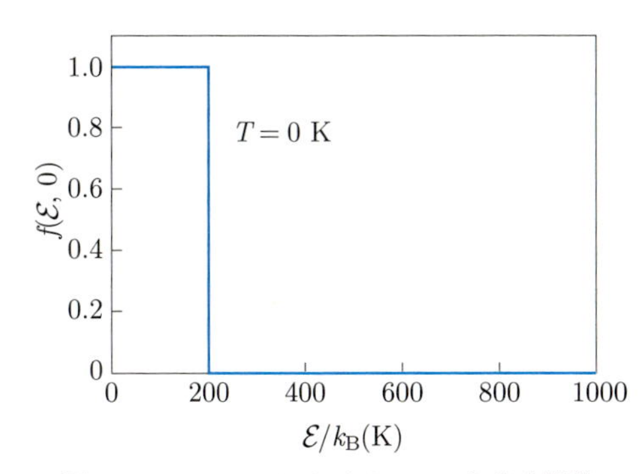

図 5.3　$T = 0\,\mathrm{K}$ におけるフェルミ分布関数

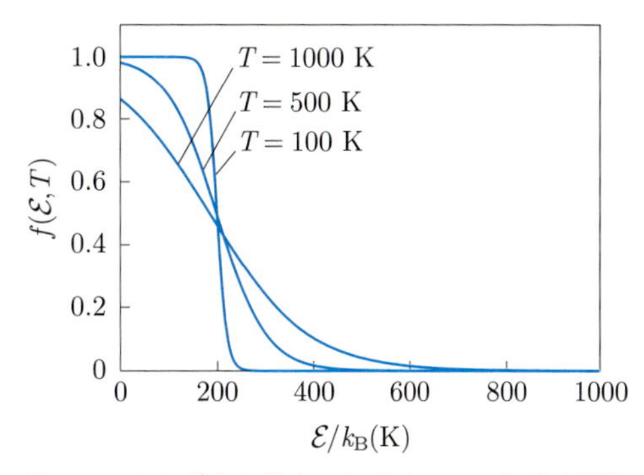

図 5.4　さまざまな温度におけるフェルミ分布関数

すると**図 5.4** のようになる。フェルミ粒子の場合，1 つの量子状態を占有できる粒子数は 0 または 1 であるから，フェルミ分布関数のとりうる範囲は $0 \leq f(\mathcal{E}, T) \leq 1$ となっている。温度が低い（この図では $T = 100\,\mathrm{K}$）場合は，$T = 0\,\mathrm{K}$ の場合のフェルミ分布関数の形に近く，$\mathcal{E} = \mu$ 付近で確率 1 から確率 0 へと急峻に変化する。温度が高くなるにつれてフェルミ分布関数の $\mathcal{E} = \mu$ 付近での変化はゆるやかになってくるとともに $\mathcal{E} = \mu$ よりも高エネルギーの状態を占有する確率が増加していく。

5.4　ボース分布

式(5.14)で求められた粒子数の期待値からわかるように，温度 T で，光子などのボース粒子がエネルギー $\mathcal{E}$ の状態を占有する粒子数は

$$f(\mathcal{E}, T) = \frac{1}{e^{(\mathcal{E}-\mu)/k_{\mathrm{B}}T} - 1} \tag{5.16}$$

で与えられる。この関数は**ボース分布関数**（Bose distribution function）あるいは**ボース–アインシュタイン分布関数**（Bose-Einstein distribution function）と呼ばれる*4。これをさまざまな温度に対して図示すると**図 5.5** のようになる。粒子数は 0 以上，すなわち $f(\mathcal{E}, T) \geq 0$ であることから，$\mu \leq \mathcal{E}$ でなければならない。そこで，図 5.5 では化学ポテンシャルの値を $\mu = 0$ に設定した例を示した*5。ボース粒子の場合，1 つの状態を占有する粒子数に制限がないので，フェルミ分布関数とは異なり，$f(\mathcal{E}, T) > 1$ にもなりうる様子がわかる。高エネルギーになるに従って状態を占有する粒子数は減少していく。

*4　ちなみに，ボース分布関数は，第 4 章で説明したプランクの公式の中にすでに登場している。これは光子がボース粒子であるためである。

*5　この例は，式(4.1)の光子や 8.1.1 項で扱うフォノンのボース分布に相当する。

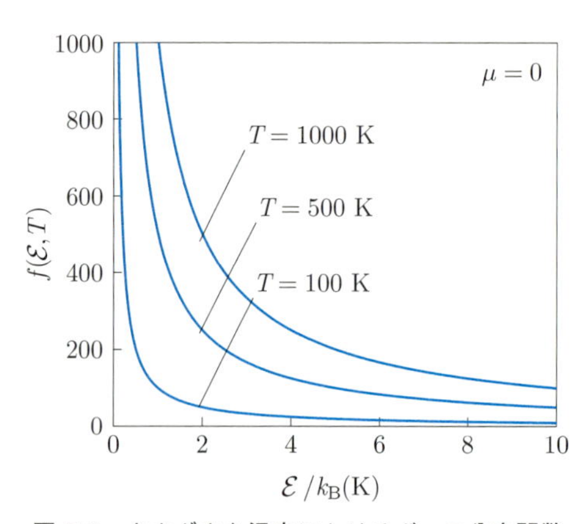

図 5.5　さまざまな温度におけるボース分布関数

❖ 演習問題

5.1　フェルミ分布関数およびボース分布関数は $\mathcal{E} - \mu \gg k_{\mathrm{B}}T$ において近似すると一致することを確かめなさい。得られる結果は**ボルツマン分布**（Boltzmann distribution）として知られる。

第6章　固体における結合

固体中で原子やイオンを結びつける本質的な要因は，負電荷をもつ電子と正電荷をもつ原子核の間に働くクーロン引力である。しかし，原子の種類や原子どうしの組み合わせによってクーロン引力の働く機構は異なっており，その機構の違いによって，共有結合，イオン結合，金属結合，ファン・デル・ワールス結合，水素結合に分類される。結合の種類の違いは，結合の強さや固体中での電子分布などに大きな違いとして表れる。この章では結合の強さを定量的に表す結合エネルギーと，水素結合以外のそれぞれの結合およびそれらの特徴について説明する。

6.1　結合エネルギー

原子やイオンはバラバラのままでいるよりも互いに近くに集まった方がエネルギー的に安定である。そのために原子どうしが結合して分子や結晶がつくられる。原子やイオンがバラバラの状態と，互いに近くに集まって結合を形成した状態とのエネルギー差のことを**結合エネルギー**（bond energy）あるいは**凝集エネルギー**（cohesive energy）という。特に，原子やイオンがバラバラの状態と固体結晶となった状態のエネルギー差は**格子エネルギー**（lattice energy）と呼ばれる。固体の場合は，多数の原子やイオンの間で複数の結合が形成されるために議論が複雑になるので，まずは簡単に 2 つの原子の結合を考えることにしよう。

2 つの原子の間に働くポテンシャルエネルギーおよび原子間力の概形を原子間距離に対して示すと**図 6.1** のようになる。ここでは原子間距離を $R \to \infty$ としたときのポテンシャルエネルギーを 0 としている。原子間距離が $R \to \infty$ となるときが原子やイオンがバラバラの状態に相当する。図 6.1 中の $R = R_0$ の位置においてポテンシャルエネルギーは極小であり，このとき，結合が最安定となる。この原子間距離におけるポテンシャルエネルギーの絶対値が結合エネルギーである。

原子間に働く力 $F(R)$ はポテンシャルエネルギー $V(R)$ から

$$F(R) = -\frac{\partial V(R)}{\partial R} \tag{6.1}$$

として求めることができる。ここで，$F(R) < 0$ であることは原子間に引力が働くことを意味し，$R > R_0$ では引力となる。一方，$R < R_0$ で $F(R) > 0$ となることは原子どうしが距離 R_0 よりも近づきすぎると

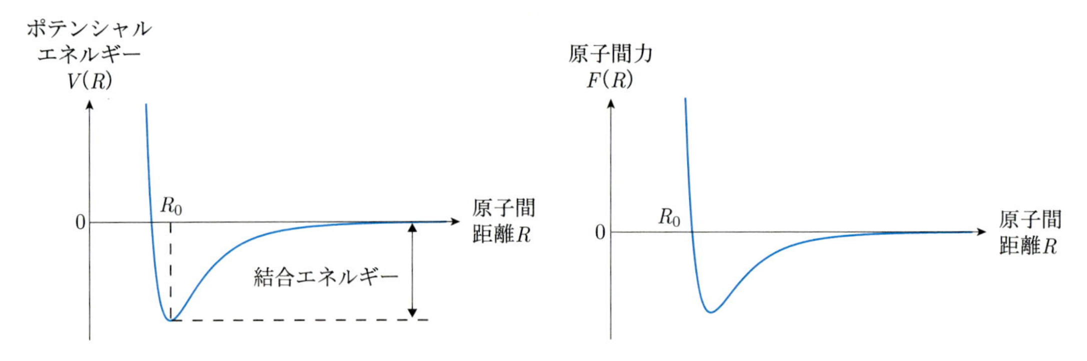

図 6.1　2 つの原子間に働くポテンシャルエネルギーおよび原子間力

原子間に斥力が働くことを意味し，結果として，原子間力が 0 となる $R = R_0$ で原子間距離が保たれることになる。

以上が結合の概略である。原子間あるいはイオン間で結合が生じる原因は基本的には負電荷をもつ電子と正電荷をもつ原子核との間に働くクーロン引力にある。ただし，このクーロン引力の働く機構は，詳しく見ていくと，原子の種類や組み合わせによって異なり，その結果，結合エネルギーの大きさや電子の空間分布などにおいて大きな違いが表れる。結合は，機構の違いに基づいて次のように分類される。

- 共有結合
- イオン結合
- 金属結合
- ファン・デル・ワールス結合
- 水素結合

以下では，水素結合を除いたそれぞれの結合について説明を行う。

6.2　共有結合

6.2.1　水素分子イオンにおける共有結合

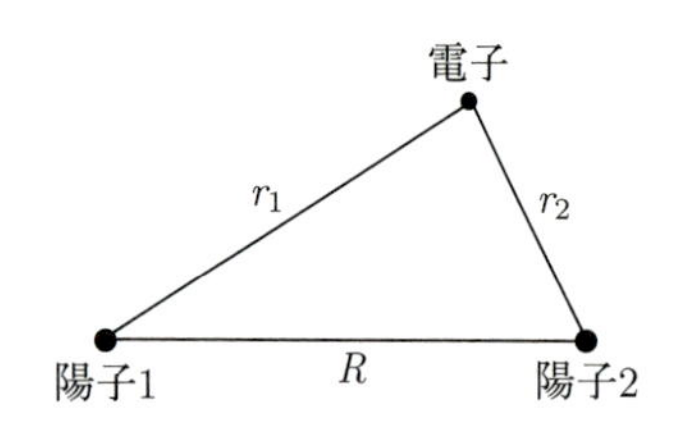

図6.2　水素分子イオンH_2^+における結合

共有結合（covalent bond）は，隣接する原子どうしで電子を共有することによって生じる結合である。共有結合の最も簡単な例は水素分子イオンである。**図 6.2** に示すような，2 つの陽子で 1 つの電子を共有する水素分子イオン H_2^+ を考えよう。このときのハミルトニアンは

$$\hat{H} = -\frac{\hbar^2}{2m_\mathrm{e}}\Delta - \frac{e^2}{4\pi\varepsilon_0 r_1} - \frac{e^2}{4\pi\varepsilon_0 r_2} + \frac{e^2}{4\pi\varepsilon_0 R} \tag{6.2}$$

で与えられる。m_e は電子の質量，r_1 は陽子 1 と電子との間の距離，r_2 は陽子 2 と電子との間の距離，R は陽子 1 と陽子 2 との間の距離を表す。つまり，式(6.2)の第 1 項は電子の運動エネルギーを，第 2 項は陽子 1 と電子との間に働くクーロン引力ポテンシャルを，第 3 項は陽子 2 と電子との間に働くクーロン引力ポテンシャルを，第 4 項は陽子 1 と陽

子2との間に働くクーロン斥力ポテンシャルを表す。ここで，陽子の質量は電子と比べて十分に大きいために[*1]，電子の運動エネルギーと比べると陽子の運動エネルギーは十分に小さくなることから，陽子の運動エネルギーは式(6.2)において除かれている。別の表現をすれば，2つの陽子は空間に固定されているものとみなしている。このような近似を**断熱近似**（adiabatic approximation）という。

式(6.2)で与えられるハミルトニアンに対してシュレーディンガー方程式 $\hat{H}\varphi = \mathcal{E}\varphi$ を解けばよいが，これを解析的に解くことは難しい。そこで近似的に解を求めることにする。近似的な解を探索するために，極端な場合として，陽子2を無限遠に引き離そう。このとき $R \to \infty$, $r_2 \to \infty$ となるので，式(6.2)のハミルトニアンは

$$\hat{H} \to \hat{H}_0 = -\frac{\hbar^2}{2m_{\mathrm{e}}}\Delta - \frac{e^2}{4\pi\varepsilon_0 r_1}$$

に近づく。$\hat{H}_0$ は陽子1と電子からなる水素原子のハミルトニアンそのものなので，このハミルトニアンに基づくシュレーディンガー方程式の解は4.8節で扱ったように既知である。この水素原子の1s電子の波動関数を φ_1 としよう。

同様に陽子1を無限遠に引き離す場合には $R \to \infty, r_1 \to \infty$ となるので，式(6.2)のハミルトニアンは

$$\hat{H} \to \hat{H}_0 = -\frac{\hbar^2}{2m_{\mathrm{e}}}\Delta - \frac{e^2}{4\pi\varepsilon_0 r_2}$$

のように，陽子2と電子からなる水素原子のハミルトニアンに近づいていく。このハミルトニアンに基づくシュレーディンガー方程式の解も既知である。この水素原子の1s電子の波動関数を φ_2 としよう。

ここで，式(6.2)のハミルトニアンからなるシュレーディンガー方程式の近似解として，式(6.2)の極端な場合の解として求めた2つの波動関数 φ_1 と φ_2 の線形結合

$$\varphi = c_1\varphi_1 + c_2\varphi_2 \tag{6.3}$$

を採用する。線形結合の係数 c_1, c_2 はスカラーであり，これから決定していく。このように原子における電子の波動関数の線形結合を近似解として用いる計算手法を**LCAO法**（linear combination of atomic orbitals method）と呼ぶ。このとき解くべき方程式は，$\hat{H}\varphi = \mathcal{E}\varphi$ に式(6.3)を代入した

$$\hat{H}(c_1\varphi_1 + c_2\varphi_2) = \mathcal{E}(c_1\varphi_1 + c_2\varphi_2) \tag{6.4}$$

となる。式(6.4)の両辺に左側から陽子1からなる水素原子の1s電子の波動関数の複素共役[*2]$\varphi_1{}^*$ をかけて全空間で積分すると次式が得られる。

$$c_1\int \varphi_1{}^*\hat{H}\varphi_1 \mathrm{d}\boldsymbol{r} + c_2\int \varphi_1{}^*\hat{H}\varphi_2 \mathrm{d}\boldsymbol{r}$$

*1　電子の質量は 9.11×10^{-31} kg であるのに対して，陽子の質量は 1.67×10^{-27} kg と電子の質量のおよそ1800倍である。

*2　水素原子の1s電子の波動関数は実関数なので，実際には複素共役も元の関数と同じである。

$$= c_1\mathcal{E}\int \varphi_1{}^*\varphi_1 \mathrm{d}\boldsymbol{r} + c_2\mathcal{E}\int \varphi_1{}^*\varphi_2 \mathrm{d}\boldsymbol{r}$$

この式において

$$H_{11} = \int \varphi_1{}^*\hat{H}\varphi_1 \mathrm{d}\boldsymbol{r}$$

$$H_{12} = \int \varphi_1{}^*\hat{H}\varphi_2 \mathrm{d}\boldsymbol{r}$$

$$S_{12} = \int \varphi_1{}^*\varphi_2 \mathrm{d}\boldsymbol{r}$$

と置き換え，また，

$$\int \varphi_1{}^*\varphi_1 \mathrm{d}\boldsymbol{r} = \int |\varphi_1|^2 \mathrm{d}\boldsymbol{r} = 1$$

であることを用いて式を整理すると

$$(H_{11} - \mathcal{E})c_1 + (H_{12} - S_{12}\mathcal{E})c_2 = 0 \tag{6.5}$$

が得られる。同様に，式(6.4)の両辺に左側から陽子 2 からなる水素原子の 1s 電子の波動関数の複素共役 $\varphi_2{}^*$ をかけて全空間で積分し，上と同じ形で定義される H_{21}, H_{22}, S_{21} を用いて整理すると

$$(H_{21} - S_{21}\mathcal{E})c_1 + (H_{22} - \mathcal{E})c_2 = 0 \tag{6.6}$$

が得られる。ただし，$S_{21} = \int \varphi_2{}^*\varphi_1 \mathrm{d}\boldsymbol{r}$ である。式(6.5)と式(6.6)をまとめて行列を用いて表すと

$$\begin{bmatrix} H_{11} - \mathcal{E} & H_{12} - S_{12}\mathcal{E} \\ H_{21} - S_{21}\mathcal{E} & H_{22} - \mathcal{E} \end{bmatrix} \begin{bmatrix} c_1 \\ c_2 \end{bmatrix} = \begin{bmatrix} 0 \\ 0 \end{bmatrix} \tag{6.7}$$

が得られる。式(6.7)の連立 1 次方程式の解 c_1，c_2 がともに 0 でないためには，係数行列の行列式が 0，すなわち

$$\begin{vmatrix} H_{11} - \mathcal{E} & H_{12} - S_{12}\mathcal{E} \\ H_{21} - S_{21}\mathcal{E} & H_{22} - \mathcal{E} \end{vmatrix}$$
$$= (H_{11} - \mathcal{E})(H_{22} - \mathcal{E}) - (H_{12} - S_{12}\mathcal{E})(H_{21} - S_{21}\mathcal{E}) = 0 \tag{6.8}$$

でなければならない。ところで陽子 1 と陽子 2 を交換しても立場は同等であるから $H_{11} = H_{22}$，$H_{12} = H_{21}$，$S_{12} = S_{21}$ である。ここで，$S = S_{12} = S_{21}$[*3]と表すことにする。S は 2 つの波動関数の重なりの程度を表し，**重なり積分**（overlap integral）と呼ばれる。以上のことを用いると，式(6.8)は

*3　水素原子の 1s 電子の波動関数は実関数なので S は実数となる。

$$(H_{11} - \mathcal{E})^2 - (H_{12} - S\mathcal{E})^2 = 0 \tag{6.9}$$

のように表される。式(6.9)をエネルギー $\mathcal{E}$ について解くと，2 つの解

$$\mathcal{E}_+ = \frac{H_{11} + H_{12}}{1 + S} \tag{6.10}$$

$$\mathcal{E}_- = \frac{H_{11} - H_{12}}{1 - S} \tag{6.11}$$

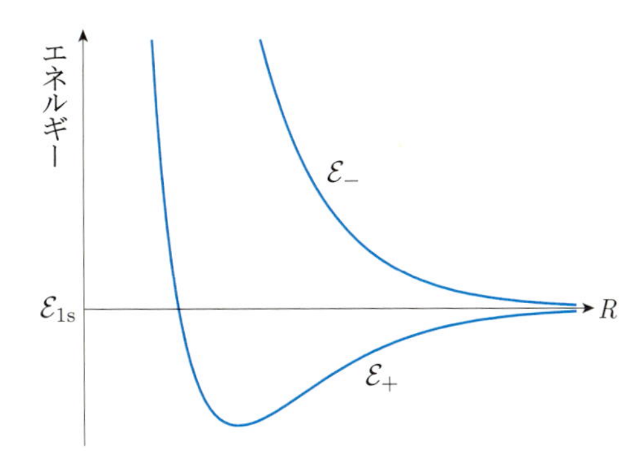

図 6.3 水素分子イオン $H_2{}^+$ におけるエネルギーの陽子間距離依存性

が求まる。エネルギー $\mathcal{E}_+$ および $\mathcal{E}_-$ の概形を陽子間距離 R の関数として表すと**図 6.3** のようになる。エネルギー固有値 $\mathcal{E}_+$ に対応する状態を**結合状態** (bonding state)，$\mathcal{E}_-$ に対応する状態を**反結合状態** (antibonding state) という。結合状態，すなわちエネルギー固有値が $\mathcal{E}_+$ であるとき，式(6.7)に示した連立 1 次方程式は

$$\begin{bmatrix} \frac{H_{11}S-H_{12}}{1+S} & -\frac{H_{11}S-H_{12}}{1+S} \\ -\frac{H_{11}S-H_{12}}{1+S} & \frac{H_{11}S-H_{12}}{1+S} \end{bmatrix} \begin{bmatrix} c_1 \\ c_2 \end{bmatrix} = \begin{bmatrix} 0 \\ 0 \end{bmatrix}$$

となることから，その解は $c_1 = c_2$ である。波動関数の規格化条件

$$\begin{aligned} \int |\varphi|^2 \mathrm{d}\boldsymbol{r} &= \int |c_1\varphi_1 + c_2\varphi_2|^2 \mathrm{d}\boldsymbol{r} \\ &= |c_1|^2 \int (\varphi_1^* + \varphi_2^*)(\varphi_1 + \varphi_2)\mathrm{d}\boldsymbol{r} \\ &= |c_1|^2 \int (|\varphi_1|^2 + \varphi_1{}^*\varphi_2 + \varphi_2{}^*\varphi_1 + |\varphi_2|^2)\mathrm{d}\boldsymbol{r} \\ &= |c_1|^2(2+2S) \\ &= 1 \end{aligned} \tag{6.12}$$

より，$c_1 = \dfrac{1}{\sqrt{2(1+S)}}$ となることから，エネルギー固有値 $\mathcal{E}_+$ に対応する固有関数は

$$\varphi_+ = \frac{1}{\sqrt{2(1+S)}}(\varphi_1 + \varphi_2)$$

と求められる。同様の手続きによって，エネルギー固有値が $\mathcal{E}_-$ であるときには $c_1 = -c_2$ となり，固有関数は

$$\varphi_- = \frac{1}{\sqrt{2(1-S)}}(\varphi_1 - \varphi_2)$$

と求められる。

自分で導出してみよう。

2 つの陽子を結ぶ直線に沿って，これらの固有関数の概形を示したのが**図 6.4** である。図 6.4 の左上に 2 つの水素原子の 1s 電子の波動関数 φ_1, φ_2 をそれぞれ示した。左中，左下に示したのは，それぞれエネルギー固有値 $\mathcal{E}_+$ に対応する固有関数 φ_+ およびエネルギー固有値 $\mathcal{E}_-$ に

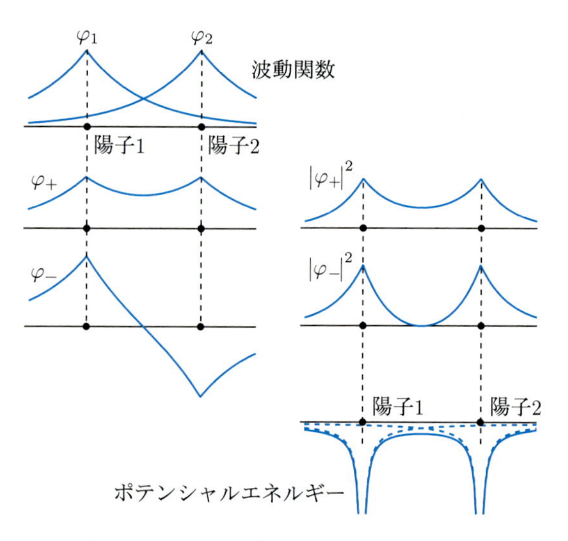

図 6.4　水素分子イオン $H_2{}^+$ における電子の波動関数および ポテンシャルエネルギーの概形

対応する固有関数 φ_- である。それらの右側にはそれぞれの固有関数の絶対値の 2 乗 $|\varphi_+|^2$ および $|\varphi_-|^2$，すなわち電子の存在確率密度も示した。また，右下には電子のポテンシャルエネルギーの概形を示した。結合状態である電子の存在確率密度を表す $|\varphi_+|^2$ を見るとわかるように，陽子 1 と陽子 2 の間で電子が存在する確率が高くなる。また，破線で示した，陽子がそれぞれ 1 つだけのポテンシャルエネルギーよりも，陽子 1 と陽子 2 の間では 2 つの陽子からの影響が重なることによって，実線で示すようにポテンシャルエネルギーが低くなる。したがって，結合状態の波動関数 φ_+ については，陽子 1 と陽子 2 との間のポテンシャルエネルギーが低い部分に電子が存在する確率が高くなるため水素分子イオン $H_2{}^+$ のエネルギーが低くなる。このように，陽子 1 と陽子 2 の間で電子が共有されることによって結合が形成される。一方，反結合状態である電子の存在確率を表す $|\varphi_-|^2$ を見ると，電子が陽子 1 と陽子 2 との間を避けて，特に 2 つの陽子のちょうど中間で存在確率が 0 となる。その結果，ポテンシャルエネルギーが低い部分では電子の存在確率が低くなるためエネルギーが高くなり，陽子どうしの斥力が顕著となる。

水素分子 H_2 の場合には，2 個の電子が存在するために，水素分子イオン $H_2{}^+$ の場合のように簡単な近似を行うことはできないが，$H_2{}^+$ と同様に，**図 6.5** に概念的に示すように，陽子間に電子が存在する確率が高くなることによって水素原子のエネルギーよりも低くなる結合状態と，陽子間での電子の存在確率が低くなる反結合状態のエネルギー準位が形成される。結合状態のエネルギー準位を，互いに逆向きのスピンをもつ 2 個の電子が占有することで共有結合が形成される。

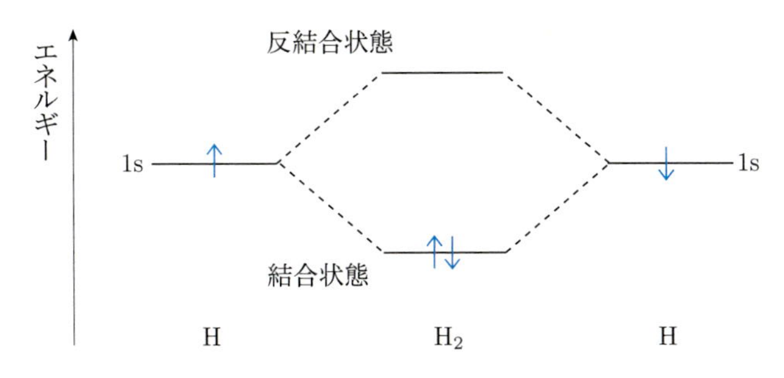

図 6.5　水素分子 H_2 のエネルギー準位

6.2.2　ダイヤモンドにおける共有結合

結晶での共有結合の典型例はダイヤモンドにおける結合である。ダイヤモンドは炭素（C）からなる結晶である。炭素原子の電子配置は $(1s)^2(2s)^2(2p)^2$ である。このうち 1s 電子は内殻電子であるため，結合への寄与はほとんどなく，結合に寄与するのは $(2s)^2(2p)^2$ の価電子である。すでに 2.3 節で説明したように，ダイヤモンドの結晶構造は**図 6.6** で示す構造をしており，配位数は 4，つまり 1 つの炭素原子に注目したとき，その原子に隣接する原子の数は 4 つである。1 つの炭素原子を中心とする 4 つの結合はどれも同等であることと，結合に寄与する価電子が $(2s)^2(2p)^2$ のように 2 種類存在するということとは合わない。これに対して，ポーリング*4は炭素原子が 4 つの等価な結合を形成することを説明するために，**混成軌道**（hybridized orbital）という考え方を導入した。その考え方とは，2s 電子の 1 つを 2p 軌道に移して $(2s)^1(2p)^3$ という電子配置にし，さらにこの 4 つの軌道を混成させて 4 つの等価な軌道をつくるというものである。具体的には

$$\phi_1 = \frac{1}{2}(\chi_{2s} - \chi_{2p_x} - \chi_{2p_y} - \chi_{2p_z}) \tag{6.13}$$

$$\phi_2 = \frac{1}{2}(\chi_{2s} - \chi_{2p_x} + \chi_{2p_y} + \chi_{2p_z}) \tag{6.14}$$

$$\phi_3 = \frac{1}{2}(\chi_{2s} + \chi_{2p_x} - \chi_{2p_y} + \chi_{2p_z}) \tag{6.15}$$

$$\phi_4 = \frac{1}{2}(\chi_{2s} + \chi_{2p_x} + \chi_{2p_y} - \chi_{2p_z}) \tag{6.16}$$

のように 4 つの軌道をつくる*5。これらの軌道は 1 個の s 軌道と 3 個の p 軌道からつくられているので **sp^3 混成軌道**（sp^3 hybridized orbital）という。式からわかるようにすべての軌道に 1 個の 2s 軌道と 3 個の 2p 軌道が同じ割合で含まれている。p 軌道の波動関数の対称性を考慮すれば式(6.13)～式(6.16)はそれぞれ [−1　−1　−1], [−1 1 1], [1　−1 1], [1 1　−1] 方向を向いた形の関数を表す。つまり，図 6.6 の下側に示すような正四面体の頂点となる。これに対して，隣接した炭素原子については式(6.13)～式(6.16)中の p 軌道に関する関数の正負を入れ替えることで，[1 1 1], [1　−1　−1], [−1 1　−1], [−1　−1 1] を向いた形の関数

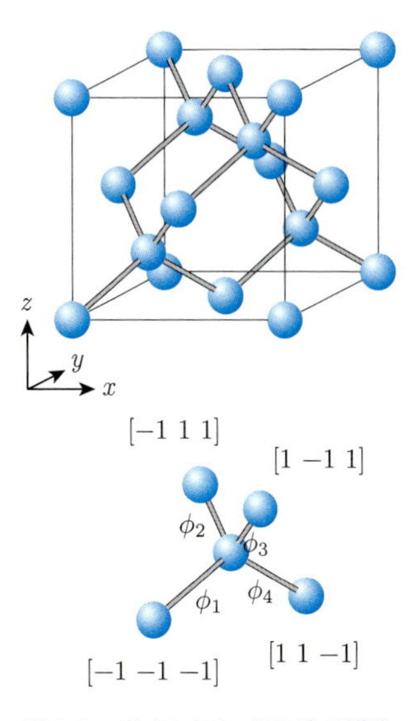

図 6.6　ダイヤモンドの結晶構造

*4　ライナス・ポーリング（Linus Pauling, 1901～1994）は混成軌道の概念や電気陰性度の概念を導入したことで有名なアメリカの化学者である。1954 年に「化学結合の本性，ならびに複雑な分子の構造研究」によりノーベル化学賞を受賞。ジェームズ・ワトソンの著書『二重らせん（*The Double Helix*）』にも登場するように DNA の構造決定の競争におけるワトソン，クリックらの強力なライバルでもあった。また，1962 年に地上核実験に対する反対運動の業績によってノーベル平和賞も受賞しており，これまでに個人で 2 度ノーベル賞を受賞している 5 人の中の 1 人である。

*5　p_x, p_y, p_z は方位量子数が $l = 1$ である波動関数の線形結合によってつくられる電子状態であり，それぞれ x 軸，y 軸，z 軸に対して軸対称な関数である。したがって，例えば式(6.13)で与えられる ϕ_1 は $[x, y, z] = [-1, -1, -1]$ 方向を向いた形の関数となる。

をつくることができる。したがって，隣接する原子どうしが互いに向かい合うような方向で電子を共有することで結合が形成される。ダイヤモンドにおける共有結合では，隣接する原子間でスピンが反対向きとなる 2 個の電子を共有する。

共有結合の特徴は，ダイヤモンドの場合に見られるように，結合をつくる原子間に電子が多く分布することである。またダイヤモンド中の 2 つの炭素原子間の結合エネルギーが 7.3 eV であることからもわかるように，結合エネルギーが大きいことも共有結合の特徴である。共有結合の他の例には Si や Ge などがある。Si 原子間の結合エネルギーは 4.6 eV, Ge では 3.9 eV であり，やはり大きな値である。

6.3　イオン結合

結晶での**イオン結合**（ionic bond）の典型例は塩化ナトリウム（NaCl）である。ナトリウム（Na）原子の電子配置は

$$(1s)^2(2s)^2(2p)^6(3s)^1$$

塩素（Cl）原子の電子配置は

$$(1s)^2(2s)^2(2p)^6(3s)^2(3p)^5$$

であり，それぞれ次のようにイオン化すると閉殻構造となる。

$$\mathrm{Na}^+ : (1s)^2(2s)^2(2p)^6$$
$$\mathrm{Cl}^- : (1s)^2(2s)^2(2p)^6(3s)^2(3p)^6$$

このようにしてできたイオン間のクーロン引力によってイオン結合が生じる。イオン結合によって形成される結晶を**イオン結晶**（ionic crystal）という。

6.3.1　マーデルング定数

イオン結合の場合，イオンを点電荷として近似することで*6比較的容易にクーロン引力によって生じるポテンシャルエネルギー（これを**マーデルングエネルギー**（Madelung energy）という）を見積もることができる。**図 6.7** に示すように，結晶中の i 番目のイオンと j 番目のイオンが距離 $r_{ij} = |\boldsymbol{r}_j - \boldsymbol{r}_i|$ だけ離れているとき，この 2 つのイオン間に働くクーロン力によって生じるポテンシャルエネルギーは

$$V_{ij} = \frac{Z_i Z_j e^2}{4\pi\varepsilon_0 r_{ij}} \tag{6.17}$$

で与えられる。ここで，$Z_i e$ は i 番目のイオンの電荷，ε_0 は真空の誘電率である。i 番目のイオンと，それ以外のすべてのイオンとの間に働くクーロン力によって生じるポテンシャルエネルギーは，すべての組み合わせについて式(6.17)の総和を求めることによって

*6　実際には点電荷でなくてもイオンの電荷分布が球対称であれば以下の議論は成り立つ。

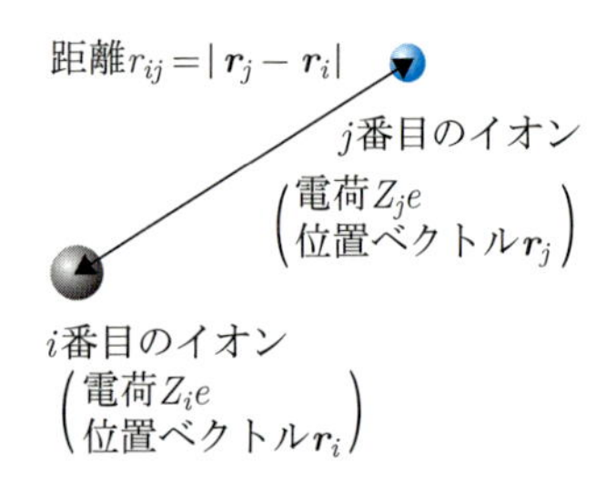

図 6.7　結晶中の i 番目と j 番目のイオン間に働くクーロン力によって生じるポテンシャルエネルギー

$$V_i = \sum_{j \neq i} V_{ij} = \frac{e^2}{4\pi\varepsilon_0} \sum_{j \neq i} \frac{Z_i Z_j}{r_{ij}} \tag{6.18}$$

と得られる。

最近接イオンどうしのクーロン力によって生じるポテンシャルエネルギー $\frac{Z_+ Z_- e^2}{4\pi\varepsilon_0 d}$ で式(6.18)を割った

$$M = \frac{d}{Z_+ Z_-} \sum_{j \neq i} \frac{Z_i Z_j}{r_{ij}} \tag{6.19}$$

は**マーデルング定数**（Madelung constant）*7と呼ばれ，結晶構造によってその値が定まる。ここで，Z_+e と Z_-e はそれぞれイオン結晶中の陽イオンと陰イオンの電荷であり，d は最近接イオン間距離である。

*7　4.9.3項でも紹介したマーデルング（Erwin Madelung）による。

例えば，塩化ナトリウム構造のマーデルング定数を，**図 6.8** に示すような，慣用単位胞（辺の長さが格子定数 a に等しい立方体）を $3 \times 3 \times 3$ 倍した立方体構造に対して近似的に求めてみよう。この立方体の中心に位置する Cl^- イオンを座標原点に設定すると，この Cl^- イオンにとって最近接イオンは $(\pm\frac{a}{2}, 0, 0)$，$(0, \pm\frac{a}{2}, 0)$，$(0, 0, \pm\frac{a}{2})$ に位置する 6 個の Na^+ イオンであり，いずれも原点から $r_1 = \frac{a}{2} = d$ だけ離れている。$Z_{\mathrm{Na}} = +1$，$Z_{\mathrm{Cl}} = -1$ であるから，最近接イオンによるマーデルング定数への寄与は

$$6 \times \frac{d}{r_1} = 6$$

である。

第二近接イオンは $(\pm\frac{a}{2}, \pm\frac{a}{2}, 0)$，$(\pm\frac{a}{2}, \mp\frac{a}{2}, 0)$，$(\pm\frac{a}{2}, 0, \pm\frac{a}{2})$，$(\pm\frac{a}{2}, 0, \mp\frac{a}{2})$，$(0, \pm\frac{a}{2}, \pm\frac{a}{2})$，$(0, \pm\frac{a}{2}, \mp\frac{a}{2})$ に位置する 12 個の Cl^- イオンであり，いずれも原点から $r_2 = \frac{\sqrt{2}a}{2} = \sqrt{2}d$ だけ離れている。Cl^- イオンどうしの組み合わせであることに注意すれば，マーデルング定数への寄与は

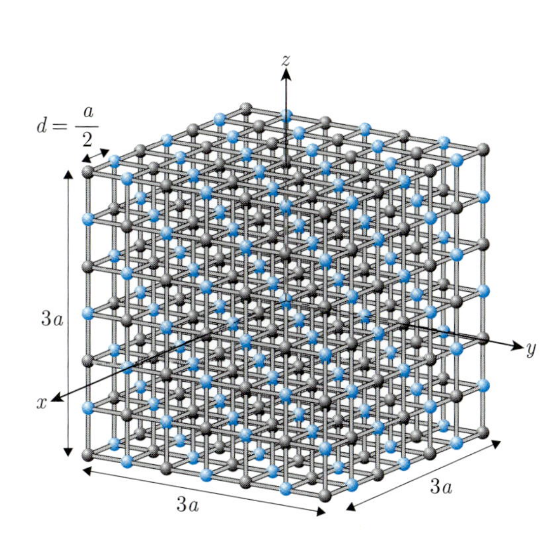

図 6.8　塩化ナトリウム構造のマーデルング定数を近似的に求めるために考える立方体構造。ここでは図を見やすくするためにイオンの大きさを小さくしてある。

$$-12 \times \frac{d}{r_2} = -\frac{12}{\sqrt{2}}$$

である。

第三近接イオンは $\left(\pm\frac{a}{2}, \pm\frac{a}{2}, \pm\frac{a}{2}\right)$，$\left(\pm\frac{a}{2}, \pm\frac{a}{2}, \mp\frac{a}{2}\right)$，$\left(\pm\frac{a}{2}, \mp\frac{a}{2}, \pm\frac{a}{2}\right)$，$\left(\mp\frac{a}{2}, \pm\frac{a}{2}, \pm\frac{a}{2}\right)$ に位置する 8 個の Na^+ イオンであり，いずれも原点から $r_3 = \frac{\sqrt{3}a}{2} = \sqrt{3}d$ だけ離れているので，マーデルング定数への寄与は

$$8 \times \frac{d}{r_3} = \frac{8}{\sqrt{3}}$$

である。

同様にすべての組み合わせについて総和を求める。ただし，立方体の面上に位置するイオンについてはその半分だけが立方体内に含まれるのでマーデルング定数への寄与を $\frac{1}{2}$ とし，同様の考えから，立方体の辺上に位置するイオンについてはその寄与を $\frac{1}{4}$，立方体の頂点に位置するイオンについてはその寄与を $\frac{1}{8}$ とすると，

$$\begin{aligned} M \simeq 6 &- \frac{12}{\sqrt{2}} + \frac{8}{\sqrt{3}} - \frac{6}{\sqrt{4}} + \frac{24}{\sqrt{5}} - \frac{24}{\sqrt{6}} - \frac{12}{\sqrt{8}} + \frac{24}{\sqrt{9}} - \frac{8}{\sqrt{12}} \\ &+ \frac{1}{2} \times \left(\frac{6}{\sqrt{9}} - \frac{24}{\sqrt{10}} + \frac{24}{\sqrt{11}} + \frac{24}{\sqrt{13}} - \frac{48}{\sqrt{14}} + \frac{24}{\sqrt{17}}\right) \\ &+ \frac{1}{4} \times \left(-\frac{12}{\sqrt{18}} + \frac{24}{\sqrt{19}} - \frac{24}{\sqrt{22}}\right) + \frac{1}{8} \times \frac{8}{\sqrt{27}} \simeq 1.747 \end{aligned}$$

と近似値が求められる。実際には塩化ナトリウム構造のマーデルング定数は 1.748 と求められている[*8]。

*8　マーデルング定数は無理数なので，ここでは有効数字 4 桁の近似値を示した。塩化ナトリウム構造のマーデルング定数を求める際に，右のような原点を中心とする球の半径をだんだんと広げるようにしてイオンからの寄与を合計していく方法に基づく式 $M = 6 - \frac{12}{\sqrt{2}} + \frac{8}{\sqrt{3}} - \frac{6}{\sqrt{4}} + \frac{24}{\sqrt{5}} \cdots$ が多くの教科書に載っているが，論文（"Convergence of lattice sums and Madelung's constant", D. Borwein, J. M. Borwein and K. F. Taylor, *J. Math. Phys.*, **26**, 2999 (1985)）によって，この方法では収束値が得られないことが示されている。このことからもわかるように，無限級数で表されるマーデルング定数を求めるためには，陽イオンと陰イオンの寄与を打ち消すようにするなどの計算の工夫が重要となる。

参考として，塩化ナトリウム構造を含むさまざまな結晶構造のマーデルング定数を**表 6.1** に示す。マーデルング定数の値が 1 より大きいということは，結晶中において，同種イオンの間に働く斥力によってポテンシャルエネルギーが増加するにもかかわらず，1 個の陽イオンと 1 個の陰イオンが距離 d だけ離れているときのポテンシャルエネルギー $-\frac{e^2}{4\pi\varepsilon_0 d}$ よりもエネルギーが低下することを意味する。つまり，陽イオンと陰イオンにとっては，分子よりも結晶となった方が結合エネルギーが大きくさらに安定となる。

6.3.2　塩化ナトリウムの結合エネルギー

塩化ナトリウムの格子定数が $a = 0.564\,\mathrm{nm}$，マーデルング定数が $M = 1.748$ であることを用いるとマーデルングエネルギーは

$$V_i = -\frac{Me^2}{2\pi\varepsilon_0 a} = -1.43 \times 10^{-18}\,\mathrm{J} = -8.92\,\mathrm{eV}$$

と見積もられる。

実際の結晶においては，イオンどうしが近づくと斥力も働くようになるため，**図 6.9** に示すように，ポテンシャルエネルギーはマーデルング定数を用いた見積もりの 90% 程度の値になる。実験から得られている

表 6.1　さまざまな結晶構造のマーデルング定数

結晶構造	マーデルング定数
閃亜鉛鉱構造	1.638
ウルツ鉱構造	1.641
塩化ナトリウム構造	1.748
塩化セシウム構造	1.763
蛍石型構造	2.519

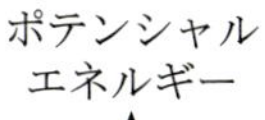

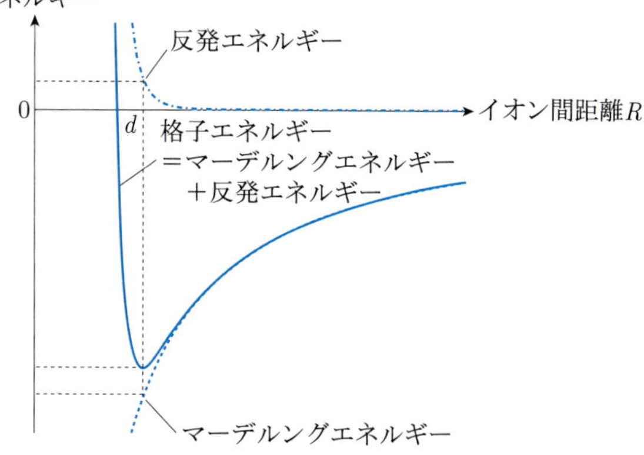

図 6.9　イオン結合におけるポテンシャルエネルギーのイオン間距離依存性

エネルギーは 8.14 eV であるから，マーデルング定数を用いた見積もりがかなり良いことがわかる。

ナトリウム（Na）原子と塩素（Cl）原子から塩化ナトリウム（NaCl）結晶が生成する反応についてのエネルギー収支は以下のようになる。

$$\underset{}{\mathrm{Na}} + \underset{\text{イオン化エネルギー}}{5.1\,\mathrm{eV}} \rightarrow \mathrm{Na}^{+} + \underset{\text{電子}}{(-e)}$$

$$\underset{\text{電子}}{(-e)} + \mathrm{Cl} \rightarrow \mathrm{Cl}^{-} + \underset{\text{電子親和力}}{3.6\,\mathrm{eV}}$$

$$\mathrm{Na}^{+} + \mathrm{Cl}^{-} \rightarrow \underset{\text{結晶}}{\mathrm{NaCl}} + \underset{\text{格子エネルギー}}{8.1\,\mathrm{eV}}$$

ここで，**イオン化エネルギー**（ionization energy）は原子から電子を引き離してイオンにするのに必要なエネルギーであり，**電子親和力**（electron affinity）は原子に電子を付け加えたときに放出あるいは吸収されるエネルギーである。エネルギーが放出される場合，電子親和力は負であると定義する。したがって，Na と Cl のそれぞれがイオンとなるときには，Na のイオン化エネルギーから Cl の電子親和力を差し引いた

$$5.1\,\mathrm{eV} - 3.6\,\mathrm{eV} = 1.5\,\mathrm{eV}$$

だけエネルギー的に損をするが，総合的にはバラバラの原子でいるよりもイオン結合で結晶になった方が

$$8.1\,\mathrm{eV} + 3.6\,\mathrm{eV} - 5.1\,\mathrm{eV} = 6.6\,\mathrm{eV}$$

だけエネルギー的に安定となる。つまり，塩化ナトリウムの結合エネルギーは 6.6 eV である。イオン結合の一般的な特徴としては，結合エネルギーが大きいこと，電子分布が原子に集中していることなどがあげられる。

6.4　金属結合

金属結合（metallic bond）の典型例はナトリウム（Na）結晶である。6.3 節でも説明したように，Na 原子の電子配置は $(1s)^2(2s)^2(2p)^6(3s)^1$ であり，イオン化して Na^+ イオンになることによって電子配置は $(1s)^2(2s)^2(2p)^6$ となり，閉殻構造をとる。

$$\underset{}{Na} \rightarrow \underset{\text{陽イオン}}{Na^+} + \underset{\text{自由電子}}{(-e)}$$

原子の束縛から離れて結晶中を自由に動き回る**自由電子**（free electron）と陽イオンとの間のクーロン引力が金属結合の原因である。金属結合の一般的な特徴としては，結合エネルギーが小さいこと，電子が結晶全体に分布していることなどがあげられる。例えば，Na 結晶の結合エネルギーは 1.1 eV であり，共有結合やイオン結合の場合と比べて小さいことがわかる。

6.5　ファン・デル・ワールス結合

ファン・デル・ワールス結合（van der Waals bond）*9 の典型例はアルゴン（Ar）の結晶である。Ar 原子の電子配置は $(1s)^2(2s)^2(2p)^6(3s)^2(3p)^6$ である。Ar のイオン化エネルギーは 15.8 eV であり，Na のイオン化エネルギーの 3 倍程度ときわめて大きく，閉殻構造なのでイオンになりにくいことがわかる。Ar 原子の電子分布は球対称であるが，電子分布のゆらぎによって電気双極子が誘起され，異なる原子の電気双極子どうしの引力により，ファン・デル・ワールス結合が生じる。ファン・デル・ワールス結合により Ar は低温で固体になり，その融点は 84 K である。また，Ar などの希ガス以外にも，安定な状態を保つ分子どうしのファン・デル・ワールス結合によって結晶を形成することがある。その例として CO_2 分子が結晶になったドライアイス（**図 6.10**）やグラファイト（**図 6.11**）などがあげられる。ファン・デル・ワールス結合の特徴としては，結合エネルギーが小さいこと，電子分布がもともとの原子とほぼ同じであることなどがあげられる。

*9　オランダの物理学者であるファン・デル・ワールス（Johannes Diderik van der Waals, 1837〜1923）に因む。ファン・デル・ワールスは液体および気体の状態方程式に関する研究における業績で 1910 年にノーベル物理学賞を受賞した。

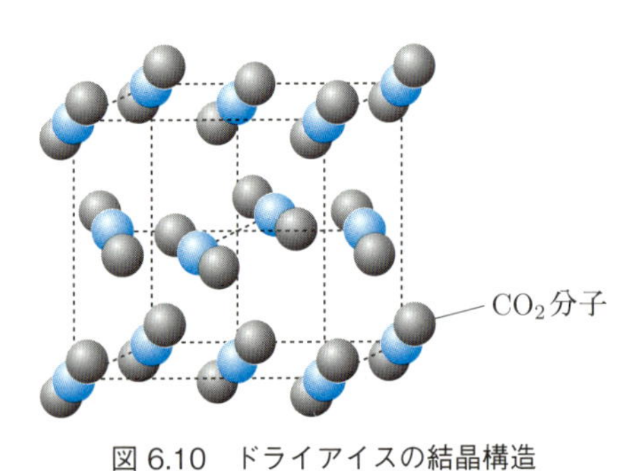

図 6.10　ドライアイスの結晶構造

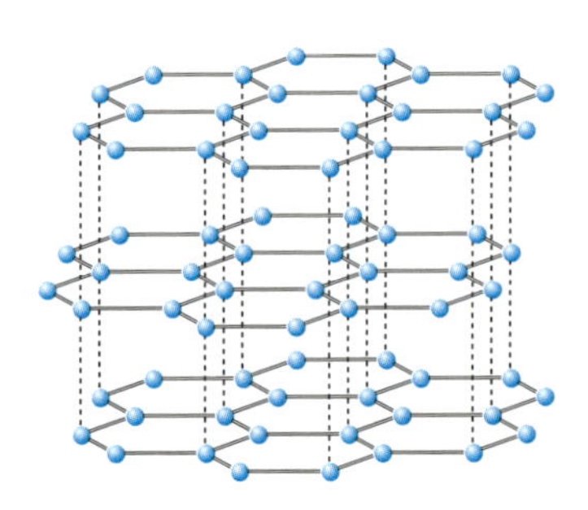
図 6.11　グラファイトの結晶構造

6.6　結合の概念図

最後に，共有結合，イオン結合，金属結合，ファン・デル・ワールス結合のそれぞれの概念図を**図 6.12** に示す。(a)は共有結合によって形成される結晶の典型例であるダイヤモンドである。原子番号 6 の炭素において，2 個の内殻電子は原子核を中心に球状に分布し，4 個の価電子はそれぞれの原子間に分布している。(b)はイオン結合によって形成される結晶の典型例である塩化ナトリウムである。原子番号 11 のナトリウムは 1 個の電子を失って陽イオンとなり，原子番号 17 の塩素は 1 個の電子を受け取って陰イオンとなる。電子はそれぞれの原子核を中心に球状に分布している。(c)は金属結合によって形成される結晶の典型例であるナトリウムである。原子番号 11 のナトリウムは 1 個の電子を失って陽イオンとなり，原子核から離れた電子は結晶全体に広く分布している。(d)はファン・デル・ワールス結合の典型例であるアルゴンである。アルゴンはイオン化せずにほぼ原子のままの電子分布を保っている。

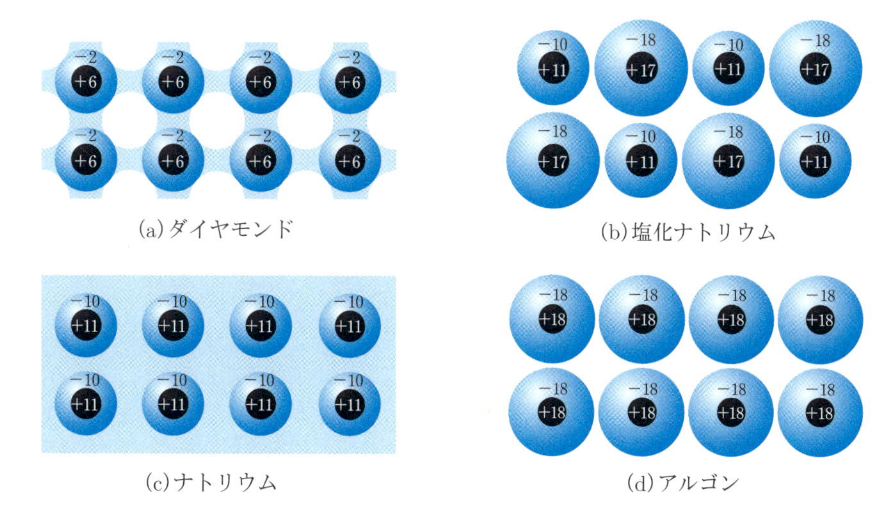

図 6.12　(a)ダイヤモンド（共有結合），(b)塩化ナトリウム（イオン結合），(c)ナトリウム（金属結合），(d)アルゴン（ファン・デル・ワールス結合）の結晶における結合の概念図。

❖ 演習問題

6.1　陽イオンと陰イオンが交互に等間隔で並んでいる 1 次元結晶のマーデルング定数を求めなさい。

6.2　周期表でどのような位置にある元素が，共有結合，イオン結合，金属結合のいずれの結合で結晶となる傾向にあるのかを調べなさい。

6.3　ここでは説明しなかった水素結合について，結合の機構と，どのような物質で見られるかを調べなさい。

第7章　格子振動とフォノン

結晶中の原子の振動を**格子振動**（lattice vibration）という。格子振動は，固体の熱的性質に関わるため，固体物理学で理解すべき重要事項のうちの一つである。また，第2章および第3章で扱ってきた格子・逆格子を利用する事項でもある。さらに格子振動を量子化した**フォノン**（phonon）は固体の光学的性質や超伝導と関わる重要な概念である。

7.1　1種類の原子からなる1次元の格子振動

格子振動を理解するための簡単なモデルとして，**図7.1**に示すような質量 M の原子が等間隔 a で1次元的に無限に並んだ構造を考えよう。このモデルでは隣り合う原子どうしがバネで連結している。バネの伸び縮みはフックの法則（Hooke's law）*1に従いバネの復元力と比例関係にあるとし*2，そのバネ定数を K とする。各原子に番号を付け，j 番目の原子の平衡点からの変位を u_j と表す。j 番目の原子に対しては，$j+1$ 番目側のバネと $j-1$ 番目側のバネのそれぞれから力が働くので，j 番目の原子についての運動方程式は

$$M\frac{\mathrm{d}^2u_j}{\mathrm{d}t^2} = K(u_{j-1}-u_j) + K(u_{j+1}-u_j) = -K(2u_j - u_{j-1} - u_{j+1}) \tag{7.1}$$

で与えられる。この方程式の解を

$$u_j = Ae^{ijka}e^{-i\omega t} \tag{7.2}$$

と仮定する*3。ここで，ω は角振動数である。これを式(7.1)に代入して整理すると

*1　イギリスの物理学者であるロバート・フック（Robert Hooke, 1635〜1703）が発見した法則である。細胞（cell）の命名者としても有名である。

*2　このモデルでは隣り合う原子どうしのみに力が働くとしており，例えば隣の原子を1つ飛び越した原子に対して力が直接働くような場合は考えない。また，原子どうしに働く力として，変位に比例する線形の力を考えている。このことは図6.1に示すような原子間力が R_0 の近くで線形近似できることに基づいている。

*3　実は式(7.1)の一般解を求めるのは容易ではない。そこで，解が正弦波 $Ae^{i(kx-\omega t)}$ のような形式で表されることを仮定し，j 番目の原子の平衡点での座標 $x = ja$ を代入した式(7.2)を用いる解法がよく行われる。ここで，k は波数に相当する。なお，三角関数の代わりに複素関数を用いるのは計算を簡単にするためである。変位という物理量は実数であるので，物理的に意味のある解を得るためには，複素数の解を求めた後で，例えば実部だけを考えればよい。

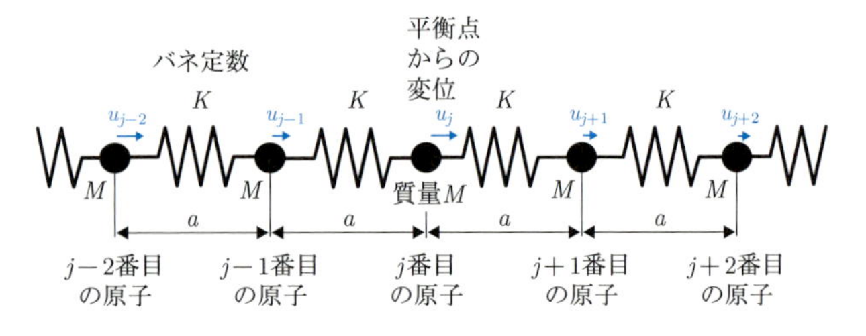

図7.1　1種類の原子からなる1次元の格子振動を考えるためのモデル

$$
\begin{aligned}
-M\omega^2 e^{ijka}e^{-i\omega t} &= -K\{2e^{ijka}e^{-i\omega t} - e^{i(j-1)ka}e^{-i\omega t} - e^{i(j+1)ka}e^{-i\omega t}\} \\
-M\omega^2 &= -K(2 - e^{-ika} - e^{ika}) \\
&= -2K\left(1 - \frac{e^{ika}+e^{-ika}}{2}\right) \\
&= -2K(1-\cos ka) \\
&= -4K\sin^2\frac{ka}{2}
\end{aligned}
$$

という結果が得られる。したがって，角振動数 ω を正の数とすれば，ω と k との間には

$$
\omega = 2\sqrt{\frac{K}{M}}\left|\sin\frac{ka}{2}\right| \tag{7.3}
$$

という関係が成り立つ。ω と k の関係は**分散関係**（dispersion relation）と呼ばれる。分散関係をグラフに表すと**図 7.2** のようになる。このグラフからわかるように，角振動数 ω は波数 k の周期関数となっており，その周期は $\frac{2\pi}{a}$ である。ある波数 k_{A} に対して周期 $\frac{2\pi}{a}$ 分だけ大きな波数 $k'_{\mathrm{A}} = k_{\mathrm{A}} + \frac{2\pi}{a}$ に対する解を式(7.2)により求めると

$$
\begin{aligned}
u_j &= A\exp\{i(jk'_{\mathrm{A}}a - \omega t)\} \\
&= A\exp\left[i\left\{j\left(k_{\mathrm{A}} + \frac{2\pi}{a}\right)a - \omega t\right\}\right] \\
&= A\exp\{i(jk_{\mathrm{A}}a + 2j\pi - \omega t)\} \\
&= A\exp\{i(jk_{\mathrm{A}}a - \omega t)\}
\end{aligned}
$$

となり，波数 k_{A} の場合の解と一致する。

実際に，$k_{\mathrm{A}} = \frac{\pi}{3a}$ を例として k_{A} と $\frac{2\pi}{a}$ だけ異なる $k'_{\mathrm{A}} = k_{\mathrm{A}} + \frac{2\pi}{a} = \frac{7\pi}{3a}$ について，時刻 $t = 0$ における各原子の変位を示したのが**図 7.3** である。ここでは，複素数の解 $u_j(t=0) = Ae^{ijka}$ そのものではなく，その実部 $\mathrm{Re}[Ae^{ijka}] = A\cos jka$ を原子の変位として図示した。実線で示した k_{A} と k'_{A} に対する波の周期は，波数の違いを反映して異なるものの，2 つの波は $j = \cdots, -3, -2, -1, 0, 1, 2, 3, \cdots$ の位置で一致しており，●で示した原子の変位 u_j についてはまったく同じ解を与

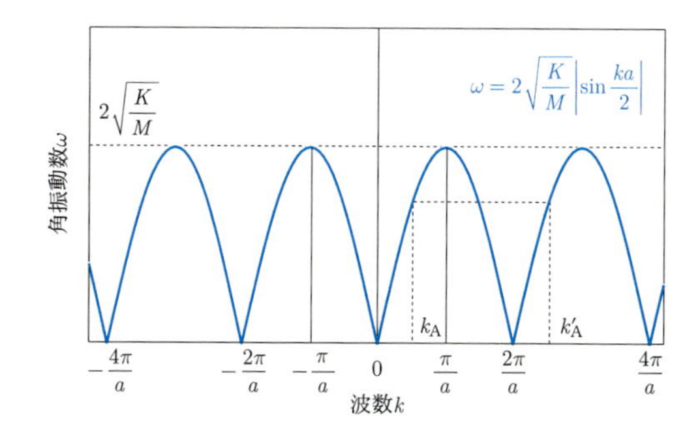

図 7.2　1 種類の原子からなる 1 次元の格子振動における波数 k と角振動数 ω の関係

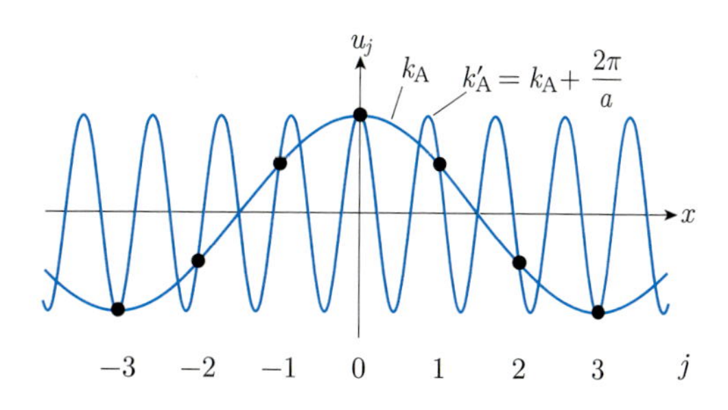

図 7.3　波数が $\frac{2\pi}{a}$ だけ異なる 2 つの場合についての各原子の変位（j と u_j の関係）

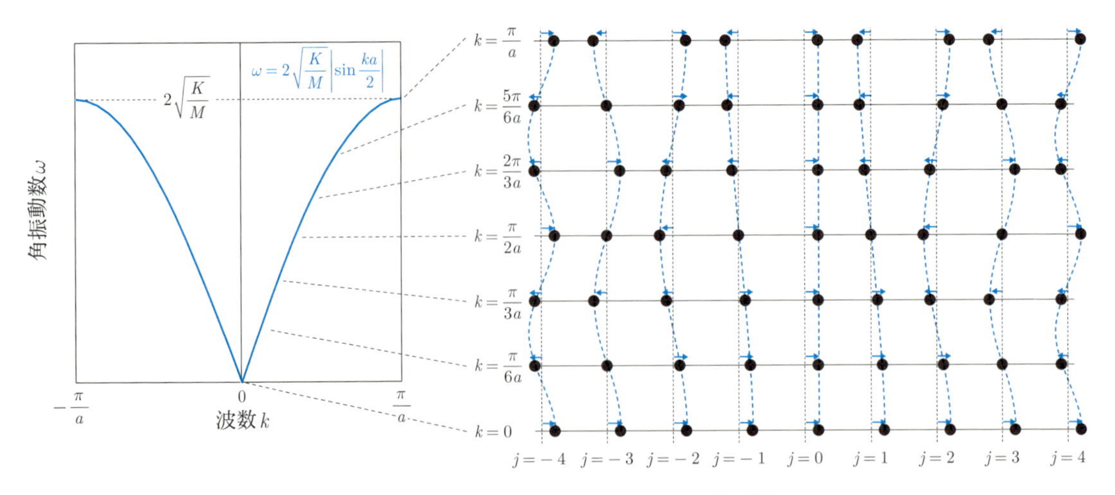

図 7.4　さまざまな波数 k に対する格子振動の様子

えることがわかる。つまり，異なる波数 k に対する原子の変位は，周期 $\frac{2\pi}{a}$ で繰り返して結局同じ解になるので分散関係については 1 周期分だけ考えれば十分である。そこで通常は，波数 k の範囲を 1 周期分の $-\frac{\pi}{a} < k \leq \frac{\pi}{a}$ にとることが多い。この範囲は 3.2.3 項で説明したブリュアンゾーンの 1 次元版に相当する。このように波数 k の範囲をブリュアンゾーンにとれば十分である場合はこれからもたびたび登場する。

図 7.4 に，時刻 $t=0$ における，さまざまな波数 k に対する格子振動の様子を示す。この図においても，複素関数の解 $u_j(t=0) = Ae^{ijka}$ そのものではなく，その実部 $\mathrm{Re}[Ae^{ijka}] = A\cos jka$ を原子の変位として図示している。k が小さい，すなわち角振動数 ω が低いうちは，隣り合う原子どうしがほぼ同じ向きに変位している。このことは隣り合う原子がほぼ同位相で振動していることを意味している。ところが，k が大きく，すなわち ω が高くなるにつれて，原子の運動が隣の原子の運動に対して遅れを生じるようになり，次第に隣り合う原子の振動の位相がそろわなくなってくる。例えば，$k=\frac{\pi}{2a}$ では $j=0$ の位置にある原子は右に変位しているのに対して，$j=1$ の原子は変位ゼロ，$j=2$ の原子は左に変位している。さらに ω が高くなり，$\omega = \omega_{\max} = 2\sqrt{\frac{K}{M}}$，つまり $k=\frac{\pi}{a}$ のとき，隣り合う原子どうしの変位の向きは完全に逆になっている。言い換えれば，隣り合う原子は逆位相で振動する。格子振動において，とりうる角振動数 ω には上限があり，$\omega_{\max} = 2\sqrt{\frac{K}{M}}$ を超えない。これは，$\omega > \omega_{\max}$ のような角振動数においては，原子の運動が隣の原子の運動の速さにきちんと追随しなくなり，波として存在できなくなるからである*4。

*4　詳しくは付録 C を参照。

波数 k と格子振動の関係をより理解しやすくするために，さまざまな k について，原子の番号 j を横軸に，$A\cos jka$ を縦軸にプロットした

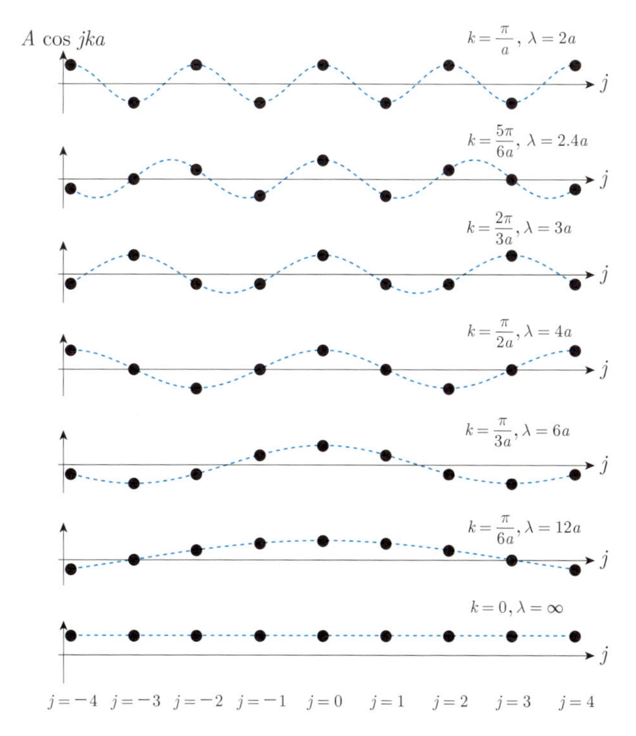

図 7.5　さまざまな波数 k に対する格子振動の様子

のが**図 7.5** である。波数 k が 0 から $\frac{\pi}{a}$ まで増加するにつれて，原子の変位をつなぐ点線で示した波の波長 $\lambda = \frac{2\pi}{k}$ が ∞ から $2a$ まで次第に短くなっていくことがよくわかるであろう。

波数 k が 0 に近い領域，言い換えれば長波長の極限（$ka \ll 1$）では，$\sin\frac{ka}{2} \simeq \frac{ka}{2}$ であることから $\omega = a\sqrt{\frac{K}{M}}k$ と近似することができる。これは $\omega = ck$（c は比例定数）の形である。このことは，図 7.2 の $k = 0$ 付近の曲線が，原点を通る傾きがほぼ一定の直線で近似できることからも容易に理解できる。ところで定数

$$c = a\sqrt{\frac{K}{M}} \tag{7.4}$$

については

$$c = \frac{\omega}{k} = \frac{2\pi\nu}{2\pi/\lambda} = \nu\lambda = v$$

であるから，波の速度 v であることがわかる*5。

一方，固体の棒を伝わる音波の速度は固体の弾性的性質を表すヤング率（Young's modulus）*6 E と固体の密度 ρ を用いて

$$v = \sqrt{\frac{E}{\rho}} \tag{7.5}$$

で与えられる。棒の断面積を S とすると，ヤング率および密度は，**図 7.1** に示したモデルにおいて，それぞれ

*5　正確には位相速度（phase velocity）である。

*6　イギリスの物理学者であるヤング（Thomas Young, 1773〜1829）に因む。光の波動性を実証した二重スリットの実験で有名。

$$E = \frac{Ka}{S}, \rho = \frac{M}{Sa}$$

のように関係づけることができるので，これらを式(7.5)に代入すると

$$v = \sqrt{\frac{E}{\rho}} = \sqrt{\frac{Ka/S}{M/Sa}} = a\sqrt{\frac{K}{M}}$$

となり，式(7.4)で示した，長波長の極限での c と一致する。このように波数 k が 0 に近い領域における格子振動は音波と同じ速度を示すことから，この格子振動のモードを**音響モード**（acoustic mode）と呼ぶ。

7.2　2種類の原子からなる1次元の格子振動

実際の結晶には2種類以上の原子からなるものも多い。格子振動の様子は1種類の原子からなる結晶と2種類以上の原子からなる結晶とでは大きく異なる。そこで2種類の原子からなる結晶の格子振動を扱うために**図7.6**に示すモデルを考える。このモデルでは質量 M_{A} と M_{B} の原子 A, B が間隔 $\frac{a}{2}$ で交互に1次元的に並んでいる。ここでは，原子の種類が違うために質量が異なる点が重要である。隣り合う原子どうしは，1種類の原子からなる1次元の格子振動について考えたのと同様にバネで連結されており，バネの伸び縮みはフックの法則に従い，バネ定数は K とする。

番号付けは質量 M_{A} と M_{B} の原子をひとまとめに考えて，$\cdots, j-1, j, j+1, \cdots$ と行う*7。この番号付けの規則に従って j 番目の質量 M_{A} の原子の平衡点からの変位を u_j^{A}，j 番目の質量 M_{B} の原子の平衡点からの変位を u_j^{B} とする。このときそれぞれの原子に関する運動方程式は

*7　ここでは格子の概念を用いて，質量 M_{A} と M_{B} の原子を含む単位胞を考えている。

$$M_{\mathrm{A}} \frac{\mathrm{d}^2 u_j^{\mathrm{A}}}{\mathrm{d}t^2} = -K\left(2u_j^{\mathrm{A}} - u_{j-1}^{\mathrm{B}} - u_j^{\mathrm{B}}\right) \tag{7.6}$$

$$M_{\mathrm{B}} \frac{\mathrm{d}^2 u_j^{\mathrm{B}}}{\mathrm{d}t^2} = -K\left(2u_j^{\mathrm{B}} - u_j^{\mathrm{A}} - u_{j+1}^{\mathrm{A}}\right) \tag{7.7}$$

で与えられる。これらの運動方程式の解を

$$u_j^{\mathrm{A}} = Ae^{ijka}e^{-i\omega t}$$
$$u_j^{\mathrm{B}} = Be^{ijka}e^{-i\omega t}$$

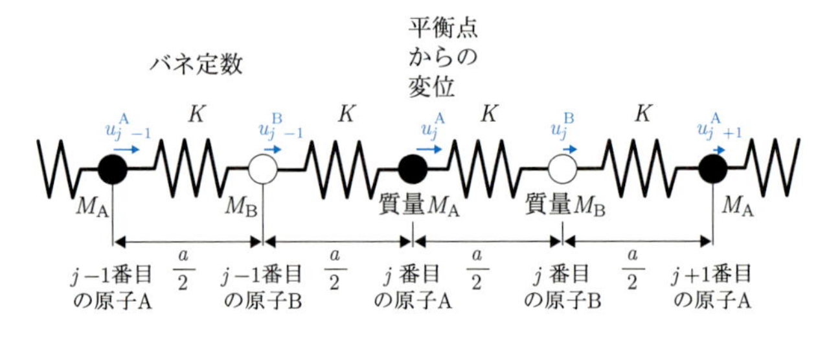

図7.6　2種類の原子からなる1次元の格子振動を考えるためのモデル

と仮定して*8，式(7.6)と式(7.7)に代入して整理すると，A, B の連立 1 次方程式

$$\begin{bmatrix} 2K - M_\mathrm{A}\omega^2 & -K(1+e^{-ika}) \\ -K(1+e^{ika}) & 2K - M_\mathrm{B}\omega^2 \end{bmatrix} \begin{bmatrix} A \\ B \end{bmatrix} = \begin{bmatrix} 0 \\ 0 \end{bmatrix} \tag{7.8}$$

が得られる。ここで，A, B が 0 でない解となるためには係数行列の行列式について

$$\begin{vmatrix} 2K - M_\mathrm{A}\omega^2 & -K(1+e^{-ika}) \\ -K(1+e^{ika}) & 2K - M_\mathrm{B}\omega^2 \end{vmatrix} = 0 \tag{7.9}$$

でなければならない。式(7.9)は ω^2 の 2 次方程式になっており，これを解くと

$$\omega^2 = K\left(\frac{1}{M_\mathrm{A}} + \frac{1}{M_\mathrm{B}}\right) \pm K\sqrt{\left(\frac{1}{M_\mathrm{A}} + \frac{1}{M_\mathrm{B}}\right)^2 - \frac{4\sin^2(ka/2)}{M_\mathrm{A}M_\mathrm{B}}} \tag{7.10}$$

が得られる。この式が 2 種類の原子からなる 1 次元の格子振動の分散関係を与える。以下では，式(7.10)の内容を詳しく見ていこう。$k \simeq 0$ では $\sin\frac{ka}{2} \simeq \frac{ka}{2}$ なので，

$$\omega \simeq a\sqrt{\frac{K}{2(M_\mathrm{A}+M_\mathrm{B})}}k,\ \sqrt{2K\left(\frac{1}{M_\mathrm{A}} + \frac{1}{M_\mathrm{B}}\right)}$$

の 2 つの解が得られる。このことから，$k = 0$ では，

$$\omega = 0,\ \sqrt{2K\left(\frac{1}{M_\mathrm{A}} + \frac{1}{M_\mathrm{B}}\right)}$$

の 2 つの値をとることがわかる。また，$k \simeq 0$ では，k が増加していくにつれて，解の 1 つが $\omega = 0$ から傾き $a\sqrt{\frac{K}{2(M_\mathrm{A}+M_\mathrm{B})}}$ の直線に沿って増加していくのに対して，もう 1 つの解は $\omega = \sqrt{2K\left(\frac{1}{M_\mathrm{A}} + \frac{1}{M_\mathrm{B}}\right)}$ のまま，ほぼ一定である。さらに $k = \frac{\pi}{a}$ では $\sin\frac{ka}{2} = 1$ となり，これらが，

$$\omega = \sqrt{\frac{2K}{M_\mathrm{A}}},\ \sqrt{\frac{2K}{M_\mathrm{B}}}$$

の 2 つの解へとつながる。これらのことをふまえて，式(7.10)で与えられる分散関係を示すと**図 7.7** のようになる。なお，この図では $M_\mathrm{A} > M_\mathrm{B}$ の場合を示している。また，1 種類の原子からなる 1 次元の格子振動においてすでに説明したように，ここでも 1 次元のブリュアンゾーン $-\frac{\pi}{a} < k \leq \frac{\pi}{a}$ の範囲のみを示している。図 7.7 からわかるように，$\sqrt{\frac{2K}{M_\mathrm{A}}} < \omega < \sqrt{\frac{2K}{M_\mathrm{B}}}$ の範囲には解が存在しない。これは，この角振動数の範囲の波は 2 種類の原子からなる 1 次元格子を伝搬しないことを意味する。

*8　この場合も $x = ja$ と考えると仮定した解の形は $Ae^{i(kx-\omega t)}$ あるいは $Be^{i(kx-\omega t)}$ という正弦波を表す式である。

自分で導出してみよう。

自分で導出してみよう。

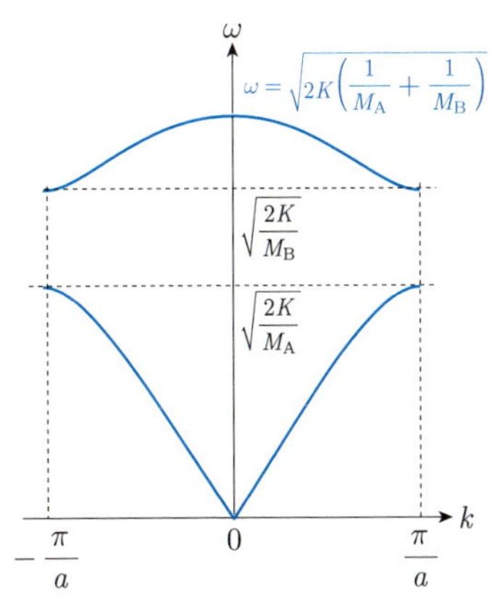

図7.7　2種類の原子からなる1次元の格子振動における波数と角振動数の関係

7.3　音響モード，光学モード

$k = 0$ かつ $\omega = 0$ のときには，式(7.8)の連立 1 次方程式は

$$\begin{bmatrix} 2K & -2K \\ -2K & 2K \end{bmatrix} \begin{bmatrix} A \\ B \end{bmatrix} = \begin{bmatrix} 0 \\ 0 \end{bmatrix}$$

となり，その解は $A = B$ である。このことは $k \sim 0$ かつ $\omega \sim 0$ であるとき，隣り合う原子がほぼ同じ向きかつ同じ振幅で振動することを意味する。この格子振動のモードは**音響モード**と呼ばれる。その理由は 1 種類の原子からなる 1 次元の格子振動の場合と同様に，固体を伝わる音波に相当するモードだからである。

$k = 0$ かつ $\omega = \sqrt{2K(\frac{1}{M_{\mathrm{A}}} + \frac{1}{M_{\mathrm{B}}})}$ のときには，式(7.8)の連立 1 次方程式は

$$\begin{bmatrix} -2K\left(\frac{M_{\mathrm{A}}}{M_{\mathrm{B}}}\right) & -2K \\ -2K & -2K\left(\frac{M_{\mathrm{B}}}{M_{\mathrm{A}}}\right) \end{bmatrix} \begin{bmatrix} A \\ B \end{bmatrix} = \begin{bmatrix} 0 \\ 0 \end{bmatrix}$$

となり，その解は $\frac{B}{A} = -\frac{M_{\mathrm{A}}}{M_{\mathrm{B}}}$ である。これは隣り合う原子が逆向きに動き，その振幅はそれぞれの原子の質量に反比例することを意味する。隣り合う原子は異種の原子であるから，2 つの原子間で電荷のやりとりがある。例えばイオン結合の場合には，2 つの原子はイオンとなってそれぞれ正・負の電荷をもつことになる。これらが逆向きに振動することによって分極が生じる。この分極は光と相互作用する。そのため，この格子振動のモードは**光学モード**（optical mode）と呼ばれる。

図 7.8 に $k \sim 0$ における音響モードと光学モードの格子振動の様子を示す。音響モードでは隣り合う原子がほぼ同じ向きかつ同じ振幅で振動している。光学モードでは隣り合う原子が逆向きに振動する。この図では質量 M_{A} の原子を陽イオン，質量 M_{B} の原子を陰イオンとしており，図中の太い矢印の長さで示すように，電気双極子の大きさが右向きと左向きで異なるために分極が生じる。

さらに $k = \frac{\pi}{a}$ における格子振動の様子についても見てみよう。$k = \frac{\pi}{a}$ かつ $\omega = \sqrt{\frac{2K}{M_{\mathrm{B}}}}$ のときには，式(7.8)の連立 1 次方程式は

$$\begin{bmatrix} 2K - 2K\left(\frac{M_{\mathrm{A}}}{M_{\mathrm{B}}}\right) & 0 \\ 0 & 0 \end{bmatrix} \begin{bmatrix} A \\ B \end{bmatrix} = \begin{bmatrix} 0 \\ 0 \end{bmatrix}$$

となり，その解は $A = 0$, B は任意である。したがって，質量 M_{A} の重い原子は静止し，質量 M_{B} の軽い原子のみが振動する。時刻 $t = 0$ における原子の変位を**図 7.9**(a)に示す。ここでも実部 $\mathrm{Re}[Be^{ijka}] = B\cos jka$ として図示した。波数が $k = \frac{\pi}{a}$ であるので，質量 M_{B} の $j-1$ 番目の原子は j 番目の原子と逆位相で振動する。図 7.9(a)に示す状況では，j 番目と $j-1$ 番目の質量 M_{B} の軽い原子が j 番目の質量 M_{A} の重い原

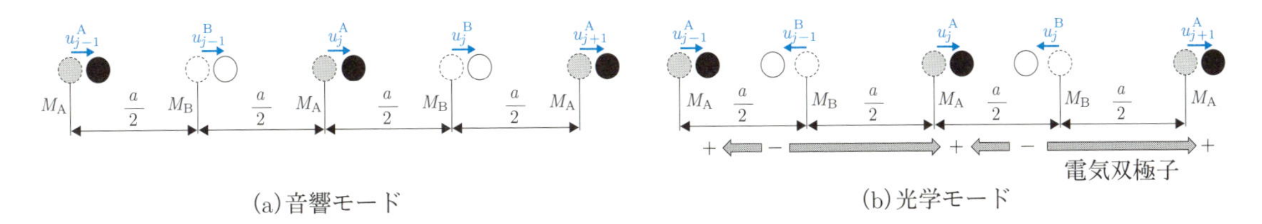

図 7.8　$k \sim 0$ における (a) 音響モードと (b) 光学モードの格子振動の様子。
光学モードの太い矢印は各原子間の電気双極子を示している。

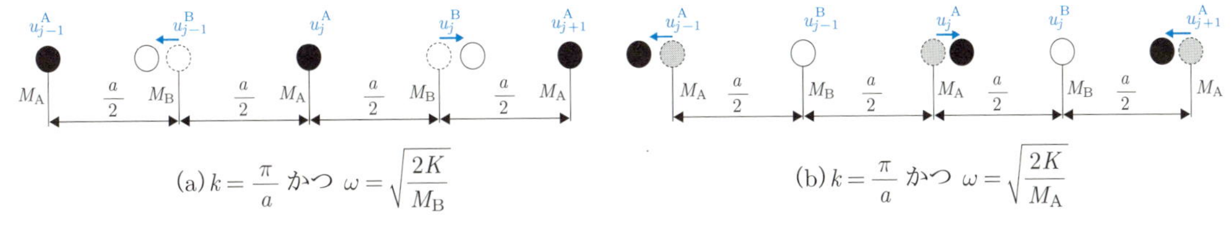

図 7.9　(a) $k = \frac{\pi}{a}, \omega = \sqrt{\frac{2K}{M_{\mathrm{B}}}}$, (b) $k = \frac{\pi}{a}, \omega = \sqrt{\frac{2K}{M_{\mathrm{A}}}}$ における格子振動の様子。
(a) では質量 M_{A} の原子が静止し，質量 M_{B} の原子のみが振動する。
(b) では質量 M_{B} の原子が静止し，質量 M_{A} の原子のみが振動する。

子から遠ざかるように動いており，質量 M_{A} の重い原子は中立の位置にあって静止している。

$k = \frac{\pi}{a}$ かつ $\omega = \sqrt{\frac{2K}{M_{\mathrm{A}}}}$ のときには，式(7.8)の連立 1 次方程式は

$$\begin{bmatrix} 0 & 0 \\ 0 & 2K - 2K\left(\frac{M_{\mathrm{B}}}{M_{\mathrm{A}}}\right) \end{bmatrix} \begin{bmatrix} A \\ B \end{bmatrix} = \begin{bmatrix} 0 \\ 0 \end{bmatrix}$$

となることから，A は任意，$B = 0$ である。したがって，質量 M_{A} の重い原子が振動し，質量 M_{B} の軽い原子が静止する。時刻 $t = 0$ における原子の変位を図 7.9(b) に示す。$k = \frac{\pi}{a}$ であるので，質量 M_{A} の $j+1$ 番目の原子は j 番目の原子と逆位相で振動する。図 7.9(b) に示す状況では，$j+1$ 番目と j 番目の質量 M_{A} の重い原子が j 番目の質量 M_{B} の軽い原子に近づくように動いており，質量 M_{B} の軽い原子は中立の位置にあって静止している。

7.4　3 次元の格子振動

3 次元空間では，1 次元の格子振動とは異なり，原子の変位の自由度が増し，原子の変位の方向と波の伝わる方向が平行になる縦モードと呼ばれる格子振動，直交する横モードと呼ばれる格子振動が存在する。ここでは，3 次元空間における格子振動を考える。

7.4.1　縦モード，横モード

いま，結晶の基本単位胞中にいくつかの原子が含まれる場合，基本単位胞中のそれぞれの原子に番号を付けて l で指定することにする。こ

れまでの１次元の格子振動についての議論に基づき，式(7.2)を３次元版に修正することによって，３次元空間における原子の平衡点からの変位は

$$\boldsymbol{u}_j^l = \boldsymbol{A}_l e^{i\boldsymbol{k}\cdot\boldsymbol{r}_j} e^{-i\omega t}$$

と表せる。ただし，j は単位胞の番号，$\boldsymbol{A}_l$ は番号 l の原子の振動方向と振幅の大きさを与えるベクトル，$\boldsymbol{k}$ は格子振動の波の伝わる方向と波数の大きさを与える波数ベクトル，$\boldsymbol{r}_j$ は原子の平衡点の位置ベクトルである。３次元空間なので，１次元の場合とは異なり，原子の振動方向と波の伝わる方向は平行とはかぎらない。$\boldsymbol{A}_l \parallel \boldsymbol{k}$ すなわち，原子の振動方向と波の伝わる方向が平行な場合を**縦モード**（longitudinal mode）と呼ぶ。一方，$\boldsymbol{A}_l \perp \boldsymbol{k}$ すなわち，原子の振動方向と波の伝わる方向が直交する場合を**横モード**（transverse mode）と呼ぶ。横モードの場合，例えば波の伝わる方向を z 軸に選べば，それに直交する方向として，xy 面内に含まれる１つの方向を原子の振動方向に選べる。このような方向を**図 7.10** に原子の振動方向(1)として示した。一方，図中に示すように，この原子の振動方向(1)と直交し，xy 面内に含まれる方向も原子の振動方向(2)として選べる。これらの振動方向は２つの独立した方向であることから，３次元の格子振動において横モードは２つ存在することになる。さらに２種類以上の原子からなる結晶構造の場合には，7.3 節で説明したように，音響モードと光学モードが存在する。したがって，縦・横の２種類と，音響・光学の２種類の組み合わせで以下のように合計４種類の格子振動が存在する。

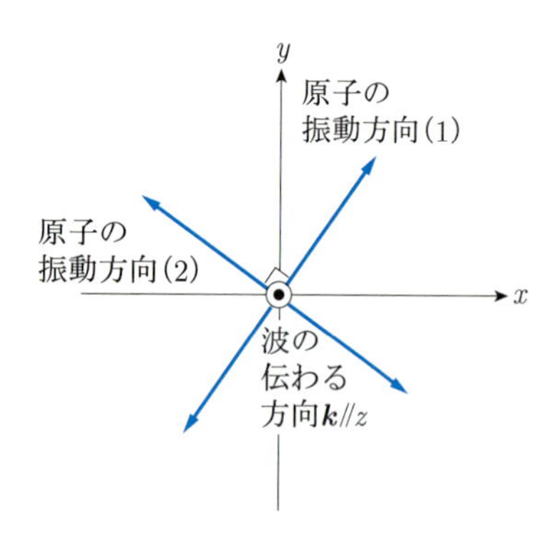

図7.10　３次元の格子振動における横モード。波の伝わる方向 $\boldsymbol{k}$ が z 軸と平行であるとすると，原子の振動方向として xy 面内に含まれる２つの独立した方向を選べるので２つの横モードが存在する。

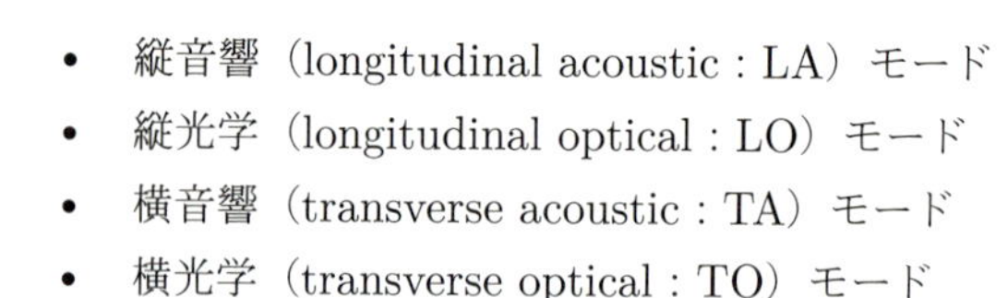

- 縦音響（longitudinal acoustic : LA）モード
- 縦光学（longitudinal optical : LO）モード
- 横音響（transverse acoustic : TA）モード
- 横光学（transverse optical : TO）モード

図 7.11 にそれぞれのモードについて２種類の原子からなる結晶での格子振動の様子を示す。縦音響（LA）モードでは隣り合う原子どうしで振動の位相はほぼ同じであり，振動方向と波の伝わる方向が平行になっている。縦光学（LO）モードでは隣り合う原子どうしで振動の位相は

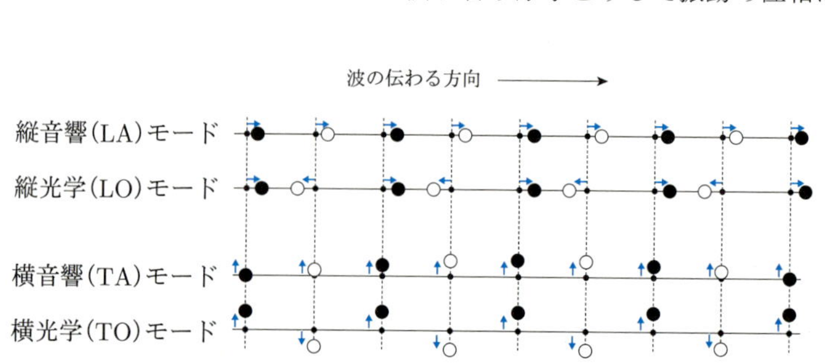

図 7.11　縦音響モード，縦光学モード，横音響モード，横光学モードの格子振動の様子

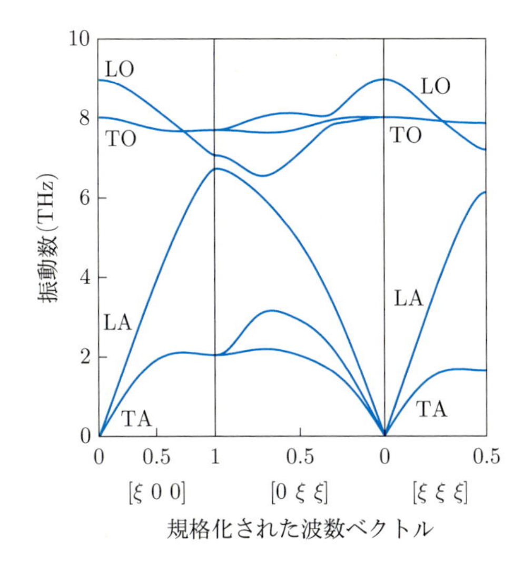

図 7.12　GaAs における格子振動の分散関係。
規格化された波数ベクトルでは $\frac{2\pi}{a}$ を単位としている。ただし，a は格子定数である。ξ の値は横軸に示した数値の範囲で変化する。

反転しており，振動方向と波の伝わる方向は平行である。横音響モード（TA）では隣り合う原子どうしで振動の位相はほぼ同じであり，振動方向と波の伝わる方向が直交している。横光学（TO）モードでは隣り合う原子どうしで振動の位相は反転しており，振動方向と波の伝わる方向が直交している。

図 7.12 に 2 種類の原子からなる結晶における格子振動の例として，理論計算によって求めた，GaAs における格子振動の分散関係を示す。$k \sim 0$ での様子を見てみると，振動数の高い方から LO モード，TO モード，LA モード，TA モードの順に並んでいる。LA モードに比べて TA モードの振動数が低いのは，一般的に，結晶における結合を伸び縮みさせる力よりも結合を折り曲げる力の方が小さくてすむためである。

7.5　フォノン：格子振動の量子化

第 4 章で学んだように，量子力学ではすべてのものは粒子と波の二重性を示すと考える。ここまで格子振動を原子変位の波として扱ってきたが，量子力学的に考えれば，粒子としてとらえることもできる。そこで，第 4 章で説明した波と粒子との間を結ぶ関係に基づいて，角振動数 ω の格子振動をエネルギー $\hbar\omega$ の粒子[*9]とみなすことにする。この粒子のことを**フォノン**（phonon）という。同じく第 4 章で説明したように，量子力学では角振動数 ω の調和振動子のエネルギーは

$$E = \left(n + \frac{1}{2}\right)\hbar\omega \qquad (7.11)$$

で与えられる。ただし，n は 0 以上の整数である。n はエネルギー量子

*9　より正確には準粒子である。

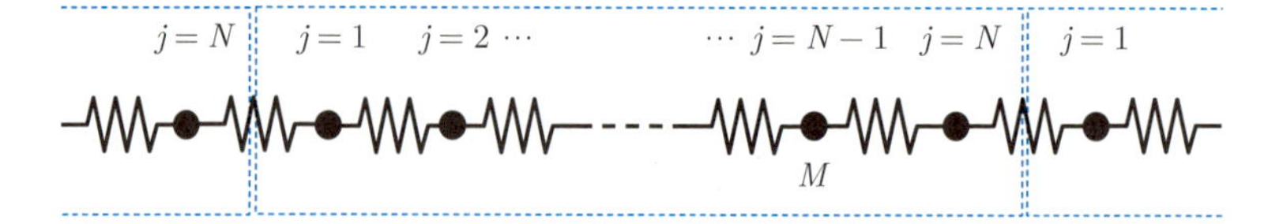

図 7.13　有限の N 個の原子系を対象とするための 1 次元周期的境界条件。$j=N$ 番目の原子の隣に再び $j=1$ 番目の原子がつながることによって無限に長い格子がつくられている。

数であるが，粒子的な観点からこれをフォノンの個数に相当すると考える。この式は，原子変位の振幅が大きく，格子振動のエネルギー E が大きくなる場合にはフォノンの個数 n が多くなると考えることを意味する。**図 7.12** に例として示したように，格子振動の角振動数は，LA や TO などのモードの種類 s および波数ベクトル $\boldsymbol{k}$ を指定することで決まるので，これを $\omega_{\boldsymbol{k},s}$ と表すことにすると，モードの種類が s で，波数ベクトルが $\boldsymbol{k}$ であるフォノンのエネルギーは

$$E_{\boldsymbol{k},s} = \left(n_{\boldsymbol{k},s} + \frac{1}{2}\right)\hbar\omega_{\boldsymbol{k},s} \tag{7.12}$$

と表される。ここで，$n_{\boldsymbol{k},s}$ はモードの種類が s で，波数ベクトルが $\boldsymbol{k}$ であるフォノンの個数に相当する。

以下では，簡単な例として 1 種類の原子からなる 1 次元の格子振動を量子化することによって，式(7.12)のフォノンを表す式が導かれることを示そう。まず，図 7.1 に示したモデルについて運動エネルギーとポテンシャルエネルギーを求める。ただし，原子が無限個の系ではエネルギーも無限大になってしまうので，これを避けるために有限の N 個の原子系を対象とする。そのために，**図 7.13** に示すような，$j=N$ 番目の原子の隣に再び $j=1$ 番目の原子が同じバネで連結するような**周期的境界条件**（periodic boundary condition）を考える。式(7.2)にこの条件を適用すると

$$\begin{aligned} u_{N+1} &= u_1 \\ e^{i(N+1)ka}e^{-i\omega t} &= e^{ika}e^{-i\omega t} \\ e^{iNka} &= 1 \end{aligned}$$

より，波数は

$$k = \frac{2\pi m}{Na} \tag{7.13}$$

となる。ただし，m はブリュアンゾーン $-\frac{\pi}{a} < k \leq \frac{\pi}{a}$ の範囲で整数となるようにとる。よって，$-\frac{N}{2} < m \leq \frac{N}{2}$，すなわち

$$m = \begin{cases} -\dfrac{N-1}{2}, -\dfrac{N-3}{2}, -\dfrac{N-5}{2}, \cdots, \dfrac{N-1}{2} & (N\text{ が奇数の場合}) \\ -\dfrac{N-2}{2}, -\dfrac{N-4}{2}, -\dfrac{N-6}{2}, \cdots, \dfrac{N}{2} & (N\text{ が偶数の場合}) \end{cases} \tag{7.14}$$

とする。具体例を示すと，$N=9$ のとき，$m=-4,-3,-2,-1,0,1,2,3,4$ であり，$N=10$ のとき，$m=-4,-3,-2,-1,0,1,2,3,4,5$ である。N が十分に大きくなれば，奇数と偶数の場合の違いはほとんどなくなる。また簡単に確かめられるように整数 m の個数はいずれの場合も N である。

さて，j 番目の原子の運動の速度は，変位の時間微分 $\frac{\partial u_j}{\partial t}$ から求められ，N 個の原子の運動エネルギーの合計は

$$T=\sum_{j=1}^{N}\frac{1}{2}M\left(\frac{\partial u_j}{\partial t}\right)^2$$

となる。ポテンシャルエネルギーは各原子間のバネの弾性エネルギーを合計して

$$V=\sum_{j=1}^{N}\frac{1}{2}K\left(u_{j+1}-u_j\right)^2$$

となる。したがって，第4章で説明したように，ハミルトニアンは運動エネルギー T とポテンシャルエネルギー V を合わせて

$$H=\sum_{j=1}^{N}\left\{\frac{1}{2}M\left(\frac{\partial u_j}{\partial t}\right)^2+\frac{1}{2}K\left(u_{j+1}-u_j\right)^2\right\} \tag{7.15}$$

で与えられる。このままでは番号 j の異なる原子の変位が式中で混在しているので，これを解決するために，以下のような離散フーリエ変換を考える。

$$u_j=\frac{1}{\sqrt{N}}\sum_{k}u_k e^{ijka} \tag{7.16}$$

ここで，k についての総和は，式(7.13)および式(7.14)の条件に従って行う。式(7.16)を逆離散フーリエ変換すると

$$u_k=\frac{1}{\sqrt{N}}\sum_{j=1}^{N}u_j e^{-ijka} \tag{7.17}$$

となる。式(7.16)および式(7.17)に対応する，速度 $\frac{\partial u_j}{\partial t}$，$\frac{\partial u_k}{\partial t}$ についての式はそれぞれ以下のようになる。

$$\frac{\partial u_j}{\partial t}=\frac{1}{\sqrt{N}}\sum_{k}\frac{\partial u_k}{\partial t}e^{ijka} \tag{7.18}$$

$$\frac{\partial u_k}{\partial t}=\frac{1}{\sqrt{N}}\sum_{j=1}^{N}\frac{\partial u_j}{\partial t}e^{-ijka} \tag{7.19}$$

式(7.16)および式(7.18)を式(7.15)に代入し，

$$\sum_{j=1}^{N}e^{ij(k+k')a}=N\delta_{k,-k'}$$

となることを用いると，ハミルトニアンは

$$
\begin{aligned}
H &= \sum_{j=1}^{N}\left\{\frac{1}{2}M\left(\frac{\partial u_j}{\partial t}\right)^2 + \frac{1}{2}K\left(u_{j+1}-u_j\right)^2\right\} \\
&= \sum_{j=1}^{N}\left[\frac{1}{2}M\left(\frac{1}{\sqrt{N}}\sum_k \frac{\partial u_k}{\partial t}e^{ijka}\right)\left(\frac{1}{\sqrt{N}}\sum_{k'} \frac{\partial u_{k'}}{\partial t}e^{ijk'a}\right)\right. \\
&\quad + \frac{1}{2}K\left\{\frac{1}{\sqrt{N}}\sum_k u_k e^{ijka}(e^{ika}-1)\right\} \\
&\qquad \left.\times\left\{\frac{1}{\sqrt{N}}\sum_{k'} u_{k'} e^{ijk'a}(e^{ik'a}-1)\right\}\right] \\
&= \sum_{j=1}^{N}\left\{\frac{1}{2N}M\sum_k\sum_{k'}\left(\frac{\partial u_k}{\partial t}\right)\left(\frac{\partial u_{k'}}{\partial t}\right)e^{ij(k+k')a}\right. \\
&\quad \left. + \frac{1}{2N}K\sum_k\sum_{k'} u_k u_{k'}(e^{ika}-1)(e^{ik'a}-1)e^{ij(k+k')a}\right\} \\
&= \sum_k\left\{\frac{1}{2}M\left(\frac{\partial u_k}{\partial t}\right)\left(\frac{\partial u_{-k}}{\partial t}\right) + 2K\sin^2\frac{ka}{2}\,u_k u_{-k}\right\} \qquad (7.20)
\end{aligned}
$$

チャレンジ
自分で導出してみよう。

となる。さらに，運動量が

$$p_k = M\frac{\partial u_k}{\partial t}$$

であることと式(7.3)を用いると

$$H = \sum_k\left(\frac{p_k p_{-k}}{2M} + \frac{1}{2}M\omega^2 u_k u_{-k}\right)$$

が得られる。これは4.10節で説明した調和振動子のハミルトニアンに良く似ているが，k と $-k$ が混在している。そこで，さらにもうひと工夫して，4.10.2項で説明した調和振動子における消滅演算子および生成演算子とは少し異なる形式ではあるが，フォノンの消滅演算子および生成演算子をそれぞれ

$$
\begin{aligned}
\hat{a}_k &= \sqrt{\frac{M\omega}{2\hbar}}u_k + \frac{i}{\sqrt{2M\hbar\omega}}p_{-k} \\
\hat{a}_k^\dagger &= \sqrt{\frac{M\omega}{2\hbar}}u_{-k} - \frac{i}{\sqrt{2M\hbar\omega}}p_k
\end{aligned}
$$

と定義することによって，格子振動を量子化したフォノンのハミルトニアンを表す式

$$\hat{H} = \sum_k\left(\hat{a}_k^\dagger\hat{a}_k + \frac{1}{2}\right)\hbar\omega \qquad (7.21)$$

が導かれる。ここで，フォノンの個数を与える演算子は $\hat{n}_k = \hat{a}_k^\dagger\hat{a}_k$ である。以上の計算の手続きにおいて，原子の番号 n についてではなく波数 k について総和をとったことからわかるように，1つ1つの原子の運動ではなく，原子の集団としての運動である格子振動が量子化されている。式(7.21)は1種類の原子からなる1次元の格子振動を量子化したフォノンを表す式であるが，より一般の3次元の格子振動についても同

様に，以下のようなフォノンのハミルトニアンを表す式が導かれる。

$$\hat{H} = \sum_{\boldsymbol{k}} \sum_{s} \left(\hat{a}^{\dagger}_{\boldsymbol{k},s} \hat{a}_{\boldsymbol{k},s} + \frac{1}{2} \right) \hbar \omega_{\boldsymbol{k},s} \tag{7.22}$$

ここで，$\boldsymbol{k}$ はフォノンの波数ベクトル，s はフォノンの種類を表しており，フォノンの個数を与える演算子は $\hat{n}_{\boldsymbol{k},s} = \hat{a}^{\dagger}_{\boldsymbol{k},s} \hat{a}_{\boldsymbol{k},s}$ である。

❖ 演習問題

7.1　図のように質量 M の原子が K_1, K_2 とバネ定数の異なる 2 種類のバネによってつながっている 1 次元格子を考える。このときどのような格子振動が生じるかを求め，格子振動の分散関係を求めなさい。

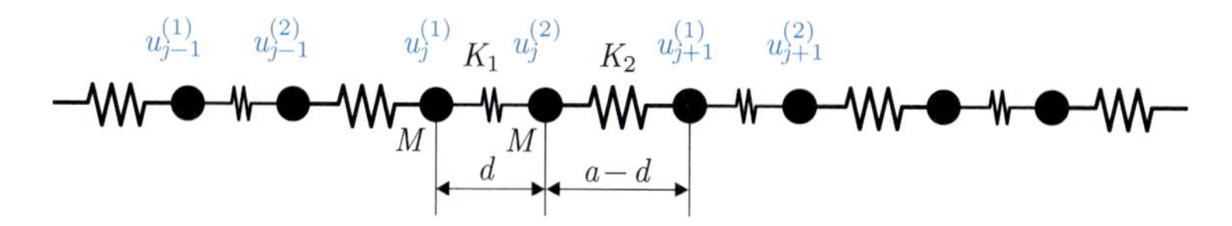

図　バネ定数の異なる 2 種類のバネによってつながっている 1 次元格子

第8章　固体の熱的性質

第7章では格子振動および格子振動を量子化したフォノンについて学んだ。本章ではフォノンの概念を用いて固体の比熱と固体の熱伝導について学ぶ。

8.1　固体の比熱

比熱（specific heat）は，1 kg の物質の温度を 1 K だけ上げるのに必要な熱量として定義される。例えば，水の比熱は $4.2 \times 10^3\ \mathrm{J\,K^{-1}\,kg^{-1}}$ なので，1 kg の水の温度を 1 K 上げるためには 4.2×10^3 J の熱量が必要となる。これに対して，銅の比熱は $3.8 \times 10^2\ \mathrm{J\,K^{-1}\,kg^{-1}}$ と，水の比熱の $\frac{1}{10}$ 以下である。もし両者の質量が同じであれば，温度を 1 K 上げるために必要な熱量は銅よりも水の方が 10 倍以上多い。このように比熱の大きい物質ほど温めにくい。

1 mol の物質の温度を 1 K だけ上げるのに必要な熱量は**モル比熱**（molar specific heat）と呼ばれる。モル比熱を用いると，同じ分子数の物質についての比較ができる。**表 8.1** に，いくつかの固体について，25°C におけるモル比熱を示す。

表 8.1　25°C におけるモル比熱

固体	モル比熱 ($\mathrm{J\,K^{-1}\,mol^{-1}}$)
金（Au）	25.4
銀（Ag）	25.5
銅（Cu）	24.5
鉄（Fe）	25.0
アルミニウム（Al）	24.3
ゲルマニウム（Ge）	23.4
シリコン（Si）	20.0
ダイヤモンド（C）	6.1

この表からわかるように，モル比熱は，多くの固体についておよそ $25\ \mathrm{J\,K^{-1}\,mol^{-1}}$ である。一方，同じ分子数*1であるにもかかわらず，ゲルマニウムとシリコンの比熱はやや小さく，ダイヤモンドはかなり小さい。また，固体の比熱は温度が低くなると小さくなることが実験的にわかっている。これらの事実は，格子振動を量子化したフォノンを考えることではじめて説明できる。すなわち，固体の比熱は古典物理学では説明できず，量子論の登場によってはじめて説明が可能となった物性である*2。この章では，固体の比熱は温度が低くなるとなぜ小さくなるのか，ダイヤモンドの比熱はなぜ他の物質と比べて小さいのかということに対する答えを示していく。

固体の比熱を考えるためには，固体の内部エネルギーが温度に対してどのように変化するのかを知る必要がある。固体の内部エネルギーは格子振動のエネルギーと電子系のエネルギーからなる。ところが，格子振動のエネルギーと比べると，電子系のエネルギーは温度による変化が小さいため，電子系のエネルギーの比熱への寄与は小さい*3。

*1　この表に載せた物質はすべて単体物質なので実は同じ「原子数」である。

*2　固体の比熱が低温で小さくなる現象は，まず1907年にアインシュタインによって量子論に基づく説明がなされ，低温での固体の比熱の温度依存性をより正確に説明するモデルが1912年にデバイによって提案された。

*3　電子系のエネルギーの比熱への寄与が小さいことについては第9章で改めて説明する。

8.1.1 格子比熱

では格子振動のエネルギーの温度依存性から固体の比熱を求めよう。格子振動のエネルギーが寄与する比熱を特に**格子比熱**（lattice specific heat）と呼ぶ。

第 7 章で学んだフォノンの考え方を用いると，N 原子系からなる格子振動のエネルギーは次式のようになる。

$$U = \sum_{\boldsymbol{k}} \sum_{s} \left(n_{\boldsymbol{k},s} + \frac{1}{2} \right) \hbar\omega_{\boldsymbol{k},s} \tag{8.1}$$

ここで，$\boldsymbol{k}$ はフォノンの波数ベクトル，s は LO, TA などのフォノンのモードの種類を表す。温度 T で，フォノンの個数が n である確率 P_n は $\exp\left\{-\frac{(n+1/2)\hbar\omega_{\boldsymbol{k},s}}{k_{\mathrm{B}}T}\right\}$ に比例するので，フォノンの個数 $n_{\boldsymbol{k},s}$ の期待値は

$$\langle n_{\boldsymbol{k},s} \rangle = \frac{\sum_{n=0}^{\infty} nP_n}{\sum_{n=0}^{\infty} P_n} = \frac{\sum_{n=0}^{\infty} n \exp\left\{-\frac{(n+1/2)\hbar\omega_{\boldsymbol{k},s}}{k_{\mathrm{B}}T}\right\}}{\sum_{n=0}^{\infty} \exp\left\{-\frac{(n+1/2)\hbar\omega_{\boldsymbol{k},s}}{k_{\mathrm{B}}T}\right\}} = \frac{1}{\exp\left(\frac{\hbar\omega_{\boldsymbol{k},s}}{k_{\mathrm{B}}T}\right) - 1}$$

で与えられる。この式は，式(5.16)で示したボース分布関数において $\mu = 0$ とした場合に相当する。

物質の温度を ΔT 上げるのに必要な熱量が Q であるとき，温度が ΔT 上昇することによる物質の内部エネルギーの増加分は $\Delta U = Q$ となるので，比熱 C は，$\Delta T \to 0$ の極限を求めることによって，

$$C = \lim_{\Delta T \to 0} \frac{Q}{\Delta T} = \lim_{\Delta T \to 0} \frac{\Delta U}{\Delta T} = \frac{\partial U}{\partial T}$$

で与えられる。式(8.1)で示した格子振動のエネルギーを上式に代入すると

$$C = \frac{\partial}{\partial T} \left[\sum_{\boldsymbol{k}} \sum_{s} \left\{ \frac{1}{\exp\left(\frac{\hbar\omega_{\boldsymbol{k},s}}{k_{\mathrm{B}}T}\right) - 1} + \frac{1}{2} \right\} \hbar\omega_{\boldsymbol{k},s} \right]$$

となるが，定数 $\frac{1}{2}$ は温度 T の微分によって 0 となるので

格子比熱の式

$$C = \frac{\partial}{\partial T} \sum_{\boldsymbol{k}} \sum_{s} \frac{\hbar\omega_{\boldsymbol{k},s}}{\exp\left(\frac{\hbar\omega_{\boldsymbol{k},s}}{k_{\mathrm{B}}T}\right) - 1} \tag{8.2}$$

が得られる。

デュロン–プティの法則

式(8.2)は，格子比熱を与える厳密な式であるが，このままの形では比熱の温度依存性や物質による比熱の違いなど，具体的なことについて

は考察できない。ここではまず，高温領域 $k_{\mathrm{B}}T \gg \hbar\omega_{\boldsymbol{k},s}$ における格子比熱を式(8.2)に基づいて求めてみよう。

$x = \dfrac{\hbar\omega_{\boldsymbol{k},s}}{k_{\mathrm{B}}T}$ とすると $x \ll 1$ なので

$$\frac{1}{e^x - 1} = \frac{1}{x}\left(1 - \frac{x}{2} + \frac{x^2}{12}\cdots\right)$$

と展開できる。$x \ll 1$ より，第 1 項だけを用いると

$$\frac{1}{e^x - 1} \simeq \frac{1}{x} = \frac{k_{\mathrm{B}}T}{\hbar\omega_{\boldsymbol{k},s}}$$

と近似できるので，

$$\begin{aligned} C &\simeq \frac{\partial}{\partial T}\sum_{\boldsymbol{k}}\sum_{s}\frac{k_{\mathrm{B}}T \times \hbar\omega_{\boldsymbol{k},s}}{\hbar\omega_{\boldsymbol{k},s}} \\ &= \frac{\partial}{\partial T}\sum_{\boldsymbol{k}}\sum_{s} k_{\mathrm{B}}T = \sum_{\boldsymbol{k}}\sum_{s} k_{\mathrm{B}} \\ &= 3Nk_{\mathrm{B}} \end{aligned}$$

となる。ここでは，$\boldsymbol{k}$ および s についての総和が原子数 N の 3 倍，すわなち $3N$ となることを用いた*4。室温近くでは多くの単体物質のモル比熱は物質の種類によらずほぼ同じとなることが，1819 年にデュロンとプティ*5によって実験的に明らかにされており，これは**デュロン–プティの法則**（Dulong-Petit law）と呼ばれる。

*4　フォノンの波数ベクトル $\boldsymbol{k}$ の総和については，7.5 節で説明したように，とりうる波数ベクトルの個数が原子数 N と等しくなるため，N 倍することになる。また，フォノンのモードの種類 s の総和については，7.4 節で説明したように，1 種類の原子からなる 3 次元の格子振動では 1 つの縦モードと 2 つの横モードの合計 3 つのモードが存在するため，3 倍することになる。したがって，$3N$ 倍すればよい。

*5　デュロン（Pierre Louis Dulong, 1785〜1838）はフランスの物理学者・化学者。プティ（Alexis Thérèse Petit, 1791〜1820）はフランスの物理学者。プティは 23 歳でエコール・ポリテクニークの物理学の教授となったが，結核のために 29 歳の若さで亡くなった。デュロンはプティの死後，彼の後を継いでエコール・ポリテクニークの物理学の教授となった。

3 次元周期的境界条件

式(8.2)は，$\boldsymbol{k}$ および s についての総和を求める式になっているため，解析的に扱うのに適していない。そこで，固体中の原子数が十分多いとして，3 次元周期的境界条件の下で波数ベクトル $\boldsymbol{k}$ を離散量ではなく連続量として扱えるような状況を考える。

まずはじめに，7.5 節で 1 種類の原子からなる 1 次元の格子振動を量子化してフォノンを表す式を導いた際に用いた周期的境界条件を 3 次元に拡張する。そのために，図 2.8 に示した基本並進ベクトル $\boldsymbol{a}_1, \boldsymbol{a}_2, \boldsymbol{a}_3$ を辺とする平行六面体を基本単位胞として，**図 8.1** に示すような周期的境界条件を考える。例えば $\boldsymbol{a}_1$ 方向に N_1 個の基本単位胞分進むと元に戻る周期的境界条件は

$$e^{i\boldsymbol{k}\cdot(N_1\boldsymbol{a}_1)} = 1$$

となるので

$$N_1\boldsymbol{k}\cdot\boldsymbol{a}_1 = 2\pi m_1$$

でなければならない。ただし，m_1 は任意の整数である。同様に $\boldsymbol{a}_2$ 方向に N_2 個の基本単位胞分，$\boldsymbol{a}_3$ 方向に N_3 個の基本単位胞分進むと元に戻る周期的境界条件によって

$$N_2\boldsymbol{k}\cdot\boldsymbol{a}_2 = 2\pi m_2$$

$$N_3\boldsymbol{k}\cdot\boldsymbol{a}_3 = 2\pi m_3$$

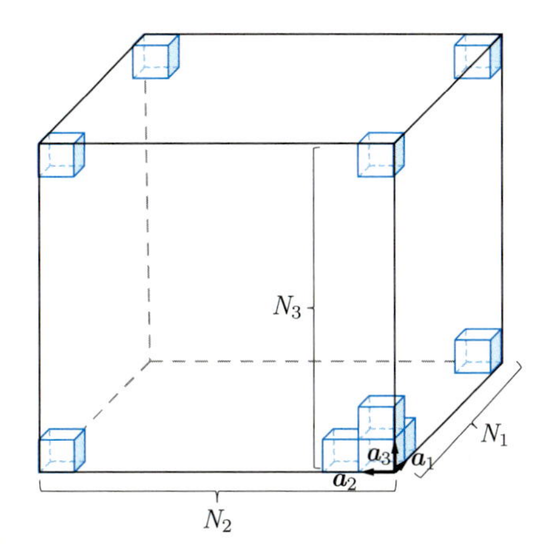

図 8.1　$\boldsymbol{a}_1$ 方向に基本単位胞 N_1 個分，$\boldsymbol{a}_2$ 方向に N_2 個分，$\boldsymbol{a}_3$ 方向に N_3 個分進むと元に戻るような 3 次元の周期的境界条件

でなければならない。これらの条件を満足する波数ベクトルは

$$\boldsymbol{k} = (k_1, k_2, k_3) = m_1 \frac{\boldsymbol{b}_1}{N_1} + m_2 \frac{\boldsymbol{b}_2}{N_2} + m_3 \frac{\boldsymbol{b}_3}{N_3} \tag{8.3}$$

で与えられる。ただし，$\boldsymbol{b}_1, \boldsymbol{b}_2, \boldsymbol{b}_3$ は式(3.19)で定義した逆格子の基本ベクトルであり，整数 m_1, m_2, m_3 は，式(7.14)と同様に

$$\begin{aligned} -\frac{N_1}{2} &< m_1 \leq \frac{N_1}{2} \\ -\frac{N_2}{2} &< m_2 \leq \frac{N_2}{2} \\ -\frac{N_3}{2} &< m_3 \leq \frac{N_3}{2} \end{aligned} \tag{8.4}$$

を満足するように与える。以上のことから，波数ベクトル $\boldsymbol{k}$ を変数とする関数 $f(\boldsymbol{k})$ の $\boldsymbol{k}$ についての総和は

$$\sum_{\boldsymbol{k}} f(\boldsymbol{k}) = \sum_{m_1=\lceil -\frac{N_1-1}{2} \rceil}^{\lfloor \frac{N_1}{2} \rfloor} \sum_{m_2=\lceil -\frac{N_2-1}{2} \rceil}^{\lfloor \frac{N_2}{2} \rfloor} \sum_{m_3=\lceil -\frac{N_3-1}{2} \rceil}^{\lfloor \frac{N_3}{2} \rfloor} \times f\left(m_1 \frac{\boldsymbol{b}_1}{N_1} + m_2 \frac{\boldsymbol{b}_2}{N_2} + m_3 \frac{\boldsymbol{b}_3}{N_3} \right) \tag{8.5}$$

のように求めればよい。ここで，$\lceil x \rceil$ は天井関数で，x 以上の最小の整数を，$\lfloor x \rfloor$ は床関数で，x 以下の最大の整数を表す。

ところで，式(8.3)で定義される1つ1つの波数ベクトルは，**図 8.2** に示すような逆格子空間における $\frac{\boldsymbol{b}_1}{N_1}, \frac{\boldsymbol{b}_2}{N_2}, \frac{\boldsymbol{b}_3}{N_3}$ を辺とする平行六面体の中心の位置ベクトルに対応させることができる。例えば，図 8.2 中に青色で示した平行六面体の中心の位置ベクトルは，$m_1 = m_2 = m_3 = 0$，すなわち波数ベクトル $\boldsymbol{k} = \boldsymbol{0}$ に対応させることができ，黒で示した平行六面体の中心の位置ベクトルは $m_1 = 1, m_2 = 1, m_3 = 2$，すなわち波数ベクトル $\boldsymbol{k} = \frac{\boldsymbol{b}_1}{N_1} + \frac{\boldsymbol{b}_2}{N_2} + 2\frac{\boldsymbol{b}_3}{N_3}$ に対応させることができる。

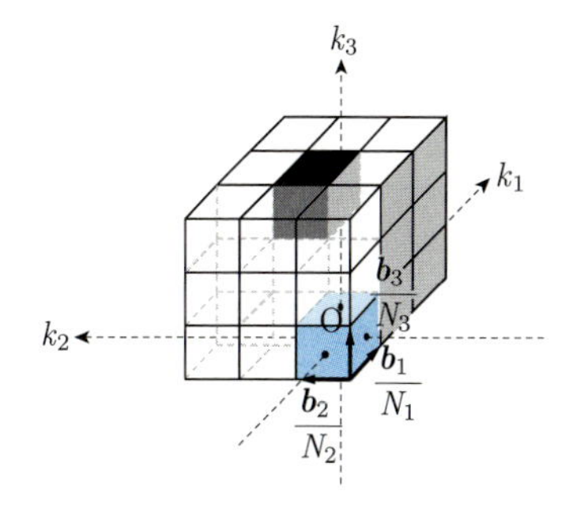

図8.2　式(8.3)で定義される波数ベクトル$\boldsymbol{k}$を逆格子空間において $\frac{\boldsymbol{b}_1}{N_1}, \frac{\boldsymbol{b}_2}{N_2}, \frac{\boldsymbol{b}_3}{N_3}$ を辺とする平行六面体の中心の位置ベクトルに対応させる。

この対応づけに従って，逆格子空間中の平行六面体の中心の座標

$$\boldsymbol{k} = m_1\frac{\boldsymbol{b}_1}{N_1} + m_2\frac{\boldsymbol{b}_2}{N_2} + m_3\frac{\boldsymbol{b}_3}{N_3}$$

における関数の値 $f(\boldsymbol{k})$ に平行六面体の体積 $v_{\boldsymbol{k}}$ をかけたものを，式(8.4)で示される範囲にわたって求め，次のように足し合わせる。

$$\sum_{\boldsymbol{k}} f(\boldsymbol{k})v_{\boldsymbol{k}} = \sum_{m_1=\lceil -\frac{N_1-1}{2}\rceil}^{\lfloor \frac{N_1}{2}\rfloor} \sum_{m_2=\lceil -\frac{N_2-1}{2}\rceil}^{\lfloor \frac{N_2}{2}\rfloor} \sum_{m_3=\lceil -\frac{N_3-1}{2}\rceil}^{\lfloor \frac{N_3}{2}\rfloor} \times f\left(m_1\frac{\boldsymbol{b}_1}{N_1} + m_2\frac{\boldsymbol{b}_2}{N_2} + m_3\frac{\boldsymbol{b}_3}{N_3}\right) v_{\boldsymbol{k}} \tag{8.6}$$

ここで，N_1, N_2, N_3 を十分に大きくすると，平行六面体の体積 $v_{\boldsymbol{k}}$ は微小量となり，式(8.6)は $f(\boldsymbol{k})$ の体積積分に近づいていく。

式(8.6)が具体的にどのような体積積分に近づくのかを見るために，$\mu_1 = \frac{m_1}{N_1}$, $\mu_2 = \frac{m_2}{N_2}$, $\mu_3 = \frac{m_3}{N_3}$ と変数変換すると，式(8.4)で示した整数の組 (m_1, m_2, m_3) の範囲は，極限 $N_1, N_2, N_3 \to \infty$ において

$$-\frac{1}{2} < \mu_1 \leq \frac{1}{2}$$

$$-\frac{1}{2} < \mu_2 \leq \frac{1}{2}$$

$$-\frac{1}{2} < \mu_3 \leq \frac{1}{2}$$

という範囲に相当する。したがって，$\boldsymbol{k} = \mu_1\boldsymbol{b}_1 + \mu_2\boldsymbol{b}_2 + \mu_3\boldsymbol{b}_3$ は，逆格子空間の中で，**図 8.3** に示すように，逆格子空間の基本ベクトル $\boldsymbol{b}_1$, $\boldsymbol{b}_2$, $\boldsymbol{b}_3$ の分だけ変化することになるので，式(8.6)は $f(\boldsymbol{k})$ のこの範囲での三重積分，すなわち逆格子空間における基本単位胞を積分範囲とする体積積分*6

$$\int_{-1/2}^{1/2} \mathrm{d}\mu_1 \int_{-1/2}^{1/2} \mathrm{d}\mu_2 \int_{-1/2}^{1/2} \mathrm{d}\mu_3 f\left(\mu_1\boldsymbol{b}_1 + \mu_2\boldsymbol{b}_2 + \mu_3\boldsymbol{b}_3\right) = \int_{\text{逆格子単位胞}} f(\boldsymbol{k})\mathrm{d}\boldsymbol{k} \tag{8.7}$$

に等しくなる。

式(8.6)と式(8.7)は，$N_1, N_2, N_3 \to \infty$ の極限で等しくなるので

$$\sum_{\boldsymbol{k}} f(\boldsymbol{k}) = \frac{1}{v_{\boldsymbol{k}}} \int_{\text{逆格子単位胞}} f(\boldsymbol{k})\mathrm{d}\boldsymbol{k}$$

となる。ここで，$\frac{\boldsymbol{b}_1}{N_1}$, $\frac{\boldsymbol{b}_2}{N_2}$, $\frac{\boldsymbol{b}_3}{N_3}$ を辺とする平行六面体の体積 $v_{\boldsymbol{k}}$ はベクトルのスカラー三重積を用いて

$$v_{\boldsymbol{k}} = \left|\frac{\boldsymbol{b}_1}{N_1} \cdot \left(\frac{\boldsymbol{b}_2}{N_2} \times \frac{\boldsymbol{b}_3}{N_3}\right)\right| = \frac{(2\pi)^3}{N_1N_2N_3}\left|\frac{(\boldsymbol{a}_2 \times \boldsymbol{a}_3)\cdot\{(\boldsymbol{a}_3 \times \boldsymbol{a}_1)\times(\boldsymbol{a}_1 \times \boldsymbol{a}_2)\}}{\{\boldsymbol{a}_1 \cdot (\boldsymbol{a}_2 \times \boldsymbol{a}_3)\}^3}\right|$$

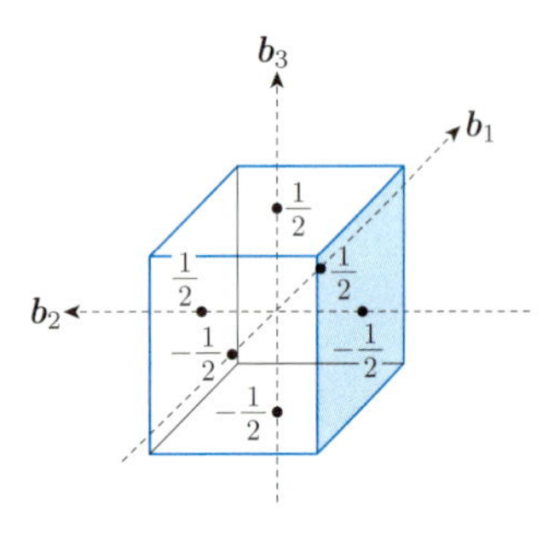

図 8.3　式(8.7)で示す積分の積分範囲は逆格子空間における基本単位胞となる。

*6　この $\mathrm{d}\boldsymbol{k}$ も逆格子空間における微小体積の慣習的な表記法である。例えば，デカルト座標であれば $\mathrm{d}k_x\mathrm{d}k_y\mathrm{d}k_z$ を意味している。波数ベクトル $\boldsymbol{k}$ の微小量ではないので注意が必要である。

$$
= \frac{(2\pi)^3}{N_1 N_2 N_3} \frac{1}{|\boldsymbol{a}_1 \cdot (\boldsymbol{a}_2 \times \boldsymbol{a}_3)|} = \frac{(2\pi)^3}{|N_1\boldsymbol{a}_1 \cdot (N_2\boldsymbol{a}_2 \times N_3\boldsymbol{a}_3)|}
$$

$$
= \frac{(2\pi)^3}{V} \tag{8.8}
$$

と求められる。ただし，V は図 8.1 に示した $N_1\boldsymbol{a}_1$，$N_2\boldsymbol{a}_2$，$N_3\boldsymbol{a}_3$ を辺とする平行六面体の体積である。

以上の結果をまとめると，3 次元周期的境界条件において，N_1, N_2, N_3 が十分に大きければ，波数ベクトル $\boldsymbol{k}$ を変数とする関数 $f(\boldsymbol{k})$ の $\boldsymbol{k}$ についての総和は，次式のように，逆格子空間における基本単位胞を積分範囲とする $f(\boldsymbol{k})$ の体積積分

$$
\sum_{\boldsymbol{k}} f(\boldsymbol{k}) = \frac{V}{(2\pi)^3} \int_{\text{逆格子単位胞}} f(\boldsymbol{k}) \mathrm{d}\boldsymbol{k} \tag{8.9}
$$

に置き換えることができる。

このようにして式(8.2)で示した格子比熱の式中の $\boldsymbol{k}$ についての総和

$$
\sum_{\boldsymbol{k}} \frac{\hbar\omega_{\boldsymbol{k},s}}{\exp\left(\frac{\hbar\omega_{\boldsymbol{k},s}}{k_{\mathrm{B}}T}\right) - 1}
$$

は，逆格子空間での積分

$$
\frac{V}{(2\pi)^3} \int_{\text{逆格子単位胞}} \frac{\hbar\omega_s(\boldsymbol{k})}{\exp\left(\frac{\hbar\omega_s(\boldsymbol{k})}{k_{\mathrm{B}}T}\right) - 1} \mathrm{d}\boldsymbol{k}
$$

に置き換えられる。ここで，総和を積分に置き換える際に，$\boldsymbol{k}$ の扱いが離散的な変数から連続的な変数に変わったことを受けて，$\omega_{\boldsymbol{k},s}$ を $\omega_s(\boldsymbol{k})$ へと変更した。結果として，格子比熱は

$$
C = \frac{\partial}{\partial T} \sum_s \frac{V}{(2\pi)^3} \int \frac{\hbar\omega_s(\boldsymbol{k})}{\exp\left(\frac{\hbar\omega_s(\boldsymbol{k})}{k_{\mathrm{B}}T}\right) - 1} \mathrm{d}\boldsymbol{k} \tag{8.10}
$$

と表される*7。

*7　この積分の積分範囲も逆格子空間における基本単位胞内であるが，これ以降，その記述を省略する。

8.1.2　アインシュタインモデル

図 8.4 に示すように，すべての格子振動の角振動数 ω が k に依存せずに一定値 ω_{E} をとるとするモデルが**アインシュタインモデル**（Einstein model）である。式(8.10)から，アインシュタインモデルに基づいて比熱を求めてみよう。基本単位胞に 1 つの原子が含まれる 3 次元結晶の格子振動のモードは 3 つあり，また被積分関数は $\boldsymbol{k}$ に依存しないので積分の外に出すことができるため，式(8.10)は

$$
C = \frac{\partial}{\partial T} \frac{3V}{(2\pi)^3} \int \frac{\hbar\omega_{\mathrm{E}}}{\exp\left(\frac{\hbar\omega_{\mathrm{E}}}{k_{\mathrm{B}}T}\right) - 1} \mathrm{d}\boldsymbol{k}
$$

$$
= \frac{\partial}{\partial T} \frac{3V}{(2\pi)^3} \frac{\hbar\omega_{\mathrm{E}}}{\exp\left(\frac{\hbar\omega_{\mathrm{E}}}{k_{\mathrm{B}}T}\right) - 1} \int \mathrm{d}\boldsymbol{k}
$$

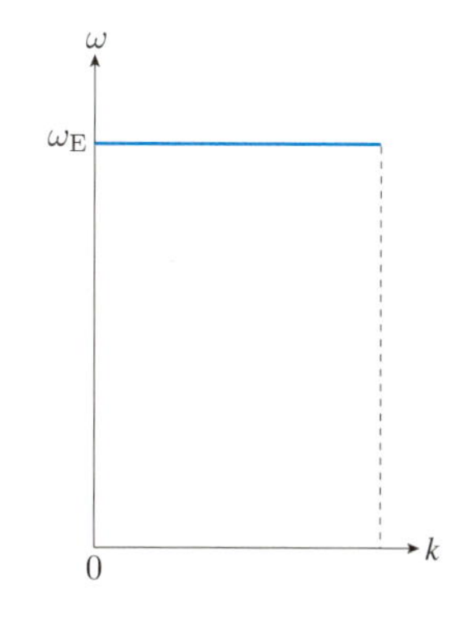

図 8.4　アインシュタインモデルの分散関係

のように変形できる。$\int \mathrm{d}\boldsymbol{k}$ は逆格子の基本単位胞の体積に等しく，式(8.8)より $\frac{(2\pi)^3}{V}N$ であるので，これを上式に代入すれば

$$C = \frac{\partial}{\partial T}3N\frac{\hbar\omega_{\mathrm{E}}}{\exp\left(\frac{\hbar\omega_{\mathrm{E}}}{k_{\mathrm{B}}T}\right)-1}$$

$$= 3Nk_{\mathrm{B}}\left(\frac{\hbar\omega_{\mathrm{E}}}{k_{\mathrm{B}}T}\right)^2\frac{\exp\left(\frac{\hbar\omega_{\mathrm{E}}}{k_{\mathrm{B}}T}\right)}{\left\{\exp\left(\frac{\hbar\omega_{\mathrm{E}}}{k_{\mathrm{B}}T}\right)-1\right\}^2} \tag{8.11}$$

となる。

$$\Theta_{\mathrm{E}} = \frac{\hbar\omega_{\mathrm{E}}}{k_{\mathrm{B}}}$$

によって**アインシュタイン温度**（Einstein temperature）Θ_{E} を定義すると，式(8.11)は

$$C = 3Nk_{\mathrm{B}}\left(\frac{\Theta_{\mathrm{E}}}{T}\right)^2\frac{\exp\left(\frac{\Theta_{\mathrm{E}}}{T}\right)}{\left\{\exp\left(\frac{\Theta_{\mathrm{E}}}{T}\right)-1\right\}^2}$$

と表される。アインシュタインモデルによって求めたモル比熱の温度依存性を**図 8.5** に示す。高温領域では，モル比熱は一定値 $3N_{\mathrm{A}}k_{\mathrm{B}} = 25\,\mathrm{J\,K^{-1}\,mol^{-1}}$ に近づきデュロン–プティの法則と一致する。ここで，N_{A} はアボガドロ定数*8である。また，このモデルでは低温においてモル比熱が小さくなるという計算結果が得られる。8.1 節の注 2 で説明したように，アインシュタインモデルは固体の比熱が低温で小さくなることを説明した最初のモデルである。しかし，よく見ると，後述するデバイモデルとは違って，極低温で比熱がほぼ 0 になる範囲が続き，後で示すような実験結果を正確には説明できていない。

*8 $N_{\mathrm{A}} = 6.022140857 \times 10^{23}\ \mathrm{mol^{-1}}$（2014 CODATA 推奨値）

アインシュタインモデルではすべての格子振動の角振動数が一定値 ω_{E} であるとして低い角振動数をもつ格子振動の存在を無視しており，極低温でフォノンが励起されないためにこのような結果となる。

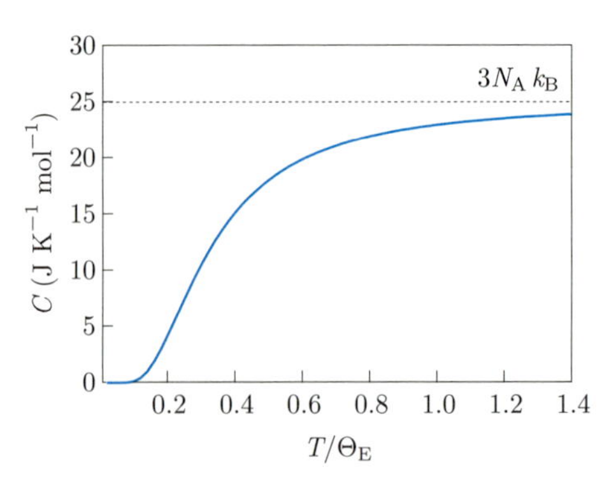

図 8.5　アインシュタインモデルによって求めたモル比熱の温度依存性

8.1.3 デバイモデル

第7章で，格子振動の分散関係は $k\ (=|\boldsymbol{k}|)=0$ 付近では $\omega_s=v_s k$ と近似できることを説明した。ここで，v_s はモードの種類が s である格子振動の伝搬速度である。式(8.10)の積分を計算するために，**図 8.6** に示すように，ω_s が k に比例するという分散関係が全域で成り立つと仮定するモデルを**デバイモデル**（Debye model）*9という。$\omega=0$ から始めて角振動数の低い格子振動を含めて考える点がデバイモデルとアインシュタインモデルの違いである。

*9 デバイ（Peter Joseph William Debye, 1884〜1966）はオランダ出身の物理学者・化学者である。デバイモデル以外にも電気双極子モーメントの研究やX線回折による構造解析での業績が有名であり，1936年にノーベル化学賞を受賞した。

さらに格子振動のモードの種類 s による速度の違いについては，縦モードと2つの横モードの速度をそれぞれ $v_{\mathrm{L}}, v_{\mathrm{T}_1}, v_{\mathrm{T}_2}$ とするとき，

$$\frac{1}{v^3}=\frac{1}{3}\left(\frac{1}{{v_{\mathrm{L}}}^3}+\frac{1}{{v_{\mathrm{T}_1}}^3}+\frac{1}{{v_{\mathrm{T}_2}}^3}\right)$$

という式*10を用いてすべて等しい速度 v であると仮定する。このように格子振動のモードの種類 s の違いは気にしないこととするので，これ以降は ω_s の下付きの s を除いて単に ω と表すことにする。

*10 3次元結晶では格子振動の縦モードが1つ，横モードが2つ存在するのでこのような平均を考える。

このようなモデルでは，格子比熱は

$$\begin{aligned}C&=\frac{\partial}{\partial T}\frac{3V}{(2\pi)^3}\int\frac{\hbar vk}{\exp\left(\frac{\hbar vk}{k_{\mathrm{B}}T}\right)-1}\mathrm{d}\boldsymbol{k}\\&=\frac{3V}{(2\pi)^3}\int\frac{\hbar^2v^2k^2}{k_{\mathrm{B}}T^2}\frac{\exp\left(\frac{\hbar vk}{k_{\mathrm{B}}T}\right)}{\left\{\exp\left(\frac{\hbar vk}{k_{\mathrm{B}}T}\right)-1\right\}^2}\mathrm{d}\boldsymbol{k}\end{aligned}$$

と表される。ここで，基本単位胞に1つの原子が含まれる3次元結晶の格子振動では1つの縦モードと2つの横モードの計3つがあることに基づいて，格子振動の種類 s についての総和は3倍とした。被積分関数は逆格子空間において原点を中心に球対称となるので，$\boldsymbol{k}$ についての体積積分は $\mathrm{d}\boldsymbol{k}=4\pi k^2\mathrm{d}k$ として，1変数 k についての積分に置き換える

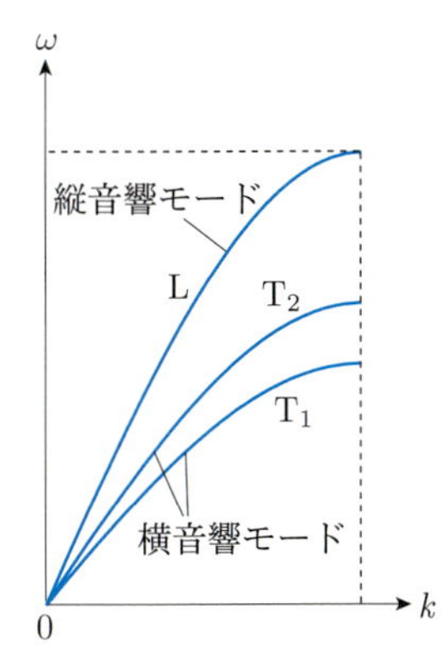

(a) 本来の格子振動の分散関係

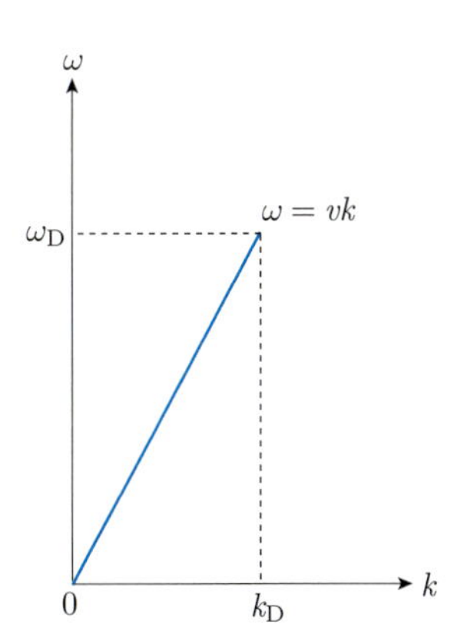

(b) デバイモデルの分散関係

図 8.6　本来の格子振動の分散関係とデバイモデルの分散関係

ことができ，

$$C = \frac{3V}{(2\pi)^3}\int \frac{\hbar^2 v^2 k^2}{k_B T^2}\frac{\exp\left(\frac{\hbar v k}{k_B T}\right)}{\left\{\exp\left(\frac{\hbar v k}{k_B T}\right)-1\right\}^2}4\pi k^2 \mathrm{d}k$$
$$= \frac{3V}{2\pi^2}\int \frac{\hbar^2 v^2 k^4}{k_B T^2}\frac{\exp\left(\frac{\hbar v k}{k_B T}\right)}{\left\{\exp\left(\frac{\hbar v k}{k_B T}\right)-1\right\}^2}\mathrm{d}k \qquad (8.12)$$

となる。

式(8.12)の積分は本来，逆格子空間の基本単位胞にわたって行うべきであるが，デバイモデルでは格子振動の角振動数の上限を ω_D までとしている。ω_D は**デバイ角振動数**（Debye angular frequency）と呼ばれる。

$$\Theta_D = \frac{\hbar\omega_D}{k_B}$$

によって，上限の角振動数に相当する温度である**デバイ温度**（Debye temperature）Θ_D を定義し*11，積分範囲を半径 $k_D = \frac{\omega_D}{v} = \frac{k_B\Theta_D}{\hbar v}$ 内の球の内部に変更する。k_D は**デバイ波数**（Debye wavenumber）と呼ばれる。

本来の積分範囲である逆格子の基本単位胞の体積と変更後の積分範囲である半径 k_D の球の体積は等しくなければならないから

$$\boldsymbol{b}_1\cdot(\boldsymbol{b}_2\times\boldsymbol{b}_3) = \frac{4\pi}{3}{k_D}^3$$

となる。式(8.8)から $\boldsymbol{b}_1\cdot(\boldsymbol{b}_2\times\boldsymbol{b}_3) = (2\pi)^3\frac{N_1N_2N_3}{V}$ が得られ，図 8.1 に示した平行六面体に含まれる基本単位胞の数 N は $N = N_1N_2N_3$ なので，逆格子空間における積分範囲を与える半径 k_D は

$$k_D = \left(\frac{6\pi^2 N}{V}\right)^{1/3}$$

で与えられる*12。

以上の仮定の下で，$x = \frac{\hbar v k}{k_B T}$ として変数変換すると，式(8.12)は

$$C = 9Nk_B\left(\frac{T}{\Theta_D}\right)^3\int_0^{\Theta_D/T}\frac{x^4 e^x}{(e^x-1)^2}\mathrm{d}x \qquad (8.13)$$

となる。

低温領域では $T \ll \Theta_D$ であることから，式(8.13)の積分範囲の上限を $\frac{\Theta_D}{T} = \infty$ であると近似し，さらに

$$\int_0^\infty \frac{x^4 e^x}{(e^x-1)^2}\mathrm{d}x = \frac{4\pi^4}{15}$$

であることを用いると

$$C = \frac{12\pi^4}{5}Nk_B\left(\frac{T}{\Theta_D}\right)^3$$

*11　角振動数 ω は，第 4 章で扱ったように $\hbar$ との積 $\mathcal{E} = \hbar\omega$ によって，絶対温度 T は，第 5 章で扱ったようにボルツマン定数 k_B との積 $\mathcal{E} = k_B T$ によって，それぞれエネルギーに換算できる。したがって，両者を等しいとすることによって，角振動数 ω は $T = \frac{\hbar\omega}{k_B}$ を通じて絶対温度 T に換算できる。

*12　実際の手続きとしては，上の説明とは逆に，体積 V に N 個の基本単位胞が含まれるという条件から $k_D = (\frac{6\pi^2 N}{V})^{1/3}$ が求まり，格子振動の伝搬速度 v から角振動数の上限である $\omega_D = vk_D$ が求まる。

となる。つまり低温領域では固体の比熱 C は温度 T の 3 乗に比例して増加する。デバイモデルから得られる低温領域での比熱の温度依存性は，アインシュタインモデルとは異なり，後で示すように実験結果と良く一致する。

また，高温領域では $T \gg \Theta_D$ であることから $\frac{\Theta_D}{T} \ll 1$ なので，式(8.13)の被積分関数を，$x \ll 1$ となることを用いて

$$\frac{x^4 e^x}{(e^x - 1)^2} \simeq x^2$$

と近似して，積分を実行することによって

$$C = 3Nk_B$$

自分で導出してみよう。

となる。この計算結果はデュロン−プティの法則と一致する。これでデバイモデルから求められる低温領域と高温領域における固体の比熱がどのようになるかがわかった。

これ以外の温度領域を含む広い温度領域で固体の比熱がどのようになるかを見るためには式(8.13)を数値積分してモル比熱の温度依存性を求める。その結果を**図 8.7** に示す。低温領域では，比熱 C は温度上昇にともなって T^3 に比例して増加し，高温領域では，一定値 $3N_A k_B = 25\,\mathrm{J\,K^{-1}\,mol^{-1}}$ に近づいていく様子がわかる。デバイモデルによって求めたモル比熱の温度依存性は，広い温度領域で実験結果と良く一致する*13。実例として，Ag のモル比熱の実験結果とデバイモデルによるフィッティング結果を**図 8.8** に示す。

表 8.1 に示したように，室温では，多くの固体のモル比熱はほぼ $25\,\mathrm{J\,K^{-1}\,mol^{-1}}$ であり，デュロン−プティの法則に従っているが，ダイヤモンドのモル比熱はその $\frac{1}{4}$ 程度である。これは，**図 8.9** に示すように，ダイヤモンドのデバイ温度 Θ_D が高いためである。ではダイヤモンドのデバイ温度が高い理由はどこにあるのだろうか。

*13　デバイモデルに理論的な妥当性があるのは低温領域と高温領域のみで，中間領域については擬似的に合わせていることに注意する必要がある。

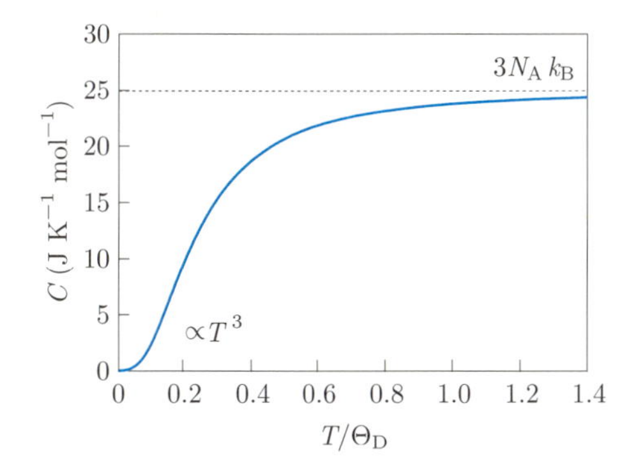

図 8.7　デバイモデルによって求めたモル比熱の温度依存性

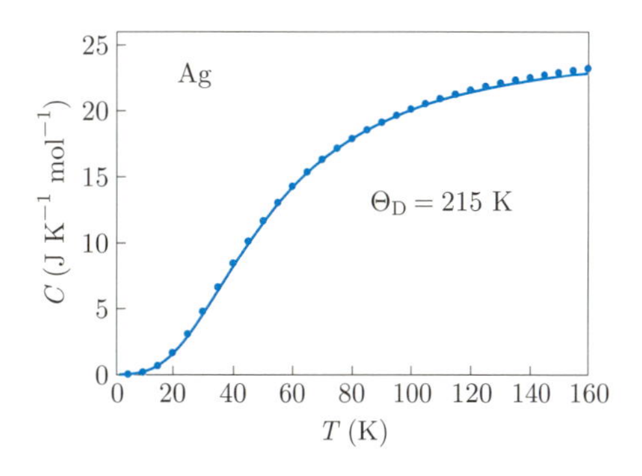

図 8.8　Ag のモル比熱。
点は実験結果，曲線はデバイモデルでフィッティングを行った結果を示す。
[D. R. Smith and F. R. Fickett, *J. Res. Natl. Inst. Stand. Technol.*, **100**, 119 (1995)]

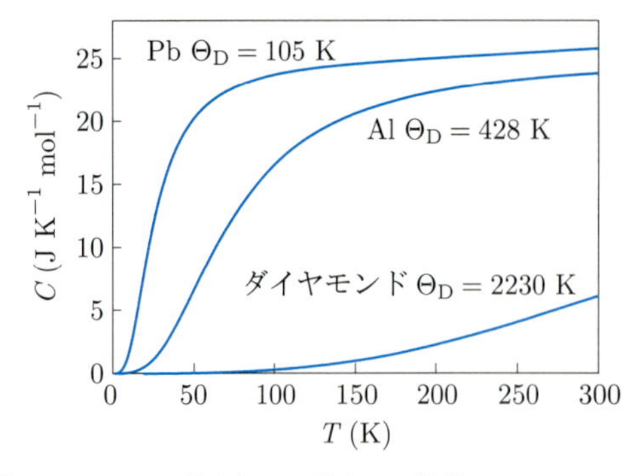

図 8.9　Pb, Al, ダイヤモンドのモル比熱。ダイヤモンドはデバイ温度が高いために他の固体と比べて著しくモル比熱が小さい。

表 8.2　固体の音速

固体	音速 (m s^{-1})
鉛（Pb）	2160
アルミニウム（Al）	6320
ダイヤモンド（C）	18000

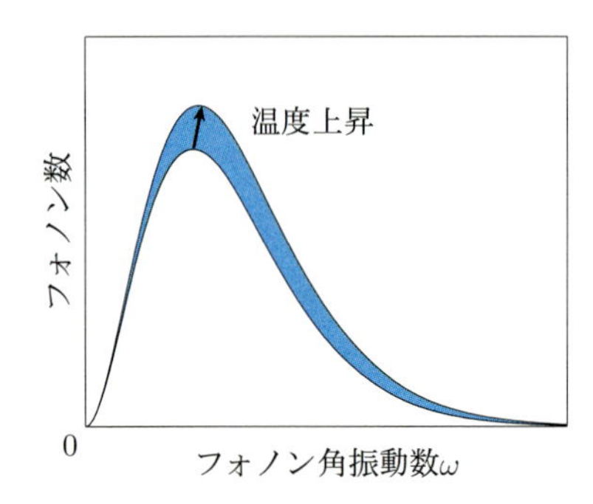

図 8.10　温度上昇によって角振動数 ω の高いフォノンの数が増加する。

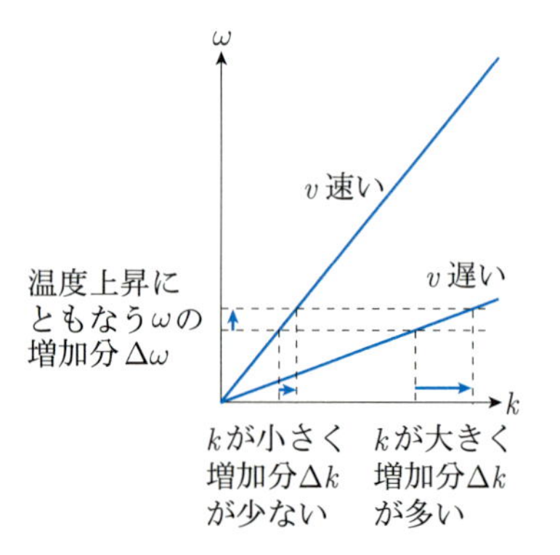

図 8.11　音速の速い固体の比熱が小さい理由を説明するための図。音速の速い固体では，フォノンの角振動数の増加分にともなう波数の増加分が音速の遅い固体に比べて少ない。そのため温度上昇にともなって励起されるフォノンの個数が少ない。

その理由を考えるために，まずデバイ温度の定義より，格子振動の伝搬速度 v とデバイ温度 Θ_D の関係を求めると

$$v = \frac{\omega_D}{k_D} = \left(\frac{V}{6\pi^2 N}\right)^{1/3} \frac{k_B \Theta_D}{\hbar}$$

となり，v は Θ_D に比例することがわかる。固体の音速について調べると，**表 8.2** に示すように，デバイ温度の高い固体ほど音速が速い。ところで 7.1 節で説明したように，音速は $v = a\sqrt{\frac{K}{M}}$ あるいは $v = \sqrt{\frac{E}{\rho}}$ と表される。したがって，原子間の結合が強く，硬い物質ほど，また原子の質量が小さい物質ほど音速は速く，デバイ温度は高くなる。確かに非常に硬い物質であり軽い元素である炭素からなるダイヤモンドは音速が速く，柔らかい物質であり重い元素である鉛は音速が遅い。

温度が上昇するとボース分布関数に従って，高いエネルギーをもつフォノン，言い換えればより高い角振動数 ω をもつフォノンの個数が**図 8.10** に示すように増加する。

図 8.11 に示すように ω 対 k のグラフの傾きは音速 v が速いほど大きくなるので，同じ ω でも音速 v が遅いほど k は大きくなる。また，温度上昇にともなって励起されるフォノンの角振動数 ω が増加するとき，音速 v の遅い固体と比べると，音速の速い固体における格子振動の

波数 k の増加分は少ない。温度上昇にともなって増加するフォノンの個数 Δn は概ね $4\pi k^2 \Delta k$ に比例すると近似できる。ここで，$\omega = vk$，$\Delta\omega = v\Delta k$ を用いると

$$\Delta n \propto 4\pi k^2 \Delta k = 4\pi \frac{\omega^2 \Delta\omega}{v^3}$$

であり，増加するフォノンの個数 Δn は v^3 に反比例する。そのため，音速の速い固体では，温度上昇にともなって増加するフォノンの個数が少なく，固体の内部エネルギーの増加分は小さくなる。したがって，音速の速い固体の比熱は小さいのである。

8.2　固体の熱伝導

8.2.1　熱伝導率

熱の伝わりやすさを表す**熱伝導率**（thermal conductivity）を，**図 8.12** に示す固体の棒を対象として説明しよう。棒の両端の温度をそれぞれ T_1，T_2 とすると，$T_1 > T_2$ であるとき，棒を伝わる熱の流れは高温 T_1 側から低温 T_2 側へと生じる。単位時間あたりの熱の流れ Q は T_1 と T_2 の温度差に比例し，棒の断面積 S に比例し，棒の長さ l に反比例する。この関係は

$$Q = \lambda \frac{T_1 - T_2}{l} S \tag{8.14}$$

と表される。ここで，比例定数 λ を熱伝導率と呼び，その単位は $\mathrm{W\,m^{-1}\,K^{-1}}$ である。単位時間・単位面積あたりの熱の流れ $J = \frac{Q}{S}$ を新たに定義し，棒の長さが $l \to 0$ である極限を考えると，式(8.14)は

$$J = -\lambda \frac{\partial T}{\partial x} \tag{8.15}$$

となる。この式は，熱の流れが熱伝導率と温度勾配に比例することを示している。また，符号が負となるのは高温側から低温側へ熱エネルギーが流れることを表している。

導体では主に伝導電子によって熱が運ばれるが，絶縁体では高温領域で熱励起によって生成したフォノンが低温領域へと移動することで，熱が運ばれる。これが絶縁体における熱伝導の機構である。

ところで，第 7 章ではフォノンを一種の調和振動子として扱うことによって導出した。このような調和振動子に基づく扱いを**調和近似**（harmonic approximation）という。調和振動子では，線形関係が成り立つのでフォノンどうしの相互作用がなく，衝突してもそのままの波形を保って結晶内を進んでいく。しかし，実際の結晶中では原子間に働く力には非線形な成分が含まれるため，調和近似が厳密には成り立たない。そのため，フォノンどうしに相互作用が生じ，衝突すると波形がくずれ，進行方向も変わる*14。その結果，結晶中のフォノンは衝突を繰り返しながらランダムな向きに進んでいく*15。**図 8.13** は，高温側で生

*14　ただし，非線形性は波形がくずれるための十分条件ではない。ソリトン（soliton）はその反例である。

*15　非線形性のためにフォノンそのものの寿命が有限となり，複数のフォノンへと崩壊（phonon decay）していく。

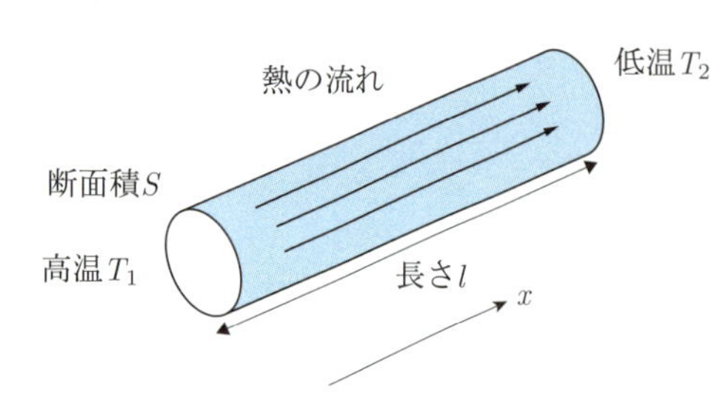

図 8.12　固体の棒における熱伝導

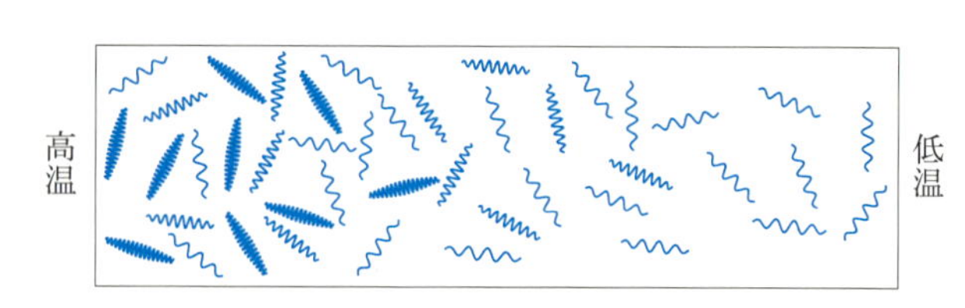

図 8.13　フォノンによる熱伝導の概念図。周期の短い波束ほど角振動数 ω の高いフォノンであることを表している。高温側には角振動数 ω の高いフォノンが多く分布している。ちなみに波束とは空間的に局在した波のことである。

成した，角振動数 ω の高い，つまりエネルギーの高い多数のフォノンが衝突を繰り返しながら，角振動数 ω が低いフォノンが疎に分布している低温側へと進んでいくことで熱伝導が行われる様子を示している。このようにフォノンが多数存在して相互作用する状況は気体中の分子運動に似ているため，**フォノン気体**（phonon gas）と呼ばれる。気体分子運動論を用いることで熱伝導率は

$$\lambda = \frac{1}{3}\overline{C}\langle v\rangle \Lambda \tag{8.16}$$

と表される[*16]。ここで，$\overline{C}$ は単位体積あたりの格子比熱，$\langle v\rangle$ はフォノンの平均速度，Λ はフォノンの平均自由行程である。

式(8.16)に基づいて熱伝導率の温度依存性について議論しよう。7.1 節および 7.2 節で説明したように音響モードの格子振動の分散関係は $k=0$ 付近では $\omega = vk$ という式で近似的に表せるので，角振動数 ω が変化しても速さ v はほぼ一定である。そのため，フォノンの平均速度 $\langle v\rangle$ は温度によってほとんど変化しない。したがって，熱伝導率の温度依存性は，格子比熱およびフォノンの平均自由行程の温度依存性に由来する。格子比熱の温度依存性についてはすでに 8.1.3 項でデバイモデルを用いて説明した。フォノンの平均自由行程については，フォノンの数が多いほどフォノンどうしの衝突が顕著になるため，温度が高くなるにつれて Λ が減少する。気体分子運動論から，平均自由行程 Λ は単位体積あたりのフォノンの数に反比例することが導かれるので[*17]，結局フォノンの数 n の温度依存性を考えればよい。フォノンの数 n は 8.1.1 項で説明したようにボース分布関数に従うので，温度が高く，$k_{\mathrm{B}}T \gg \hbar\omega$ であれば

$$n = \frac{1}{\exp\left(\frac{\hbar\omega}{k_{\mathrm{B}}T}\right)-1} \sim \frac{k_{\mathrm{B}}T}{\hbar\omega}$$

と近似でき，結果として平均自由行程 Λ は $\Lambda \propto T^{-1}$ のような温度依存性を示す。

温度が低くなると平均自由行程 Λ は次第に増加していくが，試料の

*16　詳細は付録 D を参照のこと。

*17　気体分子運動論では分子を剛体球として考える。剛体球の直径を d とすると 2 つの剛体球が衝突するのは中心間の距離が d となったときである。剛体球が長さ L だけ進むとき，中心間距離 d を半径とする円が空間を通過する領域の体積は $\pi d^2 L$ で与えられる。この体積に分子の数密度 $\overline{n}$ をかけた $\pi d^2 L\overline{n}$ が分子どうしの衝突回数になる。平均自由行程は長さ L を衝突回数で割ることによって得られるから，$\Lambda = \frac{1}{\pi d^2 \overline{n}}$ となる。

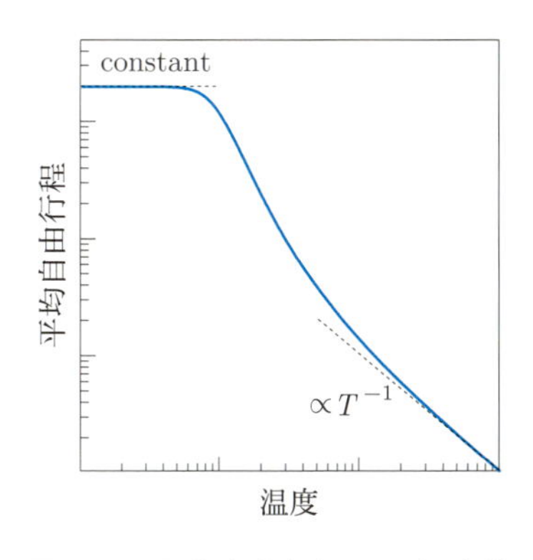

図 8.14　平均自由行程 Λ の温度依存性

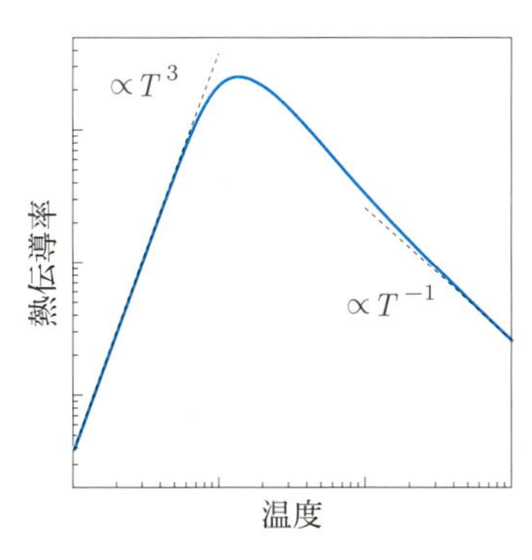

図 8.15　熱伝導率 λ の温度依存性

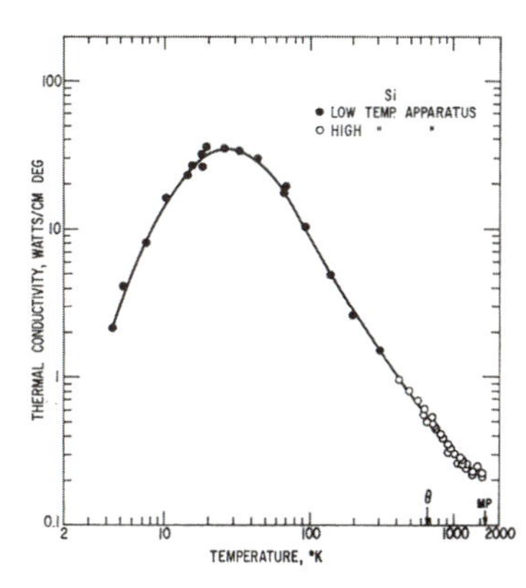

図 8.16　Si の熱伝導率の温度依存性［C. J. Glassbrenner and G. A. Slack, *Phys. Rev.*, **134**, A1058 (1964) による］

大きさや不純物どうしの平均距離，同位体どうしの平均距離などにより頭打ちとなり一定となる。その結果，平均自由行程 Λ の温度依存性は**図 8.14** に示すようなものとなる。熱伝導率は格子比熱と平均自由行程との積に比例するため，結果的に**図 8.15** のような温度依存性を示す。低温では，格子比熱は図 8.7 に示したように，$C \propto T^3$ のような温度依存性を示し，平均自由行程 Λ は一定となるので，熱伝導率の温度依存性は $\lambda \propto T^3$ となる。一方，高温では，格子比熱は図 8.7 に示したように一定となり，平均自由行程は $\Lambda \propto T^{-1}$ となるので，熱伝導率の温度依存性は $\lambda \propto T^{-1}$ となる。

Si の熱伝導率の温度依存性についての実験データを**図 8.16** に示す。低温領域では熱伝導率は $\lambda \propto T^3$ に従って温度上昇とともに増加していき，高温領域では $\lambda \propto T^{-1}$ に従って減少していく様子がわかる。

❖ 演習問題

8.1　デバイモデルを用いて，1 次元および 2 次元格子の比熱を求めなさい。

8.2　室温での Si におけるフォノンの平均自由行程の大きさを見積もりなさい。ただし，室温での Si の熱伝導率およびモル比熱はそれぞれ $\lambda = 1.6 \times 10^2\,\mathrm{W\,K^{-1}\,m^{-1}}$ および $C = 20\,\mathrm{J\,K^{-1}\,mol^{-1}}$ であり，フォノンの平均速さは $\langle v \rangle = 6.4 \times 10^3\,\mathrm{m\ s^{-1}}$ である。また，Si の格子定数は $a = 0.543\,\mathrm{nm}$ である。

8.3　熱伝導率の高い物質にどのようなものがあるかを調べ，それらがなぜ高い熱伝導率を示すのかを調べなさい。

第9章　自由電子論

第7章では格子振動と格子振動を量子化したフォノンについて，第8章ではフォノンの概念を用いて固体の熱的性質について述べた。いずれも固体中の電子が表に出てくることはなかったが，固体の多くの性質は，固体中で電子がどのようにふるまうのかによっている。これ以降の章では，電子が重要な役割を果たす固体の現象や性質について説明を行う。まず最初に，本章では電子のふるまいを考えるときに最も単純化された自由電子論について説明する。

9.1　自由電子モデル

自由電子モデル（free electron model）は金属における伝導電子のふるまいを記述するための近似的なモデルである。ただし，実際の金属とは異なり，このモデルでは，電子どうしの相互作用がないことと，イオンによる周期ポテンシャルの影響がないことを仮定している。

9.1.1　3次元自由電子のシュレーディンガー方程式

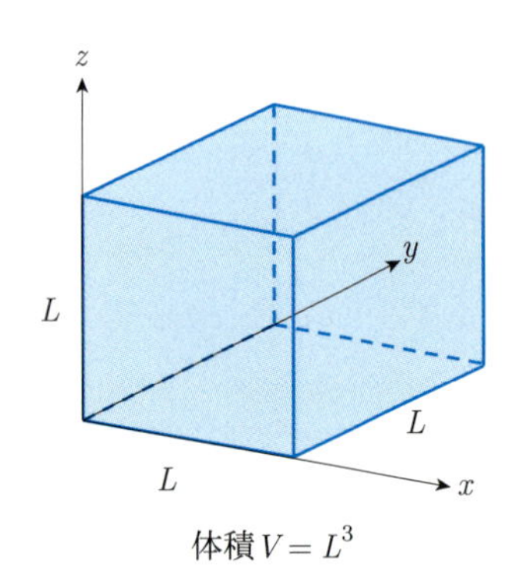

図9.1　自由電子モデルを考えるための辺の長さが L の立方体

自由電子モデルの出発点として**図9.1**に示すような辺の長さが L の立方体の箱の中に N 個の自由電子が存在する系を考える。この系における電子に対するシュレーディンガー方程式は，イオンによる影響がないのでポテンシャルを $V(\boldsymbol{r}) = 0$ とすることによって

$$\hat{H}\psi(\boldsymbol{r}) = -\frac{\hbar^2}{2m_\mathrm{e}}\Delta\psi(\boldsymbol{r}) = -\frac{\hbar^2}{2m_\mathrm{e}}\left(\frac{\partial^2}{\partial x^2} + \frac{\partial^2}{\partial y^2} + \frac{\partial^2}{\partial z^2}\right)\psi(\boldsymbol{r}) = \mathcal{E}\psi(\boldsymbol{r}) \tag{9.1}$$

で与えられる。このシュレーディンガー方程式を解くために，固有関数となる波動関数を

$$\psi(\boldsymbol{r}) = X(x)Y(y)Z(z)$$

のように変数 x, y, z の関数の積として変数分離し，これを式(9.1)に代入して両辺を $X(x)Y(y)Z(z)$ で割ると

$$-\frac{\hbar^2}{2m_\mathrm{e}}\left\{\frac{1}{X(x)}\frac{\mathrm{d}^2X(x)}{\mathrm{d}x^2} + \frac{1}{Y(y)}\frac{\mathrm{d}^2Y(y)}{\mathrm{d}y^2} + \frac{1}{Z(z)}\frac{\mathrm{d}^2Z(z)}{\mathrm{d}z^2}\right\} = \mathcal{E}$$

となる。上式の左辺は x のみの関数，y のみの関数，z のみの関数の和であり，一方，右辺は変数 x, y, z によらない定数でなければならない。

そこで $\mathcal{E} = \mathcal{E}_x + \mathcal{E}_y + \mathcal{E}_z$ とすることで，上式は

$$
\begin{aligned}
-\frac{\hbar^2}{2m_\mathrm{e}}\frac{\mathrm{d}^2X(x)}{\mathrm{d}x^2} &= \mathcal{E}_x X(x) \\
-\frac{\hbar^2}{2m_\mathrm{e}}\frac{\mathrm{d}^2Y(y)}{\mathrm{d}y^2} &= \mathcal{E}_y Y(y) \\
-\frac{\hbar^2}{2m_\mathrm{e}}\frac{\mathrm{d}^2Z(z)}{\mathrm{d}z^2} &= \mathcal{E}_z Z(z)
\end{aligned}
$$

のように 3 つの微分方程式に分離できる。これらの微分方程式の解は簡単に求めることができて，例えば，x の関数 $X(x)$ については

$$
X(x) = C_x e^{i\sqrt{\frac{2m_\mathrm{e}\mathcal{E}_x}{\hbar^2}}x}
$$

のようになる。ただし，C_x は定数である。他の $Y(y)$, $Z(z)$ についても同様に

$$
\begin{aligned}
Y(y) &= C_y e^{i\sqrt{\frac{2m_\mathrm{e}\mathcal{E}_y}{\hbar^2}}y} \\
Z(z) &= C_z e^{i\sqrt{\frac{2m_\mathrm{e}\mathcal{E}_z}{\hbar^2}}z}
\end{aligned}
$$

となる。ここで，

$$
k_x = \sqrt{\frac{2m_\mathrm{e}\mathcal{E}_x}{\hbar^2}}, \quad k_y = \sqrt{\frac{2m_\mathrm{e}\mathcal{E}_y}{\hbar^2}}, \quad k_z = \sqrt{\frac{2m_\mathrm{e}\mathcal{E}_z}{\hbar^2}}
$$

と表すことにすれば，波動関数 $\psi(\boldsymbol{r})$ は $X(x)$, $Y(y)$, $Z(z)$ の積であるので

$$
\psi(\boldsymbol{r}) = C_x C_y C_z e^{ik_x x} e^{ik_y y} e^{ik_z z} = C e^{i(k_x x + k_y y + k_z z)} = C e^{i\boldsymbol{k}\cdot\boldsymbol{r}}
$$

となる。ここで，$C = C_x C_y C_z$ として 1 つの定数にまとめた。定数 C については，立方体の箱の中に 1 つの電子が存在する確率は 1 であるという条件から

$$
\begin{aligned}
\int_0^L \int_0^L \int_0^L |\psi(\boldsymbol{r})|^2 \,\mathrm{d}x\mathrm{d}y\mathrm{d}z &= \int_0^L \int_0^L \int_0^L \left|C e^{i\boldsymbol{k}\cdot\boldsymbol{r}}\right|^2 \mathrm{d}x\mathrm{d}y\mathrm{d}z \\
&= \int_0^L \int_0^L \int_0^L |C|^2 \mathrm{d}x\mathrm{d}y\mathrm{d}z \\
&= |C|^2 L^3 = 1
\end{aligned}
$$

となるので，

$$
C = \frac{1}{\sqrt{L^3}} = \frac{1}{\sqrt{V}}
$$

と決定される。ここで，V は立方体の箱の体積であり，$V = L^3$ である。以上の結果をまとめると，自由電子モデルにおける電子の波動関数は

$$
\begin{aligned}
\psi_{\boldsymbol{k}}(\boldsymbol{r}) &= \frac{1}{\sqrt{V}} e^{i(k_x x + k_y y + k_z z)} \\
&= \frac{1}{\sqrt{V}} e^{i\boldsymbol{k}\cdot\boldsymbol{r}} \qquad (9.2)
\end{aligned}
$$

となる。$\boldsymbol{k} = (k_x, k_y, k_z)$ は波数ベクトルであり，$\psi_{\boldsymbol{k}}(\boldsymbol{r})$ の添え字 $\boldsymbol{k}$ は $\boldsymbol{k}$ の関数であることを明示するために付けてある。また，エネルギー固有値は波数ベクトル $\boldsymbol{k}$ の関数となり

$$\mathcal{E}(\boldsymbol{k}) = \mathcal{E}_x + \mathcal{E}_y + \mathcal{E}_z = \frac{\hbar^2}{2m_\mathrm{e}}\left({k_x}^2 + {k_y}^2 + {k_z}^2\right) = \frac{\hbar^2}{2m_\mathrm{e}}|\boldsymbol{k}|^2 \tag{9.3}$$

である。自由電子モデルの条件下における ψ と $\mathcal{E}$ はこのように求まる。

9.1.2　周期的境界条件の適用

続いて，式(9.2)に示す波動関数に対して，8.1.1 項と同様に 3 次元周期的境界条件を適用する。具体的には波動関数について

$$\psi_{\boldsymbol{k}}(x+L, y, z) = \psi_{\boldsymbol{k}}(x, y, z) \tag{9.4}$$

$$\psi_{\boldsymbol{k}}(x, y+L, z) = \psi_{\boldsymbol{k}}(x, y, z) \tag{9.5}$$

$$\psi_{\boldsymbol{k}}(x, y, z+L) = \psi_{\boldsymbol{k}}(x, y, z) \tag{9.6}$$

のように x, y, z それぞれの方向に立方体の辺の長さ L だけ進んだとき，元に戻るような境界条件を考える。この周期的境界条件を適用することによって，無限に広がった，表面が存在しない状況をつくり出すことができる。例えば，式(9.2)に対して式(9.4)を適用すると

$$\begin{aligned}
\frac{1}{\sqrt{V}}e^{i\{k_x(x+L)+k_y y+k_z z\}} &= \frac{1}{\sqrt{V}}e^{i(k_x x+k_y y+k_z z)} \\
\cancel{\frac{1}{\sqrt{V}}e^{i(k_x x+k_y y+k_z z)}}\,e^{ik_x L} &= \cancel{\frac{1}{\sqrt{V}}e^{i(k_x x+k_y y+k_z z)}} \\
e^{ik_x L} &= 1 \qquad (9.7)
\end{aligned}$$

が得られる。同様に，式(9.2)に対して式(9.5), (9.6)を適用すると

$$e^{ik_y L} = 1 \tag{9.8}$$

$$e^{ik_z L} = 1 \tag{9.9}$$

が得られる。式(9.7), (9.8), (9.9)が意味するところは $k_x L$, $k_y L$, $k_z L$ が 2π の整数倍でなければならないこと，すなわち

$$k_x = \frac{2\pi}{L}n_x$$

$$k_y = \frac{2\pi}{L}n_y$$

$$k_z = \frac{2\pi}{L}n_z$$

となることである。ここで，n_x, n_y, n_z は任意の整数である。つまり，周期的境界条件を適用すると電子の波動関数の波数ベクトルは

$$\boldsymbol{k} = \frac{2\pi}{L}(n_x, n_y, n_z) \tag{9.10}$$

である必要があり，(n_x, n_y, n_z) の 3 つの整数の組で指定される状態 1 つ 1 つが自由電子の 1 つ 1 つの量子状態に対応することになる。量子状

態の 1 つ 1 つは $\boldsymbol{k}$ 空間において k_x, k_y, k_z のそれぞれの方向に対して $\frac{2\pi}{L}$ の間隔で並んでいる。そこで，**図 9.2** に示すように，1 つの量子状態を，1 辺の長さが $\frac{2\pi}{L}$ である立方体の中心に対応させることにする。このようにすると，$\boldsymbol{k}$ 空間において 1 つの量子状態が占有する体積は 1 辺の長さが $\frac{2\pi}{L}$ である立方体の体積に等しく，$(\frac{2\pi}{L})^3$ である。また，逆に $\boldsymbol{k}$ 空間において体積が Ω であるような立体に含まれる量子状態の個数を求めるためには，Ω を 1 つの量子状態が $\boldsymbol{k}$ 空間で占有する体積 $(\frac{2\pi}{L})^3$ で割り算すればよく，

$$\Omega \div \left(\frac{2\pi}{L}\right)^3 = \frac{\Omega L^3}{(2\pi)^3} = \frac{\Omega V}{(2\pi)^3}$$

となる。式(8.9)の右辺の積分の前の係数が $\frac{V}{(2\pi)^3}$ となったのはこのことと同様の理由による。

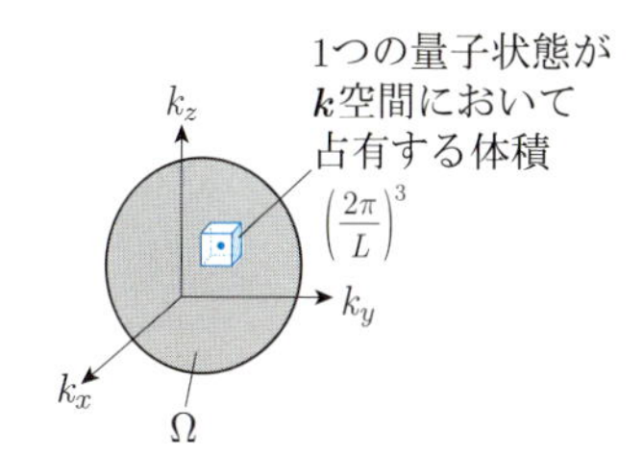

図 9.2　$\boldsymbol{k}$ 空間において 1 つの量子状態が占有する体積および体積が Ω である立体に含まれる量子状態の個数。

9.1.3　絶対零度におけるフェルミ統計

5.1 節で説明したように電子はフェルミ粒子であるので，パウリの排他律に従う。すなわち，2 個以上の電子が 1 つの量子状態を占有することはできない。ただし，電子のスピンの違いまで考えれば 2 つの自由度があるので，スピンの違いを含めると，式(9.10)で指定される 1 つの量子状態には最大 2 個までの電子を占有させることができる。例えば，辺の長さ L の立方体の箱の中に 14 個の電子が存在する場合，5.3 節で扱ったように絶対零度（$T = 0\,\mathrm{K}$）において，エネルギーの低い量子状態から電子を占有させていくと**表 9.1** に示すような結果となる。ここで，$(n_x, n_y, n_z) = (0, 0, 0)$ の場合はエネルギーは $\mathcal{E} = 0$ であり，それ以外の場合はエネルギーは $\mathcal{E} = \frac{\hbar^2}{2m_\mathrm{e}}(\frac{2\pi}{L})^2$ である。

表 9.1　14 個の電子による量子状態の占有

$\mathcal{E}$	n_x	n_y	n_z	s_z
0	0	0	0	$+\frac{1}{2}\hbar$
	0	0	0	$-\frac{1}{2}\hbar$
$\frac{\hbar^2}{2m_\mathrm{e}}\left(\frac{2\pi}{L}\right)^2$	1	0	0	$+\frac{1}{2}\hbar$
	1	0	0	$-\frac{1}{2}\hbar$
	0	1	0	$+\frac{1}{2}\hbar$
	0	1	0	$-\frac{1}{2}\hbar$
	0	0	1	$+\frac{1}{2}\hbar$
	0	0	1	$-\frac{1}{2}\hbar$
	-1	0	0	$+\frac{1}{2}\hbar$
	-1	0	0	$-\frac{1}{2}\hbar$
	0	-1	0	$+\frac{1}{2}\hbar$
	0	-1	0	$-\frac{1}{2}\hbar$
	0	0	-1	$+\frac{1}{2}\hbar$
	0	0	-1	$-\frac{1}{2}\hbar$

14 個の電子が $\boldsymbol{k}$ 空間において量子状態を占有している様子を示したのが**図 9.3** である。この図中に示した 7 つの点がそれぞれスピンの異なる 2 個の電子による占有に対応している。

では電子の数がもっと増えていくとどうなるだろうか。**図 9.4** は電子の数が 1238 個であるときの，$\boldsymbol{k}$ 空間における電子に占有されている量子状態に対応する点を示している。電子に占有されている量子状態は原点からの距離が $(\frac{2\pi}{L})3\sqrt{3}$ 以下にある点であり，$\boldsymbol{k} = \frac{2\pi}{L}(n_x, n_y, n_z)$（$n_x, n_y, n_z$ は整数）を満たす点 1 つ 1 つが電子に占有された量子状態に対応している*1。図 9.3 と比べると，図 9.4 では電子の数が増えたことによってこれらの点の概形が球に近づいている様子がわかる。

*1　つまり，図 9.4 には，条件 $n_x{}^2 + n_y{}^2 + n_z{}^2 \leq 27$ を満足する 619 個の点が示されている。詳しくは付録 E を参照のこと。

固体中では電子の数はアボガドロ定数程度，すなわち 10^{23} 個程度になり，図 9.4 に示した場合と比べると電子の数はずっと多くなるため，電子に占有される量子状態に対応する，$\boldsymbol{k}$ 空間における点の集まりはほとんど球とみなすことができる。しかも電子の数が十分多くなると球の半径と比べて点と点の間隔は非常に小さくなるため，量子状態に対応する点は球内に密に詰まり，空間的にほぼ連続的に分布していると考えてよい。**図 9.5** はそのような球の様子を示している。この球は**フェルミ球**

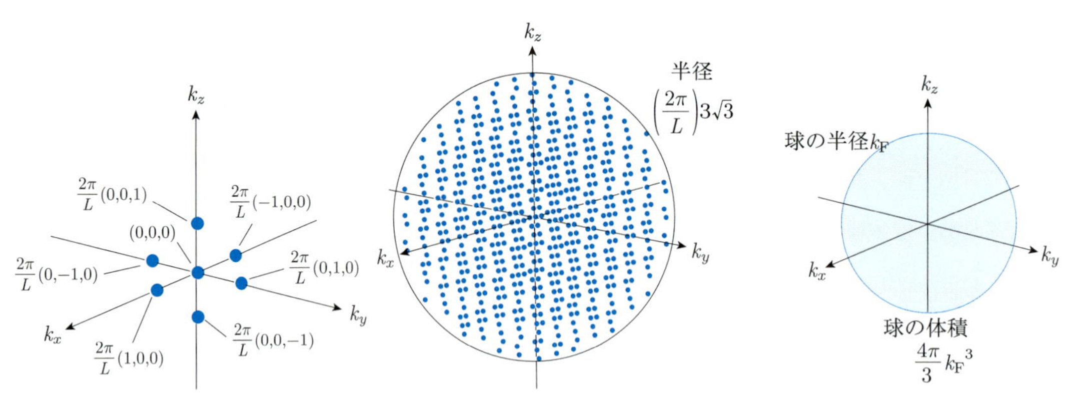

図 9.3　$\boldsymbol{k}$ 空間における 14 個の電子による量子状態の占有の様子

図 9.4　$\boldsymbol{k}$ 空間における 1238 個の電子による量子状態の占有の様子

図 9.5　フェルミ波数 k_F を半径とするフェルミ球。この球内に電子によって占有された量子状態に対応する点が密に詰まっている。

(Fermi sphere) と呼ばれる。フェルミ球の半径は**フェルミ波数** (Fermi wavenumber) と呼ばれる。フェルミ波数を k_F とすると，フェルミ球の体積は $\frac{4\pi}{3}{k_F}^3$ である。N 個の電子がこのフェルミ球内の量子状態を占有しているとすれば，$\boldsymbol{k}$ 空間において 1 つの量子状態が占有する体積 $(\frac{2\pi}{L})^3$ で，このフェルミ球の体積 $\frac{4\pi}{3}{k_F}^3$ を割り，さらに電子のスピン自由度 2 をかけたものが N に等しくなる。すなわち

$$N = \frac{4\pi}{3}{k_F}^3 \div \left(\frac{2\pi}{L}\right)^3 \times 2 = \frac{{k_F}^3}{3\pi^2}L^3$$
$$= \frac{{k_F}^3}{3\pi^2}V \tag{9.11}$$

である。式(9.11)を単位体積あたりの電子数 $\frac{N}{V}$ すなわち電子密度 n に変換すると

$$n = \frac{N}{V} = \frac{{k_F}^3}{3\pi^2} \tag{9.12}$$

が得られる。さらに，式(9.12)をフェルミ波数 k_F について解けば

$$k_F = (3\pi^2 n)^{1/3} \tag{9.13}$$

が得られる。

フェルミ球の表面を**フェルミ面** (Fermi surface) という。フェルミ面上に位置する量子状態は $\boldsymbol{k}$ 空間において原点からの距離が最も遠い位置にあるから，最も高いエネルギーをもった電子によって占有されている。フェルミ面上の電子のエネルギーは**フェルミエネルギー** (Fermi energy) $\mathcal{E}_F$ と呼ばれ，

$$\mathcal{E}_F = \frac{\hbar^2 {k_F}^2}{2m_e} = \frac{\hbar^2}{2m_e}(3\pi^2 n)^{2/3} \tag{9.14}$$

で与えられる。例えば，ナトリウムの電子密度 $n = 2.5 \times 10^{22}\,\mathrm{cm}^{-3}$ を

用いてフェルミエネルギーを求めると，$\mathcal{E}_{\mathrm{F}} = 3.1\,\mathrm{eV}$ という結果が得られる。ただし，電子の質量を $m_{\mathrm{e}} = 9.1 \times 10^{-31}\,\mathrm{kg}$ であるとして計算した。

フェルミ球内に含まれる量子状態を占有する電子の全エネルギーは，$\boldsymbol{k}$ 空間において原点を中心とする半径 k_{F} の球内に含まれるすべての量子状態のエネルギーを合計したものである。すなわち，波数ベクトルの大きさ k が $k \leq k_{\mathrm{F}}$ を満足するようなすべての量子状態のエネルギーを合計した

$$E = 2 \sum_{k \leq k_{\mathrm{F}}} \frac{\hbar^2 k^2}{2m_{\mathrm{e}}} \tag{9.15}$$

で与えられる。ここでは 1 つの量子状態がスピンの異なる電子 2 個によって占有されることを考慮して，全エネルギーを求める際に 2 倍している。

さらに，それぞれの量子状態を表す点の $\boldsymbol{k}$ 空間における k_x, k_y, k_z 方向についての間隔を $\Delta k_x, \Delta k_y, \Delta k_z$ と表すことにすれば，これらは

$$\Delta k_x = \Delta k_y = \Delta k_z = \frac{2\pi}{L} \tag{9.16}$$

である。式(9.16)を用いて式(9.15)を書き換えると

$$E = 2 \left(\frac{L}{2\pi} \right)^3 \sum_{k \leq k_{\mathrm{F}}} \frac{\hbar^2 k^2}{2m_{\mathrm{e}}} \Delta k_x \Delta k_y \Delta k_z$$

が得られる。ところで，量子状態に対応する点はフェルミ球内に密に詰まっているのでこれを連続的に分布しているものとみなし，また $\Delta k_x \Delta k_y \Delta k_z$ を $\boldsymbol{k}$ 空間における微小体積 $\mathrm{d}\boldsymbol{k}$ とすると，上の総和は積分に置き換えられて

$$E = \frac{2V}{(2\pi)^3} \int_{k \leq k_{\mathrm{F}}} \frac{\hbar^2 k^2}{2m_{\mathrm{e}}} \mathrm{d}\boldsymbol{k}$$

となる。ここで，$V = L^3$ とした。

被積分関数 $\frac{\hbar^2 k^2}{2m_{\mathrm{e}}}$ は球対称関数なので，微小体積 $\mathrm{d}\boldsymbol{k}$ を**図 9.6** に示すように半径 k，微小な厚さ $\mathrm{d}k$ の球殻 $4\pi k^2 \mathrm{d}k$ とすることで，フェルミ球内にある電子の全エネルギーは

$$\begin{aligned} E &= \frac{2V}{(2\pi)^3} \int_{k \leq k_{\mathrm{F}}} \frac{\hbar^2 k^2}{2m_{\mathrm{e}}} \mathrm{d}\boldsymbol{k} \\ &= \frac{2V}{(2\pi)^3} \int_0^{k_{\mathrm{F}}} \frac{\hbar^2 k^2}{2m_{\mathrm{e}}} 4\pi k^2 \mathrm{d}k \\ &= \frac{\hbar^2}{2\pi^2 m_{\mathrm{e}}} V \int_0^{k_{\mathrm{F}}} k^4 \mathrm{d}k \\ &= \frac{\hbar^2 {k_{\mathrm{F}}}^5}{10\pi^2 m_{\mathrm{e}}} V \end{aligned} \tag{9.17}$$

と求められる。フェルミ球内にある電子のエネルギーは 0 から $\mathcal{E}_{\mathrm{F}} = \frac{\hbar^2 {k_{\mathrm{F}}}^2}{2m_{\mathrm{e}}}$ の範囲にあり，平均エネルギー $\langle \mathcal{E} \rangle$ は式(9.17)を電子

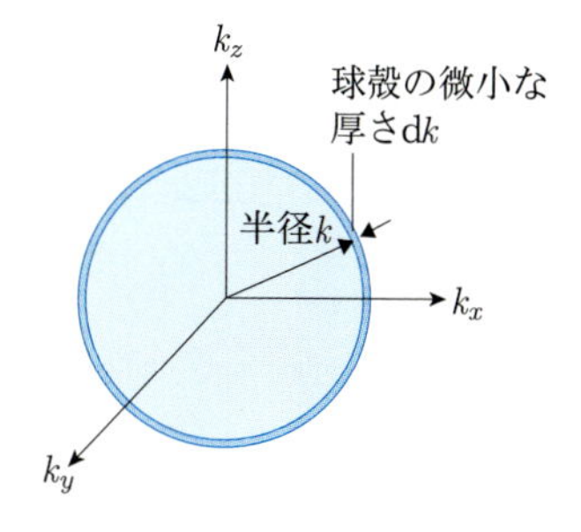

図9.6 半径 k，微小な厚さ $\mathrm{d}k$ の球殻

数 N で割ることによって

$$\langle \mathcal{E} \rangle = \frac{E}{N} = \frac{E}{V} \div \frac{N}{V} = \frac{\hbar^2 k_\mathrm{F}{}^5}{10\pi^2 m_\mathrm{e}} \div \frac{k_\mathrm{F}{}^3}{3\pi^2} = \frac{3\hbar^2 k_\mathrm{F}{}^2}{10 m_\mathrm{e}}$$

と求められる。$\langle \mathcal{E} \rangle$ をフェルミエネルギー $\mathcal{E}_\mathrm{F} = \frac{\hbar^2 k_\mathrm{F}{}^2}{2m_\mathrm{e}}$ を用いて表せば

$$\langle \mathcal{E} \rangle = \frac{3}{5}\mathcal{E}_\mathrm{F} \tag{9.18}$$

となる。すなわち，電子の平均エネルギー $\langle \mathcal{E} \rangle$ は最大エネルギーであるフェルミエネルギー $\mathcal{E}_\mathrm{F}$ の $\frac{3}{5}$ 倍である。再び，ナトリウムの電子密度 $n = 2.5 \times 10^{22}\,\mathrm{cm}^{-3}$ を用いて，電子の平均エネルギーを求めると $\langle \mathcal{E} \rangle = 1.9\,\mathrm{eV}$ となる。

もし，自由電子を古典的な粒子として扱うと，温度 T のとき，1 つの自由粒子がもつ平均エネルギー $\langle \mathcal{E} \rangle$ は 3 次元空間における運動の自由度が 3 であるので，$\frac{1}{2}k_\mathrm{B}T$ の 3 倍，すなわち $\langle \mathcal{E} \rangle = \frac{3}{2}k_\mathrm{B}T$ で与えられる。$T = 300\,\mathrm{K}$ では $\frac{3}{2}k_\mathrm{B}T = 0.039\,\mathrm{eV}$ となり，自由電子モデルから得られる結果とは 2 桁程度の違いがある。つまり，電子はフェルミ粒子であるために，ある体積内に多くの電子を収めるだけで，$T = 0\,\mathrm{K}$ においてさえ，数 eV 程度の大きな平均エネルギーをもつことが自由電子モデルからわかる。

9.2　状態密度，電子のエネルギー分布

9.2.1　状態密度

これまでに説明したように，$\boldsymbol{k}$ 空間において占める電子が体積を量子状態 1 つ分に相当する体積 $\left(\frac{2\pi}{L}\right)^3$ で割ることによって量子状態の数が求められることがわかった。一方で，エネルギーが $\mathcal{E}$ である量子状態の数がどの程度あるのかがわかると便利である。これは，さまざまな物理量を求める際に，電子のエネルギー $\mathcal{E}$ を変数として計算する場合が多いからである。

エネルギーが $\mathcal{E}$ から $\mathcal{E} + \mathrm{d}\mathcal{E}$ の範囲にある量子状態の数が $D(\mathcal{E})\mathrm{d}\mathcal{E}$ で与えられるとする。**図 9.7** 中に青色で示した部分の面積が，いま考えている量子状態の数に相当する。$\mathrm{d}\mathcal{E}$ が十分に小さければ，エネルギー $\mathcal{E} + \mathrm{d}\mathcal{E}$ における高さはエネルギー $\mathcal{E}$ における高さとほとんど変わらない。したがって，青色で示した部分の面積はエネルギー $\mathcal{E}$ における高さ $D(\mathcal{E})$ と幅 $\mathrm{d}\mathcal{E}$ の積によって求められる。ここで，エネルギー $\mathcal{E}$ の関数である $D(\mathcal{E})$ を**状態密度**（density of states）という。エネルギーが $\mathcal{E}$ である量子状態の数がどの程度あるのかを示すのが，この状態密度 $D(\mathcal{E})$ である。$D(\mathcal{E})$ が「密度」と呼ばれるのはエネルギー幅 $\mathrm{d}\mathcal{E}$ あたりの量子状態の数だからである。

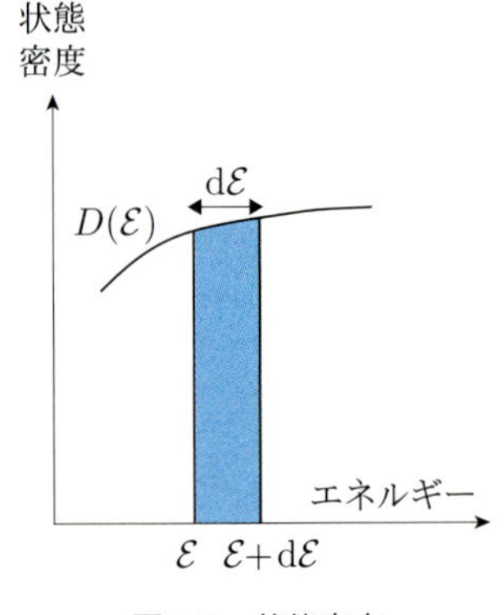

図 9.7　状態密度

自由電子モデルにおいて状態密度 $D(\mathcal{E})$ がどのような式で表されるのかを考えよう。自由電子モデルでは，エネルギー $\mathcal{E}$ と波数 k との間には

$$\mathcal{E} = \frac{\hbar^2 k^2}{2m_\mathrm{e}} \tag{9.19}$$

という関係があるので，エネルギーが $\mathcal{E}$ である量子状態は，$\boldsymbol{k}$ 空間においては，原点を中心とする，半径が

$$k = \sqrt{\frac{2m_{\mathrm{e}}\mathcal{E}}{\hbar^2}} \tag{9.20}$$

の球面上に位置する。この様子を理解するためには図 9.6 を参照してもらうとよい。図に示されるように，エネルギーが $\mathcal{E}+\mathrm{d}\mathcal{E}$ である量子状態は，原点を中心とする，半径 $k+\mathrm{d}k = \sqrt{\frac{2m_{\mathrm{e}}(\mathcal{E}+\mathrm{d}\mathcal{E})}{\hbar^2}}$ の球面上に位置する。ここで，$k+\mathrm{d}k$ は $\mathrm{d}\mathcal{E}$ が十分に小さければ

$$\begin{aligned} k+\mathrm{d}k &= \sqrt{\frac{2m_{\mathrm{e}}(\mathcal{E}+\mathrm{d}\mathcal{E})}{\hbar^2}} \\ &= \sqrt{\frac{2m_{\mathrm{e}}\mathcal{E}}{\hbar^2}}\left(1+\frac{1}{\mathcal{E}}\mathrm{d}\mathcal{E}\right)^{1/2} \\ &\simeq \sqrt{\frac{2m_{\mathrm{e}}\mathcal{E}}{\hbar^2}}\left(1+\frac{1}{2\mathcal{E}}\mathrm{d}\mathcal{E}\right) \end{aligned} \tag{9.21}$$

$\left(\because x \ll 1 \text{ の場合，} (1+x)^{1/2} \simeq 1+\frac{1}{2}x\right)$

のように近似できる。この結果から，図 9.6 に示した球殻の微小な厚さに相当する $\mathrm{d}k$ は式(9.20)と式(9.21)の差として求められ，

$$\mathrm{d}k = (k+\mathrm{d}k)-k = \sqrt{\frac{2m_{\mathrm{e}}\mathcal{E}}{\hbar^2}}\frac{1}{2\mathcal{E}}\mathrm{d}\mathcal{E} = \frac{1}{2}\sqrt{\frac{2m_{\mathrm{e}}}{\hbar^2\mathcal{E}}}\mathrm{d}\mathcal{E} \tag{9.22}$$

のように $\mathrm{d}\mathcal{E}$ と関係づけられる。あるいは，式(9.19)を $\mathcal{E}$ で微分すると

$$\frac{\mathrm{d}k}{\mathrm{d}\mathcal{E}} = \frac{1}{2}\sqrt{\frac{2m_{\mathrm{e}}}{\hbar^2\mathcal{E}}}$$

となることからも，

$$\mathrm{d}k = \frac{1}{2}\sqrt{\frac{2m_{\mathrm{e}}}{\hbar^2\mathcal{E}}}\mathrm{d}\mathcal{E}$$

が得られる。すでに説明したように，半径 k，微小な厚さ $\mathrm{d}k$ の球殻の体積は $4\pi k^2\mathrm{d}k$ で与えられるので，この球殻内に含まれる量子状態の数は

$$D(\mathcal{E})\mathrm{d}\mathcal{E} = 2\times 4\pi k^2\mathrm{d}k \div \left(\frac{2\pi}{L}\right)^3$$

である。ただし，電子のスピン自由度が 2 であることを考慮して 2 倍してある。上式に対して，式(9.20)と式(9.22)を代入すると

$$\begin{aligned} D(\mathcal{E})\mathrm{d}\mathcal{E} &= 2\times 4\pi\left(\sqrt{\frac{2m_{\mathrm{e}}\mathcal{E}}{\hbar^2}}\right)^2 \frac{1}{2}\sqrt{\frac{2m_{\mathrm{e}}}{\hbar^2\mathcal{E}}}\mathrm{d}\mathcal{E} \div \left(\frac{2\pi}{L}\right)^3 \\ &= \frac{V}{2\pi^2}\left(\frac{2m_{\mathrm{e}}}{\hbar^2}\right)^{3/2}\mathcal{E}^{1/2}\mathrm{d}\mathcal{E} \end{aligned}$$

であることから，

$$D(\mathcal{E}) = \frac{V}{2\pi^2}\left(\frac{2m_{\mathrm{e}}}{\hbar^2}\right)^{3/2}\mathcal{E}^{1/2} \tag{9.23}$$

が得られる。

自由電子の状態密度を表す式(9.23)が得られたので，これを用いていくつかの物理量を求めてみることにする。

状態密度を用いて電子の総数 N を求める

最初に，$\mathcal{E}$ が 0 から $\mathcal{E}_\mathrm{F}$ までのエネルギー範囲内に自由電子が分布している場合の電子の総数 N を求めてみよう。そのためには状態密度 $D(\mathcal{E})$ を $0 \leq \mathcal{E} \leq \mathcal{E}_\mathrm{F}$ の範囲で積分すればよい。すなわち，

$$
\begin{aligned}
N &= \int_0^{\mathcal{E}_\mathrm{F}} D(\mathcal{E})\mathrm{d}\mathcal{E} \\
&= \frac{V}{2\pi^2}\left(\frac{2m_\mathrm{e}}{\hbar^2}\right)^{3/2}\int_0^{\mathcal{E}_\mathrm{F}} \mathcal{E}^{1/2}\mathrm{d}\mathcal{E} \\
&= \frac{V}{2\pi^2}\left(\frac{2m_\mathrm{e}}{\hbar^2}\right)^{3/2}\left[\frac{2}{3}\mathcal{E}^{3/2}\right]_0^{\mathcal{E}_\mathrm{F}} \\
&= \frac{V}{3\pi^2}\left(\frac{2m_\mathrm{e}\mathcal{E}_\mathrm{F}}{\hbar^2}\right)^{3/2}
\end{aligned}
\tag{9.24}
$$

となる。上の式を $\mathcal{E}_\mathrm{F}$ について解くと

$$
\mathcal{E}_\mathrm{F} = \frac{\hbar^2}{2m_\mathrm{e}}\left(3\pi^2\frac{N}{V}\right)^{2/3}
$$

となり，式(9.14)の結果と一致する。

状態密度を用いて電子の全エネルギー E を求める

次に，エネルギー $\mathcal{E}$ が 0 から $\mathcal{E}_\mathrm{F}$ までの範囲内に自由電子が分布している場合の電子の全エネルギー E を求めてみよう。そのためにはエネルギー $\mathcal{E}$ と状態密度 $D(\mathcal{E})$ との積を $0 \leq \mathcal{E} \leq \mathcal{E}_\mathrm{F}$ の範囲で積分すればよい。すなわち，全エネルギーは

$$
\begin{aligned}
E &= \int_0^{\mathcal{E}_\mathrm{F}} \mathcal{E}D(\mathcal{E})\mathrm{d}\mathcal{E} \\
&= \frac{V}{2\pi^2}\left(\frac{2m_\mathrm{e}}{\hbar^2}\right)^{3/2}\int_0^{\mathcal{E}_\mathrm{F}} \mathcal{E}^{3/2}\mathrm{d}\mathcal{E} \\
&= \frac{V}{2\pi^2}\left(\frac{2m_\mathrm{e}}{\hbar^2}\right)^{3/2}\left[\frac{2}{5}\mathcal{E}^{5/2}\right]_0^{\mathcal{E}_\mathrm{F}} \\
&= \frac{V}{5\pi^2}\left(\frac{2m_\mathrm{e}}{\hbar^2}\right)^{3/2}{\mathcal{E}_\mathrm{F}}^{5/2}
\end{aligned}
\tag{9.25}
$$

である。$\mathcal{E}_\mathrm{F} = \frac{\hbar^2 {k_\mathrm{F}}^2}{2m_\mathrm{e}}$ を式(9.25)に代入すれば

$$
E = \frac{\hbar^2 {k_\mathrm{F}}^5}{10\pi^2 m_\mathrm{e}}V
$$

となり，式(9.17)と一致していることが確かめられる。

以上のように，状態密度 $D(\mathcal{E})$ がわかっていれば，$\boldsymbol{k}$ 空間を考えずに，さまざまな物理量を求めることができる。

9.2.2 $T > 0\,\mathrm{K}$ における自由電子のエネルギー分布

これまでは，絶対零度における自由電子について考えてきた。絶対零度では，電子はフェルミエネルギー $\mathcal{E}_\mathrm{F}$ 以下の量子状態を占有しており，$\mathcal{E} > \mathcal{E}_\mathrm{F}$ であるエネルギーをもつ電子は存在しない。言い換えれば，$\mathcal{E} \leq \mathcal{E}_\mathrm{F}$ である量子状態を電子が占有する確率は 100%，$\mathcal{E} > \mathcal{E}_\mathrm{F}$ である確率は 0% となり，フェルミエネルギー $\mathcal{E}_\mathrm{F}$ を境に電子のエネルギー分布は急峻に変化する。これに対して，5.3 節で述べたように，$T > 0\,\mathrm{K}$ においては，フェルミ粒子である電子は式(5.15)で示したフェルミ分布関数に従い，そのエネルギー分布は滑らかに変化する。その様子を示したのが**図 9.8** である。$T = 0\,\mathrm{K}$ においては，$\mathcal{E} \leq \mathcal{E}_\mathrm{F}$ であるエネルギー範囲にある量子状態を 100% 占有し，$\mathcal{E} > \mathcal{E}_\mathrm{F}$ では占有確率 0% となっている。そのため，$T = 0\,\mathrm{K}$ では，$\mathcal{E} \leq \mathcal{E}_\mathrm{F}$ における電子のエネルギー分布は状態密度 $D(\mathcal{E})$ と完全に一致する。一方，$T > 0\,\mathrm{K}$ においては，$\mathcal{E} \leq \mu$ の量子状態を完全には占有しておらず，$\mathcal{E} > \mu$ のエネルギー範囲にも電子が分布している。ただし，μ は 5.2 節で説明した化学ポテンシャルである。$T > 0\,\mathrm{K}$ では，電子のエネルギー分布は状態密度 $D(\mathcal{E})$ と完全には一致しなくなる。

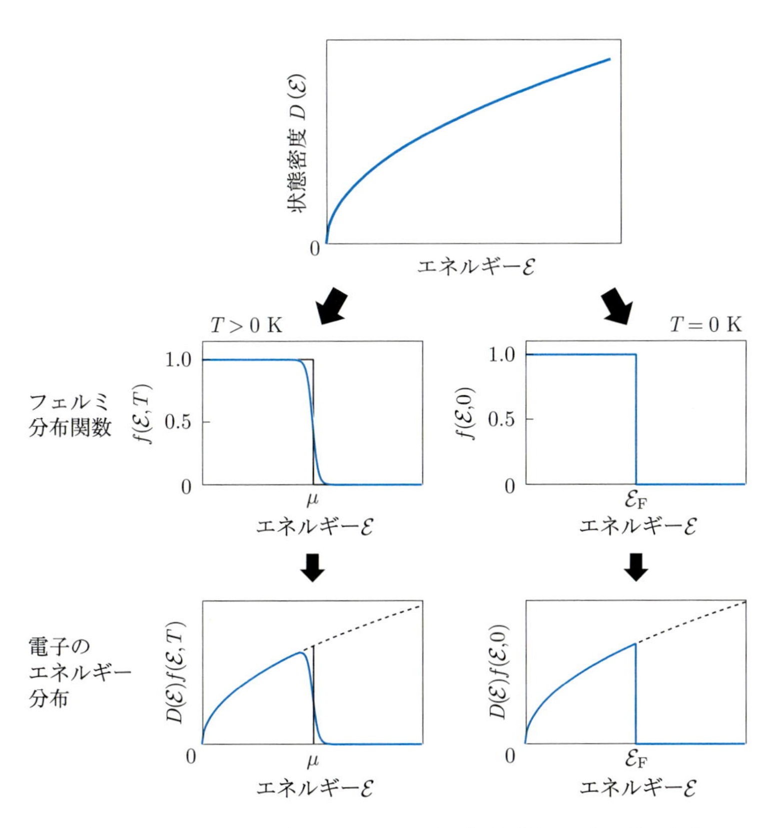

図 9.8　$T > 0\,\mathrm{K}$ および $T = 0\,\mathrm{K}$ における自由電子のエネルギー分布

9.2.3　次元数と状態密度の関係

これまでの状態密度に関する議論は 3 次元空間における自由電子についてのものであった。現在では，半導体の結晶成長技術や加工技術の進展によって，電子を 2 次元内あるいは 1 次元内に閉じ込めることが可能である。ここでは，2 次元空間ならびに 1 次元空間における自由電子の状態密度について考えてみよう。

2 次元自由電子の状態密度

2 次元自由電子の場合，x 方向，y 方向のみに自由度があるため，エネルギー $\mathcal{E}$ と波数との間には

$$\mathcal{E} = \frac{\hbar^2}{2m_\mathrm{e}}\left({k_x}^2 + {k_y}^2\right) \tag{9.26}$$

の関係がある。エネルギー $\mathcal{E}$ である量子状態は，2 次元の $\boldsymbol{k}$ 空間においては，原点を中心とする，半径が

$$k = \sqrt{\frac{2m_\mathrm{e}\mathcal{E}}{\hbar^2}} \tag{9.27}$$

の円周上に位置する。この様子を示したのが**図 9.9** の内円である。

同様に，エネルギー $\mathcal{E} + \mathrm{d}\mathcal{E}$ である量子状態は，原点を中心とする，半径が

$$k + \mathrm{d}k = \sqrt{\frac{2m_\mathrm{e}(\mathcal{E} + \mathrm{d}\mathcal{E})}{\hbar^2}} \tag{9.28}$$

の図 9.9 の外円の周上に位置する。図 9.9 に示した外円と内円の半径の差に相当する微小幅 $\mathrm{d}k$ は式(9.22)とまったく同じように求めることができ，

$$\mathrm{d}k = \frac{1}{2}\sqrt{\frac{2m_\mathrm{e}}{\hbar^2\mathcal{E}}}\mathrm{d}\mathcal{E} \tag{9.29}$$

である。図 9.9 に示した外円と内円に囲まれた領域の面積は，半径 k，微小幅 $\mathrm{d}k$ を用いて $2\pi k\mathrm{d}k$ で与えられる。2 次元の $\boldsymbol{k}$ 空間では，量子状態は k_x, k_y 方向に対して $\frac{2\pi}{L}$ の間隔で並んでいるので，1 つの量子状態が占有する面積は $(\frac{2\pi}{L})^2$ である。したがって，外円と内円に囲まれた領域に含まれる量子状態の数は

$$D(\mathcal{E})\mathrm{d}\mathcal{E} = 2 \times 2\pi k\mathrm{d}k \div \left(\frac{2\pi}{L}\right)^2$$

で与えられる。ここでは電子のスピン自由度を考慮して 2 倍してある。上式に対して，式(9.27)と式(9.29)を代入すると

$$\begin{aligned} D(\mathcal{E})\mathrm{d}\mathcal{E} &= 2 \times 2\pi\sqrt{\frac{2m_\mathrm{e}\mathcal{E}}{\hbar^2}}\frac{1}{2}\sqrt{\frac{2m_\mathrm{e}}{\hbar^2\mathcal{E}}}\mathrm{d}\mathcal{E} \div \left(\frac{2\pi}{L}\right)^2 \\ &= \frac{L^2}{2\pi}\left(\frac{2m_\mathrm{e}}{\hbar^2}\right)\mathrm{d}\mathcal{E} \end{aligned}$$

であることから，

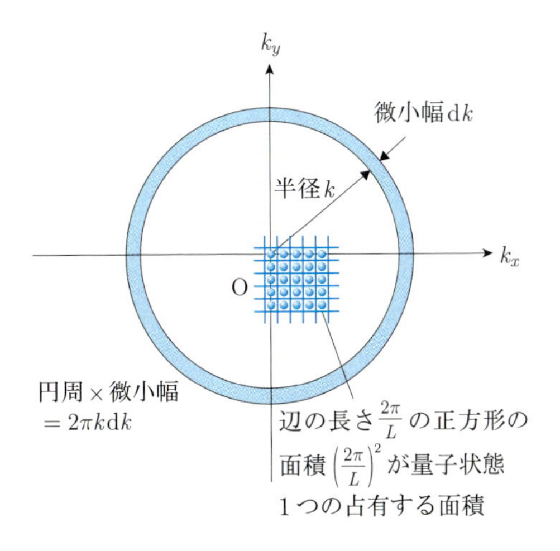

図 9.9　2 次元空間の状態密度

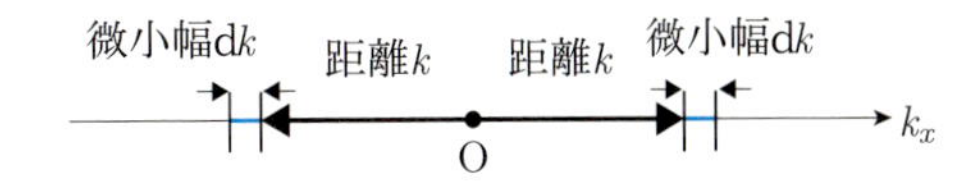

図 9.10　1 次元空間の状態密度

$$D(\mathcal{E}) = \frac{S}{2\pi}\left(\frac{2m_\mathrm{e}}{\hbar^2}\right) \tag{9.30}$$

が得られる。ただし，$S = L^2$ とした。式(9.30)は，2 次元自由電子の状態密度が $\mathcal{E}$ には依存しないことを意味している。

1 次元自由電子の状態密度

1 次元自由電子では，x 方向のみに自由度があるため，エネルギーと波数には

$$\mathcal{E} = \frac{\hbar^2 {k_x}^2}{2m_\mathrm{e}} \tag{9.31}$$

の関係がある。エネルギー $\mathcal{E}$ である量子状態は，原点からの距離 $k = \sqrt{\frac{2m_\mathrm{e}\mathcal{E}}{\hbar^2}}$ の点上に位置する。この様子を**図 9.10** に示してある。同様に，エネルギー $\mathcal{E} + \mathrm{d}\mathcal{E}$ である量子状態は，原点からの距離 $k + \mathrm{d}k = \sqrt{\frac{2m_\mathrm{e}(\mathcal{E} + \mathrm{d}\mathcal{E})}{\hbar^2}}$ の点上に位置する。図 9.10 に示した微小幅 $\mathrm{d}k$ は，3 次元，2 次元の場合とまったく同様に

$$\mathrm{d}k = \frac{1}{2}\sqrt{\frac{2m_\mathrm{e}}{\hbar^2\mathcal{E}}}\mathrm{d}\mathcal{E} \tag{9.32}$$

のように $\mathrm{d}\mathcal{E}$ と関係づけられる。1 次元の $\boldsymbol{k}$ 空間では，量子状態は k_x 方向に $\frac{2\pi}{L}$ の間隔で並んでいるので，1 つの量子状態が占有する長さは $\frac{2\pi}{L}$ である。原点からの距離 k にある微小幅 $\mathrm{d}k$ は図 9.10 に示すように 2 つあり，それらの中に含まれる量子状態の数は

$$D(\mathcal{E})\mathrm{d}\mathcal{E} = 2 \times 2\mathrm{d}k \div \frac{2\pi}{L}$$

である。ここでも電子のスピン自由度を考慮して 2 倍してある。上式に対して，式(9.32)を代入すると

$$D(\mathcal{E})\mathrm{d}\mathcal{E} = 2 \times \sqrt{\frac{2m_\mathrm{e}}{\hbar^2\mathcal{E}}}\mathrm{d}\mathcal{E} \div \frac{2\pi}{L}$$

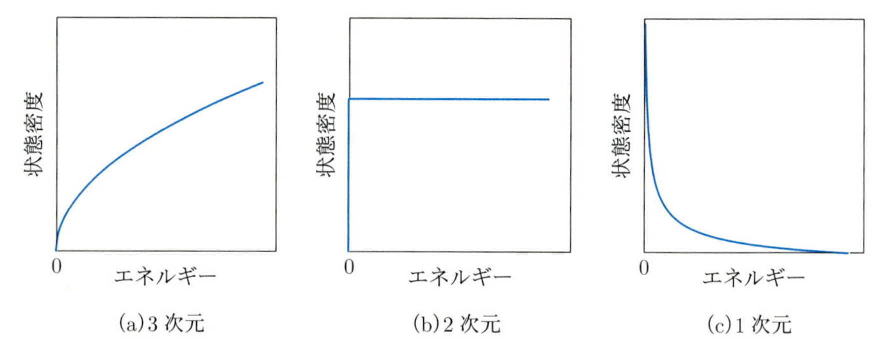

図 9.11　3, 2, 1 次元自由電子の状態密度

$$= \frac{L}{\pi}\sqrt{\frac{2m_e}{\hbar^2}}\mathcal{E}^{-1/2}\mathrm{d}\mathcal{E}$$

であることから，

$$D(\mathcal{E}) = \frac{L}{\pi}\sqrt{\frac{2m_e}{\hbar^2}}\mathcal{E}^{-1/2} \tag{9.33}$$

が得られる。式(9.23)，(9.30)，(9.33)で示される 3 次元，2 次元，1 次元の自由電子の状態密度をグラフで表すと**図 9.11** のようになる。すでに述べたように半導体の結晶成長技術や微細加工技術を利用して電子を 2 次元的に閉じ込める量子井戸（quantum well）と呼ばれる構造，1 次元的に閉じ込める量子細線（quantum wire）と呼ばれる構造が作製可能となっている。自由電子の運動の次元を制限することによってもたらされる状態密度の変化が電子デバイスや光デバイスの特性向上に応用されている。

9.2.4　電子比熱

9.1 節でも説明したように，自由電子を古典的に扱うと，温度 T のとき，平均エネルギーは $\langle\mathcal{E}\rangle = \frac{3}{2}k_\mathrm{B}T$ で与えられる。電子数が N である場合，全エネルギーは

$$E_\mathrm{classic} = \frac{3}{2}Nk_\mathrm{B}T$$

で与えられる。これを温度 T で微分したものが比熱であるから

$$C_\mathrm{el} = \frac{\partial E_\mathrm{classic}}{\partial T} = \frac{3}{2}Nk_\mathrm{B}$$

となる。例えば，1 原子あたり 1 個の自由電子があるとして，モル比熱を求めると $C_\mathrm{el} = \frac{3}{2}N_\mathrm{A}k_\mathrm{B}$ となる。つまり，古典的に扱うと電子比熱は格子比熱と同程度になる。しかし，この計算結果は実験結果と比べると大きすぎてまったく合わない。その理由は電子をフェルミ粒子として扱わずに古典的な自由粒子として扱ったためである。

電子をフェルミ粒子として扱うと，温度 T における自由電子の全エネルギーは，式(9.25)を得るのに用いた積分 $E = \int_0^{\mathcal{E}_\mathrm{F}} \mathcal{E}D(\mathcal{E})\mathrm{d}\mathcal{E}$ に修正

を加えた

$$E = \int_0^\infty \mathcal{E} D(\mathcal{E}) f(\mathcal{E}, T) \mathrm{d}\mathcal{E} \tag{9.34}$$

によって求められる。ここで，$D(\mathcal{E})$ は式(9.23)で示した状態密度，$f(\mathcal{E}, T)$ は式(5.15)で示したフェルミ分布関数である。式(9.34)に式(9.23)を代入して整理すると

$$E = \frac{V}{2\pi^2}\left(\frac{2m_\mathrm{e}}{\hbar^2}\right)^{3/2} \int_0^\infty \mathcal{E}^{3/2} f(\mathcal{E}, T) \mathrm{d}\mathcal{E} \tag{9.35}$$

が得られる。式(9.35)を計算するためには，ゾンマーフェルト展開*2

$$\int_{-\infty}^\infty g'(\mathcal{E}) f(\mathcal{E}, T) \mathrm{d}\mathcal{E}$$
$$= \int_{-\infty}^\mu g'(\mathcal{E}) \mathrm{d}\mathcal{E} + \frac{\pi^2}{6}(k_\mathrm{B}T)^2 g^{(2)}(\mu) + \frac{7\pi^4}{360}(k_\mathrm{B}T)^4 g^{(4)}(\mu) + \cdots \tag{9.36}$$

*2 導出方法については付録Fを参照のこと。ゾンマーフェルト（Arnold Johannes Sommerfeld, 1868〜1951）はドイツの物理学者である。彼の弟子はデバイ，ハイトラー，ハイゼンベルク，パウリ，ランデら錚々たる顔ぶれである。

を用いる。ただし，

$$g'(\mathcal{E}) = \frac{\mathrm{d}g(\mathcal{E})}{\mathrm{d}\mathcal{E}}$$
$$g^{(n)}(\mu) = \left.\frac{\mathrm{d}^n g(\mathcal{E})}{\mathrm{d}\mathcal{E}^n}\right|_{\mathcal{E}=\mu}$$

である。式(9.36)においては，$g'(\mathcal{E}) = \mathcal{E}^{3/2}$ である。$k_\mathrm{B}T \ll \mu$ であるとして，ゾンマーフェルト展開の第2項までを用いることにすると

$$E = \frac{V}{2\pi^2}\left(\frac{2m_\mathrm{e}}{\hbar^2}\right)^{3/2} \left\{\frac{2}{5}\mu^{5/2} + \frac{\pi^2}{4}(k_\mathrm{B}T)^2 \mu^{1/2}\right\} \tag{9.37}$$

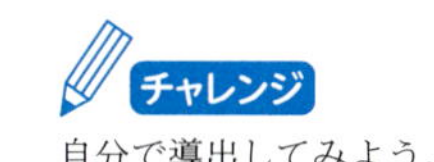

自分で導出してみよう。

が得られる。

同様に，式(9.24)を求めるのに用いた積分 $N = \int_0^{\mathcal{E}_\mathrm{F}} D(\mathcal{E}) \mathrm{d}\mathcal{E}$ にフェルミ分布関数による修正を加えることで，電子数 N を求める式は

$$N = \int_0^\infty D(\mathcal{E}) f(\mathcal{E}, T) \mathrm{d}\mathcal{E}$$

となる。上式に式(9.23)を代入して整理すると

$$N = \frac{V}{2\pi^2}\left(\frac{2m_\mathrm{e}}{\hbar^2}\right)^{3/2} \int_0^\infty \mathcal{E}^{1/2} f(\mathcal{E}, T) \mathrm{d}\mathcal{E} \tag{9.38}$$

が得られる。この式について，ゾンマーフェルト展開の第2項までを用いて計算すると

$$N = \frac{V}{2\pi^2}\left(\frac{2m_\mathrm{e}}{\hbar^2}\right)^{3/2} \left\{\frac{2}{3}\mu^{3/2} + \frac{\pi^2}{12}(k_\mathrm{B}T)^2 \mu^{-1/2}\right\} \tag{9.39}$$

自分で導出してみよう。

となる。電子数 N は $T = 0\,\mathrm{K}$ のときと同じでなければならないから，式(9.39)は式(9.24)と一致する。このことから $\mathcal{E}_\mathrm{F} \gg k_\mathrm{B}T$ という条件下では，近似的に

$$\mu = \mathcal{E}_\mathrm{F}\left\{1 - \frac{\pi^2}{12}\left(\frac{k_\mathrm{B}T}{\mathcal{E}_\mathrm{F}}\right)^2\right\} \tag{9.40}$$

が得られる。この式は，温度 T が高くなるにつれて，自由電子の化学ポテンシャル μ が減少していくことを示している。

式(9.40)を式(9.37)に代入し，$\mathcal{E}_\mathrm{F} \gg k_\mathrm{B}T$ という条件を考慮して $(k_\mathrm{B}T)^2$ までの項で自由電子の全エネルギーの近似式を求めると

自分で導出してみよう。

$$E = \frac{V}{2\pi^2}\left(\frac{2m_\mathrm{e}}{\hbar^2}\right)^{3/2}\left\{\frac{2}{5}{\mathcal{E}_\mathrm{F}}^{5/2} + \frac{\pi^2}{6}(k_\mathrm{B}T)^2{\mathcal{E}_\mathrm{F}}^{1/2}\right\} \tag{9.41}$$

が得られる。この式から，自由電子のエネルギーは温度 T が高くなるにつれて増加していくことがわかる。式(9.41)を温度 T で微分することによって，固体の比熱における自由電子の寄与分である，電子比熱を次式のように求めることができる。

$$\begin{aligned} C_\mathrm{el} &= \frac{\partial E}{\partial T} \\ &= \frac{V}{6}\left(\frac{2m_\mathrm{e}}{\hbar^2}\right)^{3/2}{k_\mathrm{B}}^2 T{\mathcal{E}_\mathrm{F}}^{1/2} \end{aligned} \tag{9.42}$$

さらに，式(9.23)あるいは式(9.24)を用いて式(9.42)を変形すると

$$C_\mathrm{el} = \frac{\pi^2}{3}{k_\mathrm{B}}^2 T D(\mathcal{E}_\mathrm{F}) = \frac{N\pi^2{k_\mathrm{B}}^2 T}{2\mathcal{E}_\mathrm{F}} \tag{9.43}$$

という関係が得られる。電子数をアボガドロ定数に等しいとし $(N = N_\mathrm{A})$，フェルミエネルギーを $\mathcal{E}_\mathrm{F} = 3.1\,\mathrm{eV}$，温度を $T = 300\,\mathrm{K}$ としてモル比熱を求めると $C_\mathrm{el} = 0.34\,\mathrm{J\,K^{-1}\,mol^{-1}}$ であり，格子比熱と比べると 2 桁程度小さいことがわかる。

また，格子比熱と比べて，電子比熱が十分に小さいことについては，以下のような説明も可能である。温度が T から $T + \Delta T$ へと上昇するとフェルミ分布関数 $f(\mathcal{E})$ の変化にともなって電子のエネルギー分布 $D(\mathcal{E})f(\mathcal{E})$ は**図 9.12** に示すように変化する。つまり，温度が上昇しても大部分の電子のエネルギー分布は変化せず，わずかに $\mathcal{E} = \mathcal{E}_\mathrm{F}$ 付近にある電子のエネルギー分布が変わるだけなので，電子の全エネルギーの変化分はわずかにとどまる。そのため，電子比熱は小さいのである。

温度上昇 ΔT によって，図 9.12 中に青色で示した領域の面積に相当する電子数 ΔN が高エネルギー側へ移る。青色で示した領域の面積は近似的に高さ $\frac{1}{2}D(\mathcal{E}_\mathrm{F})$ と平均幅 $k_\mathrm{B}\Delta T$ の積として求められるから

$$\Delta N \sim \frac{1}{2}D(\mathcal{E}_\mathrm{F})k_\mathrm{B}\Delta T$$

となる。

また，図 9.12 に示すように，温度上昇にともなって高エネルギー側へと分布が移る際に電子 1 個あたりが受け取るエネルギーは $\mathcal{E} \sim 4k_\mathrm{B}T$ 程度である。したがって，温度上昇による全電子のエネルギー増加分 ΔE は

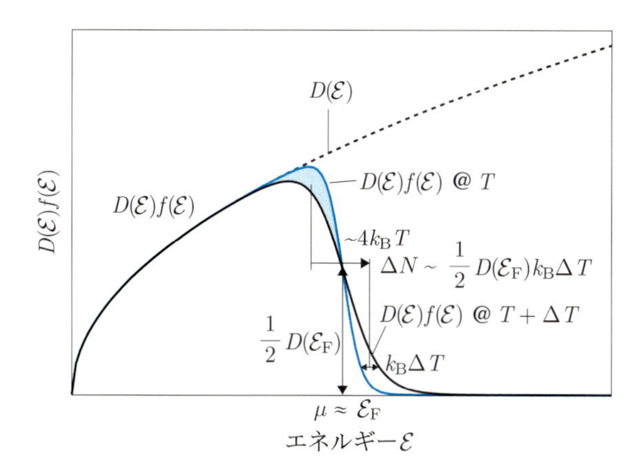

図 9.12　電子比熱が小さいことを説明する図

$$\Delta E \sim \mathcal{E}\Delta N = 2D(\mathcal{E}_\mathrm{F}){k_\mathrm{B}}^2 T\Delta T \tag{9.44}$$

で与えられる。式(9.44)から電子比熱は

$$C_\mathrm{el} \sim \frac{\Delta E}{\Delta T} = 2{k_\mathrm{B}}^2 TD(\mathcal{E}_\mathrm{F}) \tag{9.45}$$

と見積もられる。大雑把な見積もりから得られた結果ではあるが，式(9.43)と同じオーダーである。

❖ 演習問題

9.1　Au, Ag, Cu はいずれも結晶構造が面心立方構造であり，1 価の原子からなる金属である。Au, Ag, Cu の格子定数がそれぞれ 0.4079 nm, 0.4086 nm, 0.3615 nm であることを用いて，電気伝導に関わる電子密度 n およびフェルミエネルギー $\mathcal{E}_\mathrm{F}$ を求めなさい。ただし，伝導に関わる電子の質量は $m_\mathrm{e} = 9.109 \times 10^{-31}$ kg であるとしなさい。

9.2　1 次元および 2 次元自由電子の電子比熱を求めなさい。

9.3　9.2.3 項で紹介した量子井戸構造（2 次元），量子細線構造（1 次元），および量子ドット構造（0 次元）の作製技術と応用について調べなさい。

9.4　図 9.12 に示した，電子 1 個あたりが受け取るエネルギーが $\mathcal{E} \sim 4k_\mathrm{B}T$ 程度と見積もれることについて考察しなさい。

第10章　バンド理論

導体の示すさまざまな性質，特に**電気伝導率**（electric conductivity）が高いという性質については第9章で扱った自由電子モデルによって説明できるが，導体と比べて半導体や絶縁体が2桁から10桁以上も低い電気伝導率を示すことを説明できない。半導体・絶縁体における低い電気伝導率はバンド理論によってはじめて説明できる。そのため，バンド理論は固体物理学において理解すべき最も重要な事項の一つである。この章ではバンド理論について学ぶ。

10.1　バンドについての概説

10.1.1　導体・絶縁体・半導体の違い

7.2節では，2種類の原子からなる1次元の格子振動において，**図10.1**の分散関係に示すように，格子振動が存在する振動数領域と存在しない振動数領域があることを説明した。量子力学では，角振動数 ω の波はエネルギー $\mathcal{E} = \hbar\omega$ の粒子とみなすことができ，格子振動を量子化したものがフォノンであった。つまり，図10.1は，見方を変えれば，フォノンが存在できるエネルギー領域と存在できないエネルギー領域があることを意味する。

このことと同様に，**図10.2**に模式的に示すように，固体中の電子に

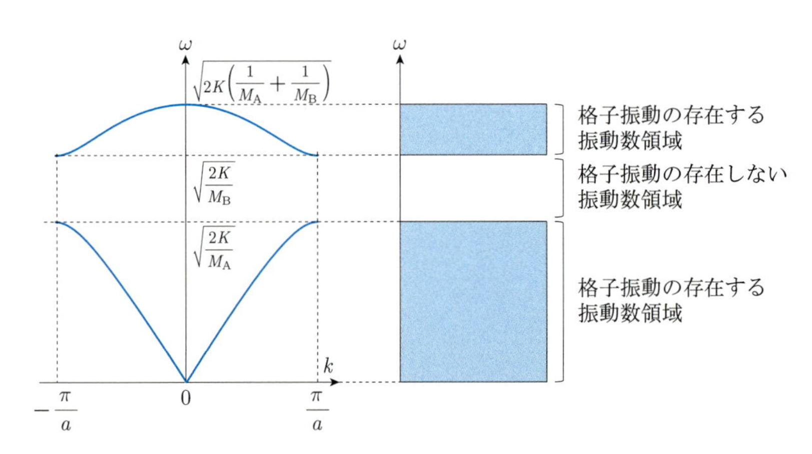

図10.1　2種類の原子からなる1次元の格子振動の分散関係。
格子振動の存在する振動数領域と存在しない振動数領域がある。

も存在できるエネルギー領域と存在できないエネルギー領域があり，それらのエネルギー領域は帯（バンド）状に分布している。この様子は，原子中の電子がとりうるエネルギーが離散的であるのとは大きく異なる[*1]。電子が存在できるバンド状に分布しているエネルギー領域を**許容帯**（allowed band），電子が存在できないエネルギー領域を**禁制帯**（forbidden band）と呼ぶ。また，禁制帯のことを**バンドギャップ**（band gap）あるいは**エネルギーギャップ**（energy gap）とも呼ぶ。絶縁体や半導体の示す低い電気伝導率は，このバンドギャップの存在によって説明される。

*1　固体中の電子がとりうるエネルギーがなぜバンド状になるのかについては後で詳しく説明する。

導体の場合は，**図 10.3**(a) 中の青い線で示すように，電子はエネルギーの低い側から許容帯の途中までを占有しており，それよりもエネルギーの高い許容帯は電子に占有されていない空の状態である。そのため，固体に加えられた電場によって電子がエネルギーを得たとすれば，その大きさが無限小であっても電子によって占有されていない許容帯中の状態へと移ることができるため，固体中を運動できる。したがって，導体で

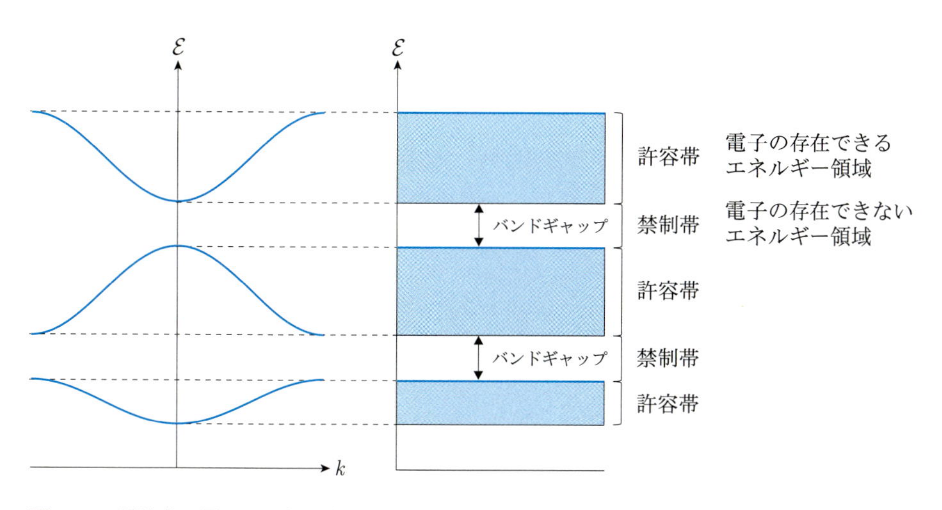

図 10.2　固体中の電子のエネルギー $\mathcal{E}$ と波数 k の関係。
電子が存在できる許容帯と呼ばれるエネルギー領域と，電子が存在できない禁制帯と呼ばれるエネルギー領域がある。

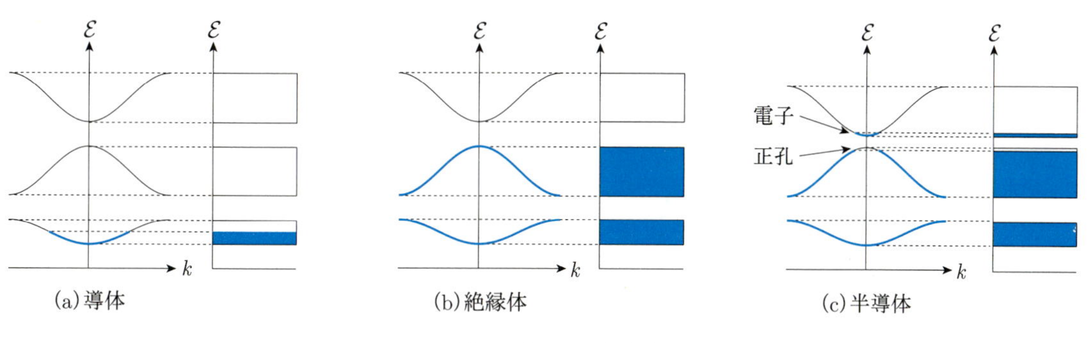

図 10.3　導体，絶縁体，半導体の違い

は電流が流れることになる[*2]。

*2　固体中の電気伝導については第11章で詳しく扱うので，この章ではこの程度の説明にとどめる。

これに対して絶縁体では，図10.3(b)に示すように，電子は許容帯のすべてを空の状態をつくることなく占有している。この場合，電子に占有された許容帯の高エネルギー側にバンドギャップがあるために，電子は高いエネルギー状態へと移ることができない。したがって，電流は流れない。

図10.3(c)に示した半導体の場合，本来，電子は許容帯を完全に占有するだけの数がある。ところが，絶縁体と比べるとバンドギャップがあまり大きくないため，一部の電子は，熱励起によってバンドギャップを越えて1つ上の許容帯へと移ることができる。1つ上の許容帯に移った一部の電子は，電場から得られる無限小のエネルギーだけで電子によって占有されていない許容帯中の状態へと移ることができるため電気伝導に寄与する。ただし，この電子の数は導体と比べると少数であるため，結果として電気伝導率はあまり高くない。また，熱励起によって電子が抜けた結果，許容帯には少数の**正孔**（hole）[*3]が生成する。この正孔も電気伝導に寄与する。

*3　正孔については11.2節で詳しく説明する。

10.2　1電子シュレーディンガー方程式

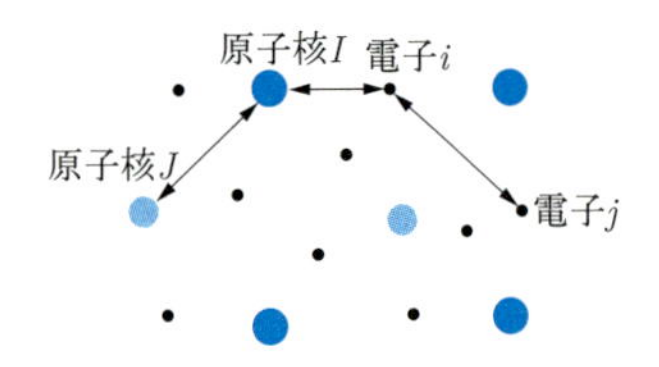

図10.4　固体中で電子–原子核間，電子–電子間，原子核–原子核間で相互作用が生じる様子

結晶中の電子の状態について議論するために，M個の原子核とN個の電子からなる系を考えよう（**図10.4**）。電子–原子核間，電子–電子間，原子核–原子核間それぞれにクーロン相互作用が働くことから，この系のハミルトニアンは

$$
\begin{aligned}
\hat{H} = &\sum_{i=1}^{N}\left(-\frac{\hbar^2}{2m_\mathrm{e}}\Delta_i\right) - \sum_{i=1}^{N}\sum_{I=1}^{M}\frac{Z_I e^2}{4\pi\varepsilon_0|\boldsymbol{r}_i - \boldsymbol{R}_I|} \\
&+ \sum_{i=1}^{N-1}\sum_{j=i+1}^{N}\frac{e^2}{4\pi\varepsilon_0|\boldsymbol{r}_i - \boldsymbol{r}_j|} \\
&+ \sum_{I=1}^{M}\left(-\frac{\hbar^2}{2M_I}\Delta_I\right) + \sum_{I=1}^{M-1}\sum_{J=I+1}^{M}\frac{Z_I Z_J e^2}{4\pi\varepsilon_0|\boldsymbol{R}_I - \boldsymbol{R}_J|}
\end{aligned}
\tag{10.1}
$$

のように書き表すことができる。ただし，小文字i, jは電子の番号を，大文字I, Jは原子核の番号を表す。m_eは電子の質量を，M_IはI番目の原子核の質量を，$\boldsymbol{r}_i$はi番目の電子の位置ベクトル，すなわち

$$
\boldsymbol{r}_i = (x_i, y_i, z_i)
$$

を，$\boldsymbol{R}_I$はI番目の原子核の位置ベクトル，すなわち

$$
\boldsymbol{R}_I = (x_I, y_I, z_I)
$$

を，Z_IはI番目の原子核の原子番号，すなわち原子核内の陽子の個数を表す。系内に含まれる陽子の全個数と電子の全個数は一致するから

$$N = \sum_{I=1}^{M} Z_I$$

が成り立つ。また，Δ_i, Δ_I は i 番目の電子に対するラプラス演算子，I 番目の原子核に対するラプラス演算子を表し，それぞれ

$$\Delta_i = \frac{\partial^2}{\partial {x_i}^2} + \frac{\partial^2}{\partial {y_i}^2} + \frac{\partial^2}{\partial {z_i}^2}$$
$$\Delta_I = \frac{\partial^2}{\partial {x_I}^2} + \frac{\partial^2}{\partial {y_I}^2} + \frac{\partial^2}{\partial {z_I}^2}$$

である。式(10.1)中の項は，順に

(a)　電子の運動エネルギー
(b)　電子–原子核間のクーロンエネルギー
(c)　電子–電子間のクーロンエネルギー
(d)　原子核の運動エネルギー
(e)　原子核–原子核間のクーロンエネルギー

に対応している。図10.4には，固体中において，(b)電子–原子核間，(c)電子–電子間，(e)原子核–原子核間に生じる相互作用の一部を矢印で例示している。この図では，3本の矢印だけを示しているが，実際には N 個の電子と M 個の原子核，合わせて $N+M$ 個の粒子があるので，$\dfrac{(N+M)(N+M-1)}{2}$ 本の矢印で結ばれる相互作用が生じることになる。

式(10.1)に対する定常状態のシュレーディンガー方程式は，N 個の電子の位置座標と M 個の原子核の位置座標を変数とする波動関数 $\Psi(\boldsymbol{r}_1, \boldsymbol{r}_2, \cdots, \boldsymbol{r}_N, \boldsymbol{R}_1, \boldsymbol{R}_2, \cdots, \boldsymbol{R}_M)$ を用いて

$$\begin{aligned} &\hat{H}\Psi(\boldsymbol{r}_1, \boldsymbol{r}_2, \cdots, \boldsymbol{r}_N, \boldsymbol{R}_1, \boldsymbol{R}_2, \cdots, \boldsymbol{R}_M) \\ &= E\Psi(\boldsymbol{r}_1, \boldsymbol{r}_2, \cdots, \boldsymbol{r}_N, \boldsymbol{R}_1, \boldsymbol{R}_2, \cdots, \boldsymbol{R}_M) \end{aligned} \tag{10.2}$$

と表される。固体中には $1\,\mathrm{cm}^3$ あたり $N \simeq 10^{23}$ 個の電子，$M \simeq 10^{22}$ 個の原子核があるので，式(10.2)を厳密に解くことはできず*4，解を求めるためには以下に述べるいくつかの近似的な取り扱いが必要となる。

*4　粒子の個数が2つまで，つまり電子1個と原子核1個の場合であれば方程式を厳密に解くことができるが，粒子の個数が3つ以上になると特定の条件を満たす場合を除いて厳密に解くことはできない。このような問題は**多体問題**（many-body problem）と呼ばれる。

断熱近似

まず，原子核の質量 M_I は電子の質量 m_e と比べて非常に大きいため*5，原子核の運動エネルギー $\sum_{I=1}^{M}\left(-\frac{\hbar^2}{2M_I}\Delta_I\right)$ は電子の運動エネルギー $\sum_{i=1}^{N}\left(-\frac{\hbar^2}{2m_\mathrm{e}}\Delta_i\right)$ と比べて十分に小さいとして無視することができる。6.2.1項でも説明したようにこのような近似を**断熱近似**という。原子核の運動エネルギーを0とすることは，原子核が静止していると考えることに相当する。原子核の位置座標 $\boldsymbol{R}_1, \boldsymbol{R}_2, \cdots, \boldsymbol{R}_M$ が固定されれば，式(10.1)は

*5　電子の質量は 9.11×10^{-31} kgであるのに対して，例えば，炭素原子核の質量は 1.99×10^{-26} kgであり，電子の質量の2万倍以上である。

$$\hat{H} = \sum_{i=1}^{N}\left(-\frac{\hbar^2}{2m_\mathrm{e}}\Delta_i\right) - \sum_{i=1}^{N}\sum_{I=1}^{M}\frac{Z_I e^2}{4\pi\varepsilon_0|\boldsymbol{r}_i - \boldsymbol{R}_I|}$$
$$+ \sum_{i=1}^{N-1}\sum_{j=i+1}^{N}\frac{e^2}{4\pi\varepsilon_0|\boldsymbol{r}_i - \boldsymbol{r}_j|} + \sum_{I=1}^{M-1}\sum_{J=I+1}^{M}\frac{Z_I Z_J e^2}{4\pi\varepsilon_0|\boldsymbol{R}_I - \boldsymbol{R}_J|} \tag{10.3}$$

のように，式(10.2)は

$$\hat{H}\Psi(\boldsymbol{r}_1, \boldsymbol{r}_2, \cdots, \boldsymbol{r}_N) = E\Psi(\boldsymbol{r}_1, \boldsymbol{r}_2, \cdots, \boldsymbol{r}_N) \tag{10.4}$$

のようにそれぞれ修正される。特に，式(10.3)中の，原子核間のクーロン相互作用を表す第 4 項によって与えられるエネルギーは，電子の位置座標 $\boldsymbol{r}_i$ によらず常に同じ値となるので，これ以降は系の全エネルギーからこのエネルギー分を差し引いたエネルギーを求めることとして，式中から第 4 項を除いて，ハミルトニアンを

$$\hat{H} = \sum_{i=1}^{N}\left(-\frac{\hbar^2}{2m_\mathrm{e}}\Delta_i\right) - \frac{e^2}{4\pi\varepsilon_0}\sum_{i=1}^{N}\sum_{I=1}^{M}\frac{Z_I}{|\boldsymbol{r}_i - \boldsymbol{R}_I|}$$
$$+ \frac{e^2}{4\pi\varepsilon_0}\sum_{i=1}^{N-1}\sum_{j=i+1}^{N}\frac{1}{|\boldsymbol{r}_i - \boldsymbol{r}_j|} \tag{10.5}$$

とする。

平均場近似

それでもなお，電子の個数は $1\,\mathrm{cm}^3$ あたり $N \simeq 10^{23}$ であり，これらの電子間のクーロン相互作用があるので，シュレーディンガー方程式を厳密に解くことはできない。そこで，どれか 1 つの電子，例えば i 番目の電子に着目したとき，残りの $N-1$ 個の電子がそれぞれどの位置にいるのかを具体的に考えることをせずに，それらの電子が分布することによってつくられるポテンシャルを i 番目の電子が受けるとする。また，残りの電子の数が非常に多いので，どの 1 つの電子に着目したのかに関係なく，ポテンシャルはいつも同じ関数で表されると近似する。つまり位置座標 $\boldsymbol{r}$ にある 1 つの電子には，残りの電子の位置座標がおもてに表れないようなポテンシャル $V(\boldsymbol{r})$ が働くものとする。この近似は**平均場近似**と呼ばれる。すでに 4.9.2 項で説明したハートリー–フォック近似は平均場近似の 1 つである。以下ではハートリー–フォック近似を用いて，最終的には 1 電子シュレーディンガー方程式を導出する。

ハートリー–フォック近似

すでに 4.9.2 項で多電子原子について行った手続きと同様に，スレーター行列式を用いて N 電子波動関数を

$$\Psi(\xi_1, \cdots, \xi_N) = \frac{1}{\sqrt{N!}} \begin{vmatrix} \psi_1(\xi_1) & \psi_2(\xi_1) & \cdots & \psi_N(\xi_1) \\ \psi_1(\xi_2) & \psi_2(\xi_2) & \cdots & \psi_N(\xi_2) \\ \vdots & \vdots & & \vdots \\ \psi_1(\xi_N) & \psi_2(\xi_N) & \cdots & \psi_N(\xi_N) \end{vmatrix} \tag{10.6}$$

で表すことにする。

定義は式(4.68)の場合と同様で，$\psi_i(\xi_j)$ は 1 電子のスピン軌道関数であり，i はスピン軌道の番号を，j は電子の番号を表す。定義は式(4.69)，(4.70)と同様である。

式(10.5)のハミルトニアンに対して，4.9.2 項で行ったのと同様の手続きによってハートリー–フォック方程式が

$$\begin{aligned} &-\frac{\hbar^2}{2m_\mathrm{e}}\Delta\psi_i(\xi) - \sum_{I=1}^{M}\frac{Z_I e^2}{4\pi\varepsilon_0|\boldsymbol{r}-\boldsymbol{R}_I|}\psi_i(\xi) \\ &\quad + \left\{\sum_{j=1}^{N}\sum_{\sigma'=\pm1}\int \mathrm{d}\boldsymbol{r}'\psi_j^*(\xi')\frac{e^2}{4\pi\varepsilon_0|\boldsymbol{r}-\boldsymbol{r}'|}\psi_j(\xi')\right\}\psi_i(\xi) \\ &\quad - \sum_{j=1}^{N}\left\{\sum_{\sigma'=\pm1}\int \mathrm{d}\boldsymbol{r}'\psi_j^*(\xi')\frac{e^2}{4\pi\varepsilon_0|\boldsymbol{r}-\boldsymbol{r}'|}\psi_i(\xi')\right\}\psi_j(\xi) = \mathcal{E}_i\psi_i(\xi) \end{aligned} \tag{10.7}$$

のように得られる。この式では，式(4.72)中における 1 個の原子核によるクーロン引力ポテンシャル $-\frac{Ze^2}{4\pi\varepsilon_0|\boldsymbol{r}|}$ が M 個の原子核によるクーロン引力ポテンシャル $-\sum_{I=1}^{M}\frac{Z_I e^2}{4\pi\varepsilon_0|\boldsymbol{r}-\boldsymbol{R}_I|}$ に置き換えられている。さらに 4.9.3 項と同様の手続きを行うと

$$\begin{aligned} &\left\{-\frac{\hbar^2}{2m_\mathrm{e}}\Delta - \sum_{I=1}^{M}\frac{Z_I e^2}{4\pi\varepsilon_0|\boldsymbol{r}-\boldsymbol{R}_I|} + \int\frac{e^2}{4\pi\varepsilon_0|\boldsymbol{r}-\boldsymbol{r}'|}\rho(\boldsymbol{r}')\mathrm{d}\boldsymbol{r}'\right. \\ &\quad \left. + \int\frac{e^2}{4\pi\varepsilon_0|\boldsymbol{r}-\boldsymbol{r}'|}\rho_i^{\mathrm{XC}}(\boldsymbol{r},\boldsymbol{r}')\mathrm{d}\boldsymbol{r}'\right\}\phi_i(\boldsymbol{r}) = \mathcal{E}_i\phi_i(\boldsymbol{r}) \end{aligned} \tag{10.8}$$

となる。ここで，$\rho(\boldsymbol{r})$ および $\rho_i^{\mathrm{XC}}(\boldsymbol{r},\boldsymbol{r}')$ はそれぞれ，式(4.74)および式(4.75)で定義したものと同じである。

最終的に得られた式(10.8)は

$$\left\{-\frac{\hbar^2}{2m_\mathrm{e}}\Delta + V(\boldsymbol{r})\right\}\phi_i(\boldsymbol{r}) = \mathcal{E}_i\phi_i(\boldsymbol{r})$$

という形式であり，1 電子の波動関数 $\phi_i(\boldsymbol{r})$ についての方程式，すなわち **1 電子シュレーディンガー方程式**となっている。すべての電子 $\phi_i(\boldsymbol{r})$ $(i = 1, \cdots, N)$ に対して同じ形の式となるので，式(10.8)を解いて N 個の波動関数を求める問題に帰着する。ただし，ポテンシャル $V(\boldsymbol{r})$ には $\phi_i(\boldsymbol{r})$ が含まれているので，求めた $\phi_i(\boldsymbol{r})$ を $V(\boldsymbol{r})$ に代入し，再び $\phi_i(\boldsymbol{r})$ を求めるというように，計算を繰り返し実行して自己無撞着に解く必要がある。

以上の手続きの流れを整理すると

1. M 個の原子核と N 個の電子からなる系についてシュレーディンガー方程式を作成する（式(10.1)）。
2. 原子核の質量 M_I は電子の質量 m_{e} と比べると非常に大きいので，原子核は静止していると考える（断熱近似，式(10.5)）。
3. 電子間の相互作用を平均場近似で扱い，1 電子シュレーディンガー方程式を導出する（式(10.8)）。
4. 導出した 1 電子シュレーディンガー方程式から N 個の解を求める。

ということになる。

10.3　ブロッホの定理

いくつかの近似を行った結果，結晶中の電子の状態を求めるためには，式(10.8)で示される 1 電子シュレーディンガー方程式を解けばよいということになった。

ところで電子が原子核から受けるクーロン引力ポテンシャルは，原子核の位置が結晶の周期性に従って並んでいるので当然，周期関数になる。また電子は，原子核から受けるポテンシャルの周期性を反映して分布するので，電子間相互作用も結晶と同じ周期性をもつ周期関数になる。したがって，1 つの電子が受けるポテンシャル $V(\boldsymbol{r})$ は

$$V(\boldsymbol{r}+\boldsymbol{R}_n)=V(\boldsymbol{r}) \tag{10.9}$$

という周期性をもつ。ただし，$\boldsymbol{R}_n=n_1\boldsymbol{a}_1+n_2\boldsymbol{a}_2+n_3\boldsymbol{a}_3$（$n_1$，$n_2$，$n_3$ は任意の整数，$\boldsymbol{a}_1$，$\boldsymbol{a}_2$，$\boldsymbol{a}_3$ は格子の基本並進ベクトル）である。

1 電子シュレーディンガー方程式[*6]

$$\hat{H}\phi(\boldsymbol{r})=\left\{-\frac{\hbar^2}{2m_{\mathrm{e}}}\Delta+V(\boldsymbol{r})\right\}\phi(\boldsymbol{r})=\mathcal{E}\phi(\boldsymbol{r}) \tag{10.10}$$

において，$V(\boldsymbol{r})$ が式(10.9)で表されるような周期ポテンシャルであれば，その具体的な関数の形がわからなくても，その解は

$$\phi_{\boldsymbol{k}}(\boldsymbol{r})=e^{i\boldsymbol{k}\cdot\boldsymbol{r}}u_{\boldsymbol{k}}(\boldsymbol{r}) \tag{10.11}$$

で与えられる。ただし，$u_{\boldsymbol{k}}(\boldsymbol{r})$ は周期ポテンシャル $V(\boldsymbol{r})$ と同じ周期性をもつ周期関数で

$$u_{\boldsymbol{k}}(\boldsymbol{r}+\boldsymbol{R}_n)=u_{\boldsymbol{k}}(\boldsymbol{r}) \tag{10.12}$$

を満たす。これを**ブロッホの定理**（Bloch theorem）[*7]という。ブロッホの定理は，「ポテンシャル $V(\boldsymbol{r})$ が周期関数であるようなシュレーディンガー方程式の解となる波動関数はポテンシャルと同じ周期性をもつ周期関数 $u_{\boldsymbol{k}}(\boldsymbol{r})$ に $e^{i\boldsymbol{k}\cdot\boldsymbol{r}}$ をかけたものになる」となる。式(10.11)で与えられる 1 電子の波動関数を**ブロッホ関数**（Bloch function）という。

ブロッホ関数は

*6　ちなみに，第 9 章で扱った自由電子モデルの場合は $V(\boldsymbol{r})=0$ であった。

*7　スイス生まれの物理学者であるブロッホ（Felix Bloch, 1905〜1983）によって導出された定理である。ブロッホは 1934 年にアメリカに移住し，核磁気の精密測定法の開発に関する業績によって 1952 年にノーベル物理学賞を受賞した。1954 年から 1955 年には欧州原子核研究機構（CERN）の初代長官を務めた。

$$\phi_{\boldsymbol{k}}(\boldsymbol{r}+\boldsymbol{R}_n)=e^{i\boldsymbol{k}\cdot\boldsymbol{R}_n}\phi_{\boldsymbol{k}}(\boldsymbol{r}) \tag{10.13}$$

という形式で表すこともできる。これは**ブロッホの定理の別の表現**である。この表現は，波動関数に対して $\boldsymbol{R}_n$ の並進操作を行うと，位相が $\boldsymbol{k}\cdot\boldsymbol{R}_n$ だけシフトするということを意味している。ブロッホの定理の別の表現は，式(10.11)において $\boldsymbol{r}$ の代わりに $\boldsymbol{r}+\boldsymbol{R}_n$ とすると，

$$\begin{aligned}\phi_{\boldsymbol{k}}(\boldsymbol{r}+\boldsymbol{R}_n)&=e^{i\boldsymbol{k}\cdot(\boldsymbol{r}+\boldsymbol{R}_n)}u_{\boldsymbol{k}}(\boldsymbol{r}+\boldsymbol{R}_n)\\&=e^{i\boldsymbol{k}\cdot\boldsymbol{R}_n}e^{i\boldsymbol{k}\cdot\boldsymbol{r}}u_{\boldsymbol{k}}(\boldsymbol{r}) &&\left(\begin{array}{l}\because\ \text{式(10.12)より}\\ u_{\boldsymbol{k}}(\boldsymbol{r}+\boldsymbol{R}_n)=u_{\boldsymbol{k}}(\boldsymbol{r})\end{array}\right)\\&=e^{i\boldsymbol{k}\cdot\boldsymbol{R}_n}\phi_{\boldsymbol{k}}(\boldsymbol{r}) &&\left(\begin{array}{l}\because\ \text{式(10.11)より}\\ \phi_{\boldsymbol{k}}(\boldsymbol{r})=e^{i\boldsymbol{k}\cdot\boldsymbol{r}}u_{\boldsymbol{k}}(\boldsymbol{r})\end{array}\right)\end{aligned}$$

となることによって確かめられる。ブロッホの定理は，結晶中の電子の状態を求める上で重要な定理である。その証明を与えておこう。

ブロッホの定理の証明

式(10.10)のハミルトニアンは，$V(\boldsymbol{r}+\boldsymbol{R}_n)=V(\boldsymbol{r})$ であるので基本並進ベクトルによる並進操作に対して不変である。つまり

$$\hat{H}(\boldsymbol{r}+\boldsymbol{R}_n)=\hat{H}(\boldsymbol{r}) \tag{10.14}$$

が成り立つ。したがって，式(10.10)に対して $\boldsymbol{r}\to\boldsymbol{r}+\boldsymbol{R}_n$ という並進操作を行うと

$$\hat{H}\phi(\boldsymbol{r}+\boldsymbol{R}_n)=\mathcal{E}\phi(\boldsymbol{r}+\boldsymbol{R}_n)$$

となる。ここで，$\boldsymbol{R}_n$ として格子の基本並進ベクトルである $\boldsymbol{a}_1$ を選べば

$$\hat{H}\phi(\boldsymbol{r}+\boldsymbol{a}_1)=\mathcal{E}\phi(\boldsymbol{r}+\boldsymbol{a}_1) \tag{10.15}$$

となる。式(10.10)と式(10.15)は同じ方程式であるから，その解に縮退がない場合には*8，定数 c 倍だけの違いを除いて，同じ解でなければならないので

$$\phi(\boldsymbol{r}+\boldsymbol{a}_1)=c\,\phi(\boldsymbol{r}) \tag{10.16}$$

となる。

*8　もし縮退がある場合にも，波動関数について適当な線形結合をつくって対角化すればよい。

図 8.1 に示した，$\boldsymbol{a}_1$ 方向に N_1 個の基本単位胞分進むと元に戻るという周期的境界条件を上式に対して適用すると，

$$\begin{aligned}\phi(\boldsymbol{r})&=\phi(\boldsymbol{r}+N_1\boldsymbol{a}_1)\\&=c\,\phi(\boldsymbol{r}+(N_1-1)\boldsymbol{a}_1)\\&=c^2\phi(\boldsymbol{r}+(N_1-2)\boldsymbol{a}_1)\\&\ \ \vdots\\&=c^{N_1}\phi(\boldsymbol{r})\end{aligned}$$

となるので

$$c^{N_1} = 1 = \exp(2\pi m_1 i)$$

すなわち

$$c = \exp\left(\frac{2\pi m_1 i}{N_1}\right)$$

でなければならない。ただし，m_1 は任意の整数である。したがって，式(10.16)は

$$\phi(\boldsymbol{r}+\boldsymbol{a}_1) = \exp\left(\frac{2\pi m_1 i}{N_1}\right)\phi(\boldsymbol{r})$$

となる。$\boldsymbol{a}_2$, $\boldsymbol{a}_3$ 方向に対しても周期的境界条件を適用すると，同様に

$$\phi(\boldsymbol{r}+\boldsymbol{a}_2) = \exp\left(\frac{2\pi m_2 i}{N_2}\right)\phi(\boldsymbol{r})$$

$$\phi(\boldsymbol{r}+\boldsymbol{a}_3) = \exp\left(\frac{2\pi m_3 i}{N_3}\right)\phi(\boldsymbol{r})$$

が得られる。ただし，m_2, m_3 は任意の整数である。したがって，$\boldsymbol{R}_n$ だけ並進操作を行うと

$$\begin{aligned}\phi(\boldsymbol{r}+\boldsymbol{R}_n) &= \phi(\boldsymbol{r}+n_1\boldsymbol{a}_1+n_2\boldsymbol{a}_2+n_3\boldsymbol{a}_3)\\ &= \exp\left(\frac{2\pi m_1 i}{N_1}n_1\right)\exp\left(\frac{2\pi m_2 i}{N_2}n_2\right)\exp\left(\frac{2\pi m_3 i}{N_3}n_3\right)\phi(\boldsymbol{r})\\ &= \exp\left\{2\pi i\left(\frac{m_1}{N_1}n_1+\frac{m_2}{N_2}n_2+\frac{m_3}{N_3}n_3\right)\right\}\phi(\boldsymbol{r}) \qquad (10.17)\end{aligned}$$

となる。ここで，式(3.19)で定義した逆格子の基本ベクトル $\boldsymbol{b}_1$, $\boldsymbol{b}_2$, $\boldsymbol{b}_3$ を用いて

$$\boldsymbol{k} = \frac{m_1}{N_1}\boldsymbol{b}_1+\frac{m_2}{N_2}\boldsymbol{b}_2+\frac{m_3}{N_3}\boldsymbol{b}_3$$

とすれば，$\boldsymbol{a}_i\cdot\boldsymbol{b}_j = 2\pi\delta_{ij}$ なので

$$\begin{aligned}\boldsymbol{k}\cdot\boldsymbol{R}_n &= \left(\frac{m_1}{N_1}\boldsymbol{b}_1+\frac{m_2}{N_2}\boldsymbol{b}_2+\frac{m_3}{N_3}\boldsymbol{b}_3\right)\cdot(n_1\boldsymbol{a}_1+n_2\boldsymbol{a}_2+n_3\boldsymbol{a}_3)\\ &= 2\pi\left(\frac{m_1}{N_1}n_1+\frac{m_2}{N_2}n_2+\frac{m_3}{N_3}n_3\right)\end{aligned}$$

となる。式(10.17)の波動関数に対して $\boldsymbol{k}$ の関数であることをあらわに示すために添え字 $\boldsymbol{k}$ を加えれば

$$\phi_{\boldsymbol{k}}(\boldsymbol{r}+\boldsymbol{R}_n) = e^{i\boldsymbol{k}\cdot\boldsymbol{R}_n}\phi_{\boldsymbol{k}}(\boldsymbol{r})$$

となり，ブロッホの定理の別の表現が得られることになる。

10.4　ほとんど自由な電子モデルによるバンド理論の導出

10.2 節で議論した，結晶の電子状態を求めるための 1 電子シュレーディンガー方程式

$$\left\{-\frac{\hbar^2}{2m_{\mathrm{e}}}\Delta + V(\boldsymbol{r})\right\}\phi(\boldsymbol{r}) = \mathcal{E}\phi(\boldsymbol{r}) \tag{10.18}$$

において，周期ポテンシャル $V(\boldsymbol{r})$ が小さいと仮定し，第 9 章で説明した自由電子モデルをわずかに修正した状況を考える。$V(\boldsymbol{r}) = 0$ であるときに式(10.18)は自由電子モデルのシュレーディンガー方程式に一致することから，周期ポテンシャル $V(\boldsymbol{r})$ が十分に小さいと近似するモデルは**ほとんど自由な電子モデル**（nearly-free electron model）と呼ばれる。この周期ポテンシャル $V(\boldsymbol{r})$ を次式のように波数ベクトル $\boldsymbol{k}$ によってフーリエ級数展開する。

$$V(\boldsymbol{r}) = \sum_{\boldsymbol{k}} V_{\boldsymbol{k}} e^{i\boldsymbol{k}\cdot\boldsymbol{r}}$$

ここで，周期ポテンシャル $V(\boldsymbol{r})$ は結晶の周期性に従い，$V(\boldsymbol{r} + \boldsymbol{R}_n) = V(\boldsymbol{r})$ であることから

$$\sum_{\boldsymbol{k}} V_{\boldsymbol{k}} e^{i\boldsymbol{k}\cdot(\boldsymbol{r}+\boldsymbol{R}_n)} = \sum_{\boldsymbol{k}} V_{\boldsymbol{k}} e^{i\boldsymbol{k}\cdot\boldsymbol{r}} e^{i\boldsymbol{k}\cdot\boldsymbol{R}_n} = \sum_{\boldsymbol{k}} V_{\boldsymbol{k}} e^{i\boldsymbol{k}\cdot\boldsymbol{r}}$$

すなわち

$$e^{i\boldsymbol{k}\cdot\boldsymbol{R}_n} = 1 \tag{10.19}$$

でなければならない。式(10.19)は逆格子点を与えるベクトル $\boldsymbol{G}_m$ の性質を示した式(3.14)と同じであることから，フーリエ級数展開に用いる波数ベクトルは $\boldsymbol{k} = \boldsymbol{G}_m$ でなければならない。結果として，周期ポテンシャルは $\boldsymbol{G}_m$ でフーリエ級数展開できて，

$$V(\boldsymbol{r}) = \sum_{\boldsymbol{G}_m} V_{\boldsymbol{G}_m} e^{i\boldsymbol{G}_m\cdot\boldsymbol{r}} \tag{10.20}$$

となる。ちなみに，フーリエ係数 $V_{\boldsymbol{G}_m}$ は

$$V_{\boldsymbol{G}_m} = \frac{1}{v}\int_v V(\boldsymbol{r}) e^{-i\boldsymbol{G}_m\cdot\boldsymbol{r}} \mathrm{d}\boldsymbol{r} \tag{10.21}$$

によって求められる。ただし，v は基本単位胞の体積であり，基本単位胞の内部を積分範囲として積分を行う。

一方，(10.18)のシュレーディンガー方程式の解であるブロッホ関数 $\phi_{\boldsymbol{k}}(\boldsymbol{r})$ はブロッホの定理より

$$\phi_{\boldsymbol{k}}(\boldsymbol{r}) = e^{i\boldsymbol{k}\cdot\boldsymbol{r}} u_{\boldsymbol{k}}(\boldsymbol{r})$$

と表される。ただし，

$$u_{\boldsymbol{k}}(\boldsymbol{r} + \boldsymbol{R}_n) = u_{\boldsymbol{k}}(\boldsymbol{r})$$

であり，この関数も結晶の周期性に従うので $V(\boldsymbol{r})$ とまったく同様に逆格子ベクトル $\boldsymbol{G}_{m'}$ によって

$$u_{\boldsymbol{k}}(\boldsymbol{r}) = \frac{1}{\sqrt{V}} \sum_{\boldsymbol{G}_{m'}} C_{\boldsymbol{G}_{m'}} e^{i\boldsymbol{G}_{m'}\cdot\boldsymbol{r}}$$

のようにフーリエ級数展開できる。ただし，$\dfrac{1}{\sqrt{V}}$ は関数を規格化するための因子である。したがって，ブロッホ関数は

$$\phi_{\boldsymbol{k}}(\boldsymbol{r}) = \frac{1}{\sqrt{V}} \sum_{\boldsymbol{G}_{m'}} C_{\boldsymbol{G}_{m'}} e^{i(\boldsymbol{k}+\boldsymbol{G}_{m'})\cdot\boldsymbol{r}} \tag{10.22}$$

となる。式(10.20)と式(10.22)をシュレーディンガー方程式(10.18)に代入して整理すると

$$\frac{1}{\sqrt{V}} \sum_{\boldsymbol{G}_{m'}} \left\{ \frac{\hbar^2}{2m_{\mathrm{e}}} |\boldsymbol{k}+\boldsymbol{G}_{m'}|^2 + \sum_{\boldsymbol{G}_m} V_{\boldsymbol{G}_m} e^{i\boldsymbol{G}_m\cdot\boldsymbol{r}} \right\} C_{\boldsymbol{G}_{m'}} e^{i(\boldsymbol{k}+\boldsymbol{G}_{m'})\cdot\boldsymbol{r}}$$
$$= \frac{1}{\sqrt{V}} \sum_{\boldsymbol{G}_{m'}} \mathcal{E}\, C_{\boldsymbol{G}_{m'}} e^{i(\boldsymbol{k}+\boldsymbol{G}_{m'})\cdot\boldsymbol{r}}$$

となる。この両辺に

$$\frac{1}{\sqrt{V}} e^{-i(\boldsymbol{k}+\boldsymbol{G}_{m''})\cdot\boldsymbol{r}}$$

をかけて，図 8.1 に示した $N_1\boldsymbol{a}_1$, $N_2\boldsymbol{a}_2$, $N_3\boldsymbol{a}_3$ を辺とする平行六面体の内部を積分範囲として積分する。周期的境界条件によって

$$\frac{1}{V} \int e^{i(\boldsymbol{G}_{m'}-\boldsymbol{G}_{m''})\cdot\boldsymbol{r}} \mathrm{d}\boldsymbol{r} = \delta_{\boldsymbol{G}_{m'}\boldsymbol{G}_{m''}}$$

となることを用いると

$$\left\{ \frac{\hbar^2}{2m_{\mathrm{e}}} |\boldsymbol{k}+\boldsymbol{G}_m|^2 - \mathcal{E} \right\} C_{\boldsymbol{G}_m} + \sum_{\boldsymbol{G}_{m'}} V_{\boldsymbol{G}_m-\boldsymbol{G}_{m'}} C_{\boldsymbol{G}_{m'}} = 0 \tag{10.23}$$

が得られる。この式の数は逆格子点 $\boldsymbol{G}_m$ の数だけある。仮に N 個の逆格子点があるとして，それらに $\boldsymbol{G}_m^{(1)}, \boldsymbol{G}_m^{(2)}, \cdots, \boldsymbol{G}_m^{(N)}$ のように番号を付ければ，結果として $C_{\boldsymbol{G}_m^{(i)}}$（$i = 1, 2, \cdots, N$）についての連立方程式

$$\left\{ \frac{\hbar^2}{2m_{\mathrm{e}}} \left|\boldsymbol{k}+\boldsymbol{G}_m^{(1)}\right|^2 - \mathcal{E} \right\} C_{\boldsymbol{G}_m^{(1)}} + \sum_{i=1}^{N} V_{\boldsymbol{G}_m^{(1)}-\boldsymbol{G}_m^{(i)}} C_{\boldsymbol{G}_m^{(i)}} = 0$$
$$\left\{ \frac{\hbar^2}{2m_{\mathrm{e}}} \left|\boldsymbol{k}+\boldsymbol{G}_m^{(2)}\right|^2 - \mathcal{E} \right\} C_{\boldsymbol{G}_m^{(2)}} + \sum_{i=1}^{N} V_{\boldsymbol{G}_m^{(2)}-\boldsymbol{G}_m^{(i)}} C_{\boldsymbol{G}_m^{(i)}} = 0$$
$$\vdots$$
$$\left\{ \frac{\hbar^2}{2m_{\mathrm{e}}} \left|\boldsymbol{k}+\boldsymbol{G}_m^{(N)}\right|^2 - \mathcal{E} \right\} C_{\boldsymbol{G}_m^{(N)}} + \sum_{i=1}^{N} V_{\boldsymbol{G}_m^{(N)}-\boldsymbol{G}_m^{(i)}} C_{\boldsymbol{G}_m^{(i)}} = 0$$

となる。この N 元連立方程式を解くことによって，エネルギー固有値 $\mathcal{E}$ および係数 $C_{\boldsymbol{G}_m^{(i)}}$ が求まり，その結果を式(10.22)に代入することによってブロッホ関数が求まる。

ほとんど自由な電子モデルにおいて解くべき問題を簡単にするために，3 次元ではなく，まず 1 次元の場合を考えることにする。1 次元の場合，式(10.23)は

$$\left\{ \frac{\hbar^2}{2m_{\mathrm{e}}} (k+G_m)^2 - \mathcal{E} \right\} C_{G_m} + \sum_{G_{m'}} V_{G_m-G_{m'}} C_{G_{m'}} = 0 \tag{10.24}$$

と表せる。係数は C_0 と C_{G_m} 以外 0 であるとすると，式(10.24)から

$$\left\{\frac{\hbar^2}{2m_e}(k+G_m)^2-\mathcal{E}\right\}C_{G_m}+V_0C_{G_m}+V_{G_m}C_0=0$$

$$\left(\frac{\hbar^2}{2m_e}k^2-\mathcal{E}\right)C_0+V_0C_0+V_{-G_m}C_{G_m}=0$$

が得られる。これらは C_0 と C_{G_m} の連立方程式になっているので行列を用いて表すと

$$\begin{bmatrix}\frac{\hbar^2}{2m_e}(k+G_m)^2+V_0-\mathcal{E} & V_{G_m}\\ V_{-G_m} & \frac{\hbar^2}{2m_e}k^2+V_0-\mathcal{E}\end{bmatrix}\begin{bmatrix}C_{G_m}\\ C_0\end{bmatrix}=\begin{bmatrix}0\\ 0\end{bmatrix} \tag{10.25}$$

となる。C_0 と C_{G_m} が 0 ではない解となるためには係数行列の行列式が 0 となる必要がある。すなわち

$$\begin{vmatrix}\frac{\hbar^2}{2m_e}(k+G_m)^2+V_0-\mathcal{E} & V_{G_m}\\ V_{-G_m} & \frac{\hbar^2}{2m_e}k^2+V_0-\mathcal{E}\end{vmatrix}=0$$

である。これをエネルギー $\mathcal{E}$ について解くことによって

$$\mathcal{E}=V_0+\frac{1}{2}\left\{\frac{\hbar^2}{2m_e}k^2+\frac{\hbar^2}{2m_e}(k+G_m)^2\right\}\pm\frac{1}{2}\sqrt{\left\{\frac{\hbar^2}{2m_e}k^2-\frac{\hbar^2}{2m_e}(k+G_m)^2\right\}^2+4|V_{G_m}|^2} \tag{10.26}$$

が得られる。ここで，式(10.21)より $V_{-G_m}={V^*}_{G_m}$ であるので，$|V_{G_m}|^2=V_{G_m}V_{-G_m}$ とした。式(10.26)の結果を図示すると**図 10.5** のようになる。

図からわかるように $k=-\frac{G_m}{2}$ において $2|V_{G_m}|$ のバンドギャップが生じる。つまり，周期ポテンシャル $V(\boldsymbol{r})$ を逆格子 G_m によってフーリエ級数展開した場合，フーリエ係数 V_{G_m} がゼロでないときにバンドギャップの大きさが $2|V_{G_m}|$ となるということであり，ポテンシャルの周期性によりバンドギャップが生じるということを意味している。

周期ポテンシャルのフーリエ係数 V_{G_m} が負の実数であると仮定して*9，$k=-\frac{G_m}{2}$ におけるバンドギャップをはさんだ 2 つのブロッホ関数について検討してみよう。式(10.25)の連立方程式を解くと，$\mathcal{E}=V_0+\frac{\hbar^2}{2m_e}\left(\frac{G_m}{2}\right)^2-|V_{G_m}|$ に対しては，解として $C_0=C_{G_m}$ が，$\mathcal{E}=V_0+\frac{\hbar^2}{2m_e}\left(\frac{G_m}{2}\right)^2+|V_{G_m}|$ に対しては，解として $C_0=-C_{G_m}$ が得られる。すなわち，それぞれのブロッホ関数は

$\mathcal{E}=V_0+\frac{\hbar^2}{2m_e}\left(\frac{G_m}{2}\right)^2-|V_{G_m}|$ のとき

$$\phi(x)\propto e^{i\frac{G_mx}{2}}+e^{-i\frac{G_mx}{2}}\propto\cos\frac{G_mx}{2}$$

$\mathcal{E}=V_0+\frac{\hbar^2}{2m_e}\left(\frac{G_m}{2}\right)^2+|V_{G_m}|$ のとき

$$\phi(x)\propto e^{i\frac{G_mx}{2}}-e^{-i\frac{G_mx}{2}}\propto\sin\frac{G_mx}{2}$$

*9 一般的にはフーリエ係数 V_{G_m} は複素数であるが，ここでは話を簡単にするために負の実数であると仮定した。V_{G_m} が実数なので $V_{G_m}=V_{-G_m}$ であり，フーリエ係数が V_0, V_{G_m}, V_{-G_m} のみであるとき，ポテンシャルは

$$V(x)=V_0+V_{G_m}e^{iG_mx}+V_{-G_m}e^{-iG_mx}=V_0+2V_{G_m}\cos G_mx$$

となる。説明は多少変わってくるが，V_{G_m} が正の実数あるいは複素数であったとしても同様の結果を導き出せる。

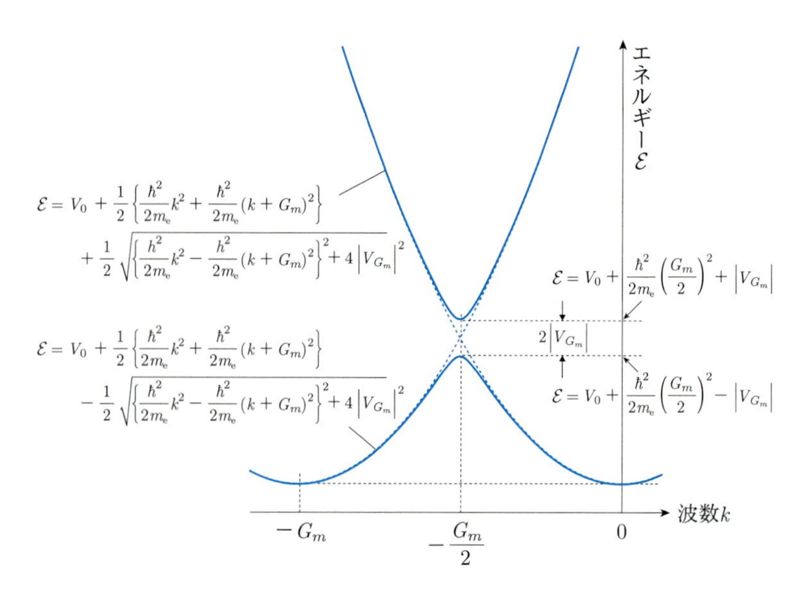

図 10.5　ほとんど自由な電子モデルから求められた電子のエネルギー

となる。どちらも $e^{i\frac{G_m x}{2}}$ と $e^{-i\frac{G_m x}{2}}$ の線形結合であるが，2 つの和あるいは差となるために，以下に説明するような理由からエネルギーの縮退が解ける。

ポテンシャル $V(x)$，2 つのブロッホ関数 $\phi(x)$ とそれらの絶対値の 2 乗 $|\phi(x)|^2$ を x の関数として図示すると**図 10.6** のようになる。まず V_{G_m} を負の実数としたので，$V_{-G_m}=V_{G_m}$ であり，図 10.6(a) に示すように，ポテンシャル $V(x)$ は原点 $x=0$ や $x=\pm\frac{2\pi}{G_m}$ で極小となる。

バンドギャップよりも低エネルギー側の電子状態である $\mathcal{E}=V_0+\frac{\hbar^2}{2m_e}\left(\frac{G_m}{2}\right)^2-|V_{G_m}|$ に対するブロッホ関数の絶対値の 2 乗は $|\phi(x)|^2\propto\cos^2\frac{G_m x}{2}$ なので，図 10.6(c) に示すように，ポテンシャル $V(x)$ が極小を示す位置で電子の存在確率が高くなっている。一方，バンドギャップよりも高エネルギー側の電子状態である $\mathcal{E}=V_0+\frac{\hbar^2}{2m_e}\left(\frac{G_m}{2}\right)^2+|V_{G_m}|$ に対するブロッホ関数の絶対値の 2 乗は $|\phi(x)|^2\propto\sin^2\frac{G_m x}{2}$ なので，図 10.6(e) に示すように，ポテンシャル $V(x)$ が極小を示す位置で電子の存在確率が低く，0 となる。つまり，$\phi(x)\propto\cos\frac{G_m x}{2}$ の場合は，ポテンシャル $V(x)$ が低くなる位置に電子が多く存在するために，電子のエネルギーがより低くなり，$\phi(x)\propto\sin\frac{G_m x}{2}$ の場合は，ポテンシャル $V(x)$ が低くなる位置での電子の分布が少なくなるために，電子のエネルギーがより高くなる。このことからもバンドギャップが生じる原因がポテンシャルの周期性にあることが理解できる。

ほとんど自由な電子のモデルを 3 次元に対して考えると，$|\boldsymbol{k}|^2=|\boldsymbol{k}+\boldsymbol{G}_m|^2$ を満足するような $\boldsymbol{k}$ において $2|V_{\boldsymbol{G}_m}|$ の大きさのバンドギャップが生じる。$2|V_{\boldsymbol{G}_m}|$ のバンドギャップが生じる $\boldsymbol{k}$ を図示すると

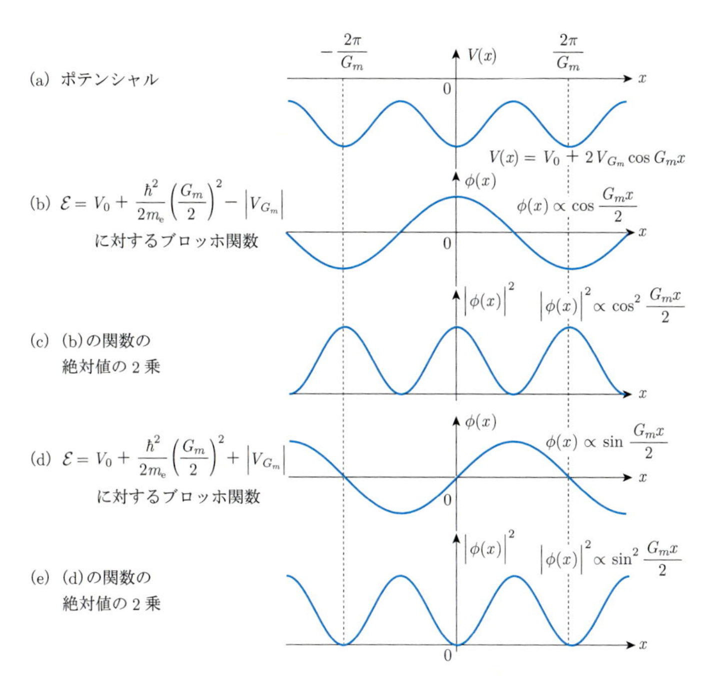

図 10.6　$k = -\frac{G_m}{2}$ におけるブロッホ関数

図 10.7 のようになる。この図では，波数ベクトル $\boldsymbol{k}$ の始点と逆格子ベクトル $\boldsymbol{G}_m$ の終点を逆格子空間の原点に一致させている。こうすると，$\boldsymbol{G}_m$ の始点と $\boldsymbol{k}$ の終点を結ぶことによって波数ベクトル $\boldsymbol{k}+\boldsymbol{G}_m$ が描ける。$2|V_{\boldsymbol{G}_m}|$ のバンドギャップが生じる条件は $|\boldsymbol{k}|^2 = |\boldsymbol{k}+\boldsymbol{G}_m|^2$ であるから，$\boldsymbol{k}$ と $\boldsymbol{k}+\boldsymbol{G}_m$ の長さが等しくなければならない。この条件は，図 10.7 に示すように，逆格子空間の原点 $(0,0,0)$ と逆格子点 $-\boldsymbol{G}_m$ とのそれぞれから等距離に $\boldsymbol{k}$ が位置するとき，すなわち，逆格子空間の原点 $(0,0,0)$ と逆格子点 $-\boldsymbol{G}_m$ を結ぶ線分の垂直二等分面上に $\boldsymbol{k}$ が位置するときに相当する。

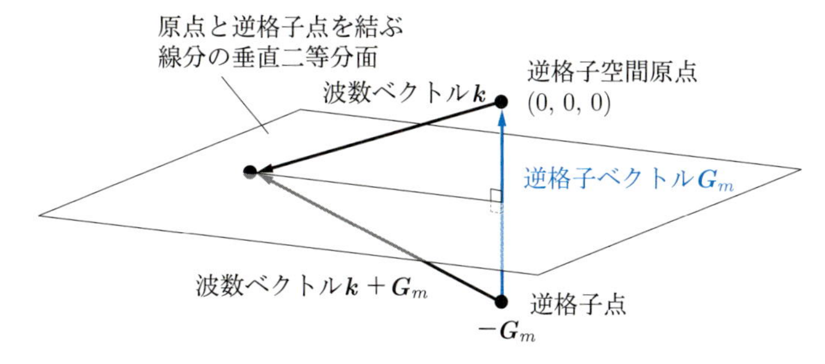

図 10.7　3 次元逆格子空間においてバンドギャップが生じる $\boldsymbol{k}$ の条件を示す図

10.5　強結合近似によるバンド理論の導出

10.4 節では自由電子モデルに小さな周期ポテンシャルを加えたほとんど自由な電子モデルによって，電子のとりうるエネルギーにギャップが生じ，その結果，電子が存在できるエネルギー領域と存在できないエネルギー領域がバンド状に分布することを説明した。この節では，結晶を構成する原子の離散的な電子状態から電子のエネルギー領域が連続的に分布したバンド状になることを説明しよう。原子の電子状態から結晶のバンドを導く近似を**強結合近似**(tight binding approximation) と呼ぶ。

強結合近似の出発点も，次の 1 電子シュレーディンガー方程式である。

$$\hat{H}\phi(\boldsymbol{r}) = \left\{-\frac{\hbar^2}{2m_{\mathrm{e}}}\Delta + V(\boldsymbol{r})\right\}\phi(\boldsymbol{r}) = \mathcal{E}\phi(\boldsymbol{r}) \tag{10.27}$$

ただし，結晶中で原子核およびそれを中心に分布した電子がつくり出すポテンシャル $V(\boldsymbol{r})$ は

$$V(\boldsymbol{r}) = V(\boldsymbol{r} + \boldsymbol{R}_n) \tag{10.28}$$

のように格子の周期性をもつ周期関数である。ここで，$\boldsymbol{R}_n = n_1\boldsymbol{a}_1 + n_2\boldsymbol{a}_2 + n_3\boldsymbol{a}_3$ であり，$\boldsymbol{a}_1$，$\boldsymbol{a}_2$，$\boldsymbol{a}_3$ は基本並進ベクトル，n_1，n_2，n_3 は任意の整数である。$V(\boldsymbol{r})$ を模式的に示すと**図 10.8** 中の実線のようになる。この図中には $\boldsymbol{R}_I$ に位置する原子核がもし孤立していた場合に，1 電子の受けるポテンシャル $U_I(\boldsymbol{r} - \boldsymbol{R}_I)$ を点線で示している。$V(\boldsymbol{r})$ と $U_I(\boldsymbol{r} - \boldsymbol{R}_I)$ は I 番目の原子の近くでは，他の原子からの影響が小さくなるので，かなり良い一致を示すと考えられる。つまり，$\boldsymbol{r} = \boldsymbol{R}_I$ の近くでは，式(10.27)は孤立した原子における 1 電子シュレーディンガー方程式

$$\hat{H}\phi(\boldsymbol{r}) = \left\{-\frac{\hbar^2}{2m_{\mathrm{e}}}\Delta + U_I(\boldsymbol{r} - \boldsymbol{R}_I)\right\}\phi(\boldsymbol{r}) = \mathcal{E}\phi(\boldsymbol{r}) \tag{10.29}$$

で近似できる。そのため，$\boldsymbol{r} = \boldsymbol{R}_I$ の近くでの波動関数を，$\boldsymbol{r} = \boldsymbol{R}_I$ を中心とする原子の軌道関数 $\varphi(\boldsymbol{r})$ を用いて

$$\phi(\boldsymbol{r}) = \varphi_{I\mu}(\boldsymbol{r} - \boldsymbol{R}_I) \tag{10.30}$$

のように良い近似で表すことができる。ここで，μ は 1s，2s，$2\mathrm{p}_x$，$2\mathrm{p}_y$，$2\mathrm{p}_z$ など，原子内のどの軌道関数であるのかを指定するための添え字である。

ここまで，原子の位置を $\boldsymbol{R}_I$ で示してきたが，結晶中の原子は周期的に並んでいるので**図 10.9** に示すように，基本単位胞の位置を指定するための $\boldsymbol{R}_n$ と，基本単位胞内に含まれる m 個の原子の位置を指定するための $\boldsymbol{r}_j$ ($j = 1, \cdots, m$) を用いて $\boldsymbol{R}_I = \boldsymbol{R}_n + \boldsymbol{r}_j$ とする。結晶の並進対称性から $\boldsymbol{R}_n$ による違いはなく，原子の種類は $\boldsymbol{r}_j$ だけで指定が可能

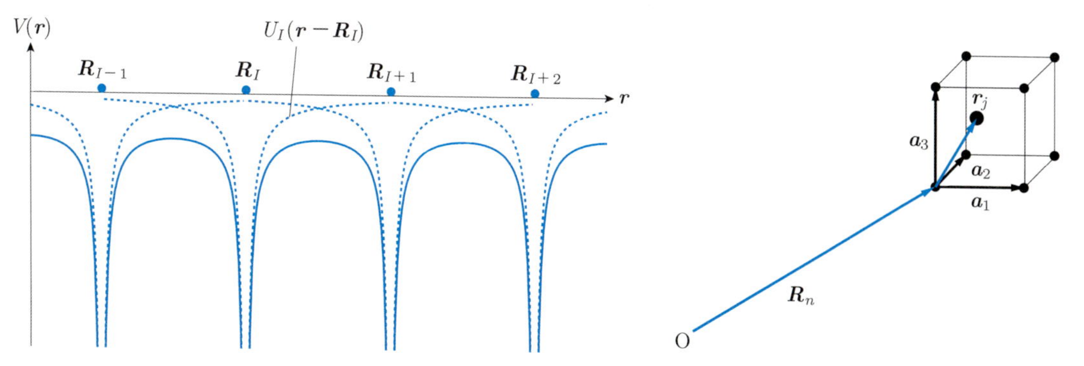

図 10.8　結晶中で 1 電子が感じる周期ポテンシャル $V(\boldsymbol{r})$。点線は孤立した原子核がつくり出すポテンシャル。

図 10.9　結晶中での原子の位置を，基本単位胞の位置を指定するための $\boldsymbol{R}_n$ と，基本単位胞内に含まれる原子の位置を指定するための $\boldsymbol{r}_j$ を用いて表す。

となるため，$\boldsymbol{r} = \boldsymbol{R}_n + \boldsymbol{r}_j$ の近くでの波動関数は，式(10.30)に代わって

$$\phi(\boldsymbol{r}) = \varphi_{j\mu}(\boldsymbol{r} - \boldsymbol{R}_n - \boldsymbol{r}_j) \tag{10.31}$$

と表せる。

強結合近似では，原子の近くだけでなく，さらに結晶全体の波動関数 $\phi(\boldsymbol{r})$ についても原子の軌道関数 $\varphi_{j\mu}(\boldsymbol{r} - \boldsymbol{R}_n - \boldsymbol{r}_j)$ の線形結合で表す。電子が，$\boldsymbol{r} = \boldsymbol{R}_n + \boldsymbol{r}_j$ を中心とする原子に強く束縛されている場合[*10]には，原子の中心から離れれば軌道関数 $\varphi_{j\mu}(\boldsymbol{r} - \boldsymbol{R}_n - \boldsymbol{r}_j)$ はゼロへと近づくので，線形結合で表す近似は妥当だと考えられる。ただし，結晶中における電子の波動関数 $\phi(\boldsymbol{r})$ はブロッホの定理を満足しなければならないので

$$\phi(\boldsymbol{r}) = \sum_{\boldsymbol{R}_n} \sum_{j=1}^{m} \sum_{\mu} c_{j\mu} e^{i\boldsymbol{k}\cdot(\boldsymbol{R}_n + \boldsymbol{r}_j)} \varphi_{j\mu}(\boldsymbol{r} - \boldsymbol{R}_n - \boldsymbol{r}_j) \tag{10.32}$$

のような線形結合を考える。$c_{j\mu}$ は線形結合の係数である。式(10.32)がブロッホの定理を満足することは，変数を $\boldsymbol{r} \to \boldsymbol{r} + \boldsymbol{R}_{n'}$ へと置き換えたとき，

$$\begin{aligned}
&\phi(\boldsymbol{r} + \boldsymbol{R}_{n'}) \\
&= \sum_{\boldsymbol{R}_n} \sum_{j=1}^{m} \sum_{\mu} c_{j\mu} e^{i\boldsymbol{k}\cdot(\boldsymbol{R}_n + \boldsymbol{r}_j)} \varphi_{j\mu}(\boldsymbol{r} + \boldsymbol{R}_{n'} - \boldsymbol{R}_n - \boldsymbol{r}_j) \\
&= e^{i\boldsymbol{k}\cdot\boldsymbol{R}_{n'}} \sum_{\boldsymbol{R}_n} \sum_{j=1}^{m} \sum_{\mu} c_{j\mu} e^{i\boldsymbol{k}\cdot\{(\boldsymbol{R}_n - \boldsymbol{R}_{n'}) + \boldsymbol{r}_j\}} \varphi_{j\mu}\{\boldsymbol{r} - (\boldsymbol{R}_n - \boldsymbol{R}_{n'}) - \boldsymbol{r}_j\} \\
&= e^{i\boldsymbol{k}\cdot\boldsymbol{R}_{n'}} \phi(\boldsymbol{r})
\end{aligned}$$

となり，ブロッホの定理の別の表現が得られることで確かめられる。ここでは，3 行目から 4 行目へ移る際に，$\boldsymbol{R}_l = \boldsymbol{R}_n - \boldsymbol{R}_{n'}$ のように置換した後，$\sum_{\boldsymbol{R}_l}$ について総和をとると考えた。

*10　電子が原子に強く束縛されていることが仮定条件となるので，強結合近似あるいは強束縛近似と呼ばれる。

強結合近似に基づいてつくった式(10.32)を式(10.27)に代入し，さらにその両辺の左側から $e^{-i\boldsymbol{k}\cdot(\boldsymbol{R}_{n'}+\boldsymbol{r}_{j'})}\varphi^*_{j'\mu'}(\boldsymbol{r}-\boldsymbol{R}_{n'}-\boldsymbol{r}_{j'})$ をかけて，空間積分を行うと

$$\sum_{\boldsymbol{R}_n}\sum_{j=1}^{m}\sum_{\mu} c_{j\mu}e^{i\boldsymbol{k}\cdot\left(\boldsymbol{R}_n+\boldsymbol{r}_j-\boldsymbol{R}_{n'}-\boldsymbol{r}_{j'}\right)} \times \left(\langle n'j'\mu'|\hat{H}|nj\mu\rangle - \mathcal{E}\langle n'j'\mu'|nj\mu\rangle\right) = 0 \tag{10.33}$$

となる。ここで，

$$\langle n'j'\mu'|\hat{H}|nj\mu\rangle = \int \varphi^*_{j'\mu'}(\boldsymbol{r}-\boldsymbol{R}_{n'}-\boldsymbol{r}_{j'})\hat{H}\varphi_{j\mu}(\boldsymbol{r}-\boldsymbol{R}_n-\boldsymbol{r}_j)\mathrm{d}\boldsymbol{r} \tag{10.34}$$

$$\langle n'j'\mu'|nj\mu\rangle = \int \varphi^*_{j'\mu'}(\boldsymbol{r}-\boldsymbol{R}_{n'}-\boldsymbol{r}_{j'})\varphi_{j\mu}(\boldsymbol{r}-\boldsymbol{R}_n-\boldsymbol{r}_j)\mathrm{d}\boldsymbol{r} \tag{10.35}$$

である。式(10.33)をエネルギー $\mathcal{E}$ について解くことで結晶中の電子状態が得られる。

強結合近似を用いて単純立方構造のバンド分散を求める

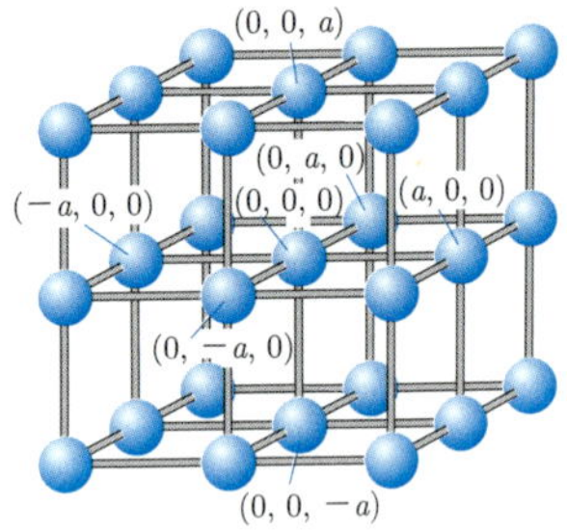

簡単な具体例として，**図 10.10** に示すような格子定数 a の単純立方構造からなる結晶を考えよう。基本単位胞内には原子が 1 個のみ存在するので j についての総和をとる必要はなくなる。また，原子の軌道関数として 1s のみを考えることにすれば μ についての総和をとる必要もない。これらのことから，$\boldsymbol{R}_n$ についての総和をとるだけでよく，j および μ に関する部分は省略してかまわないので，式(10.33)は

$$\sum_{\boldsymbol{R}_n} e^{i\boldsymbol{k}\cdot(\boldsymbol{R}_n-\boldsymbol{R}_{n'})}\left(\langle n'|\hat{H}|n\rangle - \mathcal{E}\langle n'|n\rangle\right) = 0 \tag{10.36}$$

のように簡略化される。さらなる近似として，

$$\langle n'|\hat{H}|n\rangle = \begin{cases} \mathcal{E}_0 & (n=n') \\ t & (\text{最近接原子間}) \\ 0 & (\text{それ以外}) \end{cases} \tag{10.37}$$

および

$$\langle n'|n\rangle = \begin{cases} 1 & (n=n') \\ 0 & (n\neq n') \end{cases} \tag{10.38}$$

とする。つまり，式(10.37)でのハミルトニアンについての積分では同じ原子間と最近接原子間でのみ値がゼロでないと考え，また式(10.38)については電子が原子に強く束縛されていて隣の原子までその分布が及ばないものとした。

単純立方構造の場合，最近接原子の組み合わせとしては，図 10.10 に示すように，$\boldsymbol{R}_n-\boldsymbol{R}_{n'}=(\pm a,0,0), (0,\pm a,0), (0,0,\pm a)$ の 6 通りが

図10.10　格子定数 a の単純立方構造。原点にある原子を中心として最近接原子は $(\pm a,0,0)$, $(0,\pm a,0)$, $(0,0,\pm a)$ に位置する。

◆ ディラックのブラ・ケット

式(10.33)中で用いた $|\cdots\rangle$ や $\langle\cdots|$ は量子状態を表すためにディラックによって考案された記法である。たいへん便利であるため，よく用いられる。$\langle\alpha|$ のような記号を**ブラ**（bra），$|\beta\rangle$ のような記号を**ケット**（ket）と呼ぶ。この呼び方は，括弧が英語で bracket であることに由来した，一種の言葉遊びである。量子状態は波動関数やベクトルを用いて表されるがブラ・ケットはどちらに対しても同じ記号を用いる。例えば波動関数の場合は

$$\phi_n(\boldsymbol{r}) \to |n\rangle$$
$$\phi_m^*(\boldsymbol{r}) \to \langle m|$$

のように対応させ，ブラは波動関数の複素共役を表すために用いられる。また，ブラとケットの積は

$$\langle m|n\rangle = \int \phi_m^*(\boldsymbol{r})\phi_n(\boldsymbol{r})\mathrm{d}\boldsymbol{r}$$

のような意味をもち，演算子 $\hat{A}$ をブラとケットで挟んだ記号は

$$\langle m|\hat{A}|n\rangle = \int \phi_m^*(\boldsymbol{r})\hat{A}\phi_n(\boldsymbol{r})\mathrm{d}\boldsymbol{r}$$

のような意味をもつ。

ベクトルの場合は

$$\begin{bmatrix} n_1 \\ n_2 \\ \vdots \end{bmatrix} \to |n\rangle$$
$$\begin{bmatrix} m_1^* & m_2^* & \cdots \end{bmatrix} \to \langle m|$$

のように対応させ，ブラはベクトルのエルミート共役を表すために用いる。ブラとケットの積はベクトルの内積を意味し，

$$\langle m|n\rangle = \begin{bmatrix} m_1^* & m_2^* & \cdots \end{bmatrix} \begin{bmatrix} n_1 \\ n_2 \\ \vdots \end{bmatrix} = m_1^*n_1 + m_2^*n_2 + \cdots = \sum_i m_i^*n_i$$

である。また，ベクトル表記の場合，演算子 $\hat{A}$ は

$$\hat{A} = \begin{bmatrix} A_{11} & A_{12} & \cdots \\ A_{21} & A_{22} & \cdots \\ \vdots & \vdots & \ddots \end{bmatrix}$$

のように行列を用いて表されるので，演算子 $\hat{A}$ をブラとケットで挟んだ記号は

$$\langle m|\hat{A}|n\rangle = \begin{bmatrix} m_1^* & m_2^* & \cdots \end{bmatrix} \begin{bmatrix} A_{11} & A_{12} & \cdots \\ A_{21} & A_{22} & \cdots \\ \vdots & \vdots & \ddots \end{bmatrix} \begin{bmatrix} n_1 \\ n_2 \\ \vdots \end{bmatrix}$$

のようなベクトルと行列の積を意味する。

考えられるので，式(10.36)から

$$\mathcal{E}_0 - \mathcal{E} + t(e^{ik_xa} + e^{-ik_xa} + e^{ik_ya} + e^{-ik_ya} + e^{ik_za} + e^{-ik_za}) = 0$$

となる。これを $\mathcal{E}$ について解くことで，エネルギーの波数ベクトル依存性，すなわちバンド分散

$$\mathcal{E}(\boldsymbol{k}) = \mathcal{E}_0 + 2t(\cos k_xa + \cos k_ya + \cos k_za) \tag{10.39}$$

が得られる。例えば $k = k_x = k_y = k_z$ として，式(10.39)に代入して $\mathcal{E}$ と k の関係を求めると

$$\mathcal{E}(k) = \mathcal{E}_0 + 6t\cos ka$$

が得られ，**図 10.11** のようになる。ただし，この図では最近接原子間で結合状態が生じることを想定して $t < 0$ とした。

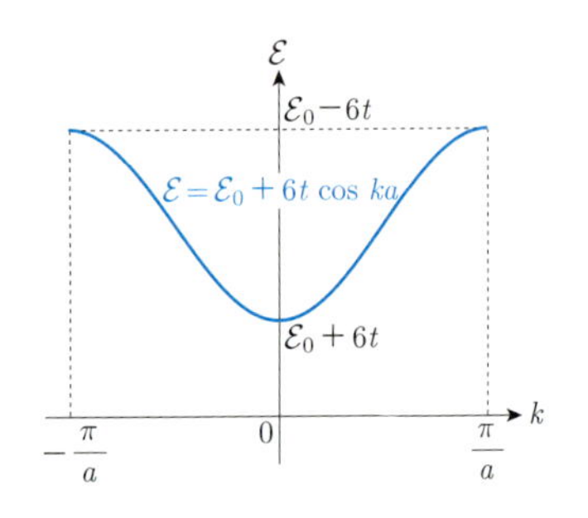

図 10.11　強結合近似によって得られた単純立方構造におけるエネルギー $\mathcal{E}$ と波数 k $(= k_x = k_y = k_z)$ の関係

このように強結合近似からも，結晶における電子状態はバンド状となることが示される。図 10.11 の場合，バンド幅は $12|t|$ で与えられる。

■例題■

上の例で $k_y = k_z = 0$ としたとき，$\mathcal{E}$ と k_x の関係を求めよ。

[解答]

$k_y = k_z = 0$ を式(10.39)に代入して $\mathcal{E}$ と k_x の関係を求めると

$$\mathcal{E}(k_x) = \mathcal{E}_0 + 4t + 2t\cos k_xa$$

が得られ，**図 10.12** のようになる。ただし，この図では $t < 0$ とした。図 10.11 と図 10.12 を比べると，$\boldsymbol{k}$ 空間における方向によってバンド分散の様子が異なることがわかる。

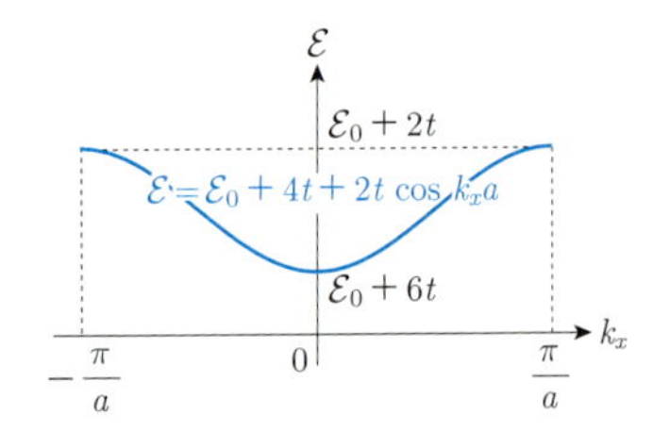

図 10.12　強結合近似によって得られた単純立方構造におけるエネルギー $\mathcal{E}$ と波数 k_x の関係

ここで例とした単純立方構造では，基本単位胞に含まれる原子が 1 個のみであり，また，軌道関数として 1s のみを考えたために式(10.33)中の係数 $c_{j\mu}$ について考える必要はなかった。しかし，基本単位胞に複数個の原子が含まれる場合や異なる軌道関数の間でのハミルトニアンについての積分を含める場合には $c_{j\mu}$ について考える必要がある。具体的には $c_{j\mu}$ についての連立方程式において $c_{j\mu} = 0$ とならない条件を求めることによってバンド分散が得られる。

❖ 演習問題

10.1 格子定数 a の体心立方構造からなる結晶について，強結合近似を用いて 1s 原子軌道によって形成されるバンドの $\mathcal{E}$ と k の関係を求めなさい。ただし，単純立方構造の場合と同様に

$$\langle n'|\hat{H}|n\rangle = \begin{cases} \mathcal{E}_0 & (n = n') \\ t & (\text{最近接原子間}) \\ 0 & (\text{それ以外}) \end{cases}$$

および

$$\langle n'|n\rangle = \begin{cases} 1 & (n = n') \\ 0 & (n \neq n') \end{cases}$$

が成り立つものとする。

10.2 2 種類の原子 A および B からなる 1 次元結晶について強結合近似を用いて，1s 原子軌道によって形成されるバンド分散を求めなさい。ただし，図に示すように原子 A と B との原子間距離は $\frac{a}{2}$ である。また

$$\langle n'j'|\hat{H}|nj\rangle = \begin{cases} \mathcal{E}_\mathrm{A} & (n = n' \text{かつ } j = j' = A) \\ \mathcal{E}_\mathrm{B} & (n = n' \text{かつ } j = j' = B) \\ t & (n = n' \text{かつ } j = A, j' = B) \\ t^* & (n = n' \text{かつ } j = B, j' = A) \\ t & (n = n' + 1 \text{ かつ } j = A, j' = B) \\ t^* & (n = n' - 1 \text{ かつ } j = B, j' = A) \\ 0 & (\text{それ以外}) \end{cases} \tag{1}$$

および

$$\langle n'j'|nj\rangle = \begin{cases} 1 & (n = n' \text{かつ } j = j' = A) \\ 1 & (n = n' \text{かつ } j = j' = B) \\ 0 & (\text{それ以外}) \end{cases} \tag{2}$$

が成り立つものとする。

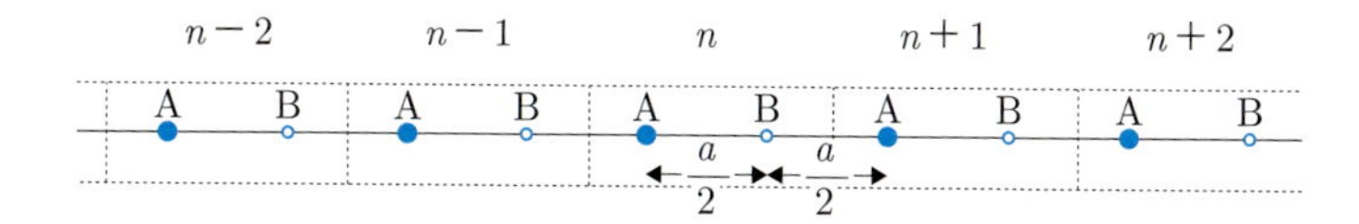

図　2 種類の原子 A および B からなる 1 次元結晶

第11章　固体中の電気伝導

この章では固体中の電気伝導について説明する。最初に第 10 章で説明したバンド理論に基づいて結晶中での電子の運動について説明し，また正孔の概念について説明する。その後で固体の電気伝導現象でよく知られたオームの法則について微視的な説明を行う。さらに固体の電気的特性を調べるのに役に立つホール効果について説明する。

11.1　結晶中での電子の運動

これまでにも説明を繰り返してきたように，電子のふるまいは量子力学に従う。そのため結晶中での電子の運動は量子力学に基づいて説明する必要がある。特に結晶中の電子は周期ポテンシャルの影響の下ではブロッホ関数で表され，波としての性質が現れるから，実空間ではなく $\boldsymbol{k}$ 空間で記述すべきである。

電子の速度

一般的に波の性質をもつ電子の速度 $\boldsymbol{v}_\mathrm{e}$ は電子波の**群速度**（group velocity）で与えられ，

$$\begin{aligned}\boldsymbol{v}_\mathrm{e} &= \left(\frac{\partial\omega}{\partial k_x}, \frac{\partial\omega}{\partial k_y}, \frac{\partial\omega}{\partial k_z}\right)\\ &= \nabla_{\boldsymbol{k}}\,\omega(\boldsymbol{k})\\ &= \frac{1}{\hbar}\nabla_{\boldsymbol{k}}\,\mathcal{E}(\boldsymbol{k})\end{aligned} \tag{11.1}$$

である。ただし，$\nabla_{\boldsymbol{k}}$ は $\boldsymbol{k}$ 空間におけるベクトル微分演算子で，

$$\nabla_{\boldsymbol{k}} = \left(\frac{\partial}{\partial k_x}, \frac{\partial}{\partial k_y}, \frac{\partial}{\partial k_z}\right)$$

で与えられる。また，式(11.1)中の 2 行目から 3 行目に移る際にエネルギー $\mathcal{E}$ と角振動数 ω とが $\mathcal{E}(\boldsymbol{k}) = \hbar\omega(\boldsymbol{k})$ で関係づけられることを用いた。なお，ここでは $\mathcal{E}$ と ω が $\boldsymbol{k}$ の関数であることを強調した。

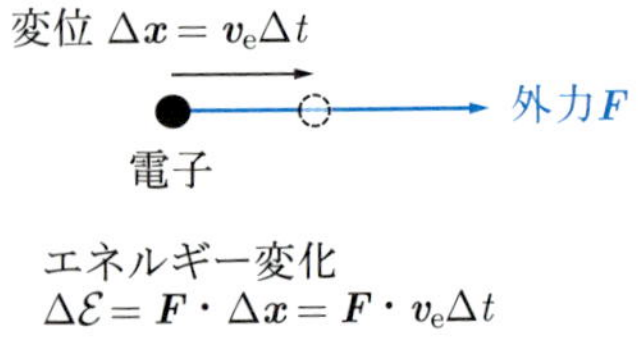

変位 $\Delta\boldsymbol{x} = \boldsymbol{v}_\mathrm{e}\Delta t$

外力$\boldsymbol{F}$

電子

エネルギー変化
$\Delta\mathcal{E} = \boldsymbol{F}\cdot\Delta\boldsymbol{x} = \boldsymbol{F}\cdot\boldsymbol{v}_\mathrm{e}\Delta t$

図11.1　外力によって電子になされた仕事の分だけエネルギーが増加する。

外力の影響

図 11.1 に示すように，微小時間 Δt の間に，電子に外力 $\boldsymbol{F}$ が働き，$\Delta\boldsymbol{x} = \boldsymbol{v}_\mathrm{e}\Delta t$ だけ変位することでなされる仕事によって，エネルギーが $\Delta\mathcal{E}$ だけ増加したとすれば，

$$\Delta\mathcal{E} = \boldsymbol{F}\cdot\boldsymbol{v}_{\mathrm{e}}\Delta t = \frac{1}{\hbar}\boldsymbol{F}\cdot\nabla_{\boldsymbol{k}}\,\mathcal{E}(\boldsymbol{k})\Delta t \tag{11.2}$$

となる。一方，この間に電子の波数ベクトルが $\boldsymbol{k}$ から $\boldsymbol{k}+\Delta\boldsymbol{k}$ に変化したとすれば，これにともなうエネルギー変化は

$$\Delta\mathcal{E} = \frac{\partial\mathcal{E}}{\partial k_x}\Delta k_x + \frac{\partial\mathcal{E}}{\partial k_y}\Delta k_y + \frac{\partial\mathcal{E}}{\partial k_z}\Delta k_z = \nabla_{\boldsymbol{k}}\,\mathcal{E}(\boldsymbol{k})\cdot\Delta\boldsymbol{k} \tag{11.3}$$

で与えられる。式(11.2)と式(11.3)は等しいから，両者を比べることによって

$$\frac{\Delta\boldsymbol{k}}{\Delta t} = \frac{1}{\hbar}\boldsymbol{F}$$

が得られる。上式について $\Delta t\to 0$ の極限を考えれば

$$\frac{\mathrm{d}\boldsymbol{k}}{\mathrm{d}t} = \frac{1}{\hbar}\boldsymbol{F} \tag{11.4}$$

となる。式(11.4)は，電子に一定の外力 $\boldsymbol{F}$ が働く場合，結晶中の電子の波数ベクトル $\boldsymbol{k}$ が時間 t に対して一定の割合で変化すること，すなわち，**図 11.2** に示すような $\boldsymbol{k}$ 空間において

$$\boldsymbol{k}(t) = \frac{1}{\hbar}\boldsymbol{F}t + \boldsymbol{k}(0)$$

のように時間変化することを意味する。

これが結晶中での電子の運動および有効質量*1について考えるための基本となる。

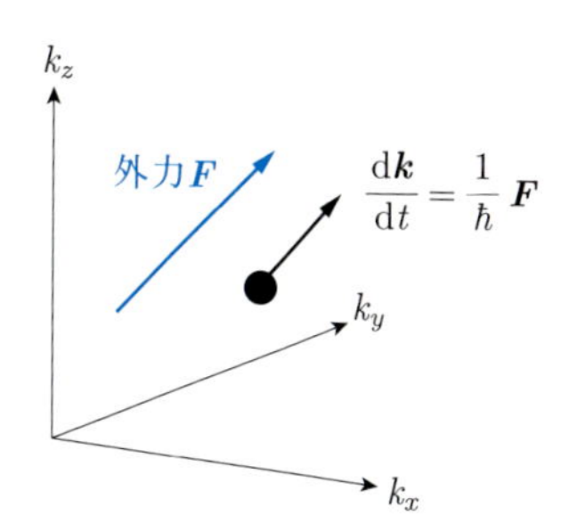

図 11.2　外力が働く場合の結晶中の電子の運動は，外力 $\boldsymbol{F}$ が一定であれば，$\boldsymbol{k}$ 空間において，$\boldsymbol{k}$ が時間に対して一定の割合で変化すると記述される。

*1　有効質量の定義については後で述べる。

自由電子の場合

エネルギー $\mathcal{E}$ と波数 $\boldsymbol{k}$ の関係は

$$\mathcal{E}(\boldsymbol{k}) = \frac{\hbar^2}{2m_{\mathrm{e}}}|\boldsymbol{k}|^2 = \frac{\hbar^2}{2m_{\mathrm{e}}}\left({k_x}^2 + {k_y}^2 + {k_z}^2\right) \tag{11.5}$$

で与えられる。ここで，m_{e} は電子の質量である。式(11.1)を用いると，自由電子の速度は

$$\begin{aligned}\boldsymbol{v}_{\mathrm{e}} &= \frac{1}{\hbar}\nabla_k\mathcal{E}(\boldsymbol{k})\\ &= \frac{\hbar\boldsymbol{k}}{m_{\mathrm{e}}}\end{aligned} \tag{11.6}$$

となる。

1 次元では，エネルギー $\mathcal{E}$ と波数 k の関係は

$$\mathcal{E}(k) = \frac{\hbar^2k^2}{2m_{\mathrm{e}}} \tag{11.7}$$

で与えられる。ここから，式(11.1)の 1 次元版を用いて電子の速度 v_{e} を求めると

$$\begin{aligned}v_{\mathrm{e}} &= \frac{1}{\hbar}\frac{\partial\mathcal{E}(k)}{\partial k}\\ &= \frac{\hbar k}{m_{\mathrm{e}}}\end{aligned} \tag{11.8}$$

が得られる。当然ではあるが，この結果は式(11.6)の 1 次元版と一致する。さらに式(11.8)を時間で微分して加速度を求めると

$$\frac{\mathrm{d}v_{\mathrm{e}}}{\mathrm{d}t} = \frac{\mathrm{d}}{\mathrm{d}t}\left\{\frac{1}{\hbar}\frac{\partial \mathcal{E}(k)}{\partial k}\right\} = \frac{1}{\hbar}\frac{\partial^2 \mathcal{E}(k)}{\partial k^2}\frac{\mathrm{d}k}{\mathrm{d}t}$$
$$= \frac{\hbar}{m_{\mathrm{e}}}\frac{\mathrm{d}k}{\mathrm{d}t}$$

となる。これに，式(11.4)の 1 次元版である

$$\frac{\mathrm{d}k}{\mathrm{d}t} = \frac{1}{\hbar}F$$

を代入すると

$$m_{\mathrm{e}}\frac{\mathrm{d}v_{\mathrm{e}}}{\mathrm{d}t} = F$$

が得られる。これはニュートンの運動方程式そのものであり，電子の質量は，力を加速度で割った

$$m_{\mathrm{e}} = \frac{F}{\mathrm{d}v_{\mathrm{e}}/\mathrm{d}t}$$

で定義される。あるいはこの式に

$$F = \hbar\frac{\mathrm{d}k}{\mathrm{d}t}$$

と

$$\frac{\mathrm{d}v_{\mathrm{e}}}{\mathrm{d}t} = \frac{1}{\hbar}\frac{\partial^2 \mathcal{E}(k)}{\partial k^2}\frac{\mathrm{d}k}{\mathrm{d}t}$$

を代入することによって得られる式

$$m_{\mathrm{e}} = \left\{\frac{1}{\hbar^2}\frac{\partial^2 \mathcal{E}(k)}{\partial k^2}\right\}^{-1}$$

から電子の質量は求められる。

以上の自由電子に関する結果をまとめると**図 11.3** のようになる。エネルギー $\mathcal{E}$ が k^2 に比例する場合には，速度 v_{e} は k に比例し，質量は k によらず一定となる。

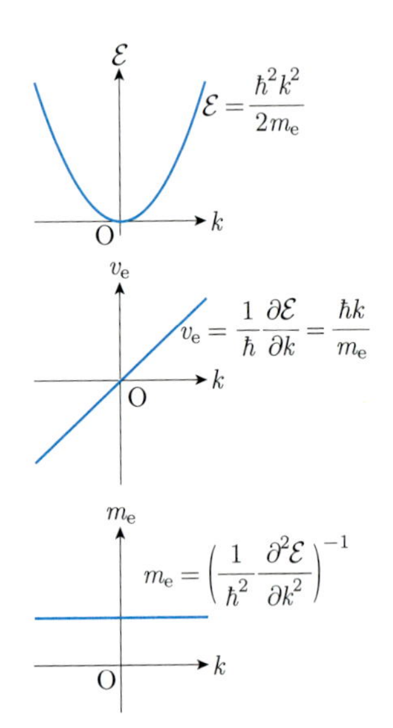

図 11.3　自由電子のエネルギー，速度，質量の波数依存性

結晶中の電子の場合

式(11.1)の 1 次元版を用いることによって電子の速度は

$$v_{\mathrm{e}} = \frac{1}{\hbar}\frac{\partial \mathcal{E}(k)}{\partial k}$$

で与えられる。これを時間で微分することによって加速度を求めると

$$\frac{\mathrm{d}v_{\mathrm{e}}}{\mathrm{d}t} = \frac{\mathrm{d}}{\mathrm{d}t}\left\{\frac{1}{\hbar}\frac{\partial \mathcal{E}(k)}{\partial k}\right\}$$
$$= \frac{1}{\hbar}\frac{\partial^2 \mathcal{E}(k)}{\partial k^2}\frac{\mathrm{d}k}{\mathrm{d}t}$$

が得られる。これに，式(11.4)の 1 次元版である

$$\frac{\mathrm{d}k}{\mathrm{d}t} = \frac{1}{\hbar}F$$

を代入すると

$$\frac{\mathrm{d}v_\mathrm{e}}{\mathrm{d}t} = \frac{1}{\hbar^2}\frac{\partial^2 \mathcal{E}(k)}{\partial k^2}F \tag{11.9}$$

となるので，結晶中の電子の質量は，力 F を加速度 $\frac{\mathrm{d}v_\mathrm{e}}{\mathrm{d}t}$ で割ることによって

$$m_\mathrm{e}^* = \left\{\frac{1}{\hbar^2}\frac{\partial^2 \mathcal{E}(k)}{\partial k^2}\right\}^{-1} \tag{11.10}$$

と求められる。ここで，m_e^* は**有効質量**（effective mass）*2と呼ばれる。

*2　結晶中での電子の運動を記述するための見かけ上の質量である。

式(11.10)の意味を理解するために，エネルギー $\mathcal{E}$ について

$$\begin{aligned}\mathcal{E}(k) &= \sum_{n=0}^{\infty}\frac{\mathcal{E}^{(n)}(k_0)}{n!}(k-k_0)^n \\ &= \mathcal{E}(k_0) + \left.\frac{\partial \mathcal{E}}{\partial k}\right|_{k=k_0}(k-k_0) + \frac{1}{2}\left.\frac{\partial^2 \mathcal{E}}{\partial k^2}\right|_{k=k_0}(k-k_0)^2 \\ &\quad + \frac{1}{6}\left.\frac{\partial^3 \mathcal{E}}{\partial k^3}\right|_{k=k_0}(k-k_0)^3 + \cdots\end{aligned}$$

のような $k=k_0$ のまわりでのテイラー展開を考えてみよう。このテイラー展開を式(11.10)に代入して $k \to k_0$ の極限を求めると有効質量 m_e^* と一致することから，テイラー展開は

$$\mathcal{E}(k) = \mathcal{E}(k_0) + \cdots + \frac{\hbar^2}{2m_\mathrm{e}^*}(k-k_0)^2 + \cdots \tag{11.11}$$

と表される。つまり，$(k-k_0)^2$ の係数が $\frac{\hbar^2}{2m_\mathrm{e}^*}$ であるという形で有効質量 m_e^* と直接結びついていることがわかる。

式(11.9)の3次元版は

$$\begin{bmatrix}\dfrac{\mathrm{d}v_x}{\mathrm{d}t}\\ \dfrac{\mathrm{d}v_y}{\mathrm{d}t}\\ \dfrac{\mathrm{d}v_z}{\mathrm{d}t}\end{bmatrix} = \frac{1}{\hbar^2}\begin{bmatrix}\dfrac{\partial^2\mathcal{E}}{\partial {k_x}^2} & \dfrac{\partial^2\mathcal{E}}{\partial k_x \partial k_y} & \dfrac{\partial^2\mathcal{E}}{\partial k_x \partial k_z}\\ \dfrac{\partial^2\mathcal{E}}{\partial k_y \partial k_x} & \dfrac{\partial^2\mathcal{E}}{\partial {k_y}^2} & \dfrac{\partial^2\mathcal{E}}{\partial k_y \partial k_z}\\ \dfrac{\partial^2\mathcal{E}}{\partial k_z \partial k_x} & \dfrac{\partial^2\mathcal{E}}{\partial k_z \partial k_y} & \dfrac{\partial^2\mathcal{E}}{\partial {k_z}^2}\end{bmatrix}\begin{bmatrix}F_x\\ F_y\\ F_z\end{bmatrix} \tag{11.12}$$

となるので，3次元の有効質量は2階のテンソルを用いて

$$\left(\frac{1}{m_\mathrm{e}^*}\right)_{ij} = \frac{1}{\hbar^2}\frac{\partial^2 \mathcal{E}}{\partial k_i \partial k_j} \quad (\text{ただし，} i,j = x,y,z) \tag{11.13}$$

と表される。3次元ではバンド分散に異方性がある場合には有効質量も異方性をもつことになる。

■例題■

エネルギー $\mathcal{E}$ の波数 k 依存性は，図10.11に示すような形状をしていることが多く，近似的に

$$\mathcal{E}(k) = \mathcal{E}_0 - \mathcal{E}_1 \cos ka \tag{11.14}$$

のような式で表せる。式(11.14)について，電子の速度 v_e および有

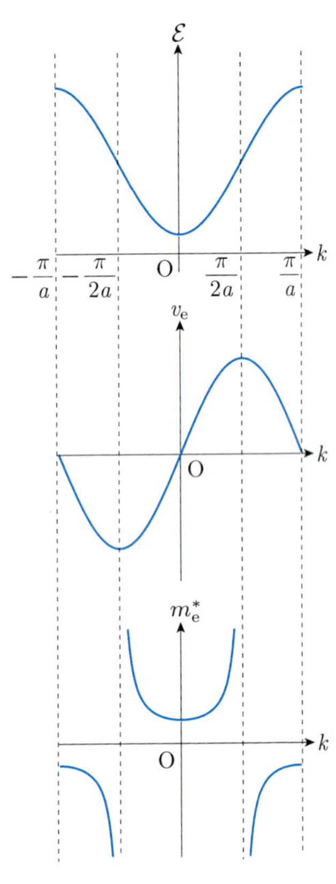

図 11.4　エネルギー $\mathcal{E}$ の波数 k 依存性が $\mathcal{E} = \mathcal{E}_0 - \mathcal{E}_1 \cos ka$ と表される場合の速度 v_{e}，有効質量 m_{e}^* の波数依存性

効質量 m_{e}^* の波数 k 依存性を求めなさい。

［解答］

速度 v_{e} については，式(11.1)を用いて

$$v_{\mathrm{e}} = \frac{1}{\hbar}\frac{\partial \mathcal{E}(k)}{\partial k} = \frac{\mathcal{E}_1 a}{\hbar}\sin ka$$

と求められる。その様子を**図 11.4** に示す。

有効質量 m_{e}^* については，式(11.10)より

$$m_{\mathrm{e}}^* = \left\{\frac{1}{\hbar^2}\frac{\partial^2 \mathcal{E}(k)}{\partial k^2}\right\}^{-1} = \frac{\hbar^2}{\mathcal{E}_1 a^2 \cos ka}$$

と求められる。その様子も図 11.4 に示す。

図 11.4 について，その意味を考えよう。電子に対して，一定の外力 F が正の向きに働く場合，式(11.4)からわかるように，波数 k は時間 t に対して一定の割合で増加していく。したがって，$k = 0$ から運動がスタートした場合，最初のうちは，$\sin ka \simeq ka$ と近似できるので，電子の速度は $v_{\mathrm{e}} \simeq \frac{\mathcal{E}_1 a^2}{\hbar}k$ のようにほぼ k に比例して増加していくが，次第に速度が増加しなくなり，$k = \frac{\pi}{2a}$ で頭打ちとなる。その後，減速し始め，$k = \frac{\pi}{a}$ での速度は $v_{\mathrm{e}} = 0$ となる。

$k = \frac{\pi}{a}$ に到達した後は，$k = \frac{\pi}{a}$ と等価な関係にある $k = -\frac{\pi}{a}$ に移動させて続きを考えればよい。$k = -\frac{\pi}{a}$ から波数 k が増加していくと速度はさらに減少して $v_{\mathrm{e}} < 0$ となり，$k = -\frac{\pi}{2a}$ で底打ちとなる。この後，速度は再び増加に転じて，$k = 0$ で $v_{\mathrm{e}} = 0$ に戻る。

以上のように，$k = 0$ 付近での電子の運動は，通常どおりにほぼ等加速度運動をするが，$k = \pm\frac{\pi}{2a}$ 付近では，外力を加えてもほとんど速度が変化しない。言い換えれば加速度はほぼゼロである。さらに極端に，$-\frac{\pi}{a} < k < -\frac{\pi}{2a}$ あるいは $\frac{\pi}{2a} < k < \frac{\pi}{a}$ の範囲においては，加えた外力と反対向きに電子が運動する。

これらのことから，結晶中の電子に一定の外力を加えると往復運動，すなわち振動することになる。このような振動は**ブロッホ振動**（Bloch oscillation）と呼ばれる。次に説明するように，普通の結晶では，不純物や格子振動による影響で電子の運動が妨げられるため，ブロッホ振動が見られることはない。普通の結晶よりも周期の長い半導体超格子*3を用いてブリュアンゾーンを小さくし，不純物や格子振動による影響を受けにくくすることでブロッホ振動が観測されている*4。

有効質量に関しては，$-\frac{\pi}{2a} < k < \frac{\pi}{2a}$ の範囲では $m_{\mathrm{e}}^* > 0$ であり，$-\frac{\pi}{a} < k < -\frac{\pi}{2a}$ あるいは $\frac{\pi}{2a} < k < \frac{\pi}{a}$ の範囲では $m_{\mathrm{e}}^* < 0$ であることがわかる。言い換えれば，$\mathcal{E}(k)$ が下に凸な関数であれば $m_{\mathrm{e}}^* > 0$ であり，上に凸な関数であれば $m_{\mathrm{e}}^* < 0$ である*5。$k = 0$ 付近では有効質量はほぼ一定の値をとるが，k が増加するにつれて，有効質量は次第に

*3　種類の異なる半導体を組み合わせて作製した，元の結晶の格子よりも長い周期をもつ構造。

*4　例えば，論文“Optical investigation of Bloch oscillations in a semiconductor superlattice”, J. Feldmann *et al.*, *Phys. Rev. B*, **46**, 7252 (1992) など。

*5　正確には式(11.11)で示したテイラー展開の 2 次の係数の正負によって決まる。

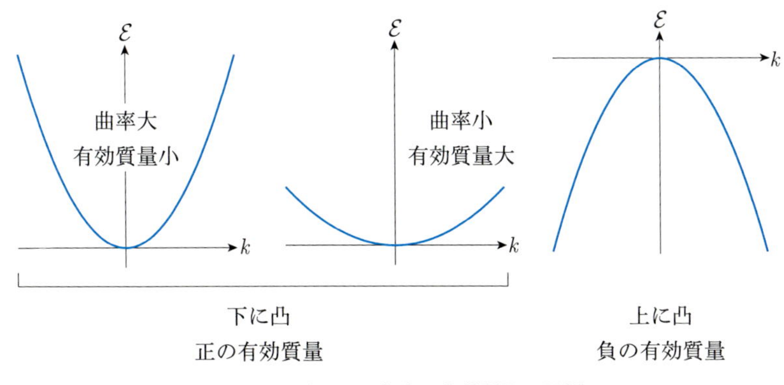

図 11.5　バンドの曲率と有効質量の関係

増加し，$k \to \frac{\pi}{2a}$ の極限では無限大に発散する。これは，$\mathcal{E}(k)$ の曲率が大きいほど，有効質量は小さく，曲率が小さくなると有効質量は大きくなるからである。以上の議論をふまえて，バンドの曲率と有効質量の関係を概念的に示すと**図 11.5** のようになる。

これらのことは速度 v_e の波数 k 依存性とも合致している。すなわち，

(1)　$-\frac{\pi}{2a} < k < \frac{\pi}{2a}$ の範囲では $m_e^* > 0$ なので，外力 F を加えたとき加速度は正の値となり，速度 v_e が増加する。

(2)　$-\frac{\pi}{a} < k < -\frac{\pi}{2a}$ あるいは $\frac{\pi}{2a} < k < \frac{\pi}{a}$ の範囲では $m_e^* < 0$ なので，外力 F を加えたとき加速度は負の値となり，速度 v_e が減少する。

(3)　$k = 0$ 付近での有効質量はほぼ一定の値であるので，電子の運動はほぼ等加速度の運動となる。

(4)　$k = \pm\frac{\pi}{2a}$ では有効質量が無限大なので，外力を加えても速度が変化しない。

ということになる。

11.2　正孔

10.1 節で，許容帯から電子が抜けた結果，正孔が生成することについて簡単に触れた。11.1 節では結晶中での電子の運動や有効質量について説明したので，ここでは結晶中での正孔の運動や有効質量について説明する。

波数ベクトル $\boldsymbol{k}_e$ の電子が速度 $\boldsymbol{v}_e$ で運動しているとき，この電子が単位体積あたり 1 個あるとすれば，生じる電流密度 $\boldsymbol{j}_e$ は

$$\boldsymbol{j}_e = -e\boldsymbol{v}_e(\boldsymbol{k}_e) \tag{11.15}$$

と表される。ここでは，速度 $\boldsymbol{v}_e$ が波数ベクトル $\boldsymbol{k}_e$ の関数であることを明示している。

もし，1 つのバンドが電子によって完全に満たされているときには，

バンドの対称性から，ある速度をもつ電子に対して必ず反対向きの速度をもつ電子が存在するため，互いに打ち消し合って，全電流密度 $\boldsymbol{j}_{\mathrm{total}}$ はゼロ，すなわち

$$\boldsymbol{j}_{\mathrm{total}} = \sum_{\text{すべての } \boldsymbol{k}} \{-e\boldsymbol{v}_{\mathrm{e}}(\boldsymbol{k})\} = \boldsymbol{0} \tag{11.16}$$

となる。この状態から波数ベクトル $\boldsymbol{k}_{\mathrm{e}}$ をもつ電子が 1 個だけ抜けたとき，すなわち $\boldsymbol{k}_{\mathrm{e}}$ 以外の電子により生じる電流密度は

$$\boldsymbol{j} = \sum_{\boldsymbol{k} \neq \boldsymbol{k}_{\mathrm{e}}} \{-e\boldsymbol{v}_{\mathrm{e}}(\boldsymbol{k})\} \tag{11.17}$$

で表される。電子が 1 個抜けた状態に，再び同じ電子を 1 個加えればバンドが完全に満たされるので

$$\boldsymbol{j} + \boldsymbol{j}_{\mathrm{e}} = \boldsymbol{j}_{\mathrm{total}} = \boldsymbol{0} \tag{11.18}$$

より

$$\boldsymbol{j} = -\boldsymbol{j}_{\mathrm{e}} = +e\boldsymbol{v}_{\mathrm{e}}(\boldsymbol{k}_{\mathrm{e}}) \tag{11.19}$$

が得られる。つまり，電子が 1 個抜けたときに生じる電流密度 $\boldsymbol{j}$ は 1 個の電子によって生じる電流密度 $\boldsymbol{j}_{\mathrm{e}}$ の符号を反転させたものと等しく，あたかも正電荷をもった粒子が電流密度に関わっているようにみなすことができる。

このように正電荷をもった粒子が存在するようにみなせることを活かしながら，最終的に式(11.19)と結果が一致するように正孔の概念を明らかにしよう。そのために，まず空のバンドの底に 1 個の電子を付け加えた状態に対して電場 $\boldsymbol{E}$ を加えたときにどのようなことが起こるのかを明らかにし，その結果と対照しながら正孔の概念を確かなものにする。

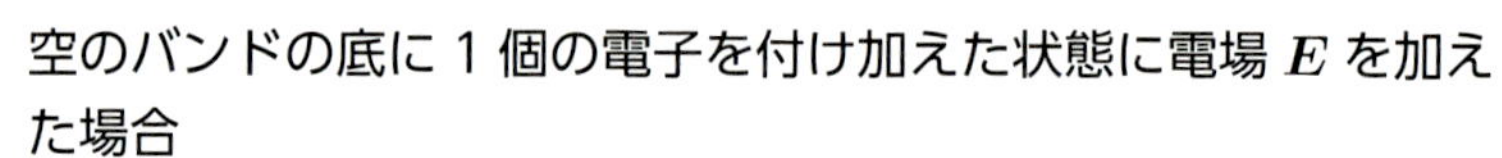

空のバンドの底に 1 個の電子を付け加えた状態に電場 $\boldsymbol{E}$ を加えた場合

ここでも，議論を簡単にするために 1 次元の問題として扱うことにする。**図 11.6** に示すように，分散が下に凸な関数で表されるバンドを考える。

加えた電場 E によって $-e$ の電荷をもつ電子は $F = -eE$ の力を受けて，式(11.4)に従い，電子の波数 k_{e} は

$$\frac{\mathrm{d}k_{\mathrm{e}}}{\mathrm{d}t} = -\frac{e}{\hbar}E \tag{11.20}$$

で時間変化する。つまり，電子の波数 k_{e} は電場 E と反対向きに動く。その結果，電子の速度 v_{e} も電場 E と反対向きになる。このことは以下の運動方程式

$$m_{\mathrm{e}}^{*}\frac{\mathrm{d}v_{\mathrm{e}}}{\mathrm{d}t} = -eE \tag{11.21}$$

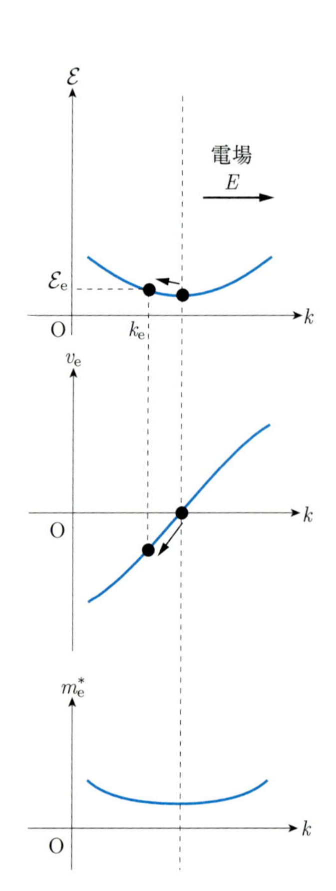

図 11.6　空のバンドの底に 1 個の電子を付け加えた状態に電場 $\boldsymbol{E}$ を加えた場合に生じる変化

とも整合している。なぜならば，$m_{\mathrm{e}}^* > 0$ なので，加速度は電場 E と反対向きであり，電場 E を加えてからしばらく時間が経てば電子の速度 v_{e} は電場 E と反対向きになるからである[*6]。

*6　より詳しい議論は11.4節で行う。

電子の速度 v_{e} と電場 E とが反対向きであるという関係を，正の定数 α を用いて

$$v_{\mathrm{e}} = -\alpha E \quad (\text{ただし，} \alpha > 0) \tag{11.22}$$

と表すことにすれば，電流密度は

$$j_{\mathrm{e}} = -ev_{\mathrm{e}} = e\alpha E \quad (\text{ただし，} \alpha > 0) \tag{11.23}$$

となり，電場 E と同じ向きに電流密度 j_{e} が生じるという結果が得られる。

これに対して，正電荷をもつ粒子とみなせる正孔については，式(11.20)～(11.23)に対応させて

$$\frac{\mathrm{d}k_{\mathrm{h}}}{\mathrm{d}t} = \frac{e}{\hbar}E \tag{11.24}$$

$$m_{\mathrm{h}}^* \frac{\mathrm{d}v_{\mathrm{h}}}{\mathrm{d}t} = eE \tag{11.25}$$

$$v_{\mathrm{h}} = \alpha E \quad (\text{ただし，} \alpha > 0) \tag{11.26}$$

$$j_{\mathrm{h}} = e\alpha E \quad (\text{ただし，} \alpha > 0) \tag{11.27}$$

を満足するような設定をしたい。ただし，k_{h}, v_{h}, m_{h}^*, j_{h} はそれぞれ正孔の波数，速度，有効質量，電流密度である。

1個の電子が抜けた状態に電場 $\boldsymbol{E}$ を加えた場合

そこで，**図11.7** に示すような，分散が上に凸な関数で表されるバンドを考える。電子によって満たされたこのバンドの頂上から1個の電子を抜いた状態に電場 E を加える。加えた電場 E によって電子は力 $F = -eE$ を受けるので，電子が抜けた状態の波数 k_{e} は他の電子と一緒に

$$\frac{\mathrm{d}k_{\mathrm{e}}}{\mathrm{d}t} = -\frac{e}{\hbar}E \tag{11.28}$$

で時間変化する。したがって，電子が抜けた状態の波数 k_{e} は電場 E と反対向きに動く。ただし，バンド分散が上に凸な関数で表されるので，図11.7からわかるように，電子が抜けた状態の速度 v_{e} は電場 E と同じ向きになる。つまり，この場合

$$v_{\mathrm{e}} = \alpha E \ (\text{ただし}, \alpha > 0) \tag{11.29}$$

と表される。この関係を最終的な結果である式(11.19)に代入すると

$$j = ev_{\mathrm{e}} = e\alpha E \ (\text{ただし}, \alpha > 0)$$

すなわち，電流密度 j が電場 E と同じ向きになり，つじつまが合っている。逆に，つじつまを合わせるためにはバンド分散が上に凸な関数で表されることが必要といえる。

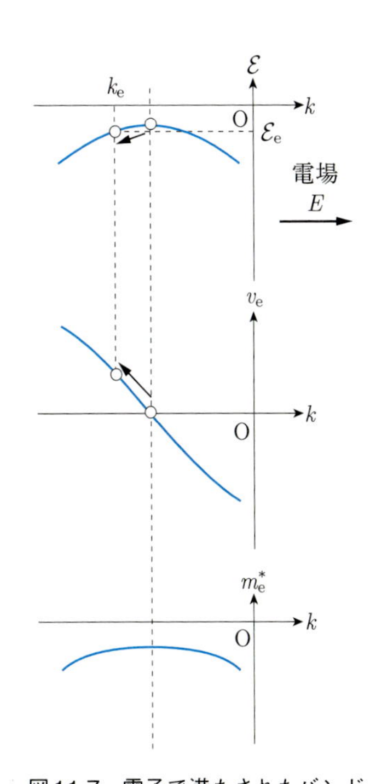

図11.7　電子で満たされたバンドの頂上から1個の電子が抜けた状態に電場 E を加えた場合

次に運動方程式との整合性を検討してみよう。

$$m_{\mathrm{e}}^{*}\frac{\mathrm{d}v_{\mathrm{e}}}{\mathrm{d}t} = -eE$$

において，$m_{\mathrm{e}}^{*} < 0$ なので加速度 $\frac{\mathrm{d}v_{\mathrm{e}}}{\mathrm{d}t}$ は電場 E と同じ向きになる。したがって電場 E を加えてからしばらくすれば速度 v_{e} も電場 E と同じ向き，つまり $v_{\mathrm{e}} = \alpha E$（ただし，$\alpha > 0$）と表されるので，つじつまが合っていることが確かめられる。

1 個の正孔が存在する状態に電場 $\boldsymbol{E}$ を加えた場合

ここまで，すべてつじつまが合っていることが確かめられたので，残る作業は正孔の波数 k_{h}，速度 v_{h}，有効質量 m_{h}^{*} を定義することである。

正孔の波数ベクトル k_{h} については式(11.20)と式(11.24)を比べることで

$$k_{\mathrm{h}} = -k_{\mathrm{e}} \tag{11.30}$$

と定義すればよいことがわかる。

正孔の速度 v_{h} については式(11.22)と式(11.26)を比べることで

$$v_{\mathrm{h}}(k_{\mathrm{h}}) = v_{\mathrm{e}}(k_{\mathrm{e}}) \tag{11.31}$$

と定義すればよいことがわかる。ただし，式(11.30)より，$k_{\mathrm{h}} = -k_{\mathrm{e}}$ であるから，$v_{\mathrm{h}}(-k_{\mathrm{e}}) = v_{\mathrm{e}}(k_{\mathrm{e}})$ であり，$v_{\mathrm{e}}(k)$ は k の奇関数なので

$$v_{\mathrm{h}}(k) = -v_{\mathrm{e}}(k) \tag{11.32}$$

である。

正孔の有効質量 m_{h}^{*} については，式(11.31)をふまえて，式(11.21)と式(11.25)を比べることで

$$m_{\mathrm{h}}^{*} = -m_{\mathrm{e}}^{*} \tag{11.33}$$

と定義すればよいことがわかる。上に凸な関数で表されるバンド分散の場合，電子の有効質量 m_{e}^{*} は負であることから，式(11.33)の定義によって正孔の有効質量 m_{h}^{*} は正となるので都合が良い。

最後に正孔のエネルギーについては

$$\mathcal{E}_{\mathrm{h}}(k_{\mathrm{h}}) = -\mathcal{E}_{\mathrm{e}}(k_{\mathrm{e}}) \tag{11.34}$$

と定義すればよい。この場合，負の電荷をもつ電子と「正の電荷」をもつ正孔とで，エネルギーの高低が反転すると解釈できるので都合が良い。エネルギーの高低を反対向きにすれば，式(11.1)および式(11.13)に対応する 3 次元版の式

$$\boldsymbol{v}_{\mathrm{h}} = \frac{1}{\hbar}\nabla_{\boldsymbol{k}}\,\mathcal{E}_{\mathrm{h}}(\boldsymbol{k}) \tag{11.35}$$

$$\left(\frac{1}{m_{\mathrm{h}}^{*}}\right)_{ij} = \frac{1}{\hbar^2}\frac{\partial^2 \mathcal{E}_{\mathrm{h}}}{\partial k_i \partial k_j} \quad (\text{ただし，} i, j = x, y, z) \tag{11.36}$$

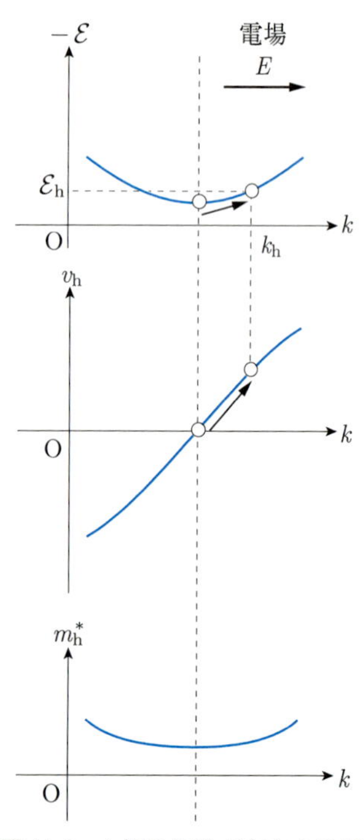

図 11.8　1 個の正孔が存在する状態に電場 $\boldsymbol{E}$ を加えた場合

によってエネルギー $\mathcal{E}_{\mathrm{h}}$ から $\boldsymbol{v}_{\mathrm{h}}$ および m_{h}^* を直接求めることができる。

以上の結果をまとめて図示すると**図 11.8** のようになる。図 11.7 と比べると，エネルギーと有効質量は原点 O を中心とした点対称の関係に，速度は縦軸に対して線対称の関係にあることがわかる。また，図 11.8 を図 11.6 と比べると，$\boldsymbol{k}$ 空間内における電子と正孔の動きが反対になっていることがわかる。

図 11.9 には実空間における電子と正孔の動きを示した。以上の結果から，電子は下に凸な関数で表されるような分散をもつバンド内を，正孔は上に凸な関数で表されるような分散をもつバンド内を運動することが，実空間において図 11.9 に示すような向きに動くための本質となっているといえる。

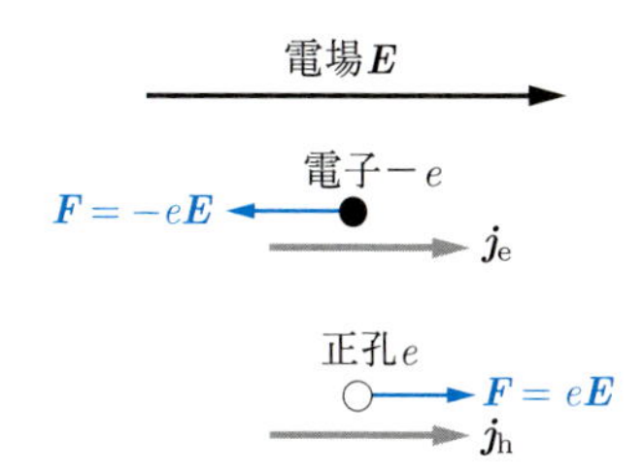

図 11.9　実空間における電子と正孔の動き

11.3　オームの法則

図 11.10 の電気回路に示すように，電気抵抗 R に電位差 V を与えたときに流れる電流 I は，**オームの法則**（Ohm's law）*7

$$I=\frac{V}{R} \tag{11.37}$$

に従う。ここで，電流の単位は A，電位差の単位は V，抵抗の単位は Ω である。

固体物理学では，電気回路において頻繁に用いられるオームの法則を局所的に扱って，次のように表現する。

$$\boldsymbol{j}=\sigma\boldsymbol{E} \tag{11.38}$$

ここで，$\boldsymbol{j}$ は電流密度，$\boldsymbol{E}$ は電場，σ は電気伝導率*8であり，いずれも位置 $\boldsymbol{r}$ の関数として表される物理量である。電流密度 $\boldsymbol{j}$ は単位面積あたりに流れる電流であり，その向きをベクトルを用いて表す。ただし，単位面積は，電流の向きに対して垂直な面上で考える。電流密度の単位は $\mathrm{A\,m^{-2}}$ である。電流密度と電流は

$$I=\int_S \boldsymbol{j}\cdot\mathrm{d}\boldsymbol{S} \tag{11.39}$$

の関係で結びつけられる。ここで，$\mathrm{d}\boldsymbol{S}$ は，図 11.10 に示すように，電流密度 $\boldsymbol{j}$ が通り抜ける面素ベクトル*9を表し，$\boldsymbol{j}\cdot\mathrm{d}\boldsymbol{S}$ を断面 S について積分することによって，抵抗の断面 S を通り抜ける電流 I が得られる。式(11.38)は位置 $\boldsymbol{r}$ における電場 $\boldsymbol{E}$ に比例して電流密度 $\boldsymbol{j}$ が生じ，電気伝導率が大きいほど電流密度が大きくなることを意味している。電気伝導率の単位は $\mathrm{S\,m^{-1}}$ である。また，**電気抵抗率**（electrical resistivity）ρ と電気伝導率は

$$\rho=\frac{1}{\sigma} \tag{11.40}$$

のように関係づけられる。なお，電気抵抗率 ρ の単位は $\Omega\,\mathrm{m}$ である。

*7　1781年にキャヴェンディッシュ（Henry Cavendish, 1731～1810）が最初にこの法則を発見したが，存命中に発表しなかった。オーム（Georg Simon Ohm, 1789～1854）はこれと独立に再発見し，1827年に発表したのでオームの法則と呼ばれる。

*8　一般的には，$\boldsymbol{j}$ と $\boldsymbol{E}$ は平行で同じ向きになるとはかぎらない。そのような場合は

$$\begin{bmatrix} j_x \\ j_y \\ j_z \end{bmatrix}=\begin{bmatrix} \sigma_{xx} & \sigma_{xy} & \sigma_{xz} \\ \sigma_{yx} & \sigma_{yy} & \sigma_{yz} \\ \sigma_{zx} & \sigma_{zy} & \sigma_{zz} \end{bmatrix}\begin{bmatrix} E_x \\ E_y \\ E_z \end{bmatrix}$$

のように，σ を2階のテンソルで表す必要がある。

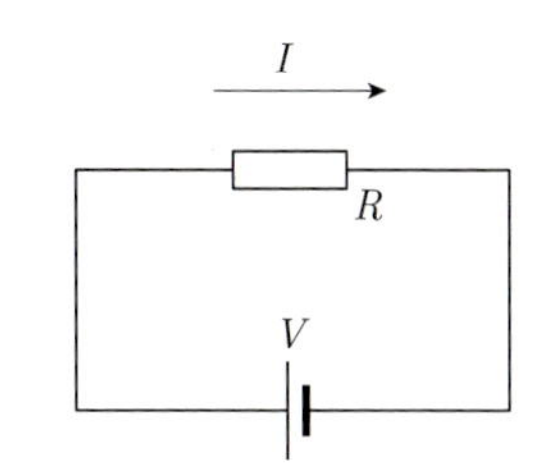

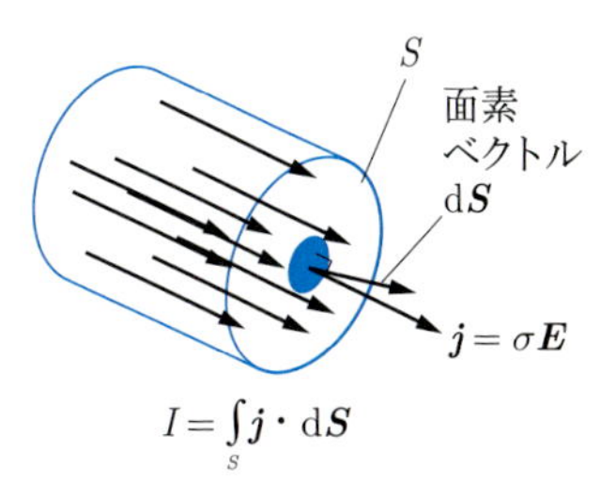

図 11.10　オームの法則

*9　面に垂直な方向を向き，大きさが微小面の面積 $\mathrm{d}S$ に等しいベクトル。

11.4　電気伝導の古典的な扱い

11.1 節から行ってきた量子的な扱いから離れて，以降では電気伝導を古典的な扱いで考えることにしよう。つまり，電子を波としてではなく粒子として扱うことにする。古典的な扱いは厳密には正しくないが理解しやすく，得られる結果が量子的な扱いによる結果と一致するので，電気伝導に関する現象の説明によく用いられる。

11.4.1　移動度

古典的な扱いでは，有効質量が m_{e}^*，電荷が $-e$ である固体中の電子の，電場 $\boldsymbol{E}$ の下におけるふるまいは，**ドルーデモデル**（Drude model）*10 と呼ばれる，以下の運動方程式で記述できる。

$$m_{\mathrm{e}}^* \frac{\mathrm{d}\boldsymbol{v}_{\mathrm{e}}}{\mathrm{d}t} = -e\boldsymbol{E} - m_{\mathrm{e}}^* \frac{\boldsymbol{v}_{\mathrm{e}}}{\tau} \tag{11.41}$$

ここで，右辺第 1 項は電場による力，右辺第 2 項は不純物や格子振動による抵抗力を表す。抵抗力は電子の速度 $\boldsymbol{v}_{\mathrm{e}}$ に比例し，電子の速度 $\boldsymbol{v}_{\mathrm{e}}$ と反対向きに働く。また，τ を時間の次元をもつ比例定数として導入した*11。

定常状態では

$$\frac{\mathrm{d}\boldsymbol{v}_{\mathrm{e}}}{\mathrm{d}t} = \boldsymbol{0} \tag{11.42}$$

となる。このときの速度 $\boldsymbol{v}_{\mathrm{d}}$ を**ドリフト速度**（drift velocity）という。式(11.42)を式(11.41)に代入することによって

$$\boldsymbol{v}_{\mathrm{d}} = -\frac{e\tau}{m_{\mathrm{e}}^*}\boldsymbol{E} = -\mu\boldsymbol{E} \tag{11.43}$$

が得られる。ただし，μ は

$$\mu = \frac{e\tau}{m_{\mathrm{e}}^*} \tag{11.44}$$

であり，**移動度**（mobility）と呼ばれる。移動度 μ は，電場 $\boldsymbol{E}$ を加えたときに固体中の電子がどのようなドリフト速度で運動するのかを決定する比例係数としての意味をもつ。同じ電場を加えたときには，移動度 μ が高いほどドリフト速度は速くなるから，移動度は電子の動きやすさを示している。移動度はドリフト速度を電場で割ることによって得られるから，その単位は $\mathrm{m\,s^{-1}} \div \mathrm{V\,m^{-1}} = \mathrm{m^2\,V^{-1}\,s^{-1}}$ である。しかしながら，これまでの慣習から SI 単位よりも cgs 単位を用いて $\mathrm{cm^2\,V^{-1}\,s^{-1}}$ と表されることが多い。

式(11.44)からわかるように，電子の有効質量 m_{e}^* が大きいと移動度は低くなる。このことは，質量の大きい物体ほど動きにくいことから理にかなっている。また，緩和時間 τ が長いほど移動度は高くなる。式(11.41)に示したように，電子に働く抵抗力は τ に反比例するので，緩和時間 τ が長いほど抵抗力が小さくなる。抵抗力が小さければ電子は動きやすいので，このことも容易に理解できる。

*10　1900 年にドイツの物理学者であるドルーデ（Paul Karl Ludwig Drude, 1863～1906）によって提唱された，気体分子運動論を応用した固体中の電気伝導に関する古典的なモデルである。

*11　$\boldsymbol{E} = \boldsymbol{0}$ であるとき，式(11.41)の解は

$$\boldsymbol{v}_{\mathrm{e}}(t) = \boldsymbol{v}_{\mathrm{e}}(0)e^{-t/\tau}$$

のように与えられる。τ は指数関数的に平衡状態へと近づく際の時定数となっていることから**緩和時間**（relaxation time）と呼ばれる。ドルーデは τ を，電子が固体中の陽イオンとの衝突を繰り返しながら運動するときの平均自由時間と考えた。

半導体中の電子の移動度の典型的な値として $\mu = 1000\,\mathrm{cm^2\,V^{-1}\,s^{-1}}$ を用いて，電場の大きさが $E = 10\,\mathrm{V\,cm^{-1}}$ のときのドリフト速度を計算すると $v_\mathrm{d} = 1000\,\mathrm{cm^2\,V^{-1}\,s^{-1}} \times 10\,\mathrm{V\,cm^{-1}} = 10000\,\mathrm{cm\,s^{-1}} = 100\,\mathrm{m\,s^{-1}}$，すなわち秒速 100 m という値が得られる。これは時速 360 km に相当するから，新幹線の最高速度程度であることがわかる。

11.4.2　古典的な扱いから導かれる電気伝導率

固体中の伝導に寄与する電子密度を $n\ (= \frac{N}{V})$ とすれば

$$\boldsymbol{j} = -ne\boldsymbol{v}_\mathrm{d} = \frac{ne^2\tau}{m_\mathrm{e}^*}\boldsymbol{E} \tag{11.45}$$

となる。したがって，式(11.38)と比較すると，電気伝導率は

$$\sigma = \frac{ne^2\tau}{m_\mathrm{e}^*} \tag{11.46}$$

のように表されることがわかる。また，移動度 μ を用いて式(11.46)を書き直せば，

$$\sigma = ne\mu \tag{11.47}$$

となる。式(11.47)は，電気伝導率が「単位体積あたりの電子数 n」×「1つの電子が運ぶ電荷量の絶対値 e」×「電子の動きやすさ μ」であることを意味している。

■例題■

室温における銅の電気抵抗率の大きさが $\rho = 1.7 \times 10^{-8}\,\Omega\,\mathrm{m}$ であることを用いて，電子の移動度 μ の値を求めなさい。また，このときの緩和時間 τ の値を求めなさい。さらに $0.01\,\mathrm{V\,m^{-1}}$ の大きさの電場を加えたときのドリフト速度の大きさを求めなさい。ただし，電気伝導に寄与する電子は，銅原子 1 個あたり 1 個供給されるとして，電子密度は $n = 8.5 \times 10^{28}\,\mathrm{m^{-3}}$ としなさい。また，電子の有効質量は $m_\mathrm{e}^* = 9.1 \times 10^{-31}\,\mathrm{kg}$ としなさい。

[解答]

電気抵抗率が電気伝導率の逆数であることから，移動度 μ は

$$\begin{aligned}\mu &= \frac{1}{ne\rho}\\ &= \frac{1}{8.5 \times 10^{28}\,\mathrm{m^{-3}} \times 1.6 \times 10^{-19}\,\mathrm{C} \times 1.7 \times 10^{-8}\,\Omega\,\mathrm{m}}\\ &= 4.3 \times 10^{-3}\,\mathrm{m^2\,V^{-1}\,s^{-1}}\\ &= 43\,\mathrm{cm^2\,V^{-1}\,s^{-1}}\end{aligned}$$

と求められる。したがって，銅は電気伝導率の高い導体であるが，電気伝導率の低い半導体と比べて移動度が高いわけではなく，むしろ 1 桁から 2 桁程度低い。銅の移動度が低いにもかかわらず電気伝

導率が高いのは主として電子密度が高いためである。

また，緩和時間 τ は

$$\begin{aligned}\tau &= \frac{m_e^* \mu}{e} \\ &= \frac{9.1 \times 10^{-31}\,\mathrm{kg} \times 4.3 \times 10^{-3}\,\mathrm{m^2\,V^{-1}\,s^{-1}}}{1.6 \times 10^{-19}\,\mathrm{C}} \\ &= 2.4 \times 10^{-14}\,\mathrm{s}\end{aligned}$$

と求められる。

さらに，ドリフト速度の大きさ v_d は

$$\begin{aligned}v_d &= 43\,\mathrm{cm^2\,V^{-1}\,s^{-1}} \times 1.0 \times 10^{-4}\,\mathrm{V\,cm^{-1}} \\ &= 4.3 \times 10^{-3}\,\mathrm{cm\,s^{-1}} \\ &= 4.3 \times 10^{-5}\,\mathrm{m\,s^{-1}}\end{aligned}$$

と求められる。

■例題■

室温における GaAs の移動度が $\mu = 8500\,\mathrm{cm^2\,V^{-1}\,s^{-1}}$ であることを用いて緩和時間 τ の大きさを求めなさい。また，電子密度が $n = 1.0 \times 10^{15}\,\mathrm{cm^{-3}}$ であるとき，電気抵抗率 ρ を求めなさい。ただし，GaAs における電子の有効質量は $m_e^* = 6.1 \times 10^{-32}\,\mathrm{kg}$ であるとしなさい。

[解答]

緩和時間 τ は

$$\begin{aligned}\tau &= \frac{m_e^* \mu}{e} \\ &= \frac{6.1 \times 10^{-32}\,\mathrm{kg} \times 8.5 \times 10^{-1}\,\mathrm{m^2\,V^{-1}\,s^{-1}}}{1.6 \times 10^{-19}\,\mathrm{C}} \\ &= 3.2 \times 10^{-13}\,\mathrm{s}\end{aligned}$$

と求められる。したがって，GaAs における緩和時間は銅に比べて 1 桁程度長いことがわかる。

また，電気抵抗率 ρ は

$$\begin{aligned}\rho &= \frac{1}{ne\mu} \\ &= \frac{1}{1.0 \times 10^{21}\,\mathrm{m^{-3}} \times 1.6 \times 10^{-19}\,\mathrm{C} \times 0.85\,\mathrm{m^2\,V^{-1}\,s^{-1}}} \\ &= 7.4 \times 10^{-3}\,\Omega\,\mathrm{m}\end{aligned}$$

となる。GaAs の電気抵抗率は電子密度に依存するが，この例題の場合には銅の電気抵抗率よりも 5 桁程度高い。このように導体と比

べて半導体の電気抵抗率が著しく高いのは主として半導体中の電子密度が低いためである。

11.5　ボルツマン方程式による電気伝導の扱い

11.5.1　ボルツマン方程式

古典的なモデルであるドルーデモデルでは，電気伝導に寄与する電子はすべて同じ速度で運動していると考えるが，11.1 節で説明したように，量子力学で考えると電子の速度は $\boldsymbol{k}$ に依存するので，電子の速度には分布があり，すべての電子が同じ速度で運動しているわけではない。電子の速度分布を考慮して電気伝導を求めるためには，**ボルツマン方程式**（Boltzmann equation）*12を用いる。

*12　ボルツマン方程式はもともとは気体分子運動論における基本方程式として1872年にボルツマンによって導入された。

時刻 t における電子の分布関数を $f(\boldsymbol{r},\boldsymbol{k},t)$ とする。ここで，f は位置ベクトル $\boldsymbol{r}$，波数ベクトル $\boldsymbol{k}$ の関数である。電子の速度，つまり速さや運動の向きは格子振動や不純物によって変化させられる。このような現象が固体中における電子の散乱（scattering）である。電子が散乱されることによってもたらされる分布関数の変化 $\mathrm{d}f$ は，t，$\boldsymbol{r}$，$\boldsymbol{k}$ それぞれの変化による和として

$$\begin{aligned}\mathrm{d}f &= \frac{\partial f}{\partial t}\mathrm{d}t + \frac{\partial f}{\partial x}\mathrm{d}x + \frac{\partial f}{\partial y}\mathrm{d}y + \frac{\partial f}{\partial z}\mathrm{d}z + \frac{\partial f}{\partial k_x}\mathrm{d}k_x + \frac{\partial f}{\partial k_y}\mathrm{d}k_y + \frac{\partial f}{\partial k_z}\mathrm{d}k_z \\ &= \frac{\partial f}{\partial t}\mathrm{d}t + \nabla f\cdot\mathrm{d}\boldsymbol{r} + \nabla_{\boldsymbol{k}} f\cdot\mathrm{d}\boldsymbol{k} \end{aligned} \tag{11.48}$$

で与えられる。ただし，$\nabla_{\boldsymbol{k}} = \left(\frac{\partial}{\partial k_x}, \frac{\partial}{\partial k_y}, \frac{\partial}{\partial k_z}\right)$ であり，$\mathrm{d}\boldsymbol{r} = (\mathrm{d}x, \mathrm{d}y, \mathrm{d}z)$，$\mathrm{d}\boldsymbol{k} = (\mathrm{d}k_x, \mathrm{d}k_y, \mathrm{d}k_z)$ である。

一方，電子の散乱が微小時間 $\mathrm{d}t$ の間にもたらされるとすれば，その影響は形式的に

$$\mathrm{d}f = \left(\frac{\partial f}{\partial t}\right)_{\mathrm{scat}} \mathrm{d}t \tag{11.49}$$

と表される。ここで，式(11.48)と式(11.49)は等しいので，

$$\frac{\partial f}{\partial t} + \nabla f\cdot\frac{\mathrm{d}\boldsymbol{r}}{\mathrm{d}t} + \nabla_{\boldsymbol{k}} f\cdot\frac{\mathrm{d}\boldsymbol{k}}{\mathrm{d}t} = \left(\frac{\partial f}{\partial t}\right)_{\mathrm{scat}} \tag{11.50}$$

が得られる。式(11.50)をボルツマン方程式という。

11.5.2　ボルツマン方程式から導かれる電気伝導率

ボルツマン方程式を用いて電気伝導率を求めよう。ここでは，比較的簡単に扱える自由電子モデルを対象とする。ただし，バンド理論の議論をふまえて，電子のエネルギーの $\boldsymbol{k}$ 依存性が，電子の有効質量を用いた

$$\mathcal{E}(\boldsymbol{k}) = \frac{\hbar^2}{2m_{\mathrm{e}}^*}|\boldsymbol{k}|^2 = \frac{\hbar^2}{2m_{\mathrm{e}}^*}\left({k_x}^2 + {k_y}^2 + {k_z}^2\right) \tag{11.51}$$

で表されるとする。

自由電子モデルでは，電子は空間全体にわたって均一に分布しているので，分布関数は位置ベクトル $\boldsymbol{r}$ に依存せず，

$$\nabla f = \boldsymbol{0} \tag{11.52}$$

である。また，加える電場 $\boldsymbol{E}$ は時間に対して一定なので，分布関数は定常状態となり，

$$\frac{\partial f}{\partial t} = 0 \tag{11.53}$$

である。さらに，電子に働く力は $\boldsymbol{F} = -e\boldsymbol{E}$ なので，式(11.4)を用いると

$$\frac{\mathrm{d}\boldsymbol{k}}{\mathrm{d}t} = -\frac{e}{\hbar}\boldsymbol{E} \tag{11.54}$$

である。

電子の散乱は，電場によって変化した分布関数をランダムにして，電場が加わっていない平衡状態の分布関数 f_0 に戻すように働くと考えられるから，電子の散乱の影響を

$$\left(\frac{\partial f}{\partial t}\right)_{\mathrm{scat}} = -\frac{f - f_0}{\tau} \tag{11.55}$$

と表すことにする。この式は，式(11.41)で示したドルーデモデルにおける抵抗力を表す項に相当し，τ は緩和時間である。

$\nabla_{\boldsymbol{k}} f$ については，式(11.51)を利用すると

$$\begin{aligned}
\nabla_{\boldsymbol{k}} f &= \left(\frac{\partial f}{\partial k_x}, \frac{\partial f}{\partial k_y}, \frac{\partial f}{\partial k_z}\right) \\
&= \left(\frac{\partial \mathcal{E}}{\partial k_x}, \frac{\partial \mathcal{E}}{\partial k_y}, \frac{\partial \mathcal{E}}{\partial k_z}\right)\frac{\mathrm{d}f}{\mathrm{d}\mathcal{E}} \\
&= \nabla_{\boldsymbol{k}}\mathcal{E}\,\frac{\mathrm{d}f}{\mathrm{d}\mathcal{E}} \\
&= \frac{\hbar^2}{m_{\mathrm{e}}^*}\boldsymbol{k}\frac{\mathrm{d}f}{\mathrm{d}\mathcal{E}}
\end{aligned} \tag{11.56}$$

となる。式(11.50)に式(11.52)～(11.56)を代入して，f について解くと

$$f = f_0 + \frac{e\tau\hbar}{m_{\mathrm{e}}^*}\boldsymbol{k}\cdot\boldsymbol{E}\frac{\mathrm{d}f}{\mathrm{d}\mathcal{E}} \tag{11.57}$$

が得られる。電流密度は波数 $\boldsymbol{k}$ の電子の速度 $v(\boldsymbol{k})$ に電子の運ぶ電荷 $-e$ をかけて，さらに電子の分布関数 f をかけ，$\boldsymbol{k}$ 空間について積分することで

$$\boldsymbol{j} = \frac{2}{(2\pi)^3}\int \mathrm{d}\boldsymbol{k}\,\{-e\boldsymbol{v}(\boldsymbol{k})\}\,f \tag{11.58}$$

と求められる。ここで，分子の 2 は電子のスピン自由度による。電子の分布関数が平衡状態にあるとき，つまり $f = f_0$ であるときには，ある速度をもつ電子に対して必ず逆向きの速度をもつ電子が存在するために，電流密度は $\boldsymbol{j} = \boldsymbol{0}$ となる。

電場 $\boldsymbol{E}$ が x 方向に加えられた場合，電流密度の y, z 成分は 0 となるので電子の速度の x 成分 v_x のみを考えればよい。また，自由電子モデ

ルでは $v_x(\boldsymbol{k}) = \frac{\hbar k_x}{m_e^*}$ となることを用いれば，電流密度の x 成分は

$$j_x = -\frac{2e^2\hbar^2}{(2\pi)^3 {m_e^*}^2} E_x \int \mathrm{d}\boldsymbol{k}\, \tau {k_x}^2 \frac{\mathrm{d}f}{\mathrm{d}\mathcal{E}} \tag{11.59}$$

で与えられる。ここで，緩和時間 τ は波数ベクトル $\boldsymbol{k}$ に依存する可能性があるので積分の外に出すことはできない。さらに，${k_x}^2 + {k_y}^2 + {k_z}^2 = k^2$ において $k_x = k_y = k_z$ とすることで ${k_x}^2 = \frac{k^2}{3}$ が得られることを用いた上で，変数 $\boldsymbol{k}$ を $\mathcal{E}$ に変換した置換積分を行うと

$$\int \mathrm{d}\boldsymbol{k}\, \tau {k_x}^2 \frac{\mathrm{d}f}{\mathrm{d}\mathcal{E}} = \frac{2\pi}{3}\left(\frac{2m_e^*}{\hbar^2}\right)^{5/2} \int \mathrm{d}\mathcal{E}\, \tau \mathcal{E}^{3/2} \frac{\mathrm{d}f}{\mathrm{d}\mathcal{E}} \tag{11.60}$$

自分で導出してみよう。

となり，f がフェルミ分布関数

$$f = \frac{1}{e^{(\mathcal{E}-\mu)/k_B T} + 1}$$

で近似できることと，さらに

$$\frac{\mathrm{d}f}{\mathrm{d}\mathcal{E}} \simeq -\delta(\mathcal{E} - \mathcal{E}_F)$$

と近似できること[*13]を利用すると，式(11.59)について

$$j_x = \frac{e^2\tau}{3\pi^2 m_e^*}\left(\frac{2m_e^*}{\hbar^2}\right)^{3/2} {\mathcal{E}_F}^{3/2} E_x$$

となる。式(9.14)を用いて，上式に

$$\mathcal{E}_F = \frac{\hbar^2}{2m_e^*}(3\pi^2 n)^{2/3}$$

を代入すれば

$$j_x = \frac{ne^2\tau}{m_e^*} E_x \tag{11.61}$$

が得られる。すなわち，電気伝導率は

$$\sigma = \frac{ne^2\tau}{m_e^*} \tag{11.62}$$

と求められる。結果は古典的な扱いによって求めた電気伝導率の式(11.46)と完全に一致する。ただし，その内容は大きく異なり，ボルツマン方程式からの導出過程でわかったように，実際に電気伝導に寄与するのは，エネルギーが $\mathcal{E} \sim \mathcal{E}_F$ であるような，言い換えればフェルミ面近くにある電子だけである。このことは，電気伝導に寄与するのはフェルミ面近くにある電子であることを意味する。フェルミ面にある電子の速度は**フェルミ速度**（Fermi velocity）と呼ばれ，自由電子モデルで考えればその速度は $v_F = \sqrt{\frac{2\mathcal{E}_F}{m_e}}$ で与えられる。例えば $\mathcal{E}_F = 3.1\,\mathrm{eV}$ とすれば速度は $v_F = 1.0 \times 10^6\,\mathrm{m\,s^{-1}}$ となる。この速度 v_F と緩和時間 τ との積は，電子が散乱されてから次に散乱されるまでに進む**平均自由行程**（mean free path）に相当する。例えば，$v_F = 1.0 \times 10^6\,\mathrm{m\,s^{-1}}$，$\tau = 2.4 \times 10^{-14}\,\mathrm{s}$ として平均自由行程 l を求めると，

*13 付録Fの**図 F.1** を参照のこと。

$$l = v_F \tau = 2.4 \times 10^{-8}\,\mathrm{m} = 24\,\mathrm{nm}$$

となる。この値は結晶中のイオン間距離よりも 2 桁程度大きい。ドルーデは，電子が固体中の陽イオンとの衝突を繰り返しながら運動すると考えていたが，見積もられた平均自由行程 l の大きさから，その考えが正しくないことがわかる。実際に，11.1 節で説明したように陽イオンは結晶中で周期的に並んで周期的ポテンシャルを形成している限り，ブロッホ関数で表される電子を散乱する原因とはならない。つまり，電子の散乱は陽イオンとの衝突によるものではなく，実際には以下に説明するように，格子振動や不純物などが散乱の主な要因となる。

11.6　格子振動による散乱

格子振動があると，結晶ポテンシャルの周期性が乱されるために，結晶中を運動する電子は散乱される。格子振動は第 8 章で議論したように温度に依存するので格子振動による散乱も温度に依存する。格子振動による散乱に起因する緩和時間の温度依存性を定性的に議論しよう。

格子振動によって電子が散乱される頻度はフォノンの個数に比例すると考えられる。フォノンの個数は 8.1.1 項で説明したようにボース分布関数に従い，

$$n_{\boldsymbol{k},s} = \frac{1}{\exp\left(\frac{\hbar\omega_{\boldsymbol{k},s}}{k_B T}\right) - 1} \tag{11.63}$$

で与えられる。温度 T が高く，$\hbar\omega_{\boldsymbol{k},s} \ll k_B T$ が成り立てば，式(11.63)は

$$n_{\boldsymbol{k},s} \simeq \frac{k_B T}{\hbar\omega_{\boldsymbol{k},s}} \tag{11.64}$$

と近似でき，温度 T に比例することがわかる。したがって，格子振動によって電子が散乱される頻度 $\frac{1}{\tau_{ph}}$ も温度 T に比例し，高温における格子振動による散乱に起因する電気抵抗率は

$$\rho_{ph} = \frac{m_e^*}{ne^2}\frac{1}{\tau_{ph}} \propto T \tag{11.65}$$

のように温度に比例する。

温度が低いときには，エネルギーの低いフォノンしか励起されず，8.1 節や 8.2 節で説明したように，エネルギーの低いフォノンのもつ波数ベクトルは小さいために，$\boldsymbol{k}$ 空間において電子が散乱される範囲が限定される。このようなことから，詳しい説明は省略するが*14，電子の散乱頻度 $\frac{1}{\tau_{ph}}$ は温度 T^5 に比例する。その結果，低温においては，格子振動による散乱に起因する電気抵抗率の温度依存性は

$$\rho_{ph} = \frac{m_e^*}{ne^2}\frac{1}{\tau_{ph}} \propto T^5 \tag{11.66}$$

となる。

*14　格子振動による電気抵抗率への影響は比熱を求めるために用いたデバイモデルと同様にして求められており，**ブロッホ–グリューナイゼンの式** (Bloch-Grüneisen formula)

$$\rho(T) = \rho(0) + A\left(\frac{T}{\Theta_D}\right)^5 \times \int_0^{\Theta_D/T} \frac{x^5 e^x}{(e^x - 1)^2}\mathrm{d}x$$

で与えられる。グリューナイゼン (Eduard Grüneisen, 1877〜1949) はドイツの物理学者である。固体の体積が変化すると格子振動の振動数がどの程度変化するのかを与えるグリューナイゼン定数 γ は彼の名前に因む。

11.7　不純物による散乱

不純物（あるいは欠陥）が結晶中にランダムに分布すると周期ポテンシャルが乱されるため，結晶中を運動する電子は散乱される。不純物密度 n_{imp} が十分に低ければ，不純物による電子の散乱頻度 $\dfrac{1}{\tau_{\mathrm{imp}}}$ は n_{imp} に比例する。したがって，不純物による散乱に起因する電気抵抗率も

$$\rho_{\mathrm{imp}} = \frac{m_{\mathrm{e}}^*}{ne^2}\frac{1}{\tau_{\mathrm{imp}}} \propto n_{\mathrm{imp}} \tag{11.67}$$

のように不純物密度 n_{imp} に比例する。金属の場合，不純物による散乱に起因する電気抵抗率は温度に依存しない。

11.8　金属の電気抵抗率の温度依存性

これまでに説明してきたような格子振動による散乱や不純物による散乱など，複数の散乱機構が存在する場合，それぞれの散乱が独立して互いに影響を及ぼさなければ，それぞれの散乱頻度を加えることによってすべての散乱頻度が決定される。つまり，格子振動による散乱と不純物による散乱がある場合には

$$\frac{1}{\tau} = \frac{1}{\tau_{\mathrm{ph}}} + \frac{1}{\tau_{\mathrm{imp}}} \tag{11.68}$$

となるので，電気抵抗率もそれぞれの散乱に起因する電気抵抗率の和として

$$\rho = \rho_{\mathrm{ph}} + \rho_{\mathrm{imp}} \tag{11.69}$$

のように表される。このことを**マティーセン則**（Matthiessen's rule）[*15]という。

図 11.11 に銅の電気抵抗率の温度依存性を示す。極低温では格子振動

*15　マティーセン（Augustus Matthiessen, 1831〜1870）はイギリスの化学者・物理学者である。

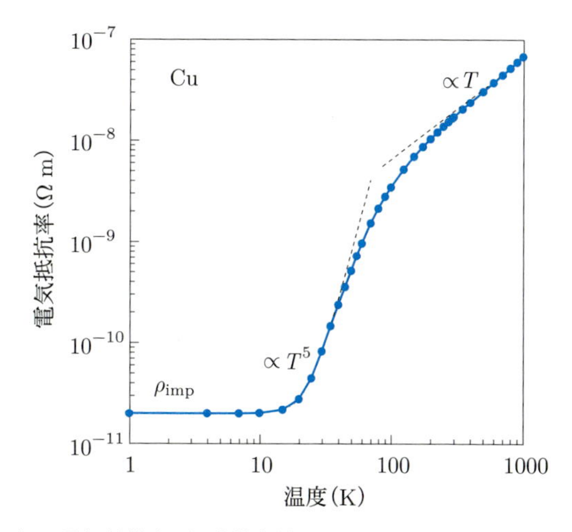

図 11.11　銅の電気抵抗率の温度依存性
［R. A. Matula, *J. Phys. Chem. Ref. Data*, **8**, 1147 (1979) による］

による散乱は少なくなり，不純物による散乱が主となるため，電気抵抗率 ρ は一定値 ρ_{imp} となる。温度 T が上昇すると格子振動による散乱が次第に増えていき，電気抵抗率の増加分は T^5 に比例する。さらに温度が上昇すると格子振動による散乱が主となり，高温では格子振動による散乱頻度は温度 T に比例するため，電気抵抗率は $\rho \simeq \rho_{\mathrm{ph}} \propto T$ となる。

11.9　ホール効果

電気伝導において電荷を運ぶ役割を担う粒子を**キャリア**（carrier）と呼ぶ。固体中では電子と正孔がキャリアとなる。電気伝導に関わるキャリアの種類や密度を決定するのに有効な方法が**ホール効果**（Hall effect）[*16]を利用した**ホール測定**（Hall measurement）である。この節では電気伝導を古典的に扱って，ホール効果について説明する。

*16　アメリカの物理学者であるホール（Edwin Herbert Hall, 1855〜1938）によって1879年に発見されたことに因む。

固体中に有効質量 m^*，電荷 q の粒子が存在するとき，**図 11.12** に示すような試料に対して，x 方向に電流を流し，z 方向に磁束密度 $\boldsymbol{B}$ を加える。このときの運動方程式は，式(11.41)のドルーデモデルにならって

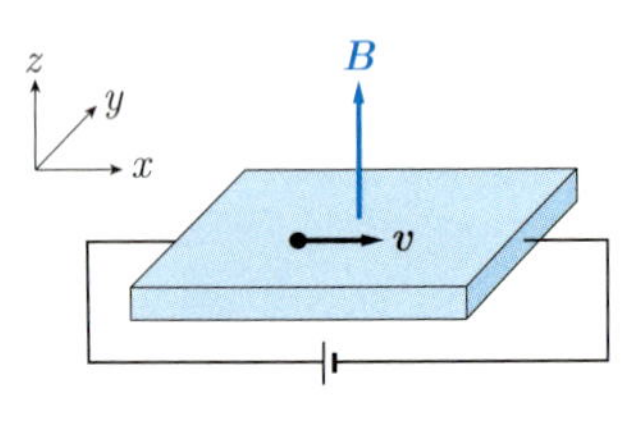

図 11.12　ホール効果

$$m^* \frac{\mathrm{d}\boldsymbol{v}}{\mathrm{d}t} = q\left(\boldsymbol{E} + \boldsymbol{v} \times \boldsymbol{B}\right) - m^* \frac{\boldsymbol{v}}{\tau} \tag{11.70}$$

と表される。ただし，電場，磁束密度，粒子の速度はそれぞれ次のような成分をもつものとする。

$$\boldsymbol{E} = (E_x, E_y, 0)$$
$$\boldsymbol{B} = (0, 0, B_z)$$
$$\boldsymbol{v} = (v_x, v_y, 0)$$

仮に $\boldsymbol{E} = \boldsymbol{0}$，$\tau \to \infty$ として，式(11.70)を解くと

自分で導出してみよう。

$$v_x = v_0 \sin\left(\frac{qB_z}{m^*}t + \phi\right)$$
$$v_y = v_0 \cos\left(\frac{qB_z}{m^*}t + \phi\right)$$

となり，粒子が等速円運動するという解が得られる。この運動は**サイクロトロン運動**（cyclotron motion）と呼ばれる。このときの角振動数 ω_{c} は

$$\omega_{\mathrm{c}} = \frac{|q|B_z}{m^*} \tag{11.71}$$

で与えられ，**サイクロトロン角振動数**（cyclotron angular frequency）と呼ばれる。

定常状態では $\dfrac{\mathrm{d}\boldsymbol{v}}{\mathrm{d}t} = \boldsymbol{0}$ となるため，式(11.70)の x 成分については

$$0 = q(E_x + v_y B_z) - m^* \frac{v_x}{\tau} \tag{11.72}$$

y 成分については

$$0 = q(E_y - v_x B_z) - m^* \frac{v_y}{\tau} \tag{11.73}$$

が得られる。式(11.72)，(11.73)を v_x，v_y について解くと

$$v_x = \frac{\frac{q\tau}{m^*}\left(E_x + \frac{qB_z}{m^*}\tau E_y\right)}{1 + \frac{q^2 {B_z}^2 \tau^2}{{m^*}^2}} \tag{11.74}$$

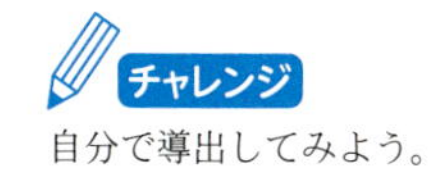
チャレンジ
自分で導出してみよう。

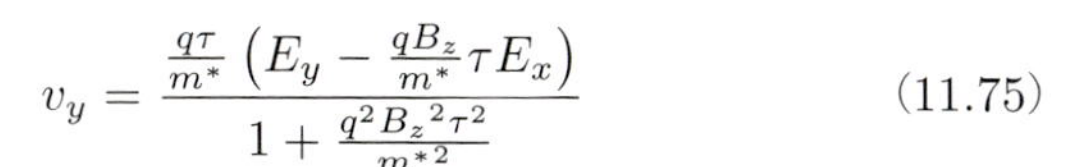

$$v_y = \frac{\frac{q\tau}{m^*}\left(E_y - \frac{qB_z}{m^*}\tau E_x\right)}{1 + \frac{q^2 {B_z}^2 \tau^2}{{m^*}^2}} \tag{11.75}$$

と求められる。

キャリア密度を n とすれば，式(11.74)，(11.75)より，電流密度は

$$j_x = nqv_x = \frac{\sigma}{1 + {\omega_{\mathrm{c}}}^2\tau^2}\left(E_x + \omega_{\mathrm{c}}\tau E_y\right) \tag{11.76}$$

$$j_y = nqv_y = \frac{\sigma}{1 + {\omega_{\mathrm{c}}}^2\tau^2}\left(E_y - \omega_{\mathrm{c}}\tau E_x\right) \tag{11.77}$$

となる。ここで，$\sigma = \frac{nq^2\tau}{m^*}$ である。y 方向の電流は試料の端で制限されて流れないから $j_y = 0$，すなわち式(11.77)より

$$E_y = \omega_{\mathrm{c}}\tau E_x \tag{11.78}$$

となり，y 方向に電場が生じる。この現象をホール効果といい，生じる電場を**ホール電場**（Hall electric field）という。式(11.78)を式(11.76)に代入すると

$$j_x = \frac{\sigma}{1 + {\omega_{\mathrm{c}}}^2\tau^2}\left(E_x + {\omega_{\mathrm{c}}}^2\tau^2 E_x\right) = \sigma E_x \tag{11.79}$$

が得られる。したがって，x 方向の電流密度は，磁束密度を加えない場合と同じ結果となる。

y 方向に生じるホール電場 E_y，x 方向に流す電流密度 j_x および z 方向に加える磁束密度 B_z を用いて定義される

$$R_{\mathrm{H}} = \frac{E_y}{j_x B_z} = \frac{\omega_{\mathrm{c}}\tau E_x}{\sigma E_x B_z} = \frac{1}{nq} \tag{11.80}$$

を**ホール係数**（Hall coefficient）という。キャリアが電子の場合は $q = -e$ なので $R_{\mathrm{H}} < 0$，正孔の場合は $q = e$ なので $R_{\mathrm{H}} > 0$ である。したがって，ホール係数の符号からキャリアが電子であるか正孔であるかの区別ができる。また，ホール係数の大きさからキャリア密度 n が求められる。

❖ 演習問題

11.1 結晶における1次元バンド分散が $\mathcal{E}(k) = \mathcal{E}_0 - \mathcal{E}_1 \cos ka$（ただし $-\frac{\pi}{a} \leq k \leq \frac{\pi}{a}$）で与えられるとする。電子に外力 F を加えたときに生じるブロッホ振動の振動数 ν を求めなさい。

11.2 第10章の演習問題10.1で求めた体心立方構造のバンド分散に対して[1 1 1]方向の有効質量を k の関数として求めなさい。

第12章　固体の光学的性質

固体の光学的性質の中で最も典型的な現象である光の反射や吸収は，古典物理学の立場からは電磁波に対する物質の応答として扱うことができる。そこで，本章では，まず物質中の電磁波を考えることで，古典物理学の範囲で理解できる固体の光学的性質について説明する。その後，後半で量子力学に基づいた方が理解しやすいバンド間の光学遷移について説明する。

12.1　真空中の電磁波

電磁波に対する物質の応答について考える前に，真空中の電磁波について基本事項をおさえておく。そのために必要となる，**マクスウェル方程式**（Maxwell's equations）[*1]を以下に示す。

真空中のマクスウェル方程式

$$\nabla \cdot \boldsymbol{E} = \frac{1}{\varepsilon_0}\rho \tag{12.1}$$

$$\nabla \times \boldsymbol{E} = -\frac{\partial \boldsymbol{B}}{\partial t} \tag{12.2}$$

$$\nabla \cdot \boldsymbol{B} = 0 \tag{12.3}$$

$$\nabla \times \boldsymbol{B} = \mu_0 \boldsymbol{j} + \varepsilon_0 \mu_0 \frac{\partial \boldsymbol{E}}{\partial t} \tag{12.4}$$

ここで，$\boldsymbol{E}$，$\boldsymbol{B}$ はそれぞれ**電場**（electric field），**磁束密度**（magnetic flux density）であり，どちらもきちんと表せば位置 $\boldsymbol{r}$，時刻 t の関数 $\boldsymbol{E}(\boldsymbol{r},t)$，$\boldsymbol{B}(\boldsymbol{r},t)$ である[*2]。しかし，$\boldsymbol{E}(\boldsymbol{r},t)$ のように表すのは煩雑なのでここでは $\boldsymbol{E}$ のように省略して表すことにする。ρ，$\boldsymbol{j}$ はそれぞれ**電荷密度**（charge density），**電流密度**（current density）であり，これらもきちんと表せば位置 $\boldsymbol{r}$，時刻 t の関数 $\rho(\boldsymbol{r},t)$，$\boldsymbol{j}(\boldsymbol{r},t)$ である。ε_0，μ_0 は真空の誘電率，**真空の透磁率**（vacuum permeability）[*3]である。

電磁波が伝播する空間には電荷密度，電流密度は存在せず，$\rho = 0$，$\boldsymbol{j} = \boldsymbol{0}$ であるとしよう。式(12.2)の両辺の回転を求めると[*4]

$$\nabla \times (\nabla \times \boldsymbol{E}) = -\frac{\partial}{\partial t}\nabla \times \boldsymbol{B} \tag{12.5}$$

*1　イギリスの物理学者であるマクスウェル（James Clerk Maxwell, 1831～1879）が1864年に導出した電磁気学の基本となる方程式。マクスウェルの方程式を現在の形式に整理したのは階段関数などでも知られるイギリスの物理学者ヘヴィサイド（Oliver Heaviside, 1850～1925）である。

*2　$\boldsymbol{E}$，$\boldsymbol{B}$ を基本的な物理量とする立場を $\boldsymbol{E}$–$\boldsymbol{B}$ 対応という。現在の電磁気学では，単極の磁荷は存在しないとする立場から磁束密度を基本的な物理量としている。これに対して，**磁場**（magnetic field）$\boldsymbol{H}$ を基本的な物理量とする立場を $\boldsymbol{E}$–$\boldsymbol{H}$ 対応という。この本では，$\boldsymbol{E}$–$\boldsymbol{B}$ 対応で説明を行う。

*3　真空の透磁率の値は $\mu_0 = 4\pi \times 10^{-7}\ \mathrm{H\ m^{-1}} = 1.2566370614\cdots \times 10^{-6}\ \mathrm{H\ m^{-1}}$ である。

*4　ベクトル $\boldsymbol{A}$ の回転をデカルト座標で表せば $\nabla \times \boldsymbol{A} = \left(\frac{\partial A_z}{\partial y} - \frac{\partial A_y}{\partial z}, \frac{\partial A_x}{\partial z} - \frac{\partial A_z}{\partial x}, \frac{\partial A_y}{\partial x} - \frac{\partial A_x}{\partial y}\right)$ である。

となる。式(12.5)の左辺については，ベクトル演算の公式から

$$\nabla \times (\nabla \times \boldsymbol{E}) = \nabla(\nabla \cdot \boldsymbol{E}) - \Delta \boldsymbol{E}$$

が成り立つ。ここで，Δ はラプラス演算子（Laplacian）であり，デカルト座標では

$$\Delta = \frac{\partial^2}{\partial x^2} + \frac{\partial^2}{\partial y^2} + \frac{\partial^2}{\partial z^2}$$

である。いまの場合は式(12.1)において $\rho = 0$ であるので，結果として，式(12.5)の左辺は

$$\nabla \times (\nabla \times \boldsymbol{E}) = -\Delta \boldsymbol{E} \tag{12.6}$$

となる。

一方，式(12.5)の右辺については，式(12.4)を用いると

$$\begin{aligned} -\frac{\partial}{\partial t}\nabla \times \boldsymbol{B} &= -\frac{\partial}{\partial t}\left(\varepsilon_0\mu_0\frac{\partial \boldsymbol{E}}{\partial t}\right) \\ &= -\varepsilon_0\mu_0\frac{\partial^2 \boldsymbol{E}}{\partial t^2} \end{aligned} \tag{12.7}$$

となる。式(12.6)と式(12.7)が等しいことから

$$\Delta \boldsymbol{E} = \varepsilon_0\mu_0\frac{\partial^2 \boldsymbol{E}}{\partial t^2} \tag{12.8}$$

が得られる。ほぼ同様にして磁束密度についても

$$\Delta \boldsymbol{B} = \varepsilon_0\mu_0\frac{\partial^2 \boldsymbol{B}}{\partial t^2} \tag{12.9}$$

自分で導出してみよう。

が得られる。

式(12.8)，(12.9)はそれぞれ $\boldsymbol{E}$，$\boldsymbol{B}$ についての波動方程式であり，真空中の電磁波を与える式となっている。これらの解の候補の1つとして

$$\boldsymbol{E} = \boldsymbol{E}_0 e^{i(\boldsymbol{k}\cdot\boldsymbol{r} - \omega t)} \tag{12.10}$$

$$\boldsymbol{B} = \boldsymbol{B}_0 e^{i(\boldsymbol{k}\cdot\boldsymbol{r} - \omega t)} \tag{12.11}$$

に示すような複素平面波*5を考えよう。ただし，$\boldsymbol{E}_0$, $\boldsymbol{B}_0$ は定ベクトルである。また，$\boldsymbol{k}$ は波数ベクトルを，ω は角振動数を表している。

*5　電場，磁束密度は本来は実数で表されるべき物理量であるが，以降の計算を簡単にするために複素数を用いて平面波を表す。もし実数の物理量を求めたければ，計算した後に，結果の実部を求めればよい。

式(12.10)を，$\rho = 0$ とした式(12.1)に代入すると

$$\nabla \cdot \boldsymbol{E} = i\boldsymbol{k} \cdot \boldsymbol{E} = 0 \tag{12.12}$$

となることから，$\boldsymbol{k}$ と $\boldsymbol{E}$ とが直交していることがわかる。同様に，式(12.11)を式(12.3)に代入すると

$$\nabla \cdot \boldsymbol{B} = i\boldsymbol{k} \cdot \boldsymbol{B} = 0 \tag{12.13}$$

となり，$\boldsymbol{k}$ と $\boldsymbol{B}$ も直交していることがわかる。波の成分である $\boldsymbol{E}$，$\boldsymbol{B}$ が，波の進行方向を表す $\boldsymbol{k}$ に対して直交しているということはこの波が横波であることを意味している。

また，式(12.10)，(12.11)を式(12.2)に代入すると

$$i\boldsymbol{k} \times \boldsymbol{E} = i\omega \boldsymbol{B} \tag{12.14}$$

となることから，$\boldsymbol{B}$ と $\boldsymbol{E}$ も直交していることがわかる。すなわち，$\boldsymbol{E}$, $\boldsymbol{B}$, $\boldsymbol{k}$ は互いに直交している。そこで，$\boldsymbol{E}$, $\boldsymbol{B}$, $\boldsymbol{k}$ の方向をそれぞれ x, y, z 軸に平行になるように座標を設定して，式(12.10), (12.11)を改めて

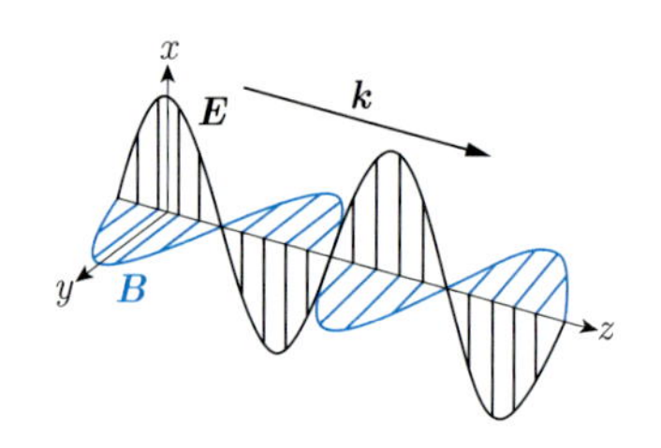

図 12.1　電磁波（平面波）における $\boldsymbol{E}$, $\boldsymbol{B}$, $\boldsymbol{k}$ の関係

$$E_x = E_0 e^{i(kz-\omega t)} \tag{12.15}$$

$$B_y = B_0 e^{i(kz-\omega t)} \tag{12.16}$$

のようにスカラー量で表すことにする。このときの様子を示すと**図 12.1** のようになる*6。なお，式(12.15)あるいは式(12.16)の指数部に含まれる項を $\theta = kz - \omega t$ とすれば

*6　この図では $t = 0$ における式(12.15), (12.16)の実部を示している。

$$z = \frac{\omega}{k}t + \frac{\theta}{k}$$

となることから，波の速度は $\frac{\omega}{k}$ であり，これは真空中の光速*7 c_0 に等しいので $c_0 = \frac{\omega}{k}$ である。式(12.15)を式(12.8)の $\boldsymbol{E}$ に適用すると

*7　真空中の光速の値は $c_0 = 299792458\ \mathrm{m\ s^{-1}}$ であり，定義値である。

$$k^2 = \varepsilon_0 \mu_0 \omega^2$$

となることから，真空中の光速 c_0 は ε_0, μ_0 と

$$c_0 = \frac{\omega}{k} = \frac{1}{\sqrt{\varepsilon_0 \mu_0}} \tag{12.17}$$

という関係にある。また，式(12.14)に式(12.15), (12.16)を代入すれば

$$kE_0 = \omega B_0$$

であるから，電場と磁束密度の振幅の比は

$$\frac{E_0}{B_0} = \frac{\omega}{k} = c_0 \tag{12.18}$$

で与えられる。

12.2　物質中の電磁波

物質中の電磁波について考えるためには，電場，磁束密度に対する物質の応答がどのようなものかを明らかにする必要がある。以下に物質の応答について説明する。

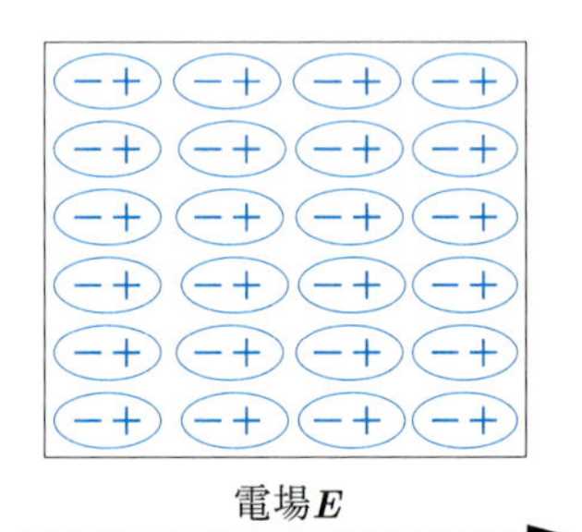

図 12.2　電場によって誘起される電気双極子モーメントの集まりが電気分極となる。

12.2.1　電場に対する物質の応答：電気分極

固体は全体として電気的に中性であったとしても，電場を加えると，固体を構成している原子や分子中の正電荷と負電荷の分布がずれることによって，**図 12.2** に示すような**電気双極子モーメント**（electric dipole moment）の集まりとなる。電気双極子モーメントは，**図 12.3** に示すような大きさの等しい $\pm q$ の正負の点電荷が距離 d だけ離れているとき，qd をその大きさとし，負電荷から正電荷への向きをもつベクトルとして

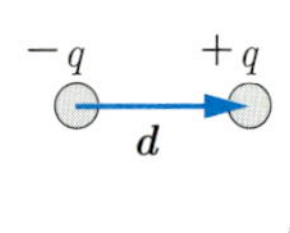

$\boldsymbol{p} = q\boldsymbol{d}$

図 12.3　電気双極子モーメント

$$\boldsymbol{p} = q\boldsymbol{d}$$

のように定義される。

電気双極子モーメントの集まりを巨視的[*8]に扱う物理量を**電気分極**（electric polarization）といい，微小体積 ΔV 中に N 個の電気双極子モーメント $\boldsymbol{p}_i$（$i = 1, \cdots, N$）があるとき

$$\boldsymbol{P} = \frac{1}{\Delta V}\sum_{i=1}^{N}\boldsymbol{p}_i$$

と定義される。電気分極の単位は $\mathrm{C\ m^{-2}}$ である。

電場 $\boldsymbol{E}$ を加えたときに誘起される電気双極子モーメント $\boldsymbol{p}$ が $\boldsymbol{p} \propto \boldsymbol{E}$ のように電場に比例すれば[*9]，その集まりである電気分極も電場に比例するので

$$\boldsymbol{P} = \varepsilon_0 \chi_{\mathrm{e}} \boldsymbol{E} \tag{12.19}$$

と近似的に表すことができる。ε_0 は真空の誘電率であり，比例係数 χ_{e} は**電気感受率**（electric susceptibility）と呼ばれる。電気感受率は無次元量である[*10]。

このように，物質に電場を加えたときに電気分極によって発生する**分極電荷密度**（polarization charge density あるいは bound charge density）$-\nabla \cdot \boldsymbol{P}$ の影響を考慮すれば，式(12.1)は

$$\nabla \cdot \boldsymbol{E} = \frac{1}{\varepsilon_0}\left(\rho - \nabla \cdot \boldsymbol{P}\right)$$

のように修正しなければならない。上式を変形すると

$$\nabla \cdot \left(\varepsilon_0 \boldsymbol{E} + \boldsymbol{P}\right) = \rho \tag{12.20}$$

となるので，新たに

$$\boldsymbol{D} = \varepsilon_0 \boldsymbol{E} + \boldsymbol{P} \tag{12.21}$$

という物理量を定義する。$\boldsymbol{D}$ は**電束密度**（electric flux density）あるいは**電気変位**（electric displacement）と呼ばれる。式(12.20)の右辺の電荷密度には電気分極によって発生する分極電荷密度は含まれておらず，特に，この ρ は**真電荷密度**（true charge density）あるいは**自由電荷密度**（free charge density）と呼ばれる。式(12.20)は，電束密度 $\boldsymbol{D}$ が真電荷密度 ρ によって決定されることを意味する。

式(12.19)による近似を用いれば，電束密度は

$$\begin{aligned}\boldsymbol{D} &= \varepsilon_0 \boldsymbol{E} + \varepsilon_0 \chi_{\mathrm{e}} \boldsymbol{E} \\ &= \varepsilon_0 \left(1 + \chi_{\mathrm{e}}\right) \boldsymbol{E} \\ &= \varepsilon \boldsymbol{E} \end{aligned} \tag{12.22}$$

と近似的に表される。ここで，

$$\varepsilon = \varepsilon_0 \left(1 + \chi_{\mathrm{e}}\right) \tag{12.23}$$

*8 個々の原子や分子に注目せず，物質を連続体として扱う考え方である。

*9 電場があまり大きくなければ比例関係が近似的に成り立つ。

*10 異方性のある物質の場合には，電気感受率は加える電場の向きによって大きさが変化するため，正確にはテンソル量となるが，等方的な物質であれば電気感受率は電場の向きに依存せず一定となり，式(12.19)に示したようにスカラー量で表せる。ここでは議論を簡単にするために等方的な物質のみを考えることにする。

◆ ローレンツの局所電場

巨視的な物理量である電気分極 $\boldsymbol{P}$ は電場 $\boldsymbol{E}$ によって誘起される電気双極子 $\boldsymbol{p}$ の集まりであることを説明した。気体のように分子が疎である場合には電気双極子どうしの影響は無視できるが，固体のように原子・イオンが密になると他の電気双極子のつくり出す電場の影響を考えなければならない。言い換えれば，個々の電気双極子に働く電場は物質中の平均的な電場 $\boldsymbol{E}$ ではなく，局所的な電場 $\boldsymbol{E}_{\mathrm{loc}}$ であり，原子・イオンが密な物質では両者の違いが顕著になってくる。物質内に球状の空洞を設けて，その空洞の中心に生じる電場を考えることによって局所電場は

$$\boldsymbol{E}_{\mathrm{loc}} = \boldsymbol{E} + \frac{1}{3\varepsilon_0}\boldsymbol{P}$$

と求められる（式の導出については電磁気学の教科書を参照のこと）。このような式で表される局所電場は**ローレンツの局所電場**（Lorentz local electric field）と呼ばれる。

$$\boldsymbol{P} = \varepsilon_0 \chi_{\mathrm{e}} \boldsymbol{E}$$

であることを利用すれば，

$$\begin{aligned}\boldsymbol{E}_{\mathrm{loc}} &= \boldsymbol{E} + \frac{\chi_{\mathrm{e}}}{3}\boldsymbol{E} \\ &= \frac{2\varepsilon_0 + \varepsilon}{3\varepsilon_0}\boldsymbol{E}\end{aligned}$$

と表せるから，局所電場 $\boldsymbol{E}_{\mathrm{loc}}$ は平均電場 $\boldsymbol{E}$ の $\frac{2\varepsilon_0 + \varepsilon}{3\varepsilon_0}$ 倍となることがわかる。したがって，厳密には個々の原子・イオンに対して働く電場には平均電場ではなく局所電場を用いて補正する必要がある。例えば，12.3 節での議論では局所電場を用いるべきであるが，平均電場での説明にとどめてある。より詳しい議論は巻末の参考書[3]などを参照のこと。

を**物質の誘電率**という。ε が位置によらず一定であれば，式(12.20)は

$$\nabla \cdot \boldsymbol{E} = \frac{1}{\varepsilon}\rho \tag{12.24}$$

と近似することが可能となり，単に，式(12.1)において真空の誘電率 ε_0 を物質の誘電率 ε で置き換えたものとなる。

12.2.2　電場に対する物質の応答：電流密度

導体や半導体のように伝導電子を含む固体に電場を加えると伝導電子が運動して電流密度が生じることについては第 11 章ですでに述べたとおりである。電流密度 $\boldsymbol{j}$ と電場 $\boldsymbol{E}$ との間にはオームの法則によって

$$\boldsymbol{j} = \sigma \boldsymbol{E}$$

という関係が成り立つこともすでに説明した。ただし，σ は電気伝導率である[*11]。

*11　異方性のある物質においては電気伝導率も電場の向きに対して一定ではないが，等方的な物質を考える限りは方向によらず一定なのでスカラー量として扱える。

12.2.3　磁場に対する物質の応答：磁化

第 13 章で詳しく説明するように，物質に磁束密度を加えると**磁化**（magnetization）$\boldsymbol{M}$ が発生する。磁化が発生する原因を説明するには量子力学が必要となるが，古典物理学の範囲で考えれば，磁化が発生する原因を電流に求めざるをえない。そこで，本来の電流密度 $\boldsymbol{j}$ の他に磁化が発生する原因となる仮想的な電流密度（これを**磁化電流密度**（magnetization current density）という）*12を表す項 $\nabla \times \boldsymbol{M}$ と電気分極の時間変化に対応する電流密度（これを**分極電流密度**（polarization current density）という）を表す項 $\dfrac{\partial \boldsymbol{P}}{\partial t}$ を加えて，式(12.4)を

$$\nabla \times \boldsymbol{B} = \mu_0 \left(\boldsymbol{j} + \nabla \times \boldsymbol{M} + \frac{\partial \boldsymbol{P}}{\partial t} \right) + \varepsilon_0 \mu_0 \frac{\partial \boldsymbol{E}}{\partial t}$$

のように修正する必要がある。上式は

$$\nabla \times \left(\frac{1}{\mu_0} \boldsymbol{B} - \boldsymbol{M} \right) = \boldsymbol{j} + \frac{\partial (\varepsilon_0 \boldsymbol{E} + \boldsymbol{P})}{\partial t} = \boldsymbol{j} + \frac{\partial \boldsymbol{D}}{\partial t} \tag{12.25}$$

のように変形される。ここで新たな物理量として

$$\boldsymbol{H} = \frac{1}{\mu_0} \boldsymbol{B} - \boldsymbol{M} \tag{12.26}$$

を定義する。$\boldsymbol{H}$ は歴史的な経緯*13から**磁場**（magnetic field）と呼ばれる。式(12.25)の右辺の電流密度 $\boldsymbol{j}$ は特に**真電流密度**（true current density）と呼ばれる。式(12.25)は，$\dfrac{\partial \boldsymbol{D}}{\partial t} = \boldsymbol{0}$ である場合には，磁場 $\boldsymbol{H}$ が真電流密度 $\boldsymbol{j}$ から直接求まることを意味する。

磁化 $\boldsymbol{M}$ は，あまり大きくない場合には磁場 $\boldsymbol{H}$ に比例するとして

$$\boldsymbol{M} = \chi_{\mathrm{m}} \boldsymbol{H} \tag{12.27}$$

と近似的に表される。ここで，χ_{m} は**磁化率**（magnetic susceptibility）と呼ばれる。式(12.26)に式(12.27)を代入して変形すると

$$\begin{aligned} \boldsymbol{B} &= \mu_0 (1 + \chi_{\mathrm{m}}) \boldsymbol{H} \\ &= \mu \boldsymbol{H} \end{aligned} \tag{12.28}$$

と近似的に表される。ここで，

$$\mu = \mu_0 (1 + \chi_{\mathrm{m}}) \tag{12.29}$$

を**物質の透磁率**という。μ が位置によらなければ式(12.25)から

$$\nabla \times \boldsymbol{B} = \mu \boldsymbol{j} + \varepsilon \mu \frac{\partial \boldsymbol{E}}{\partial t} \tag{12.30}$$

という近似式が得られる。この式は，式(12.4)の真空の誘電率 ε_0 と透磁率 μ_0 をそれぞれ物質の誘電率 ε と物質の透磁率 μ に置き換えたものとなっている。

以上をまとめると，次のようになる。

*12　第 13 章で説明するように，磁化が発生する原因の 1 つは原子内の電子の軌道運動であり，これは電流密度であるとも言えるが，原因のもう 1 つは電流密度とはまったく異なる電子スピンである。

*13　歴史的な経緯については木幡重雄『電磁気の単位はこうして作られた』（工学社，第 5 章）や太田浩一『マクスウェルの渦 アインシュタインの時計（現代物理学の源流）』（東京大学出版会，第 5 章）などを参照のこと。電磁気学で使われる物理量の記号は，$\boldsymbol{A}, \boldsymbol{B}, \boldsymbol{C}, \boldsymbol{D}, \boldsymbol{E}, \boldsymbol{F}, \boldsymbol{G}, \boldsymbol{H}, \boldsymbol{I}, \cdots$ の順で付けられたことなども説明されている。磁場 $\boldsymbol{H}$ の歴史的な位置づけについては清水忠雄『電磁気学 I』（朝倉書店，3.1 節，5.5 節）などに述べられている。

物質中のマクスウェル方程式（厳密な場合）

$$\nabla \cdot \boldsymbol{D} = \rho \tag{12.31}$$

$$\nabla \times \boldsymbol{E} = -\frac{\partial \boldsymbol{B}}{\partial t} \tag{12.32}$$

$$\nabla \cdot \boldsymbol{B} = 0 \tag{12.33}$$

$$\nabla \times \boldsymbol{H} = \boldsymbol{j} + \frac{\partial \boldsymbol{D}}{\partial t} \tag{12.34}$$

ただし，

$$\boldsymbol{D} = \varepsilon_0 \boldsymbol{E} + \boldsymbol{P} \tag{12.35}$$

$$\boldsymbol{H} = \frac{1}{\mu_0}\boldsymbol{B} - \boldsymbol{M} \tag{12.36}$$

物理的な意味を考えれば，上に示した方程式(12.31)～(12.36)において基本となる物理量は本来，$\boldsymbol{E}$, $\boldsymbol{B}$, $\boldsymbol{P}$, $\boldsymbol{M}$ の 4 つである。しかし，外部から意図的に与えることのできる条件が真電荷 ρ と真電流密度 $\boldsymbol{j}$ であるとき，物質における複雑な状況を考えることをせずに，$\boldsymbol{D}$, $\boldsymbol{H}$ はこれら ρ, $\boldsymbol{j}$ から直接求められる。このことが $\boldsymbol{D}$, $\boldsymbol{H}$ を定義し，利用する理由である。

その一方で，$\boldsymbol{P} \propto \boldsymbol{E}$, $\boldsymbol{M} \propto \boldsymbol{H}$ が近似的に成り立てば，真空中と物質中の違いを誘電率 ε と透磁率 μ に担わせることによって，以下のように $\boldsymbol{E}$, $\boldsymbol{B}$ に対する方程式とすることが可能となる。

物質中のマクスウェル方程式（近似的な場合）

$$\nabla \cdot \boldsymbol{E} = \frac{1}{\varepsilon}\rho \tag{12.37}$$

$$\nabla \times \boldsymbol{E} = -\frac{\partial \boldsymbol{B}}{\partial t} \tag{12.38}$$

$$\nabla \cdot \boldsymbol{B} = 0 \tag{12.39}$$

$$\nabla \times \boldsymbol{B} = \mu \boldsymbol{j} + \varepsilon\mu \frac{\partial \boldsymbol{E}}{\partial t} \tag{12.40}$$

12.2.4　物質中の電磁波についての簡単な説明

近似的な物質中のマクスウェル方程式(12.37)～(12.40)においては，$\rho = 0$, $\boldsymbol{j} = \boldsymbol{0}$ とすれば，誘電率を ε_0 から ε に，透磁率を μ_0 から μ に置き換えるだけで，真空中の電磁波についての議論がほとんどそのまま成り立つ。つまり，式(12.10)～(12.16)についてはそのまま成り立ち，物質中の光速 c を

$$c = \frac{\omega}{k} = \frac{1}{\sqrt{\varepsilon\mu}}$$

に，電場と磁束密度の振幅の比を

$$\frac{E_0}{B_0} = c$$

に変更すればよい。物質中の**屈折率**（refractive index）n_r は，物質中の光速 c に対する真空中の光速 c_0 の比で定義されるから

$$n_\mathrm{r} = \frac{c_0}{c} = \sqrt{\frac{\varepsilon\mu}{\varepsilon_0\mu_0}}$$

で与えられる。

12.2.5　物質中の電磁波についての詳しい説明

物質中の電磁波をきちんと議論するために，厳密な場合の物質中のマクスウェル方程式(12.31)～(12.34)から始める。電気的に中性な物質を考えることにすれば，真電荷は存在しないので $\rho = 0$ である。導体あるいは半導体であれば，伝導電子が存在し，電場 $\boldsymbol{E}$ が加えられることによって電流密度 $\boldsymbol{j}$ が生じる。そこで第 11 章で扱ったように，これを $\boldsymbol{j} = \sigma\boldsymbol{E}$ と表すことにする。もし絶縁体であれば $\sigma = 0$ とすればよい。

物質が強磁性体やフェリ磁性体でなければ，第 13 章で説明するように，磁化率 χ_m については $|\chi_\mathrm{m}| \ll 1$ であり，$|\boldsymbol{M}| \ll \dfrac{|\boldsymbol{B}|}{\mu_0}$ となるので $\boldsymbol{M} = \boldsymbol{0}$ と近似できる。以上の議論を反映させると，式(12.31), (12.34) はそれぞれ

$$\nabla\cdot\boldsymbol{E} = -\frac{1}{\varepsilon_0}\nabla\cdot\boldsymbol{P} \tag{12.41}$$

$$\nabla\times\boldsymbol{B} = \varepsilon_0\mu_0\frac{\partial\boldsymbol{E}}{\partial t} + \mu_0\frac{\partial\boldsymbol{P}}{\partial t} + \mu_0\sigma\boldsymbol{E} \tag{12.42}$$

のように修正される。真空中の電磁波について考えたときと同様に式(12.32)の両辺の回転を求めると

$$\Delta\boldsymbol{E} = \frac{\partial}{\partial t}\nabla\times\boldsymbol{B} \tag{12.43}$$

となり，さらに式(12.43)に式(12.42)を代入することによって

$$\Delta\boldsymbol{E} = \varepsilon_0\mu_0\frac{\partial^2\boldsymbol{E}}{\partial t^2} + \mu_0\frac{\partial^2\boldsymbol{P}}{\partial t^2} + \mu_0\sigma\frac{\partial\boldsymbol{E}}{\partial t} \tag{12.44}$$

が得られる。この式を真空中の場合に得られた式(12.8)と比べると $\mu_0\dfrac{\partial^2\boldsymbol{P}}{\partial t^2}$ と $\mu_0\sigma\dfrac{\partial\boldsymbol{E}}{\partial t}$ の 2 つの項が追加されていることがわかる。つまり，物質中では電気分極 $\boldsymbol{P}$ の時間変化と電場 $\boldsymbol{E}$ の時間変化による電気伝導への影響について考える必要がある。

電気分極の時間変化

物質中の電気双極子モーメントの集まりである電気分極 $\boldsymbol{P}$ は電磁波の電場 $\boldsymbol{E}$ の時間変化に対して必ずしも追随できずに時間遅れが生じる可能性がある。複素数を用いてこのことを表現するには，電磁波による電場が $\boldsymbol{E} \propto e^{-i\omega t}$ という時間変化をするのに対して電気分極は $\boldsymbol{P} \propto e^{-i\omega(t-\Delta t)}$ のように時間 Δt だけ遅れて時間変化すると考えれば

よい。ここで，$\theta = \omega\Delta t$ とすれば

$$\begin{aligned} \boldsymbol{P} &\propto e^{-i\omega(t-\Delta t)} \\ &= e^{-i\omega t}e^{i\theta} \\ &= e^{-i\omega t}(\cos\theta + i\sin\theta) \end{aligned} \tag{12.45}$$

と表される。電気分極 $\boldsymbol{P}$ が電場 $\boldsymbol{E}$ に比例すると近似できる場合，式(12.45)の考えを式(12.19)に適用すれば

$$\begin{aligned} \boldsymbol{P} &= \varepsilon_0\chi_{\mathrm{e}}(\cos\theta + i\sin\theta)\boldsymbol{E} \\ &= \varepsilon_0(\chi_{\mathrm{er}} + i\chi_{\mathrm{ei}})\boldsymbol{E} \end{aligned} \tag{12.46}$$

のように電気感受率 χ_{e} を複素数で表示すればよい。複素数を用いたので改めて

$$\tilde{\chi}_{\mathrm{e}} = \chi_{\mathrm{er}} + i\chi_{\mathrm{ei}} \tag{12.47}$$

と表すことにする。$\tilde{\chi}_{\mathrm{e}}$ を**複素電気感受率**（complex electric susceptibility）という。

電場 $\boldsymbol{E}$ の時間変化が電気伝導率へ及ぼす影響

電磁波の電場 $\boldsymbol{E} \propto e^{-i\omega t}$ という時間変化に対して，電流密度 $\boldsymbol{j}$ は追随できずに $\boldsymbol{j} \propto e^{-i\omega(t-\Delta t)}$ のように時間遅れが生じる可能性がある。この場合，式(12.46)と同様に

$$\boldsymbol{j} = (\sigma_{\mathrm{r}} + i\sigma_{\mathrm{i}})\boldsymbol{E} \tag{12.48}$$

のように電気伝導率を複素数で表示すればよい。ここで，

$$\tilde{\sigma} = \sigma_{\mathrm{r}} + i\sigma_{\mathrm{i}} \tag{12.49}$$

として**複素電気伝導率**（complex conductivity）$\tilde{\sigma}$ を定義する。

式(12.46)〜(12.49)を用いて式(12.44)を書き直すと

$$\Delta\boldsymbol{E} = \varepsilon_0(1+\tilde{\chi}_{\mathrm{e}})\mu_0\frac{\partial^2\boldsymbol{E}}{\partial t^2} + \mu_0\tilde{\sigma}\frac{\partial\boldsymbol{E}}{\partial t} \tag{12.50}$$

となる。$\boldsymbol{P}$ が $\boldsymbol{E}$ に比例することを仮定すれば，式(12.41)より

$$\nabla\cdot\boldsymbol{E} = 0$$

となる。さらに，式(12.42)の両辺の回転を求めれば，これまでとほとんど同様の手続きによって

自分で導出してみよう。

$$\Delta\boldsymbol{B} = \varepsilon_0(1+\tilde{\chi}_{\mathrm{e}})\mu_0\frac{\partial^2\boldsymbol{B}}{\partial t^2} + \mu_0\tilde{\sigma}\frac{\partial\boldsymbol{B}}{\partial t} \tag{12.51}$$

が得られる。つまり，$\boldsymbol{E}$ も $\boldsymbol{B}$ も同じ形の方程式に従う。

式(12.50)の方程式の解として式(12.15)と同じく，z 方向に進み，電場成分が x 方向にあるような平面電磁波

$$E_x = E_0 e^{i(kz-\omega t)} \tag{12.52}$$

を考える。これを式(12.50)に代入すれば

$$\begin{aligned} k^2 &= \varepsilon_0(1+\tilde{\chi}_{\mathrm{e}})\mu_0\omega^2 + i\mu_0\tilde{\sigma}\omega \\ &= \left\{\varepsilon_0(1+\chi_{\mathrm{er}}) - \frac{\sigma_{\mathrm{i}}}{\omega}\right\}\mu_0\omega^2 + i\left(\varepsilon_0\chi_{\mathrm{ei}} + \frac{\sigma_{\mathrm{r}}}{\omega}\right)\mu_0\omega^2 \end{aligned} \tag{12.53}$$

という関係が得られる。χ_{er}，χ_{ei} は電気分極に関係する物理量であり，一方，σ_{r}，σ_{i} は電気伝導に関係する物理量であるから，本来の物理的意味は異なるが，数式的には区別がつかなくなるのでこれらをまとめて

$$\tilde{\varepsilon} \equiv \varepsilon_{\mathrm{r}} + i\varepsilon_{\mathrm{i}} = \left\{\varepsilon_0(1+\chi_{\mathrm{er}}) - \frac{\sigma_{\mathrm{i}}}{\omega}\right\} + i\left(\varepsilon_0\chi_{\mathrm{ei}} + \frac{\sigma_{\mathrm{r}}}{\omega}\right) \tag{12.54}$$

のように定義する。ここで，$\tilde{\varepsilon}$ は**複素誘電率**（complex dielectric constant）と呼ばれる。また，電磁波の角振動数 ω に依存する関数 $\tilde{\varepsilon}(\omega)$ でもあるので，**誘電関数**（dielectric function）とも呼ばれる。

結果として，式(12.53)は

$$k^2 = \varepsilon_{\mathrm{r}}\mu_0\omega^2 + i\varepsilon_{\mathrm{i}}\mu_0\omega^2 \tag{12.55}$$

となる。式(12.55)を k について解くと

$$\begin{aligned} k &= (\varepsilon_{\mathrm{r}}\mu_0 + i\varepsilon_{\mathrm{i}}\mu_0)^{1/2}\omega \\ &= \left\{\left(\frac{\varepsilon_{\mathrm{r}}}{\varepsilon_0}\right) + i\left(\frac{\varepsilon_{\mathrm{i}}}{\varepsilon_0}\right)\right\}^{1/2}\frac{\omega}{c_0} \end{aligned} \tag{12.56}$$

である。ただし，ここでは真空中の光速が $c_0 = \frac{1}{\sqrt{\varepsilon_0\mu_0}}$ であることを用いた。式(12.56)中に含まれる式

$$\tilde{n} \equiv n_{\mathrm{r}} + i\kappa = \left\{\left(\frac{\varepsilon_{\mathrm{r}}}{\varepsilon_0}\right) + i\left(\frac{\varepsilon_{\mathrm{i}}}{\varepsilon_0}\right)\right\}^{1/2} \tag{12.57}$$

を**複素屈折率**（complex refractive index）という。また，複素屈折率の実部 n_{r} を**屈折率**（refractive index），虚部 κ を**消衰係数**（extinction coefficient）という。これらの物理的な意味は得られた関係を式(12.52)に戻すことによって明らかとなる。

$k = \frac{(n_{\mathrm{r}}+i\kappa)\omega}{c_0}$ を式(12.52)に代入すると

$$\begin{aligned} E_x &= E_0 e^{i\left\{\frac{(n_{\mathrm{r}}+i\kappa)\omega z}{c_0} - \omega t\right\}} \\ &= E_0 e^{i\omega\left(\frac{n_{\mathrm{r}}z}{c_0} - t\right)} e^{-\frac{\kappa\omega z}{c_0}} \end{aligned} \tag{12.58}$$

となることから，$\omega\left(\frac{n_{\mathrm{r}}z}{c_0} - t\right) = \theta$ を z について解くと

$$z = \frac{c_0}{n_{\mathrm{r}}}t + \frac{c_0\theta}{n_{\mathrm{r}}\omega} \tag{12.59}$$

より，物質中の電磁波の速度は

$$c = \frac{c_0}{n_{\mathrm{r}}} \tag{12.60}$$

で与えられることがわかる。これは物質中の光速 c が真空中の光速 c_0 の $\frac{1}{n_{\mathrm{r}}}$ であることを意味しており，屈折率 n_{r} の定義そのものである。

また，$e^{-\frac{\kappa\omega z}{c_0}}$ は，電磁波が距離 $z=\frac{c_0}{\kappa\omega}$ だけ進むと電場の振幅が $\frac{1}{e}$ に減衰することを意味するから，消衰係数 κ は電磁波の減衰する程度を決める物理量であることがわかる。

電磁波の強度 I は電場の絶対値の 2 乗に比例することから

$$I(z) \propto |E_x|^2 = I(0)e^{-\frac{2\kappa\omega z}{c_0}} = I(0)e^{-\alpha z} \tag{12.61}$$

のように表すことができる。α は**吸収係数**（absorption coefficient）と呼ばれ，距離 $z=\frac{1}{\alpha}$ だけ進むと電磁波は物質に吸収されてその強度が $\frac{1}{e}$ に減衰することを意味する（**図 12.4**）*14。吸収係数と消衰係数との間には

$$\alpha = \frac{2\kappa\omega}{c_0} \tag{12.62}$$

という関係がある。電磁波を真空側から物質の表面に対して垂直に入射するとその一部は反射され，入射した電磁波の強度に対する反射される電磁波の強度の比 R は

$$\begin{aligned} R &= \left|\frac{\tilde{n}-1}{\tilde{n}+1}\right|^2 \\ &= \left|\frac{n_{\mathrm{r}}-1+i\kappa}{n_{\mathrm{r}}+1+i\kappa}\right|^2 \\ &= \frac{(n_{\mathrm{r}}-1)^2+\kappa^2}{(n_{\mathrm{r}}+1)^2+\kappa^2} \end{aligned} \tag{12.63}$$

で与えられる。R を**垂直反射率**（normal-incidence reflectance）という。

垂直反射率 R と n_{r}，κ との関係について少し考えてみよう。透明な物質，つまり $\kappa=0$ である場合，$R=\frac{(n_{\mathrm{r}}-1)^2}{(n_{\mathrm{r}}+1)^2}$ となるので，$n_{\mathrm{r}}=1$ であるとき $R=0$ であり，n_{r} が 1 より大きくなるにつれて R も大きくなる。したがって透明な物質の場合，屈折率 n_{r} が大きいほど垂直反射率 R が大きくなる。波長 589.3 nm の光*15に対する一般的なガラスの屈折率は $n_{\mathrm{r}}=1.5$ であるのに対して，ダイヤモンドの屈折率は $n_{\mathrm{r}}=2.42$ である。そのため，ガラスの反射率 0.04 と比べてダイヤモンドの反射率は 0.17 と大きく，光を良く反射する。また，光を吸収する物質の場合は消衰係数 κ が十分に大きければ $R\simeq 1$ となるので，入射した光のほとんどが反射される。

このようにして，物質中の電磁波について考えることによって物質の光学的性質である反射や吸収を理解することができる。ここまでの議論を**図 12.5** にまとめておこう。物質の複素誘電率について知ることができれば，このような流れで物質の反射率や吸収係数を求めることができる。以下にそれぞれの間の関係を改めて示しておこう。

*14　吸収係数の逆数である $d_{\mathrm{p}}=\frac{1}{\alpha}$ は光の**侵入深さ**（penetration depth）と呼ばれ，光を吸収する物質中に光がどの程度の深さまで届くのかを示す目安となる。

*15　物質の屈折率はこの波長の光に対して表すことが慣習である。この波長の光はナトリウム原子から得られる黄色の輝線でナトリウム D 線と呼ばれ，屈折率を測定するための屈折計の光源として用いられる。ナトリウム D 線は精密には波長 589.6 nm の D_1 線と波長 589.0 nm の D_2 線の 2 つからなる。

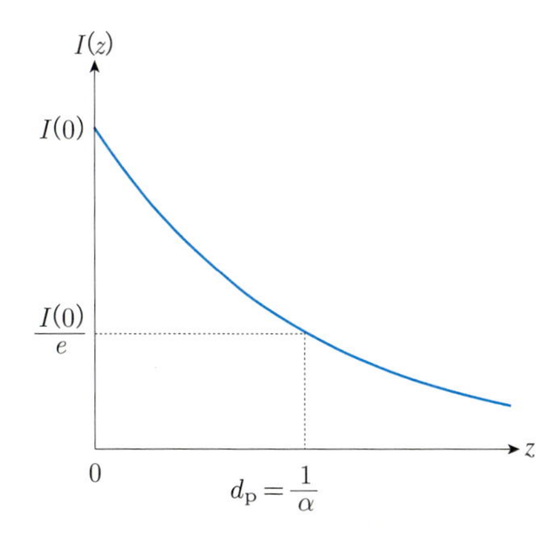

図 12.4　電磁波の吸収

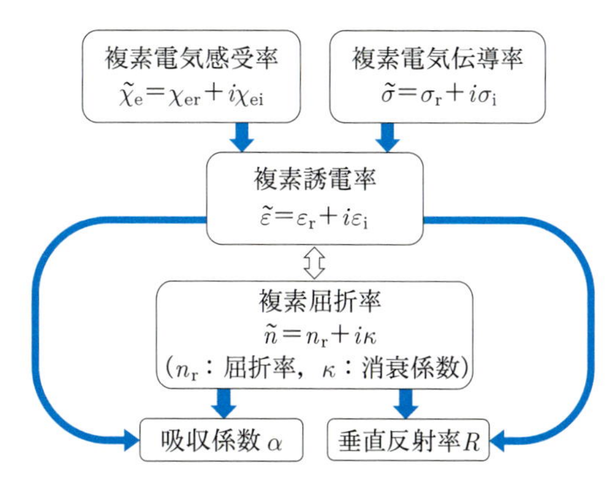

図 12.5　光学的性質の関係

複素電気感受率・電気伝導率 → 複素誘電率

$$\varepsilon_r = \left\{\varepsilon_0(1 + \chi_{er}) - \frac{\sigma_i}{\omega}\right\} \tag{12.64}$$

$$\varepsilon_i = \left(\varepsilon_0\chi_{ei} + \frac{\sigma_r}{\omega}\right) \tag{12.65}$$

複素誘電率 → 複素屈折率

$$n_r = \sqrt{\frac{\sqrt{{\varepsilon_r}^2 + {\varepsilon_i}^2} + \varepsilon_r}{2\varepsilon_0}} \tag{12.66}$$

$$\kappa = \sqrt{\frac{\sqrt{{\varepsilon_r}^2 + {\varepsilon_i}^2} - \varepsilon_r}{2\varepsilon_0}} \tag{12.67}$$

複素屈折率 → 複素誘電率

$$\varepsilon_r = \varepsilon_0({n_r}^2 - \kappa^2) \tag{12.68}$$

$$\varepsilon_i = 2\varepsilon_0 n_r \kappa \tag{12.69}$$

消衰係数 → 吸収係数

$$\alpha = \frac{2\omega\kappa}{c_0} \tag{12.70}$$

複素屈折率 → 反射率

$$R = \frac{(n_r - 1)^2 + \kappa^2}{(n_r + 1)^2 + \kappa^2} \tag{12.71}$$

物質の光学的性質を求める準備が整ったので，2 つの例について考えてみることにする。

12.3　絶縁体の光学的性質

電磁波の電場によって，絶縁体中の原子に束縛されている電子が正イオンから変位することで電気双極子モーメント $\boldsymbol{p}$ がつくり出され，これらの集まりが電気分極 $\boldsymbol{P}$ となる。このように原子内に生じた電気双極子モーメントが起源となる電気分極を**電子分極**（electronic polarization）という。

これまでと同様に z 軸の正の向きに進み，電場は x 方向にある平面電磁波を考える。すなわち

$$E_x = E_0 e^{i(kz-\omega t)}$$

であるとする。物質に加えられる電場は x 方向であるから電子の運動も x 成分だけを考えればよい。

電子は電場による力，正イオンによる束縛力，周囲の影響による運動を妨げる力を受けながら運動する。電子についての運動方程式は，近似的に

$$m_{\mathrm{e}} \frac{\partial^2 x}{\partial t^2} = -eE_x - m_{\mathrm{e}} {\omega_0}^2 x - \frac{m_{\mathrm{e}}}{\tau} \frac{\partial x}{\partial t} \tag{12.72}$$

で与えられる。$-m_{\mathrm{e}} {\omega_0}^2 x$ は正イオンからの変位 x と反対向きで x に比例する束縛力を表しており，ω_0 は電子が正イオンを中心に振動するときの固有角振動数に相当する。$-\frac{m_{\mathrm{e}}}{\tau} \frac{\partial x}{\partial t}$ は運動と反対向きに速度 $\frac{\partial x}{\partial t}$ に比例するような，運動を妨げる力を表しており，τ は時間の次元をもつパラメータである。

式(12.72)の解として

$$x = x_0 e^{i(kz-\omega t)}$$

という形を仮定して代入すると

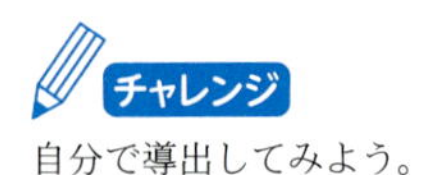

自分で導出してみよう。

$$x = -\frac{e\tau}{m_{\mathrm{e}}\{({\omega_0}^2 - \omega^2)\tau - i\omega\}} E_x$$

という結果が得られる。この結果に電子の電荷 $-e$ をかければ電気双極子モーメント $p = -ex$ となる。単位体積あたり N 個の電子があるとすれば電気分極は

$$P = Np = -Nex = \frac{Ne^2\tau}{m_{\mathrm{e}}\{({\omega_0}^2 - \omega^2)\tau - i\omega\}} E_x$$

と求められる。式(12.46)より複素電気感受率の実部，虚部はそれぞれ

$$\chi_{\mathrm{er}} = \frac{Ne^2({\omega_0}^2 - \omega^2)\tau^2}{\varepsilon_0 m_{\mathrm{e}}\{({\omega_0}^2 - \omega^2)^2\tau^2 + \omega^2\}} \tag{12.73}$$

$$\chi_{\mathrm{ei}} = \frac{Ne^2\omega\tau}{\varepsilon_0 m_{\mathrm{e}}\{({\omega_0}^2 - \omega^2)^2\tau^2 + \omega^2\}} \tag{12.74}$$

となる。絶縁体では $\tilde{\sigma}=0$ なので，式(12.64)，(12.65)より，複素誘電率の実部，虚部はそれぞれ

$$\varepsilon_{\mathrm{r}}=\varepsilon_0+\frac{Ne^2({\omega_0}^2-\omega^2)\tau^2}{m_{\mathrm{e}}\{({\omega_0}^2-\omega^2)^2\tau^2+\omega^2\}} \tag{12.75}$$

$$\varepsilon_{\mathrm{i}}=\frac{Ne^2\omega\tau}{m_{\mathrm{e}}\{({\omega_0}^2-\omega^2)^2\tau^2+\omega^2\}} \tag{12.76}$$

と求められる。これをグラフに示すと**図 12.6** のようになる。図中には N の異なる 3 つの場合について示した。以降の図 12.7〜図 12.9 についても同様に N の異なる場合について示してある。N が増加するにつれて，ε_{r}, ε_{i} が $\omega=\omega_0$ 付近で著しく変化することがわかる。また，この複素誘電率 $\tilde{\varepsilon}$ をもとにして屈折率 n_{r}，消衰係数 κ を計算するとそれぞれ**図 12.7** のようになる。

屈折率 n_{r} の角振動数依存性において，$\omega<\omega_0$ の範囲では ω が増加するにつれて屈折率が大きくなっていく。このような依存性を**正常分散**（normal dispersion）という。一方，$\omega>\omega_0$ の範囲では，ω が増加するにつれて屈折率が小さくなっていく領域が存在する。このような依存性を**異常分散**（anomalous dispersion）という。消衰係数の極大は $\omega=\omega_0$ 付近に位置する。さらに，屈折率 n，消衰係数 κ から吸収係数 α と垂直反射率 R を求めるとそれぞれ**図 12.8**，**図 12.9** のようになる。

式(12.75)，(12.76)で示した複素誘電率は固有角振動数 ω_0 で振動するただ 1 種類の電子によるものであった。しかし，複数の電子を含む原子を考えれば容易に想像できるように，実際の物質中にはさまざまな固有角振動数で振動する電子が存在する。また，電子だけでなく，第 7 章で扱った格子振動においても，例えば**図 12.10** のような 2 種類のイオンか

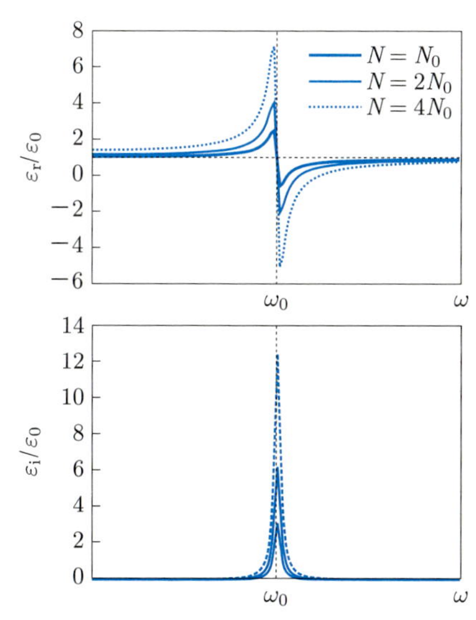

図 12.6　絶縁体における複素誘電率の角振動数依存性

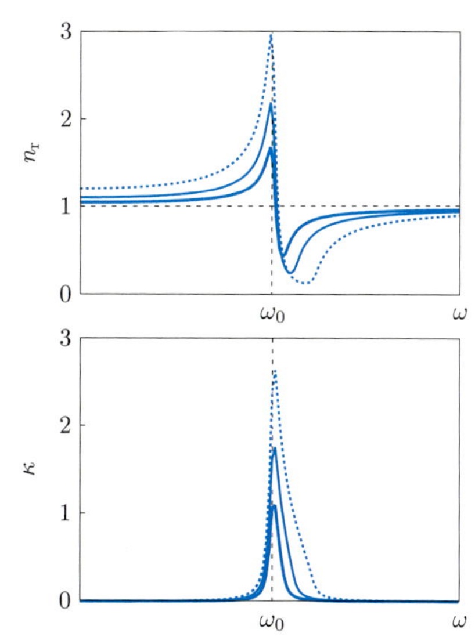

図 12.7　絶縁体における屈折率 n_{r} および消衰係数 κ の角振動数依存性

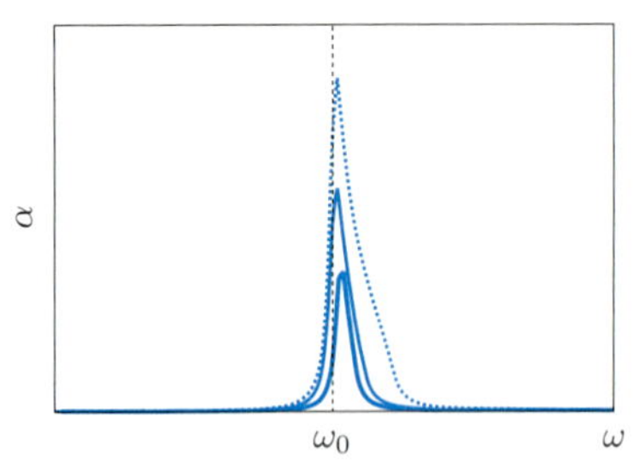

図 12.8　絶縁体における吸収係数の角振動数依存性

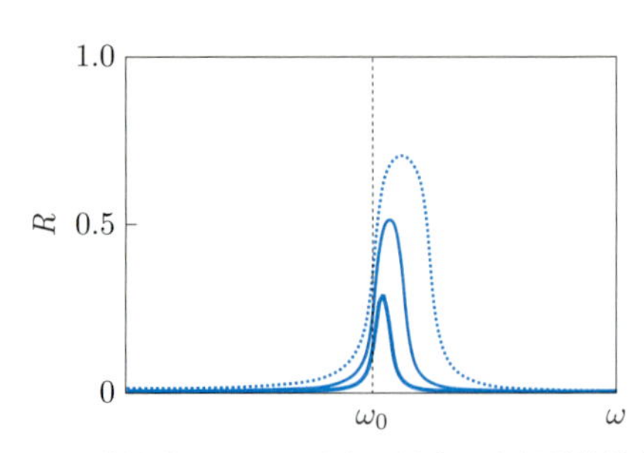

図 12.9　絶縁体における垂直反射率の角振動数依存性

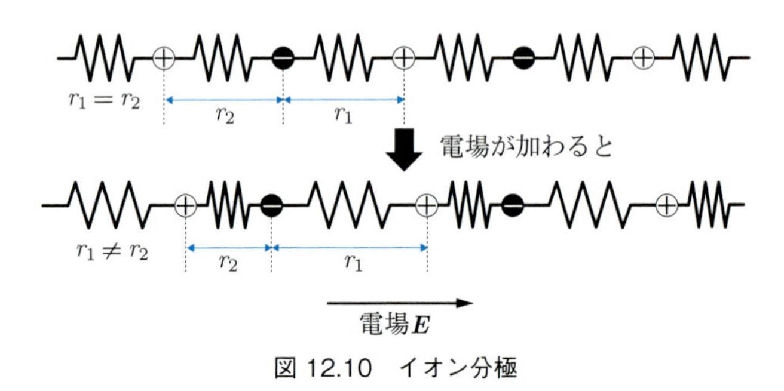

図 12.10　イオン分極

らなる固体であれば，電場を加えることによって正イオンは電場と同じ向きに，負イオンは電場と反対の向きに変位し，図中に r_1，r_2 で示したように，正イオンと負イオンとの距離が異なることから分極が発生する。このような分極を**イオン分極**（ionic polarization）*16という。格子振動の固有角振動数 ω_0 は電子分極の場合とは大きく異なるが*17，これが起源となって，式(12.75)，(12.76)と同じ式で表される複素誘電率が得られる。

*16　このイオン分極と，前に説明した電子分極以外に**配向分極**（orientation polarization）と呼ばれる分極がある。配向分極は，水分子などのようにもともと電気双極子モーメントをもつ分子が電場を加えると向きがそろうことによって生じる。

*17　電子分極では ω_0 は 10^{15}～$10^{17}\,\mathrm{s^{-1}}$ であるのに対して，イオン分極では ω_0 は 10^{12}～$10^{14}\,\mathrm{s^{-1}}$ である。配向分極ではさらに ω_0 は低い。

したがって，固体にさまざまな種類の電気双極子モーメントが存在する場合には複素誘電率の実部，虚部は一般的に

$$\varepsilon_{\mathrm{r}} = \varepsilon_0 + \sum_j \frac{N_j e^2({\omega_j}^2 - \omega^2)\tau_j}{m_{\mathrm{e}}\{({\omega_j}^2 - \omega^2)^2{\tau_j}^2 + \omega^2\}} \tag{12.77}$$

$$\varepsilon_{\mathrm{i}} = \sum_j \frac{N_j e^2 \omega \tau_j}{m_{\mathrm{e}}\{({\omega_j}^2 - \omega^2)^2{\tau_j}^2 + \omega^2\}} \tag{12.78}$$

と表される。

12.4　導体の光学的性質

これまでと同様に z 方向に進み，x 方向に電場成分をもつ次のような平面電磁波を考える。

$$E_x = E_0 e^{i(kz-\omega t)}$$

古典物理学の範囲内で考えられる，導体中の伝導電子についての運動方程式はすでに 11.4 節で扱ったように，

$$m_e^* \frac{\partial^2 x}{\partial t^2} = -eE_x - \frac{m_e^*}{\tau}\frac{\partial x}{\partial t}$$

で与えられる。m_e^* は伝導電子の有効質量，τ は伝導電子の緩和時間である。この運動方程式の解として $x = x_0 e^{-i\omega t}$ を仮定すると

$$x = \frac{e\tau}{m_e^* \omega(\omega\tau + i)} E_x$$

となる。単位体積あたり N 個の伝導電子がある場合，電流密度の x 成分は

$$j_x = -Nev_x = -Ne\frac{\partial x}{\partial t}$$

で与えられるから

$$\begin{aligned} j_x &= i\frac{Ne^2\tau}{m_e^*(\omega\tau + i)} E_x \\ &= \left\{ \frac{Ne^2\tau}{m_e^*(\omega^2\tau^2 + 1)} + i\frac{Ne^2\omega\tau^2}{m_e^*(\omega^2\tau^2 + 1)} \right\} E_x \end{aligned} \tag{12.79}$$

が得られる。したがって，複素電気伝導率の実部，虚部はそれぞれ

$$\sigma_r = \frac{Ne^2\tau}{m_e^*(\omega^2\tau^2 + 1)} \tag{12.80}$$

$$\sigma_i = \frac{Ne^2\omega\tau^2}{m_e^*(\omega^2\tau^2 + 1)} \tag{12.81}$$

である。これらを式(12.54)に代入すると複素誘電率の実部，虚部はそれぞれ

$$\varepsilon_r = \varepsilon_0(1 + \chi_{er}) - \frac{Ne^2\tau^2}{m_e^*(\omega^2\tau^2 + 1)} = \varepsilon_0(1 + \chi_{er})\left(1 - \frac{{\omega_p}^2}{\omega^2 + 1/\tau^2}\right) \tag{12.82}$$

$$\varepsilon_i = \varepsilon_0\chi_{ei} + \frac{Ne^2\tau}{m_e^*(\omega^2\tau^2 + 1)\omega} = \varepsilon_0\chi_{ei} + \varepsilon_0(1 + \chi_{er})\frac{{\omega_p}^2/\tau}{(\omega^2 + 1/\tau^2)\omega} \tag{12.83}$$

と求められる[*18]。ここで，

$$\omega_p = \sqrt{\frac{Ne^2}{m_e^*\varepsilon_0(1 + \chi_{er})}} \tag{12.84}$$

は**プラズマ角振動数** (plasma angular frequency) と呼ばれる。式(12.82)，(12.83)をグラフにすると**図 12.11** のようになる。また，これをもとにして屈折率，消衰係数，吸収係数，垂直反射率を計算するとそれぞれ**図 12.12**，**図 12.13**，**図 12.14** のようになる。ただし，ここでは $\chi_{er} = 0, \chi_{ei} = 0$ とした。式(12.82)からわかるように $\frac{1}{\tau} \ll \omega_p$ であれば，$\omega \simeq \omega_p$ のとき，$\varepsilon_r = 0$ となる。したがって，$\omega \lesssim \omega_p$ では $\varepsilon_r < 0$ となる。このことは特に垂直反射率 R の角振動数依存性に顕著に表れて $R \simeq 1$ となる。つまり，導体では $\omega \lesssim \omega_p$ で光は 100% 近く反射される。金属における典型的な電子密度として $n = 5 \times 10^{22}\,\mathrm{cm}^{-3}$ であるときのプラズマ角振動数を概算すると $\omega_p \simeq 10^{16}\,\mathrm{s}^{-1}$ と求められる。プラズマ角振動数に相当する光の波長 λ_p は

*18 正イオンによる束縛力をなくすために，式(12.75)，(12.76)において $\omega_0 \to 0$ とした結果

$$\varepsilon_r = \varepsilon_0 - \frac{Ne^2\tau^2}{m_e(\omega^2\tau^2 + 1)}$$

$$\varepsilon_i = \frac{Ne^2\tau}{m_e(\omega^2\tau^2 + 1)\omega}$$

と，式(12.82)，(12.83)において $\chi_{er} \to 0$, $\chi_{ei} \to 0$, $m_e^* \to m_e$ とした結果は一致する。

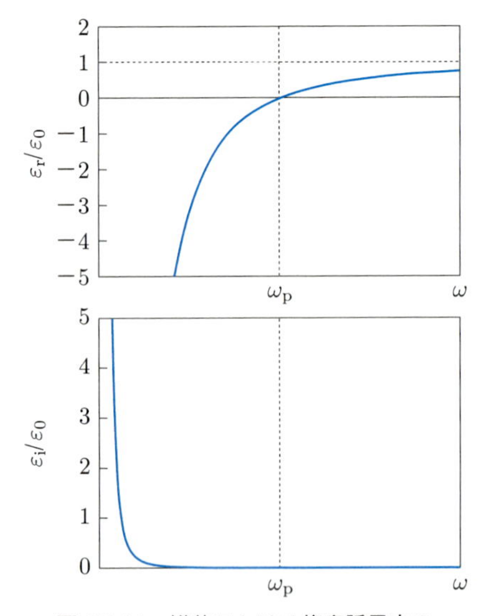

図 12.11　導体における複素誘電率の角振動数依存性

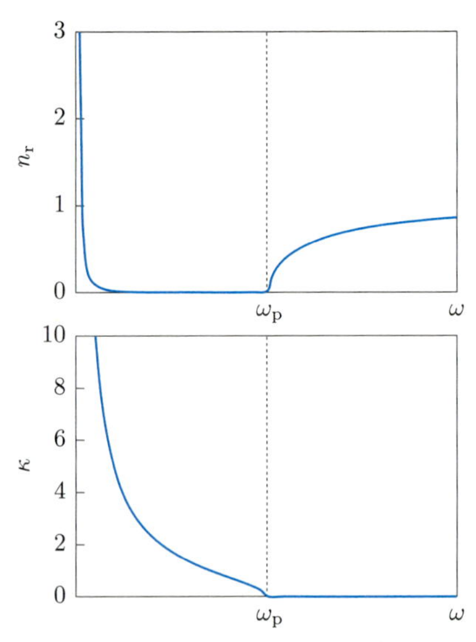

図 12.12　導体における屈折率 n_r および消衰係数 κ の角振動数依存性

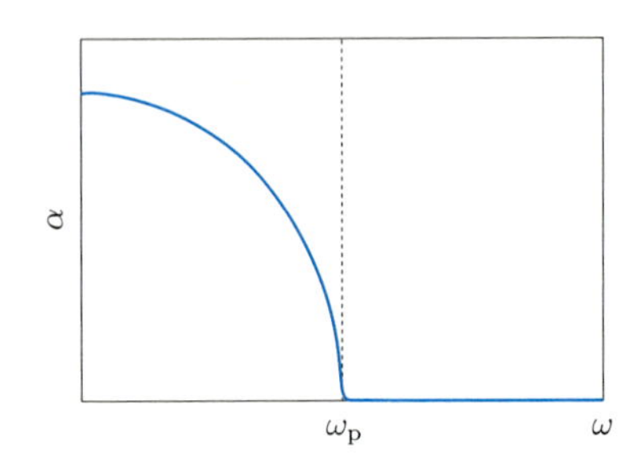

図 12.13　導体における吸収係数の角振動数依存性

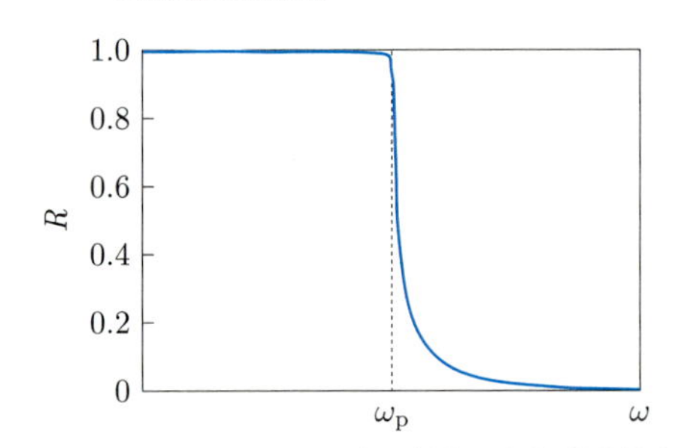

図 12.14　導体における垂直反射率の角振動数依存性

$$\lambda_p = \frac{2\pi c_0}{\omega_p}$$

によって求められ，$\omega_p \simeq 10^{16}\,\mathrm{s}^{-1}$ であるとき $\lambda_p \simeq 200\,\mathrm{nm}$ となる。この波長は紫外光に相当するから，これより波長の長い光である可視光は 100% 近く反射される。つまり，金属のように伝導電子の多い固体は可視光を良く反射するので，人間の眼には光沢のある物質として見えるのである。

◆ 透明導電膜材料

透明導電膜材料としてよく用いられている酸化インジウムスズ（indium tin oxide, ITO）では電子密度が $N \sim 10^{21}\,\mathrm{cm}^{-3}$ 程度である。この値からプラズマ角振動数に相当する光の波長を概算すると $\lambda_p \sim 1\,\mu\mathrm{m}$ となり，赤外光に相当するから ITO は $\lambda_p \sim 1\,\mu\mathrm{m}$ より波長の長い光を良く反射する。このように ITO は導体であるが，一般的な金属と比べると，電子密度が低く，可視光に対する反射率は高くないので，金属のような光沢をもたない。さらにバンドギャップが 3.75 eV であり，光の波長に換算すると 330 nm と紫外領域にあるため，可視光に対して透明な物質となる。

12.5　バンド間遷移による光吸収

半導体や絶縁体における価電子帯にある電子が励起され，伝導帯へと遷移すること，あるいは伝導帯にある電子がエネルギーを放出して価電子帯へと遷移することを**バンド間遷移**（interband transition）[*19]という。電磁波（これ以降は光と呼ぶことにする）によって励起されて，価電子帯から伝導帯へとバンド間遷移が起きるとき光の吸収が生じる。バンド間遷移による光吸収は量子力学で扱うのにふさわしい現象である。

*19　広い意味では，バンドを価電子帯と伝導帯に限定する必要はなく，異なるバンド間における遷移である。

光と物質の間で相互作用があるとき，物質中の 1 つの電子に対するハミルトニアンは近似的に

$$\hat{H} = \hat{H}_0 - (-e\boldsymbol{r}) \cdot \boldsymbol{E} = \hat{H}_0 + e\boldsymbol{r} \cdot \boldsymbol{E} \tag{12.85}$$

のように表される。ここで，$-e\boldsymbol{r}$ は電子による電気双極子モーメントであるから，電場 $\boldsymbol{E}$ との内積は電気双極子モーメントによるポテンシャルエネルギーを表す[*20]。$\boldsymbol{E}$ は光の電場成分であり，

$$\boldsymbol{E} = \boldsymbol{E}_0 e^{i\boldsymbol{k}\cdot\boldsymbol{r}} e^{-i\omega t} + \boldsymbol{E}_0^* e^{-i\boldsymbol{k}\cdot\boldsymbol{r}} e^{i\omega t} \tag{12.86}$$

で表すことにする。ここで，$\boldsymbol{k}$ および ω はそれぞれ，光の波数ベクトルおよび角振動数である。$\hat{H}_0$ は光がないときの完全結晶における 1 電子ハミルトニアンであり，

$$\hat{H}_0 = -\frac{\hbar^2}{2m_\mathrm{e}}\Delta + V(\boldsymbol{r})$$

で与えられる。また $V(\boldsymbol{r})$ は結晶格子の周期性をもつ周期ポテンシャルである。

*20　ここでは，光と物質の間の相互作用として電場 $\boldsymbol{E}$ による影響だけを考えた。実際には磁束密度 $\boldsymbol{B}$ による影響もある。これを含める場合はベクトルポテンシャル $\boldsymbol{A}$ を用いたハミルトニアン

$$\hat{H} = \frac{1}{2m_\mathrm{e}}(\hat{\boldsymbol{p}} + e\boldsymbol{A})^2 + V(\boldsymbol{r})$$

を考える必要がある。多くの本ではベクトルポテンシャル $\boldsymbol{A}$ から説明を始めるが，この本ではベクトルポテンシャルについての説明をしていないので，電場による影響を用いて説明を行うことにする。

式(12.85)中の $\hat{H}_1 = e\boldsymbol{r} \cdot \boldsymbol{E}$ を摂動ハミルトニアンとして，付録 G の式(G.22)を用いると，状態 $|\mathrm{i}\rangle$ から $|\mathrm{f}\rangle$ への遷移確率は

$$w_{\mathrm{i}\to\mathrm{f}} = \frac{2\pi}{\hbar}\left\{\left|e\boldsymbol{E}_0 \cdot \langle\mathrm{f}|e^{i\boldsymbol{k}\cdot\boldsymbol{r}}\boldsymbol{r}|\mathrm{i}\rangle\right|^2 \delta(\mathcal{E}_\mathrm{f} - \mathcal{E}_\mathrm{i} - \hbar\omega) + \left|e\boldsymbol{E}_0^* \cdot \langle\mathrm{f}|e^{-i\boldsymbol{k}\cdot\boldsymbol{r}}\boldsymbol{r}|\mathrm{i}\rangle\right|^2 \delta(\mathcal{E}_\mathrm{f} - \mathcal{E}_\mathrm{i} + \hbar\omega)\right\} \tag{12.87}$$

となる。式(12.87)の第 1 項では

$$\hbar\omega = \mathcal{E}_\mathrm{f} - \mathcal{E}_\mathrm{i}$$

のようにエネルギー保存の法則が成り立ち，**図 12.15**(a)に示すように，エネルギー $\hbar\omega$ の光子を吸収することによって電子がエネルギーの高い準位へ遷移する。第 2 項では

$$\hbar\omega = \mathcal{E}_\mathrm{i} - \mathcal{E}_\mathrm{f}$$

のようにエネルギー保存の法則が成り立ち，図 12.15(b)に示すように，エネルギー $\hbar\omega$ の光子を放出することによって[*21]電子がエネルギーの低い準位へ遷移する。

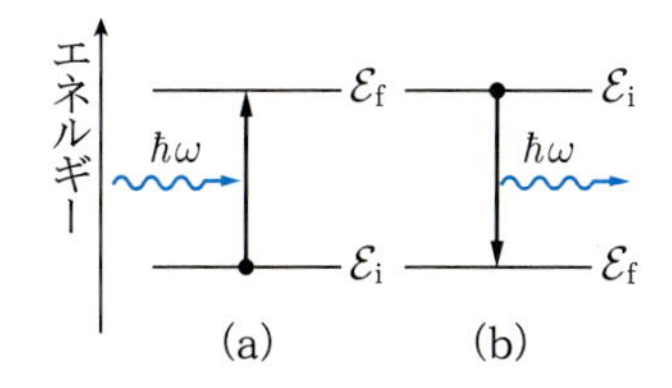

図 12.15　(a)光の吸収と(b)放出

*21　より正確に言えばこの放出現象は**誘導放出**（stimulated emission）と呼ばれる。誘導放出では，外部から加えられた光が誘因となって，光が放出される。これに対して，外部から光が加えられなくても光が放出される現象を**自然放出**（spontaneous emission）という。自然放出は式(12.85)から始まる議論からは導くことができない。

ここではバンド間遷移による光吸収について考えることにする（**図 12.16**）。初期状態 $|\mathrm{i}\rangle$ を，波数ベクトルが $\boldsymbol{k}_\mathrm{v}$ である価電子帯のブロッホ関数 $\phi_{\mathrm{v},\boldsymbol{k}_\mathrm{v}}(\boldsymbol{r})$ で，終状態 $|\mathrm{f}\rangle$ を，波数ベクトルが $\boldsymbol{k}_\mathrm{c}$ である伝

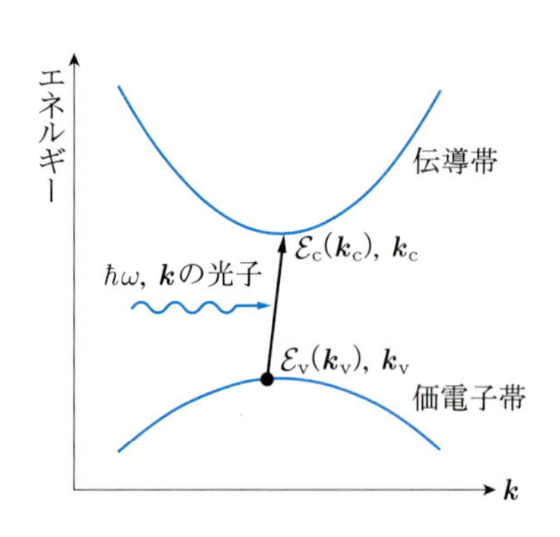

図 12.16　バンド間遷移による光吸収。
後で説明するように，このようなバンド間遷移は直接遷移と呼ばれる。

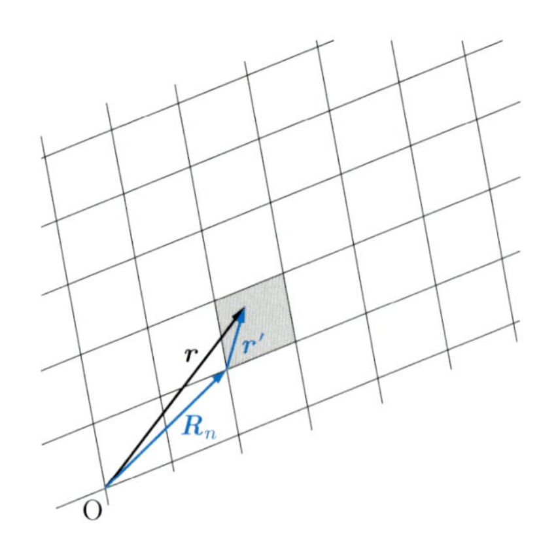

図 12.17　結晶全体の積分を単位胞ごとの積分の和に置き換えるための模式図

導帯のブロッホ関数 $\phi_{c,\boldsymbol{k}_c}(\boldsymbol{r})$ で表すことにすれば

$$\langle \mathrm{f}|e^{i\boldsymbol{k}\cdot\boldsymbol{r}}\boldsymbol{r}|\mathrm{i}\rangle = \frac{1}{N}\int_V \phi^*_{c,\boldsymbol{k}_c}(\boldsymbol{r})e^{i\boldsymbol{k}\cdot\boldsymbol{r}}\boldsymbol{r}\phi_{v,\boldsymbol{k}_v}(\boldsymbol{r})\mathrm{d}\boldsymbol{r} \tag{12.88}$$

である。式(12.88)の積分範囲は結晶の体積 V 全体にわたる。また，N は結晶中に含まれる単位胞の数を表す。v_{cell} を単位胞の体積とすれば $V = Nv_{\mathrm{cell}}$ である。なお，ブロッホ関数は単位胞に対して規格化されるように定めている。すなわち，

$$\int_{単位胞} |\phi_{v,\boldsymbol{k}_v}(\boldsymbol{r})|^2\,\mathrm{d}\boldsymbol{r} = 1$$

$$\int_{単位胞} |\phi_{c,\boldsymbol{k}_c}(\boldsymbol{r})|^2\,\mathrm{d}\boldsymbol{r} = 1$$

という条件を満たしている。ここで，$\int_{単位胞}$ は単位胞を範囲とする積分である。

式(12.88)の積分を，**図 12.17** に示すような概念図に基づいて，結晶中の単位胞ごとに積分してから和を求める形に書き換える。具体的には，変数を $\boldsymbol{r}$ から $\boldsymbol{r}' + \boldsymbol{R}_n$ へと置き換えることによって

$$\begin{aligned}&\frac{1}{N}\int_V \phi^*_{c,\boldsymbol{k}_c}(\boldsymbol{r})e^{i\boldsymbol{k}\cdot\boldsymbol{r}}\boldsymbol{r}\,\phi_{v,\boldsymbol{k}_v}(\boldsymbol{r})\mathrm{d}\boldsymbol{r}\\ &=\sum_{n=1}^{N}\frac{1}{N}\int_{単位胞} \phi^*_{c,\boldsymbol{k}_c}(\boldsymbol{r}'+\boldsymbol{R}_n)e^{i\boldsymbol{k}\cdot(\boldsymbol{r}'+\boldsymbol{R}_n)}(\boldsymbol{r}'+\boldsymbol{R}_n)\,\phi_{v,\boldsymbol{k}_v}(\boldsymbol{r}'+\boldsymbol{R}_n)\mathrm{d}\boldsymbol{r}'\end{aligned} \tag{12.89}$$

と書き換える。また，$\boldsymbol{R}_n$ は式(2.2)で示した並進ベクトルを表す。$\sum_{n=1}^{N}$ については，例えば式(3.24)で示したように，正確には $\sum_{n_1=0}^{N_1-1}\sum_{n_2=0}^{N_2-1}\sum_{n_3=0}^{N_3-1}$ のように表すべきだが，ここでは省略した表現を用いた。

10.3 節で説明したブロッホの定理の別の表現から

$$\phi_{\mathrm{v},\boldsymbol{k}_\mathrm{v}}(\boldsymbol{r}'+\boldsymbol{R}_n)=e^{i\boldsymbol{k}_\mathrm{v}\cdot\boldsymbol{R}_n}\phi_{\mathrm{v},\boldsymbol{k}_\mathrm{v}}(\boldsymbol{r}')$$
$$\phi^*_{\mathrm{c},\boldsymbol{k}_\mathrm{c}}(\boldsymbol{r}'+\boldsymbol{R}_n)=e^{-i\boldsymbol{k}_\mathrm{c}\cdot\boldsymbol{R}_n}\phi^*_{\mathrm{c},\boldsymbol{k}_\mathrm{c}}(\boldsymbol{r}')$$

となるので，式(12.89)は

$$\sum_{n=1}^{N}\frac{1}{N}e^{i(\boldsymbol{k}_\mathrm{v}-\boldsymbol{k}_\mathrm{c}+\boldsymbol{k})\cdot\boldsymbol{R}_n}\int_{\text{単位胞}}\phi^*_{\mathrm{c},\boldsymbol{k}_\mathrm{c}}(\boldsymbol{r}')e^{i\boldsymbol{k}\cdot\boldsymbol{r}'}\left(\boldsymbol{r}'+\boldsymbol{R}_n\right)\phi_{\mathrm{v},\boldsymbol{k}_\mathrm{v}}(\boldsymbol{r}')\mathrm{d}\boldsymbol{r}' \tag{12.90}$$

と書き改められる。

典型的な値として光の波長 λ を 500 nm とすれば，単位胞の辺の長さ a の典型的な値 0.5 nm と比べて十分長く，$|\boldsymbol{k}\cdot\boldsymbol{r}'|\sim\frac{2\pi}{\lambda}a\ll 1$ となるので，$e^{i\boldsymbol{k}\cdot\boldsymbol{r}'}=1$ と近似してよい。したがって，式(12.90)はさらに

$$\sum_{n=1}^{N}\frac{1}{N}e^{i(\boldsymbol{k}_\mathrm{v}-\boldsymbol{k}_\mathrm{c}+\boldsymbol{k})\cdot\boldsymbol{R}_n}\int_{\text{単位胞}}\phi^*_{\mathrm{c},\boldsymbol{k}_\mathrm{c}}(\boldsymbol{r})\,\boldsymbol{r}\,\phi_{\mathrm{v},\boldsymbol{k}_\mathrm{v}}(\boldsymbol{r})\mathrm{d}\boldsymbol{r} \tag{12.91}$$

と表される。ここで，積分変数は $\boldsymbol{r}'$ でなくても紛らわしくないので $\boldsymbol{r}$ に変更した。また，ブロッホ関数の直交性より

$$\int_{\text{単位胞}}\phi^*_{\mathrm{c},\boldsymbol{k}_\mathrm{c}}(\boldsymbol{r})\boldsymbol{R}_n\phi_{\mathrm{v},\boldsymbol{k}_\mathrm{v}}(\boldsymbol{r})\mathrm{d}\boldsymbol{r}=\boldsymbol{0}$$

となることを用いた。

式(12.91)中の $\sum_{n=1}^{N}e^{i(\boldsymbol{k}_\mathrm{v}-\boldsymbol{k}_\mathrm{c}+\boldsymbol{k})\cdot\boldsymbol{R}_n}$ の値が小さくならないためには，3.3.2 項で示したように，逆格子ベクトルを $\boldsymbol{G}_m$ とするとき

$$\boldsymbol{k}_\mathrm{v}-\boldsymbol{k}_\mathrm{c}+\boldsymbol{k}=\boldsymbol{G}_m \tag{12.92}$$

でなければならない。$\boldsymbol{k}_\mathrm{v}$, $\boldsymbol{k}_\mathrm{c}$ がブリュアンゾーン内にある場合には，隣接する格子点ベクトルを $\boldsymbol{G}$ とすれば $|\boldsymbol{k}_\mathrm{v}|<\frac{1}{2}|\boldsymbol{G}|$，$|\boldsymbol{k}_\mathrm{c}|<\frac{1}{2}|\boldsymbol{G}|$ なので，$|\boldsymbol{k}_\mathrm{v}-\boldsymbol{k}_\mathrm{c}|\le|\boldsymbol{k}_\mathrm{v}|+|\boldsymbol{k}_\mathrm{c}|<|\boldsymbol{G}|$ が成り立つ。光の波数ベクトルの大きさ $|\boldsymbol{k}|$ が $|\boldsymbol{G}|$ と比べて十分に小さければ $|\boldsymbol{k}_\mathrm{v}-\boldsymbol{k}_\mathrm{c}+\boldsymbol{k}|<|\boldsymbol{G}|$ も成り立つので $\boldsymbol{k}_\mathrm{v}-\boldsymbol{k}_\mathrm{c}+\boldsymbol{k}$ がブリュアンゾーンの外側に位置することはない。したがって，式(12.92)において $\boldsymbol{G}_m=\boldsymbol{0}$ としてかまわない。結果として

$$\boldsymbol{k}_\mathrm{v}+\boldsymbol{k}=\boldsymbol{k}_\mathrm{c} \tag{12.93}$$

が成り立つ。式(12.93)は，価電子帯でのブロッホ関数の波数ベクトル $\boldsymbol{k}_\mathrm{v}$ に光の波数ベクトル $\boldsymbol{k}$ を加えると，伝導帯でのブロッホ関数の波数ベクトル $\boldsymbol{k}_\mathrm{c}$ に等しくなることを意味している。これは電子と光子との間での運動量保存の法則に相当する。

すでに述べたように，光の波長 λ は単位胞の辺の長さ a に対して十分長いので，$\frac{\pi}{a}$ 程度となるブリュアンゾーンの大きさと比べて，光の波数ベクトルの大きさ $|\boldsymbol{k}|=\frac{2\pi}{\lambda}$ は十分に小さく無視してよいので，式(12.93)は

$$\boldsymbol{k}_\mathrm{v}\simeq\boldsymbol{k}_\mathrm{c}$$

と近似できる。言い換えれば，光の吸収によって生じるバンド間遷移に関わるブロッホ関数の波数ベクトルはほぼ等しい。

ところで，光がないときの 1 電子ハミルトニアン $\hat{H}_0$ と電子の位置ベクトル $\boldsymbol{r}$ との間の交換関係については

$$[\hat{H}_0, \boldsymbol{r}] = \hat{H}_0\,\boldsymbol{r} - \boldsymbol{r}\,\hat{H}_0 = -\frac{\hbar^2}{m_\mathrm{e}}\nabla \tag{12.94}$$

が成り立つ（演習問題 12.1 参照）ことを利用すると

$$\begin{aligned}
&\int_{単位胞} \phi^*_{\mathrm{c},\boldsymbol{k}_\mathrm{c}}(\boldsymbol{r})[\hat{H}_0, \boldsymbol{r}]\phi_{\mathrm{v},\boldsymbol{k}_\mathrm{v}}(\boldsymbol{r})\mathrm{d}\boldsymbol{r} \\
&= \int_{単位胞} \phi^*_{\mathrm{c},\boldsymbol{k}_\mathrm{c}}(\boldsymbol{r})(\hat{H}_0\,\boldsymbol{r} - \boldsymbol{r}\,\hat{H}_0)\phi_{\mathrm{v},\boldsymbol{k}_\mathrm{v}}(\boldsymbol{r})\mathrm{d}\boldsymbol{r} \\
&= \int_{単位胞} \phi^*_{\mathrm{c},\boldsymbol{k}_\mathrm{c}}(\boldsymbol{r})\left\{\mathcal{E}_\mathrm{c}(\boldsymbol{k}_\mathrm{c})\,\boldsymbol{r} - \boldsymbol{r}\,\mathcal{E}_\mathrm{v}(\boldsymbol{k}_\mathrm{v})\right\}\phi_{\mathrm{v},\boldsymbol{k}_\mathrm{v}}(\boldsymbol{r})\mathrm{d}\boldsymbol{r} \\
&= \left\{\mathcal{E}_\mathrm{c}(\boldsymbol{k}_\mathrm{c}) - \mathcal{E}_\mathrm{v}(\boldsymbol{k}_\mathrm{v})\right\}\int_{単位胞} \phi^*_{\mathrm{c},\boldsymbol{k}_\mathrm{c}}(\boldsymbol{r})\,\boldsymbol{r}\,\phi_{\mathrm{v},\boldsymbol{k}_\mathrm{v}}(\boldsymbol{r})\mathrm{d}\boldsymbol{r}
\end{aligned}$$

より，式(12.91)の積分について

$$\begin{aligned}
&\int_{単位胞} \phi^*_{\mathrm{c},\boldsymbol{k}_\mathrm{c}}(\boldsymbol{r})\,\boldsymbol{r}\,\phi_{\mathrm{v},\boldsymbol{k}_\mathrm{v}}(\boldsymbol{r})\mathrm{d}\boldsymbol{r} \\
&= -\frac{\hbar^2}{m_\mathrm{e}\left\{\mathcal{E}_\mathrm{c}(\boldsymbol{k}_\mathrm{c}) - \mathcal{E}_\mathrm{v}(\boldsymbol{k}_\mathrm{v})\right\}}\int_{単位胞} \phi^*_{\mathrm{c},\boldsymbol{k}_\mathrm{c}}(\boldsymbol{r})\nabla\phi_{\mathrm{v},\boldsymbol{k}_\mathrm{v}}(\boldsymbol{r})\mathrm{d}\boldsymbol{r} \\
&= -\frac{\hbar}{m_\mathrm{e}\omega}\int_{単位胞} \phi^*_{\mathrm{c},\boldsymbol{k}_\mathrm{c}}(\boldsymbol{r})\nabla\phi_{\mathrm{v},\boldsymbol{k}_\mathrm{v}}(\boldsymbol{r})\mathrm{d}\boldsymbol{r}
\end{aligned}$$

が得られる。最後の式変形においては $\hbar\omega = \mathcal{E}_\mathrm{c}(\boldsymbol{k}_\mathrm{c}) - \mathcal{E}_\mathrm{v}(\boldsymbol{k}_\mathrm{v})$ であることを用いた。

したがって，図 12.16 に示したような，エネルギーが $\hbar\omega$，波数ベクトルが $\boldsymbol{k}$ である光の吸収にともなう，$\mathcal{E}_\mathrm{v}(\boldsymbol{k}_\mathrm{v}), \boldsymbol{k}_\mathrm{v}$ で指定される価電子帯から $\mathcal{E}_\mathrm{c}(\boldsymbol{k}_\mathrm{c}), \boldsymbol{k}_\mathrm{c}$ で指定される伝導帯へのバンド間遷移の確率は

$$\begin{aligned}
&w_{\mathrm{v},\boldsymbol{k}_\mathrm{v}\to\mathrm{c},\boldsymbol{k}_\mathrm{c}} \\
&= \frac{2\pi e^2\hbar}{{m_\mathrm{e}}^2\omega^2}\left|\boldsymbol{E}_0\cdot\left\{\int_{単位胞} \phi^*_{\mathrm{c},\boldsymbol{k}_\mathrm{c}}(\boldsymbol{r})\nabla\phi_{\mathrm{v},\boldsymbol{k}_\mathrm{v}}(\boldsymbol{r})\mathrm{d}\boldsymbol{r}\right\}\right|^2 \\
&\quad\times\delta\left(\mathcal{E}_\mathrm{c}(\boldsymbol{k}_\mathrm{c}) - \mathcal{E}_\mathrm{v}(\boldsymbol{k}_\mathrm{v}) - \hbar\omega\right) \\
&= \frac{2\pi e^2}{{m_\mathrm{e}}^2\omega^2\hbar}\left|\boldsymbol{E}_0\cdot\left\{\int_{単位胞} \phi^*_{\mathrm{c},\boldsymbol{k}_\mathrm{c}}(\boldsymbol{r})\left(-i\hbar\nabla\right)\phi_{\mathrm{v},\boldsymbol{k}_\mathrm{v}}(\boldsymbol{r})\mathrm{d}\boldsymbol{r}\right\}\right|^2 \\
&\quad\times\delta\left(\mathcal{E}_\mathrm{c}(\boldsymbol{k}_\mathrm{c}) - \mathcal{E}_\mathrm{v}(\boldsymbol{k}_\mathrm{v}) - \hbar\omega\right) \\
&= \frac{2\pi e^2}{{m_\mathrm{e}}^2\omega^2\hbar}\left|\boldsymbol{E}_0\cdot\left\{\int_{単位胞} \phi^*_{\mathrm{c},\boldsymbol{k}_\mathrm{c}}(\boldsymbol{r})\,\hat{\boldsymbol{p}}\,\phi_{\mathrm{v},\boldsymbol{k}_\mathrm{v}}(\boldsymbol{r})\mathrm{d}\boldsymbol{r}\right\}\right|^2 \\
&\quad\times\delta\left(\mathcal{E}_\mathrm{c}(\boldsymbol{k}_\mathrm{c}) - \mathcal{E}_\mathrm{v}(\boldsymbol{k}_\mathrm{v}) - \hbar\omega\right)
\end{aligned} \tag{12.95}$$

で与えられる。最後の式変形では，運動量演算子 $\hat{\boldsymbol{p}} = -i\hbar\nabla$ であることを用いた。なお，式(12.95)においては

$$\mathcal{E}_\mathrm{v}(\boldsymbol{k}_\mathrm{v}) + \hbar\omega = \mathcal{E}_\mathrm{c}(\boldsymbol{k}_\mathrm{c}) \tag{12.96}$$

$$\boldsymbol{k}_\mathrm{v} + \boldsymbol{k} = \boldsymbol{k}_\mathrm{c} \qquad \text{近似的には} \quad \boldsymbol{k}_\mathrm{v} = \boldsymbol{k}_\mathrm{c} \tag{12.97}$$

を満足しなければならない。

ここで，式(12.95)に対して演習問題 12.2 の結果を用いれば，自然放出の遷移確率 $w^\mathrm{sp}_{\mathrm{c},\boldsymbol{k}_\mathrm{c}\to\mathrm{v},\boldsymbol{k}_\mathrm{v}}$ および誘導放出の遷移確率 $w^\mathrm{st}_{\mathrm{c},\boldsymbol{k}_\mathrm{c}\to\mathrm{v},\boldsymbol{k}_\mathrm{v}}$ はそれぞれ

$$\begin{aligned} w^\mathrm{sp}_{\mathrm{c},\boldsymbol{k}_\mathrm{c}\to\mathrm{v},\boldsymbol{k}_\mathrm{v}} &= \frac{n_\mathrm{r} e^2 \omega}{3\pi {m_\mathrm{e}}^2 {c_0}^3 \varepsilon_0} \left| \int_{\text{単位胞}} \phi^*_{\mathrm{c},\boldsymbol{k}_\mathrm{c}}(\boldsymbol{r})\, \hat{\boldsymbol{p}}\, \phi_{\mathrm{v},\boldsymbol{k}_\mathrm{v}}(\boldsymbol{r}) \mathrm{d}\boldsymbol{r} \right|^2 \\ &\quad \times \delta\left(\mathcal{E}_\mathrm{c}(\boldsymbol{k}_\mathrm{c}) - \mathcal{E}_\mathrm{v}(\boldsymbol{k}_\mathrm{v}) - \hbar\omega\right) \end{aligned} \tag{12.98}$$

$$\begin{aligned} w^\mathrm{st}_{\mathrm{c},\boldsymbol{k}_\mathrm{c}\to\mathrm{v},\boldsymbol{k}_\mathrm{v}} &= \frac{2\pi e^2}{{m_\mathrm{e}}^2 \omega^2 \hbar} \left| \boldsymbol{E}_0 \cdot \left\{ \int_{\text{単位胞}} \phi^*_{\mathrm{c},\boldsymbol{k}_\mathrm{c}}(\boldsymbol{r})\, \hat{\boldsymbol{p}}\, \phi_{\mathrm{v},\boldsymbol{k}_\mathrm{v}}(\boldsymbol{r}) \mathrm{d}\boldsymbol{r} \right\} \right|^2 \\ &\quad \times \delta\left(\mathcal{E}_\mathrm{c}(\boldsymbol{k}_\mathrm{c}) - \mathcal{E}_\mathrm{v}(\boldsymbol{k}_\mathrm{v}) - \hbar\omega\right) \end{aligned} \tag{12.99}$$

となる*22。

*22　局所電場としてローレンツの局所電場を用いれば，式(12.95)，(12.99)は $\left(\frac{2\varepsilon_0+\varepsilon}{3\varepsilon_0}\right)^2 = \left(\frac{2+n_\mathrm{r}}{3}\right)^2$ 倍される。

式(12.95)は，光の吸収によって電子が価電子帯の $\boldsymbol{k}_\mathrm{v}$ から伝導帯の $\boldsymbol{k}_\mathrm{c}$ へ遷移する確率を表すが，角振動数 ω の光吸収によって生じる遷移 $\boldsymbol{k}_\mathrm{v} \to \boldsymbol{k}_\mathrm{c}$ の組み合わせは $\boldsymbol{k}$ 空間内にいくつも存在する。また，複数の価電子帯と伝導帯がある場合には，**図 12.18** に示すように，さまざまなバンド間で角振動数 ω の光吸収による n 番目の価電子帯から m 番目の伝導帯への遷移 $\mathrm{v}_n \to \mathrm{c}_m$ が起こりうる。そこで，式(12.96)と式(12.97)によって与えられる条件の下での，角振動数 ω の光吸収に対する式(12.95)の総和 $W_{\mathrm{v}\to\mathrm{c}}$ は

$$W_{\mathrm{v}\to\mathrm{c}} = \sum_{\boldsymbol{k}} \sum_{n} \sum_{m} w_{\mathrm{v}_n,\boldsymbol{k}\to\mathrm{c}_m,\boldsymbol{k}} \tag{12.100}$$

のように表される。なお，ここで，$\boldsymbol{k} = \boldsymbol{k}_\mathrm{v} = \boldsymbol{k}_\mathrm{c}$ と表すことにした。

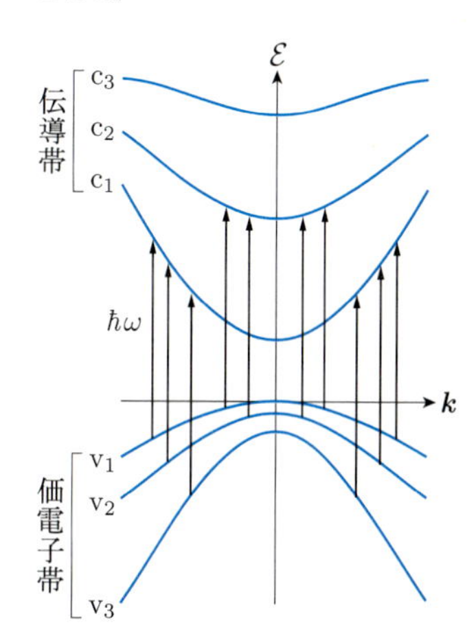

図 12.18　複数の価電子帯と伝導帯がある場合のバンド間遷移。エネルギー $\hbar\omega$ の光吸収によってさまざまなバンド間で複数の遷移が生じる。この図では矢印の長さが同じ，すなわち同じエネルギーの光吸収による遷移を示している。$\boldsymbol{k}$ 空間のうち 1 次元だけでも同じエネルギーの光吸収による遷移がこれだけ存在するということは，3 次元ではもっと多くの遷移が存在することを意味する。

$W_{\mathrm{v}\to\mathrm{c}}$ は単位体積，単位時間あたりに価電子帯から伝導帯に遷移する電子の個数に相当し，1 つの電子の遷移ごとにエネルギー $\hbar\omega$ の光子が 1 つ吸収されることから，単位体積，単位時間あたりに固体に吸収される光のエネルギーは $\hbar\omega W_{\mathrm{v}\to\mathrm{c}}$ で与えられる。一方，固体内で単位体積，単位時間あたりに消失する光のエネルギーは複素誘電率の虚部 ε_i を用いて $\varepsilon_\mathrm{i}\langle|\boldsymbol{E}|^2\rangle\omega$ と表せる。ここで，$\langle|\boldsymbol{E}|^2\rangle$ は光の電場の絶対値の 2 乗の時間平均である。両者が一致することから，複素誘電率の虚部は

$$\varepsilon_\mathrm{i} = \frac{\hbar W_{\mathrm{v}\to\mathrm{c}}}{\langle|\boldsymbol{E}|^2\rangle} \tag{12.101}$$

で与えられる。

式(12.86)に対して絶対値の 2 乗の時間平均を求めると

$$\langle|\boldsymbol{E}|^2\rangle = 2|\boldsymbol{E}_0|^2 \tag{12.102}$$

となるから，式(12.101)に対して式(12.95)，(12.100)，(12.102)を用いると

$$\varepsilon_{\mathrm{i}} = \frac{\pi e^2}{m_{\mathrm{e}}{}^2\omega^2}\sum_{\boldsymbol{k}}\sum_{n}\sum_{m}\left|\boldsymbol{e}\cdot\left\{\int_{単位胞}\phi^*_{\mathrm{c}_m,\boldsymbol{k}}(\boldsymbol{r})\,\hat{\boldsymbol{p}}\,\phi_{\mathrm{v}_n,\boldsymbol{k}}(\boldsymbol{r})\mathrm{d}\boldsymbol{r}\right\}\right|^2 \times\delta\left(\mathcal{E}_{\mathrm{c}_m}(\boldsymbol{k})-\mathcal{E}_{\mathrm{v}_n}(\boldsymbol{k})-\hbar\omega\right) \qquad (12.103)$$

が得られる。ここで，ベクトル $\boldsymbol{e}$ は電場の向きを表す単位ベクトルであり，$\boldsymbol{e} = \frac{\boldsymbol{E}_0}{|\boldsymbol{E}_0|}$ によって与えられる。

12.5.1　直接遷移と間接遷移

ここまでは，光の吸収によるバンド間遷移について考えてきた。光の波数ベクトル $\boldsymbol{k}$ の大きさはブリュアンゾーンの大きさと比べて十分小さいのでバンド間遷移に関わる価電子帯および伝導帯のブロッホ関数の波数ベクトル $\boldsymbol{k}_{\mathrm{v}}$ および $\boldsymbol{k}_{\mathrm{c}}$ はほぼ等しいことがわかった。このようなバンド間遷移を**直接遷移**（direct transition）という。

これに対して光だけでなくフォノンの吸収あるいは放出も関わるバンド間遷移を**間接遷移**（indirect transition）という。間接遷移に関わるフォノンのエネルギーおよび波数ベクトルをそれぞれ $\hbar\omega_{\mathrm{ph}}$ および $\boldsymbol{k}_{\mathrm{ph}}$ とすると遷移前後のエネルギー保存則および波数ベクトルの一致から，フォノンの吸収をともなう間接遷移の場合（**図 12.19**）には

$$\mathcal{E}_{\mathrm{v}} + \hbar\omega + \hbar\omega_{\mathrm{ph}} = \mathcal{E}_{\mathrm{c}} \qquad (12.104)$$

$$\boldsymbol{k}_{\mathrm{v}} + \boldsymbol{k} + \boldsymbol{k}_{\mathrm{ph}} = \boldsymbol{k}_{\mathrm{c}} \qquad 近似的には \quad \boldsymbol{k}_{\mathrm{v}} + \boldsymbol{k}_{\mathrm{ph}} = \boldsymbol{k}_{\mathrm{c}} \qquad (12.105)$$

を，フォノンの放出をともなう間接遷移の場合（**図 12.20**）には

$$\mathcal{E}_{\mathrm{v}} + \hbar\omega - \hbar\omega_{\mathrm{ph}} = \mathcal{E}_{\mathrm{c}} \qquad (12.106)$$

$$\boldsymbol{k}_{\mathrm{v}} + \boldsymbol{k} - \boldsymbol{k}_{\mathrm{ph}} = \boldsymbol{k}_{\mathrm{c}} \qquad 近似的には \quad \boldsymbol{k}_{\mathrm{v}} - \boldsymbol{k}_{\mathrm{ph}} = \boldsymbol{k}_{\mathrm{c}} \qquad (12.107)$$

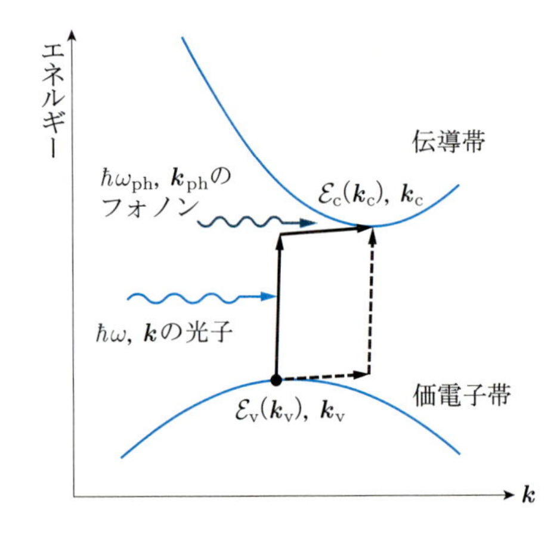

図 12.19　フォノンの吸収をともなう間接遷移。
先に光子が吸収され，次にフォノンが吸収される場合を実線で，先にフォノンが吸収され，次に光子が吸収される場合を破線で示している。

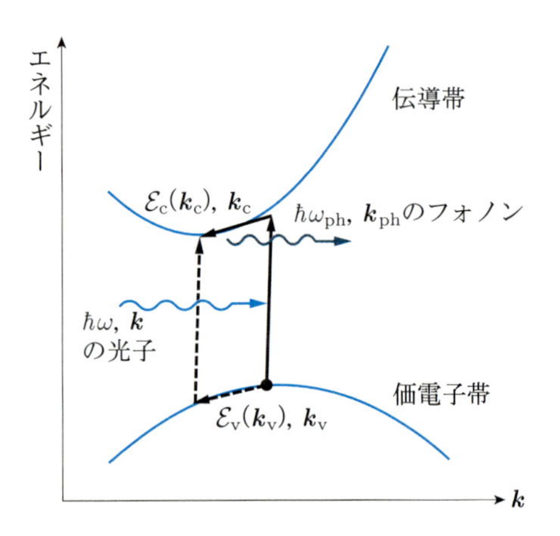

図 12.20　フォノンの放出をともなう間接遷移。
先に光子が吸収され，次にフォノンが放出される場合を実線で，先にフォノンが放出され，次に光子が吸収される場合を破線で示している。

を満足しなければならない。

フォノンのエネルギーはたかだか数 10 meV 程度であるのに対して，半導体や絶縁体のバンドギャップは数 eV 程度であるので $\mathcal{E}_{\mathrm{c}} - \mathcal{E}_{\mathrm{v}} \simeq \hbar\omega \gg \hbar\omega_{\mathrm{ph}}$ という関係にある。したがって，エネルギー保存則はほぼ光のエネルギーによって成り立っている。一方，第 7 章で説明したように，格子振動（フォノン）の波数ベクトルはブリュアンゾーン全域にわたるから，価電子帯のブロッホ関数の波数ベクトル $\boldsymbol{k}_{\mathrm{v}}$ と伝導帯のブロッホ関数の波数ベクトル $\boldsymbol{k}_{\mathrm{c}}$ とは一致する必要はなく，むしろ自由な組み合わせが可能となる。

光だけが関わる 1 次の過程である直接遷移と比べると，間接遷移は光とフォノンとが関わる 2 次の過程であるため，遷移確率が低くなる。半導体のバンドギャップ $\mathcal{E}_{\mathrm{g}}$ 付近における吸収係数の大きさでその違いを見ると，直接遷移では $10^4\,\mathrm{cm}^{-1}$ 程度であるのに対して，間接遷移では $10 \sim 10^2\,\mathrm{cm}^{-1}$ 程度と 2 桁から 3 桁小さくなる。

直接遷移と間接遷移の違いは吸収係数の大きさだけでなく，吸収スペクトルの形にも反映される。

直接遷移の吸収スペクトル

直接遷移の吸収スペクトルについて議論するために，

$$\mathcal{E}_{\mathrm{c}}(\boldsymbol{k}) = \frac{\hbar^2}{2m_{\mathrm{c}}^*}\left({k_x}^2 + {k_y}^2 + {k_z}^2\right) + \mathcal{E}_{\mathrm{g}} \tag{12.108}$$

$$\mathcal{E}_{\mathrm{v}}(\boldsymbol{k}) = -\frac{\hbar^2}{2m_{\mathrm{v}}^*}\left({k_x}^2 + {k_y}^2 + {k_z}^2\right) \tag{12.109}$$

で表される伝導帯と価電子帯を考えよう。式(12.103)に基づいて ε_{i} を求めるのに際して，式中の

$$\langle \mathrm{c}_m, \boldsymbol{k}|\hat{\boldsymbol{p}}|\mathrm{v}_n, \boldsymbol{k}\rangle = \int_{\text{単位胞}} \phi^*_{\mathrm{c}_m,\boldsymbol{k}}(\boldsymbol{r})\,\hat{\boldsymbol{p}}\,\phi_{\mathrm{v}_n,\boldsymbol{k}}(\boldsymbol{r})\mathrm{d}\boldsymbol{r} \tag{12.110}$$

については $\boldsymbol{k}$ に対する依存性は小さいと近似して総和の外に出すことにする。また，伝導帯，価電子帯はそれぞれ 1 つであるから n, m についての総和は不要となる。これらのことから，具体的に計算すべきなのは，式(12.103)中の

$$J(\hbar\omega) = \sum_{\boldsymbol{k}} \delta\left(\mathcal{E}_{\mathrm{c}}(\boldsymbol{k}) - \mathcal{E}_{\mathrm{v}}(\boldsymbol{k}) - \hbar\omega\right) \tag{12.111}$$

となる。$J(\hbar\omega)$ は価電子帯と伝導帯の組み合わせについての状態密度であることから，**結合状態密度**(joint density of states)と呼ばれる。式(8.9)と同様にして，$\boldsymbol{k}$ についての総和は積分に置き換えることができ，

$$J(\hbar\omega) = \frac{2}{(2\pi)^3}\int \delta\left(\mathcal{E}_{\mathrm{c}}(\boldsymbol{k}) - \mathcal{E}_{\mathrm{v}}(\boldsymbol{k}) - \hbar\omega\right)\mathrm{d}\boldsymbol{k} \tag{12.112}$$

となる。ここで，単位体積あたりの総和を求めているので $V = 1$ である。また，分子の 2 は電子のスピン自由度に由来する。式(12.112)の積分は $\boldsymbol{k}$ 空間中で $\hbar\omega = \mathcal{E}_{\mathrm{c}}(\boldsymbol{k}) - \mathcal{E}_{\mathrm{v}}(\boldsymbol{k})$ となる面の面積を求めることにほ

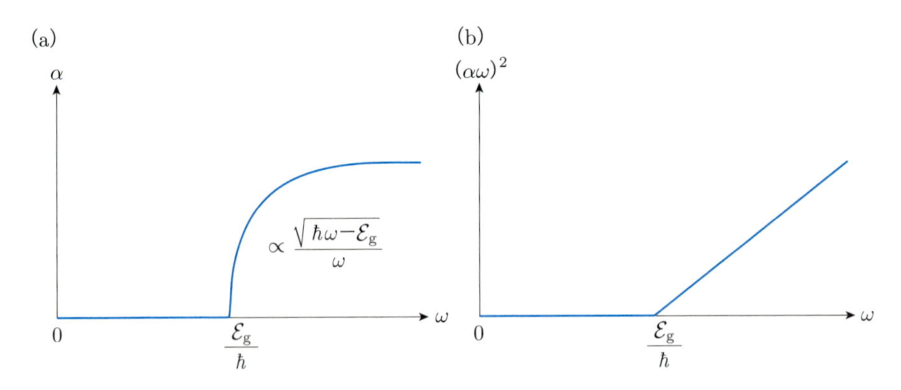

図 12.21　(a) 直接遷移の吸収スペクトル。(b) $(\alpha\omega)^2$ を縦軸としたスペクトル。

かならない。

$$\begin{aligned}\hbar\omega - \mathcal{E}_g &= \mathcal{E}_c(\boldsymbol{k}) - \mathcal{E}_v(\boldsymbol{k}) - \mathcal{E}_g \\ &= \frac{\hbar^2}{2}\left(\frac{1}{m_c^*} + \frac{1}{m_v^*}\right)({k_x}^2 + {k_y}^2 + {k_z}^2)\end{aligned} \quad (12.113)$$

が $\boldsymbol{k}$ 空間における半径が $\sqrt{\left\{\frac{\hbar^2}{2}\left(\frac{1}{m_c^*}+\frac{1}{m_v^*}\right)\right\}^{-1}(\hbar\omega-\mathcal{E}_g)}$ である球面を表すことに注意すれば，9.2 節で行った計算の結果を利用することが可能であり，

$$J(\hbar\omega) = \frac{1}{2\pi^2}\left(\frac{2\mu}{\hbar^2}\right)^{3/2}\sqrt{\hbar\omega - \mathcal{E}_g} \quad (12.114)$$

が得られる。ただし，μ は**換算質量**（reduced mass）と呼ばれ

$$\frac{1}{\mu} = \frac{1}{m_c^*} + \frac{1}{m_v^*} \quad (12.115)$$

によって定義される。

以上をまとめると，複素誘電率の虚部は

$$\varepsilon_i(\omega) = \frac{e^2}{2\pi {m_e}^2\omega^2}|\boldsymbol{e}\cdot\langle c, \boldsymbol{k}|\hat{\boldsymbol{p}}|v, \boldsymbol{k}\rangle|^2\left(\frac{2\mu}{\hbar^2}\right)^{3/2}\sqrt{\hbar\omega - \mathcal{E}_g} \quad (12.116)$$

となる。また，式(12.69)，(12.70)を用いると，吸収係数は

$$\alpha(\omega) = \frac{e^2}{2\pi\varepsilon_0 c_0 n_r {m_e}^2\omega}|\boldsymbol{e}\cdot\langle c, \boldsymbol{k}|\hat{\boldsymbol{p}}|v, \boldsymbol{k}\rangle|^2\left(\frac{2\mu}{\hbar^2}\right)^{3/2}\sqrt{\hbar\omega - \mathcal{E}_g} \quad (12.117)$$

となる。したがって，**図 12.21**(a)に示すように直接遷移の吸収スペクトルは $\alpha \propto \frac{\sqrt{\hbar\omega - \mathcal{E}_g}}{\omega}$ のような ω 依存性を示し，$\omega = \mathcal{E}_g$ を超えると急激に立ち上がるのが特徴である。図 12.21(b)には $(\alpha\omega)^2$ を縦軸としてプロットしたスペクトルを示す。このようにプロットすることでスペクトルの形状が直線となり，横軸との交点から $\frac{\mathcal{E}_g}{\hbar}$ が求められる。

間接遷移の吸収スペクトル

間接遷移の吸収スペクトルの概形を決定するのも結合状態密度である。間接遷移では価電子帯の波数ベクトル $\boldsymbol{k}_v$ と伝導帯の波数ベクトル

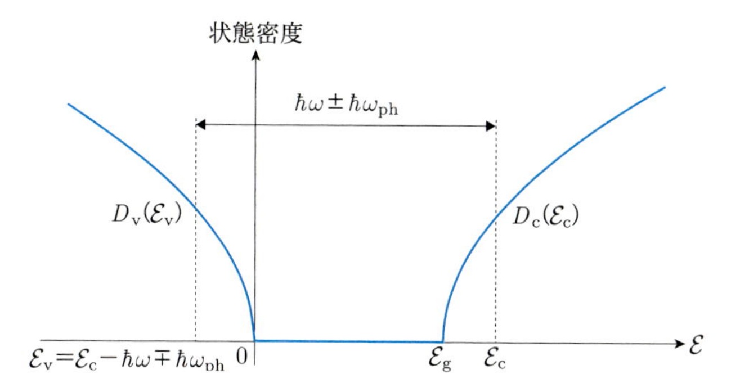

図 12.22　間接遷移における結合状態密度を求めるための概念図。

$\boldsymbol{k}_c$ の組み合わせを自由に選べるので，結合状態密度は

$$J(\hbar\omega) = \sum_{\boldsymbol{k}_c}\sum_{\boldsymbol{k}_v} \delta\left(\mathcal{E}_c(\boldsymbol{k}_c) - \mathcal{E}_v(\boldsymbol{k}_v) - \hbar\omega \mp \hbar\omega_{ph}\right) \qquad (12.118)$$

と表される。ここで，$\boldsymbol{k}_c$ と $\boldsymbol{k}_v$ の組み合わせを自由に選べることから，結合状態密度を求めるためには $\mathcal{E}_c(\boldsymbol{k}_c) - \mathcal{E}_v(\boldsymbol{k}_v) = \hbar\omega \pm \hbar\omega_{ph}$ という条件の下で，伝導帯の状態密度 $D_c(\mathcal{E}_c)$ と価電子帯の状態密度 $D_v(\mathcal{E}_v)$ について畳み込み積分を行えばよい。ただし，それぞれ

$$D_c(\mathcal{E}) = \frac{1}{2\pi^2}\left(\frac{2m_c^*}{\hbar^2}\right)^{3/2}\sqrt{\mathcal{E} - \mathcal{E}_g} \qquad (12.119)$$

$$D_v(\mathcal{E}) = \frac{1}{2\pi^2}\left(\frac{2m_v^*}{\hbar^2}\right)^{3/2}\sqrt{-\mathcal{E}} \qquad (12.120)$$

で与えられる。具体的には**図 12.22** に示すような伝導帯と価電子帯との相互関係を考慮することによって，結合状態密度は

$$J(\hbar\omega) = \frac{1}{2}\int_{\mathcal{E}_g}^{\hbar\omega \pm \hbar\omega_{ph}} D_c(\mathcal{E}_c) D_v(\mathcal{E}_c - \hbar\omega \mp \hbar\omega_{ph})\,\mathrm{d}\mathcal{E}_c \qquad (12.121)$$

によって求められる。ここで，積分の前の $\frac{1}{2}$ は遷移の前後で電子のスピンが変化しないので，スピン自由度を二重に数えないようにするために必要となる。式(12.121)に式(12.119)，(12.120)を代入すれば

$$J(\hbar\omega) = \frac{1}{8\pi^4}\left(\frac{4m_c^* m_v^*}{\hbar^4}\right)^{3/2} \times \int_{\mathcal{E}_g}^{\hbar\omega \pm \hbar\omega_{ph}} \sqrt{(\mathcal{E}_c - \mathcal{E}_g)(\hbar\omega \pm \hbar\omega_{ph} - \mathcal{E}_c)}\,\mathrm{d}\mathcal{E}_c \qquad (12.122)$$

となる。積分公式

$$\int_a^b \sqrt{(x-a)(b-x)}\mathrm{d}x = \frac{\pi}{8}(b-a)^2 \qquad (\text{ただし } a < b)$$

を用いれば

$$J(\hbar\omega) = \frac{1}{64\pi^3}\left(\frac{4m_c^* m_v^*}{\hbar^4}\right)^{3/2}(\hbar\omega \pm \hbar\omega_{ph} - \mathcal{E}_g)^2 \qquad (12.123)$$

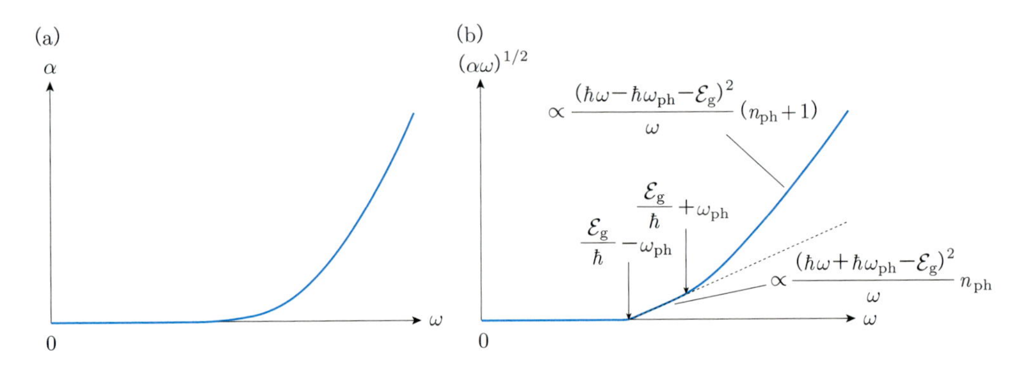

図 12.23　(a) 間接遷移の吸収スペクトル。(b) $(\alpha\omega)^{1/2}$ を縦軸としたスペクトル。

が得られる。

フォノンの吸収をともなう間接遷移の場合には，フォノンの吸収が起こる確率はフォノン密度 n_{ph} に比例するので，吸収係数は

$$\alpha(\omega) \propto \frac{(\hbar\omega + \hbar\omega_{ph} - \mathcal{E}_g)^2}{\omega}n_{ph} \tag{12.124}$$

のような比例関係で表される。また，フォノンの放出をともなう間接遷移の場合には，フォノンの放出が起こる確率は $n_{ph}+1$ に比例するので，吸収係数は

$$\alpha(\omega) \propto \frac{(\hbar\omega - \hbar\omega_{ph} - \mathcal{E}_g)^2}{\omega}(n_{ph}+1) \tag{12.125}$$

のように表される。**図 12.23**(a) に間接遷移の吸収スペクトルを示す。直接遷移では $\mathcal{E}_g$ を超えると吸収スペクトルが急激に立ち上がるのとは異なり，間接遷移では $\mathcal{E}_g$ 付近でゆるやかに増加していく。

図 12.23(b) に $(\alpha\omega)^{1/2}$ を縦軸としてプロットしたスペクトルを示す。フォノンの吸収をともなう遷移は，$\omega = \frac{\mathcal{E}_g}{\hbar} - \omega_{ph}$ で吸収が立ち上がり，図 12.23(b) のようなプロットを行うとスペクトルの形状が直線となる。フォノンの放出をともなう遷移は，$\omega = \frac{\mathcal{E}_g}{\hbar} + \omega_{ph}$ で吸収が立ち上がり，この直線から離れていく。

❖ 演習問題

12.1　式 (12.94) が成り立つことを示しなさい。

12.2　2 準位系に対してプランクの法則とボルツマン分布を用いて自然放出，誘導放出，吸収の遷移確率の比を求めなさい。さらに，その結果を式 (12.95) で表されるバンド間遷移の確率に対応させて，それぞれの遷移確率を求めなさい。

12.3　垂直反射率の式 (12.63) を導出しなさい。

第13章　固体の磁気的性質

磁場に対して固体が示す応答である磁気的性質は物質によって大きく異なり，さまざまに分類される。磁気的性質の生じる主な原因は電子の軌道運動とスピンにあるが，それらがどのように関わってくるかによって磁気的性質に違いが表れる。本章ではそれらについて学ぶ。

13.1　さまざまな磁性

磁気的性質，すなわち**磁性**（magnetism あるいは magnetic properties）を示す物質としてすぐに思い浮かぶのは，磁石に引き寄せられる鉄などであろう。鉄が示すような顕著な磁性は強磁性と呼ばれ，強磁性を示す物質を強磁性体という。一方で，磁石を近づけるなどして磁場を加えたときに顕著な応答を示さない物質においても，実際には磁場に対して何らかの応答をしている。物質の磁場に対する応答は物質中の微視的な**磁気モーメント**（magnetic moment）*1のふるまいの違いによって異なり，磁性は次のように大別される。

*1　簡単に言えば，磁石の強さとその向きを表すベクトル量である。S極からN極への向きをベクトルの向きにとる。実際の説明は後で行う。

常磁性　磁場を加えていないときには物質中の微視的な磁気モーメントがそろっていないために磁化していないが，磁場を加えると磁場と同じ向きに磁化する磁性

反磁性　磁場を加えていないときには物質中の微視的な磁気モーメントがそろっていないために磁化していないが，磁場を加えると磁場と逆向きに磁化する磁性

強磁性　磁場を加えなくても物質中の微視的な磁気モーメントが同じ向きにそろっているために磁化（自発磁化）が生じている磁性

反強磁性　物質中の微視的な磁気モーメントが隣接するものどうしで逆向きになって打ち消し合うために自発磁化が生じない磁性

フェリ磁性　物質中の微視的な磁気モーメントが隣接するものどうしで逆向きになっているが，それぞれの磁気モーメントの大きさが異なるために自発磁化が生じている磁性

図 13.1 に，磁気モーメントの向きと大きさを矢印の向きと長さで表すことにして，磁場を加えていない状態でのそれぞれの磁性における磁気モーメントの配列の概略を示す。

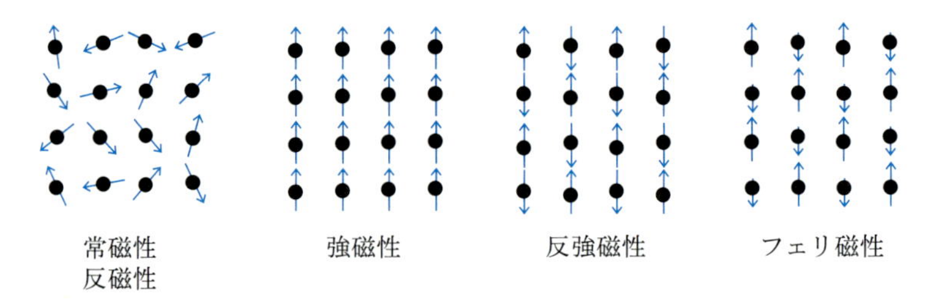

図 13.1　磁場を加えていない状態でのさまざまな磁性における磁気モーメントの配列。●は磁気モーメントの担い手となる電子，原子あるいはイオンを表している。

13.2 磁気モーメント

固体において磁性が生じる主な原因は，電子による磁気モーメント*2にあり，電子の軌道角運動量とスピン角運動量に関係づけられる。

*2　物質中には原子核による磁気モーメントも存在するが，電子による磁気モーメントの10^{-3}程度の大きさであるため，ここでは議論しない。しかしながら，医療に用いられるMRI（magnetic resonance imaging：核磁気共鳴イメージング）で原子核による磁気モーメントを利用していることからもわかるように，検知できない大きさではない。

13.2.1 電子の軌道角運動量

図 13.2 に示すように，半径 r の円周上を角速度 ω で運動する電子を考える。円軌道を分断するようなある面を電子が単位時間あたり通過する回数は $\frac{\omega}{2\pi}$ であり，1 回に通過する電荷量が $-e$ であることから，電流は

$$I = -\frac{e\omega}{2\pi} \tag{13.1}$$

で与えられる。ここで，マイナスの符号は電流の向きが電子の回転の向きと反対であることを意味する。環状電流によって生じる磁気モーメントの大きさ $|\boldsymbol{m}|$*3は，「電流」と「環状電流の囲む面積」の積によって定義されるから，

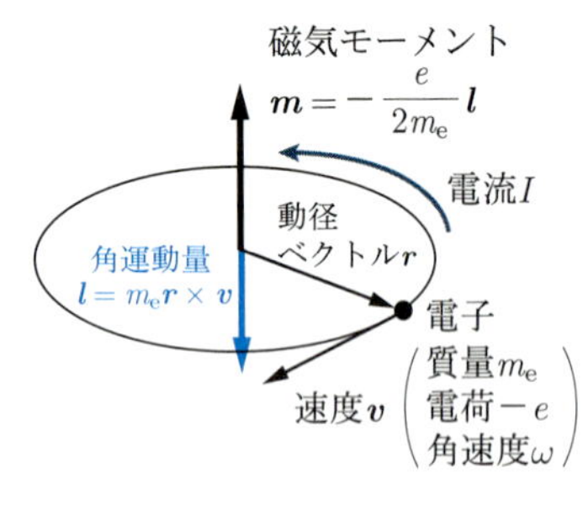

図 13.2　電子の軌道角運動量と磁気モーメントの関係

$$|\boldsymbol{m}| = |I| \times \pi r^2 = \frac{e\omega}{2\pi} \times \pi r^2 = \frac{e}{2} r^2 \omega \tag{13.2}$$

となる。また，磁気モーメントの向きは，環状電流の回転の向きを右ネジの回転の向きに選んだとき，右ネジが進む向きであり，環状電流の面と垂直である。磁気モーメント $\boldsymbol{m}$ の単位は A m^2 である。

*3　質量 m と紛らわしいので注意を要する。磁気モーメントを表す文字として $\boldsymbol{\mu}$ を用いる流儀もあるが，こちらも透磁率 μ と混同しないように注意が必要である。さらに厄介なことに，「電流」と「環状電流の囲む面積」の積にさらに真空の透磁率 μ_0 をかけたものを磁気モーメントと定義する流儀もある。例えば，式(13.2)であれば，$|\boldsymbol{m}| = \mu_0|I|\pi r^2 = \mu_0 e r^2\omega/2$ のようになる。このように，残念ながら磁性に関する物理量は統一されているとは言い難い。この本では，まずSI単位系を採用し，さらに多数派と考えられる物理量で記述する方針をとる。

一方，角運動量は，式(4.36)で示したように $\boldsymbol{\ell} = \boldsymbol{r} \times \boldsymbol{p}$ で与えられるので，運動量の大きさが $|\boldsymbol{p}| = m_e|\boldsymbol{v}| = m_e r\omega$ であることを用いれば，角運動量の大きさ $|\boldsymbol{\ell}|$ は

$$|\boldsymbol{\ell}| = |\boldsymbol{r} \times \boldsymbol{p}| = m_e r^2 \omega \tag{13.3}$$

となる。電子が負電荷であり，電流の向きと電子の運動の向きが反対であることに注意して，式(13.2)と式(13.3)を比較すると，電子の軌道運動に起因する磁気モーメント $\boldsymbol{m}$ と角運動量 $\boldsymbol{\ell}$ とは

$$\boldsymbol{m} = -\frac{e}{2m_e}\boldsymbol{\ell} \tag{13.4}$$

という関係で結ばれる。

式(13.4)は，古典物理学の立場から求めた，磁気モーメントと角運動量の間に成り立つ関係であるが，量子力学の場合にもそのまま成り立つ。量子力学の立場からは，式(4.46)で示したように，電子の軌道角運動量の z 成分 ℓ_z は，

$$\ell_z = m\hbar \quad (m = -l, -l+1, \cdots, l)$$

のように離散的な値をとる。ただし，l $(= 0, 1, 2, 3, \cdots)$ は方位量子数，m は磁気量子数*4である。したがって，量子力学では，電子の軌道角運動量に関係づけられる磁気モーメントの z 成分は

$$m_z = -\frac{e}{2m_\mathrm{e}}\ell_z = -m\frac{e\hbar}{2m_\mathrm{e}} = -m\mu_\mathrm{B} \tag{13.5}$$

のように表される。ここで

$$\mu_\mathrm{B} = \frac{e\hbar}{2m_\mathrm{e}} \tag{13.6}$$

を**ボーア磁子**（Bohr magneton）という。ボーア磁子の値は $\mu_\mathrm{B} = 9.274009994 \times 10^{-24}\ \mathrm{J\ T^{-1}}$ である*5。結論として，電子の軌道運動に起因する磁気モーメントの z 成分はボーア磁子の整数倍の値をとることになる。

*4 ここで用いられる磁気量子数 m も質量や磁気モーメントと紛らわしいので注意を要する。

*5 2014年CODATA推奨値。ボーア磁子は磁気モーメントと同じ単位 $\mathrm{A\ m^2}$ をもつ。一方で，後ほど説明する磁束密度の単位であるT(テスラ)が $\mathrm{T = kg\ s^{-2}\ A^{-1}}$ であり，エネルギーの単位であるJが $\mathrm{J = m^2\ kg\ s^{-2}}$ であることから，$\mathrm{A\ m^2 = J\ T^{-1}}$ となる。$\mathrm{J\ T^{-1}}$ という単位の表現法は，磁気モーメントと磁束密度の積がエネルギーに等しいことを示している点で有用である。

13.2.2 電子スピン角運動量

電子のスピンに起因する磁気モーメント $\boldsymbol{m}$ と電子のスピン角運動量 $\boldsymbol{s}$ との間には，式(13.4)に類似した

$$\boldsymbol{m} = -g\frac{e}{2m_\mathrm{e}}\boldsymbol{s} = -g\mu_\mathrm{B}\frac{1}{\hbar}\boldsymbol{s} \tag{13.7}$$

という関係が成り立つ。ここで，比例定数 g は g 因子と呼ばれ，電子の g 因子の値は $g = 2.00231930436182$ であり*6，ほぼ2に等しい。電子のスピン角運動量の z 成分は，式(4.50)，(4.51)で示したように $s_z = \frac{1}{2}\hbar$ あるいは $s_z = -\frac{1}{2}\hbar$ となるので，電子のスピンに起因する磁気モーメントの z 成分は

$$m_z = \mp\frac{1}{2}g\mu_\mathrm{B} \simeq \mp\mu_\mathrm{B} \tag{13.8}$$

で与えられる。スピンに起因する磁気モーメントの z 成分の絶対値はボーア磁子の値 μ_B にほぼ等しく，これに $+1$ または -1 をかけた値が磁気モーメントの z 成分となる。つまり，たとえ軌道運動をしていなくても，1つの電子の存在自体が1つの磁石となっている。

*6 2014年CODATA推奨値。この値は測定精度の向上に従って更新される。

13.3 磁性に関する物理量

13.3.1 磁束密度

磁性を考える上で基本となる物理量である**磁束密度**（magnetic flux density）$\boldsymbol{B}$ は，**図13.3**に示すような，速度 $\boldsymbol{v}$ で運動する電荷 q に働くローレンツ力（Lorentz force）

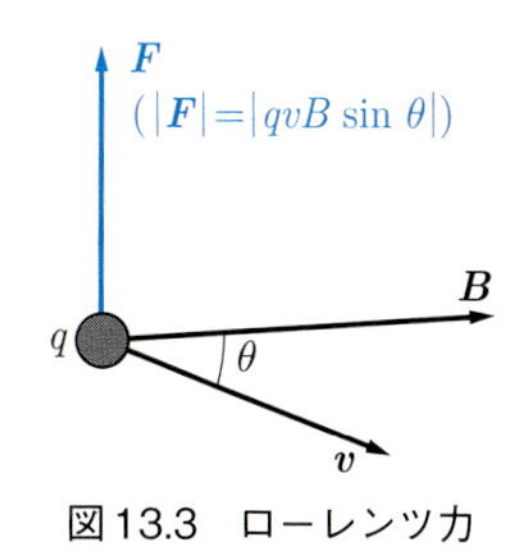

図13.3 ローレンツ力

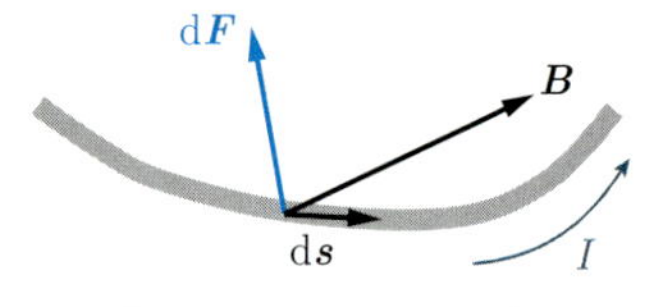

図13.4　アンペール力

*7　曲線の接線方向を向き，大きさが微小長さ ds に等しいベクトル。

$$F = qv \times B \tag{13.9}$$

によって，あるいは，**図 13.4** に示すような，電流 I の微小部分に働くアンペール力（Ampère force）

$$dF = I ds \times B \tag{13.10}$$

によって定義される。ここで，ds は電流の向きを表す**線素ベクトル**[*7]である。磁束密度 B の単位は T（テスラ）である。

13.3.2　磁化

磁化（magnetization）M は，微小体積 ΔV 内に含まれるすべての磁気モーメント m_i を合計して，

$$M = \frac{1}{\Delta V}\sum_i m_i \tag{13.11}$$

のように ΔV で割ったもの，すなわち単位体積あたりの磁気モーメントとして定義される。したがって，磁化の単位は A m^{-1} である。

13.3.3　磁場

磁場（magnetic field）H は磁束密度 B と磁化 M を用いて

$$H = \frac{1}{\mu_0}B - M \tag{13.12}$$

によって定義される[*8]。磁場の単位は磁化と同じく A m^{-1} である。ここで，μ_0 は**真空の透磁率**であり，その値は

$$\mu_0 = 4\pi \times 10^{-7}\,\mathrm{N\ A^{-2}} = 1.2566370614\cdots \times 10^{-6}\,\mathrm{N\ A^{-2}}$$

である。真空中では，磁化が存在しないため，式(13.12)は

$$B = \mu_0 H \tag{13.13}$$

のように書き直すことができる。つまり，真空中での磁束密度と磁場との間の比例係数が真空の透磁率 μ_0 である。これに対して，すでに 12.2.3 項で説明したように，物質中での磁束密度と磁場の関係を

$$B = \mu H \tag{13.14}$$

と表すとき，比例係数 μ を**物質の透磁率**という。真空の透磁率 μ_0 との比

$$\mu_r = \frac{\mu}{\mu_0} \tag{13.15}$$

は**比透磁率**（relative permeability）と呼ばれる。

*8　磁気モーメントを「真空の透磁率」×「電流」×「環状電流の囲む面積」と定義する流儀の場合には，磁化も μ_0 倍されるので，磁場は $H = \frac{1}{\mu_0}(B - M)$ で与えられる。一方，磁気モーメントを「電流」×「環状電流の囲む面積」で定義する流儀では，$P_M = \mu_0 M$ を磁気分極（magnetic polarization）と呼ぶ。

13.3.4　磁化率

自発磁化が生じる強磁性体とフェリ磁性体以外の多くの物質では，磁場がそれほど強くなければ，磁化は近似的に磁場に比例し，

$$M = \chi_m H \tag{13.16}$$

のように表すことができる。ここで，比例係数 χ_{m} は**磁化率**（magnetizability）あるいは**帯磁率**，**磁気感受率**（magnetic susceptibility）と呼ばれる。磁化率 χ_{m} は無次元量である。式(13.16)を式(13.12)に代入して，$\boldsymbol{B}$ について表すと

$$\boldsymbol{B} = \mu_0 \left(1 + \chi_{\mathrm{m}}\right) \boldsymbol{H} = \mu \boldsymbol{H} \tag{13.17}$$

が得られる。この場合，物質の透磁率は

$$\mu = \mu_0 \left(1 + \chi_{\mathrm{m}}\right) \tag{13.18}$$

となり，比透磁率は

$$\mu_{\mathrm{r}} = \frac{\mu}{\mu_0} = 1 + \chi_{\mathrm{m}} \tag{13.19}$$

となる。

13.4　一様な磁束密度中における磁気モーメントのポテンシャルエネルギー

これからの議論で必要となる，一様な磁束密度中での磁気モーメントのポテンシャルエネルギーを求めるために，**図 13.5** に示すような配置において，y 軸を回転軸として，磁気モーメント $\boldsymbol{m}$ と磁束密度 $\boldsymbol{B}$ とのなす角 θ を変化させるのに必要な仕事を計算しよう。電流は原点を中心とした半径 r の円周を流れるものとし，図に示すように xy 面内に設定する。このとき，x 軸となす角 ϕ の位置における線素ベクトルは

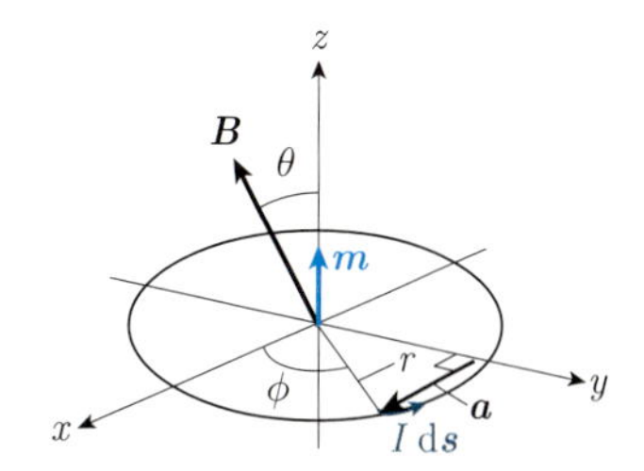

図 13.5　y 軸を回転軸として，一様な磁束密度中に置かれた円電流を回転させたときに働くトルクを求めるための座標の設定

$$\mathrm{d}\boldsymbol{s} = (-r \sin\phi \, \mathrm{d}\phi, r\cos\phi \, \mathrm{d}\phi, 0) \tag{13.20}$$

で与えられる。また，磁束密度 $\boldsymbol{B}$ は z 軸と角度 θ をなすので

$$\boldsymbol{B} = (B\sin\theta, 0, B\cos\theta) \tag{13.21}$$

で与えられる。電流要素 $I\mathrm{d}\boldsymbol{s}$ に働く力 $\mathrm{d}\boldsymbol{F}$ は，式(13.10)で示したように，

$$\mathrm{d}\boldsymbol{F} = I\mathrm{d}\boldsymbol{s} \times \boldsymbol{B}$$

によって求められる。y 軸を回転軸としたとき，電流要素 $I\mathrm{d}\boldsymbol{s}$ に働くトルク $\mathrm{d}\boldsymbol{N}$ は，回転軸を基準としたときの力点の位置ベクトルを $\boldsymbol{a}$ と表すことにすれば

$$\mathrm{d}\boldsymbol{N} = \boldsymbol{a} \times \mathrm{d}\boldsymbol{F} \tag{13.22}$$

で与えられる。ここで，

$$\boldsymbol{a} = (r\cos\phi, 0, 0) \tag{13.23}$$

である。これらを代入すると

$$\mathrm{d}\boldsymbol{N} = BIr^2(0, \cos^2\phi \sin\theta \, \mathrm{d}\phi, \sin\phi\cos\phi\cos\theta \, \mathrm{d}\phi) \tag{13.24}$$

となる。円電流全体に働くトルク $\boldsymbol{N}$ を求めるためには ϕ を積分変数として

$$\boldsymbol{N} = \int_0^{2\pi} \mathrm{d}\boldsymbol{N}$$

とすればよい。ここで，

$$\int_0^{2\pi} \cos^2\phi\,\mathrm{d}\phi = \pi, \quad \int_0^{2\pi} \sin\phi\cos\phi\,\mathrm{d}\phi = 0$$

より

$$\boldsymbol{N} = BI\pi r^2(0, \sin\theta, 0) \tag{13.25}$$

が得られる。$I\pi r^2$ は「電流 I」×「電流の囲む面積 πr^2」であり，磁気モーメントの大きさ $|\boldsymbol{m}|$ に等しいので，トルクの y 成分は

$$N_y = |\boldsymbol{m}|B\sin\theta \tag{13.26}$$

となる（**図 13.6**）。

したがって，磁気モーメント $\boldsymbol{m}$ と磁束密度 $\boldsymbol{B}$ とのなす角を 0 から θ まで変化させるのに必要な仕事 W は

$$\begin{aligned} W &= \int_0^{\theta} |\boldsymbol{m}|B\sin\theta'\mathrm{d}\theta' = \Big[-|\boldsymbol{m}|B\cos\theta'\Big]_0^{\theta} \\ &= -|\boldsymbol{m}|B\cos\theta + |\boldsymbol{m}|B \end{aligned}$$

と求められる。ここで，$\theta = \frac{\pi}{2}$ のときのエネルギーを 0 にとることにすれば，磁束密度 $\boldsymbol{B}$ 下における磁気モーメント $\boldsymbol{m}$ のポテンシャルエネルギー $\mathcal{E}$ は

$$\mathcal{E} = -|\boldsymbol{m}|B\cos\theta = -\boldsymbol{m}\cdot\boldsymbol{B} \tag{13.27}$$

と表すことができる。つまり，$\boldsymbol{m}$ が $\boldsymbol{B}$ と同じ向きである場合は，反対向きである場合と比べて，$2\boldsymbol{m}\cdot\boldsymbol{B}$ だけポテンシャルエネルギーが低くなることがわかる。

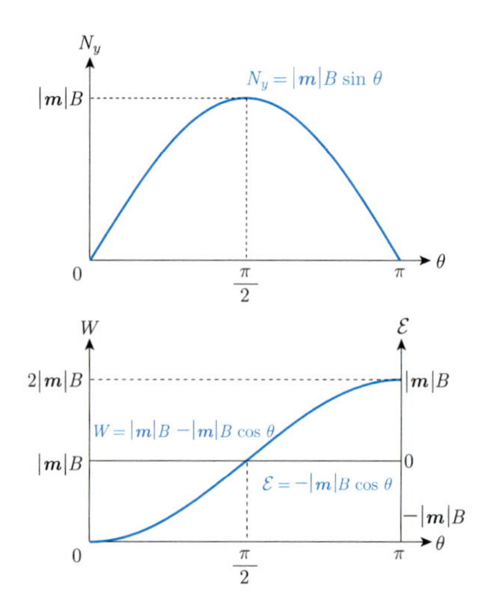

図 13.6　一様な磁束密度中において磁気モーメントに働くトルクとポテンシャルエネルギー

13.5　原子あるいはイオンの常磁性

13.5.1　原子あるいはイオンの磁気モーメント

1つの原子あるいはイオンの中に含まれる複数個の電子による軌道運動とスピンによって生じる磁気モーメントは**全角運動量**（total angular momentum）

$$\boldsymbol{J} = \boldsymbol{L} + \boldsymbol{S} \tag{13.28}$$

から求めることができる。ここで，$\boldsymbol{L}$ は各電子の軌道角運動量 $\boldsymbol{l}_i$ の和である**合成軌道角運動量**（resultant orbital angular momentum）

$$\boldsymbol{L} = \sum_i \boldsymbol{l}_i \tag{13.29}$$

であり，$\boldsymbol{S}$ は各電子のスピン角運動量 $\boldsymbol{s}_i$ の和である**合成スピン角運動量**（resultant spin angular momentum）

$$\boldsymbol{S} = \sum_i \boldsymbol{s}_i \tag{13.30}$$

である。

原子あるいはイオンの磁気モーメントは式(13.7)に類似した

$$\boldsymbol{m} = -g_J \frac{e}{2m_\mathrm{e}} \boldsymbol{J} = -g_J \mu_\mathrm{B} \frac{1}{\hbar} \boldsymbol{J} \tag{13.31}$$

により全角運動量 $\boldsymbol{J}$ に関係づけられる。ここで，g_J は**ランデの g 因子**(Landé g-factor)*9と呼ばれる原子あるいはイオンごとに決まる定数である。

*9　ドイツ出身の物理学者であるランデ（Alfred Landé, 1888～1976）によって1921年に異常ゼーマン効果に関する論文において導入された因子である。

ランデの g 因子の導出

式(13.4), (13.7)より，軌道角運動量とスピン角運動量の和に関係づけられる磁気モーメントは

$$\boldsymbol{m} = -\mu_\mathrm{B} \frac{1}{\hbar} (\boldsymbol{L} + g\boldsymbol{S})$$

となる。これを式(13.31)と比較すれば

$$\boldsymbol{L} + g\boldsymbol{S} = g_J \boldsymbol{J} \tag{13.32}$$

である。式(13.32)の左辺に $\boldsymbol{J} = \boldsymbol{L} + \boldsymbol{S}$ をかけて，$2\boldsymbol{L}\cdot\boldsymbol{S} = (\boldsymbol{L}+\boldsymbol{S})^2 - \boldsymbol{L}^2 - \boldsymbol{S}^2$ であることを用いると，

$$\begin{aligned}
(\boldsymbol{L}+\boldsymbol{S})\cdot(\boldsymbol{L}+g\boldsymbol{S}) &= \boldsymbol{L}^2 + (g+1)\,\boldsymbol{L}\cdot\boldsymbol{S} + g\boldsymbol{S}^2 \\
&= \boldsymbol{L}^2 + \frac{1}{2}(g+1)\left\{(\boldsymbol{L}+\boldsymbol{S})^2 - \boldsymbol{L}^2 - \boldsymbol{S}^2\right\} + g\boldsymbol{S}^2 \\
&= \frac{1}{2}(g-1)\,\boldsymbol{S}^2 - \frac{1}{2}(g-1)\,\boldsymbol{L}^2 + \frac{1}{2}(g+1)\,\boldsymbol{J}^2
\end{aligned}$$

となる。これが，式(13.32)の右辺に $\boldsymbol{J}$ をかけて得られる $g_J\boldsymbol{J}^2$ に等しいので，g_J について解くと

$$g_J = \frac{1}{2}(g+1) + (g-1)\frac{\boldsymbol{S}^2 - \boldsymbol{L}^2}{2\boldsymbol{J}^2}$$

となる。さらに，$\boldsymbol{J}^2$，$\boldsymbol{L}^2$，$\boldsymbol{S}^2$ の固有値がそれぞれ $J(J+1)\hbar^2$，$L(L+1)\hbar^2$，$S(S+1)\hbar^2$ であることを用いると，ランデの g 因子を表す式

$$g_J = \frac{1}{2}(g+1) + (g-1)\frac{S(S+1) - L(L+1)}{2J(J+1)} \tag{13.33}$$

が得られる。$g \simeq 2$ であることを用いれば，式(13.33)は

$$g_J = \frac{3}{2} + \frac{S(S+1) - L(L+1)}{2J(J+1)} \tag{13.34}$$

と近似できる。

例えば，水素原子 H であれば，$J = \frac{1}{2}, L = 0, S = \frac{1}{2}$ なので，ランデの g 因子は

$$g_J = g \simeq 2$$

であり，Fe^{2+} イオンであれば，$J = 4, L = 2, S = 2$ なので，ランデの g 因子は

$$g_J = \frac{1}{2}(1+g) \simeq \frac{3}{2}$$

である。

13.5.2　原子あるいはイオンの磁化率：$J = \frac{1}{2}, L = 0, S = \frac{1}{2}$ の場合

簡単な場合として，磁束密度 $\boldsymbol{B}$ 中に置かれた，$J = \frac{1}{2}, L = 0, S = \frac{1}{2}$ である原子あるいはイオンだけからなり，それが単位体積あたり N 個含まれている固体の磁性について考えることにする。磁束密度の向きは z 軸の正の向きにとる。全角運動量の z 成分は $J_z = \frac{1}{2}\hbar$ または $J_z = -\frac{1}{2}\hbar$ となるので，磁気モーメントの z 成分は $m_z = -\frac{1}{2}g_J\mu_B$ または $m_z = \frac{1}{2}g_J\mu_B$ の 2 通りの値をとる。なお，式(13.33)より，$g_J = g$ であり，$g_J \simeq 2$ である。

磁束密度 $\boldsymbol{B}$ 中における磁気モーメントのポテンシャルエネルギーは式(13.27)で与えられるので，2 通りの磁気モーメントに対応して $\mathcal{E}_{1/2} = \frac{1}{2}g_J\mu_B B$ あるいは $\mathcal{E}_{-1/2} = -\frac{1}{2}g_J\mu_B B$ のどちらかとなる。このように磁束密度中で生じるエネルギー準位の分裂を**ゼーマン分裂** (Zeeman splitting)*10 という。このときの様子を**図 13.7** に示す。イオンが $J_z = \frac{1}{2}\hbar$ である状態を占有する確率 $P_{1/2}$ と $J_z = -\frac{1}{2}\hbar$ である状態を占有する確率 $P_{-1/2}$ は，温度 T におけるボルツマン分布から求めることができ，それぞれ，

$$P_{1/2} = \frac{\exp\left(-\frac{\mathcal{E}_{1/2}}{k_B T}\right)}{\exp\left(-\frac{\mathcal{E}_{-1/2}}{k_B T}\right) + \exp\left(-\frac{\mathcal{E}_{1/2}}{k_B T}\right)}$$

*10　オランダの物理学者であるゼーマン（Pieter Zeeman, 1865～1943）が 1896 年に発見した現象である。この研究業績によって 1902 年にノーベル物理学賞を受賞した。ゼーマン分裂に理論的な解釈を与えたオランダの物理学者であるローレンツ（Hendrik Antoon Lorentz, 1857～1928）も一緒にノーベル物理学賞を受賞した。式(13.9)で示したローレンツ力やローレンツ変換は彼の名に因む。

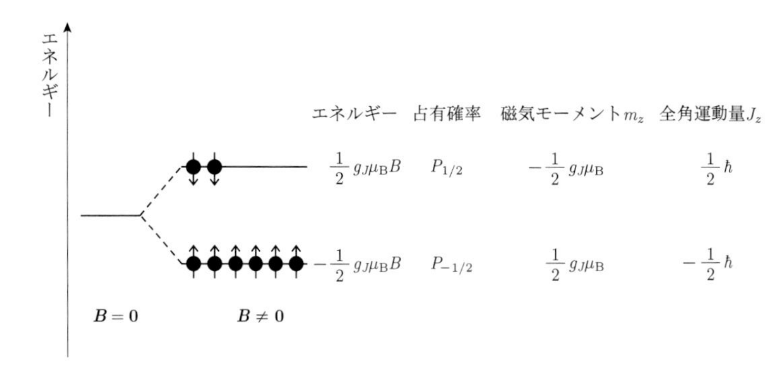

図 13.7　$J=\frac{1}{2}, L=0, S=\frac{1}{2}$ の場合のゼーマン分裂

$$= \frac{\exp\left(-\frac{g_J\mu_B B}{2k_B T}\right)}{\exp\left(\frac{g_J\mu_B B}{2k_B T}\right)+\exp\left(-\frac{g_J\mu_B B}{2k_B T}\right)}$$

$$P_{-1/2} = \frac{\exp\left(-\frac{\mathcal{E}_{-1/2}}{k_B T}\right)}{\exp\left(-\frac{\mathcal{E}_{-1/2}}{k_B T}\right)+\exp\left(-\frac{\mathcal{E}_{1/2}}{k_B T}\right)}$$

$$= \frac{\exp\left(\frac{g_J\mu_B B}{2k_B T}\right)}{\exp\left(\frac{g_J\mu_B B}{2k_B T}\right)+\exp\left(-\frac{g_J\mu_B B}{2k_B T}\right)}$$

である。磁気モーメントが $m_z=-\frac{1}{2}g_J\mu_B$ であるイオンが単位体積あたり $NP_{1/2}$ 個あり，磁気モーメントが $m_z=\frac{1}{2}g_J\mu_B$ であるイオンが単位体積あたり $NP_{-1/2}$ 個あることから，磁化 M は

$$M = -\frac{1}{2}g_J\mu_B \times NP_{1/2} + \frac{1}{2}g_J\mu_B \times NP_{-1/2}$$

$$= \frac{1}{2}Ng_J\mu_B \frac{\exp\left(\frac{g_J\mu_B B}{2k_B T}\right)-\exp\left(-\frac{g_J\mu_B B}{2k_B T}\right)}{\exp\left(\frac{g_J\mu_B B}{2k_B T}\right)+\exp\left(-\frac{g_J\mu_B B}{2k_B T}\right)}$$

$$= \frac{1}{2}Ng_J\mu_B \tanh\left(\frac{g_J\mu_B B}{2k_B T}\right) \tag{13.35}$$

で与えられる。これが，固体中の原子あるいはイオンの常磁性 (paramagnetism) による磁化である。式(13.35)によって与えられる磁化の磁束密度依存性を**図 13.8** に示す。$x=\frac{g_J\mu_B B}{2k_B T}$ が小さいときには，磁化は磁束密度にほぼ比例しているが，x が大きくなると磁化は次第に飽和して，$M=\frac{1}{2}Ng_J\mu_B$ に漸近することがわかる。磁束密度を大きくすると磁化が飽和するのは固体中のすべての原子あるいはイオンによる磁気モーメントが磁束密度の向きにそろうためである。

例えば，磁束密度の大きさを $B=0.1\,\mathrm{T}$ とすれば，温度 $T=300\,\mathrm{K}$ において

$$\frac{g_J\mu_B B}{2k_B T} = 2.2\times 10^{-4} \ll 1$$

である。そこで，$x \ll 1$ であるとき，$\tanh x \simeq x$ と近似できることを

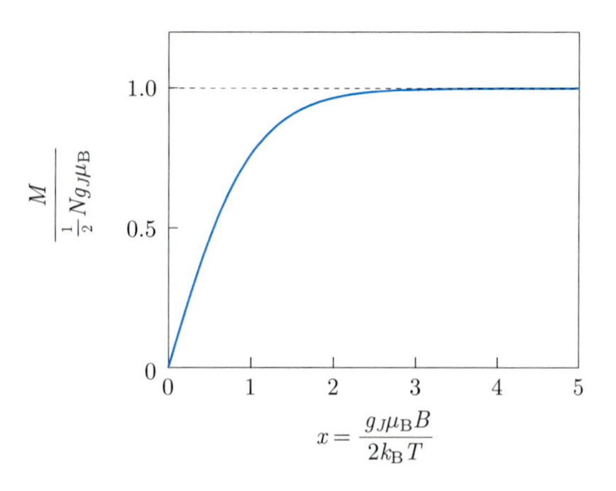

図 13.8　$J = \frac{1}{2}$, $L = 0$, $S = \frac{1}{2}$ の場合の磁化の磁束密度依存性

用いると式(13.35)は

$$M = \frac{1}{2}Ng_J\mu_B\left(\frac{g_J\mu_B B}{2k_B T}\right) = \frac{Ng_J{}^2\mu_B{}^2}{4k_B T}B \tag{13.36}$$

と近似できる。さらに，後でわかるように，常磁性体の透磁率は真空の透磁率にほぼ等しいので $B = \mu_0 H$ であると近似すれば，磁化は

$$M = \frac{\mu_0 Ng_J{}^2\mu_B{}^2}{4k_B T}H \tag{13.37}$$

となる。このとき，磁化率は

$$\chi_m = \frac{M}{H} = \frac{\mu_0 Ng_J{}^2\mu_B{}^2}{4k_B T} \simeq \frac{\mu_0 N\mu_B{}^2}{k_B T} \tag{13.38}$$

と表される。ここで，最後の式では $g_J = g \simeq 2$ であると近似した。式(13.38)から，温度がそれほど低くなく，磁束密度が弱ければ，磁化率は絶対温度 T に反比例することがわかる。この法則を**キュリーの法則**（Curie's law）*11という。

*11　フランスの物理学者であるピエール・キュリー（Pierre Curie, 1859～1906）によって実験的に発見された法則である。妻マリ・キュリー，アンリ・ベクレルとともに放射能に関する研究で1903年にノーベル物理学賞を受賞した。

式(13.35)から得られる，磁束密度を一定としたときの磁化の温度依存性を**図 13.9** に示す。低温では，ほぼすべての原子あるいはイオンがエネルギーの低い $\mathcal{E}_{-1/2}$ の状態を占有するために，磁気モーメントが磁束密度の向きにそろって，磁化の値は $\frac{1}{2}Ng_J\mu_B$ となる。ところが，温度が高くなると，イオンはエネルギーの高い $\mathcal{E}_{1/2}$ の状態にも分布するようになる。また磁束密度と反対向きの磁気モーメントも増えていき，磁束密度と同じ向きの磁気モーメントとキャンセルすることによって，磁化率は 0 に近づいていく。温度が高い領域では磁化 M が温度 T に反比例する様子，すなわちキュリーの法則に従う様子が図 13.9 からも見てとれる。

ところで，$N = 10^{28}\,\mathrm{m}^{-3}$，$T = 300\,\mathrm{K}$ とすれば，磁化率は $\chi_m = 2.6 \times 10^{-4}$ となり，$\mu = \mu_0(1 + \chi_m) \simeq \mu_0$ であるから，常磁性体の透磁率は真空の透磁率にほぼ等しく，先の仮定が正しいことが確かめられる。

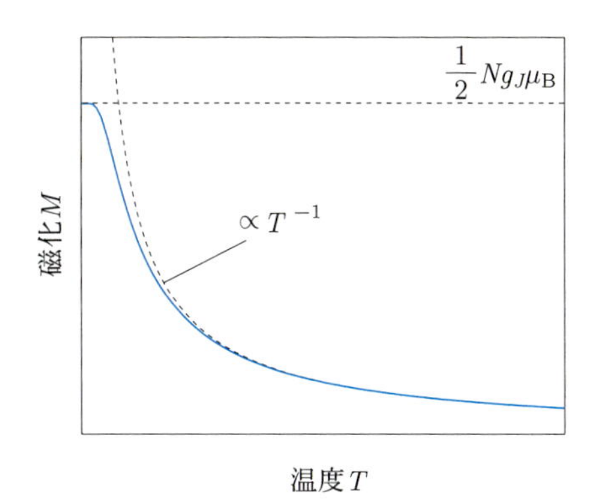

図 13.9　磁束密度を一定としたときの磁化の温度依存性

13.5.3　原子あるいはイオンの磁化率：一般の J の場合

一般には，1 つの原子あるいはイオン中に含まれる複数個の電子による全角運動量は

$$J_z = J\hbar,\ (J-1)\hbar, \cdots, -(J-1)\hbar, -J\hbar$$

で与えられ，$2J+1$ 個の状態にゼーマン分裂する。このときの様子を**図 13.10** に示す。式(13.31)より，磁気モーメントの z 成分は

$$m_z = -Jg_J\mu_B,\ -(J-1)g_J\mu_B, \cdots, (J-1)g_J\mu_B, Jg_J\mu_B$$

である。したがって，磁束密度 $\boldsymbol{B}$ 中における磁気モーメントのポテンシャルエネルギーは式(13.27)から，$\mathcal{E}_J = Jg_J\mu_B B$, $\mathcal{E}_{J-1} = (J-1)\mu_B B$, $\cdots$, $\mathcal{E}_{-J+1} = -(J-1)\mu_B B$, $\mathcal{E}_{-J} = -J\mu_B B$ となる。

イオンが $J_z = n\hbar$（ただし，$n = J, J-1, \cdots, -J+1, -J$）である状態を占有する確率 P_n は，温度 T におけるボルツマン分布より

$$P_n = \frac{\exp\left(-\frac{\mathcal{E}_n}{k_B T}\right)}{\sum_{n=-J}^{J}\exp\left(-\frac{\mathcal{E}_n}{k_B T}\right)} = \frac{\exp\left(-\frac{ng_J\mu_B B}{k_B T}\right)}{\sum_{n=-J}^{J}\exp\left(-\frac{ng_J\mu_B B}{k_B T}\right)} \tag{13.39}$$

である。$J_z = n\hbar$ であるとき，磁気モーメントの z 成分は $m_z = -ng_J\mu_B$ であることから，磁化は，それぞれの磁気モーメントと単位体積あたりの個数（＝単位体積あたりのイオンの個数 $N\times$ 占有確率）との積を合計したものとして

$$M = \sum_{n=-J}^{J}(-ng_J\mu_B)NP_n = NJg_J\mu_B B_J\left(\frac{Jg_J\mu_B B}{k_B T}\right) \tag{13.40}$$

と求められる。ここで，$B_J(x)$ は**ブリュアン関数**（Brillouin function）*12 と呼ばれる関数であり，

$$B_J(x) = \frac{2J+1}{2J}\coth\left(\frac{2J+1}{2J}x\right) - \frac{1}{2J}\coth\left(\frac{1}{2J}x\right) \tag{13.41}$$

*12　3.2.3項で紹介したブリュアンゾーンと同じくブリュアンの名に因む。

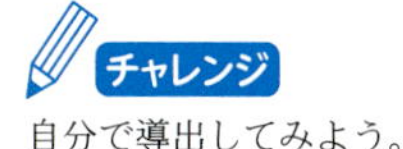

自分で導出してみよう。

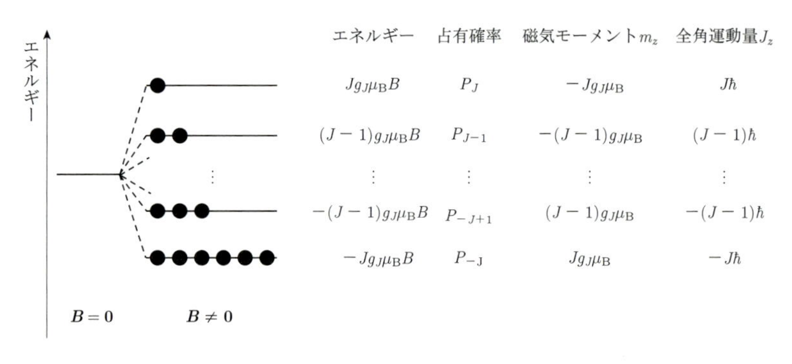

図 13.10　一般の J の場合のゼーマン分裂

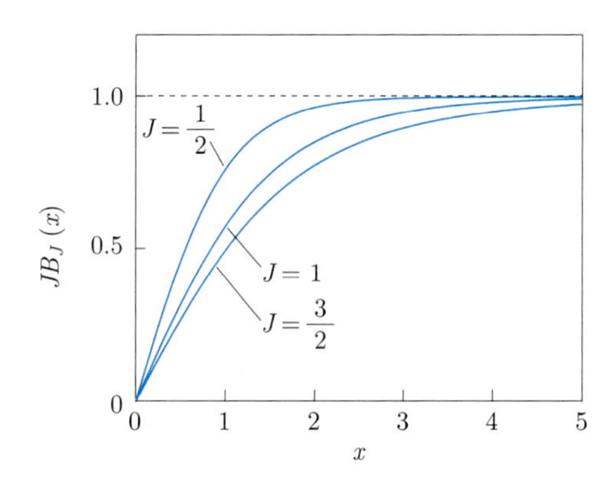

図 13.11　$J=\frac{3}{2},1,\frac{1}{2}$ であるときのブリュアン関数 $B_J(x)$

である。**図 13.11** にはブリュアン関数 $B_J(x)$ を $J=\frac{3}{2},1,\frac{1}{2}$ の場合について示した。実は $J=\frac{1}{2}$ の場合は，13.5.2 項で扱った場合に相当し，$B_J(x)=\tanh x$ である。関数 $B_J(x)$ の形を見ると，x が小さい範囲では，いずれも x にほぼ比例して増加し，x がさらに大きくなるとその値は 1 に漸近していくことがわかる。$x \ll 1$ であるとき，$\coth x \simeq \frac{1}{x}+\frac{x}{3}$ なので，ブリュアン関数が

自分で導出してみよう。

$$B_J(x) \simeq \frac{J+1}{J}\frac{x}{3}$$

と近似できることを利用すると，式(13.40)は

$$M=\frac{NJ(J+1){g_J}^2{\mu_B}^2}{3k_BT}B \tag{13.42}$$

と表すことができる。さらに，$B=\mu_0 H$ と近似できるとき，磁化率は

$$\chi_m=\frac{\mu_0 NJ(J+1){g_J}^2{\mu_B}^2}{3k_BT} \tag{13.43}$$

となり，絶対温度 T に反比例する。つまり，一般の J についてもキュリーの法則が成り立つことがわかる。

13.6　ラーモア反磁性

原子あるいはイオン内の電子の軌道角運動量に関係づけられる磁気モーメントに起因する磁性としては13.5節で説明した原子あるいはイオンの常磁性だけでなく，**ラーモア反磁性**（Larmor diamagnetism）*13あるいは**ランジュバン反磁性**（Langevin diamagnetism）*14と呼ばれる反磁性がともなう。ラーモア反磁性を正しく説明するためには量子力学が必要であるが，電子の軌道角運動量に関係づけられる磁気モーメントが古典的な電磁気学と力学*15から導かれたように，ラーモア反磁性も古典的な電磁気学と力学から導くことができる。

*13　アイルランドの物理学者であるラーモア（Joseph Larmor, 1857〜1942）に因む。

*14　フランスの物理学者であるランジュバン（Paul Langevin, 1872〜1946）が理論的に求めた反磁性であることによる。ド・ブロイやブリュアンは彼の学生であった。

*15　正確には，古典的な電磁気学から求められた磁気モーメントと量子力学から求めた軌道角運動量の折衷である。

図13.12 に示すように，xy 面内にある，半径 r_{xy} の円周上を速さ v（反時計回りの向きを $v>0$ と定義する）で運動する電子に対して，外部から z 軸の正の向きに一様な磁束密度を加える。時刻 $t=0$ における磁束密度の大きさは 0 であり，時間とともに増加して最終的に B になるとする。マクスウェル方程式の 1 つである

$$\nabla \times \boldsymbol{E} = -\frac{\partial \boldsymbol{B}}{\partial t} \tag{13.44}$$

に対して，図13.12 に示した半径 r_{xy} の円周に囲まれた面を積分範囲とする面積分を行い，さらに**ストークスの定理**（Stokes' theorem）*16

$$\int_S \nabla \times \boldsymbol{E} \cdot \mathrm{d}\boldsymbol{S} = \int_C \boldsymbol{E} \cdot \mathrm{d}\boldsymbol{s}$$

を用いることによって，線積分に置き換えると

$$\int_C \boldsymbol{E} \cdot \mathrm{d}\boldsymbol{s} = -\int_S \frac{\partial \boldsymbol{B}}{\partial t} \cdot \mathrm{d}\boldsymbol{S} \tag{13.45}$$

となる。ここで，線積分の積分路 C は，半径 r_{xy} の円周であり，面積分の積分範囲 S はその円周に囲まれた面である。

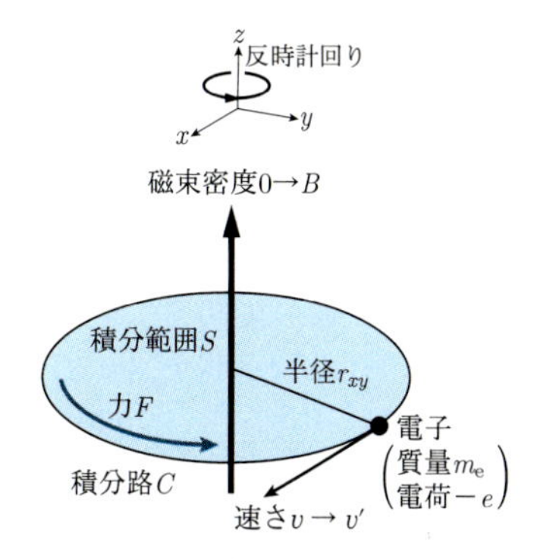

図13.12　外部から磁束密度を加えることによって生じる電子の軌道運動の変化

*16　$\boldsymbol{A}$ をベクトル場とするとき，閉曲線 C を境界とする曲面 S 上でのベクトル場の回転の面積分 $\int_S \nabla \times \boldsymbol{A} \cdot \mathrm{d}\boldsymbol{S}$ が曲面 S の境界である閉曲線 C 上でのベクトル場の線積分 $\int_C \boldsymbol{A} \cdot \mathrm{d}\boldsymbol{s}$ と等しいことを示す定理である。

z 軸を回転軸とする回転対称性から円周に沿う向きの電場の大きさは一定なので，これを E とすれば，式(13.45)の左辺は，

$$\int_\mathrm{C} \boldsymbol{E} \cdot \mathrm{d}\boldsymbol{s} = 2\pi r_{xy} E$$

である。ここでは円周の長さが $2\pi r_{xy}$ であることを用いた。一方，式(13.45)の右辺については，円周に囲まれた平面の面積が $\pi {r_{xy}}^2$ なので

$$-\int_\mathrm{S} \frac{\partial \boldsymbol{B}}{\partial t} \cdot \mathrm{d}\boldsymbol{S} = -\pi {r_{xy}}^2 \frac{\partial B}{\partial t}$$

となる。両者が等しいことから，円周に沿う向きの電場の大きさ E は

$$E = -\frac{r_{xy}}{2}\frac{\partial B}{\partial t}$$

と求められる。ここで，上式の負の符号は電場の向きが時計回りであることを意味し，円周上を運動している電子に対して電場が及ぼす力は

$$F = -eE = \frac{er_{xy}}{2}\frac{\partial B}{\partial t}$$

であるから，反時計回りの向きの力となる。つまり，電子が図 13.12 に示すように時計回りに回転している場合には，運動を減速させるような力が働く。これを運動方程式に適用すれば

$$m_{\mathrm{e}}\frac{\partial v}{\partial t} = F = \frac{er_{xy}}{2}\frac{\partial B}{\partial t}$$

よって

$$\frac{\partial v}{\partial t} = \frac{er_{xy}}{2m_{\mathrm{e}}}\frac{\partial B}{\partial t} \tag{13.46}$$

であり，式(13.46)の両辺を $t = 0$ から磁束密度の大きさが B になるまでの時間について積分すれば，速さの変化 Δv は

$$\Delta v = v' - v = \frac{er_{xy}}{2m_{\mathrm{e}}}B$$

となる。ここで，v' は磁束密度の大きさが B になったときの電子の運動の速さである。さらに，速さ v は角速度 ω と $v = r_{xy}\omega$ という関係にあるから，$v' = r_{xy}\omega'$，$\Delta v = r_{xy}\Delta\omega$ と対応づけることによって

$$\Delta\omega = \frac{e}{2m_{\mathrm{e}}}B \tag{13.47}$$

という結果が得られる。式(13.47)は反時計回りの向きを正とする角速度の変化を与える。したがって，外部から磁束密度が加えられると時計回りに回転する電子の場合，角速度は $\frac{e}{2m_{\mathrm{e}}}B$ だけ減少する。また，反時計回りに回転する電子では $\frac{e}{2m_{\mathrm{e}}}B$ だけ角速度が増加する。時計回りに回転する電子による磁気モーメントは z 軸の正の向きに生じ，反時計回りに回転する電子の場合は負の向きに生じている。その結果，時計回りと反時計回りに回転する電子のどちらの場合についても，磁気モーメントの z 成分は，式(13.2)によって

$$\begin{aligned}\Delta m_z &= -\frac{e}{2}{r_{xy}}^2\Delta\omega \\ &= -\frac{e^2}{4m_{\mathrm{e}}}{r_{xy}}^2 B\end{aligned} \tag{13.48}$$

だけ変化する。

ところで，量子力学によれば，原子中の電子の軌道半径は決まった値をとるわけではなく，期待値で与えられる。また，幾何学的関係から，xy 面内の軌道半径の 2 乗の期待値は $\langle {r_{xy}}^2\rangle = \langle x^2\rangle + \langle y^2\rangle$ であり，3 次元空間中での軌道半径の 2 乗の期待値は $\langle r^2\rangle = \langle x^2\rangle + \langle y^2\rangle + \langle z^2\rangle$ である。したがって，電子が原子核を中心として球対称に分布していれば $\langle x^2\rangle = \langle y^2\rangle = \langle z^2\rangle$ なので $\langle {r_{xy}}^2\rangle = \frac{2}{3}\langle r^2\rangle$ となる。そこで式(13.48)中の ${r_{xy}}^2$ を $\frac{2}{3}\langle r^2\rangle$ で置き換えることによって，磁束密度が外部から加わることによる磁気モーメントの z 成分の変化は

$$\Delta m_z = -\frac{e^2}{6m_{\mathrm{e}}}\langle r^2\rangle B \tag{13.49}$$

となることがわかる。

電子数 Z の原子あるいはイオンが単位体積あたり N 個あれば，磁化の変化は

$$\Delta M = NZ\Delta m_z = -NZ\frac{e^2}{6m_\mathrm{e}}\langle r^2\rangle B$$

で与えられるので，透磁率が真空の透磁率にほぼ等しいとして $B = \mu_0 H$ であると仮定すれば，この磁化の変化に対応する磁化率は

$$\chi_\mathrm{m} = \frac{\Delta M}{H} = -\mu_0 NZ\frac{e^2}{6m_\mathrm{e}}\langle r^2\rangle \tag{13.50}$$

で与えられる。磁化率の符号が負であることは反磁性であることを意味している。また，式(13.50)には温度 T があらわに含まれないことから，ラーモア反磁性は温度にほとんど依存しないことがわかる。

典型的な数値として $N = 10^{28}\,\mathrm{m}^{-3}$，$Z = 20$，$\langle r^2\rangle = 10^{-20}\,\mathrm{m}^2$ を式(13.50)に代入して，ラーモア反磁性の磁化率の値を見積もると $\chi_\mathrm{m} = -10^{-5}$ と非常に小さな値となる。したがって，透磁率を μ_0 にほぼ等しいとした仮定は妥当であることが確かめられる。

He, Ne, Ar などの希ガス原子は閉殻構造をとるために，全角運動量が 0 であり，13.5 節で説明したような常磁性を生じない。そのため，ラーモア反磁性のみが現れる。また，原子番号が大きく，閉殻構造をとる内殻電子を多く含む原子でも，ラーモア反磁性が常磁性を上回り，反磁性を示すものがある。

13.7　パウリ常磁性

13.5 節で説明したように，原子あるいはイオン内の電子の場合には軌道角運動量とスピン角運動量によって磁気モーメントが生じる。これに対して，金属中の伝導電子の場合，磁気モーメントが生じる原因はスピン角運動量のみである。伝導電子どうしの間でスピンをそろえるような相互作用がなければ，伝導電子のスピンはばらばらな向きをとる。これらの伝導電子のスピン角運動量の z 成分を測定したとすれば，4.7.3 項で説明したように，$\frac{1}{2}$ の確率で $s_z = \frac{1}{2}\hbar$ または $-\frac{1}{2}\hbar$ となる。言い換えれば，スピンが上向きとなる確率と下向きとなる確率は等しい。

ところで，第 9 章で扱ったように，金属中の伝導電子のふるまいを記述するためには，自由電子モデルを近似的なモデルとして用いることができる。自由電子モデルにおける重要な結論の 1 つは，フェルミ粒子である電子はパウリの排他律に従うために同じ状態を占有することができず，エネルギー $\mathcal{E} = \mu$（ただし，μ は化学ポテンシャル）の付近まで分布することであった。

図 13.13(a)には $\boldsymbol{B} = \boldsymbol{0}$ であるときの伝導電子のエネルギー分布を表す。この図において注意すべき点は，右半分は上向きスピンの電子のエネルギー分布 $D_\mathrm{up}(\mathcal{E})f(\mathcal{E})$ を，左半分は下向きスピンの電子のエネル

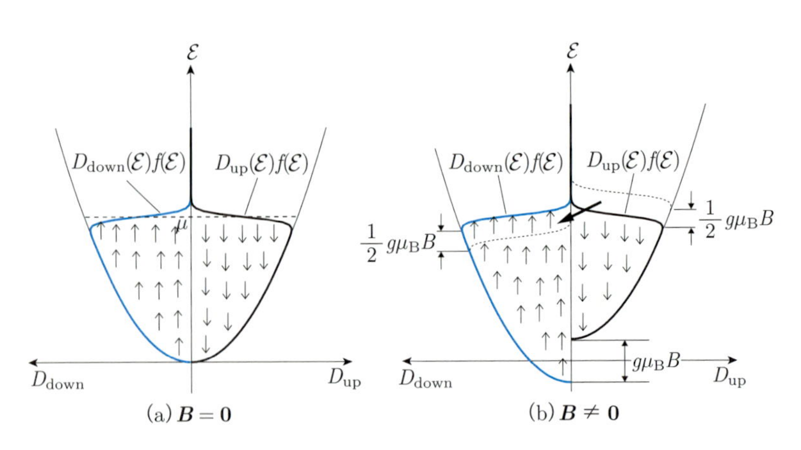

図 13.13　磁束密度を加えたときの伝導電子のエネルギー分布の変化

ギー分布 $D_{\mathrm{down}}(\mathcal{E})f(\mathcal{E})$ を示しているのに対して，図中の矢印は磁気モーメントの向き[*17]を示していることである。ここで，$D_{\mathrm{up}}(\mathcal{E})$ および $D_{\mathrm{down}}(\mathcal{E})$ はそれぞれ上向きスピンおよび下向きスピンの伝導電子の状態密度，$f(\mathcal{E})$ はフェルミ分布関数である[*18]。

*17　より正確に言えば磁気モーメントの z 成分の向きである。

*18　図 13.13 では $\mathcal{E}=\mu$ 付近におけるフェルミ分布関数の影響をかなり誇張した曲線で描いているが，実際には熱エネルギー $k_{\mathrm{B}}T$ に比べて化学ポテンシャル μ は 2 桁程度大きいので，ほぼ水平な線となる。

式(13.8)で示したように，電子スピンが上向き，すなわちスピン角運動量の z 成分が $s_z=\frac{1}{2}\hbar$ であるときには，磁気モーメントの z 成分は $m_z=-\frac{1}{2}g\mu_{\mathrm{B}}$ であり，電子スピンが下向き，すなわちスピン角運動量の z 成分が $s_z=-\frac{1}{2}\hbar$ であるときには，磁気モーメントの z 成分は $m_z=\frac{1}{2}g\mu_{\mathrm{B}}$ である。つまり，スピンの向きと磁気モーメントの向きは反対なので，上向きスピンでは磁気モーメントの向きを示す矢印が下向きに，下向きスピンでは矢印が上向きになる。磁束密度が $\boldsymbol{B}=\boldsymbol{0}$ であるときには，上向きスピンの電子の数と下向きスピンの電子の数は同じであり，磁気モーメントは完全に打ち消し合って全体として磁化はゼロとなる。

このような伝導電子に対して，z 軸の正の向きに磁束密度 $\boldsymbol{B}$ が加えられると上向きスピンの電子のポテンシャルエネルギーは $\frac{1}{2}g\mu_{\mathrm{B}}B$（ただし，$B=|\boldsymbol{B}|$）だけ増加するのに対して，下向きスピンの電子は $\frac{1}{2}g\mu_{\mathrm{B}}B$ だけ低下する。このときのエネルギー変化の様子を示したのが図 13.13(b) 中の破線である。ところが，高いエネルギーをもつ上向きスピンの電子がスピンの向きを変えて下向きスピンの電子となり，図 13.13(b) 中に実線で示すように上向きスピンの電子の化学ポテンシャルと下向きスピンの電子の化学ポテンシャルが一致するようなエネルギー分布となることで伝導電子全体のエネルギーを最も低くできる。

ここで，単位面積あたりの上向きスピンの電子数 N_{up} および下向きスピンの電子数 N_{down} はそれぞれ

$$N_{\mathrm{up}}=\frac{1}{V}\int_{-\infty}^{\infty}D_{\mathrm{up}}(\mathcal{E})f(\mathcal{E})\mathrm{d}\mathcal{E} \tag{13.51}$$

$$N_{\text{down}} = \frac{1}{V}\int_{-\infty}^{\infty} D_{\text{down}}(\mathcal{E})f(\mathcal{E})\mathrm{d}\mathcal{E} \tag{13.52}$$

によって求められる。ただし，V は固体の体積である。また，$\boldsymbol{B}=\boldsymbol{0}$ のときの伝導電子の状態密度を $D(\mathcal{E})$ とすれば，$D_{\text{up}}(\mathcal{E})$ および $D_{\text{down}}(\mathcal{E})$ は加えた磁束密度によるエネルギーシフトを考慮して，

$$D_{\text{up}}(\mathcal{E}) = \frac{1}{2}D\left(\mathcal{E} - \frac{1}{2}g\mu_{\text{B}}B\right) \tag{13.53}$$

$$D_{\text{down}}(\mathcal{E}) = \frac{1}{2}D\left(\mathcal{E} + \frac{1}{2}g\mu_{\text{B}}B\right) \tag{13.54}$$

と表せる。

磁化 M は下向きスピンの電子数 N_{down} と上向きスピンの電子数 N_{up} の差によって打ち消し合わなくなる磁気モーメントによって生じ，

$$\begin{aligned}
M &= \frac{1}{2}g\mu_{\text{B}}(N_{\text{down}} - N_{\text{up}}) \\
&= \frac{1}{2V}g\mu_{\text{B}}\int_{-\infty}^{\infty}\left\{D_{\text{down}}(\mathcal{E}) - D_{\text{up}}(\mathcal{E})\right\}f(\mathcal{E})\mathrm{d}\mathcal{E} \\
&= \frac{1}{4V}g\mu_{\text{B}}\int_{-\infty}^{\infty}\left\{D\left(\mathcal{E}+\frac{1}{2}g\mu_{\text{B}}B\right) - D\left(\mathcal{E}-\frac{1}{2}g\mu_{\text{B}}B\right)\right\}f(\mathcal{E})\mathrm{d}\mathcal{E} \\
&= \frac{1}{4V}g\mu_{\text{B}}\int_{-\infty}^{\infty}D(\mathcal{E})\left\{f\left(\mathcal{E}-\frac{1}{2}g\mu_{\text{B}}B\right) - f\left(\mathcal{E}+\frac{1}{2}g\mu_{\text{B}}B\right)\right\}\mathrm{d}\mathcal{E}
\end{aligned} \tag{13.55}$$

で与えられる。上式で示される磁化は $N_{\text{down}} > N_{\text{up}}$ なので，磁束密度と同じ向きとなることから常磁性であり，伝導電子が示すこのような磁性を**パウリ常磁性**（Pauli paramagnetism）[*19]という。

*19 4.9.2項で紹介したパウリの排他律と同じく彼の名に因む。

式(13.55)中のフェルミ分布関数は

$$f\left(\mathcal{E} \pm \frac{1}{2}g\mu_{\text{B}}B\right) = f(\mathcal{E}) \pm \frac{1}{2}g\mu_{\text{B}}Bf'(\mathcal{E}) + \frac{1}{2}\left(\frac{1}{2}g\mu_{\text{B}}B\right)^2 f''(\mathcal{E}) \pm \cdots \tag{13.56}$$

のようにテイラー展開されるので，$g\mu_{\text{B}}B$ が大きくなければ，

$$f\left(\mathcal{E} - \frac{1}{2}g\mu_{\text{B}}B\right) - f\left(\mathcal{E} + \frac{1}{2}g\mu_{\text{B}}B\right) = -g\mu_{\text{B}}Bf'(\mathcal{E})$$

のように近似できる。したがって，式(13.55)は

$$M = -\frac{1}{4V}g^2{\mu_{\text{B}}}^2B\int_{-\infty}^{\infty}D(\mathcal{E})f'(\mathcal{E})\mathrm{d}\mathcal{E} \tag{13.57}$$

と書き換えられる。さらに式(13.57)に対して部分積分を行うと

$$\begin{aligned}
M &= -\frac{1}{4V}g^2{\mu_{\text{B}}}^2B\Big[D(\mathcal{E})f(\mathcal{E})\Big]_{-\infty}^{\infty} + \frac{1}{4V}g^2{\mu_{\text{B}}}^2B\int_{-\infty}^{\infty}D'(\mathcal{E})f(\mathcal{E})\mathrm{d}\mathcal{E} \\
&= \frac{1}{4V}g^2{\mu_{\text{B}}}^2B\int_{-\infty}^{\infty}D'(\mathcal{E})f(\mathcal{E})\mathrm{d}\mathcal{E}
\end{aligned} \tag{13.58}$$

が得られる。式(13.58)に 9.2.4 項で利用したゾンマーフェルト展開を

適用すると，

$$M = \frac{1}{4V} g^2 {\mu_{\rm B}}^2 B \left\{ \int_{-\infty}^{\mu} D'(\mathcal{E}) {\rm d}\mathcal{E} + \frac{\pi^2}{6} (k_{\rm B}T)^2 D''(\mu) \right\}$$
$$= \frac{1}{4V} g^2 {\mu_{\rm B}}^2 B \left\{ D(\mu) + \frac{\pi^2}{6} (k_{\rm B}T)^2 D''(\mu) \right\} \quad (13.59)$$

となる。

これとは別に，$D(\mathcal{E}) = D_{\rm up}(\mathcal{E}) + D_{\rm down}(\mathcal{E})$ として $T > 0\,{\rm K}$ における総電子数 N をゾンマーフェルト展開を用いて求めると

$$N = \int_{-\infty}^{\infty} D(\mathcal{E}) f(\mathcal{E}) {\rm d}\mathcal{E}$$
$$= \int_{-\infty}^{\mu} D(\mathcal{E}) {\rm d}\mathcal{E} + \frac{\pi^2}{6} (k_{\rm B}T)^2 D'(\mu) \quad (13.60)$$

が得られる。これは $T = 0\,{\rm K}$ における総電子数

$$N = \int_{-\infty}^{\mathcal{E}_{\rm F}} D(\mathcal{E}) {\rm d}\mathcal{E} \quad (13.61)$$

と等しくなければならないから

$$\int_{-\infty}^{\mathcal{E}_{\rm F}} D(\mathcal{E}) {\rm d}\mathcal{E} - \int_{-\infty}^{\mu} D(\mathcal{E}) {\rm d}\mathcal{E} = \int_{\mu}^{\mathcal{E}_{\rm F}} D(\mathcal{E}) {\rm d}\mathcal{E} = \frac{\pi^2}{6} (k_{\rm B}T)^2 D'(\mu) \quad (13.62)$$

である。ここで，式(13.62)は**図 13.14** で表されるような図形の面積に等しいので，これを台形の面積として近似すると

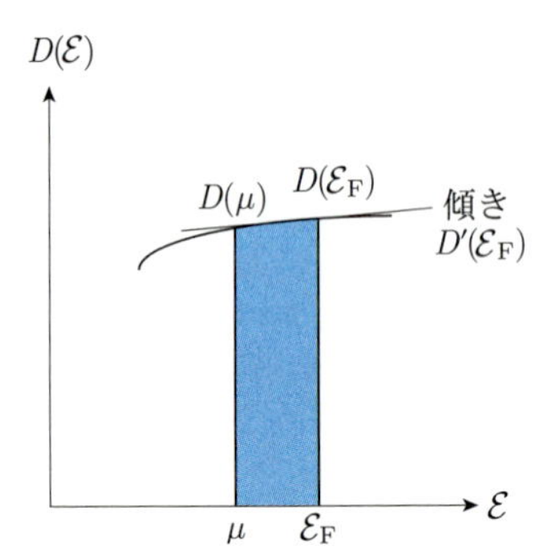

図 13.14　積分 $\int_{\mu}^{\mathcal{E}_{\rm F}} D(\mathcal{E}) {\rm d}\mathcal{E}$ **の図形表示**

$$\frac{\pi^2}{6} (k_{\rm B}T)^2 D'(\mu) = \frac{1}{2} \left\{ D(\mu) + D(\mathcal{E}_{\rm F}) \right\} (\mathcal{E}_{\rm F} - \mu) \quad (13.63)$$

となる。一方，$D(\mu)$ を $\mathcal{E} = \mathcal{E}_{\rm F}$ におけるテイラー展開で 1 次近似すると

$$D(\mu) = D(\mathcal{E}_{\rm F}) - (\mathcal{E}_{\rm F} - \mu) D'(\mathcal{E}_{\rm F}) \quad (13.64)$$

が得られる。式(13.63)，(13.64)をまとめると

$$D(\mu) = D(\mathcal{E}_{\rm F}) - \frac{\pi^2}{6} (k_{\rm B}T)^2 \frac{D'(\mu) D'(\mathcal{E}_{\rm F})}{D(\mathcal{E}_{\rm F}) - (\mathcal{E}_{\rm F} - \mu) D'(\mathcal{E}_{\rm F})/2}$$

となり，$D'(\mu) \simeq D'(\mathcal{E}_{\rm F})$，$(\mathcal{E}_{\rm F} - \mu) D'(\mathcal{E}_{\rm F}) \ll D(\mathcal{E}_{\rm F})$ であるとして上式を近似すると

$$D(\mu) = D(\mathcal{E}_{\rm F}) - \frac{\pi^2}{6} (k_{\rm B}T)^2 \frac{D'(\mathcal{E}_{\rm F})^2}{D(\mathcal{E}_{\rm F})} \quad (13.65)$$

が得られる。式(13.65)を式(13.59)に代入すれば

$$M = \frac{1}{4V} g^2 {\mu_{\rm B}}^2 B D(\mathcal{E}_{\rm F}) \left[1 + \frac{\pi^2}{6} (k_{\rm B}T)^2 \left\{ \frac{D''(\mathcal{E}_{\rm F})}{D(\mathcal{E}_{\rm F})} - \frac{D'(\mathcal{E}_{\rm F})^2}{D(\mathcal{E}_{\rm F})^2} \right\} \right] \quad (13.66)$$

となる。ここでは，$D''(\mu) \simeq D''(\mathcal{E}_{\rm F})$ であるとした。

状態密度 $D(\mathcal{E})$ を表す関数として，式(9.23)を用いると，式(13.66)の

$[\cdots]$ の中の第 2 項は

$$\frac{\pi^2}{6}(k_\mathrm{B}T)^2\left\{\frac{D''(\mathcal{E}_\mathrm{F})}{D(\mathcal{E}_\mathrm{F})}-\frac{D'(\mathcal{E}_\mathrm{F})^2}{D(\mathcal{E}_\mathrm{F})^2}\right\}=-\frac{\pi^2}{12}\left(\frac{k_\mathrm{B}T}{\mathcal{E}_\mathrm{F}}\right)^2$$

自分で導出してみよう。

となる。9.1.3 項で説明したように，金属におけるフェルミエネルギーの典型的な値は $\mathcal{E}_\mathrm{F}\simeq 3\,\mathrm{eV}$ であり，$T=300\,\mathrm{K}$ では $k_\mathrm{B}T=0.026\,\mathrm{eV}$ であることから $\mathcal{E}_\mathrm{F}\gg k_\mathrm{B}T$ が成り立ち，

$$\frac{\pi^2}{12}\left(\frac{k_\mathrm{B}T}{\mathcal{E}_\mathrm{F}}\right)^2\simeq 6\times 10^{-5}\ll 1$$

であるから，式(13.66)は

$$M=\frac{1}{4V}g^2{\mu_\mathrm{B}}^2BD(\mathcal{E}_\mathrm{F}) \tag{13.67}$$

と近似できる。さらに，$B=\mu_0H$ と近似できるとすれば，パウリ常磁性の磁化率は

$$\chi_\mathrm{P}=\frac{1}{4V}\mu_0g^2{\mu_\mathrm{B}}^2D(\mathcal{E}_\mathrm{F}) \tag{13.68}$$

で与えられ，温度 T にはほとんど依存しないことがわかる。電子の g 因子が $g\simeq 2$ であることを用いれば，パウリ常磁性の磁化率は近似的に

$$\chi_\mathrm{P}=\frac{1}{V}\mu_0{\mu_\mathrm{B}}^2D(\mathcal{E}_\mathrm{F}) \tag{13.69}$$

と表せる。

13.8　ランダウ反磁性

古典物理学で考えると，固体における伝導電子は，磁束密度 $\boldsymbol{B}$ の下では，遠心力 $\frac{m_\mathrm{e}v^2}{R}$ とローレンツ力 evB がつり合うように，速さ v で半径 $R=\frac{m_\mathrm{e}v}{eB}$ のサイクロトロン運動を行う。このとき，サイクロトロン運動の角振動数は $\omega_\mathrm{c}=\frac{v}{R}=\frac{eB}{m_\mathrm{e}}$ で与えられる。

サイクロトロン運動は外部から加えた磁場を打ち消すように生じるので，ラーモア反磁性の場合と同様に，反磁性の原因となるように思われる。ところが，**図 13.15** に示すように，固体内部の伝導電子は青い線のように同じ向きに回転するが，固体表面付近の伝導電子は黒い破線のように表面で反射を繰り返しながら結果的に反対向きの回転をするようになる。したがって，固体内部の伝導電子によって生じる磁気モーメントは固体表面付近の伝導電子によって生じる磁気モーメントと完全に打ち消し合い，反磁性を示さないというのが古典物理学による結論である。

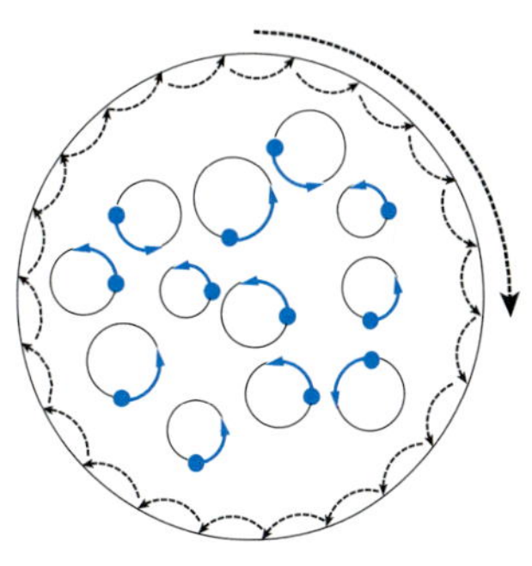

図 13.15　伝導電子のサイクロトロン運動

これに対して，磁場の方向を z 方向としたときのサイクロトロン運動を量子力学で考えると，エネルギーがランダウ準位と呼ばれるエネルギー準位に量子化されて

$$\mathcal{E}_l=\left(l+\frac{1}{2}\right)\hbar\omega_\mathrm{c}+\frac{\hbar^2}{2m_\mathrm{e}}{k_z}^2 \tag{13.70}$$

と表される。ここで，l は 0 以上の整数，k_z は電子の z 方向の波数である。詳細については付録 H で説明するように，このような量子化によって，反磁性が

$$\chi_{\mathrm{L}} = -\frac{1}{3V}\mu_0 {\mu_{\mathrm{B}}}^2 D(\mathcal{E}_{\mathrm{F}}) = -\frac{1}{3}\chi_{\mathrm{P}} \tag{13.71}$$

となる。このような反磁性を**ランダウ反磁性**（Landau diamagnetism）*20という。

*20　ロシアの物理学者であるランダウ（Lev Davidovich Landau, 1908～1968）によって理論的に求められた。液体ヘリウムに関する研究などにおける業績により，1962年にノーベル物理学賞を受賞した。リフシッツとの共著による『理論物理学教程（*Course of Theoretical Physics*）』は世界的に有名な教科書である。

13.9　強磁性

これまで説明した磁性（原子あるいはイオンの常磁性，ラーモア反磁性，パウリ常磁性，ランダウ反磁性）においては，固体中の磁気モーメントは互いに独立で相互作用がなかった。ところが物質によっては，隣接した磁気モーメント間に相互作用が生じて同じ向きになるように整列し，外部から磁場を加えない状態でも，**自発磁化**（spontaneous magnetization）と呼ばれる磁化をもつことがある。このような磁性を**強磁性**（ferromagnetism）という。強磁性を示す物質は強磁性体と呼ばれ，日常で見かけるような磁石に引き寄せられるという特徴をもっている。この章のはじめにも触れたように強磁性は容易に実感できる顕著な磁性である。

13.9.1　平均場近似

単位体積あたり N 個の原子からなる結晶において，i 番目の原子内の電子の全スピン角運動量*21を $\boldsymbol{S}_i$ とすれば，i 番目の原子は，式(13.7)によって $-g\mu_{\mathrm{B}}\frac{1}{\hbar}\boldsymbol{S}_i$ という磁気モーメントをもつ。ここで，g は電子の g 因子，μ_{B} はボーア磁子である。この原子のスピンと，隣接する j 番目の原子のスピンとの間に働く相互作用のメカニズムについてはひとまずおいておくことにして，形式的にポテンシャルが $-2J_{ij}\boldsymbol{S}_i\cdot\boldsymbol{S}_j$ と表されるとする。J_{ij} は相互作用の大きさを表すパラメータであり，$J_{ij}>0$ であれば，隣接するスピンは，ポテンシャルが低くなるように同じ向きにそろおうとする。このモデルは**ハイゼンベルクモデル**（Heisenberg model）*22と呼ばれる。

*21　正確な表現ではないが，これ以降は簡単に原子のスピンと呼ぶことにする。原子のスピンと呼ぶが，原子核のスピンではなく，あくまでも原子内の電子のスピンである。

*22　4.5節で紹介した不確定性原理を提唱したハイゼンベルクによって提案されたモデルである。

外部から磁束密度を加えたときの i 番目の原子のポテンシャルエネルギーは，スピンどうしの相互作用と磁束密度との相互作用を合わせて

$$\mathcal{E}_i = -\sum_{j\neq i}^{N} 2J_{ij}\boldsymbol{S}_i\cdot\boldsymbol{S}_j + g\mu_{\mathrm{B}}\frac{1}{\hbar}\boldsymbol{S}_i\cdot\boldsymbol{B} \tag{13.72}$$

と表される。多数の原子が含まれる固体においては，それぞれの原子がどのようなスピン状態をとるのかを求めることは多体問題となるために，厳密に解くことは困難である。そこで第 10 章のバンド理論で行ったのと同様の**平均場近似**（mean field apporoximation）を用いることにする*23。

*23　強磁性を説明するために最初に平均場近似（あるいは**分子場近似**（molecular field approximation））を用いたのはフランスの物理学者ワイス（Pierre Ernest Weiss, 1865～1940）である。強磁性の説明を試みた1907年当時はまだ量子力学が確立していなかったため，ワイスの考えた平均場近似モデルはかなり素朴なものであった。

具体的には，i 番目の原子のスピンに働く周囲からの影響を原子のスピンの平均値

$$\langle \boldsymbol{S} \rangle = \frac{1}{N} \sum_{j=1}^{N} \boldsymbol{S}_j$$

で置き換えることにする。外部から加えた $\boldsymbol{B}$ は z 成分のみをもち，隣接する原子どうしのみで相互作用が働くとして，$J_{ij} = J_{\mathrm{ex}} > 0$，隣接する原子の数を z とすると，式(13.72)は

$$\begin{aligned} \mathcal{E}_i &\simeq -2zJ_{\mathrm{ex}} \langle S_z \rangle S_{iz} + g\mu_{\mathrm{B}} \frac{1}{\hbar} S_{iz} B \\ &= g\mu_{\mathrm{B}} \left(B - \frac{2zJ_{\mathrm{ex}} \langle S_z \rangle \hbar}{g\mu_{\mathrm{B}}} \right) \frac{S_{iz}}{\hbar} \end{aligned} \tag{13.73}$$

と近似できる。ここで，固体に生じる磁化は，式(13.7)より

$$M = -Ng\mu_{\mathrm{B}} \frac{1}{\hbar} \langle S_z \rangle \tag{13.74}$$

であるから

$$\begin{aligned} \mathcal{E}_i &= g\mu_{\mathrm{B}} \left(B + \frac{2zJ_{\mathrm{ex}} \hbar^2}{Ng^2 {\mu_{\mathrm{B}}}^2} M \right) \frac{S_{iz}}{\hbar} \\ &= g\mu_{\mathrm{B}} \left(B + \lambda M \right) \frac{S_{iz}}{\hbar} \end{aligned} \tag{13.75}$$

が得られる。ここで，$\lambda = \frac{2zJ_{\mathrm{ex}}\hbar^2}{Ng^2{\mu_{\mathrm{B}}}^2}$ であり，**分子場係数**（molecular field coefficient）と呼ばれる。式(13.75)は i 番目の原子のスピンに働く磁束密度が形式的に

$$B_{\mathrm{eff}} = B + \lambda M \tag{13.76}$$

と表されることを示している。

$S = \frac{1}{2}$ の場合

いま，i 番目の原子のスピン角運動量の z 成分 S_{iz} が $+\frac{1}{2}\hbar$ または $-\frac{1}{2}\hbar$ のどちらかしかとらない場合を考えると，式(13.35)と同様にして

$$M = \frac{1}{2} Ng\mu_{\mathrm{B}} \tanh \left\{ \frac{g\mu_{\mathrm{B}}(B + \lambda M)}{2k_{\mathrm{B}}T} \right\} \tag{13.77}$$

が得られる。特に外部からの磁束密度 B がないときには

$$M = \frac{1}{2} Ng\mu_{\mathrm{B}} \tanh \left(\frac{g\mu_{\mathrm{B}} \lambda M}{2k_{\mathrm{B}}T} \right) \tag{13.78}$$

である。この式は磁化 M についての方程式となっており，$M \neq 0$ となる解が存在する場合には，自発磁化が生じていることを意味する。式(13.78)から，さまざまな温度 T に対して磁化 M を求めることによって自発磁化の温度依存性が得られる。

式(13.78)から解 M を得るために

$$x = \frac{g\mu_{\mathrm{B}} \lambda M}{2k_{\mathrm{B}}T} \tag{13.79}$$

とおいて

$$M = \frac{1}{2} N g \mu_{\mathrm{B}} \tanh x \tag{13.80}$$

と，式(13.79)を変形した

$$M = \frac{2k_{\mathrm{B}}T}{g\mu_{\mathrm{B}}\lambda} x \tag{13.81}$$

を**図 13.16** のようにプロットして交点を求めよう。

式(13.81)で示される直線は温度 T によって傾きが変わり，$T < T_{\mathrm{C}}$ では，式(13.80)で示される曲線と $M \neq 0$ となる交点をもち，自発磁化が生じることを表している。

温度 T が高くなると，式(13.81)で示される直線の傾きが大きくなって，曲線 $M = \frac{1}{2} NJg\mu_{\mathrm{B}} \tanh x$ の原点における傾きと一致するとき，$M = 0$ 以外の解をもたなくなる。このときの温度 T_{C} は

$$\frac{2k_{\mathrm{B}}T_{\mathrm{C}}}{g\mu_{\mathrm{B}}\lambda} = \frac{\partial}{\partial x}\left(\frac{1}{2} N g \mu_{\mathrm{B}} \tanh x\right)\bigg|_{x=0} = \frac{1}{2} N g \mu_{\mathrm{B}} \tag{13.82}$$

から

$$T_{\mathrm{C}} = \frac{N g^2 {\mu_{\mathrm{B}}}^2 \lambda}{4k_{\mathrm{B}}} \tag{13.83}$$

と求められる。自発磁化が消失する温度 T_{C} は**キュリー温度**（Curie temperature）*24 と呼ばれる。

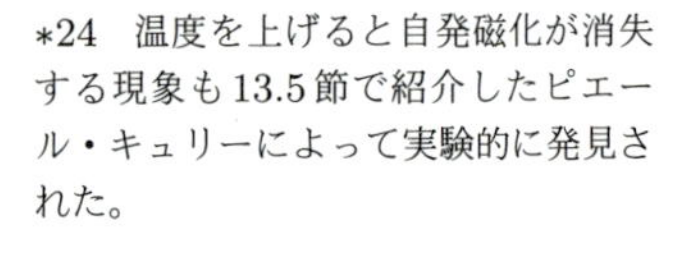

*24　温度を上げると自発磁化が消失する現象も 13.5 節で紹介したピエール・キュリーによって実験的に発見された。

$T < T_{\mathrm{C}}$ の温度範囲で求めた自発磁化 M の温度依存性を**図 13.17** に示す。温度 T が高くになるにつれて，自発磁化 M は減少していき，キュリー温度 T_{C} で 0 になる様子がわかる。

$T > T_{\mathrm{C}}$ では，式(13.78)の解は $M = 0$ のみであり，常磁性状態になると考えられる。このときの磁化率を χ_{m} とすれば

$$M = \frac{1}{\mu_0} \chi_{\mathrm{m}} B_{\mathrm{eff}} = \frac{1}{\mu_0} \chi_{\mathrm{m}} (B + \lambda M) \tag{13.84}$$

である。ここで，磁化率は十分に小さく，物質の透磁率 μ を真空の透磁率 μ_0 にほぼ等しいと近似した。

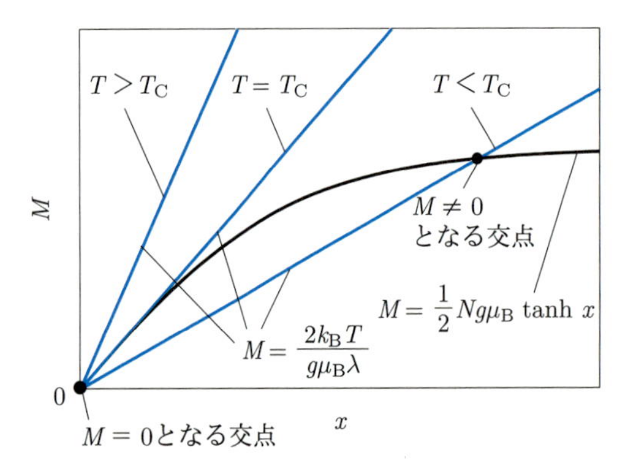

図 13.16　平均場近似から自発磁化を求めるためのグラフ

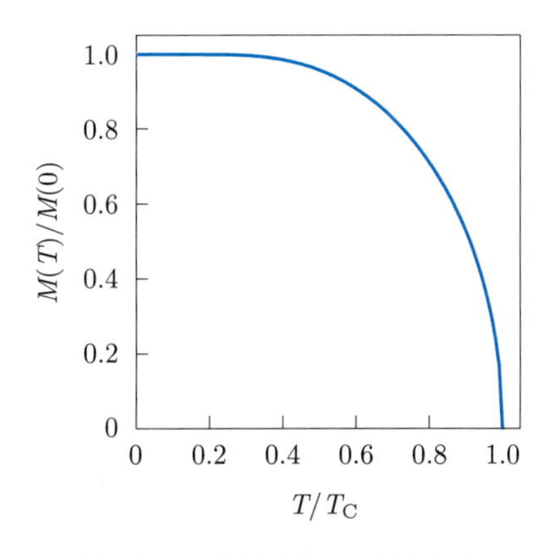

図 13.17　自発磁化の温度依存性

十分に温度が高いとき，磁化率は式(13.38)に従うとすれば，C を定数として

$$\chi_{\mathrm{m}} = \frac{\mu_0 N g^2 {\mu_{\mathrm{B}}}^2}{4k_{\mathrm{B}}T} = \frac{C}{T}$$

と表せるから，これを式(13.84)に代入することによって得られる

$$M = \frac{1}{\mu_0}\frac{C}{T}(B + \lambda M)$$

を M について解くと

$$M = \frac{C}{T - \frac{C\lambda}{\mu_0}}\frac{1}{\mu_0}B = \frac{C}{T - \frac{C\lambda}{\mu_0}}H$$

と求められる。

ところで $\frac{C\lambda}{\mu_0}$ については

$$\frac{C\lambda}{\mu_0} = \frac{N g^2 {\mu_{\mathrm{B}}}^2 \lambda}{4k_{\mathrm{B}}} = T_{\mathrm{C}}$$

となりキュリー温度と一致することがわかる。したがって，$T > T_{\mathrm{C}}$ で常磁性状態であるときの強磁性体の磁化率の温度依存性は

$$\chi_{\mathrm{m}} = \frac{C}{T - T_{\mathrm{C}}} \tag{13.85}$$

で与えられる。式(13.85)は**キュリー–ワイスの法則**（Curie-Weiss law）と呼ばれる。

一般の S の場合

全スピン角運動量の z 成分が $S_z = S\hbar, (S-1)\hbar, \cdots, -(S-1)\hbar, -S\hbar$ であるときには，式(13.40)の B の代わりに $B_{\mathrm{eff}} = B + \lambda M$ を代入し，$S = \frac{1}{2}$ の場合と同様の手続きから導かれる

$$M = NSg\mu_{\mathrm{B}} B_S\left(\frac{Sg\mu_{\mathrm{B}}\lambda M}{k_{\mathrm{B}}T}\right) \tag{13.86}$$

を解くことによって自発磁化 M が求められる。ここで，$B_S(x)$ は式(13.41)で示されるブリュアン関数である。また，キュリー温度は

$$T_{\mathrm{C}} = \frac{NS(S+1)g^2{\mu_{\mathrm{B}}}^2\lambda}{3k_{\mathrm{B}}} \tag{13.87}$$

で与えられる。一般の S の場合についてもキュリー–ワイスの法則が成り立つ。

13.9.2 平均場近似の問題点

平均場近似は，強磁性体における現象をうまく説明しているように見えるが，実際には平均場近似では説明の難しい現象がいくつかある。

(1) 磁束密度 B_{eff} の大きさ

仮にキュリー温度を $T_{\mathrm{C}} = 600\,\mathrm{K}$ とすると $S = \frac{1}{2}$ の場合，式(13.83)を用いることによって，$T = 0\,\mathrm{K}$ における磁束密度 B_{eff} の大きさは

$$
\begin{aligned}
B_{\text{eff}} &= \lambda M(0) \\
&= \frac{4k_{\text{B}}T_{\text{C}}}{Ng^2{\mu_{\text{B}}}^2} \times \frac{1}{2}Ng\mu_{\text{B}} \\
&= \frac{2k_{\text{B}}T_{\text{C}}}{g\mu_{\text{B}}}
\end{aligned}
\tag{13.88}
$$

で与えられることから，$B_{\text{eff}} \sim 900\,\text{T}$ と見積もられる。この値は実験で得られる定常的な磁束密度の大きさをはるかに上回るもので現実的な大きさではない。つまり，このような磁束密度はあくまでも形式的なものである。磁気モーメント間の相互作用の強さを磁束密度の大きさに換算したとすれば $B_{\text{eff}} \sim 900\,\text{T}$ になるという意味で，実際に存在するわけではない。隣接するスピンが同じ向きにそろおうとするのは，4.9.2 項で説明したような（そのままではないが）交換ポテンシャルのためである。

(2) 低温における磁化の温度依存性

$S = \frac{1}{2}$ の場合，式(13.78)より，温度 T が十分に低いときには

$$
\begin{aligned}
\frac{M(T)}{M(0)} &= \tanh\left(\frac{g\mu_{\text{B}}\lambda M}{2k_{\text{B}}T}\right) \\
&\simeq 1 - 2e^{-\frac{g\mu_{\text{B}}\lambda M(0)}{k_{\text{B}}T}}
\end{aligned}
\tag{13.89}
$$

と近似できるので，

$$
\frac{\Delta M}{M(0)} = \frac{M(0) - M(T)}{M(0)} \simeq 2e^{-\frac{g\mu_{\text{B}}\lambda M(0)}{k_{\text{B}}T}}
\tag{13.90}
$$

が得られる。したがって，平均場近似からは ΔM の温度依存性はアレニウスの式に従うと予想される。ところが実験からは $\Delta M \propto T^{3/2}$ であることがわかっている。

平均場近似では**図 13.18**(a)に示すように 1 つ 1 つのスピンを反転させるのに必要なエネルギーを $g\mu_{\text{B}}\lambda M(0)$ と考えることから式(13.90)が導かれる。しかし，実際には，隣接するスピン間の相互作用によって生

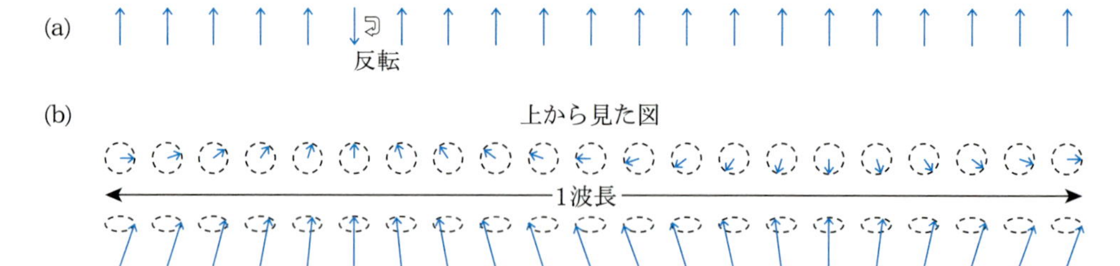

図 13.18　(a)平均場近似。1 つ 1 つのスピンを反転させるのに必要なエネルギーから磁化の温度依存性が決まる。
(b)スピン波。外部から加えた磁束密度に対して，スピンは磁束密度と平行な向きにはならずにある傾きをもって歳差運動をしている。どれか 1 つのスピンを傾けようとすると隣接するスピン間の相互作用によってその傾きが図に示すように波として伝わる。波長が長ければ小さなエネルギーでスピンを傾けられるため，磁化の温度依存性は $\Delta M \propto T^{3/2}$ となる。

じる，図 13.18(b) に示すようなスピン波の存在*25を考える必要があり，これによって $\Delta M \propto T^{3/2}$ であることが説明される。

*25　より正確に言えばスピン波を量子化したマグノンの存在を考える。

13.10　反強磁性

13.9 節では隣接した磁気モーメントが同じ向きになるように整列することによって生じる強磁性について説明した。これに対して隣接した磁気モーメント間で互いに反対向きになるような相互作用が働くとき，磁気モーメントが打ち消し合って**反強磁性**（antiferromagnetism）が現れる。反強磁性を示す物質には MnO，MnF_2，FeO，NiO などがある。**図 13.19** に，MnO において磁気モーメントの配列している様子を示す。MnO の結晶構造は塩化ナトリウム構造である。d 軌道電子を含む Mn イオンが磁気モーメントをもち，O イオンを間にはさんで隣接する Mn イオンの磁気モーメントどうしが反対向きになるように配列している。このように配列していることは磁気モーメントによって散乱される中性子回折によって確かめられている。磁場を加えていない状態では，それぞれの向きの磁気モーメントは同じ大きさであり，かつ同じ数だけ存在するために磁化はゼロである。また，磁場を加えても，磁気モーメントどうしができるだけ互いに反対向きになろうとするために磁化が生じにくい。

反強磁性の磁化率については，強磁性の場合と同様に平均場近似を用いて議論できる。反強磁性体の結晶内の磁気モーメントは，図 13.19 に示したように 2 つの向きをもつので，一方の向きを A，もう一方を B とすれば，式(13.76) の考えを押し進めて，それぞれの磁気モーメントに働く平均場は

$$B_{\mathrm{A}} = B + \lambda_{\mathrm{AA}} M_{\mathrm{A}} - \lambda_{\mathrm{BA}} M_{\mathrm{B}} \tag{13.91}$$

$$B_{\mathrm{B}} = B + \lambda_{\mathrm{BB}} M_{\mathrm{B}} - \lambda_{\mathrm{AB}} M_{\mathrm{A}} \tag{13.92}$$

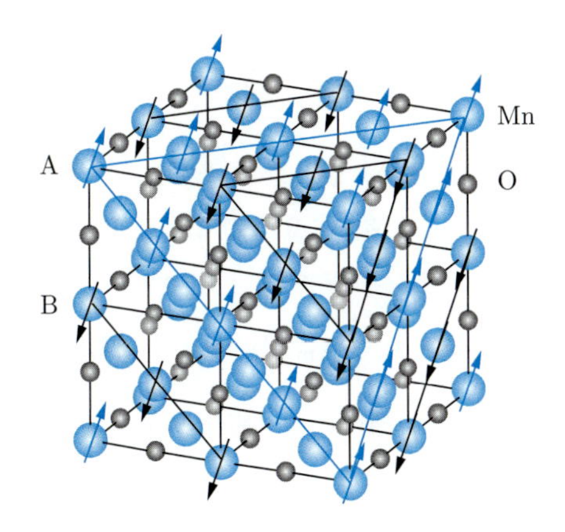

図 13.19　MnO における磁気モーメントの配列

と表せる。ここで，B は外部から加える磁束密度の大きさ，M_{A}，M_{B} は磁気モーメント A，B それぞれがつくり出す磁化である。また，λ_{AA}，λ_{BB} はそれぞれ，AA 間，BB 間に働く相互作用の強さを表すパラメータであり，λ_{BA}（または λ_{AB}）は磁気モーメント B が磁気モーメント A に（または磁気モーメント A が磁気モーメント B に）及ぼす影響の強さを表すパラメータである。

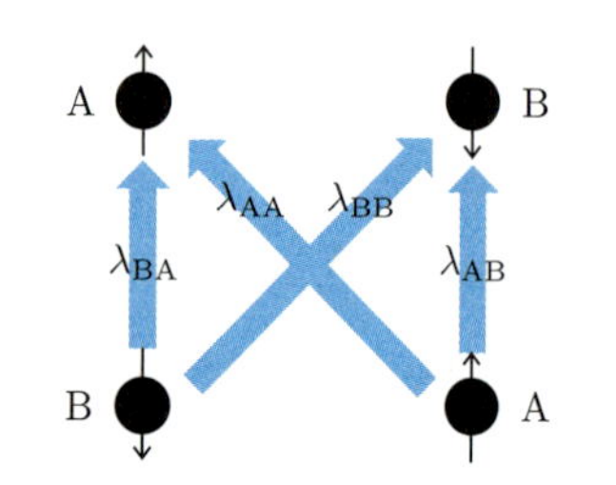

図 13.20　反強磁性における磁気モーメント間の相互関係

このときの相互関係を示したのが**図 13.20** である。磁気モーメント A，B は向きが互いに反対であること以外は同等なので $\alpha = \lambda_{\mathrm{AA}} = \lambda_{\mathrm{BB}}$，$\gamma = \lambda_{\mathrm{BA}} = \lambda_{\mathrm{AB}}$ と表すことができる。ただし，隣接した磁気モーメント間で互いに反対向きとなるような相互作用が働くことから $\gamma > 0$ でなければならない。

式(13.91)，(13.92)は α，γ を用いて

$$B_{\mathrm{A}} = B + \alpha M_{\mathrm{A}} - \gamma M_{\mathrm{B}} \tag{13.93}$$

$$B_{\mathrm{B}} = B + \alpha M_{\mathrm{B}} - \gamma M_{\mathrm{A}} \tag{13.94}$$

と書き換えられる。さらに外部から加える磁束密度が $B = 0$ のときには，A, B が同等となるから $M_{\mathrm{A}} = -M_{\mathrm{B}}$ である。式(13.93)と式(13.94)は同等の関係にあるので，結果としては片方の式だけ考えればよい。ここでは式(13.93)について考えることにすると $B_{\mathrm{A}} = (\alpha + \gamma)M_{\mathrm{A}}$ となり，これを式(13.40)に適用すれば

$$M_{\mathrm{A}} = NJg_J\mu_{\mathrm{B}}B_J\left(\frac{Jg_J\mu_{\mathrm{B}}(\alpha+\gamma)M_{\mathrm{A}}}{k_{\mathrm{B}}T}\right) \tag{13.95}$$

が得られる。ここで，N は単位体積あたりに含まれる磁気モーメント A の個数である。$\alpha+\gamma \to \lambda$，$J \to S$ という置き換えをすれば，式(13.95)は式(13.86)と同様の形をしているので，強磁性が常磁性に転移する温度であるキュリー温度に相当する，反強磁性体の転移温度である**ネール温度**（Néel temperature）[*26] T_{N} は

*26　フランスの物理学者であるネール（Louis Eugène Félix Néel, 1904〜2000）によって発見された。反強磁性およびフェリ磁性に関する研究によって 1970 年にノーベル物理学賞を受賞した。

$$T_{\mathrm{N}} = \frac{NJ(J+1){g_J}^2{\mu_{\mathrm{B}}}^2(\alpha+\gamma)}{3k_{\mathrm{B}}} \tag{13.96}$$

で与えられる。$T_{\mathrm{N}} > 0$ であることから $\alpha + \gamma > 0$ でなければならないことがわかる。

$T > T_{\mathrm{N}}$ では反強磁性体は常磁性状態になる。このとき，A，B による違いはなくなり，$M_{\mathrm{A}} = M_{\mathrm{B}}$ となるので，式(13.84)の場合と同様にして

$$M_{\mathrm{A}} = \frac{1}{\mu_0}\chi_{\mathrm{m}}B_{\mathrm{A}} = \frac{1}{\mu_0}\chi_{\mathrm{m}}\left\{B + (\alpha-\gamma)M_{\mathrm{A}}\right\} \tag{13.97}$$

が得られる。十分に温度が高いとき，磁化率 χ_{m} が式(13.43)に従うとすれば

$$\chi_{\mathrm{m}} = \frac{\mu_0 NJ(J+1){g_J}^2{\mu_{\mathrm{B}}}^2}{3k_{\mathrm{B}}T} = \frac{C'}{T} \tag{13.98}$$

であるので，これを式(13.97)に代入することによって

$$M_{\mathrm{A}} = \frac{1}{\mu_0}\frac{C'}{T}\left\{B + (\alpha - \gamma)M_{\mathrm{A}}\right\} \tag{13.99}$$

となる。式(13.99)を M_{A} について解くと

$$M_{\mathrm{A}} = \frac{C'}{T + \frac{C'(\gamma-\alpha)}{\mu_0}}\frac{1}{\mu_0}B = \frac{C'}{T + \frac{C'(\gamma-\alpha)}{\mu_0}}H \tag{13.100}$$

が得られる。ここで，磁化率 χ_{m} は十分に小さいので，透磁率 μ は真空の透磁率 μ_0 に近似できるとした。式(13.99)の係数から得られる磁化率 χ_{m} の温度依存性によって，反強磁性体についてのキュリー–ワイスの法則は

$$\begin{aligned}\chi_{\mathrm{m}} = \frac{M_{\mathrm{A}}}{H} &= \frac{C'}{T + \frac{C'(\gamma-\alpha)}{\mu_0}}\\ &= \frac{C'}{T + \Theta}\end{aligned} \tag{13.101}$$

で与えられることがわかる。ただし，

$$\Theta = \frac{C'(\gamma - \alpha)}{\mu_0} = \frac{NJ(J+1){g_J}^2{\mu_{\mathrm{B}}}^2(\gamma - \alpha)}{3k_{\mathrm{B}}} \tag{13.102}$$

である。強磁性体ではキュリー温度は Θ と一致するが，反強磁性体では $\alpha = 0$ である場合を除いてネール温度 T_{N} と Θ は一致しない。

ネール温度 T_{N} 以下での反強磁性体のふるまいは加える磁束密度の向きに依存するために複雑である。$T = 0\,\mathrm{K}$ の場合，**図 13.21**(a)に示すように，磁気モーメント A あるいは B によってつくり出される磁化 $\boldsymbol{M}_{\mathrm{A}}$，$\boldsymbol{M}_{\mathrm{B}}$ に対して平行に磁束密度 $\boldsymbol{B}$ を加えても，両者の磁化は打ち消し合い，正味の磁化は 0 であるので平行方向の磁化率は $\chi_{\mathrm{m},\parallel} = 0$ である。これに対して，磁束密度 $\boldsymbol{B}$ を磁化 $\boldsymbol{M}_{\mathrm{A}}$，$\boldsymbol{M}_{\mathrm{B}}$ に対して垂直に加えると，図 13.21(b)に示すように，どちらの磁化も傾いて磁場を加えた

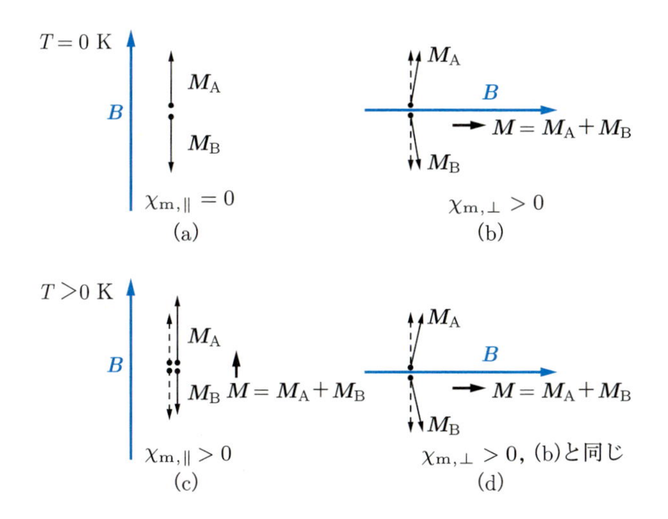

図 13.21　ネール温度 T_{N} 以下での反強磁性体のふるまい

向きに磁化 $\boldsymbol{M} = \boldsymbol{M}_{\mathrm{A}} + \boldsymbol{M}_{\mathrm{B}}$ が発生する。したがって，垂直方向の磁化率は $\chi_{\mathrm{m},\perp} > 0$ となる。

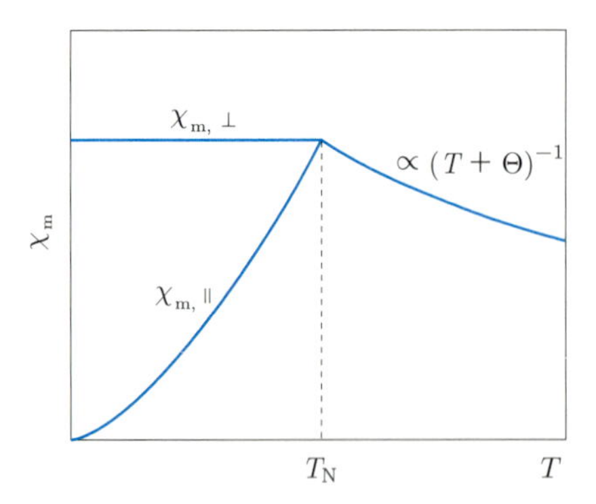

図 13.22　反強磁性体の磁化率の温度依存性

温度を上げていくと熱エネルギーによって磁気モーメント間の相互作用が弱められる。そのため，磁化が変動できる余地が生じ，磁化 $\boldsymbol{M}_{\mathrm{A}}$，$\boldsymbol{M}_{\mathrm{B}}$ に対して平行に磁束密度を加えたとき，一方の磁化 $\boldsymbol{M}_{\mathrm{A}}$ が増え，もう一方の磁化 $\boldsymbol{M}_{\mathrm{B}}$ が減る。その結果，正味の磁化が発生し，$\chi_{\mathrm{m},\parallel} > 0$ となる。これに対して，磁束密度 $\boldsymbol{B}$ を磁化 $\boldsymbol{M}_{\mathrm{A}}$，$\boldsymbol{M}_{\mathrm{B}}$ に対して垂直に加える場合には，$\boldsymbol{M}_{\mathrm{A}}, \boldsymbol{M}_{\mathrm{B}}$ が対称なので，$\boldsymbol{M} = \boldsymbol{M}_{\mathrm{A}} + \boldsymbol{M}_{\mathrm{B}}$ はほとんど変化しない。そのため，$\chi_{\mathrm{m},\perp}$ もほとんど変化しない。これらのことから，反強磁性体の磁化率の温度依存性は**図 13.22** のようになる。

13.11　フェリ磁性

隣接する磁気モーメントの間で反対向きになるように相互作用が働くが $|M_{\mathrm{A}}| \neq |M_{\mathrm{B}}|$ であるとき，磁化は完全には打ち消し合わなくなるため自発磁化が発生する。このような磁性を**フェリ磁性**（ferrimagnetism）という。フェリ磁性の概念図はすでに図 13.1 に示した。磁気モーメント A と B とでは温度依存性が異なるため，フェリ磁性における磁化は複雑な温度依存性を示す。磁気モーメントの異なる FeO と $\mathrm{Fe_2O_3}$ の 2 種類からなる，磁鉄鉱（magnetite）$\mathrm{Fe_3O_4}$ はフェリ磁性を示す物質の 1 つである。

13.12　磁区

強磁性体である Fe は自発磁化をもつことから考えれば常に磁石となるはずであるが，Fe は必ずしも磁石のようにふるまわない場合がある。これは，強磁性体の内部に**磁区**（magnetic domain）と呼ばれる小さな領域が存在するためである。**図 13.23**(a) に，自発磁化の向きが異なる磁区が存在することによって，全体としては磁化がゼロとなっている様子を示す。磁区と磁区との境界は**磁壁**（domain wall）と呼ばれる。磁壁の構造は**図 13.24** のようになっており，磁化の向きがシャープに変化するのではなく，ある程度の距離にわたって次第に変化している。

このように全体としては磁化がゼロとなっている状態の強磁性体に外部磁場[*27]を加えると，図 13.23(b) に示すように磁壁が移動することによって異なる向きの自発磁化が打ち消し合わなくなるために磁化が発生する。外部から加える磁場を強くしていくと，磁場の向きとそろった磁気モーメントをもつ磁区が広がり磁化が増加する。さらに磁場を強くすると，すべてが磁場の向きとそろった磁区となり，磁化はこれ以上増加しない。このときの磁化を**飽和磁化**（saturation magnetization）と

*27　ここでは保磁力などの定義の慣習により，外部磁束密度ではなく外部磁場と記述した。

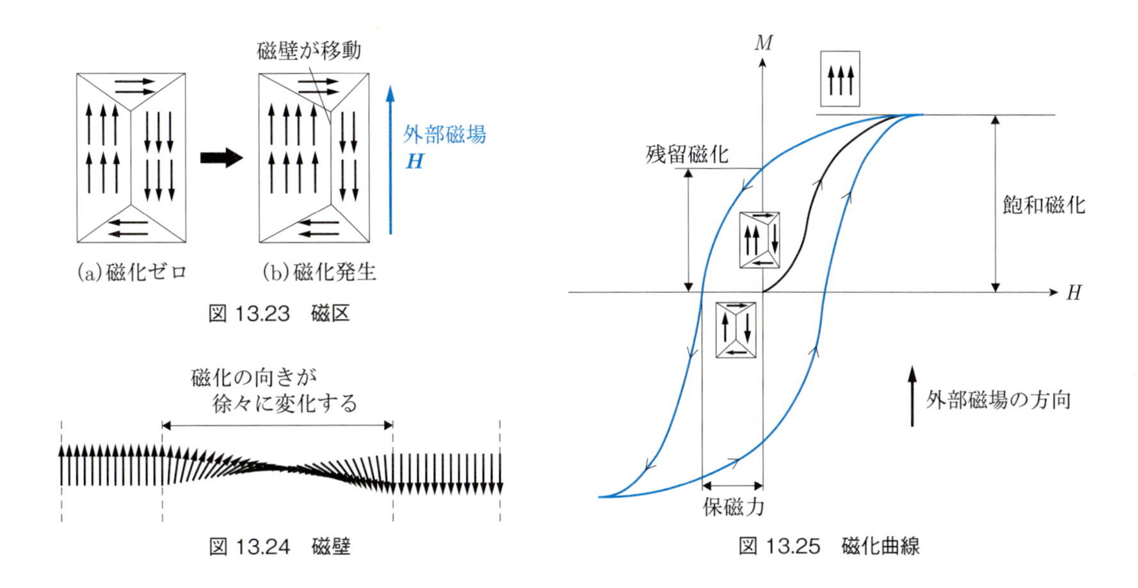

図 13.23　磁区

図 13.24　磁壁

図 13.25　磁化曲線

呼ぶ。

この状態から磁場を弱くしていくと磁化は減少していくが，不純物や欠陥などの影響で磁壁の移動が妨げられるために，磁場をゼロに戻しても磁化はゼロにはならない。このときの磁化を**残留磁化**（residual magnetization）という。クリップなどを磁石にくっつけた後に，磁石から離してもクリップどうしがくっつき合うのは残留磁化のためである。

さらに，逆向きに磁場を加えていくとある大きさのときに磁化がゼロになる。このときの外部磁場の大きさを**保磁力**（coercivity）という。

以上のことをまとめると**図 13.25** に示すような磁化曲線となる。

❖ 演習問題

13.1　13.6 節で説明したように，原子番号が大きい原子からなる物質には反磁性を示すものがある。どのような物質が反磁性を示し，磁化率がどの程度の大きさとなるかを調べなさい。

13.2　13.9 節で説明した強磁性について，一般の S の場合にもキュリー–ワイスの法則が成り立つことを確かめなさい。

第14章　半導体

現代社会を支えるエレクトロニクスにおいて最も重要な材料は半導体である。これは半導体の電気伝導や光学的性質が人為的に制御できるためである。本章では半導体のバンド構造の説明から始めて，ドナー，アクセプターと呼ばれる不純物による電気伝導に関わるキャリアの制御などについて学ぶ。

14.1　半導体のバンド構造

固体のバンド構造を表すためには，波数ベクトル $\boldsymbol{k}$ をもつ電子が，固体中でどのようなエネルギー $\mathcal{E}$ をとりうるかを表す必要がある。つまり，$(\boldsymbol{k}, \mathcal{E}) = (k_x, k_y, k_z, \mathcal{E})$ という 4 次元の関係を表現しなければならない。しかし，4 次元の関係をそのまま図で示すことはできないので，4 次元から少し情報を減らして，3 次元あるいは 2 次元でバンド構造を表現する。

バンド構造を表すために一般的によく用いられているバンド図は，4 次元の関係から情報を減らして 2 次元の関係で表現する方法である。バンド図では，3 次元の $\boldsymbol{k}$ 空間中の特定の直線を選んで，その直線に沿って電子のエネルギー $\mathcal{E}$ がどのように変化するのかを表現する。通常，特定の直線としては，$\boldsymbol{k}$ 空間中の対称性の高い点どうしを結んだ直線が選ばれる。

図 14.1 は，主要な半導体である Si，Ge，GaAs のバンド図である*1。Si および Ge の結晶構造はダイヤモンド構造，GaAs は閃亜鉛鉱構造であり，その格子はいずれも面心立方格子である。**図 14.2** に面心立方格子のブリュアンゾーンにおける対称性の高い点およびそれらを結ぶ直線を示す。図 14.1 の横軸の L, Γ, X, U, K は図 14.2 中の点に対応し，Λ, Δ, S, Σ はそれらの点を結ぶ直線に対応する。バンド図では，このようにして，ある 2 つの点の間の軸に沿ってエネルギー $\mathcal{E}$ がどのように変化するのかを表す。**表 14.1** には対称性の高い点とそれらを結ぶ軸の座標を具体的に示す。ここで示した座標は $\frac{2\pi}{a}$（a は格子定数）を単位としている。U 点と K 点は図 14.2 を見るとわかるように $\boldsymbol{k}$ 空間における座標は異なっているが，等価な関係にある。つまり，U 点と K 点における電子のエネルギーはどちらも同じである。図 14.1 では Si, Ge, GaAs のバンド構造の相違を比較しやすいように価電子帯の頂上のエネルギーを

*1　ここで示したのは理論計算によって求めた $T = 0\,\mathrm{K}$ におけるバンド構造である。角度分解光電子分光法などを用いて実験的にバンド構造を求めることも可能である。

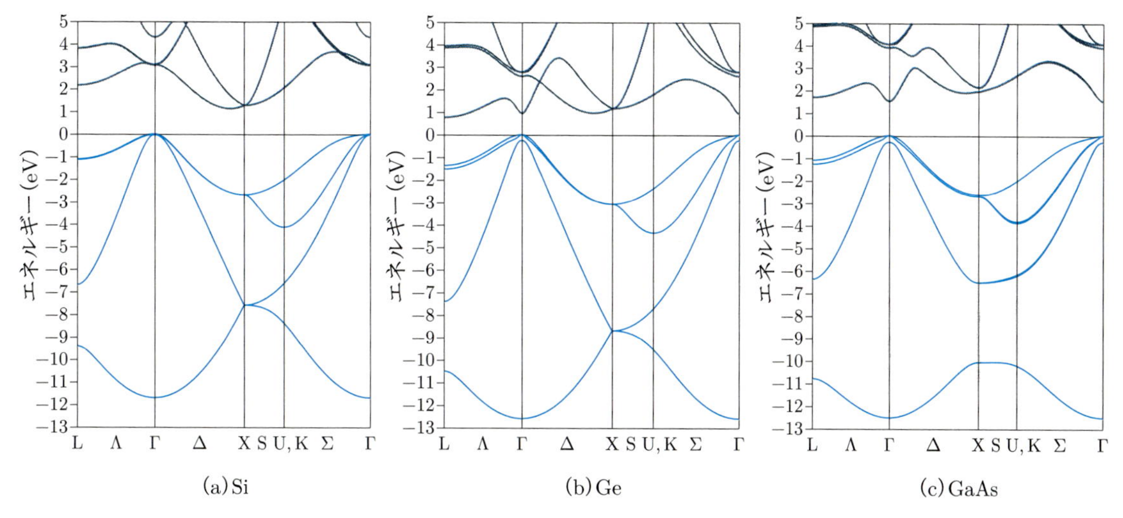

図 14.1　主要な半導体である (a) Si, (b) Ge, (c) GaAs のバンド図

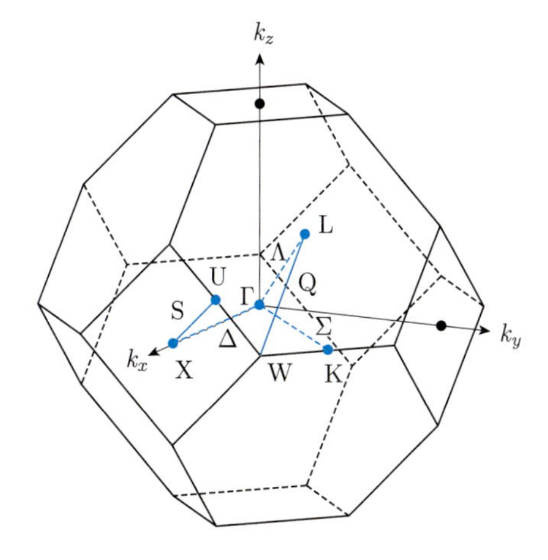

図 14.2　面心立方格子のブリュアンゾーンにおける主要な対称性の高い点およびそれらを結ぶ軸

表 14.1　面心立方格子のブリュアンゾーンにおける対称性の高い点およびそれらを結ぶ軸の座標

点または軸	(k_x, k_y, k_z)
W 点	$(1, \frac{1}{2}, 0)$
Q 軸	$(\frac{1}{2}+\xi, \frac{1}{2}, \frac{1}{2}-\xi)$　$(0 \leq \xi \leq \frac{1}{2})$
L 点	$(\frac{1}{2}, \frac{1}{2}, \frac{1}{2})$
Λ 軸	(ξ, ξ, ξ)　$(0 \leq \xi \leq \frac{1}{2})$
Γ 点	$(0, 0, 0)$
Δ 軸	$(\xi, 0, 0)$　$(0 \leq \xi \leq 1)$
X 点	$(1, 0, 0)$
S 軸	$(1, \xi, \xi)$　$(0 \leq \xi \leq \frac{1}{4})$
U 点	$(1, \frac{1}{4}, \frac{1}{4})$
K 点	$(\frac{3}{4}, \frac{3}{4}, 0)$
Σ 軸	$(\xi, \xi, 0)$　$(0 \leq \xi \leq \frac{3}{4})$

0 にそろえて並べて示した。3 つの半導体に共通していることは，価電子帯の頂上が位置する $\boldsymbol{k}$ がいずれも Γ 点にあることである。それ以外の共通点として，価電子帯の頂上付近のバンドが 3 つあること，伝導帯の極小（エネルギー最低とはかぎらない）の位置が L 点，Γ 点および X 点に近い Δ 軸上にあることなどがあげられる。より詳しくバンド構造について見るために，バンド図を拡大したのが**図 14.3** である。それぞれのバンド図には，伝導帯で極小となる点について，エネルギーの低い方から 1, 2, 3 のように番号を付けて示している。伝導帯でエネルギー最低となる底の $\boldsymbol{k}$ は，Si では X 点付近の Δ 軸上に，Ge では L 点に，GaAs では Γ 点にある。一方，価電子帯について見ると，3 つのバンドのいずれも頂上が Γ 点にある。そのうち 2 つの頂上はエネルギー的に縮退し，もう 1 つはそれらより Δ_0 だけエネルギーの低い位置に頂

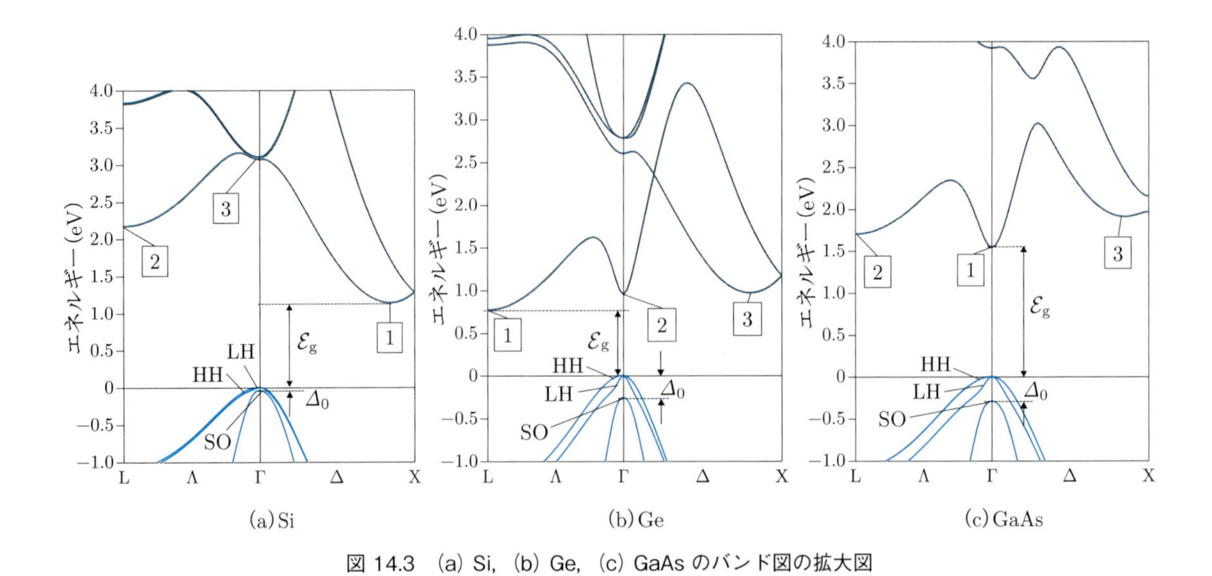

図 14.3　(a) Si，(b) Ge，(c) GaAs のバンド図の拡大図

上がある。伝導帯の底と価電子帯の頂上のエネルギー差が半導体のバンドギャップエネルギー $\mathcal{E}_g$ に相当する。

14.1.1　直接遷移型半導体・間接遷移型半導体

図 14.3 で見たように，Si，Ge，GaAs のいずれも価電子帯の頂上は Γ 点に位置しているのに対して，伝導帯でエネルギーが最低となる底の位置はさまざまである。伝導帯の底と価電子帯の頂上の波数ベクトル $\boldsymbol{k}$ が一致する半導体を**直接遷移型半導体**（direct transition semiconductor あるいは direct-gap semiconductor），一致しない半導体を**間接遷移型半導体**（indirect transition semiconductor あるいは indirect-gap semiconductor）という。**表 14.2** のように直接遷移型半導体には図 14.2 に示した GaAs の他に InP, GaN, ZnSe などがある。一方，間接遷移型半導体には図 14.2 に示した Si, Ge の他に GaP などがある。

12.5.1 項で説明したように，バンドギャップ $\mathcal{E}_g$ 付近での直接遷移による光吸収での吸収係数が $10^4\ \mathrm{cm}^{-1}$ 程度であるのに対して，間接遷移では $10\sim10^2\ \mathrm{cm}^{-1}$ 程度である。したがって，バンドギャップ $\mathcal{E}_g$ 付近での吸収係数は直接遷移型半導体の方が間接遷移型半導体よりも大きい。さまざまな半導体のバンドギャップ $\mathcal{E}_g$ 付近での吸収スペクトルを**図 14.4** に示す。直接遷移型半導体の吸収係数の方が間接遷移型半導体よりも大きいことがわかる。間接遷移型半導体である Ge の吸収係数が比較的大きいのは，図 14.3(b) に示したバンド図からわかるように，2 とラベルした Γ 点にある伝導帯の底が，1 とラベルした L 点にある伝導帯の底よりも少しだけ高いエネルギーに位置しており，光エネルギーが $\mathcal{E}_g$ よりも少しだけ大きくなると直接遷移による吸収も生じるためで

表 14.2　半導体の価電子帯の頂上および伝導帯の底の位置

	価電子帯の頂上	伝導帯の底	遷移型
Si	Γ	Δ	間接
Ge	Γ	L	間接
GaAs	Γ	Γ	直接
GaP	Γ	Δ	間接
InP	Γ	Γ	直接
GaN	Γ	Γ	直接
ZnSe	Γ	Γ	直接

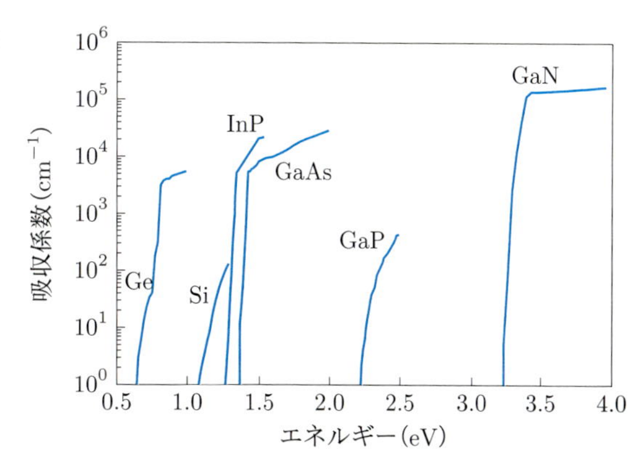

図 14.4　さまざまな半導体のバンドギャップエネルギー $\mathcal{E}_g$ 付近での室温における吸収スペクトル。図 14.3 の $\mathcal{E}_g$ と値が異なるのは温度が異なるためである。

ある。伝導帯の底から価電子帯の頂上への遷移によって生じる発光についても，直接遷移型半導体では遷移確率が高く，間接遷移型半導体では低い。簡単に言えば，直接遷移型半導体は発光しやすく，間接遷移型半導体は発光しにくい。そのため，発光デバイスに用いられる半導体は直接遷移型半導体であることが多い。

14.1.2　伝導帯の等エネルギー面

バンド図以外にバンド構造を表す方法としてよく用いられるのが**図 14.5** に示す等エネルギー面による表示である。この場合は，$(\boldsymbol{k}, \mathcal{E}) = (k_x, k_y, k_z, \mathcal{E})$ という 4 次元の関係のうち，あるエネルギー $\mathcal{E}$ において，(k_x, k_y, k_z) が $\boldsymbol{k}$ 空間中でどのような図形となるかを描くことでバンド構造を表す。すなわち，3 次元の関係でバンド構造を表す方法である。

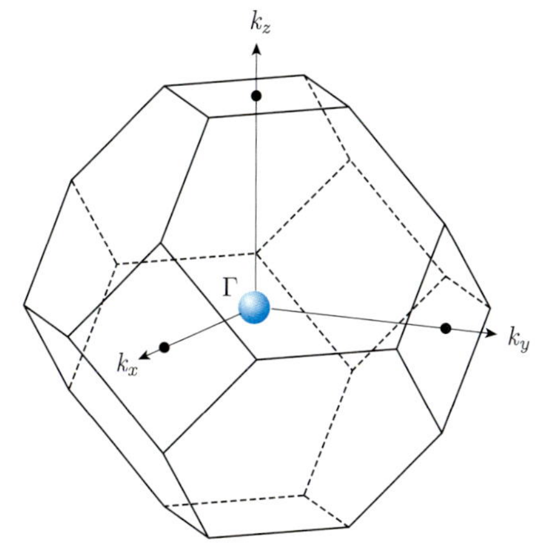

図 14.5　GaAs の伝導帯におけるエネルギー最低点近傍の等エネルギー面

直接遷移型半導体である GaAs の伝導帯における等エネルギー面

最初に簡単な場合として GaAs の伝導帯における等エネルギー面を考えよう。図 14.3(c) 中に 1 で示したように，直接遷移型半導体である GaAs の伝導帯の底は Γ 点に位置する。伝導帯の底が位置する Γ 点，すなわち $\boldsymbol{k}$ 空間の原点から距離 $|\boldsymbol{k}|$ だけ離れたとき，電子のエネルギーは $\boldsymbol{k}$ の方向によらずにほぼ一定の値をとり，伝導帯の底の近傍では，Γ 点からの距離の 2 乗である $|\boldsymbol{k}|^2$ に比例して増加する。したがって，伝導帯の底の近傍における電子のエネルギーは

$$\mathcal{E} = \mathcal{E}_{\mathrm{c}} + \frac{\hbar^2}{2m_{\mathrm{c}}^*}|\boldsymbol{k}|^2 = \mathcal{E}_{\mathrm{c}} + \frac{\hbar^2}{2m_{\mathrm{c}}^*}\left({k_x}^2 + {k_y}^2 + {k_z}^2\right) \tag{14.1}$$

という近似式で表すことができる。ここで，$\mathcal{E}_{\mathrm{c}}$ は伝導帯の底のエネルギーを，m_{c}^* は伝導帯における電子の有効質量を表す。式(14.1)は，Γ 点を中心とする，半径 $\sqrt{\frac{2m_{\mathrm{c}}^*(\mathcal{E}-\mathcal{E}_{\mathrm{c}})}{\hbar^2}}$ の球面を表す。したがって，GaAs のような直接遷移型半導体の伝導帯における等エネルギー面は，$\boldsymbol{k}$ 空間において，図 14.5 に示すような Γ 点を中心とする球面となる。このように等エネルギー面を用いる方法もバンド構造を表す方法の 1 つである。

間接遷移型半導体である Si の伝導帯における等エネルギー面

Si では，図 14.3(a) 中に 1 で示したように，X 点近傍の Δ 軸上の点が伝導帯の底になっている。Δ 軸に沿って $\boldsymbol{k}$ を変化させたとき，電子のエネルギーは，伝導帯の底を頂点とした k_x の 2 次関数で近似することができる。頂点におけるエネルギーは $\mathcal{E}_{\mathrm{c}}$ なので

$$\mathcal{E} = \mathcal{E}_{\mathrm{c}} + \frac{\hbar^2}{2m_{\parallel}^*}(k_x - k_0)^2 \tag{14.2}$$

のように表される。ここで，k_0 は伝導帯の底が位置する k_x 座標である。また，$m_{\parallel}^*$ は Δ 軸に平行な方向での電子の有効質量を表す。

図 14.3(a) にはその情報が示されていないが，伝導帯の底が位置する $(k_0, 0, 0)$ から Δ 軸に垂直な方向へと $\boldsymbol{k}$ を変化させたとき，例えば，$\boldsymbol{k}$ 空間における座標を $(k_0, k_y, 0)$ または $(k_0, 0, k_z)$ として k_y または k_z を変化させると，やはり電子のエネルギー $\mathcal{E}$ は伝導帯の底を頂点とした k_y または k_z の 2 次関数で近似することができ，

$$\mathcal{E} = \mathcal{E}_{\mathrm{c}} + \frac{\hbar^2}{2m_{\perp}^*}{k_y}^2 \tag{14.3}$$

または

$$\mathcal{E} = \mathcal{E}_{\mathrm{c}} + \frac{\hbar^2}{2m_{\perp}^*}{k_z}^2 \tag{14.4}$$

のように表せる。ここで，$m_{\perp}^*$ は Δ 軸に垂直な方向での電子の有効質量を表す。Δ 軸に垂直な方向であればどの方向でも 2 次関数の曲率は

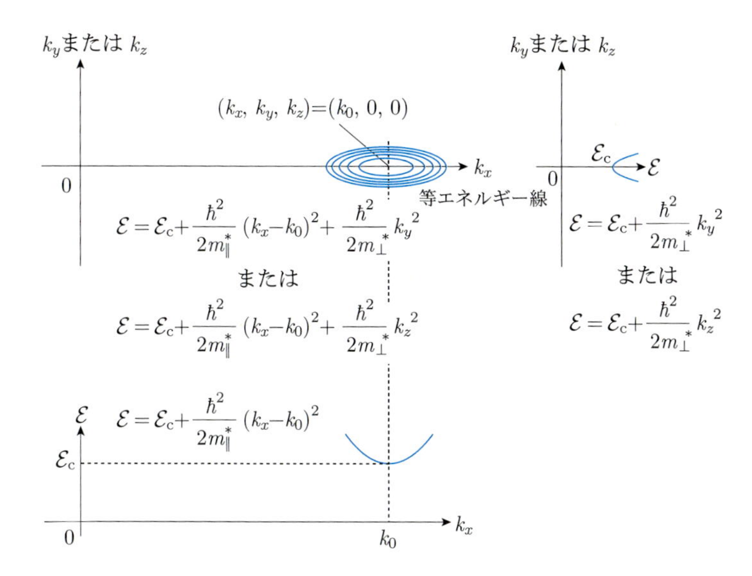

図 14.6　Si の伝導帯の底近傍におけるエネルギー変化の様子

ほとんど変わらず，式(14.3)と式(14.4)中の有効質量は同じ値になる。**図 14.6** には，式(14.2)～(14.4)で表される伝導帯のエネルギーの最低点近傍でのエネルギーの変化の様子を示した。また，k_x，k_y（または k_z）を座標の横軸，縦軸として伝導帯のエネルギーの最低点近傍における等エネルギー線を示した。

Si では，Δ 軸に垂直な方向と平行な方向のそれぞれに対する 2 次関数の曲率が異なることが実験から明らかになっており，Δ 軸に垂直な方向の方が，平行な方向よりも大きい。このことは有効質量の大小関係が $m_\perp^* < m_\parallel^*$ であることを意味している。式(14.2)～(14.4)を 1 つにまとめることによって，3 次元 $\boldsymbol{k}$ 空間における，Si の伝導帯のエネルギー最低点近傍における等エネルギー面を表す式

$$\mathcal{E} = \mathcal{E}_c + \frac{\hbar^2}{2m_\parallel^*}(k_x - k_0)^2 + \frac{\hbar^2}{2m_\perp^*}k_y{}^2 + \frac{\hbar^2}{2m_\perp^*}k_z{}^2 \tag{14.5}$$

が得られる。式(14.5)は，$\boldsymbol{k} = (k_0, 0, 0)$ を中心とする，赤道半径が $\sqrt{\frac{2m_\perp^*(\mathcal{E}-\mathcal{E}_c)}{\hbar^2}}$，極半径が $\sqrt{\frac{2m_\parallel^*(\mathcal{E}-\mathcal{E}_c)}{\hbar^2}}$ である回転楕円体の表面を表す式である。Si の場合，$m_\perp^* < m_\parallel^*$ なので，伝導帯の底近傍における等エネルギー面は極半径が赤道半径よりも長い長楕円体となる。また，Si は反転対称性をもつ面心立方格子であり，x, y, z の間で交換をしても，反転操作をしても対称性は不変であることから，式(14.5)の k_x, k_y, k_z の関係を入れ替えたり，k_0 の正負の符号を変えたりしたものも伝導帯の底近傍の等エネルギー面を表す。つまり，$\boldsymbol{k} = (k_0, 0, 0)$ に加えて $(0, k_0, 0)$, $(0, 0, k_0)$, $(-k_0, 0, 0)$, $(0, -k_0, 0)$, $(0, 0, -k_0)$ の合計 6 つの点が伝導帯のエネルギー最低点となる。**図 14.7** には，これら 6 つの伝導帯の底付近における等エネルギー面を示す。

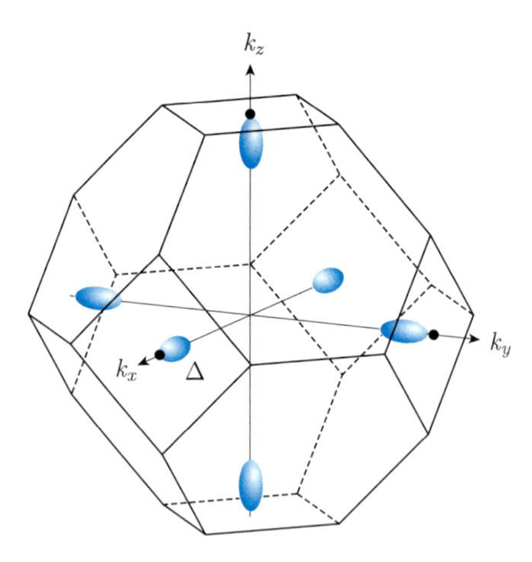

図 14.7　Si の伝導帯のエネルギー最低点近傍における等エネルギー面

間接遷移型半導体である Ge の伝導帯における等エネルギー面

Ge では，図 14.3(b) 中に 1 で示したように，L 点が伝導帯のエネルギー最低点になっている。L 点を中心に Λ 軸に沿って $\boldsymbol{k}$ を変化させたとき，これまでと同様に，電子のエネルギーは，伝導帯の底を頂点とした，波数ベクトル $\boldsymbol{k}$ に関する 2 次関数で近似することができる。Λ 軸上の点は $\boldsymbol{k} = (\xi, \xi, \xi)$（ただし，$\xi$ は任意の実数）と表すことができ，この軸に沿った原点からの距離 $\sqrt{\xi^2+\xi^2+\xi^2} = \sqrt{3}\xi$ を $k_{\parallel}$ と定義すれば，伝導帯のエネルギー最低点近傍の電子のエネルギーは

$$\mathcal{E} = \mathcal{E}_{\mathrm{c}} + \frac{\hbar^2}{2m_{\parallel}^*}(k_{\parallel} - k_0)^2 \tag{14.6}$$

となる。ここで，k_0 は原点と L 点との距離に相当し，

$$k_0 = \frac{2\pi}{a}\sqrt{\left(\frac{1}{2}\right)^2 + \left(\frac{1}{2}\right)^2 + \left(\frac{1}{2}\right)^2} = \frac{\sqrt{3}\pi}{a}$$

である。ただし，a は格子定数である。また，$m_{\parallel}^*$ は Λ 軸に沿った方向の L 点近傍における電子の有効質量である*2。

*2　同じ記号を用いているが，$m_{\parallel}^*$ を定義する方向が Si では [1 0 0] 方向，Ge では [1 1 1] 方向と異なる。ただし，Si, Ge どちらの場合についても電子の有効質量が大きな値となる方向である。

L 点から Λ 軸と垂直な方向に $\boldsymbol{k}$ を変化させたときの電子のエネルギーがどのようになるのかを示したのが**図 14.8** である。Λ 軸と垂直となる軸の 1 つである Q 軸に対して電子のエネルギーがどのように変化するのかが示されている。Λ 軸に沿ったエネルギーの変化と比べて，Q 軸に沿ったエネルギーの変化の方が大きいことがわかる。L 点近傍における Q 軸に沿った電子のエネルギーもこれまでと同様に 2 次関数で近似することができ，Q 軸に沿った，L 点からの距離を $k_{\perp}$ と定義すると

$$\mathcal{E} = \mathcal{E}_{\mathrm{c}} + \frac{\hbar^2}{2m_{\perp}^*}{k_{\perp}}^2 \tag{14.7}$$

と表すことができる。ここで，$m_{\perp}^*$ は Q 軸に沿った方向での電子の有効質量を表す。図 14.8 からわかるように Q 軸に沿った方向での電子の

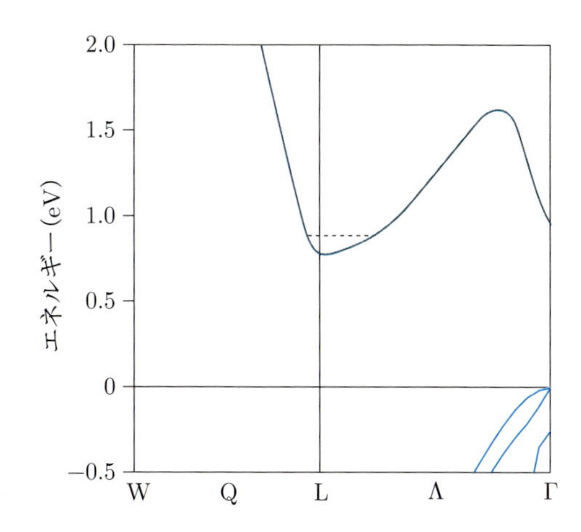

図 14.8 L 点を中心とした Ge のバンド図の拡大図。Λ 軸は，原点である Γ 点と L 点を結ぶ軸であり，L 点と W 点を結ぶ Q 軸は Λ 軸と垂直な軸の 1 つである。

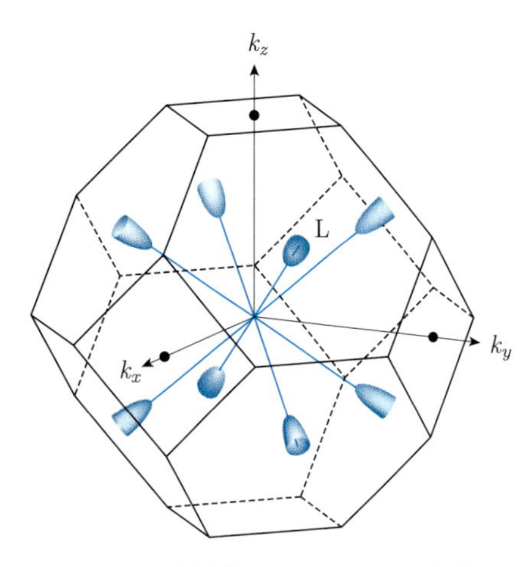

図 14.9 L 点近傍における Ge の伝導帯の等エネルギー面

エネルギーの変化が Λ 軸と比べて大きいことから，有効質量の大小関係は $m_\perp^* < m_\parallel^*$ となる。図 14.8 には，Λ 軸と垂直な軸の 1 つである Q 軸に沿った電子のエネルギー変化のみを示したが，この方向でなくても Λ 軸と垂直な方向であれば，ほぼ同じ曲率をもった 2 次関数で近似することができる。

式(14.6)と式(14.7)を 1 つにまとめると，Ge の伝導帯の L 点近傍における等エネルギー面を表す式

$$\mathcal{E} = \mathcal{E}_\mathrm{c} + \frac{\hbar^2}{2m_\parallel^*}\left(k_\parallel - k_0\right)^2 + \frac{\hbar^2}{2m_\perp^*}{k_\perp}^2 \tag{14.8}$$

が得られる。式(14.8)は，L 点を中心とする，赤道半径が $\sqrt{\dfrac{2m_\perp^*(\mathcal{E}-\mathcal{E}_\mathrm{c})}{\hbar^2}}$，極半径が $\sqrt{\dfrac{2m_\parallel^*(\mathcal{E}-\mathcal{E}_\mathrm{c})}{\hbar^2}}$ である回転楕円体の表面を表す式となる。Ge の場合，$m_\perp^* < m_\parallel^*$ なので，極半径が赤道半径よりも長い長楕円体となる。Ge の場合も Si と同様に，k_x，k_y，k_x の正負の符号を入れ替えた点も伝導帯の底になる。つまり，$\frac{2\pi}{a}(\frac{1}{2}, \frac{1}{2}, \frac{1}{2})$ のほか $\frac{2\pi}{a}(\frac{1}{2}, -\frac{1}{2}, -\frac{1}{2})$，$\frac{2\pi}{a}(-\frac{1}{2}, \frac{1}{2}, -\frac{1}{2})$，$\frac{2\pi}{a}(-\frac{1}{2}, -\frac{1}{2}, \frac{1}{2})$ を合わせた 4 つの点*3が伝導帯の底になる。**図 14.9** に，L 点および L 点に等価な点近傍における伝導帯の等エネルギー面を示す。これらの点はブリュアンゾーンの端にあるので，ブリュアンゾーンからはみ出した回転楕円体の半分が切断されたような図となっている。

以上，GaAs，Si，Ge の伝導帯のエネルギー最低点近傍の等エネルギー面を示した。等エネルギー面を用いると，有効質量の異方性がどのようになっているのか，伝導帯のエネルギー最低点が $\boldsymbol{k}$ 空間中のどこに位置するのかなどをわかりやすく示すことができる。

*3 正負の符号の入れ替えによってつくられる $\frac{2\pi}{a}(-\frac{1}{2}, -\frac{1}{2}, -\frac{1}{2})$，$\frac{2\pi}{a}(-\frac{1}{2}, \frac{1}{2}, \frac{1}{2})$，$\frac{2\pi}{a}(\frac{1}{2}, -\frac{1}{2}, \frac{1}{2})$，$\frac{2\pi}{a}(\frac{1}{2}, \frac{1}{2}, -\frac{1}{2})$ もその候補として考えられるが，これらはいずれも本文にあげた点を逆格子の基本ベクトル分だけずらしたものであるので，重複したものとして除いてある。

14.1.3　価電子帯

Si, Ge, GaAs などの半導体の価電子帯構造は，主に最外殻電子である p 電子によって形成されている。p 電子の磁気量子数が $m = -1, 0, 1$ の 3 通りをとりうることに由来して，価電子帯は 3 つのバンドからなる。結晶構造が立方晶であるダイヤモンド構造あるいは閃亜鉛鉱構造の半導体では，これら 3 つのバンドはそれぞれ**重い正孔**（heavy hole, HH）バンド，**軽い正孔**（light hole, LH）バンド，**スピン軌道分裂**（spin-orbit split-off, SO）バンドと呼ばれる。これらの半導体では，**図 14.10** に示すような同じ概形の価電子帯構造となる。重い正孔バンドと軽い正孔バンドは Γ 点においてエネルギー的に縮退している。スピン軌道分裂バンドは，**スピン軌道相互作用**（spin-orbit interaction あるいは spin-orbit coupling）[*4]のために，他のバンドとの縮退が解けて，Γ 点において Δ_0 だけエネルギー的に離れた位置にある。図 14.10 からわかるように，Γ 点近傍でのバンドは波数 k の 2 次関数で近似できる。ただし，重い正孔バンドと軽い正孔バンドとでは曲率が異なり，重い正孔バンドの方が曲率が小さい。すなわち重い正孔バンドの方が有効質量が大きい。また，重い正孔バンドについては，Δ 軸方向と Λ 軸方向とで曲率がかなり異なり，この図に示した例では，Λ 軸方向の方が曲率が小さく，有効質量が大きいことがわかる。これらの価電子帯の Γ 点近傍におけるエネルギーは近似的に

$$\mathcal{E}_{\mathrm{HH}} = Ak^2 + \sqrt{B^2k^4 + C^2\left({k_x}^2{k_y}^2 + {k_y}^2{k_z}^2 + {k_z}^2{k_x}^2\right)} \qquad (14.9)$$

$$\mathcal{E}_{\mathrm{LH}} = Ak^2 - \sqrt{B^2k^4 + C^2\left({k_x}^2{k_y}^2 + {k_y}^2{k_z}^2 + {k_z}^2{k_x}^2\right)} \qquad (14.10)$$

$$\mathcal{E}_{\mathrm{SO}} = -\Delta_0 + Ak^2 \qquad (14.11)$$

のように表される[*5]。ここで，$k = \sqrt{{k_x}^2 + {k_y}^2 + {k_z}^2}$ であり，定数 A，B，C は半導体材料によって異なる数値をとる。例えば，注 5 に

*4　電子のスピン角運動量 $\boldsymbol{s}$ と軌道角運動量 $\boldsymbol{l}$ との相互作用である。スピン軌道相互作用があると全角運動量の異なる状態である $j = l + s = 1 + \frac{1}{2} = \frac{3}{2}$ と $j = l - s = 1 - \frac{1}{2} = \frac{1}{2}$ の2つに分裂する。全角運動量が $j = \frac{1}{2}$ のバンドがスピン軌道分裂バンドとなる。全角運動量が $j = \frac{3}{2}$ のバンドは Γ 点から離れると全角運動量の z 成分が $j_z = \pm\frac{3}{2}$ である重い正孔バンドと $j_z = \pm\frac{1}{2}$ である軽い正孔バンドの2つに分裂する。

*5　論文“Cyclotron Resonance of Electrons and Holes in Silicon and Germanium”, G. Dresselhaus, A. F. Kip, and C. Kittel, *Phys. Rev.*, **98**, 368 (1955) の中に式の導出についての詳しい説明がある。

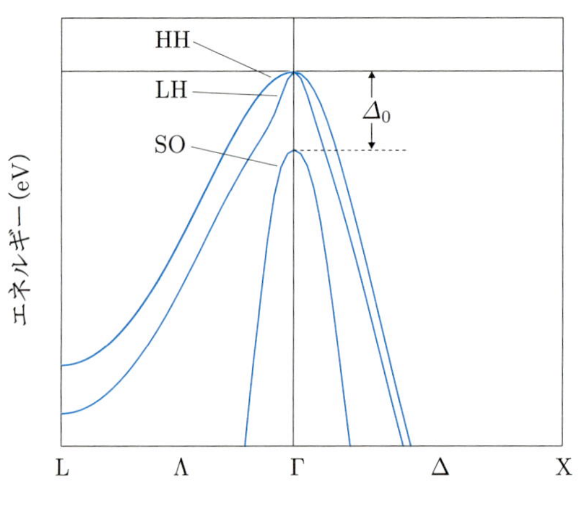

図 14.10　半導体の価電子帯構造

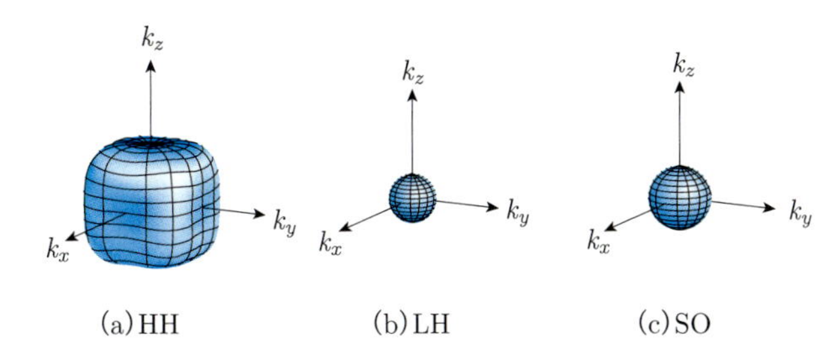

図 14.11　価電子帯の Γ 点近傍における等エネルギー面

記した論文では，Ge に対して $A = -13.0\left(\frac{\hbar^2}{2m_\mathrm{e}}\right)$，$|B| = 8.9\left(\frac{\hbar^2}{2m_\mathrm{e}}\right)$，$|C| = 10.3\left(\frac{\hbar^2}{2m_\mathrm{e}}\right)$，Si に対して $A = -4.1\left(\frac{\hbar^2}{2m_\mathrm{e}}\right)$，$|B| = 1.6\left(\frac{\hbar^2}{2m_\mathrm{e}}\right)$，$|C| = 3.3\left(\frac{\hbar^2}{2m_\mathrm{e}}\right)$ という実験結果が得られている。

式(14.9), (14.10) に対して，Δ 軸に沿うように $(k_x, k_y, k_z) = (\xi, 0, 0)$ として ξ を変化させると $\mathcal{E}_\mathrm{HH} = (A + |B|)\xi^2$，$\mathcal{E}_\mathrm{LH} = (A - |B|)\xi^2$ であることから，エネルギーは ξ の 2 乗で変化することが，また Λ 軸に沿うように $(k_x, k_y, k_z) = \frac{1}{\sqrt{3}}(\xi, \xi, \xi)$ として ξ を変化させると $\mathcal{E}_\mathrm{HH} = \left(A + \sqrt{B^2 + \frac{C^2}{3}}\right)\xi^2$，$\mathcal{E}_\mathrm{LH} = \left(A - \sqrt{B^2 + \frac{C^2}{3}}\right)\xi^2$ であることから，やはりエネルギーは ξ の 2 乗で変化することが確かめられる。

式(14.9)～(14.11)を用いて，価電子帯の Γ 点近傍における等エネルギー面を示すと**図 14.11** のようになる。伝導帯の等エネルギー面と比べると価電子帯の等エネルギー面はやや複雑な形をしていることがわかる。式(14.9)で示される重い正孔バンドの等エネルギー面は [1 0 0] 方向およびこれに等価な方向に少し凹み，[1 1 1] 方向およびこれに等価な方向に少し突き出した形をしている。つまり，重い正孔バンドでは [1 0 0] 方向およびこれに等価な方向の有効質量は小さく，[1 1 1] 方向およびこれに等価な方向の有効質量は大きい。つまり，重い正孔の有効質量は方向によって大きく異なる。一方，式(14.10)で示される軽い正孔バンドの等エネルギー面は [1 0 0] 方向およびこれに等価な方向に少し突き出しているが，重い正孔バンドと比べると異方性は小さく，球面に近い。つまり，軽い正孔の有効質量は方向によってあまり違わない。このように価電子帯においても，等エネルギー面を用いると有効質量の異方性がどのようになっているのかをわかりやすく示すことができる。

14.2　真性半導体におけるキャリアのエネルギー分布

不純物や欠陥などを含まずに，本来あるべき物性を示す半導体のことを**真性半導体**（intrinsic semiconductor）という。実際には不純物や欠陥がゼロである半導体は存在しないが，真性半導体が本来持ち合わせるべき電子・正孔密度と比べて，不純物や欠陥に由来する電子・正孔密度が十分に低いような半導体は真性半導体として扱うことができる。

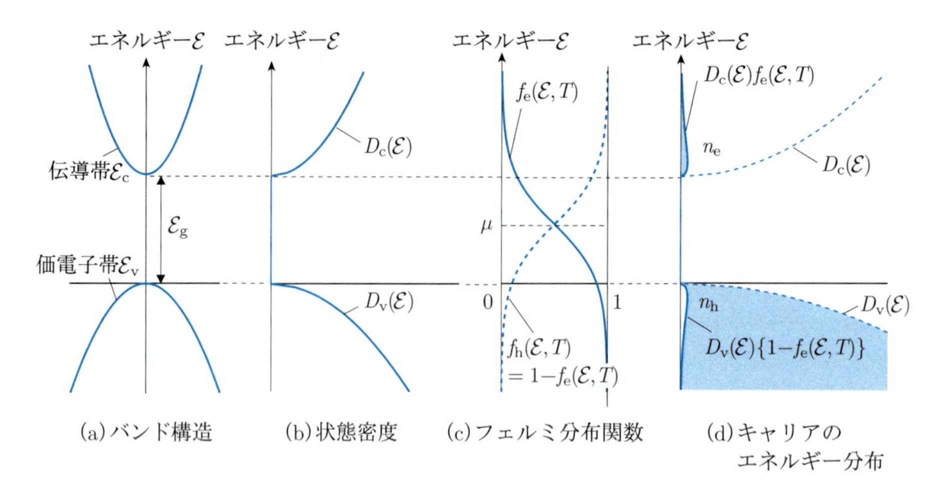

図 14.12　真性半導体におけるキャリアのエネルギー分布。
(d) についてはそのままでは n_{e} や n_{h} がつぶれて見えにくくなるため，横軸を (b) の 2 倍に拡大してある。

真性半導体におけるキャリア，すなわち電子および正孔のエネルギー分布を求めるために，半導体のバンド構造を単純化して，伝導帯も価電子帯もそれぞれ 1 つのバンドからなり，それぞれの有効質量には異方性がなく，等エネルギー面は球面として表されるようなモデルを考える*6。具体的には，**図 14.12** に示すような，伝導帯および価電子帯の分散がそれぞれ

$$\mathcal{E}=\mathcal{E}_{\mathrm{c}}+\frac{\hbar^2}{2m_{\mathrm{c}}^*}\left({k_x}^2+{k_y}^2+{k_z}^2\right) \tag{14.12}$$

$$\mathcal{E}=\mathcal{E}_{\mathrm{v}}-\frac{\hbar^2}{2m_{\mathrm{v}}^*}\left({k_x}^2+{k_y}^2+{k_z}^2\right) \tag{14.13}$$

と表されるバンド構造を考える*7。ここで，m_{c}^* は伝導帯における電子の有効質量，m_{v}^* は価電子帯における正孔の有効質量である。ただし，第 11 章で説明したように，式 (14.12)，(14.13) で表される伝導帯のバンド分散は下に凸な関数であり，価電子帯のバンド分散は上に凸な関数であるから $m_{\mathrm{c}}^*>0$，$m_{\mathrm{v}}^*>0$ である。また，伝導帯の底のエネルギーを $\mathcal{E}_{\mathrm{c}}$，価電子帯の頂上のエネルギーを $\mathcal{E}_{\mathrm{v}}$ としている。バンドギャップエネルギー $\mathcal{E}_{\mathrm{g}}$ は

$$\mathcal{E}_{\mathrm{g}}=\mathcal{E}_{\mathrm{c}}-\mathcal{E}_{\mathrm{v}} \tag{14.14}$$

で与えられる。

*6　このことは今までに述べてきた，半導体の伝導帯および価電子帯の複雑な構造を考えると，単純化しすぎたモデルに思えるかもしれない。しかし，この単純化したモデルで，真性半導体におけるキャリアのエネルギー分布を理解した上で，実際のバンド構造に対応するべく修正を施していけばよい。具体的には付録 I を参照のこと。

*7　式 (14.12) では伝導帯の底が Γ 点にあるので，直接遷移型半導体ということになるが，伝導帯への電子の励起は光ではなく熱によるものなので，以下の議論は間接遷移型半導体にも適用可能である。

14.2.1　状態密度

式 (9.23) を用いると，式 (14.12) および式 (14.13) で表される伝導帯および価電子帯の状態密度は

$$D_{\mathrm{c}}(\mathcal{E})=\frac{V}{2\pi^2}\left(\frac{2m_{\mathrm{c}}^*}{\hbar^2}\right)^{3/2}(\mathcal{E}-\mathcal{E}_{\mathrm{c}})^{1/2} \tag{14.15}$$

$$D_{\mathrm{v}}(\mathcal{E})=\frac{V}{2\pi^2}\left(\frac{2m_{\mathrm{v}}^*}{\hbar^2}\right)^{3/2}(\mathcal{E}_{\mathrm{v}}-\mathcal{E})^{1/2} \tag{14.16}$$

と表される。この様子を図 14.12(b) に示す。$\mathcal{E}_{\mathrm{v}}<\mathcal{E}<\mathcal{E}_{\mathrm{c}}$ の禁制帯領域では状態密度は 0 となり，$\mathcal{E}\geq\mathcal{E}_{\mathrm{c}}$ の伝導帯では，伝導帯の底から高エネルギー側へと $(\mathcal{E}-\mathcal{E}_{\mathrm{c}})^{1/2}$ に比例して増加していく。また，$\mathcal{E}\leq\mathcal{E}_{\mathrm{v}}$ の価電子帯では，価電子帯の頂上から低エネルギー側へと $(\mathcal{E}_{\mathrm{v}}-\mathcal{E})^{1/2}$ に比例して増加していく。

14.2.2 フェルミ分布

5.3 節で説明したように，温度が T であるとき，電子がエネルギー $\mathcal{E}$ の状態を占有する確率はフェルミ分布関数

$$f_{\mathrm{e}}(\mathcal{E},T)=\frac{1}{e^{(\mathcal{E}-\mu)/k_{\mathrm{B}}T}+1} \tag{14.17}$$

で与えられる。ここで，μ は化学ポテンシャルである。

正孔がエネルギー $\mathcal{E}$ の状態を占有する確率は電子がその状態を占有しない確率に等しいから

$$f_{\mathrm{h}}(\mathcal{E},T)=1-f_{\mathrm{e}}(\mathcal{E},T)=\frac{1}{e^{(\mu-\mathcal{E})/k_{\mathrm{B}}T}+1} \tag{14.18}$$

で与えられる。これらの様子を図 14.12(c) に示す。電子の占有確率 $f_{\mathrm{e}}(\mathcal{E},T)$ は図中に実線で示されている。エネルギーの低い領域ではほぼ 1 に近い値をとり，エネルギーが高くなるにつれて値が小さくなっていき，$\mathcal{E}=\mu$ となるエネルギーは後で説明するようにバンドギャップのほぼ中間に位置し，$f_{\mathrm{e}}(\mu,T)=0.5$ となる。伝導帯のエネルギー領域では $f_{\mathrm{e}}(\mathcal{E},T)$ はかなり小さい値となる。正孔の占有確率 $f_{\mathrm{h}}(\mathcal{E},T)$ は図中に破線で示されている。$f_{\mathrm{h}}(\mathcal{E},T)$ は価電子帯のエネルギー領域でかなり小さい値となる。

14.2.3 電子・正孔密度

伝導帯中に分布する電子密度 n_{e} は，伝導帯の状態密度 $D_{\mathrm{e}}(\mathcal{E})$ と電子がエネルギー $\mathcal{E}$ の状態を占有する確率 $f_{\mathrm{e}}(\mathcal{E},T)$ との積を，以下のように伝導帯のエネルギー範囲 $[\mathcal{E}_{\mathrm{c}},\infty)$ で積分することによって

$$n_{\mathrm{e}}=\frac{1}{V}\int_{\mathcal{E}_{\mathrm{c}}}^{\infty}D_{\mathrm{c}}(\mathcal{E})f_{\mathrm{e}}(\mathcal{E},T)\mathrm{d}\mathcal{E} \tag{14.19}$$

と求めることができる。図 14.12(d) 中に被積分関数である $D_{\mathrm{c}}(\mathcal{E})f_{\mathrm{e}}(\mathcal{E},T)$ の様子を示した。ここに示した伝導帯中に分布する電子が半導体の電気伝導に関わるキャリアとなる。$\mathcal{E}-\mu\gg k_{\mathrm{B}}T$ の場合，電子の占有確率を与えるフェルミ分布関数は

$$f_{\mathrm{e}}(\mathcal{E},T)=\frac{1}{e^{(\mathcal{E}-\mu)/k_{\mathrm{B}}T}+1}\simeq e^{-\frac{\mathcal{E}-\mu}{k_{\mathrm{B}}T}} \tag{14.20}$$

のようにボルツマン分布で近似できるので，式(14.19)は

$$
\begin{aligned}
n_{\mathrm{e}} &= \frac{1}{2\pi^2}\left(\frac{2m_{\mathrm{c}}^*}{\hbar^2}\right)^{3/2}\int_{\mathcal{E}_{\mathrm{c}}}^{\infty}(\mathcal{E}-\mathcal{E}_{\mathrm{c}})^{1/2}\frac{1}{e^{(\mathcal{E}-\mu)/k_{\mathrm{B}}T}+1}\mathrm{d}\mathcal{E} \\
&\simeq \frac{1}{2\pi^2}\left(\frac{2m_{\mathrm{c}}^*}{\hbar^2}\right)^{3/2}\int_{\mathcal{E}_{\mathrm{c}}}^{\infty}(\mathcal{E}-\mathcal{E}_{\mathrm{c}})^{1/2}e^{-\frac{\mathcal{E}-\mu}{k_{\mathrm{B}}T}}\mathrm{d}\mathcal{E} \\
&= 2\left(\frac{m_{\mathrm{c}}^* k_{\mathrm{B}}T}{2\pi\hbar^2}\right)^{3/2}e^{-\frac{\mathcal{E}_{\mathrm{c}}-\mu}{k_{\mathrm{B}}T}} \\
&= N_{\mathrm{c}}e^{-\frac{\mathcal{E}_{\mathrm{c}}-\mu}{k_{\mathrm{B}}T}}
\end{aligned}
\tag{14.21}
$$

自分で導出してみよう。

となる。ここで，

$$
N_{\mathrm{c}} = 2\left(\frac{m_{\mathrm{c}}^* k_{\mathrm{B}}T}{2\pi\hbar^2}\right)^{3/2} \tag{14.22}
$$

であり，N_{c} を伝導帯の**有効状態密度**（effective density of states）という。

ところで，エネルギーが $\mathcal{E}$ である，単位体積あたり $N(\mathcal{E})$ 個の状態を占有する電子密度 $n_{\mathrm{e}}(\mathcal{E})$ は，フェルミ分布関数 $f_{\mathrm{e}}(\mathcal{E},T)$ によって

$$
n_{\mathrm{e}}(\mathcal{E}) = N(\mathcal{E})f_{\mathrm{e}}(\mathcal{E},T) = \frac{N(\mathcal{E})}{e^{(\mathcal{E}-\mu)/k_{\mathrm{B}}T}+1} \tag{14.23}
$$

で与えられる。$\mathcal{E}-\mu \gg k_{\mathrm{B}}T$ が成り立てば，式(14.23)はボルツマン分布を用いて

$$
n_{\mathrm{e}}(\mathcal{E}) \simeq N(\mathcal{E})e^{-\frac{\mathcal{E}-\mu}{k_{\mathrm{B}}T}} \tag{14.24}
$$

と近似できる。式(14.24)において $\mathcal{E}=\mathcal{E}_{\mathrm{c}}$，$N(\mathcal{E}_{\mathrm{c}})=N_{\mathrm{c}}$ とした結果は式(14.21)と一致する。このことは，**図 14.13** に概念的に示すように，電子の連続的なエネルギー分布を積分することによって得られた式(14.21)が，伝導帯の底である $\mathcal{E}=\mathcal{E}_{\mathrm{c}}$ に位置する単一のエネルギー準位に単位体積あたり N_{c} 個の状態が存在しているのと同等であることを

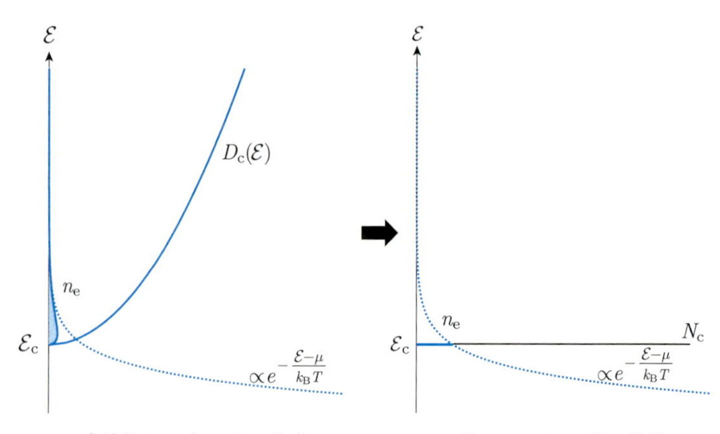

図 14.13　有効状態密度の概念図。
有効状態密度 N_{c} を用いると，電子の連続的なエネルギー分布を単一のエネルギー準位に置き換えて解析することが可能となる。

意味する。つまり，わざわざ積分を行う必要はなく，$\mathcal{E} = \mathcal{E}_{\mathrm{c}}$ のエネルギー位置に N_{c} 個の状態があるとして四則演算でさまざまな解析をすることが可能となる。これが有効状態密度を定義する理由である。

価電子帯中に分布する正孔密度 n_{h} も，n_{e} の場合と同様にして

$$n_{\mathrm{h}} = \frac{1}{V}\int_{-\infty}^{\mathcal{E}_{\mathrm{v}}} D_{\mathrm{v}}(\mathcal{E}) f_{\mathrm{h}}(\mathcal{E}, T)\mathrm{d}\mathcal{E} \tag{14.25}$$

で与えられる。この被積分関数 $D_{\mathrm{v}}(\mathcal{E}) f_{\mathrm{h}}(\mathcal{E}, T)$ も図 14.12(d) 中に示してある。伝導帯中に分布する電子と同様に，価電子帯中に分布する正孔が半導体の電気伝導に関わるキャリアとなる。$\mu - \mathcal{E} \gg k_{\mathrm{B}}T$ の場合，正孔の占有確率は

$$f_{\mathrm{h}}(\mathcal{E}, T) = \frac{1}{e^{(\mu-\mathcal{E})/k_{\mathrm{B}}T} + 1} \simeq e^{-\frac{\mu-\mathcal{E}}{k_{\mathrm{B}}T}} \tag{14.26}$$

と近似できるので，式(14.25)は

$$\begin{aligned} n_{\mathrm{h}} &= \frac{1}{2\pi^2}\left(\frac{2m_{\mathrm{v}}^*}{\hbar^2}\right)^{3/2}\int_{-\infty}^{\mathcal{E}_{\mathrm{v}}} (\mathcal{E}_{\mathrm{v}} - \mathcal{E})^{1/2} \frac{1}{e^{(\mu-\mathcal{E})/k_{\mathrm{B}}T} + 1}\mathrm{d}\mathcal{E} \\ &\simeq \frac{1}{2\pi^2}\left(\frac{2m_{\mathrm{v}}^*}{\hbar^2}\right)^{3/2}\int_{-\infty}^{\mathcal{E}_{\mathrm{v}}} (\mathcal{E}_{\mathrm{v}} - \mathcal{E})^{1/2} e^{-\frac{\mu-\mathcal{E}}{k_{\mathrm{B}}T}}\mathrm{d}\mathcal{E} \\ &= 2\left(\frac{m_{\mathrm{v}}^* k_{\mathrm{B}}T}{2\pi\hbar^2}\right)^{3/2} e^{-\frac{\mu-\mathcal{E}_{\mathrm{v}}}{k_{\mathrm{B}}T}} \\ &= N_{\mathrm{v}} e^{-\frac{\mu-\mathcal{E}_{\mathrm{v}}}{k_{\mathrm{B}}T}} \end{aligned} \tag{14.27}$$

となる。ここで，

$$N_{\mathrm{v}} = 2\left(\frac{m_{\mathrm{v}}^* k_{\mathrm{B}}T}{2\pi\hbar^2}\right)^{3/2} \tag{14.28}$$

を価電子帯の有効状態密度という。式(14.27)は，式(14.21)の場合と同様に，価電子帯の頂上のエネルギー位置 $\mathcal{E} = \mathcal{E}_{\mathrm{v}}$ に単位体積あたり N_{v} 個の状態が存在しているのと同等であることを示している。

式(14.21)と式(14.27)を用いて，電子密度と正孔密度との積を求めると

$$n_{\mathrm{e}} n_{\mathrm{h}} = 4\left(\frac{k_{\mathrm{B}}T}{2\pi\hbar^2}\right)^3 (m_{\mathrm{c}}^* m_{\mathrm{v}}^*)^{3/2} e^{-\frac{\mathcal{E}_{\mathrm{c}}-\mathcal{E}_{\mathrm{v}}}{k_{\mathrm{B}}T}} = N_{\mathrm{c}} N_{\mathrm{v}} e^{-\frac{\mathcal{E}_{\mathrm{g}}}{k_{\mathrm{B}}T}} \tag{14.29}$$

のようになる。真性半導体では，伝導帯中の電子密度は価電子帯中の正孔密度と等しく $n_{\mathrm{e}} = n_{\mathrm{h}}$ なので，式(14.29)の平方根を求めることで

$$\begin{aligned} n_{\mathrm{i}} \equiv n_{\mathrm{e}} = n_{\mathrm{h}} &= 2\left(\frac{k_{\mathrm{B}}T}{2\pi\hbar^2}\right)^{3/2} (m_{\mathrm{c}}^* m_{\mathrm{v}}^*)^{3/4} e^{-\frac{\mathcal{E}_{\mathrm{g}}}{2k_{\mathrm{B}}T}} \\ &= (N_{\mathrm{c}} N_{\mathrm{v}})^{1/2} e^{-\frac{\mathcal{E}_{\mathrm{g}}}{2k_{\mathrm{B}}T}} \end{aligned} \tag{14.30}$$

が得られる。真性半導体中のキャリア密度 n_{i} のことを特に**真性キャリア密度**（intrinsic carrier concentration あるいは intrinsic carrier density）という。近似的には $n_{\mathrm{i}} \propto e^{-\frac{\mathcal{E}_{\mathrm{g}}}{2k_{\mathrm{B}}T}}$ のように，真性キャリア密度 n_{i} はバンドギャップエネルギー $\mathcal{E}_{\mathrm{g}}$ の半分の値を活性化エネルギーとするような温度依存性を示す。化学ポテンシャル μ は.7

自分で導出してみよう。

$$\mu=\frac{\mathcal{E}_\mathrm{c}+\mathcal{E}_\mathrm{v}}{2}+\frac{3k_\mathrm{B}T}{4}\log\left(\frac{m_\mathrm{v}^*}{m_\mathrm{c}^*}\right)=\mathcal{E}_\mathrm{v}+\frac{\mathcal{E}_\mathrm{g}}{2}+\frac{3k_\mathrm{B}T}{4}\log\left(\frac{m_\mathrm{v}^*}{m_\mathrm{c}^*}\right) \quad (14.31)$$

で与えられ，第 2 項は第 1 項に比べて小さいことから，バンドギャップエネルギー $\mathcal{E}_\mathrm{g}$ のほぼ半分である。つまり，電子および正孔の占有確率が 0.5 となるのは禁制帯のほぼ中間である。

ここまでの結果をまとめると，真性半導体の電子・正孔密度は，温度が高いほど，また，バンドギャップが狭いほど，価電子帯にある電子が伝導帯へ熱励起されやすいために増加することになる。温度が高くなるにつれて半導体の電気抵抗が低くなる傾向にあるのは，電気伝導に関わるキャリアとなる電子・正孔密度が高くなるためである。

14.3　不純物ドーピング

14.3.1　ドナー，アクセプター

前節で述べたように，真性半導体における電子・正孔密度はバンドギャップエネルギーや有効質量によって決定され，温度によって変化させることが可能であり，その結果，半導体の電気伝導も変化する。しかし，半導体をトランジスタなどのデバイスに用いるためには，電気伝導を人為的に制御する必要がある。そこで，半導体に**不純物ドーピング**（impurity doping）を行い，電子あるいは正孔密度を制御することによって，電気伝導の制御を行っている。つまり，半導体が我々にとって役に立つ固体材料であるのは電気伝導の制御を可能とする不純物ドーピング技術のおかげと言っても過言ではない。

ドナー（donor）は伝導帯に電子を与える不純物であり，電気伝導に関わる電子*8密度を増加させる。**アクセプター**（acceptor）は価電子帯から電子を受け取る不純物であり，電気伝導に関わる正孔密度を増加させる。

*8　これを伝導電子と呼ぶことにする。

不純物ドーピングの影響を説明する前にもう一度，半導体の結合について考えておくことにしよう。Si や Ge の結晶構造はダイヤモンド構造であり，配位数は 4 である。すなわち，1 つの原子に対して隣接する原子の数が 4 つである。6.2.2 項で説明したように，隣接する原子どうしが互いに向かい合うような方向で，4 個の価電子をそれぞれ供給し，1 つの結合あたり 2 個の電子を共有することで共有結合が形成される。本来，Si の結晶構造は 3 次元的であるが，2 個の電子を共有して結合が形成されている様子を 2 次元的な模式図として**図 14.14**(a)～(c)に示した。図 14.14(a)はすべてが Si からなる真性半導体を示す。共有結合を形成していた電子が熱励起されて結晶内を自由に動けるようになり，電子の抜けた位置が正孔となっている様子が描かれている。

図 14.14(b)に，Si 中に不純物として P（リン）をドープしたときの様子を示す。P はもともと Si のあった位置に置き換わるようにドープされる。Si の価電子数が 4 であるのに対して P の価電子数は 5 であるた

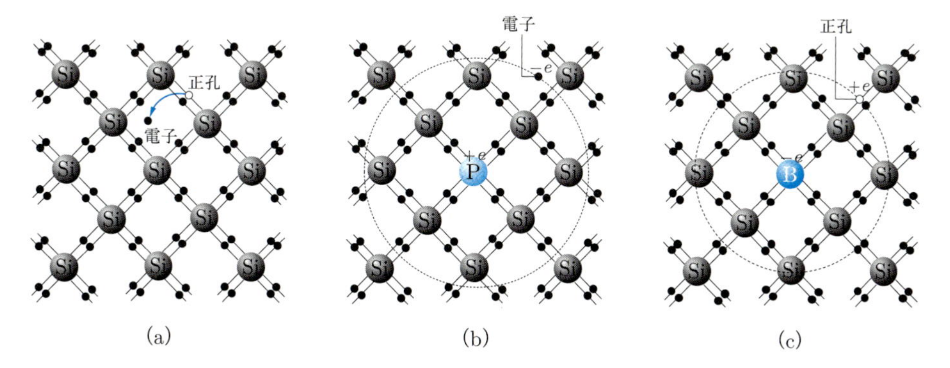

図 14.14　(a) 不純物を含まない半導体である真性半導体,
(b) ドナーをドープした半導体,
(c) アクセプターをドープした半導体

め，そのうちの 4 個の電子は隣接した Si と共有結合を形成し，残り 1 個の電子が余った状態になる。電子と原子核の電荷を合わせた正味の電荷はゼロなので，1 個余った電子の電荷とつり合うように P は $+e$ の電荷を帯びたイオンとなる。余った電子は P イオンの正電荷によるクーロンポテンシャルの影響を受けて束縛される。後で説明するように，この束縛エネルギーはそれほど大きくないため，室温程度の熱エネルギーによって容易に電子はその束縛から離れて結晶内を自由に動き回れる状態になる。したがって，P は伝導電子密度を増加させるドナーとして働く。P 以外にドナーとなる不純物は，Si よりも価数の多い As や Sb などである。GaAs の場合には，これよりもやや複雑で，ドープした不純物が Ga と置換する場合には 3 価の Ga よりも価数の多い Si などが，As と置換する場合には 5 価の As よりも価数の多い S（イオウ）などがドナーとして働く。

図 14.14(c) に，Si 中に不純物として B（ホウ素）をドープしたときの様子を示す。B は Si の位置と置換するようにドープされる。4 価の Si に対して B は 3 価であるため，隣接した Si と共有結合を形成するのに必要な電子が 1 個不足する。この不足分を埋め合わせるために，図 14.14(c) に示したように，周辺から価電子をもらってくる必要がある。その結果，正孔が生成する。もし別の価電子がこの正孔と入れ替われば，正孔はこの価電子のあった位置へと移動する。これを繰り返せば正孔は結晶中を動き回ることが可能である。ところが，B は電子を 1 個余計にもつために $-e$ に帯電してイオンとなり，この負電荷のつくるクーロンポテンシャルによって正孔は B イオンの近くに束縛される。しかし，この束縛エネルギーもそれほど大きくないため，正孔は容易にイオンによる束縛から離れて結晶内を自由に動き回れる状態になる。このようにして，B は正孔密度を増加させるアクセプターとして働く。B 以外にアクセプターになる不純物としては，Si よりも価数の少ない Al や Ga などがある。GaAs では，ドープした不純物が Ga と置換する場

表 14.3　ドナーあるいはアクセプターになる不純物

半導体	ドナー	アクセプター
Si, Ge（4 価）	P, As, Sb（5 価）など	B, Al, Ga（3 価）など
GaAs（3 価 + 5 価）	Ga（3 価）と置換する場合： Si（4 価）など	Ga（3 価）と置換する場合： Be, Zn（2 価）など
	As（5 価）と置換する場合： S, Se（6 価）など	As（5 価）と置換する場合： C（4 価）など

合には 3 価の Ga よりも価数の少ない Be（ベリリウム）や Zn（亜鉛）などが，As と置換する場合には 5 価の As よりも価数の少ない C（炭素）などがアクセプターになる。つまり，**表 14.3** に示すように，置換される元の原子と比べて置換する原子の価数が多ければドナーに，価数が少なければアクセプターになる。

14.3.2　有効質量近似

ドナーやアクセプターによってどのような束縛準位ができるのかを求めるために用いられるのが**有効質量近似**（effective-mass apporximation）である。式(10.10)に示したように，結晶中の電子に対するシュレーディンガー方程式は 1 電子近似によって

$$\hat{H}\phi(\boldsymbol{r}) = \left\{-\frac{\hbar^2}{2m_{\mathrm{e}}}\Delta + V(\boldsymbol{r})\right\}\phi(\boldsymbol{r}) = \mathcal{E}\phi(\boldsymbol{r}) \tag{14.32}$$

のように表される。10.3 節で説明したように，この方程式の固有関数はブロッホ関数

$$\phi_{\boldsymbol{k}}(\boldsymbol{r}) = e^{i\boldsymbol{k}\cdot\boldsymbol{r}}u_{\boldsymbol{k}}(\boldsymbol{r}) \tag{14.33}$$

によって，エネルギー固有値は $\boldsymbol{k}$ の関数

$$\mathcal{E} = \mathcal{E}(\boldsymbol{k}) \tag{14.34}$$

として与えられる。また，$u_{\boldsymbol{k}}(\boldsymbol{r})$ は周期ポテンシャル $V(\boldsymbol{r})$ と同じ周期性をもつ周期関数である。

いま，結晶に不純物をドープすることによって摂動ポテンシャル $\hat{H}'(\boldsymbol{r})$ が加わったとすると，

$$\left\{\hat{H} + \hat{H}'(\boldsymbol{r})\right\}\phi(\boldsymbol{r}) = \left\{-\frac{\hbar^2}{2m_{\mathrm{e}}}\Delta + V(\boldsymbol{r}) + \hat{H}'(\boldsymbol{r})\right\}\phi(\boldsymbol{r}) = \mathcal{E}\phi(\boldsymbol{r}) \tag{14.35}$$

を解かなければならない。

もし，摂動ポテンシャル $\hat{H}'(\boldsymbol{r})$ が周期ポテンシャル $V(\boldsymbol{r})$ の周期と比べて空間的にゆるやかに変化する場合には，式(14.35)を解く代わりに

$$\left\{\mathcal{E}(-i\nabla) + \hat{H}'(\boldsymbol{r})\right\}F(\boldsymbol{r}) = \mathcal{E}F(\boldsymbol{r}) \tag{14.36}$$

を解けばよい。ただし，$\mathcal{E}(-i\nabla)$ は式(14.34)中の $\boldsymbol{k}$ を $-i\nabla$，すなわち (k_x, k_y, k_z) を $\left(-i\frac{\partial}{\partial x}, -i\frac{\partial}{\partial y}, -i\frac{\partial}{\partial z}\right)$ で置き換えたものである。また，$F(\boldsymbol{r})$ は**包絡関数**（envelope function）と呼ばれ，ポテンシャルの周期よりもゆるやかに変化する関数である。例えば，伝導帯の底近傍を想定

して，エネルギー固有値が

$$\mathcal{E}(\boldsymbol{k}) = \mathcal{E}_{\rm c} + \frac{\hbar^2}{2m_{\rm c}^*}\left({k_x}^2 + {k_y}^2 + {k_z}^2\right) \tag{14.37}$$

のように表されるとすれば，$\boldsymbol{k}$ を $-i\nabla$ で置き換える[*9]ことによって

$$\mathcal{E}(-i\nabla) = \mathcal{E}_{\rm c} - \frac{\hbar^2}{2m_{\rm c}^*}\left(\frac{\partial^2}{\partial x^2} + \frac{\partial^2}{\partial y^2} + \frac{\partial^2}{\partial z^2}\right) = \mathcal{E}_{\rm c} - \frac{\hbar^2}{2m_{\rm c}^*}\Delta$$

となるので，式(14.36)は

$$\left\{-\frac{\hbar^2}{2m_{\rm c}^*}\Delta + \hat{H}'(\boldsymbol{r})\right\}F(\boldsymbol{r}) = (\mathcal{E} - \mathcal{E}_{\rm c})F(\boldsymbol{r}) \tag{14.38}$$

となる。このような近似を有効質量近似といい，式(14.38)を**有効質量方程式**（effective mass equation）という。有効質量近似では，式(14.35)中の周期ポテンシャル $V(\boldsymbol{r})$ の影響を，有効質量 $m_{\rm c}^*$ に組み入れたことになる。

ドナー不純物による摂動ポテンシャル

$$\hat{H}'(\boldsymbol{r}) = -\frac{e^2}{4\pi\varepsilon|\boldsymbol{r}|} \tag{14.39}$$

を式(14.38)に代入した有効質量方程式

$$\left(-\frac{\hbar^2}{2m_{\rm c}^*}\Delta - \frac{e^2}{4\pi\varepsilon|\boldsymbol{r}|}\right)F(\boldsymbol{r}) = (\mathcal{E} - \mathcal{E}_{\rm c})F(\boldsymbol{r}) \tag{14.40}$$

を解いてみよう。ここで，$m_{\rm c}^*$ は伝導帯の底の有効質量であり，ε は半導体の誘電率である。また，$\mathcal{E}_{\rm c}$ は伝導帯の底のエネルギーである。

ところで，式(14.40)は4.8節で扱った水素原子のシュレーディンガー方程式において電子の質量を $m_{\rm e} \to m_{\rm c}^*$，誘電率を $\varepsilon_0 \to \varepsilon$ と置き換えたものにほかならない。したがって，水素原子と同様の扱いでドナーによる電子の束縛状態を求めることが可能である。

式(14.40)のエネルギー固有値は，水素原子について得られた式(4.65)に対して $m_{\rm e} \to m_{\rm c}^*$，$\varepsilon_0 \to \varepsilon$ という置き換えを行うことによって，

$$\begin{aligned} \mathcal{E}_n &= \mathcal{E}_{\rm c} - \frac{m_{\rm c}^*}{2\hbar^2}\left(\frac{e^2}{4\pi\varepsilon}\right)^2\frac{1}{n^2} \\ &= \mathcal{E}_{\rm c} - \left(\frac{m_{\rm c}^*}{m_{\rm e}}\right)\left(\frac{1}{\varepsilon_{\rm s}}\right)^2\frac{1}{n^2} \times \frac{m_{\rm e}}{2\hbar^2}\left(\frac{e^2}{4\pi\varepsilon_0}\right)^2 \end{aligned} \tag{14.41}$$

と得られる。ここで，$\varepsilon_{\rm s} = \frac{\varepsilon}{\varepsilon_0}$ は半導体の比誘電率である。また，水素原子についての計算結果より，$\frac{m_{\rm e}}{2\hbar^2}\left(\frac{e^2}{4\pi\varepsilon_0}\right)^2 = 13.6\,{\rm eV}$ であるので，例えば，半導体の有効質量および比誘電率を $m_{\rm c}^* = 0.07m_{\rm e}$，$\varepsilon_{\rm s} = 13$ であるとすれば $\mathcal{E}_1 - \mathcal{E}_{\rm c} = -0.006\,{\rm eV}$ が得られる[*10]。つまり，**図 14.15**(b)に示すように，半導体中にドープされたドナーは伝導帯の底 $\mathcal{E} = \mathcal{E}_{\rm c}$ からわずかに低いエネルギー位置に準位を形成して電子を束縛する。この準位を**ドナー準位**（donor level）という。伝導帯の底とドナー準位のエネルギー差 $\mathcal{E}_{\rm D}$ は室温における $k_{\rm B}T$（$= 0.026\,{\rm eV}$）と比べてもかなり小

*9 式(4.6)で示したように，$-i\hbar\nabla$ が運動量 $\boldsymbol{p}$ の演算子であることと，式(4.4)で示したように $\boldsymbol{p} = \hbar\boldsymbol{k}$ であることから，$\boldsymbol{k} \to -i\nabla$ としてよい。

*10 この値はGaAsにおけるドナー準位を想定しており，実験値 0.0058 eV とよく一致している。

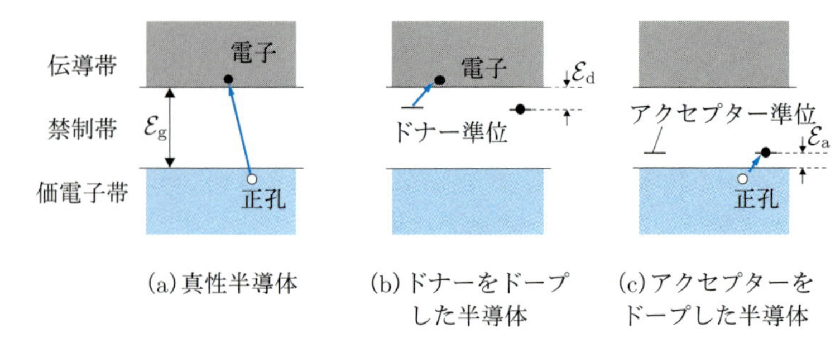

図 14.15　真性半導体と不純物をドープした半導体の違い。
不純物をドープすることによって禁制帯内に準位が形成される。

さい。このことは，電子が伝導帯に熱励起されて，ドナーによる束縛から容易に離れられることを意味している。

また，水素原子のボーア半径を与える式(4.60)に対して $m_{\rm e} \to m_{\rm c}^*$, $\varepsilon_0 \to \varepsilon$ という置き換えをすることによって，a_0^* は

$$a_0^* = \frac{4\pi\varepsilon\hbar^2}{m_{\rm c}^* e^2} = a_0 \frac{m_{\rm e}}{m_{\rm c}^*}\varepsilon_{\rm s} \tag{14.42}$$

となり，$m_{\rm c}^* = 0.07m_{\rm e}$，$\varepsilon_{\rm s} = 13$ であるとき，ドナーによって束縛された状態にある電子の**有効ボーア半径**（effective Bohr radius）は $a_0^* = 9.8\,{\rm nm}$ と見積もられる。この値は半導体の格子定数 $a \approx 0.5\,{\rm nm}$ と比べて十分大きく，ドナーによる摂動ポテンシャルが結晶のポテンシャルの周期と比べて空間的にゆるやかに変化するという有効質量近似にとって必要な前提が保証されていることを意味する。

14.1.3 項で説明したように，価電子帯の構造は複雑であるが，価電子帯の頂上近傍のエネルギーが近似的に

$$\mathcal{E}(\boldsymbol{k}) = \mathcal{E}_{\rm v} - \frac{\hbar^2}{2m_{\rm v}^*}\left({k_x}^2 + {k_y}^2 + {k_z}^2\right) \tag{14.43}$$

と表されるとすれば，アクセプターが形成する準位のエネルギーは

$$\begin{aligned}\mathcal{E}_n &= \mathcal{E}_{\rm v} + \frac{m_{\rm v}^*}{2\hbar^2}\left(\frac{e^2}{4\pi\varepsilon}\right)^2 \frac{1}{n^2} \\ &= \mathcal{E}_{\rm v} + \left(\frac{m_{\rm v}^*}{m_{\rm e}}\right)\left(\frac{1}{\varepsilon_{\rm s}}\right)^2 \frac{1}{n^2} \times \frac{m_{\rm e}}{2\hbar^2}\left(\frac{e^2}{4\pi\varepsilon_0}\right)^2\end{aligned} \tag{14.44}$$

で与えられ，図 14.15(c) に示すように，この準位（**アクセプター準位**（acceptor level）という）は価電子帯の頂上よりわずかに高エネルギー側に位置する。アクセプター準位が空であれば，正孔は図 14.14(c) に示したような，アクセプターに束縛された状態にある。$m_{\rm v}^* = 0.5m_{\rm e}$, $\varepsilon_{\rm s} = 13$ であるとき，アクセプター準位と価電子帯の頂上のエネルギー差 $\mathcal{E}_{\rm a}$ は 0.04 eV となる。この値は室温における $k_{\rm B}T$（$= 0.026\,{\rm eV}$）と同程度であり，室温程度の熱励起によって正孔はアクセプターによる束縛から離れられることを意味している。

14.3.3　n 型半導体，p 型半導体

これまで半導体にドナーがドープされると伝導帯に伝導電子が供給されて，伝導電子密度が増加することを説明してきた。このような伝導電子密度の高い半導体を**n 型半導体**（n-type semiconductor）という。また，半導体にアクセプターがドープされた場合には価電子帯に正孔が供給されて正孔密度が増加する。このような正孔密度の高い半導体を**p 型半導体**（p-type semiconductor）という。

ここでは，n 型半導体におけるキャリア密度について考えよう。n 型半導体中には，密度 N_{D} のドナーがドープされており，それより低い密度 N_{A} のアクセプターも含まれているものとする。また，**図 14.16** に示すように，伝導帯の底 $\mathcal{E} = \mathcal{E}_{\mathrm{c}}$ から $\mathcal{E}_{\mathrm{d}}$ だけ低いエネルギー位置にドナー準位が形成されており，価電子帯の頂上から $\mathcal{E}_{\mathrm{a}}$ だけ高いエネルギー位置にアクセプター準位が形成されているとする。

電子がドナー準位を占有する場合，上向き，下向きスピンをもつ 2 つの電子が占有する可能性が考えられる。ところが，1 つの電子がドナー準位を占有しているともう 1 つの電子を入れようとしても，電子がドナー付近に局在しているために互いの電子にクーロン斥力が働き，同時に 2 つの電子が入ることができない。したがって，電子がドナー準位を占有する場合としては，**図 14.17** に示すように

(1)　上向きのスピンをもつ 1 つの電子が占有する
(2)　下向きのスピンをもつ 1 つの電子が占有する
(3)　電子が占有しない

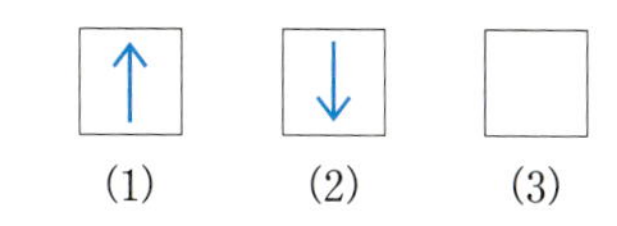

図 14.17　電子がドナー準位を占有する 3 つの場合

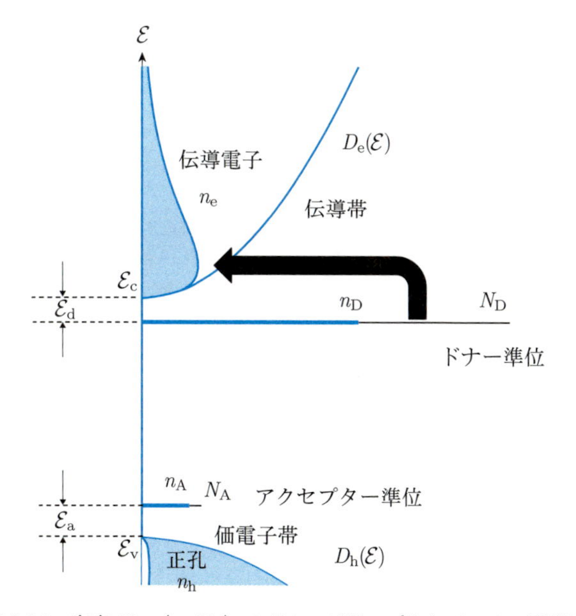

図 14.16　密度 N_{D}（$> N_{\mathrm{A}}$）のドナーがドープされている n 型半導体

という 3 種類のみである。式(5.3)で示したグランドカノニカル分布を用いて電子がドナー準位を占有する確率を得るために，ドナー準位を系として $e^{-\frac{E-\mu N}{k_B T}}$ をそれぞれの場合について求めると(1)および(2)の場合は $E=\mathcal{E}_c-\mathcal{E}_d$, $N=1$ なので $e^{-\frac{\mathcal{E}_c-\mathcal{E}_d-\mu}{k_B T}}$ であり，(3)の場合は $E=0$, $N=0$ なので 1 である。したがって，ドナー準位を占有する電子密度 n_D はドナー密度 N_D に占有確率をかけることによって得られる

$$n_D = N_D \frac{2\times e^{-(\mathcal{E}_c-\mathcal{E}_d-\mu)/k_B T}}{2\times e^{-(\mathcal{E}_c-\mathcal{E}_d-\mu)/k_B T}+1} = \frac{N_D}{1+\frac{1}{2}e^{(\mathcal{E}_c-\mathcal{E}_d-\mu)/k_B T}} \tag{14.45}$$

で与えられる。

ここで，正電荷と負電荷の量が等しくなければならないという電荷中性条件を考える。正電荷として寄与するのはイオン化したドナー密度に相当する N_D-n_D と価電子帯の正孔密度 n_h であり，負電荷として寄与するのは伝導帯の電子密度 n_e とアクセプター準位を占有する電子密度 n_A であるので

$$N_D - n_D + n_h = n_e + n_A \tag{14.46}$$

が成り立つ。式(14.46)に，式(14.21), (14.27), (14.45)，および後述する式(14.53)を代入して，化学ポテンシャル μ について解けば，n_e, n_h を数値的に求めることが可能である。しかし，解析的に求めることはできないので，次のように，近似的な方法で解を求めてみよう。

あまり温度が高くない範囲では，ドナーから電子が供給されることによって，伝導帯の電子密度 n_e が増加する一方，価電子帯の正孔密度 n_h は減少する。また，アクセプター準位にも電子が供給される。しかしこの場合，$n_e \gg n_h$ および $n_A \simeq N_A$ が成り立つので，式(14.46)中の n_h を消去し，n_A を N_A で置き換えた後，式(14.45)を代入し，式を変形することによって

$$\frac{n_e+N_A}{N_D-N_A-n_e} = \frac{1}{2}e^{\frac{\mathcal{E}_c-\mathcal{E}_d-\mu}{k_B T}} \tag{14.47}$$

が得られる。さらに，式(14.47)の両辺に式(14.21)をかけて $\mathcal{E}_c-\mu$ を消去すると，

$$\frac{n_e(n_e+N_A)}{N_D-N_A-n_e} = \frac{1}{2}N_c e^{-\frac{\mathcal{E}_d}{k_B T}} \tag{14.48}$$

となる。式(14.48)を n_e について解くと

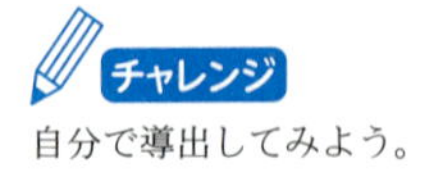

自分で導出してみよう。

$$n_e = \frac{1}{4}\left(N_c e^{-\frac{\mathcal{E}_d}{k_B T}} + 2N_A\right)\left(-1+\sqrt{1+\frac{8(N_D-N_A)N_c e^{-\mathcal{E}_d/k_B T}}{\left(N_c e^{-\mathcal{E}_d/k_B T}+2N_A\right)^2}}\right) \tag{14.49}$$

が得られる。式(14.49)は大きく次の 3 つに場合分けされる。

(a)　温度が十分に低く，$N_{\mathrm{D}} > N_{\mathrm{A}} \gg N_{\mathrm{c}} e^{-\frac{\varepsilon_{\mathrm{d}}}{k_{\mathrm{B}}T}}$ が成り立つ場合：

$$n_{\mathrm{e}} \simeq \frac{1}{4} \times 2N_{\mathrm{A}} \times \frac{1}{2} \times \frac{8\left(N_{\mathrm{D}} - N_{\mathrm{A}}\right) N_{\mathrm{c}}}{4{N_{\mathrm{A}}}^2} e^{-\frac{\varepsilon_{\mathrm{d}}}{k_{\mathrm{B}}T}}$$
$$= \frac{\left(N_{\mathrm{D}} - N_{\mathrm{A}}\right) N_{\mathrm{c}}}{2N_{\mathrm{A}}} e^{-\frac{\varepsilon_{\mathrm{d}}}{k_{\mathrm{B}}T}} \tag{14.50}$$

自分で導出してみよう。

のように近似できる。

(b)　少し温度が高くなって，$N_{\mathrm{c}} e^{-\frac{\varepsilon_{\mathrm{d}}}{k_{\mathrm{B}}T}} \gg N_{\mathrm{A}}$ が成り立つ場合：

$$n_{\mathrm{e}} \simeq \frac{1}{4} N_{\mathrm{c}} e^{-\frac{\varepsilon_{\mathrm{d}}}{k_{\mathrm{B}}T}} \times \sqrt{\frac{8\left(N_{\mathrm{D}} - N_{\mathrm{A}}\right)}{N_{\mathrm{c}}} e^{\frac{\varepsilon_{\mathrm{d}}}{k_{\mathrm{B}}T}}}$$
$$= \sqrt{\frac{\left(N_{\mathrm{D}} - N_{\mathrm{A}}\right) N_{\mathrm{c}}}{2}} e^{-\frac{\varepsilon_{\mathrm{d}}}{2k_{\mathrm{B}}T}} \tag{14.51}$$

自分で導出してみよう。

のように近似できる。

(c)　さらに温度が高くなって，$1 \gg \frac{8\left(N_{\mathrm{D}} - N_{\mathrm{A}}\right)}{N_{\mathrm{c}}} e^{\frac{\varepsilon_{\mathrm{d}}}{k_{\mathrm{B}}T}}$ が成り立つ場合：

$$n_{\mathrm{e}} \simeq \frac{1}{4} N_{\mathrm{c}} e^{-\frac{\varepsilon_{\mathrm{d}}}{k_{\mathrm{B}}T}} \times \frac{1}{2} \times \frac{8\left(N_{\mathrm{D}} - N_{\mathrm{A}}\right)}{N_{\mathrm{c}}} e^{\frac{\varepsilon_{\mathrm{d}}}{k_{\mathrm{B}}T}}$$
$$= N_{\mathrm{D}} - N_{\mathrm{A}} \tag{14.52}$$

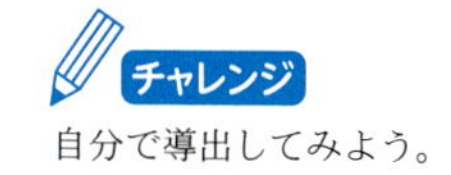

自分で導出してみよう。

となる。

もっと温度が高くなると，価電子帯から伝導帯へと電子が熱励起されるようになり，式(14.49)はもはや使えず，電子密度 n_{e} は式(14.30)に従う。

式(14.49)から求めた n 型半導体における電子密度の温度依存性を**図 14.18** に示す。ここでは $N_{\mathrm{A}} = 10^{12}\ \mathrm{cm}^{-3}$ とし，いくつかの N_{D} について示した。十分に低い温度では，式(14.50)で近似的に表すことができ，ほぼ $\propto e^{-\frac{\varepsilon_{\mathrm{d}}}{k_{\mathrm{B}}T}}$ に従う。少し温度が高くなると，式(14.51)で近似でき，$\propto e^{-\frac{\varepsilon_{\mathrm{d}}}{2k_{\mathrm{B}}T}}$ に従う。これら 2 つの温度領域では，電子がドナーに束縛されており，**凍結領域**（freeze-out region）という。凍結領域から温度が高くなると，電子密度は式(14.52)で表されるようにドナー密度とアクセプター密度の差 $N_{\mathrm{D}} - N_{\mathrm{A}}$ にほぼ等しくなる。しかも比較的広い温度範囲でほぼ一定の値となる。電子密度が一定の値となるのは，この温度領域で，電子がドナー準位からほとんど出払っており*11，伝導帯中の電子が正味ほぼドナーのみから供給されているためである。この領域を**出払い領域**（exhaustion region）あるいは**飽和領域**（saturation region）という。さらに温度が高くなると，価電子帯から伝導帯へのバンドギャップを越えた熱励起によって電子が供給されるため，電子密度は近似的に $e^{-\frac{\varepsilon_{\mathrm{g}}}{2k_{\mathrm{B}}T}}$ に比例する。この領域を**真性領域**（intrinsic region）という。

*11　電子がドナー準位を占有する確率は0より大きいため，完全には出払わない。

適切な密度のドナーをドープした半導体では，室温付近において，ドープしたドナー密度とほぼ同じで，かつ温度変化に対してもほぼ一定の電子密度が得られるため，デバイスに用いる際に重要となる半導体の

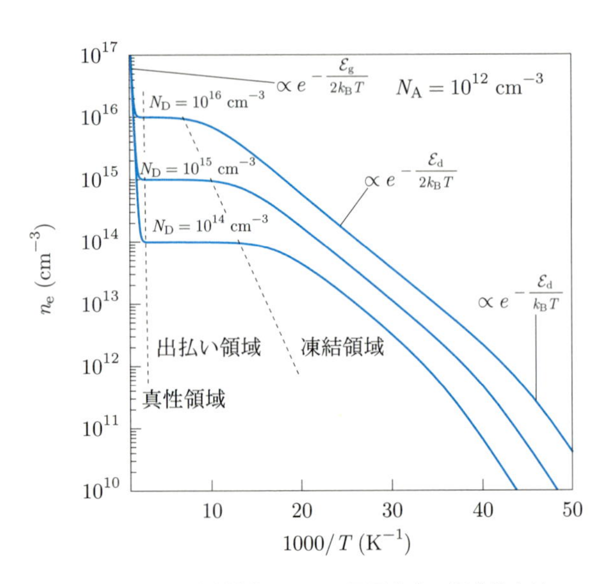

図 14.18　n 型半導体における電子密度の温度依存性

電気伝導特性を人為的に制御できる。

ここでは，$N_D > N_A$ である n 型半導体について説明したが，$N_A > N_D$ である p 型半導体においても同様の議論が成り立つ。p 型半導体の場合に変更が必要となるのは，アクセプター準位を占有する電子密度 n_A の扱いである。1 つのドナーによって束縛される電子はクーロン斥力の影響のため，多くても 1 つであったのと同じように，1 つのアクセプターによって束縛される正孔は多くても 1 つである。また，14.1.3 項で説明したように価電子帯の頂上は重い正孔バンドと軽い正孔バンドがエネルギー的に縮退している。そのため 1 つの電子がアクセプター準位を占有する場合としては**図 14.19** に示すように

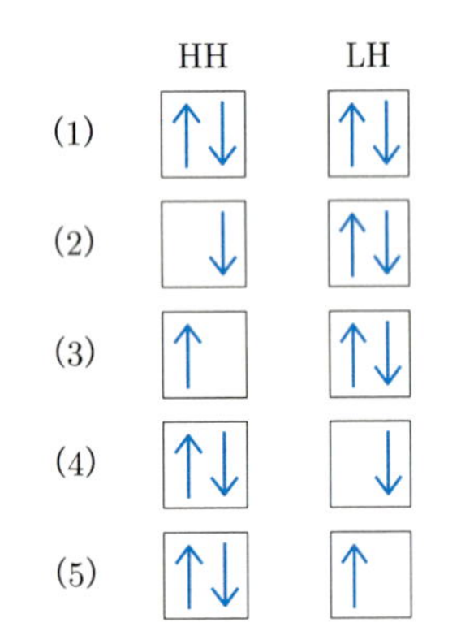

図 14.19　アクセプター準位を電子が占有する 5 つの場合

(1)　電子がすべての状態を占有する
(2)　重い正孔状態を占有していた上向きのスピンをもつ 1 つの電子が抜ける
(3)　重い正孔状態を占有していた下向きのスピンをもつ 1 つの電子が抜ける
(4)　軽い正孔状態を占有していた上向きのスピンをもつ 1 つの電子が抜ける
(5)　軽い正孔状態を占有していた下向きのスピンをもつ 1 つの電子が抜ける

という 5 つがある。(1) は，正孔がアクセプターから離れて価電子帯に供給された場合に，(2)～(5) はいずれも正孔がアクセプターに束縛されている場合に相当する。ドナー準位を占有する確率を求めたときと同様に，電子がアクセプター準位を占有する確率を得るためにはグランドカノニカル分布を用いる。アクセプター準位を系として $e^{-\frac{E-\mu N}{k_BT}}$ を求め

ると(1)の場合は $E=4(\mathcal{E}_{\rm v}+\mathcal{E}_{\rm a})$, $N=4$ なので $e^{-\frac{4(\mathcal{E}_{\rm v}+\mathcal{E}_{\rm a}-\mu)}{k_{\rm B}T}}$ であり，(2)〜(5)の場合は $E=3(\mathcal{E}_{\rm v}+\mathcal{E}_{\rm a})$, $N=3$ なので $e^{-\frac{3(\mathcal{E}_{\rm v}+\mathcal{E}_{\rm a}-\mu)}{k_{\rm B}T}}$ である。このことから，アクセプター準位を占有する電子密度 $n_{\rm A}$ は

$$n_{\rm A}=N_{\rm A}\frac{e^{-4(\mathcal{E}_{\rm v}+\mathcal{E}_{\rm a}-\mu)/k_{\rm B}T}}{e^{-4(\mathcal{E}_{\rm v}+\mathcal{E}_{\rm a}-\mu)/k_{\rm B}T}+4\times e^{-3(\mathcal{E}_{\rm v}+\mathcal{E}_{\rm a}-\mu)/k_{\rm B}T}}=\frac{N_{\rm A}}{1+4e^{(\mathcal{E}_{\rm v}+\mathcal{E}_{\rm a}-\mu)/k_{\rm B}T}} \tag{14.53}$$

で与えられる。

$N_{\rm A}>N_{\rm D}$ である p 型半導体でも成り立たなければならない電荷中性条件

$$N_{\rm D}-n_{\rm D}+n_{\rm h}=n_{\rm e}+n_{\rm A} \tag{14.54}$$

においては，$n_{\rm e}$ と $n_{\rm D}$ は十分に小さいために無視することができる。式(14.50)〜(14.52)に相当する p 型半導体についての結果を示すと

(a) 温度が十分に低く，$N_{\rm A}>N_{\rm D}\gg N_{\rm v}e^{-\frac{\mathcal{E}_{\rm a}}{k_{\rm B}T}}$ が成り立つ場合：

$$n_{\rm h}\simeq\frac{(N_{\rm A}-N_{\rm D})\,N_{\rm v}}{4N_{\rm D}}e^{-\frac{\mathcal{E}_{\rm a}}{k_{\rm B}T}} \tag{14.55}$$

自分で導出してみよう。

(b) 少し温度が高くなって，$N_{\rm v}e^{-\frac{\mathcal{E}_{\rm a}}{k_{\rm B}T}}\gg N_{\rm D}$ が成り立つ場合：

$$n_{\rm h}\simeq\frac{1}{2}\sqrt{(N_{\rm A}-N_{\rm D})\,N_{\rm v}}e^{-\frac{\mathcal{E}_{\rm a}}{2k_{\rm B}T}} \tag{14.56}$$

自分で導出してみよう。

となる。これら 2 つの場合が凍結領域である。

(c) さらに温度の高い，出払い領域の場合：

$$n_{\rm h}\simeq N_{\rm A}-N_{\rm D} \tag{14.57}$$

となる。

もっと温度が高くなると真性領域に入って，式(14.30)に従う。

14.4 pn 接合

pn 接合（pn junction）は p 型半導体と n 型半導体を接合させた構造であり，ダイオードやトランジスタなどのデバイスに利用されるためにたいへん重要である。いま，**図 14.20**(a)に示すような，アクセプター密度 $N_{\rm A}$ の p 型半導体とドナー密度 $N_{\rm D}$ の n 型半導体を接合させることを考える。食塩水と水を混ぜ合わせると濃度の高い食塩水から濃度の低い水にナトリウムイオンと塩化物イオンが拡散していくのと同様に，電子密度の高い n 型半導体から電子密度の低い p 型半導体に電子が拡散していく。図 14.14(c)に示したようなアクセプターをドープした p 型半導体に電子が拡散していくと，正孔が電子によって埋め合わせられる*12ため，p 型半導体中の正孔密度は減少する。また，p 型半導体中の正孔も n 型半導体に拡散していき，n 型半導体中の電子密度は減少す

*12 このことを電子と正孔の**再結合**（recombination）という。

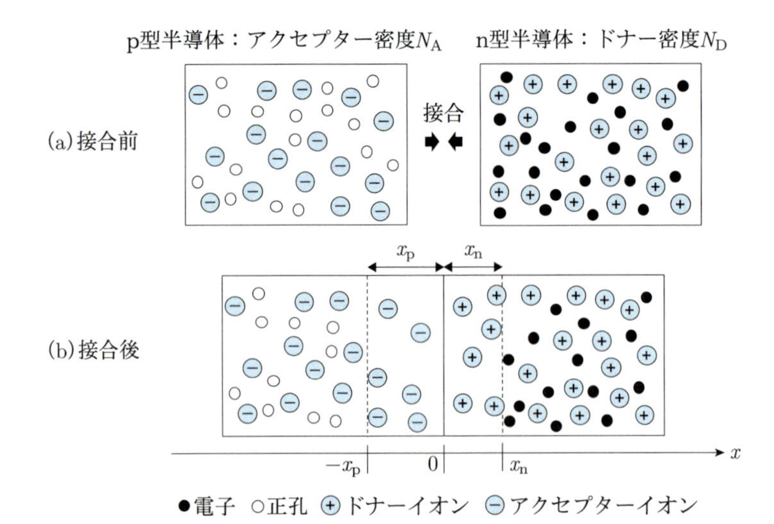

図 14.20　p 型半導体と n 型半導体の (a) 接合前と (b) 接合後

る。このとき，正孔密度，電子密度ともに，アクセプター密度，ドナー密度と比べると十分に低くなり，ほぼ無視できる。

電子と正孔は結晶中を自由に動けるのに対して，ドナーとアクセプターは動けない。ただし，後で説明するように，pn 接合をつくると，p 型半導体と n 型半導体との間にポテンシャル差が生じるため，電子と正孔はどこまでも拡散し続けるわけではなく，接合からある範囲までしか拡散せず，結果として，接合近くの p 型半導体中にはほぼアクセプターイオンのみが存在し，接合近くの n 型半導体中にはほぼドナーイオンのみが存在することになる。p 型半導体中では，接合からの距離が x_p までの範囲にほぼアクセプターイオンのみが存在し，n 型半導体中では，接合からの距離が x_n までの範囲にほぼドナーイオンのみが存在している。この様子を図 14.20(b)に示した。伝導電子も正孔もほとんど存在しない $-x_p < x < x_n$ の範囲のことを**空乏層**（depletion layer）という。空乏層では，p 型半導体は負に，n 型半導体は正に帯電する。また，接合から十分離れた領域では，電荷中性が保たれる。このような正負の電荷の層状分布を**電気二重層**（electrical double layer）という。

ここでは，解析を簡単に行えるように，電荷密度はそれぞれの領域で一定値をとり，

$$\rho(x) = \begin{cases} 0 & (x \leq -x_p) \\ -eN_A & (-x_p < x < 0) \\ eN_D & (0 < x < x_n) \\ 0 & (x \geq x_n) \end{cases} \tag{14.58}$$

のような分布をしていると近似する[*13]。この電荷密度分布を**図 14.21**(a) 中に実線で示した。全体では，電荷中性条件が成り立つ

*13　実際には拡散や電場などの影響で，図 14.21(a) 中に破線で示すように電荷密度分布は急峻ではなくなる。

必要があるから，p 型半導体中の負電荷と n 型半導体中の正電荷が打ち消し合うために

$$N_{\mathrm{A}} x_{\mathrm{p}} = N_{\mathrm{D}} x_{\mathrm{n}} \tag{14.59}$$

でなければならない。pn 接合における電場は x 方向のみに生じており，ガウスの法則を適用することで

$$\frac{\partial E_x}{\partial x} = \frac{\rho}{\varepsilon} \tag{14.60}$$

から求められる。ここで，ε は半導体の誘電率である。式(14.60)を解くと

$$E_x(x) = \begin{cases} 0 & (x \leq -x_{\mathrm{p}}) \\ -\dfrac{eN_{\mathrm{A}}}{\varepsilon}(x + x_{\mathrm{p}}) & (-x_{\mathrm{p}} < x < 0) \\ \dfrac{eN_{\mathrm{D}}}{\varepsilon}(x - x_{\mathrm{n}}) & (0 < x < x_{\mathrm{n}}) \\ 0 & (x \geq x_{\mathrm{n}}) \end{cases} \tag{14.61}$$

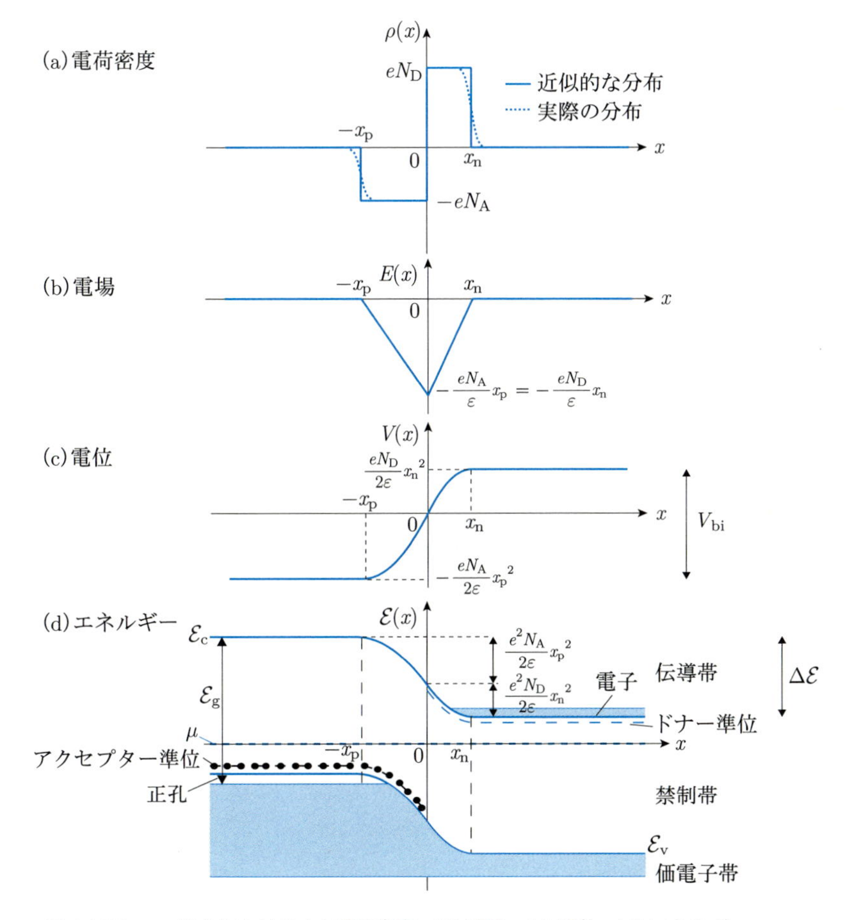

図 14.21　pn 接合における (a) 電荷密度，(b) 電場，(c) 電位，(d) エネルギー

が得られる。この結果を図 14.21(b) に示した。電場の絶対値が最大となるのは $x = 0$ においてであり，そのときの電場の値は

$$E_x(0) = -\frac{eN_\mathrm{A}}{\varepsilon}x_\mathrm{p} = -\frac{eN_\mathrm{D}}{\varepsilon}x_\mathrm{n} \tag{14.62}$$

である。空乏層においては，電場 E_x の値は常に負，すなわち x 軸の負の向きであるから，負電荷をもつ伝導電子は x 軸の正の向きに力を受ける。また，正電荷をもつ正孔は x 軸の負の向きに力を受ける。いずれも拡散する向きとは反対の向きとなっており，pn 接合に生じる電場は伝導電子・正孔の拡散を妨げるように働くため，すでに述べたように電子と正孔はある範囲までしか拡散しない。

さらに，式(14.61)の結果から

$$\frac{\partial V}{\partial x} = -E_x \tag{14.63}$$

を用いて，電位 $V(x)$ を求めると

$$V(x) = \begin{cases} -\dfrac{eN_\mathrm{A}}{2\varepsilon}{x_\mathrm{p}}^2 & (x \leq -x_\mathrm{p}) \\ \dfrac{eN_\mathrm{A}}{2\varepsilon}(x^2 + 2x_\mathrm{p}x) = \dfrac{eN_\mathrm{A}}{2\varepsilon}\{(x + x_\mathrm{p})^2 - {x_\mathrm{p}}^2\} & (-x_\mathrm{p} < x < 0) \\ -\dfrac{eN_\mathrm{D}}{2\varepsilon}(x^2 - 2x_\mathrm{n}x) = -\dfrac{eN_\mathrm{D}}{2\varepsilon}\{(x - x_\mathrm{n})^2 - {x_\mathrm{n}}^2)\} & (0 < x < x_\mathrm{n}) \\ \dfrac{eN_\mathrm{D}}{2\varepsilon}{x_\mathrm{n}}^2 & (x \geq x_\mathrm{n}) \end{cases} \tag{14.64}$$

が得られる。ここでは電位の基準を $x = 0$ に，すなわち $V(0) = 0$ となるようにした。式(14.64)で表される電位の様子を図 14.21(c) に示した。空乏層でのみ電位の勾配が生じ，p 型半導体と比べて n 型半導体の方が電位が高くなり，その電位差は

$$V_\mathrm{bi} = \frac{e}{2\varepsilon}(N_\mathrm{A}{x_\mathrm{p}}^2 + N_\mathrm{D}{x_\mathrm{n}}^2) \tag{14.65}$$

である。この電位差のことを**内蔵電位**（built-in potential）という。当然ではあるが，電位 $V(x)$ の差からも，pn 接合に生じた電荷密度分布によって，正孔の n 型半導体への拡散が，また電子の p 型半導体への拡散が抑えられていることがわかる。

電位 $V(x)$ は半導体のバンドエネルギーをシフトさせる。伝導帯の底，価電子帯の頂上のエネルギーをそれぞれ $\mathcal{E}_\mathrm{c}$，$\mathcal{E}_\mathrm{v}$ とすれば

$$
\mathcal{E}_{\mathrm{c,v}}(x) = \mathcal{E}_{\mathrm{c,v}}(0) - eV(x)
$$

$$
= \begin{cases} \mathcal{E}_{\mathrm{c,v}}(0) + \dfrac{e^2 N_{\mathrm{A}}}{2\varepsilon} {x_{\mathrm{p}}}^2 & (x < -x_{\mathrm{p}}) \\ \mathcal{E}_{\mathrm{c,v}}(0) - \dfrac{e^2 N_{\mathrm{A}}}{2\varepsilon} \{(x + x_{\mathrm{p}})^2 - {x_{\mathrm{p}}}^2\} & (-x_{\mathrm{p}} < x < 0) \\ \mathcal{E}_{\mathrm{c,v}}(0) + \dfrac{e^2 N_{\mathrm{D}}}{2\varepsilon} \{(x - x_{\mathrm{n}})^2 - {x_{\mathrm{n}}}^2)\} & (0 < x < x_{\mathrm{n}}) \\ \mathcal{E}_{\mathrm{c,v}}(0) - \dfrac{e^2 N_{\mathrm{D}}}{2\varepsilon} {x_{\mathrm{n}}}^2 & (x > x_{\mathrm{n}}) \end{cases} \tag{14.66}
$$

のように表される。この様子を図 14.21(d) に示す。p 型半導体と n 型半導体のエネルギー差 $\Delta\mathcal{E}$ は

$$
\begin{aligned} \Delta\mathcal{E} &= \frac{e^2}{2\varepsilon}\left(N_{\mathrm{A}} {x_{\mathrm{p}}}^2 + N_{\mathrm{D}} {x_{\mathrm{n}}}^2\right) \\ &= \frac{e^2}{2\varepsilon} N_{\mathrm{A}} x_{\mathrm{p}}(x_{\mathrm{p}} + x_{\mathrm{n}}) = \frac{e^2}{2\varepsilon} N_{\mathrm{D}} x_{\mathrm{n}}(x_{\mathrm{p}} + x_{\mathrm{n}}) \end{aligned} \tag{14.67}
$$

で与えられる。

一方で，p 型半導体と n 型半導体の化学ポテンシャル μ_{p} と μ_{n} を等しいとすることで，接合させた状態での両者のエネルギー差 $\Delta\mathcal{E}$ が決定される。このことは，水面[*14]に高低差のある場合には水の流れが生じることに例えられる。水面に高低差がある状態では，水面の高い方から低い方へと水が流れるが，水面の高さがそろっていれば水の流れは生じない。この水面の高さに相当するのが化学ポテンシャルであり，水の流れに相当するのが電子の流れであると考えれば，電子の流れが生じないようにするには化学ポテンシャルを一致させればよい。つまり，**図 14.22**

*14 $T > 0$ では電子のエネルギー分布はぼけているのでさざ波が立っているような水面を思い浮かべた方がよいかもしれない。

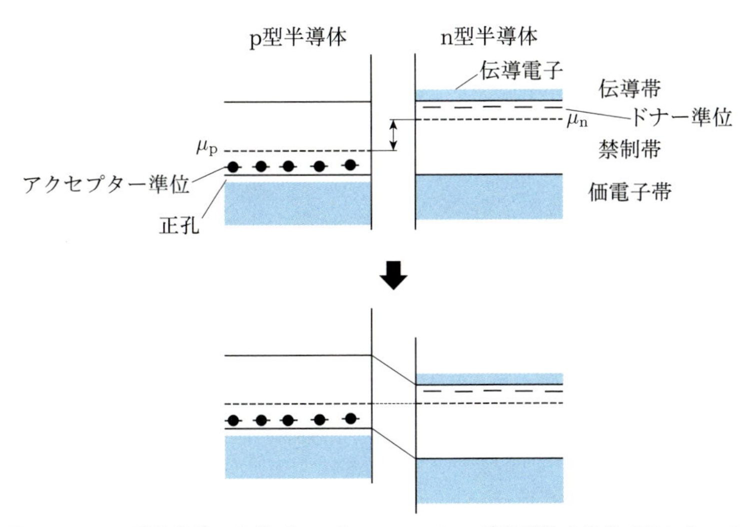

図 14.22　p 型半導体の化学ポテンシャル μ_{p} と n 型半導体の化学ポテンシャル μ_{n} が一致するようにエネルギーをシフトさせることによって電子の正味の流れが生じなくなる。

に示すように，p 型半導体の化学ポテンシャル μ_{p} と n 型半導体の化学ポテンシャル μ_{n} が一致するようにエネルギーをシフトさせればよい。

結論としては，式(14.67)で示したエネルギー差と化学ポテンシャルの差が一致する，すなわち，

$$\Delta\mathcal{E} = \frac{e^2}{2\varepsilon}\left(N_{\mathrm{A}}{x_{\mathrm{p}}}^2 + N_{\mathrm{D}}{x_{\mathrm{n}}}^2\right) = \mu_{\mathrm{n}} - \mu_{\mathrm{p}} \tag{14.68}$$

が pn 接合によって形成されるエネルギー差となる。

pn 接合による整流性

内蔵電位 V_{bi} が，pn 接合の重要な電気特性である整流性をもたらす。これまでに説明したように，pn 接合においては，濃度勾配によって電子濃度の高い n 型半導体から電子濃度の低い p 型半導体に電子が拡散することによって**拡散電流**（diffusion current）が生じる。また，空乏層には電気二重層が形成され，n 型半導体から p 型半導体に向かう電場が生じる。この電場によって電子は p 型半導体から n 型半導体に向かう力を受けて**ドリフト電流**（drift current）が生じる。向きは逆になるが，正孔についても同様の議論が成り立つ。**図 14.23**(a)に示すように，

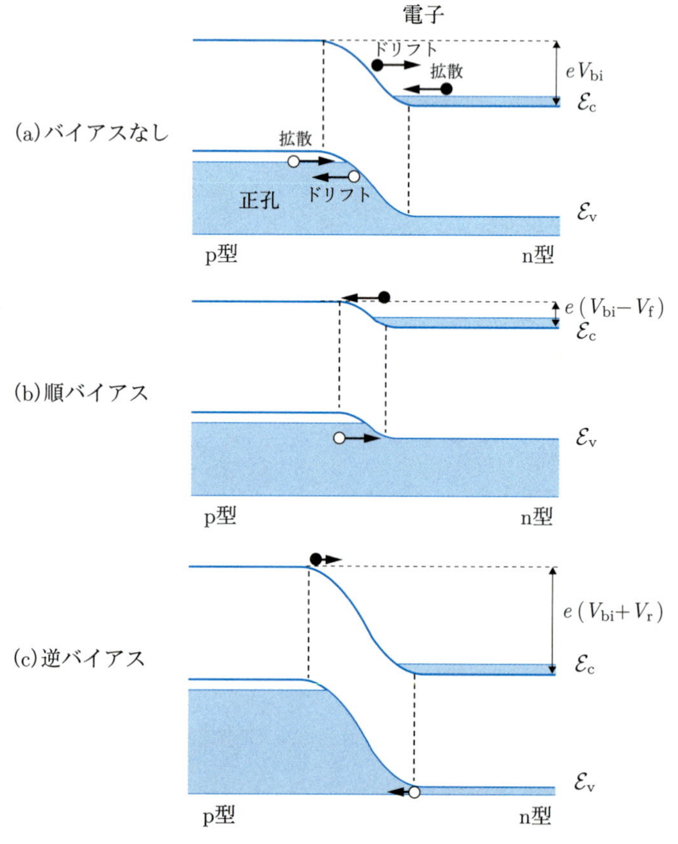

図 14.23　pn 接合におけるバンドのバイアスによる変化

pn 接合にバイアスを加えない状態では，濃度勾配による拡散電流と内蔵電場によるドリフト電流が打ち消し合って正味の電流はゼロとなる。

p 型半導体に正の電圧 V_f を印加した**順バイアス**（forward bias）の状態では，図 14.23(b) に示すように，pn 接合に生じるポテンシャル差は $e(V_\mathrm{bi} - V_\mathrm{f})$ となり，バイアスなしの状態よりも小さくなるとともに，空乏層も薄くなる。その結果，バイアスを加えない状態で成り立っていた拡散電流とドリフト電流の均衡がくずれ，n 型半導体にあった電子の一部は p 型半導体に到達する。同様に，p 型半導体にあった正孔の一部は n 型半導体に到達する。その結果，p 型半導体から n 型半導体に電流が流れる。p 型半導体に到達する電子密度，n 型半導体に到達する正孔密度はそれぞれボルツマン分布に従って $e^{\frac{eV_\mathrm{f}}{k_\mathrm{B}T}}$ に比例して増加するので，バイアスを加えない状態との差分で

$$I = I_\mathrm{S}\left(e^{\frac{eV_\mathrm{f}}{k_\mathrm{B}T}} - 1\right) \tag{14.69}$$

と表される電流が流れる。I_S は**逆方向飽和電流**（reverse saturation current）と呼ばれる。

n 型半導体に正の電圧 V_r を印加した**逆バイアス**（reverse bias）の状態では，図 14.23(c) に示すように，pn 接合に生じるポテンシャル差は $e(V_\mathrm{bi} + V_\mathrm{r})$ となり，バイアスなしの状態よりも大きくなるとともに，空乏層も厚くなる。そのため，p 型半導体から n 型半導体への電流は遮断される。ただし，p 型半導体中に存在する少数の電子および n 型半導体中に存在する少数の正孔が空乏層まで拡散することによってわずかに n 型半導体から p 型半導体への電流が生じる。電子密度，正孔密度はそれぞれボルツマン分布に従って $e^{-\frac{eV_\mathrm{r}}{k_\mathrm{B}T}}$ に比例するので，バイアスを加えない状態との差分で

$$I = I_\mathrm{S}\left(e^{-\frac{eV_\mathrm{r}}{k_\mathrm{B}T}} - 1\right) \tag{14.70}$$

だけの電流が生じる。p 型半導体に印加する正の電圧を V に統一して，式(14.69), (14.70)をまとめると

$$I = I_\mathrm{S}\left(e^{\frac{eV}{k_\mathrm{B}T}} - 1\right) \tag{14.71}$$

となる。式(14.71)の電流–電圧特性を示すと**図 14.24** のようになる。

◆ MOS 構造，ヘテロ構造，混晶

現在，エレクトロニクス分野で最も多く用いられている半導体材料は Si である。ところで Si をデバイスに応用する場合，単体で使われることはほとんどなく，Si を酸化することで得られる SiO_2 膜を絶縁体膜とし，さらにその上に導体（金属など）を堆積させた **MOS 構造**（metal-oxide-semiconductor structure）が広く使われる。MOS 構造は MOSFET（MOS 電界効果トランジスタ）や CMOS イメージセンサーの構成要素であり，本書ではまったく説明しなかったが，半導体／絶縁体界面の果たす役割はデバイス応用上，たいへん重要である（白木靖寛『シリコン半導体　その物性とデバイスの基礎』内田老鶴圃 (2015) などを参照のこと）。

本書では説明しなかったが，**ヘテロ構造**（heterostructure）もデバイス応用上，重要な構造である。ヘテロ構造とは，異なる半導体を接合させた構造で，半導体レーザーや HEMT（high-electron mobility transistor：高電子移動度トランジスタ），HBT（heterojunction bipolar transistor：ヘテロ接合バイポーラトランジスタ）などに使われている。これらのデバイスでは，バンドギャップの異なる半導体の接合によって生じる伝導帯や価電子帯の不連続が利用されている。2014 年のノーベル物理学賞の対象となった青色発光ダイオードにおいてもヘテロ構造が発光効率向上に役立っている。

この章では Si, Ge, GaAs のバンド構造について説明した。これらはいずれも決まったバンドギャップをもつ半導体材料である。ところが半導体を発光デバイスに応用する際に所望の波長を得るためにはバンドギャップを制御する必要がある。バンドギャップを制御するのに用いられているのが**混晶**（alloy）である。混晶とは 2 種類以上の物質を混ぜ合わせることでできる結晶であり，例えば Si と Ge とを混ぜ合わせることで $Si_{1-x}Ge_x$ 混晶（ただし $0 \leq x \leq 1$）が得られる。x を変化させることで，$Si_{1-x}Ge_x$ 混晶のバンドギャップは Si のバンドギャップと Ge のバンドギャップとの間で連続的に変化させられる。混晶はヘテロ構造を作製する際にも用いられている。例えばブルーレイディスクの読み取り・書き込みに用いられる半導体レーザーでは，InN と GaN の混晶である InGaN 混晶を GaN ではさんだヘテロ構造（量子井戸構造）が用いられている。

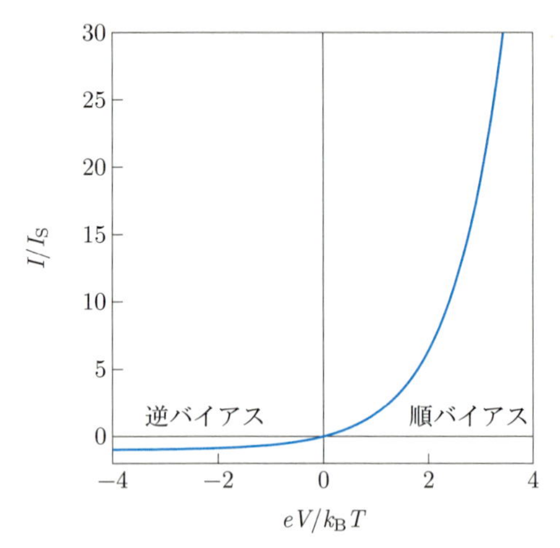

図 14.24　pn 接合の電流−電圧特性

❖ 演習問題

14.1　$m_c^* = 0.1m_e$ として $T = 300\,\mathrm{K}$ における伝導帯の有効状態密度の値を見積もりなさい。

14.2　Si, Ge, GaAs の伝導電子の有効質量について調べなさい。

14.3　表 14.2 に載せた半導体についてバンドギャップエネルギーの大きさを調べなさい。

第15章　超伝導

超伝導は，ある温度以下で固体の電気抵抗がゼロになるという現象としてよく知られている。多くの科学者がその原因の解明に取り組み，超伝導の発見から40年以上の年月を経た1957年にバーディーン，クーパー，シュリーファーによって提唱されたBCS理論[*1]によって，超伝導体が示す現象を説明することが初めて可能となった。このように困難を極めた超伝導の原因解明がなされたことは，固体物理学における最大の成果の一つである。この章では，超伝導体が示す現象について説明する。その原因についてはコラムで簡単に触れることにする。

*1 バーディーン（John Bardeen, 1908〜1991），クーパー（Leon Neil Cooper, 1930〜），シュリーファー（John Robert Schrieffer, 1931〜）が発表した論文（"Theory of Superconductivity", J. Bardeen, L. N. Cooper, and J. R. Schrieffer, *Phys. Rev.*, **108**, 1175 (1957)）は30ページからなる論文である。同巻同号に掲載されている論文の平均の長さが6〜7ページであるから，際立って長い論文であることがわかる。この3人は超伝導現象の理論的解明によって1972年にノーベル物理学賞を受賞した。特にバーディーンは1956年にショックレー（William Bradford Shockley, Jr., 1910〜1989），ブラッテン（Walter Houser Brattain, 1902〜1987）とともに固体物理学における最大の成果の1つである，トランジスタ効果の発見によってノーベル物理学賞を受賞しており，物理学賞を2度受賞した唯一の人物である。

15.1　超伝導体が示す現象

ある温度以下で電気抵抗がゼロになるという現象と合わせて，**超伝導体**（superconductor）が示すいくつかの特徴的な現象について説明する。

15.1.1　電気抵抗ゼロ

20世紀初頭，温度を0Kまで下げていくと，金属の電気抵抗は無限大になるという予想と，次第に低下しゼロになるという予想があった。これらの予想がある中で，1911年にカマリング・オネス[*2]は水銀の電気抵抗の温度依存性を極低温で測定した。温度を下げていくと電気抵抗が次第に減少してゼロになるという当初の予想とは異なり，**図15.1**に示すように4.2Kで急激に電気抵抗が下がりゼロとなった。その後，鉛やスズなどの金属においても極低温で電気抵抗がゼロになることがわかった。これが**超伝導**（superconductivity）の発見である。**図15.2**に示すように，超伝導体でつくったリングに電流を流すと電気抵抗がゼロなのでいつまでも流れ続ける。このような電流を**永久電流**（persistent current）という。永久電流を用いると超伝導電磁石をつくることができる。超伝導電磁石は安定で強い磁場を発生できるため，MRIなどに利用される。

*2 カマリング・オネス（Heike Kamerlingh Onnes, 1853〜1926）はオランダの物理学者。1908年にヘリウムの液化に初めて成功した。低温における物性の研究，特にその成果である液体ヘリウムを生成した業績によって1913年にノーベル物理学賞を受賞した。

超伝導はある温度を境に発現し，この温度を**転移温度**（transition temperature）という。転移温度は物質によって異なる。**表15.1**にさまざまな物質の転移温度を示す。単体からなる固体の転移温度は10K以下である。電気抵抗ゼロという性質はロスのない送電線への応用などが

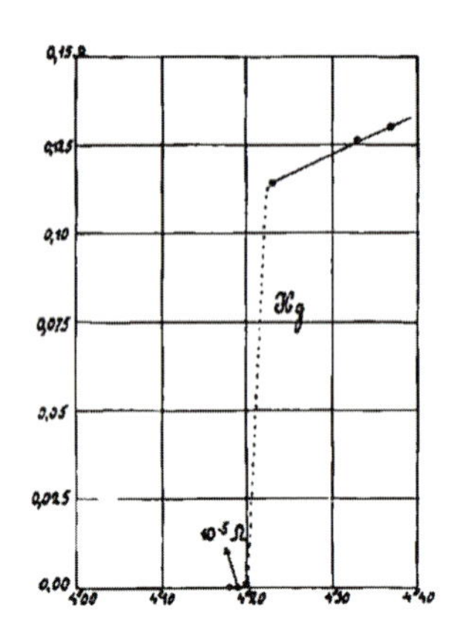

図 15.1　水銀の電気抵抗の温度依存性
[H. Kamerlingh Onnes, *Commun. Phys. Lab. Univ. Leiden, Suppl.*, **29** (Nov. 1911)]

表 15.1　さまざまな物質の超伝導転移温度

物質	転移温度（K）	第 1 種/第 2 種
Al	1.2	第 1 種
V	5.3	第 2 種
Ga	1.1	第 1 種
Nb	9.2	第 2 種
In	3.4	第 1 種
Sn	3.7	第 1 種
Ta	4.5	第 1 種
Hg	4.2	第 1 種
Tl	2.4	第 1 種
Pb	7.2	第 1 種
Nb_3Sn	18	第 2 種
Nb_3Ge	23	第 2 種
MgB_2	39	第 2 種
$La_{2-x}Ba_xCuO_4$	30	第 2 種
$YBa_2Cu_3O_{7-x}$	93	第 2 種
$BiSrCaCu_2O_x$	105	第 2 種
$Tl_2Ba_2Ca_2Cu_3O_x$	120	第 2 種
$HgBa_2Ca_2Cu_3O_x$	133	第 2 種

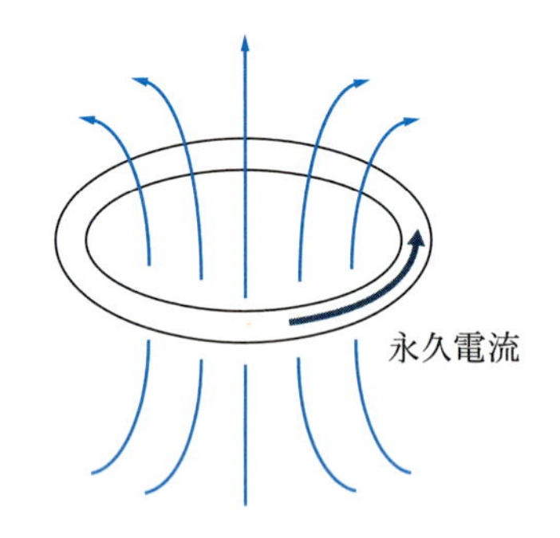

図 15.2　超伝導体リングを流れる永久電流

期待されるが，現在のところ室温で超伝導となる物質は発見されていない。

15.1.2　マイスナー効果

超伝導体を磁場中に置くと，**図 15.3** に示すように，磁束密度はその内部まで侵入しないことが 1933 年にオクセンフェルト*3とマイスナー*4によって発見された。式(13.12)において $\boldsymbol{B} = \boldsymbol{0}$ であるから，$\boldsymbol{M} = -\boldsymbol{H}$ となり，式(13.16)の定義から磁化率は $\chi_{\mathrm{m}} = -1$ となる。つまり，超伝導体は**完全反磁性**（perfect diamagnetism）を示す。これを**マイスナー効果**（Meissner effect）あるいは**マイスナー–オクセンフェルト効果**（Meissner–Ochsenfeld effect）という。マイスナー効果は超伝導体に特有な現象であり，単なる電気抵抗ゼロの導体で生じる現象とは以下のような実験事実によって区別される。

まず，電気抵抗ゼロの導体の内部では電場は $\boldsymbol{E} = \boldsymbol{0}$ でなければならないから，マクスウェル方程式の中の式(12.32)より

$$\frac{\partial \boldsymbol{B}}{\partial t} = \boldsymbol{0}$$

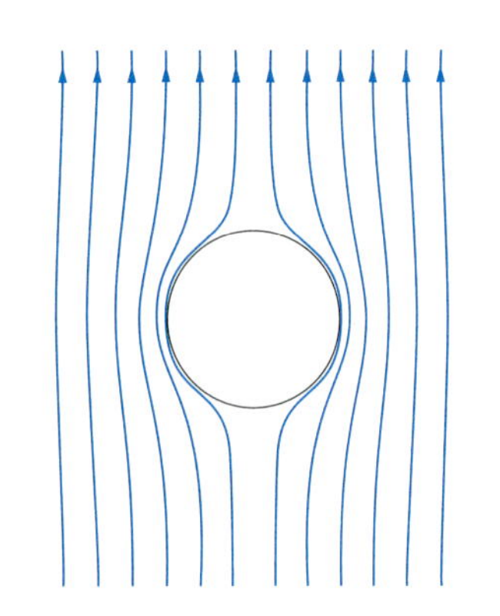

図 15.3　マイスナー効果。超伝導体内部には磁束密度は侵入しない。

*3　オクセンフェルト（Robert Ochsenfeld, 1901〜1993）はドイツの物理学者。

*4　マイスナー（Fritz Walther Meissner, 1882〜1974）はドイツの物理学者。Ta, Nb, Ti などが超伝導を示すことを発見した。

である。つまり，電気抵抗ゼロの導体内部における磁束密度は時間変化せず一定である。このような導体に対して転移温度以上の温度であらかじめ外部から磁束密度を与えておけば，温度を下げても，磁束密度はそのまま保たれるはずである。ところが，超伝導体では，転移温度以下で超伝導状態になるとあらかじめ加えていた磁場を打ち消すように超伝導体内の表面近くに永久電流が生じて，あらかじめ加えられた磁束密度は保たれずにゼロになる。したがって，超伝導体と単なる電気抵抗ゼロの導体は区別される。

ロンドン方程式

ロンドン方程式（London equations）は，マイスナー効果を現象論的に記述するためにロンドン兄弟*5によって導出された式である。以下では原論文（F. London, H. London, *Proc. Royal Soc. A*, **149**, 71 (1935)）での導出に近い形式で導出を行う。超伝導体中では電気抵抗がゼロなので式(11.41)において $\tau \to \infty$ となり，

$$m^* \frac{\mathrm{d}\boldsymbol{v}}{\mathrm{d}t} = q\boldsymbol{E} \tag{15.1}$$

のように修正される。ここで電荷を q で表したのは超伝導でのキャリア*6が電子とはかぎらないからである。キャリア密度を n_s とすれば，電流密度は

$$\boldsymbol{j} = n_\mathrm{s} q \boldsymbol{v} \tag{15.2}$$

で与えられる。式(15.2)を時間で微分して，式(15.1)を用いると

$$\begin{aligned}\frac{\partial \boldsymbol{j}}{\partial t} &= n_\mathrm{s} q \frac{\mathrm{d}\boldsymbol{v}}{\mathrm{d}t} \\ &= \frac{n_\mathrm{s} q^2}{m^*}\boldsymbol{E}\end{aligned} \tag{15.3}$$

が得られる。この式をロンドンの第一方程式という。ここで，マクスウェル方程式の中の式(12.32)

$$\nabla \times \boldsymbol{E} = -\frac{\partial \boldsymbol{B}}{\partial t}$$

に対して，式(15.3)を適用すると

$$\nabla \times \left(\frac{m^*}{n_\mathrm{s} q^2}\frac{\partial \boldsymbol{j}}{\partial t}\right) = -\frac{\partial \boldsymbol{B}}{\partial t}$$

である。上式で $\nabla\times$ と $\dfrac{\partial}{\partial t}$ の順序を入れ替えて左辺にまとめると

$$\frac{\partial}{\partial t}\left(\frac{m^*}{n_\mathrm{s} q^2}\nabla \times \boldsymbol{j} + \boldsymbol{B}\right) = \boldsymbol{0}$$

となる。この式は，時間微分の対象となっている式が $\frac{m^*}{n_\mathrm{s} q^2}\nabla \times \boldsymbol{j} + \boldsymbol{B} = \boldsymbol{C}$ （ただし，$\boldsymbol{C}$ は定ベクトル）のように，時間変化せずに一定となることを意味している。超伝導体においては，さらに条件の厳しい，定ベクトルを $\boldsymbol{0}$ とした

*5 フリッツ・ロンドン（Fritz Wolfgang London, 1900〜1954），ハインツ・ロンドン（Heinz London, 1907〜1970）兄弟はドイツ生まれの物理学者。フリッツ・ロンドンは1927年にヴァルター・ハイトラー（Walter Heinrich Heitler, 1904〜1981）とともに，6.2節でふれた水素分子の結合に関する理論を発表した。ハインツ・ロンドンは1951年に極低温をつくり出す ^{3}He–^{4}He 希釈冷凍法を提案した。

*6 超伝導でのキャリアは2つの電子からなるクーパー対であるので $q = -2e$ である。

$$\frac{m^*}{n_{\mathrm{s}}q^2}\nabla\times\boldsymbol{j}+\boldsymbol{B}=\boldsymbol{0}$$

すなわち

$$\nabla\times\boldsymbol{j}=-\frac{n_{\mathrm{s}}q^2}{m^*}\boldsymbol{B} \tag{15.4}$$

が成り立つと仮定する。このように仮定した式(15.4)をロンドンの第二方程式という。

$\dfrac{\partial \boldsymbol{E}}{\partial t}=\boldsymbol{0}$ であるとき，物質中のマクスウェル方程式(12.40)より

$$\nabla\times\boldsymbol{B}=\mu\boldsymbol{j} \tag{15.5}$$

であるから，式(15.5)の両辺の回転を求めてから，式(15.4)を代入することで

$$\begin{aligned}\nabla\times(\nabla\times\boldsymbol{B})&=\mu\nabla\times\boldsymbol{j}\\&=-\frac{\mu n_{\mathrm{s}}q^2}{m^*}\boldsymbol{B}\end{aligned} \tag{15.6}$$

が得られる。同様に式(15.4)の両辺の回転を求めてから，式(15.5)を代入すれば

$$\begin{aligned}\nabla\times(\nabla\times\boldsymbol{j})&=-\frac{n_{\mathrm{s}}q^2}{m^*}\nabla\times\boldsymbol{B}\\&=-\frac{\mu n_{\mathrm{s}}q^2}{m^*}\boldsymbol{j}\end{aligned} \tag{15.7}$$

が得られる。ここで，$\nabla\cdot\boldsymbol{B}=0$, $\nabla\cdot\boldsymbol{j}=0$*7であることから，ベクトル演算の公式 $\nabla\times(\nabla\times\boldsymbol{A})=\nabla(\nabla\cdot\boldsymbol{A})-\Delta\boldsymbol{A}$ を用いて

*7　電荷密度の時間変化について $\frac{\partial\rho}{\partial t}=0$であれば$\nabla\cdot\boldsymbol{j}=0$が成り立つ。

$$\lambda_{\mathrm{L}}=\sqrt{\frac{m^*}{\mu n_{\mathrm{s}}q^2}} \tag{15.8}$$

とすれば

$$\Delta\boldsymbol{B}=\frac{1}{{\lambda_{\mathrm{L}}}^2}\boldsymbol{B} \tag{15.9}$$

$$\Delta\boldsymbol{j}=\frac{1}{{\lambda_{\mathrm{L}}}^2}\boldsymbol{j} \tag{15.10}$$

となる。

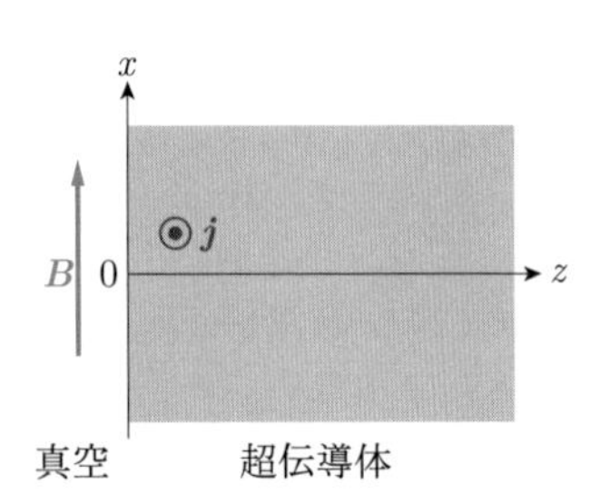

図15.4　$z>0$に位置する超伝導体に対して，外部からx成分のみをもつ磁束密度$\boldsymbol{B}$を加える。このように座標を設定すると電流密度$\boldsymbol{j}$はy成分のみをもつ。

図 15.4 に示すように，$z>0$ の領域に超伝導体があり，$z<0$ の領域は真空であるとし，外部から加える磁束密度は x 成分のみをもつとする。すなわち，$\boldsymbol{B}=(B_x,0,0)$ であるとする。このように座標を設定すると，$\boldsymbol{B}$, $\boldsymbol{j}$ は z のみに依存し，$\nabla\times\boldsymbol{B}=\mu\boldsymbol{j}$ より，$(0,\frac{\partial B_x}{\partial z},0)=\mu(j_x,j_y,j_z)$ となるので，電流密度は y 成分のみが残る。すなわち，$\boldsymbol{j}=(0,j_y,0)$ と表せばよい。結果として，式(15.9), (15.10)は，それぞれ

$$\frac{\partial^2 B_x}{\partial z^2}=\frac{1}{\lambda_{\mathrm{L}}}B_x$$

$$\frac{\partial^2 j_y}{\partial z^2}=\frac{1}{\lambda_{\mathrm{L}}}j_y$$

のように 1 次元の問題になる。この微分方程式は簡単に解くことができて，解はそれぞれ $B_x \propto e^{\pm\frac{z}{\lambda_L}}$，$j_y \propto e^{\pm\frac{z}{\lambda_L}}$ となる。また，マイスナー効果より超伝導体内部では磁束密度がゼロであるから，$z \to \infty$ のとき $B_x \to 0$ でなければならない。したがって，$B_x \propto e^{-\frac{z}{\lambda_L}}$，$j_y \propto e^{-\frac{z}{\lambda_L}}$ が物理的に意味のある解である。$z < 0$ において $B_x = B_0$ であるとすれば，

$$B_x = \begin{cases} B_0 e^{-\frac{z}{\lambda_L}} & (z > 0) \\ B_0 & (z < 0) \end{cases} \tag{15.11}$$

$$j_y = \begin{cases} \dfrac{1}{\mu\lambda_L} B_0 e^{-\frac{z}{\lambda_L}} & (z > 0) \\ 0 & (z < 0) \end{cases} \tag{15.12}$$

が得られる。これらをグラフにすると，**図 15.5** のようになる。

このように外部から加えた磁束密度は超伝導体中に侵入する深さ z に対して指数関数的に減少していく。λ_L は磁束密度の大きさが $\frac{1}{e}$ になる深さに対応しており，**ロンドン侵入長**（London penetration depth）と呼ばれる。式(15.8)において，$m^* = 2m_e \simeq 1.8 \times 10^{-30}$ kg，$q = -2e \simeq -3.2 \times 10^{-19}$ C，$n_s = 1.0 \times 10^{28}\,\mathrm{m}^{-3}$，$\mu = \mu_0$ として，ロンドン侵入長を見積もると 37 nm という値が得られる。実験的に得られている侵入長は物質によって異なるが，Al では 51 nm，Pb では 50 nm，Nb では 44 nm であり，見積もった値よりも若干大きいが，概ね近い値となっている。

このようにロンドン方程式は，現象論的な式ではあるが，実験によって明らかとなっている，外部から加えた磁束密度が超伝導体から完全に排除されるわけでなく内部にわずかに侵入している様子と，外部からの磁束密度を打ち消すように表面近くに電流が生じている様子をうまく説明している*8。

*8　しかし，ロンドン方程式は現象論的な式であり，マイスナー効果が生じる原因を説明しているわけではない。マイスナー効果を正しく理解するためには BCS 理論による説明が必要である。

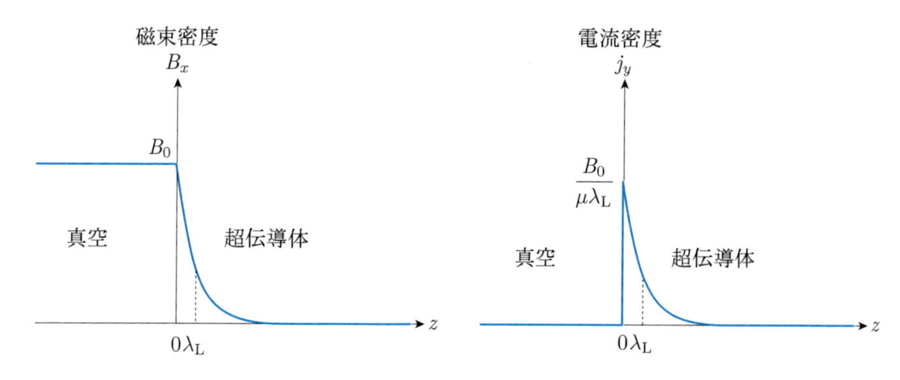

図 15.5　ロンドン方程式から導かれる，磁束密度および電流密度が超伝導体内部に侵入している様子。

15.2　臨界磁場

マイスナー効果によって，超伝導体内部の磁束密度はゼロになるが，外部から加える磁場[*9]を強くしていくと，超伝導状態ではなくなり，常伝導状態となる。このように超伝導状態から常伝導状態になるときの外部磁場を**臨界磁場**（critical magnetic field）という。臨界磁場は温度によって異なり，**図 15.6** に示すように，臨界磁場 H_c は温度が高くなるにつれて小さくなり，転移温度 T_c でゼロとなる。

*9　ここでは臨界磁場を定義するために，慣習である磁場で記述する。

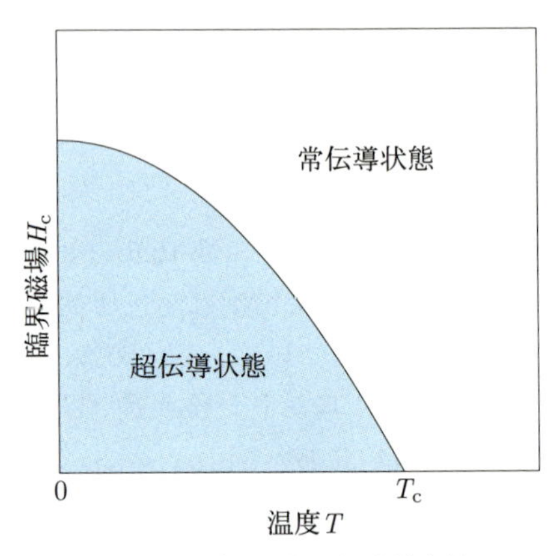

図 15.6　臨界磁場の温度依存性

また臨界磁場の大きさは物質によっても異なる。$T = 0\,\mathrm{K}$ における超伝導体の臨界磁場の大きさ H_c を，それに真空の透磁率をかけることによって求められる磁束密度の大きさ $\mu_0 H_\mathrm{c}$ で表すことにすれば，Al では 0.01 T，Pb では 0.08 T である。日常的に触れる機会のあるフェライト磁石の残留磁束密度の大きさが $B_\mathrm{r} = 0.2 \sim 0.4\,\mathrm{T}$ 程度であることを考えると，これらの超伝導体の臨界磁場の大きさはそれほど大きくないことがわかる。H_c が大きくないということは，これらの物質を用いた超伝導電磁石では強い磁束密度をつくり出せないことを意味しており，応用上，重大な問題である。

15.2.1　第 1 種超伝導体・第 2 種超伝導体

ところが，超伝導体の中には，外部から加える磁場を強くしていくとき，超伝導状態から一気に常伝導状態にならずに，**図 15.7** に示すように，磁束が部分的に侵入して，超伝導状態と常伝導状態が共存した混合状態となって，強い磁場に耐えられるものがある。このような超伝導体を**第 2 種超伝導体**（type II superconductor）という。一方，Al や Pb のように，加える磁場を強くしていくと超伝導状態から一気に常伝導状態になる超伝導体を**第 1 種超伝導体**（type I superconductor）という。表 15.1 にはさまざまな超伝導体の第 1 種，第 2 種の区別を示してある。第 1 種超伝導体と第 2 種超伝導体の違いを**図 15.8** に示す。第 1

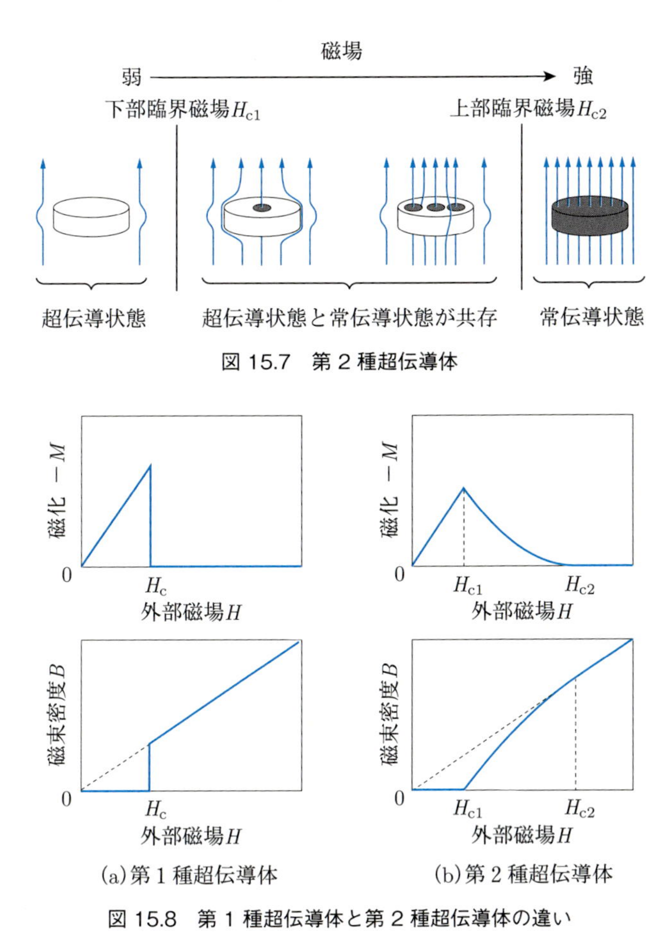

図 15.7　第 2 種超伝導体

図 15.8　第 1 種超伝導体と第 2 種超伝導体の違い

種超伝導体では，臨界磁場 H_c までは $M = -H$，すなわち $B = 0$ であり完全反磁性を示すが，臨界磁場を超えると一気に常伝導状態になるために，$M = 0$，すなわち $B = \mu H$ となる。第 2 種超伝導体には，2 種類の臨界磁場が存在し，H_{c1}（下部臨界磁場）までは第 1 種超伝導体と同じく，完全反磁性を示すが，H_{c1} を超えると，超伝導体に部分的に磁束が侵入し，完全反磁性ではなくなる。このとき磁束が侵入した部分は常伝導状態になっており，15.3 節で説明するように，侵入した磁束は量子化されて，$\frac{h}{2e}$ の整数倍の値しかとらない（ただし，h はプランク定数，e は素電荷）。磁束が侵入していない部分は超伝導状態が保たれているために電気抵抗ゼロの状態は維持される。外部から加える磁束密度を強くしていくと少しずつ侵入する磁束が増えていき，H_{c2}（上部臨界磁場）を超えるまでは混合状態を維持し，H_{c2} を超えると完全に常伝導状態になる。第 2 種超伝導体の臨界磁場 H_{c2} は第 1 種超伝導体の臨界磁場 H_c と比べると桁違いに大きく，磁束密度に換算すると NbTi では 15 T，Nb_3Sn では 30 T，Nb_3Ge では 37 T，MgB_2 では 74 T である。実用化されている超伝導電磁石では，第 2 種超伝導体である NbTi が広く使われている。

15.3　磁束の量子化

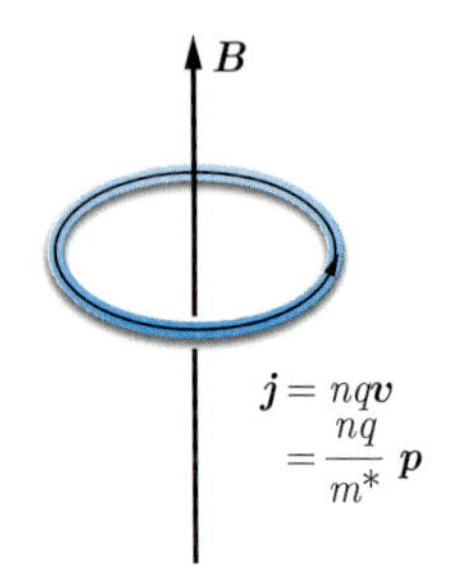

図 15.9　超伝導体リングを貫く磁束

図 15.9 に示すような超伝導体リングを貫く磁束の大きさがどのようなものになるかを考えよう。式(15.4)で示したロンドンの第二方程式

$$\nabla \times \boldsymbol{j} = -\frac{n_{\mathrm{s}} q^2}{m^*} \boldsymbol{B}$$

において，電流密度 $\boldsymbol{j}$ については式(15.2)より

$$\boldsymbol{j} = n_{\mathrm{s}} q \boldsymbol{v}$$

であり，速度 $\boldsymbol{v}$ については運動量 $\boldsymbol{p}$ と

$$\boldsymbol{v} = \frac{\boldsymbol{p}}{m^*}$$

という関係にあることから，結果として

$$\nabla \times \boldsymbol{p} = -q\boldsymbol{B}$$

が得られる。ここで上式の両辺の面積分，つまり

$$\int_S (\nabla \times \boldsymbol{p}) \cdot \mathrm{d}\boldsymbol{S} = -q \int_S \boldsymbol{B} \cdot \mathrm{d}\boldsymbol{S} \tag{15.13}$$

を求める。右辺の $\int_S \boldsymbol{B} \cdot \mathrm{d}\boldsymbol{S} = \varPhi$ はリングを貫く磁束の大きさである。左辺については，ストークスの定理より，**図 15.10** に示すように

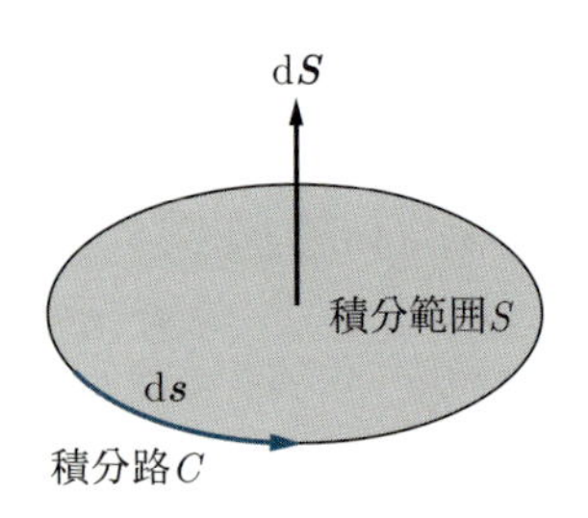

図 15.10　ストークスの定理

$$\int_S (\nabla \times \boldsymbol{p}) \cdot \mathrm{d}\boldsymbol{S} = \oint_C \boldsymbol{p} \cdot \mathrm{d}\boldsymbol{s}$$

として，積分範囲 S の面積分から積分路 C の線積分に置き換えられる。

さらに，積分路 C を**図 15.11** に示すような，xy 面内に含まれる半径 r の円周に設定すれば $\mathrm{d}\boldsymbol{s} = (-r\sin\theta \mathrm{d}\theta, r\cos\theta \mathrm{d}\theta, 0)$ となるので

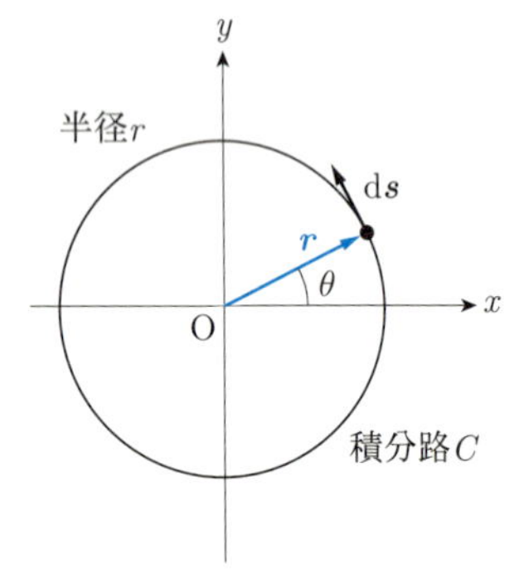

図 15.11　式(15.14) を計算するために用いる積分路 C

$$\begin{aligned}\oint_C \boldsymbol{p} \cdot \mathrm{d}\boldsymbol{s} &= \int_0^{2\pi} (-p_x r \sin\theta + p_y r\cos\theta)\mathrm{d}\theta \\ &= \int_0^{2\pi} (x p_y - y p_x)\mathrm{d}\theta \\ &= \int_0^{2\pi} l_z \mathrm{d}\theta = 2\pi l_z \end{aligned} \tag{15.14}$$

である。ここでは，$\boldsymbol{r} = (x, y, z) = (r\cos\theta, r\sin\theta, 0)$ であることと，式(4.39)で示した角運動量の定義を用いた。

したがって，式(15.14)の左辺は，角運動量の 2π 倍に相当することがわかる。量子力学で考えると，角運動量は $\hbar$ の整数倍となることから

$$\oint_C \boldsymbol{p} \cdot \mathrm{d}\boldsymbol{s} = 2\pi \times n\hbar = nh$$

となる。ただし，n は 0 以上の整数である。

よって，リングを貫く磁束の大きさ $\varPhi$ は

$$\varPhi = -\frac{nh}{q}$$

と得られる。超伝導におけるキャリアは 2 つの電子からなるクーパー対であり，$q = -2e$ なので，最終的に

$$\varPhi = n\frac{h}{2e} \tag{15.15}$$

となる。すなわち，超伝導リングを貫く磁束は

$$\Phi_0 = \frac{h}{2e} = 2.067833831 \times 10^{-15}\,\mathrm{Wb}$$

の整数倍となる。この現象を**磁束の量子化**という。磁束の量子化は1961年に，アメリカのディーバー（B. S. Deaver）とフェアバンク（W. M. Faribank），ドイツのドール（R. Doll）とネーバウアー（M. Näbauer）によって独立に発見され，このことから超伝導のキャリアが2つの電子からなることが証明された。

◆ BCS理論

超伝導に関して，理論的に説明しなければならない実験事実は

(1)　電気抵抗ゼロ
(2)　完全反磁性
(3)　電子比熱 C が $C \propto e^{-\frac{T_0}{T}}$ のような温度依存性を示すこと
(4)　**同位体効果**（isotope effect）

である。BCS理論はこれらの実験事実と，常伝導状態から超伝導状態への転移が2次相転移であることを説明した。実験事実(1)(2)については本文で説明したとおりである。(3)の電子比熱の温度依存性は，超伝導体の基底状態と励起状態の間にエネルギーギャップが存在することを示している。エネルギーギャップの存在は絶縁体薄膜をはさんだ超伝導体と常伝導体との間に流れるトンネル電流の印加電圧依存性や遠赤外光吸収スペクトルからも確かめられている。(4)の同位体効果とは，単体で超伝導状態となる金属において，構成する原子を同位体で置換すると，転移温度 T_c が同位体の質量 M に依存して $T_c \propto M^{-\alpha}$（α はおよそ $\frac{1}{2}$）となる現象である。原子の質量が影響する物理現象として考えられるのは格子振動である。このことから超伝導には格子振動が関係していると予想される。

BCS理論の要点の1つは，通常ならばクーロン斥力が働くはずの2つの伝導電子の間に引力が働いて**クーパー対**（Cooper pair）と呼ばれる電子対を形成することにある。クーパー対を形成するための引力の原因となるのが**電子–フォノン相互作用**（electron–phonon interaction）である。

伝導電子が結晶中で運動すると，電子の近くにある陽イオンが引きつけられ，平衡位置から変位する。その結果，格子振動が生じる。電子と比べると陽イオンの質量は大きいため，しばらく平衡位置から変位して正に帯電した状態が続き，別の電子が陽イオンに引きつけられる。このように格子振動を介して電子間に引力が働くことになる。

伝導電子に占有されているフェルミ球に2つの電子を追加するとき，電子間に引力が働く場合，引力がどんなに弱くても2つの電子は束縛状態を形成する。この状態はフェルミ球で表されるような常伝導状態と比べるとエネルギー的により安定であるため，多数の電子対が互いに相関関係にある1つの巨視的なコヒーレント状態をつくり出す。この状態が超伝導状態であり，基底状態と励起状態の間にエネルギーギャップ 2Δ が生じる。転移温度 T_c はこのエネルギーギャップに比例し，エネルギーギャップが大きいほど転移温度が高くなる。電子間に働く引力の原因は格子振動にあるため，エネルギーギャップは8.1.3項で扱ったデバイ角振動数 ω_D に比例する。格子振動の角振動数 ω は式(7.3)などに示されるように原子の質量 M に対して $\omega \propto \frac{1}{\sqrt{M}}$ の関係にある。したがって，$T_c \propto \frac{1}{\sqrt{M}}$ となる。BCS理論では，このような実験事実の説明に加えて，電子比熱やマイスナー効果の侵入深さの定量的な見積もりを行い，実験結果との良い一致を得ている。

なお，BCS理論では電子–フォノン相互作用をクーパー対形成の原因とするが，これでは高温超伝導体が示すような高い転移温度を説明することはできないため，高温超伝導体ではクーパー対形成の原因として別の機構が働いていると考えられている。

付　録

付録A　複素フーリエ変換を用いる理由

ある瞬間における正弦波を表す式(3.5)は三角関数の加法定理を利用することによって

$$
\begin{aligned}
A_0 \sin(kx+\phi) &= A_0 \sin\phi \cos kx + A_0 \cos\phi \sin kx \\
&= a \cos kx + b \sin kx
\end{aligned}
$$

と変形できる。ただし，$a = A_0 \sin\phi$, $b = A_0 \cos\phi$ である。このように，初期位相 ϕ が含まれる場合には，正弦波を表すために $\cos kx$ と $\sin kx$ の両方を合わせて用いる必要がある。なぜならば，一般に $\sin(kx+\phi)$ は x の偶関数でも奇関数でもないので，偶関数の $\cos kx$ あるいは奇関数の $\sin kx$ のみでは表すことができないからである。別の言い方をすると，振幅 A_0 と初期位相 ϕ の 2 つの情報を表すためには 2 つの係数 a と b を用いなければならない。

一方，式(3.5)はオイラーの公式 $e^{i\theta} = \cos\theta + i \sin\theta$ を用いると

$$
\begin{aligned}
A_0 \sin(kx+\phi) &= A_0 \left\{ \frac{e^{i(kx+\phi)} - e^{-i(kx+\phi)}}{2i} \right\} \\
&= \frac{A_0 e^{i\phi}}{2i} e^{ikx} - \frac{A_0 e^{-i\phi}}{2i} e^{-ikx}
\end{aligned}
$$

のように指数関数 e^{ikx} と e^{-ikx} で表すことができる。初期位相 ϕ が含まれる場合には，やはり e^{ikx} と e^{-ikx} の 2 つを用いなければならないように見えるが，e^{ikx} の前の係数

$$
c = \frac{A_0 e^{i\phi}}{2i}
$$

の複素共役 c^* は

$$
c^* = \frac{A_0 e^{-i\phi}}{2i}
$$

であり，e^{-ikx} の係数に一致する。このことを用いると，式(3.5)は

$$
A_0 \sin(kx+\phi) = ce^{ikx} + c^* e^{-ikx} = ce^{ikx} + c^*(e^{ikx})^*
$$

のように表せることがわかる。これは，c が決まればその複素共役 c^* も機械的に定まるので，振幅 A_0 と初期位相 ϕ（あるいは a と b）の 2 つの変数は複素数係数 c のみに集約されていることを意味する。実際，数式的には

$$
c = \frac{A_0 e^{i\phi}}{2i} = \frac{A_0 \sin\phi}{2} - i\frac{A_0 \cos\phi}{2} = \frac{a}{2} - i\frac{b}{2}
$$

となり，複素数 c に 2 つの変数 A_0 と ϕ（あるいは a と b）が含まれていることからも明らかである。このように，複素数は実部と虚部の 2 つからなるので，**振幅と初期位相の 2 つの変数を一度に表すことができる。** これが三角関数の代わりに指数関数を用いる理由の 1 つである。

指数関数を用いるもう 1 つの理由は，三角関数と比べて微積分の扱いが簡単になるからである。例えば，指数関数の微分では

$$\frac{\mathrm{d}}{\mathrm{d}x}e^{ikx} = ike^{ikx},\ \frac{\mathrm{d}^2}{\mathrm{d}x^2}e^{ikx} = (ik)^2e^{ikx},\ \frac{\mathrm{d}^3}{\mathrm{d}x^3}e^{ikx} = (ik)^3e^{ikx},\ \cdots$$

のように，e^{ikx} は不変のままで係数だけが変化するのに対して，三角関数の場合には

$$\begin{aligned}&\frac{\mathrm{d}}{\mathrm{d}x}\sin kx = k\cos kx,\ \frac{\mathrm{d}^2}{\mathrm{d}x^2}\sin kx = -k^2\sin kx,\\ &\frac{\mathrm{d}^3}{\mathrm{d}x^3}\sin kx = -k^3\cos kx, \cdots\end{aligned}$$

のように $\sin kx$ と $\cos kx$ が入れ替わり立ち替わり現れるため，扱いが面倒である。

ところで，式(3.7)で示される周期 a の周期関数 $f(x)$ は，一般にフーリエ級数展開によって

$$f(x) = \frac{a_0}{2} + \sum_{m=1}^{\infty}\left(a_m\cos\frac{2m\pi}{a}x + b_m\sin\frac{2m\pi}{a}x\right) \tag{A.1}$$

のように sin, cos の両方を用いて表される。ここで，a_m は余弦フーリエ係数，b_m は正弦フーリエ係数である。a_m と b_m の 2 種類の係数が必要となるのは，式(3.5)について議論したのと同様の理由で，周期関数 $f(x)$ が x の偶関数あるいは奇関数とはかぎらないからである。このように三角関数によるフーリエ級数展開では 2 種類のフーリエ係数および sin と cos の両方を必要とすることがわかる。

このフーリエ級数展開について

$$\begin{aligned}a_m &= c_m + c_m^*\\ b_m &= i(c_m - c_m^*)\end{aligned}$$

として式(A.1)に代入すると

$$\begin{aligned}f(x) &= \frac{a_0}{2} + \sum_{m=1}^{\infty}\left(a_m\cos\frac{2m\pi}{a}x + b_m\sin\frac{2m\pi}{a}x\right)\\ &= \frac{c_0+c_0^*}{2} + \sum_{m=1}^{\infty}\left\{(c_m+c_m^*)\cos\frac{2m\pi}{a}x + i(c_m-c_m^*)\sin\frac{2m\pi}{a}x\right\}\\ &= \frac{c_0+c_0^*}{2} + \sum_{m=1}^{\infty}\left\{c_m\left(\cos\frac{2m\pi}{a}x + i\sin\frac{2m\pi}{a}x\right)\right.\\ &\qquad\left. + c_m^*\left(\cos\frac{2m\pi}{a}x - i\sin\frac{2m\pi}{a}x\right)\right\}\end{aligned}$$

$$= \frac{c_0 + c_0^*}{2} + \sum_{m=1}^{\infty} \left\{ c_m e^{i\frac{2m\pi}{a}x} + c_m^* e^{-i\frac{2m\pi}{a}x} \right\}$$

が得られる。さらに，$c_m^* = c_{-m}$ と置き換えて，式変形を進めると

$$\begin{aligned} f(x) &= \frac{c_0 + c_0}{2} + \sum_{m=1}^{\infty} \left\{ c_m e^{i\frac{2m\pi}{a}x} + c_{-m} e^{-i\frac{2m\pi}{a}x} \right\} \\ &= c_0 + \sum_{m=1}^{\infty} c_m e^{i\frac{2m\pi}{a}x} + \sum_{m=1}^{\infty} c_{-m} e^{-i\frac{2m\pi}{a}x} \\ &= c_0 + \sum_{m=1}^{\infty} c_m e^{i\frac{2m\pi}{a}x} + \sum_{m=-\infty}^{-1} c_m e^{-i\frac{2m\pi}{a}x} \\ &= \sum_{m=-\infty}^{\infty} c_m e^{i\frac{2m\pi}{a}x} \end{aligned} \tag{A.2}$$

となる。これが複素フーリエ級数展開であり，式(3.8)で示したものである。なお，式(A.2)は，$f(x)$ が実関数である場合のみでなく，複素関数である場合にも成り立つ。ただし，$f(x)$ が複素関数である場合には $c_{-m} = c_m^*$ とはならない。

付録 B　量子力学における運動量の期待値

ここでは，古典力学における運動量が物体の質量と速度の積で与えられることを用いて，量子力学における運動量の x 成分の期待値 $\langle p_x \rangle$ を求める。

$$\langle p_x \rangle = m\langle v_x \rangle = m\left\langle \frac{\mathrm{d}x}{\mathrm{d}t} \right\rangle = m\frac{\mathrm{d}}{\mathrm{d}t}\langle x \rangle \tag{B.1}$$

に x の期待値

$$\langle x \rangle = \int \psi^* \hat{x}\, \psi\, \mathrm{d}\boldsymbol{r} \tag{B.2}$$

を代入すると

$$\begin{aligned} \langle p_x \rangle &= m\frac{\mathrm{d}}{\mathrm{d}t}\int \psi^* \hat{x}\, \psi\, \mathrm{d}\boldsymbol{r} \\ &= m\left(\int \frac{\partial \psi^*}{\partial t}\hat{x}\psi\, \mathrm{d}\boldsymbol{r} + \int \psi^* \hat{x}\frac{\partial \psi}{\partial t}\mathrm{d}\boldsymbol{r} \right) \end{aligned} \tag{B.3}$$

となる。式(4.9)のシュレーディンガー方程式

$$\left(-\frac{\hbar^2}{2m}\Delta + V \right)\psi = i\hbar\frac{\partial \psi}{\partial t}$$

およびその複素共役である

$$\left(-\frac{\hbar^2}{2m}\Delta + V \right)\psi^* = -i\hbar\frac{\partial \psi^*}{\partial t}$$

を用いて，式(B.3)を変形すると

$$
\begin{aligned}
\langle p_x \rangle = m\Biggl\{ &\int \left(\frac{1}{-i\hbar}\right)\left(-\frac{\hbar^2}{2m}\Delta + V\right)\psi^* \hat{x}\,\psi\,\mathrm{d}\boldsymbol{r} \\
&+ \int \left(\frac{1}{i\hbar}\right)\left(-\frac{\hbar^2}{2m}\Delta + V\right)\psi \hat{x}\,\psi^* \mathrm{d}\boldsymbol{r} \Biggr\} \\
= -\frac{i\hbar}{2} &\int (x\psi\Delta\psi^* - x\psi^*\Delta\psi)\mathrm{d}\boldsymbol{r} \qquad \text{(B.4)}
\end{aligned}
$$

が得られる。ここで，

$$
\begin{aligned}
&\int x\psi\Delta\psi^* \mathrm{d}\boldsymbol{r} \\
&= \int x\psi\nabla\psi^* \cdot \mathrm{d}\boldsymbol{S} - \int \psi^*\nabla(x\psi)\cdot \mathrm{d}\boldsymbol{S} + \int \psi^*\Delta(x\psi)\mathrm{d}\boldsymbol{r} \\
&= \int x\psi\nabla\psi^* \cdot \mathrm{d}\boldsymbol{S} - \int \psi^*\nabla(x\psi)\cdot \mathrm{d}\boldsymbol{S} \\
&\quad + 2\int \psi^* \frac{\partial\psi}{\partial x}\mathrm{d}\boldsymbol{r} + \int x\psi^*\Delta\psi \mathrm{d}\boldsymbol{r} \qquad \text{(B.5)}
\end{aligned}
$$

であり，無限遠で確率密度がゼロであるために $\psi \to 0$ でなければならないので，式(B.5)中のすべての面積分は

$$
\int x\psi\nabla\psi^* \cdot \mathrm{d}\boldsymbol{S} = 0
$$

$$
\int \psi^*\nabla(x\psi)\cdot \mathrm{d}\boldsymbol{S} = 0
$$

となる。したがって，式(B.5)は

$$
\int x\psi\Delta\psi^* \mathrm{d}\boldsymbol{r} = 2\int \psi^* \frac{\partial\psi}{\partial x}\mathrm{d}\boldsymbol{r} + \int x\psi^*\Delta\psi \mathrm{d}\boldsymbol{r} \qquad \text{(B.6)}
$$

となるから，これを式(B.4)に代入することによって，量子力学における運動量の x 成分の期待値が

$$
\begin{aligned}
\langle p_x \rangle &= \int \psi^* \left(-i\hbar\frac{\partial}{\partial x}\right)\psi\,\mathrm{d}\boldsymbol{r} \\
&= \int \psi^* \hat{p}_x \psi\,\mathrm{d}\boldsymbol{r} \qquad \text{(B.7)}
\end{aligned}
$$

と求められる。y 成分，z 成分についても同様であるから，量子力学における運動量の期待値は

$$
\langle \boldsymbol{p} \rangle = \int \psi^* \hat{\boldsymbol{p}}\,\psi\,\mathrm{d}\boldsymbol{r} \qquad \text{(B.8)}
$$

となる。

付録C　ω が $\omega_{\max}$ を超える場合

7.1 節では，1 種類の原子からなる 1 次元の格子振動の角振動数 ω は $\omega_{\max}$ を超えないことを説明した。では，もし ω が $\omega_{\max}$ を超える場合，どのようなことになるのかを見てみよう。

外側から強制的に振動させるために，$j < 0$ の原子を取り除いた状況

を考える。そして $j=0$ の原子を

$$u_0 = A_0 e^{-i\omega t}$$

のように角振動数 ω（$>\omega_{\max}$）で振動させる。この振動によって $j>0$ の原子も同じ角振動数 ω で

$$u_n = A_n e^{-i\omega t}$$

に従って振動するものと仮定する。式(7.1)にこれらを代入して整理すると

$$(2K - M\omega^2)A_j = K(A_{j-1} + A_{j+1}) \tag{C.1}$$

が得られる。この漸化式から，一般項は

$$\begin{aligned}
A_j = &\left\{\frac{-(M\omega^2-2K)+\sqrt{(M\omega^2-2K)^2-4K^2}}{2\sqrt{(M\omega^2-2K)^2-4K^2}}A_0\right.\\
&\quad\left.-\frac{K}{\sqrt{(M\omega^2-2K)^2-4K^2}}A_1\right\}\\
&\times\left\{\frac{-(M\omega^2-2K)-\sqrt{(M\omega^2-2K)^2-4K^2}}{2K}\right\}^j\\
&+\left\{\frac{(M\omega^2-2K)+\sqrt{(M\omega^2-2K)^2-4K^2}}{2\sqrt{(M\omega^2-2K)^2-4K^2}}A_0\right.\\
&\quad\left.+\frac{K}{\sqrt{(M\omega^2-2K)^2-4K^2}}A_1\right\}\\
&\times\left\{\frac{-(M\omega^2-2K)+\sqrt{(M\omega^2-2K)^2-4K^2}}{2K}\right\}^j
\end{aligned} \tag{C.2}$$

と求められる。

$\omega > \omega_{\max} = 2\sqrt{\frac{K}{M}}$ という条件から

$$\left|\frac{-(M\omega^2-2K)-\sqrt{(M\omega^2-2K^2)-4K^2}}{2K}\right| > 1$$

$$\left|\frac{-(M\omega^2-2K)+\sqrt{(M\omega^2-2K^2)-4K^2}}{2K}\right| < 1$$

となることから，$j\to\infty$ で式(C.2)の第 1 項は発散し，第 2 項は収束することがわかる。発散する解は物理的に妥当でないので

$$\begin{aligned}
&\frac{-(M\omega^2-2K)+\sqrt{(M\omega^2-2)^2-4K^2}}{2\sqrt{(M\omega^2-2K)^2-4K^2}}A_0\\
&\quad-\frac{K}{\sqrt{(M\omega^2-2K)^2-4K^2}}A_1 = 0
\end{aligned}$$

でなければならない。この関係を式(C.2)に適用すると

$$A_j = \left\{ \frac{-(M\omega^2 - 2K) + \sqrt{(M\omega^2 - 2K)^2 - 4K^2}}{2K} \right\}^j A_0 \qquad \text{(C.3)}$$

が得られる。

$\omega > \omega_{\max}$ を満たす条件として，例えば，$M\omega^2 = 6K$ を式(C.3)に代入すると

$$A_j = (-2 + \sqrt{3})^j A_0$$

となる。この様子をグラフに示すと，**図 C.1** のようになる。A_j は j の増加とともに振動しながら急激に減衰していくことがわかる。このように，$\omega > \omega_{\max}$ である角振動数の振動は波として存在できない。

ここまでは解を厳密に求めたが，近似的に求めた方が現象を理解しやすい。振幅 A_j は j の増加とともに急激に減衰することから $A_{j-1} \gg A_j$ となるので式(C.1)は

$$(2K - M\omega^2)A_j \simeq KA_{j-1}$$

と近似できる。この式は等比数列の漸化式なので，一般項は

$$A_j \simeq \left(-\frac{K}{M\omega^2 - 2K} \right)^j A_0$$

のように簡単に求められる。近似的に得られた一般項は式(C.3)において $\omega \gg \omega_{\max} = 2\sqrt{\frac{K}{M}}$ とした結果と一致する。等比数列の公比

$$-\frac{K}{M\omega^2 - 2K} \qquad \text{(C.4)}$$

に注目すると，$\omega > 2\sqrt{\frac{K}{M}}$ のとき，その絶対値は

$$\left| \frac{K}{M\omega^2 - 2K} \right| < \frac{K}{M \cdot 4K/M - 2K} < \frac{1}{2}$$

なので，j が1つ増えるごとに A_j はプラス・マイナスと符号を変えながらその絶対値が減少していく。また，バネ定数 K が小さいほど，原

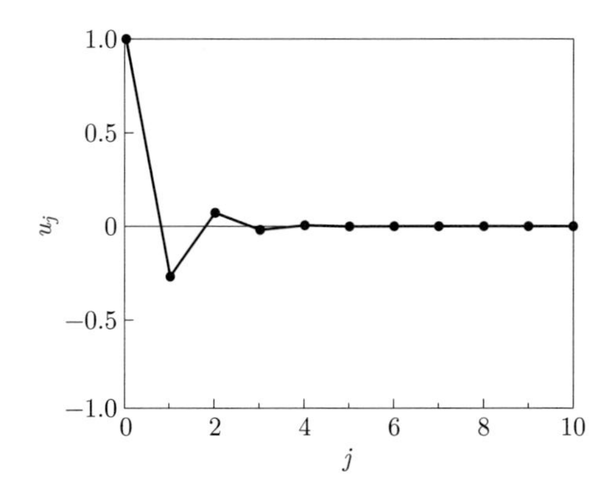

図 C.1　j の増加とともに振幅が減衰していく様子

子の質量 M が重いほど，角振動数 ω が高いほど，j の増加にともなう A_j の絶対値の減少の程度は著しくなっていくことが式(C.4)からわかる。定性的には，原子どうしをつなぐバネが弱いほど隣の原子への力が伝わりにくく，原子の質量が重いほど原子が動きにくく，角振動数が高いほど速さに追随しにくくなるために，隣の原子に移るたびに振幅が減少していくと説明できる。

付録 D　気体分子運動論による熱伝導率の導出

x 方向に温度勾配がある固体における熱伝導率を気体分子運動論によって導出しよう。温度 T は x のみに依存する関数となるので $T(x)$ と表される。また，ここではフォノンによる熱伝導を扱うので，固体の内部エネルギーを U として，式(8.1)で示した格子振動のエネルギーを考える。格子振動のエネルギーは温度 T の関数であり，温度 T は x の関数であることから，結局，内部エネルギーは x の関数となるので $U(x)$ と表される。

固体中のフォノンは温度によらず同じ速さ v で運動しており*1，平均自由行程 Λ だけ進むたびにランダムな向きに散乱されるものとする。ただし，速さとして縦モードと横モードのフォノンの速さの加重平均である $\langle v \rangle$ を用いることにする。またフォノンは散乱された位置 x における単位体積あたりの内部エネルギー $u(x)$ に等しい熱を運ぶものとする*2。

図 D.1 に示すように，ある位置で散乱された後，ちょうど平均自由行程 Λ だけ進んで $x = 0$ の面に到達するフォノンを考える。$x < 0$ である領域*3から，x 軸と角度 θ をなす方向で到達するフォノンは $x = -\Lambda \cos\theta$ で散乱されたことになるから，単位体積あたりの内部エネルギー $u(-\Lambda \cos\theta)$ に等しい熱を運んでくる。原点から見て角度 $\theta \sim \theta + \mathrm{d}\theta$ の範囲の立体角は，図 D.1 中に網かけで示した部分の面積

*1　音響モードのフォノンの $k = 0$ の近傍での分散関係は $\omega = vk$ であるから，デバイモデルで採用したように同じ速さで運動しているという考えは妥当な近似である。

*2　先ほどの注釈で $U(x)$ は式(8.1)で示した格子振動のエネルギーであると説明した。このことは，ここで考えている熱を運ぶフォノンは，1つのフォノンではなく，単位体積中に含まれるさまざまな角振動数 ω をもつフォノンの集まりをひとかたまりのフォノンとして考えていることを意味している。

*3　熱の流れが x の正の向きとなるように，$x < 0$ である領域の方が高温であることを想定している。

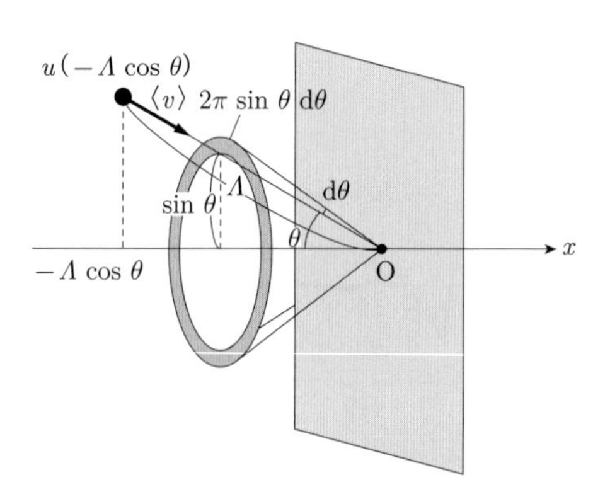

図 D.1　x 方向に温度勾配がある固体中で $x = 0$ の面に到達するフォノンによって運ばれる熱の流れを求める。

に等しく，円周の長さ $2\pi\sin\theta$ と幅 $\mathrm{d}\theta$ との積である $2\pi\sin\theta\mathrm{d}\theta$ によって与えられる。したがって，$x=0$ における単位時間あたりの熱の流れは，あらゆる向きから到達するフォノンによって運ばれる熱とフォノンの平均速さの x 成分 $\langle v_x\rangle$ との積を原点から見たすべての方位に対して平均することによって

$$J=\frac{1}{4\pi}\int_0^{\pi}u(-\Lambda\cos\theta)\langle v_x\rangle 2\pi\sin\theta\mathrm{d}\theta \tag{D.1}$$

と求められる。ここで，積分の前の $\frac{1}{4\pi}$ は，全球の立体角 4π で割ることですべての方位に対する積分結果を平均するためにある。単位体積あたりの内部エネルギー $u(-\Lambda\cos\theta)$ が 1 次までのマクローリン展開によって

$$u(-\Lambda\cos\theta)\simeq u(0)-\left(\frac{\partial u}{\partial x}\right)_{x=0}\Lambda\cos\theta \tag{D.2}$$

と近似できることと，フォノンの平均速さの x 成分が $\langle v_x\rangle=\langle v\rangle\cos\theta$ と表せることを用いると，式(D.1)は

$$\begin{aligned}
J&=\frac{1}{4\pi}\int_0^{\pi}\left\{u(0)-\left(\frac{\partial u}{\partial x}\right)_{x=0}\Lambda\cos\theta\right\}\langle v\rangle\cos\theta\,2\pi\sin\theta\mathrm{d}\theta\\
&=-\frac{1}{2}\left(\frac{\partial u}{\partial x}\right)_{x=0}\langle v\rangle\Lambda\int_0^{\pi}\cos^2\theta\sin\theta\mathrm{d}\theta\\
&=-\frac{1}{3}\left(\frac{\partial u}{\partial x}\right)_{x=0}\langle v\rangle\Lambda
\end{aligned} \tag{D.3}$$

となる。さらに，単位体積あたりの内部エネルギー u を温度 T で偏微分することによって単位体積あたりの比熱 $\overline{C}$ が求められることを用いると

$$\frac{\partial u}{\partial x}=\frac{\partial u}{\partial T}\frac{\partial T}{\partial x}=\overline{C}\frac{\partial T}{\partial x} \tag{D.4}$$

となり，式(D.4)を式(D.3)に代入することによって

$$J=-\frac{1}{3}\overline{C}\langle v\rangle\Lambda\frac{\partial T}{\partial x} \tag{D.5}$$

が得られる。この式と式(8.15)を比較すれば，熱伝導率 λ は

$$\lambda=\frac{1}{3}\overline{C}\langle v\rangle\Lambda \tag{D.6}$$

で与えられることがわかる。

付録 E　図 9.4 の点の数が 619 個になることについて

図 9.4 においては，${n_x}^2+{n_y}^2+{n_z}^2\leq 27$ を満たす (n_x,n_y,n_z) に対応する点が 619 個であることが示されている。表 9.1 のようにすべてを示すことはしないが，その一部を**表 E.1** に示す。この表には等価な点の数も示している。等価な点の数については以下のような場合分けに従う。

- $(0,0,0)$ の場合は 1 個である。
- $(0,0,n)$ の場合は，$(0,0,\pm n)$, $(0,\pm n,0)$, $(\pm n,0,0)$ のような組み合わせがあるので，等価な点は 6 個である。
- $(0,n,n)$ の場合は，$(0,\pm n,\pm n)$, $(0,\pm n,\mp n)$, $(\pm n,0,\pm n)$, $(\pm n,0,\mp n)$, $(\pm n,\pm n,0)$, $(\pm n,\mp n,0)$ のような組み合わせがあるので，等価な点は 12 個である。
- $(0,m,n)$（ただし $m \neq n$）の場合は，$(0,\pm m,\pm n)$, $(0,\pm m,\mp n)$, $(0,\pm n,\pm m)$, $(0,\pm n,\mp m)$, $(\pm m,0,\pm n)$, $(\pm m,0,\mp n)$, $(\pm n,0,\pm m)$, $(\pm n,0,\mp m)$, $(\pm m,\pm n,0)$, $(\pm m,\mp n,0)$, $(\pm n,\pm m,0)$, $(\pm n,\mp m,0)$ のような組み合わせがあるので，等価な点は 24 個である。
- (n,n,n) の場合は，$(\pm n,\pm n,\pm n)$, $(\pm n,\pm n,\mp n)$, $(\pm n,\mp n,\pm n)$, $(\mp n,\pm n,\pm n)$ のような組み合わせがあるので，等価な点は 8 個である。

表 E.1　条件 ${n_x}^2 + {n_y}^2 + {n_z}^2 \leq 27$ を満足する (n_x, n_y, n_z) の一部

n_x	n_y	n_z	${n_x}^2 + {n_y}^2 + {n_z}^2$	等価な点の数
0	0	0	0	1
0	0	1	1	6
0	0	2	4	6
0	0	3	9	6
0	0	4	16	6
0	0	5	25	6
0	1	1	2	12
0	1	2	5	24
0	1	3	10	24
0	1	4	17	24
0	1	5	26	24
0	2	2	8	12
0	2	3	13	24
0	2	4	20	24
0	3	3	18	12
0	3	4	25	24
1	1	1	3	8
1	1	2	6	24
1	1	3	11	24
1	1	4	18	24
1	1	5	27	24
1	2	2	9	24
1	2	3	14	48
1	2	4	21	48
1	3	3	19	24
1	3	4	26	48
2	2	2	12	8
2	2	3	17	24
2	2	4	24	24
2	3	3	22	24
3	3	3	27	8
			合計	619

- (m,m,n)（ただし $m \neq n$）の場合は，$(\pm m, \pm m, \pm n)$, $(\pm m, \pm m, \mp n)$, $(\pm m, \mp m, \pm n)$, $(\mp m, \pm m, \pm n)$, $(\pm m, \pm n, \pm m)$, $(\pm m, \pm n, \mp m)$, $(\pm m, \mp n, \pm m)$, $(\mp m, \pm n, \pm m)$, $(\pm n, \pm m, \pm m)$, $(\pm n, \pm m, \mp m)$, $(\pm n, \mp m, \pm m)$, $(\mp n, \pm m, \pm m)$ のような組み合わせがあるので，等価な点は 24 個である。
- (l,m,n)（ただし l,m,n は互いに異なる）の場合は，$(\pm l, \pm m, \pm n)$, $(\pm l, \pm m, \mp n)$, $(\pm l, \mp m, \pm n)$, $(\mp l, \pm m, \pm n)$, $(\pm m, \pm n, \pm l)$, $(\pm m, \pm n, \mp l)$, $(\pm m, \mp n, \pm l)$, $(\mp m, \pm n, \pm l)$, $(\pm n, \pm l, \pm m)$, $(\pm n, \pm l, \mp m)$, $(\pm n, \mp l, \pm m)$, $(\mp n, \pm l, \pm m)$, $(\pm l, \pm n, \pm m)$, $(\pm l, \pm n, \mp m)$, $(\pm l, \mp n, \pm m)$, $(\mp l, \pm n, \pm m)$, $(\pm n, \pm m, \pm l)$, $(\pm n, \pm m, \mp l)$, $(\pm n, \mp m, \pm l)$, $(\mp n, \pm m, \pm l)$, $(\pm m, \pm l, \pm n)$, $(\pm m, \pm l, \mp n)$, $(\pm m, \mp l, \pm n)$, $(\mp m, \pm l, \pm n)$ のような組み合わせがあるので，等価な点は 48 個である。

付録F　ゾンマーフェルト展開の導出

9.2.4 項で電子比熱を求めるために利用したゾンマーフェルト展開

$$\int_{-\infty}^{\infty} g'(\mathcal{E}) f(\mathcal{E}, T) \mathrm{d}\mathcal{E} = \int_{-\infty}^{\mu} g'(\mathcal{E}) \mathrm{d}\mathcal{E} + \frac{\pi^2}{6}(k_{\mathrm{B}}T)^2 g^{(2)}(\mu) + \frac{7\pi^4}{360}(k_{\mathrm{B}}T)^2 g^{(4)}(\mu) + \cdots \tag{F.1}$$

を導出しよう。ここで，

$$g'(\mathcal{E}) = \frac{\mathrm{d}g(\mathcal{E})}{\mathrm{d}\mathcal{E}}$$

$$g^{(n)}(\mu) = \left.\frac{\mathrm{d}^n g(\mathcal{E})}{\mathrm{d}\mathcal{E}^n}\right|_{\mathcal{E}=\mu}$$

である。

式(F.1)の左辺に対して部分積分を行うと

$$\int_{-\infty}^{\infty} g'(\mathcal{E}) f(\mathcal{E}, T) \mathrm{d}\mathcal{E} = \Big[g(\mathcal{E}) f(\mathcal{E}, T) \Big]_{-\infty}^{\infty} - \int_{-\infty}^{\infty} g(\mathcal{E}) \frac{\mathrm{d}f(\mathcal{E}, T)}{\mathrm{d}\mathcal{E}} \mathrm{d}\mathcal{E}$$

となる。ここで，

$$\lim_{\mathcal{E} \to -\infty} g(\mathcal{E}) f(\mathcal{E}, T) = 0$$

$$\lim_{\mathcal{E} \to \infty} g(\mathcal{E}) f(\mathcal{E}, T) = 0$$

が成り立つような $g(\mathcal{E})$ であるとき，

$$\int_{-\infty}^{\infty} g'(\mathcal{E}) f(\mathcal{E}, T) \mathrm{d}\mathcal{E} = -\int_{-\infty}^{\infty} g(\mathcal{E}) \frac{\mathrm{d}f(\mathcal{E}, T)}{\mathrm{d}\mathcal{E}} \mathrm{d}\mathcal{E} \tag{F.2}$$

である。被積分関数の一部である

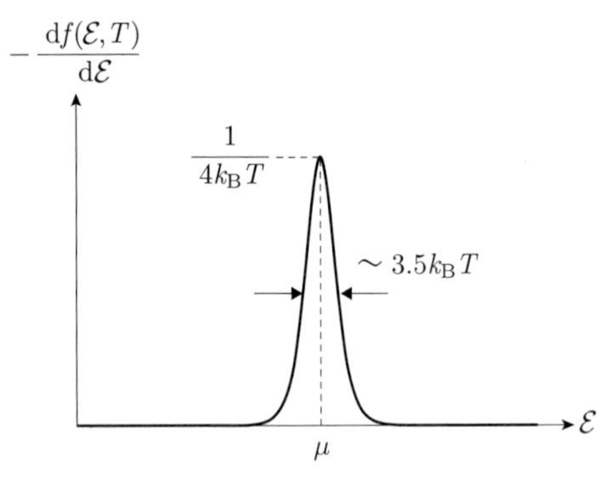

図 F.1　関数 $-\dfrac{\mathrm{d}f(\mathcal{E},T)}{\mathrm{d}\mathcal{E}}$ の形

$$\frac{\mathrm{d}f(\mathcal{E},T)}{\mathrm{d}\mathcal{E}} = -\frac{1}{k_{\mathrm{B}}T}\frac{e^{(\mathcal{E}-\mu)/k_{\mathrm{B}}T}}{\left\{e^{(\mathcal{E}-\mu)/k_{\mathrm{B}}T}+1\right\}^2}$$

をグラフにすると，**図 F.1** のようになる。図からわかるようにこの関数は $\mathcal{E}=\mu$ の近傍以外ではほぼ 0 になる。したがって，$\mathcal{E}=\mu$ 近傍における $g(\mathcal{E})$ の値のみが積分の結果に反映されるので，$\mathcal{E}=\mu$ のまわりでのテイラー展開

$$g(\mathcal{E}) = \sum_{n=0}^{\infty}\frac{g^{(n)}(\mu)}{n!}(\mathcal{E}-\mu)^n \tag{F.3}$$

を利用して，積分することにする。ここで，

$$g^{(n)}(\mu) = \left.\frac{\mathrm{d}^n g(\mathcal{E})}{\mathrm{d}\mathcal{E}^n}\right|_{\mathcal{E}=\mu}$$

である。式(F.3)を代入すると，式(F.2)の右辺は

$$-\int_{-\infty}^{\infty} g(\mathcal{E})\frac{\mathrm{d}f(\mathcal{E},T)}{\mathrm{d}\mathcal{E}}\mathrm{d}\mathcal{E} = -\sum_{n=0}^{\infty}\frac{g^{(n)}(\mu)}{n!}\int_{-\infty}^{\infty}(\mathcal{E}-\mu)^n\frac{\mathrm{d}f(\mathcal{E},T)}{\mathrm{d}\mathcal{E}}\mathrm{d}\mathcal{E}$$

となる。

$$I_n = \int_{-\infty}^{\infty}(\mathcal{E}-\mu)^n\frac{\mathrm{d}f(\mathcal{E},T)}{\mathrm{d}\mathcal{E}}\mathrm{d}\mathcal{E}$$

について，$x=\dfrac{\mathcal{E}-\mu}{k_{\mathrm{B}}T}$ と変数変換すると

$$I_n = (k_{\mathrm{B}}T)^n\int_{-\infty}^{\infty}x^n\frac{\mathrm{d}}{\mathrm{d}x}\left(\frac{1}{e^x+1}\right)\mathrm{d}x$$

となる。n が奇数のときは $x^n\frac{\mathrm{d}}{\mathrm{d}x}\left(\frac{1}{e^x+1}\right)$ は奇関数なので $I_n=0$ である。n が偶数の場合について具体的に計算すると

$$\begin{aligned}
I_0 &= -1\\
I_2 &= -\frac{\pi^2}{3}\\
I_4 &= -\frac{7\pi^4}{15}\\
I_6 &= -\frac{31\pi^6}{21}
\end{aligned}$$

のようになる。したがって，

$$\int_{-\infty}^{\infty} g'(\mathcal{E})f(\mathcal{E},T)\mathrm{d}\mathcal{E}$$
$$= g^{(0)}(\mu) + \frac{1}{2!}\frac{\pi^2}{3}(k_{\mathrm{B}}T)^2 g^{(2)}(\mu) + \frac{1}{4!}\frac{7\pi^4}{15}(k_{\mathrm{B}}T)^4 g^{(4)}(\mu) + \cdots$$
$$= \int_{-\infty}^{\mu} g'(\mathcal{E})\mathrm{d}\mathcal{E} + \frac{\pi^2}{6}(k_{\mathrm{B}}T)^2 g^{(2)}(\mu) + \frac{7\pi^4}{360}(k_{\mathrm{B}}T)^4 g^{(4)}(\mu) + \cdots$$

が得られる。

付録 G　時間に依存する摂動

$$\hat{H}(t) = \hat{H}_0 + \hat{H}_1(t) \tag{G.1}$$

のように，摂動ハミルトニアン $\hat{H}_1(t)$ が時間に依存する場合を考える。ただし，$t \leq 0$ では $\hat{H}_1(t) = 0$ であり，$t > 0$ において摂動ハミルトニアンが加えられるものとする。また，$\hat{H}_1(t)$ は時間に対して周期的な摂動であり，

$$\hat{H}_1(t) = \begin{cases} \hat{U}e^{-i\omega t} + \hat{U}^\dagger e^{i\omega t} & (t > 0) \\ 0 & (t \leq 0) \end{cases} \tag{G.2}$$

と表される。ここで，$\hat{U}$ は時間に依存しない任意の演算子であり，$\hat{U}^\dagger$ はその複素共役である。式(G.2)では $\hat{H}_1(t)$ をエルミート演算子にするために複素共役の和の形としている。$\hat{H}_0$ は摂動のないときのハミルトニアンであり，時間に依存せず，その固有関数 $\psi_m^{(0)}(\boldsymbol{r},t)$ は

$$\psi_m^{(0)}(\boldsymbol{r},t) = e^{-i\frac{\mathcal{E}_m}{\hbar}t}\phi_m(\boldsymbol{r}) \ (m = 1, 2, \cdots) \tag{G.3}$$

で与えられるとする。ただし，$\phi_m(\boldsymbol{r})$ は時間に依存しないシュレーディンガー方程式

$$\hat{H}_0\phi_m(\boldsymbol{r}) = \mathcal{E}_m\phi_m(\boldsymbol{r}) \tag{G.4}$$

の固有関数であり，規格直交関係

$$\int \phi_n^*(\boldsymbol{r})\phi_m(\boldsymbol{r})\mathrm{d}\boldsymbol{r} = \delta_{nm} \tag{G.5}$$

を満足する。

これらのことを前提にして，時間に依存するシュレーディンガー方程式

$$i\hbar\frac{\partial\Psi(\boldsymbol{r},t)}{\partial t} = \left\{\hat{H}_0 + \hat{H}_1(t)\right\}\Psi(\boldsymbol{r},t) \tag{G.6}$$

を解きたい。そこで，まず固有関数 $\Psi(\boldsymbol{r},t)$ を式(G.3)を用いて

$$\Psi(\boldsymbol{r},t) = \sum_{m=1}^{\infty} c_m(t)\psi_m^{(0)}(\boldsymbol{r},t)$$

$$= \sum_{m=1}^{\infty} c_m(t) e^{-i\frac{\mathcal{E}_m}{\hbar}t} \phi_m(\boldsymbol{r}) \tag{G.7}$$

のように展開しよう。ここで，$c_m(t)$ は時間の関数である。

式(G.7)を式(G.6)に代入すると左辺は

$$i\hbar \frac{\partial \Psi(\boldsymbol{r},t)}{\partial t} = \sum_{m=1}^{\infty} \left\{ i\hbar \frac{\mathrm{d}c_m(t)}{\mathrm{d}t} + \mathcal{E}_m c_m(t) \right\} \psi_m^{(0)}(\boldsymbol{r},t) \tag{G.8}$$

となる。また，右辺は

$$\left\{ \hat{H}_0 + \hat{H}_1(t) \right\} \Psi(\boldsymbol{r},t) = \sum_{m=1}^{\infty} c_m(t) \left\{ \mathcal{E}_m + \hat{H}_1(t) \right\} \psi_m^{(0)}(\boldsymbol{r},t) \tag{G.9}$$

となる。式(G.8)と式(G.9)が等しいことから

$$i\hbar \sum_{m=1}^{\infty} \frac{\mathrm{d}c_m(t)}{\mathrm{d}t} \psi_m^{(0)}(\boldsymbol{r},t) = \sum_{m=1}^{\infty} c_m(t) \hat{H}_1(t) \psi_m^{(0)}(\boldsymbol{r},t) \tag{G.10}$$

が得られる。式(G.10)の両辺に左側から $\psi_n^{(0)^*}(\boldsymbol{r},t)$ をかけて空間積分すると，式(G.5)で示した規格直交性から

$$i\hbar \frac{\mathrm{d}c_n(t)}{\mathrm{d}t} = \sum_{m=1}^{\infty} \left\{ \int \phi_n^*(\boldsymbol{r}) \hat{H}_1(t) \phi_m(\boldsymbol{r}) \mathrm{d}\boldsymbol{r} \right\} e^{i\frac{\mathcal{E}_n - \mathcal{E}_m}{\hbar}t} c_m(t) \tag{G.11}$$

となる。以降では式の表示を簡単にするためにディラックのブラ・ケットを用いて

$$\langle n | \hat{H}_1(t) | m \rangle = \int \phi_n^*(\boldsymbol{r}) \hat{H}_1(t) \phi_m(\boldsymbol{r}) \mathrm{d}\boldsymbol{r} \tag{G.12}$$

のように表す。

続いて，式(G.11)の微分方程式を摂動論を用いて解くことにする。

$$c_n(t) = c_n^{(0)}(t) + c_n^{(1)}(t) \tag{G.13}$$

として式(G.11)に代入すると

$$\begin{aligned} & i\hbar \frac{\mathrm{d}}{\mathrm{d}t} \left\{ c_n^{(0)}(t) + c_n^{(1)}(t) \right\} \\ &= \sum_{m=1}^{\infty} \langle n | \hat{H}_1(t) | m \rangle e^{i\frac{\mathcal{E}_n - \mathcal{E}_m}{\hbar}t} \left\{ c_m^{(0)}(t) + c_m^{(1)}(t) \right\} \end{aligned} \tag{G.14}$$

である。この式の両辺を比較して近似の次数が同じものどうしをまとめると

$$i\hbar \frac{\mathrm{d}c_n^{(0)}(t)}{\mathrm{d}t} = 0 \tag{G.15}$$

$$i\hbar \frac{\mathrm{d}c_n^{(1)}(t)}{\mathrm{d}t} = \sum_{m=1}^{\infty} \langle n | \hat{H}_1(t) | m \rangle e^{i\frac{\mathcal{E}_n - \mathcal{E}_m}{\hbar}t} c_m^{(0)}(t) \tag{G.16}$$

のようになる。

ここで，初期条件として，まだ摂動が加えられていない $t = 0$ では固

有関数が

$$\Psi(\boldsymbol{r},0)=\phi_{\mathrm{i}}(\boldsymbol{r})$$

であるとする。すなわち

$$c_n^{(0)}(0)=\delta_{n\mathrm{i}}=\begin{cases}1 & (n=\mathrm{i})\\ 0 & (n\neq\mathrm{i})\end{cases}$$

である。この初期条件を用いて式(G.15)を解くと

$$c_n^{(0)}(t)=\delta_{n\mathrm{i}}=\begin{cases}1 & (n=\mathrm{i})\\ 0 & (n\neq\mathrm{i})\end{cases}$$

である。これを式(G.16)に代入すれば

$$i\hbar\frac{\mathrm{d}c_n^{(1)}(t)}{\mathrm{d}t}=\langle n|\hat{H}_1(t)|\mathrm{i}\rangle e^{i\frac{\mathcal{E}_n-\mathcal{E}_{\mathrm{i}}}{\hbar}t}$$

となるので，上式を時間について積分することによって

$$c_n^{(1)}(t)=-\frac{i}{\hbar}\int_0^t\langle n|\hat{H}_1(t')|\mathrm{i}\rangle e^{i\frac{\mathcal{E}_n-\mathcal{E}_{\mathrm{i}}}{\hbar}t'}\mathrm{d}t' \tag{G.17}$$

が得られる。摂動ハミルトニアン $\hat{H}_1(t)$ が式(G.2)で与えられることから，さらに具体的に計算を進めると

$$\begin{aligned}c_n^{(1)}(t)&=-\frac{i}{\hbar}\Bigg(\langle n|\hat{U}|\mathrm{i}\rangle\int_0^t e^{i\frac{\mathcal{E}_n-\mathcal{E}_{\mathrm{i}}-\hbar\omega}{\hbar}t'}\mathrm{d}t'\\&\qquad+\langle n|\hat{U}^\dagger|\mathrm{i}\rangle\int_0^t e^{i\frac{\mathcal{E}_n-\mathcal{E}_{\mathrm{i}}+\hbar\omega}{\hbar}t'}\mathrm{d}t'\Bigg)\\&=-2i\Bigg\{\langle n|\hat{U}|\mathrm{i}\rangle e^{i\frac{\mathcal{E}_n-\mathcal{E}_{\mathrm{i}}-\hbar\omega}{2\hbar}t}\frac{\sin\left(\frac{\mathcal{E}_n-\mathcal{E}_{\mathrm{i}}-\hbar\omega}{2\hbar}t\right)}{\mathcal{E}_n-\mathcal{E}_{\mathrm{i}}-\hbar\omega}\\&\qquad+\langle n|\hat{U}^\dagger|\mathrm{i}\rangle e^{i\frac{\mathcal{E}_n-\mathcal{E}_{\mathrm{i}}+\hbar\omega}{2\hbar}t}\frac{\sin\left(\frac{\mathcal{E}_n-\mathcal{E}_{\mathrm{i}}+\hbar\omega}{2\hbar}t\right)}{\mathcal{E}_n-\mathcal{E}_{\mathrm{i}}+\hbar\omega}\Bigg\}\end{aligned} \tag{G.18}$$

である。このことから，時刻 t において状態が $\psi_{\mathrm{f}}^{(0)}(\boldsymbol{r},t)$ である確率 $P_{\mathrm{f}}(t)$ は

$$\begin{aligned}&P_{\mathrm{f}}(t)\\&=\left|c_{\mathrm{f}}^{(1)}(t)\right|^2\\&=4\Bigg[\left|\langle\mathrm{f}|\hat{U}|\mathrm{i}\rangle\right|^2\frac{\sin^2\left(\frac{\mathcal{E}_{\mathrm{f}}-\mathcal{E}_{\mathrm{i}}-\hbar\omega}{2\hbar}t\right)}{(\mathcal{E}_{\mathrm{f}}-\mathcal{E}_{\mathrm{i}}-\hbar\omega)^2}+\left|\langle\mathrm{f}|\hat{U}^\dagger|\mathrm{i}\rangle\right|^2\frac{\sin^2\left(\frac{\mathcal{E}_{\mathrm{f}}-\mathcal{E}_{\mathrm{i}}+\hbar\omega}{2\hbar}t\right)}{(\mathcal{E}_{\mathrm{f}}-\mathcal{E}_{\mathrm{i}}+\hbar\omega)^2}\\&\quad+\left\{\langle\mathrm{f}|\hat{U}|\mathrm{i}\rangle\left(\langle\mathrm{f}|\hat{U}^\dagger|\mathrm{i}\rangle\right)^*e^{-i\omega t}+\langle\mathrm{f}|\hat{U}^\dagger|\mathrm{i}\rangle\left(\langle\mathrm{f}|\hat{U}|\mathrm{i}\rangle\right)^*e^{i\omega t}\right\}\\&\quad\times\frac{\sin\left(\frac{\mathcal{E}_{\mathrm{f}}-\mathcal{E}_{\mathrm{i}}-\hbar\omega}{2\hbar}t\right)\sin\left(\frac{\mathcal{E}_{\mathrm{f}}-\mathcal{E}_{\mathrm{i}}+\hbar\omega}{2\hbar}t\right)}{(\mathcal{E}_{\mathrm{f}}-\mathcal{E}_{\mathrm{i}}-\hbar\omega)(\mathcal{E}_{\mathrm{f}}-\mathcal{E}_{\mathrm{i}}+\hbar\omega)}\Bigg]\end{aligned} \tag{G.19}$$

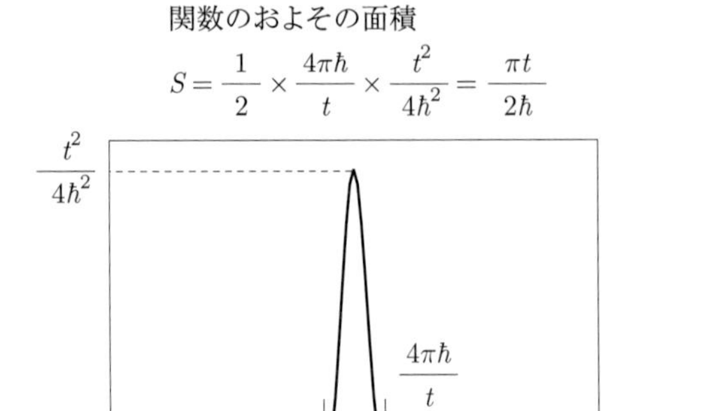

図 G.1 関数 $\sin^2\left(\frac{\mathcal{E}_{\mathrm{f}}-\mathcal{E}_{\mathrm{i}}-\hbar\omega}{2\hbar}t\right)/(\mathcal{E}_{\mathrm{f}}-\mathcal{E}_{\mathrm{i}}-\hbar\omega)^2$ の概形

となる。

式中に含まれる $\sin^2\left(\frac{\mathcal{E}_{\mathrm{f}}-\mathcal{E}_{\mathrm{i}}-\hbar\omega}{2\hbar}t\right)/(\mathcal{E}_{\mathrm{f}}-\mathcal{E}_{\mathrm{i}}-\hbar\omega)^2$ を $\mathcal{E}_{\mathrm{f}}-\mathcal{E}_{\mathrm{i}}$ を変数とする関数としてグラフにすると**図 G.1** のようになる。分母が 0 となる $\mathcal{E}_{\mathrm{f}}-\mathcal{E}_{\mathrm{i}}=\hbar\omega$ の位置で極大となり，極大値は $\frac{t^2}{4\hbar^2}$ である。また，極大値をはさんで最も近い極小値は $\mathcal{E}_{\mathrm{f}}-\mathcal{E}_{\mathrm{i}}=\hbar\omega\pm\frac{2\pi\hbar}{t}$ の位置にある。極大値から離れると関数の値は非常に小さくなる。したがって，この関数のおよその面積 S は底辺 $\frac{4\pi\hbar}{t}$，高さ $\frac{t^2}{4\hbar^2}$ の三角形の面積として近似でき，

$$S\simeq\frac{\pi t}{2\hbar}$$

となる。実際に $x=\mathcal{E}_{\mathrm{f}}-\mathcal{E}_{\mathrm{i}}$ として積分を実行すると

$$\int_{-\infty}^{\infty}\frac{\sin^2\left(\frac{x-\hbar\omega}{2\hbar}t\right)}{(x-\hbar\omega)^2}\mathrm{d}x=\frac{\pi t}{2\hbar}$$

となり，近似的な考え方に基づいた結果と一致する。図 G.1 からわかるように，この関数は $\mathcal{E}_{\mathrm{f}}-\mathcal{E}_{\mathrm{i}}=\hbar\omega$ の近くでのみ大きな値をもつから

$$\frac{\sin^2\left(\frac{\mathcal{E}_{\mathrm{f}}-\mathcal{E}_{\mathrm{i}}-\hbar\omega}{2\hbar}t\right)}{(\mathcal{E}_{\mathrm{f}}-\mathcal{E}_{\mathrm{i}}-\hbar\omega)^2}\simeq\frac{\pi t}{2\hbar}\delta(\mathcal{E}_{\mathrm{f}}-\mathcal{E}_{\mathrm{i}}-\hbar\omega) \tag{G.20}$$

とデルタ関数で近似しよう。同様に

$$\frac{\sin^2\left(\frac{\mathcal{E}_{\mathrm{f}}-\mathcal{E}_{\mathrm{i}}+\hbar\omega}{2\hbar}t\right)}{(\mathcal{E}_{\mathrm{f}}-\mathcal{E}_{\mathrm{i}}+\hbar\omega)^2}\simeq\frac{\pi t}{2\hbar}\delta(\mathcal{E}_{\mathrm{f}}-\mathcal{E}_{\mathrm{i}}+\hbar\omega) \tag{G.21}$$

と近似しよう。式(G.19)中にある

$$\frac{\sin\left(\frac{\mathcal{E}_{\mathrm{f}}-\mathcal{E}_{\mathrm{i}}-\hbar\omega}{2\hbar}t\right)\sin\left(\frac{\mathcal{E}_{\mathrm{f}}-\mathcal{E}_{\mathrm{i}}+\hbar\omega}{2\hbar}t\right)}{(\mathcal{E}_{\mathrm{f}}-\mathcal{E}_{\mathrm{i}}-\hbar\omega)(\mathcal{E}_{\mathrm{f}}-\mathcal{E}_{\mathrm{i}}+\hbar\omega)}$$

が含まれる項については，他の項と比べて値が小さいので無視できる。以上のことから，式(G.19)は

$$\begin{aligned}P_{\mathrm{f}}(t)\simeq\frac{2\pi t}{\hbar}\Big\{&\left|\langle\mathrm{f}|\hat{U}|\mathrm{i}\rangle\right|^2\delta(\mathcal{E}_{\mathrm{f}}-\mathcal{E}_{\mathrm{i}}-\hbar\omega)\\&+\left|\langle\mathrm{f}|\hat{U}^{\dagger}|\mathrm{i}\rangle\right|^2\delta(\mathcal{E}_{\mathrm{f}}-\mathcal{E}_{\mathrm{i}}+\hbar\omega)\Big\}\end{aligned}$$

のように近似できる。摂動論による計算の結果，状態が $\psi_{\mathrm{f}}^{(0)}(\boldsymbol{r},t)$ である確率 $P_{\mathrm{f}}(t)$ は摂動が加えられてからの経過時間 t に比例して増加することがわかる。このことから，単位時間あたりに初期状態から終状態へと遷移する確率 $w_{\mathrm{i}\to\mathrm{f}}$ は

$$
\begin{aligned}
w_{\mathrm{i}\to\mathrm{f}} &= \frac{1}{t}P_{\mathrm{f}}(t) \\
&\simeq \frac{2\pi}{\hbar}\left\{\left|\langle \mathrm{f}|\hat{U}|\mathrm{i}\rangle\right|^2 \delta(\mathcal{E}_{\mathrm{f}}-\mathcal{E}_{\mathrm{i}}-\hbar\omega)\right. \\
&\qquad \left. + \left|\langle \mathrm{f}|\hat{U}^{\dagger}|\mathrm{i}\rangle\right|^2 \delta(\mathcal{E}_{\mathrm{f}}-\mathcal{E}_{\mathrm{i}}+\hbar\omega)\right\}
\end{aligned} \tag{G.22}
$$

と表される。

付録 H　ランダウ反磁性の磁化率

一様な磁束密度 $\boldsymbol{B}$ が z 軸方向に加えられると固体中の伝導電子はローレンツ力を受けてサイクロトロン運動を行う。運動方程式

$$
m_{\mathrm{e}}\frac{\mathrm{d}\boldsymbol{v}}{\mathrm{d}t} = -e\boldsymbol{v}\times\boldsymbol{B} \tag{H.1}
$$

を解くことによって，サイクロトロン角振動数は

$$
\omega_{\mathrm{c}} = \frac{eB}{m_{\mathrm{e}}}
$$

と求められる。

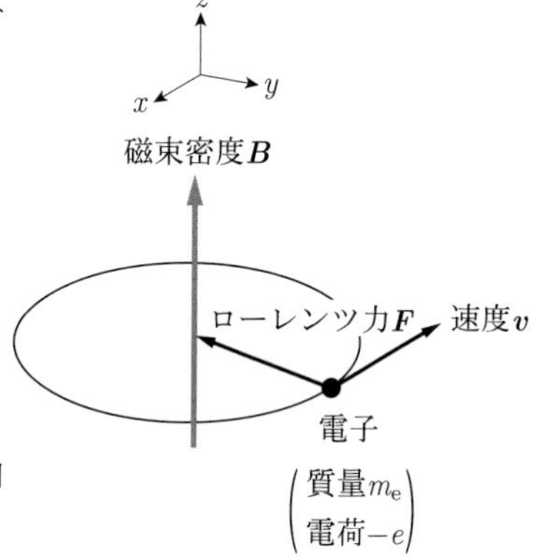

図 H.1　サイクロトロン運動

サイクロトロン運動を量子力学で考えると，xy 面内の円運動は調和振動子として量子化されて，伝導電子のエネルギーは

$$
\mathcal{E}(l,k_z) = \left(l+\frac{1}{2}\right)\hbar\omega_{\mathrm{c}} + \frac{\hbar^2}{2m_{\mathrm{e}}}{k_z}^2 \tag{H.2}
$$

で与えられる。ただし，l は 0 以上の整数，k_z は伝導電子の z 方向の波数である。l で指定されるエネルギー準位は**ランダウ準位**（Landau level）と呼ばれる。**図 H.2** に示すように，$\boldsymbol{B}=\boldsymbol{0}$ のときの 2 次元の状態密度は

$$
D_{\mathrm{2D}} = \frac{L^2}{\pi}\frac{m_{\mathrm{e}}}{\hbar^2}
$$

で与えられる。この状態密度がエネルギー間隔 $\hbar\omega_{\mathrm{c}}$ で並ぶランダウ準位に寄せ集められると考えれば，l で指定されるランダウ準位の縮重度は，D_{2D} とランダウ準位のエネルギー間隔 $\hbar\omega_{\mathrm{c}}$ との積

$$
D_{\mathrm{L}} = D_{\mathrm{2D}}\times\hbar\omega_{\mathrm{c}} = \frac{L^2}{\pi}\frac{m_{\mathrm{e}}}{\hbar}\omega_{\mathrm{c}}
$$

によって求められる。ここで，この式にはスピンの自由度 2 が含まれていることを注意しておく。

電子がフェルミ粒子であることから，磁束密度が加えられているときの自由エネルギーは

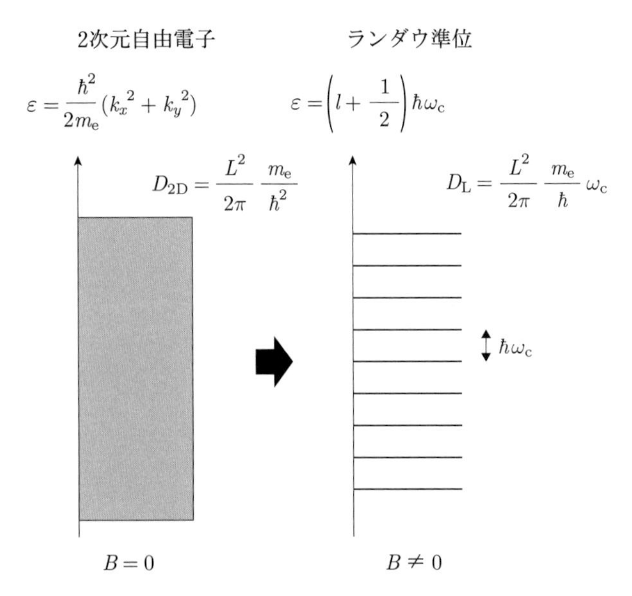

図 H.2　ランダウ準位の縮重度

$$
\begin{aligned}
F &= N\mu - k_B T \sum_{l=0}^{\infty} \int_{-\infty}^{\infty} dk_z \frac{L}{2\pi} D_L \log\left[1 + \exp\left\{\frac{-\mathcal{E}(l, kz) + \mu}{k_B T}\right\}\right] \\
&= N\mu - \frac{V}{2\pi^2}\frac{m_e}{\hbar}\omega_c k_B T \sum_{l=0}^{\infty} \int_{-\infty}^{\infty} dk_z \\
&\qquad \log\left[1 + \exp\left\{\frac{-\left(l + \frac{1}{2}\right)\hbar\omega_c - \frac{\hbar^2}{2m_e}{k_z}^2 + \mu}{k_B T}\right\}\right]
\end{aligned}
\tag{H.3}
$$

によって求められる。ここで，$V = L^3$ である。

$$
g\left(a + \frac{1}{2}\right) \simeq \int_a^{a+1} g(x)dx - \frac{1}{24}\left\{g'(a+1) - g'(a)\right\}
$$

という近似式を用いると $\sum_{l=0}^{\infty}$ は積分を用いて表すことができ，具体的には

$$
\sum_{l=0}^{\infty} g\left(l + \frac{1}{2}\right) \simeq \int_0^{\infty} g(x)dx - \frac{1}{24}\left\{g'(\infty) - g'(0)\right\} \tag{H.4}
$$

となる。式(H.3)中の被積分関数を

$$
g(x) = \log\left\{1 + \exp\left(\frac{-x\hbar\omega_c - \frac{\hbar^2}{2m_e}{k_z}^2 + \mu}{k_B T}\right)\right\} \tag{H.5}
$$

とすれば

$$
g'(x) = -\frac{\hbar\omega_c}{k_B T}\frac{1}{1 + \exp\left(\frac{x\hbar\omega_c + \frac{\hbar^2}{2m_e}{k_z}^2 - \mu}{k_B T}\right)}
$$

なので

$$g'(\infty) = 0 \tag{H.6}$$

および

$$g'(0) = -\frac{\hbar\omega_c}{k_B T} \frac{1}{1 + \exp\left(\frac{\frac{\hbar^2}{2m_e}{k_z}^2 - \mu}{k_B T}\right)} \tag{H.7}$$

である。

また，$\mu - x\hbar\omega_c - \frac{\hbar^2}{2m_e}{k_z}^2 \gg k_B T$ であれば

$$g(x) \simeq -\frac{x\hbar\omega_c + \frac{\hbar^2}{2m_e}{k_z}^2 - \mu}{k_B T}$$

と近似できるので

$$\begin{aligned}\int_0^\infty g(x)\mathrm{d}x &\simeq -\frac{1}{k_B T}\int_0^{\frac{1}{\hbar\omega_c}\left(\mu - \frac{\hbar^2}{2m_e}{k_z}^2\right)} \left(x\hbar\omega_c + \frac{\hbar^2}{2m_e}{k_z}^2 - \mu\right)\mathrm{d}x \\ &= -\frac{1}{2k_B T\hbar\omega_c}\left(\mu - \frac{\hbar^2}{2m_e}{k_z}^2\right)^2 \end{aligned} \tag{H.8}$$

となる。ただし，$\frac{\hbar^2}{2m_e}{k_z}^2 < \mu$ である。

式(H.4)に式(H.6)～(H.8)を代入すれば

$$\sum_{l=0}^{\infty} g\left(l + \frac{1}{2}\right) \simeq -\frac{1}{2k_B T\hbar\omega_c}\left(\mu - \frac{\hbar^2}{2m_e}{k_z}^2\right)^2 - \frac{\hbar\omega_c}{24k_B T}\frac{1}{1 + \exp\left(\frac{\frac{\hbar^2}{2m_e}{k_z}^2 - \mu}{k_B T}\right)}$$

である。$\mathcal{E} = \frac{\hbar^2}{2m_e}{k_z}^2$ と変数変換すると

$$\int_{-\infty}^{\infty} f(k_z)\mathrm{d}k_z = \int_0^\infty \left(\frac{2m_e}{\hbar^2}\right)^{1/2} \mathcal{E}^{-1/2} f(\mathcal{E})\mathrm{d}\mathcal{E}$$

となるので

$$\begin{aligned}F = N\mu &+ \frac{V}{8\pi^2}\left(\frac{2m_e}{\hbar^2}\right)^{3/2}\int_0^\mu \mathcal{E}^{-1/2}(\mu - \mathcal{E})^2\mathrm{d}\mathcal{E} \\ &+ \frac{V}{96\pi^2}\left(\frac{2m_e}{\hbar^2}\right)^{3/2}(\hbar\omega_c)^2\int_0^\infty \frac{\mathcal{E}^{-1/2}}{1 + e^{(\mathcal{E}-\mu)/k_B T}}\mathrm{d}\mathcal{E}\end{aligned}$$

が得られる。上の式中の積分については

$$\int_0^\mu \mathcal{E}^{-1/2}(\mu - \mathcal{E})^2\mathrm{d}\mathcal{E} = \frac{16}{15}\mu^{5/2}$$

であり，$\mu \gg k_B T$ であれば

$$\frac{1}{1 + e^{(\mathcal{E}-\mu)/k_B T}} \simeq \begin{cases} 1 & (\mathcal{E} < \mu) \\ 0 & (\mathcal{E} > \mu) \end{cases}$$

と近似できるので

$$\int_0^\infty \frac{\mathcal{E}^{-1/2}}{1 + e^{(\mathcal{E}-\mu)/k_B T}}\mathrm{d}\mathcal{E} \simeq \int_0^\mu \mathcal{E}^{-1/2}\mathrm{d}\mathcal{E} = 2\mu^{1/2}$$

であることから

$$F = N\mu + \frac{2V}{15\pi^2}\left(\frac{2m_e}{\hbar^2}\right)^{3/2}\mu^{5/2} + \frac{V}{48\pi^2}\left(\frac{2m_e}{\hbar^2}\right)^{3/2}(\hbar\omega_c)^2\mu^{1/2}$$

が得られる。ここで，$\hbar\omega_c = \frac{e\hbar}{m_e}B = 2\left(\frac{e\hbar}{2m_e}\right)B = 2\mu_B B$ であるから

$$F = N\mu + \frac{2V}{15\pi^2}\left(\frac{2m_e}{\hbar^2}\right)^{3/2}\mu^{5/2} + \frac{V}{12\pi^2}\left(\frac{2m_e}{\hbar^2}\right)^{3/2}\mu^{1/2}{\mu_B}^2 B^2$$

である。この自由エネルギーから磁化は

$$M = -\frac{1}{V}\frac{\partial F}{\partial B} = -\frac{1}{6\pi^2}\left(\frac{2m_e}{\hbar^2}\right)^{3/2}\mu^{1/2}\mu_0{\mu_B}^2 B$$

と求められる。磁化率が $|\chi_m| \ll 1$ であれば，$B = \mu_0 H$ と近似できるので

$$\chi_m = \frac{M}{H} = \mu_0\frac{M}{B} = -\frac{1}{6\pi^2}\left(\frac{2m_e}{\hbar^2}\right)^{3/2}\mu^{1/2}\mu_0{\mu_B}^2$$

となる。さらに 3 次元自由電子の状態密度が

$$D(\mathcal{E}) = \frac{V}{2\pi^2}\left(\frac{2m_e}{\hbar^2}\right)^{3/2}\mathcal{E}^{1/2}$$

であることを用いれば

$$\chi_L = -\frac{1}{3V}\mu_0{\mu_B}^2 D(\mu)$$

が得られる。μ を $\mathcal{E}_F$ に置き換えれば，式(13.71)で示した結果と一致する。

付録I　実際のバンド構造に対応する修正

実際のバンド構造は 14.2 節の議論で考えたバンド構造よりも複雑である。このことに対応する修正について述べておく。

Si や Ge などの伝導帯の底は 1 つではなく，複数ある。そこで，等価な伝導帯の底の数を M_c とするとき，式(14.22)で示した伝導帯の有効状態密度は次のように修正すればよい。

$$N_c = 2M_c\left(\frac{m_c^* k_B T}{2\pi\hbar^2}\right)^{3/2} \tag{I.1}$$

具体例を示すと，Si の場合は $M_c = 6$，Ge の場合は $M_c = 4$，GaAs の場合は $M_c = 1$ である。

Si や Ge などの伝導帯の底付近の有効質量は異方的であり，等エネルギー面は回転楕円体の表面になる。例えば式(14.5)で示すような場合，k_x 方向の有効質量が $m_\parallel^*$，k_y，k_z 方向の有効質量が $m_\perp^*$ であるので，式(14.22)中の m_c^* の代わりに $(m_\parallel^* {m_\perp^*}^2)^{1/3}$ を用いればよい。

価電子帯の頂上では重い正孔と軽い正孔のバンドが縮退している。価電子帯は異方性が顕著であるが，それぞれのバンドは等方的であると近似して，重い正孔の有効質量を m_{HH}^*，軽い正孔の有効質量を m_{LH}^* とすれば，式(14.28)で示した価電子帯の有効状態密度は次のように 2 つの

バンドの合計として次のように修正すればよい。

$$N_{\mathrm{v}} = 2({m_{\mathrm{HH}}^*}^{3/2} + {m_{\mathrm{LH}}^*}^{3/2})\left(\frac{k_{\mathrm{B}}T}{2\pi\hbar^2}\right)^{3/2} \tag{I.2}$$

付録 J　有効質量方程式の導出

式(14.35)に示したような，摂動ポテンシャル $\hat{H}'(\boldsymbol{r})$ が加わったシュレーディンガー方程式

$$\left\{\hat{H} + \hat{H}'(\boldsymbol{r})\right\}\phi(\boldsymbol{r}) = \left\{-\frac{\hbar^2}{2m_{\mathrm{e}}}\Delta + V(\boldsymbol{r}) + \hat{H}'(\boldsymbol{r})\right\}\phi(\boldsymbol{r}) = \mathcal{E}\phi(\boldsymbol{r}) \tag{J.1}$$

を解きたい。ただし，$V(\boldsymbol{r})$ は結晶と同じ周期性をもつポテンシャルであり，$\hat{H}'(\boldsymbol{r})$ は周期ポテンシャル $V(\boldsymbol{r})$ の周期よりも空間的にゆるやかに変化するポテンシャルである。2 つのポテンシャル $V(\boldsymbol{r})$, $\hat{H}'(\boldsymbol{r})$ およびその和である $V(\boldsymbol{r}) + \hat{H}'(\boldsymbol{r})$ の空間的な変化を概念的に示すと**図 J.1** のようになる。

$\hat{H}'(\boldsymbol{r})$ がない場合のシュレーディンガー方程式

$$\hat{H}\phi(\boldsymbol{r}) = \left\{-\frac{\hbar^2}{2m_{\mathrm{e}}}\Delta + V(\boldsymbol{r})\right\}\phi(\boldsymbol{r}) = \mathcal{E}\phi(\boldsymbol{r}) \tag{J.2}$$

の解である波動関数はすでに 10.3 節で説明したように

$$\phi_{\boldsymbol{k}}(\boldsymbol{r}) = e^{i\boldsymbol{k}\cdot\boldsymbol{r}}u_{\boldsymbol{k}}(\boldsymbol{r}) \tag{J.3}$$

と表されるブロッホ関数で与えられる。ただし，$u_{\boldsymbol{k}}(\boldsymbol{r})$ は周期ポテンシャル $V(\boldsymbol{r})$ と同じ周期性をもつ周期関数である。また，エネルギー固

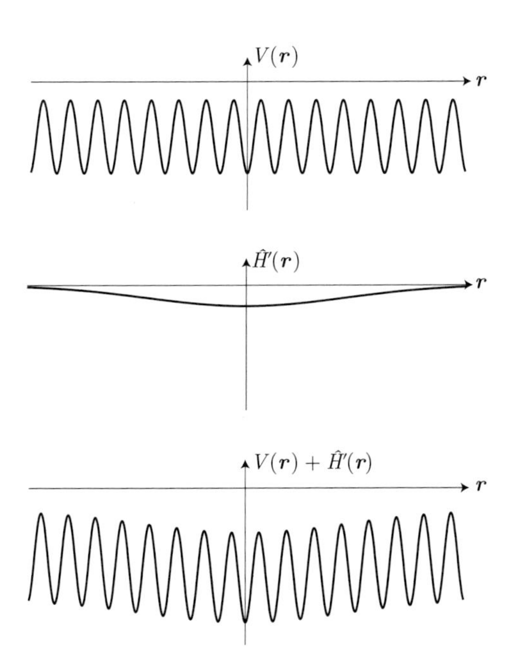

図 J.1　結晶による周期ポテンシャルと摂動ポテンシャルの概念図

有値は $\boldsymbol{k}$ の関数であり，

$$\mathcal{E} = \mathcal{E}(\boldsymbol{k}) \tag{J.4}$$

で与えられる。

式(J.1)の解として，近似的に無摂動の解であるブロッホ関数 $\phi_{\boldsymbol{k}}(\boldsymbol{r})$ で展開した

$$\phi(\boldsymbol{r}) = \sum_{\boldsymbol{k}'} C_{\boldsymbol{k}'}\phi_{\boldsymbol{k}'}(\boldsymbol{r}) \tag{J.5}$$

波動関数を考える。式(J.5)を式(J.1)に代入すると

$$\left\{\hat{H} + \hat{H}'(\boldsymbol{r})\right\} \sum_{\boldsymbol{k}'} C_{\boldsymbol{k}'}\phi_{\boldsymbol{k}'}(\boldsymbol{r}) = \mathcal{E}\sum_{\boldsymbol{k}'} C_{\boldsymbol{k}'}\phi_{\boldsymbol{k}'}(\boldsymbol{r}) \tag{J.6}$$

となる。式(J.6)の両辺の左側から $\phi^*_{\boldsymbol{k}}(\boldsymbol{r})$ をかけて積分すると，ブロッホ関数の規格直交性から

$$\int \phi^*_{\boldsymbol{k}}(\boldsymbol{r}')\phi_{\boldsymbol{k}'}(\boldsymbol{r}')\mathrm{d}\boldsymbol{r}' = \delta_{\boldsymbol{k}\boldsymbol{k}'}$$

および，式(J.4)から

$$\int \phi^*_{\boldsymbol{k}}(\boldsymbol{r})\hat{H}\phi_{\boldsymbol{k}'}(\boldsymbol{r}')\mathrm{d}\boldsymbol{r}' = \int \phi^*_{\boldsymbol{k}}(\boldsymbol{r}')\mathcal{E}(\boldsymbol{k}')\phi_{\boldsymbol{k}'}(\boldsymbol{r}')\mathrm{d}\boldsymbol{r}' = \mathcal{E}(\boldsymbol{k}')\delta_{\boldsymbol{k}\boldsymbol{k}'}$$

となるので，

$$\left\{\mathcal{E}(\boldsymbol{k}) - \mathcal{E}\right\} C_{\boldsymbol{k}} + \sum_{\boldsymbol{k}'} C_{\boldsymbol{k}'} \int \phi^*_{\boldsymbol{k}}(\boldsymbol{r})\hat{H}'(\boldsymbol{r}')\phi_{\boldsymbol{k}'}(\boldsymbol{r}')\mathrm{d}\boldsymbol{r}' = 0 \tag{J.7}$$

が得られる。さらに，式(J.7)に $e^{i\boldsymbol{k}\cdot\boldsymbol{r}}$ をかけて $\boldsymbol{k}$ についての総和をとると

$$\sum_{\boldsymbol{k}} \left\{\mathcal{E}(\boldsymbol{k}) - \mathcal{E}\right\} C_{\boldsymbol{k}} e^{i\boldsymbol{k}\cdot\boldsymbol{r}} + \sum_{\boldsymbol{k}}\sum_{\boldsymbol{k}'} C_{\boldsymbol{k}'} e^{i\boldsymbol{k}\cdot\boldsymbol{r}} \int \phi^*_{\boldsymbol{k}}(\boldsymbol{r})\hat{H}'(\boldsymbol{r}')\phi_{\boldsymbol{k}'}(\boldsymbol{r}')\mathrm{d}\boldsymbol{r}' = 0 \tag{J.8}$$

と表される。式(J.8)の第 1 項については $\nabla e^{i\boldsymbol{k}\cdot\boldsymbol{r}} = i\boldsymbol{k}e^{i\boldsymbol{k}\cdot\boldsymbol{r}}$ より $-i\nabla$ という演算子の固有値が $\boldsymbol{k}$ であることを用いて

$$\sum_{\boldsymbol{k}} \left\{\mathcal{E}(\boldsymbol{k}) - \mathcal{E}\right\} C_{\boldsymbol{k}} C_{\boldsymbol{k}} e^{i\boldsymbol{k}\cdot\boldsymbol{r}} = \left\{\mathcal{E}(-i\nabla) - \mathcal{E}\right\} \sum_{\boldsymbol{k}} C_{\boldsymbol{k}} e^{i\boldsymbol{k}\cdot\boldsymbol{r}} \tag{J.9}$$

となる。ここで，後で利用するために

$$F(\boldsymbol{r}) = \sum_{\boldsymbol{k}} C_{\boldsymbol{k}} e^{i\boldsymbol{k}\cdot\boldsymbol{r}} \tag{J.10}$$

という関数を定義しておく。

摂動ポテンシャル $\hat{H}'(\boldsymbol{r})$ の空間的な変化は周期ポテンシャル $V(\boldsymbol{r})$ の周期よりもゆるやかなので，ブロッホ関数 $\phi_{\boldsymbol{k}'}(\boldsymbol{r})$ の空間的な変化と比べてもゆるやかである。したがって，式(J.8)の第 2 項については $\hat{H}'(\boldsymbol{r})$ を積分の外に出せるので

$$\begin{aligned}&\hat{H}'(\boldsymbol{r}) \sum_{\boldsymbol{k}}\sum_{\boldsymbol{k}'} C_{\boldsymbol{k}'} e^{i\boldsymbol{k}\cdot\boldsymbol{r}} \int \phi^*_{\boldsymbol{k}}(\boldsymbol{r})\phi_{\boldsymbol{k}'}(\boldsymbol{r}')\mathrm{d}\boldsymbol{r}' \\ &= \hat{H}'(\boldsymbol{r}) \sum_{\boldsymbol{k}}\sum_{\boldsymbol{k}'} C_{\boldsymbol{k}'} e^{i\boldsymbol{k}\cdot\boldsymbol{r}} \delta_{\boldsymbol{k}\boldsymbol{k}'}\end{aligned}$$

$$= \hat{H}'(\boldsymbol{r}) \sum_{\boldsymbol{k}} C_{\boldsymbol{k}} e^{i\boldsymbol{k}\cdot\boldsymbol{r}}$$
$$= \hat{H}'(\boldsymbol{r}) F(\boldsymbol{r}) \tag{J.11}$$

となる。以上，式(J.9), (J.10), (J.11)より

$$\left\{\mathcal{E}(-i\nabla) + \hat{H}'(\boldsymbol{r})\right\} F(\boldsymbol{r}) = \mathcal{E} F(\boldsymbol{r}) \tag{J.12}$$

が得られる。これが式(14.36)で示した有効質量方程式である。

有効質量方程式の解である $F(\boldsymbol{r})$ の意味を考えてみよう。式(J.10)の逆フーリエ変換を求めると

$$C_{\boldsymbol{k}} = \frac{1}{V} \int F(\boldsymbol{r}') e^{-i\boldsymbol{k}\cdot\boldsymbol{r}'} \mathrm{d}\boldsymbol{r}'$$

が得られるから，これを式(J.5)に代入すると

$$\phi(\boldsymbol{r}) = \sum_{\boldsymbol{k}'} \left\{ \frac{1}{V} \int F(\boldsymbol{r}') e^{-i\boldsymbol{k}'\cdot\boldsymbol{r}'} \mathrm{d}\boldsymbol{r}' \right\} \phi_{\boldsymbol{k}'}(\boldsymbol{r})$$
$$= \int F(\boldsymbol{r}') \frac{1}{V} \sum_{\boldsymbol{k}'} e^{i\boldsymbol{k}\cdot(\boldsymbol{r}-\boldsymbol{r}')} u_{\boldsymbol{k}'}(\boldsymbol{r}) \mathrm{d}\boldsymbol{r}'$$

となる。さらに，式(J.10)の関数のもつ意味を考えることが目的なので，特別な場合として $u_{\boldsymbol{k}'}(\boldsymbol{r})$ は $\boldsymbol{k}'$ に依存しないと仮定して，これを $u_0(\boldsymbol{r})$ と表すことにすれば，$\boldsymbol{k}'$ についての総和の外に出すことができる。ここで，

$$\frac{1}{V} \sum_{\boldsymbol{k}'} e^{i\boldsymbol{k}\cdot(\boldsymbol{r}-\boldsymbol{r}')} = \delta(\boldsymbol{r} - \boldsymbol{r}')$$

であるから

$$\phi(\boldsymbol{r}) = F(\boldsymbol{r}) u_{\boldsymbol{0}}(\boldsymbol{r}) \tag{J.13}$$

という関係が得られる。したがってこのような場合，$F(\boldsymbol{r})$ は，$\boldsymbol{k} = \boldsymbol{0}$ であるときのブロッホ関数 $\phi_{\boldsymbol{0}}(\boldsymbol{r}) = u_{\boldsymbol{0}}(\boldsymbol{r})$ との積によって，式(J.1)の解である $\phi(\boldsymbol{r})$ を与えることがわかる。

参考書

さらに詳しく学びたい人のために参考書のリストを示しておく。手軽に読める本よりもじっくり読む本を多くあげている。

固体物理学関連の教科書

［1］ C. Kittel 著『キッテル 固体物理学入門 第 8 版 上・下』丸善出版 (2005)
1953 年に初版が出版されて以来，世界的に最も有名な固体物理学の教科書である。版を改めるごとに新しい内容が取り入れられている。内容が豊富であり網羅的である。

［2］ N. W. Ashcroft，N. D. Mermin 著『アシュクロフト・マーミン固体物理の基礎（上）I, II,（下）I, II』吉岡書店 (1981)
［1］と並んで世界的に有名な固体物理学の教科書である。日本語版は 4 冊からなるが，原著（*Solid State Physics*, W. B. Saunders Company, 1976）は 1 冊にまとめられている。記述が詳しく読み応えがある。固体物理学の教科書の多くは結晶構造から始めるが，金属のドルーデ理論から始めるなど，著者の考えがよく示された教科書である。

［3］ H. Ibach，H. Lüth 著『固体物理学 改訂新版 21 世紀物理学の基礎』丸善出版 (2012)
元はドイツ語の教科書であるが，英語版も出版されており，この本も世界的に読まれている固体物理学の教科書の 1 つである。固体における化学結合から始める点に著者の考えが反映されている。いくつかの章の終わりに関連した実験についての記述があるのも特色の 1 つである。

［4］ 川村 肇『復刊 固体物理学』共立出版 (2011)
上記 3 冊と比べてコンパクトにまとめながら，内容に過不足がない教科書である。

［5］ 米沢富美子『不規則系の物理―コヒーレント・ポテンシャル近似とその周辺』岩波書店 (2015)
固体物理学では結晶の周期性に基づいて理論を展開するのがオーソドックスであるが，結晶の周期性は必要条件ではないというアプローチから執筆された教科書である。

量子力学関連の教科書

［6］ 上村 洸，山本貴博『基礎からの量子力学』裳華房 (2013)
数多くの量子力学の教科書がある中で，この教科書は物性物理学を強く意識しながらも，基礎的な事項をしっかりとふまえて執筆された教科書である。

［7］ 猪木慶治，川合 光『基礎量子力学』講談社 (2007)
例題が多くあり，自分で読み進めることのできる手頃な分量の教科書である。さらに詳しく学びたい場合には，同じ著者らによる『量子力学 I, II』がある。

［8］ 朝永振一郎『量子力学 I・II（第 2 版）』みすず書房 (1997)
著者の特徴ある言い回しで書かれている。Schrödinger 方程式が登場するのが II 巻の途中からなので，手っ取り早く量子力学を知りたい人にはおすすめできないが，時間のある人には読んだだけの甲斐がある教科書である。本書では運動量の期待値についてだけ説明したが，物理量の期待値について詳細に記述されている数少ない教科書である。補巻として『角運動量とスピン』みすず書房 (1989) がある。

電磁気学関連の教科書

[9] 砂川重信『電磁気学演習』岩波書店 (1987)
演習書ではあるが，記述が詳細なのでむしろ教科書としても読むことのできる本である。

[10] J. D. Jackson 著『ジャクソン 電磁気学 原書第 3 版（上）（下）』吉岡書店 (2002)
世界的に有名な教科書の 1 つで，電磁気学をさらに詳しく学びたい人のための教科書である。

[11] E. M. Purcell 著『復刻版 バークレー物理学コース 電磁気』丸善出版 (2013)
第 10，11 章でそれぞれ「物質中の電場」，「物質中の磁場」が扱われている。$\boldsymbol{B}$ と $\boldsymbol{H}$ に対する著者の考えが明確にされている。以前は上・下巻に分かれていたが復刻にあたって 1 冊にまとめられた。

統計力学関連の教科書

[12] 久保亮五 編『大学演習 熱学・統計力学 修訂版』裳華房 (1998)
この本は熱学・統計力学の演習書であるが，数多くの問題が収められている。「統計力学でわからないことがあったら，まずはこの本を」といった事典のような本である。

[13] 芦田正巳『統計力学を学ぶ人のために』オーム社 (2006)
統計力学の教科書を読んでいてつまづいたときには，この本を読むことをおすすめする。

磁性関連の教科書

[14] S. Blundell 著『固体の磁性 はじめて学ぶ磁性物理』内田老鶴圃 (2015)
固体の磁性について最初に学ぶ人にとっては，$\boldsymbol{E}$–$\boldsymbol{B}$ 対応で書かれているので，比較的しきいの低い教科書である。

半導体関連の教科書

[15] P. Y. Yu，M. Cardona 著『半導体の基礎』シュプリンガー・フェアラーク東京 (1999)
「基礎」とあるが，大学院生向け程度の高度な内容をもつ教科書である。日本語版は第 2 版をもとにしているが英語版（*Fundamentals of Semiconductors: Physics and Materials Properties*, Springer-Verlag, (2010)）では第 4 版が出版されている。

[16] 浜口智尋『半導体物理』朝倉書店 (2001)
この本も，半導体についてさらに詳しく学びたい人のための教科書である。

演習問題の解答

[第2章]

2.1　フッ化カルシウムの結晶構造は蛍石型構造であり，図に示すような構造である。立方晶であり，立方体の辺の長さを a とすれば，Ca は $(0,0,0)$，$\left(0,\frac{a}{2},\frac{a}{2}\right)$，$\left(\frac{a}{2},0,\frac{a}{2}\right)$，$\left(\frac{a}{2},\frac{a}{2},0\right)$ に，F は $\left(\frac{a}{4},\frac{a}{4},\frac{a}{4}\right)$，$\left(\frac{3a}{4},\frac{a}{4},\frac{a}{4}\right)$，$\left(\frac{a}{4},\frac{3a}{4},\frac{a}{4}\right)$，$\left(\frac{3a}{4},\frac{3a}{4},\frac{a}{4}\right)$，$\left(\frac{a}{4},\frac{a}{4},\frac{3a}{4}\right)$，$\left(\frac{3a}{4},\frac{a}{4},\frac{3a}{4}\right)$，$\left(\frac{a}{4},\frac{3a}{4},\frac{3a}{4}\right)$，$\left(\frac{3a}{4},\frac{3a}{4},\frac{3a}{4}\right)$ にそれぞれ位置している。ブラヴェ格子としては面心立方格子である。

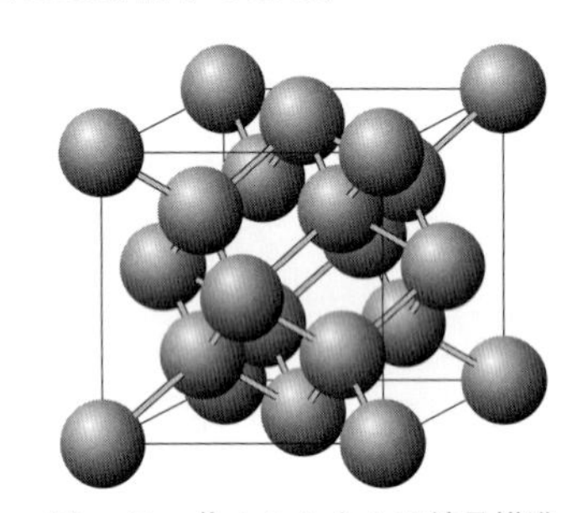

図　フッ化カルシウムの結晶構造

2.2　フッ化マグネシウムの結晶構造はルチル型構造であり，図に示すような構造である。正方晶であり，底面の辺の長さを a，高さを c とすれば，Mg は $(0,0,0)$，$\left(\frac{a}{2},\frac{a}{2},\frac{c}{2}\right)$ に，F は $\left(\frac{a}{3},\frac{a}{3},0\right)$，$\left(\frac{2a}{3},\frac{2a}{3},0\right)$，$\left(\frac{5a}{6},\frac{a}{6},\frac{c}{2}\right)$，$\left(\frac{a}{6},\frac{5a}{6},\frac{c}{2}\right)$ にそれぞれ近似的に位置している。ブラヴェ格子としては単純正方格子である。

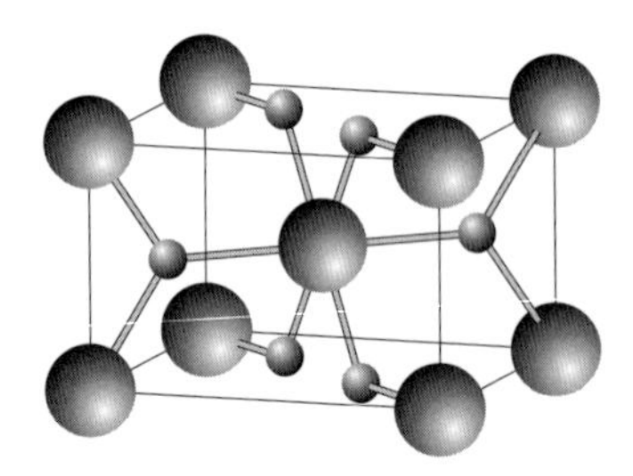

図　フッ化マグネシウムの結晶構造

2.3　チタン酸バリウムの結晶構造は温度によって変化するが，室温では正方晶系のペロブスカイト構造であり，図に示すような構造である。底面の辺の長さを a，高さを c とすれば，Ba は $(0,0,0)$ に，Ti は $\left(\frac{a}{2},\frac{a}{2},\frac{c}{2}\right)$ に，O は $\left(\frac{a}{2},\frac{a}{2},0\right)$，$\left(\frac{a}{2},0,\frac{c}{2}\right)$，$\left(0,\frac{a}{2},\frac{c}{2}\right)$ にそれぞれ位置している。ブラヴェ格子としては単純正方格子である。

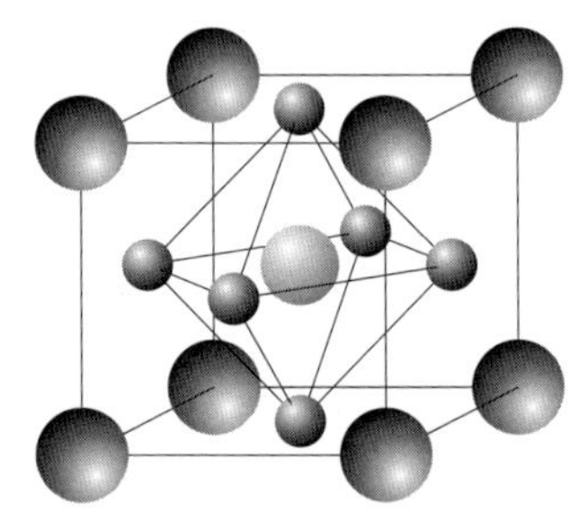

図　チタン酸バリウムの結晶構造

2.4　酸化銅 (I) の結晶構造は赤銅鉱型構造であり，図に示すような構造である。立方晶であり，慣用単位胞の辺の長さを a とすれば，Cu は $\left(\frac{a}{4},\frac{a}{4},\frac{a}{4}\right)$，$\left(\frac{3a}{4},\frac{3a}{4},\frac{a}{4}\right)$，$\left(\frac{3a}{4},\frac{a}{4},\frac{3a}{4}\right)$，$\left(\frac{a}{4},\frac{3a}{4},\frac{3a}{4}\right)$ に，O は $(0,0,0)$，$\left(\frac{a}{2},\frac{a}{2},\frac{a}{2}\right)$，にそれぞれ位置している。ブラヴェ格子としては単純立方格子である。

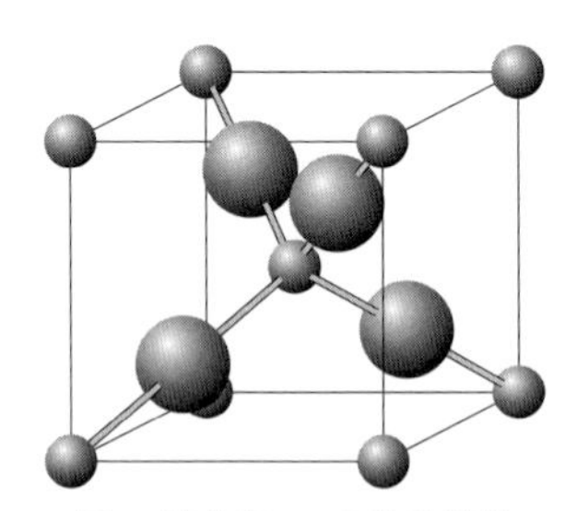

図　酸化銅 (I) の結晶構造

2.5　二ホウ化マグネシウムの結晶構造は AlB_2 型構造構造であり，図に示すような構造である。六方晶であり，六方格子の基本並進ベクトルが，x，y，z 方向の単位ベクトル $\boldsymbol{e}_x$，$\boldsymbol{e}_y$，$\boldsymbol{e}_z$ を用いて

$$\boldsymbol{a}_1 = \frac{a}{2}\boldsymbol{e}_x - \frac{\sqrt{3}a}{2}\boldsymbol{e}_y$$
$$\boldsymbol{a}_2 = \frac{a}{2}\boldsymbol{e}_x + \frac{\sqrt{3}a}{2}\boldsymbol{e}_y$$
$$\boldsymbol{a}_3 = c\boldsymbol{e}_z$$

で与えられるとすれば，Mg は $(0,0,0)$ に，B は $\frac{2}{3}\boldsymbol{a}_1 + \frac{1}{3}\boldsymbol{a}_2 + \frac{1}{2}\boldsymbol{a}_3$，$\frac{1}{3}\boldsymbol{a}_1 + \frac{2}{3}\boldsymbol{a}_2 + \frac{1}{2}\boldsymbol{a}_3$ にそれぞれ位置している。ブラヴェ格子としては六方格子である。

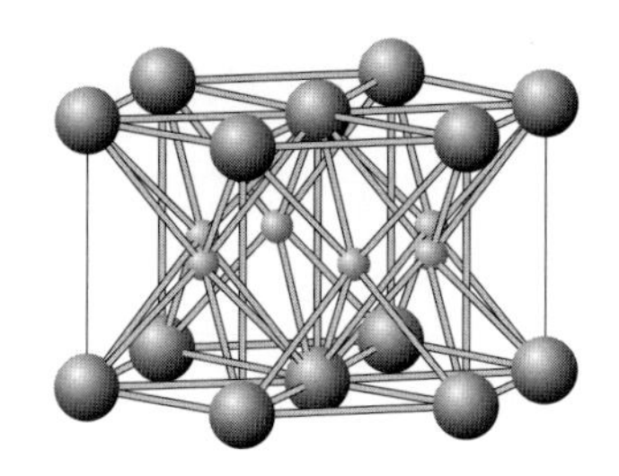

図　二ホウ化マグネシウムの結晶構造

2.6

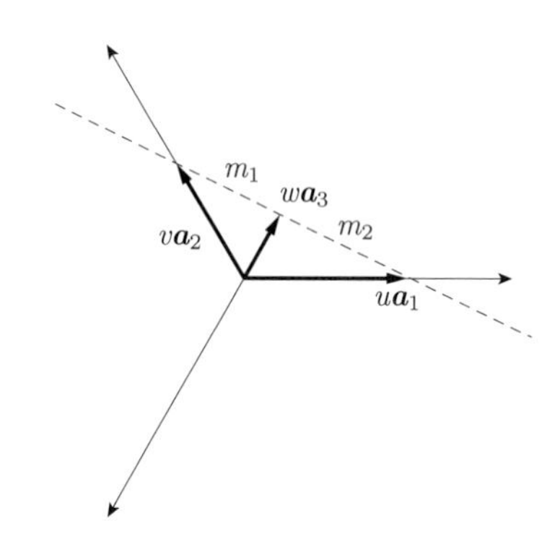

図　三方晶・六方晶のミラー指数の関係

図に示すように，ある面が $u\boldsymbol{a}_1$，$v\boldsymbol{a}_2$，$w\boldsymbol{a}_3$ と交わるとき，$w\boldsymbol{a}_3$ は $u\boldsymbol{a}_1$ と $v\boldsymbol{a}_2$ とを結ぶ線分を内分するから，

$$w\boldsymbol{a}_3 = \frac{m_1}{m_1+m_2}u\boldsymbol{a}_1 + \frac{m_2}{m_1+m_2}v\boldsymbol{a}_2$$

と表される。また，$\boldsymbol{a}_1$，$\boldsymbol{a}_2$，$\boldsymbol{a}_3$ の間には

$$\boldsymbol{a}_1 + \boldsymbol{a}_2 + \boldsymbol{a}_3 = \boldsymbol{0}$$

が成り立つから，2 つの式から $\boldsymbol{a}_3$ を消去すると

$$\frac{m_1 u}{m_1+m_2} = \frac{m_2 v}{m_1+m_2} = -w$$

が得られる。上式を変形すれば

$$\frac{1}{u} + \frac{1}{v} + \frac{1}{w} = 0$$

となるから，これを整数倍して得られる $h+k+l$ も 0 に等しい。

[第 3 章]

3.1

$$\boldsymbol{a}_2 \times \boldsymbol{a}_3 = \frac{a^2}{4}(\boldsymbol{e}_z + \boldsymbol{e}_x - \boldsymbol{e}_y) \times (\boldsymbol{e}_x + \boldsymbol{e}_y - \boldsymbol{e}_z) = \frac{a^2}{2}(\boldsymbol{e}_y + \boldsymbol{e}_z)$$

$$\boldsymbol{a}_1 \cdot (\boldsymbol{a}_2 \times \boldsymbol{a}_3) = \frac{a^3}{4}(\boldsymbol{e}_y + \boldsymbol{e}_z - \boldsymbol{e}_x) \cdot (\boldsymbol{e}_y + \boldsymbol{e}_z) = \frac{a^3}{2}$$

であることから，逆格子の基本ベクトルは

$$\boldsymbol{b}_1 = \frac{2\pi}{a}(\boldsymbol{e}_y + \boldsymbol{e}_z)$$

である。同様に

$$\boldsymbol{b}_2 = \frac{2\pi}{a}(\boldsymbol{e}_z + \boldsymbol{e}_x)$$
$$\boldsymbol{b}_3 = \frac{2\pi}{a}(\boldsymbol{e}_x + \boldsymbol{e}_y)$$

である。したがって，体心立方格子の逆格子点は

$$\boldsymbol{G}_m = m_1\boldsymbol{b}_1 + m_2\boldsymbol{b}_2 + m_3\boldsymbol{b}_3 = \frac{2\pi}{a}m_1(\boldsymbol{e}_y + \boldsymbol{e}_z) + \frac{2\pi}{a}m_2(\boldsymbol{e}_z + \boldsymbol{e}_x) + \frac{2\pi}{a}m_3(\boldsymbol{e}_x + \boldsymbol{e}_y)$$

で与えられる。これは，式(2.5)で示した面心立方格子の基本並進ベクトルと見比べると，1 辺の長さが $\frac{4\pi}{a}$ である立方体を慣用単位胞とする面心立方格子の格子点と等しい。

3.2

$$\boldsymbol{a}_2 \times \boldsymbol{a}_3 = \left(\frac{a}{2}\boldsymbol{e}_x + \frac{\sqrt{3}a}{2}\boldsymbol{e}_y\right) \times c\boldsymbol{e}_z = \frac{\sqrt{3}ac}{2}\boldsymbol{e}_x - \frac{ac}{2}\boldsymbol{e}_y$$

$$\boldsymbol{a}_1 \cdot (\boldsymbol{a}_2 \times \boldsymbol{a}_3) = \left(\frac{a}{2}\boldsymbol{e}_x - \frac{\sqrt{3}a}{2}\boldsymbol{e}_y\right) \cdot \left(\frac{\sqrt{3}ac}{2}\boldsymbol{e}_x - \frac{ac}{2}\boldsymbol{e}_y\right) = \frac{\sqrt{3}a^2c}{2}$$

であることから，逆格子の基本ベクトルは

$$\boldsymbol{b}_1 = \frac{2\pi}{a}\boldsymbol{e}_x - \frac{2\pi}{\sqrt{3}a}\boldsymbol{e}_y$$

である。同様に，

$$\boldsymbol{a}_3 \times \boldsymbol{a}_1 = c\boldsymbol{e}_z \times \left(\frac{a}{2}\boldsymbol{e}_x - \frac{\sqrt{3}a}{2}\boldsymbol{e}_y\right) = \frac{\sqrt{3}ac}{2}\boldsymbol{e}_x + \frac{ac}{2}\boldsymbol{e}_y$$

であることから

$$\boldsymbol{b}_2 = \frac{2\pi}{a}\boldsymbol{e}_x + \frac{2\pi}{\sqrt{3}a}\boldsymbol{e}_y$$

であり，

$$\boldsymbol{a}_1 \times \boldsymbol{a}_2 = \left(\frac{a}{2}\boldsymbol{e}_x - \frac{\sqrt{3}a}{2}\boldsymbol{e}_y\right) \times \left(\frac{a}{2}\boldsymbol{e}_x + \frac{\sqrt{3}a}{2}\boldsymbol{e}_y\right) = \frac{\sqrt{3}a^2}{2}\boldsymbol{e}_z$$

であることから

$$\boldsymbol{b}_3 = \frac{2\pi}{c}\boldsymbol{e}_z$$

である。特に，$\boldsymbol{a}_1$，$\boldsymbol{a}_2$ と $\boldsymbol{b}_1$，$\boldsymbol{b}_2$ について図に示したように，逆格子点は，原点を中心として格子点を 30° 回転させた方位関係にあることがわかる。

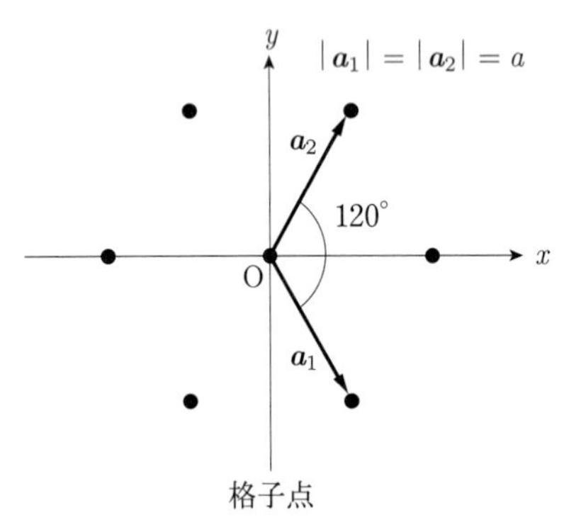

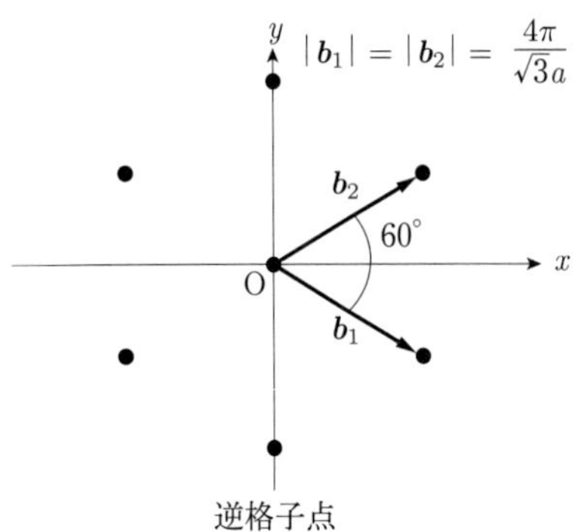

図　六方格子の格子点と逆格子点の方位関係

3.3　等比級数の和であることに注意すれば

$$\sum_{n_1=0}^{N_1-1} \exp(-in_1\boldsymbol{K}\cdot\boldsymbol{a}_1) = \frac{1-\exp(-iN_1\boldsymbol{K}\cdot\boldsymbol{a}_1)}{1-\exp(-i\boldsymbol{K}\cdot\boldsymbol{a}_1)}$$

$$= \frac{\exp\left(-i\frac{N_1\boldsymbol{K}\cdot\boldsymbol{a}_1}{2}\right)}{\exp\left(-i\frac{\boldsymbol{K}\cdot\boldsymbol{a}_1}{2}\right)} \times \frac{\frac{\exp\left(i\frac{N_1\boldsymbol{K}\cdot\boldsymbol{a}_1}{2}\right)-\exp\left(-i\frac{N_1\boldsymbol{K}\cdot\boldsymbol{a}_1}{2}\right)}{2i}}{\frac{\exp\left(i\frac{\boldsymbol{K}\cdot\boldsymbol{a}_1}{2}\right)-\exp\left(-i\frac{\boldsymbol{K}\cdot\boldsymbol{a}_1}{2}\right)}{2i}}$$

$$= \exp\left(-i\frac{N_1-1}{2}\boldsymbol{K}\cdot\boldsymbol{a}_1\right)\frac{\sin\frac{N_1\boldsymbol{K}\cdot\boldsymbol{a}_1}{2}}{\sin\frac{\boldsymbol{K}\cdot\boldsymbol{a}_1}{2}}$$

が得られる。他についても同様である。

3.4　グラフを作成すると下の図のようになる。

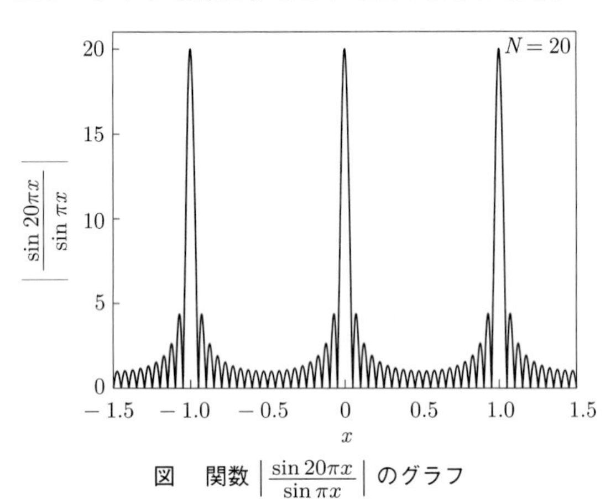

図　関数 $\left|\frac{\sin 20\pi x}{\sin \pi x}\right|$ のグラフ

この図からわかるように，x が整数のときにのみ値が大きくなることがわかる。

3.5　問題の面は，図に示すように等間隔に並んでいるので，面間隔としては x, y, z 軸とそれぞれ $\frac{a}{m_1}$，$\frac{a}{m_2}$，$\frac{a}{m_3}$ で交わる面と原点 O との間の距離を求めればよい。

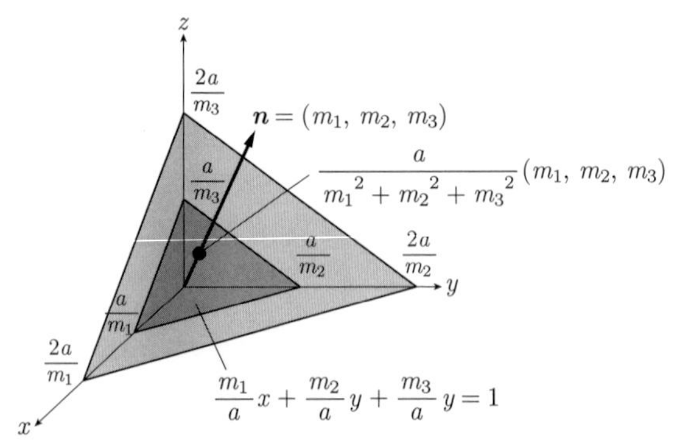

図　法線ベクトルを $\boldsymbol{n} = (m_1, m_2, m_3)$ とし，x, y, z 軸とそれぞれ $\frac{na}{m_1}$，$\frac{na}{m_2}$，$\frac{na}{m_3}$ で交わる面

この面の方程式は

$$\frac{m_1}{a}x + \frac{m_2}{a}y + \frac{m_3}{a}z = 1$$

で与えられるから，法線ベクトル $\boldsymbol{n}$ との交点は $(x, y, z) = \dfrac{a}{{m_1}^2 + {m_2}^2 + {m_3}^2}(m_1, m_2, m_3)$ と求められる。したがって，この面と原点 O との距離 d は

$$d = \frac{a}{\sqrt{{m_1}^2 + {m_2}^2 + {m_3}^2}}$$

となる。

3.6 格子定数 a を辺の長さとする立方体を慣用単位胞として考える。ダイヤモンド構造の場合，この慣用単位胞には 8 個の原子が含まれ，その位置は $\boldsymbol{r}_1 = (0, 0, 0)$, $\boldsymbol{r}_2 = \left(\frac{a}{2}, \frac{a}{2}, 0\right)$, $\boldsymbol{r}_3 = \left(\frac{a}{2}, 0, \frac{a}{2}\right)$, $\boldsymbol{r}_4 = \left(0, \frac{a}{2}, \frac{a}{2}\right)$, $\boldsymbol{r}_5 = \left(\frac{a}{4}, \frac{a}{4}, \frac{a}{4}\right)$, $\boldsymbol{r}_6 = \left(\frac{3a}{4}, \frac{3a}{4}, \frac{a}{4}\right)$, $\boldsymbol{r}_7 = \left(\frac{3a}{4}, \frac{a}{4}, \frac{3a}{4}\right)$, $\boldsymbol{r}_8 = \left(\frac{a}{4}, \frac{3a}{4}, \frac{3a}{4}\right)$ である。いずれの原子も種類は同じなので原子散乱因子は $f = f_1 = f_2 = f_3 = f_4 = f_5 = f_6 = f_7 = f_8$ である。考えている慣用単位胞は単純立方格子なので，この場合の逆格子点を与えるベクトルを成分表示すると

$$\boldsymbol{G}_m = \left(\frac{2\pi}{a}m_1, \frac{2\pi}{a}m_2, \frac{2\pi}{a}m_3\right)$$

である。したがって，このときの結晶構造因子は

$$\begin{aligned}
&F(\boldsymbol{G}_m) \\
&= f\Big[1 + \exp\{-i\pi(m_1 + m_2)\} \\
&\qquad + \exp\{-i\pi(m_1 + m_3)\} \\
&\qquad + \exp\{-i\pi(m_2 + m_3)\}\Big] \\
&\quad \times \left[1 + \exp\left\{-i\frac{\pi}{2}(m_1 + m_2 + m_3)\right\}\right]
\end{aligned}$$

となる。この式の前半の括弧中の式について考えると m_1, m_2, m_3 に偶数・奇数が混じっていると結晶構造因子は 0 になることがわかる。また，後半の括弧中の式について考えると次の 3 通りに分かれる。

(1) $m_1 + m_2 + m_3 = 4m$ であるとき $F(\boldsymbol{G}_m) = 8f$

(2) $m_1 + m_2 + m_3 = 4m \pm 1$ であるとき $F(\boldsymbol{G}_m) = 4f(1 \pm i)$

(3) $m_1 + m_2 + m_3 = 4m + 2$ であるとき $F(\boldsymbol{G}_m) = 0$

したがって，ダイヤモンド構造では m_1, m_2, m_3 がすべて偶数かつ $m_1 + m_2 + m_3$ が 4 の倍数であるときと，m_1, m_2, m_3 がすべて奇数であるときに回折が生じることがわかる。

3.7 格子定数 a を辺の長さとする立方体を慣用単位胞として考える。この慣用単位胞には原子 A が 4 個，原子 B が 4 個含まれる。原子 A の位置は $\boldsymbol{r}_1 = (0, 0, 0)$，$\boldsymbol{r}_2 = \left(\frac{a}{2}, \frac{a}{2}, 0\right)$，$\boldsymbol{r}_3 = \left(\frac{a}{2}, 0, \frac{a}{2}\right)$，$\boldsymbol{r}_4 = \left(0, \frac{a}{2}, \frac{a}{2}\right)$，原子 B の位置は $\boldsymbol{r}_5 = \left(\frac{a}{2}, 0, 0\right)$，$\boldsymbol{r}_6 = \left(0, \frac{a}{2}, 0\right)$，$\boldsymbol{r}_7 = \left(0, 0, \frac{a}{2}\right)$，$\boldsymbol{r}_8 = \left(\frac{a}{2}, \frac{a}{2}, \frac{a}{2}\right)$ である。また $f_{\mathrm{A}} = f_1 = f_2 = f_3 = f_4$，$f_{\mathrm{B}} = f_5 = f_6 = f_7 = f_8$ である。考えている慣用単位胞は単純立方格子なので，逆格子点を与えるベクトルは

$$\boldsymbol{G}_m = \left(\frac{2\pi}{a}m_1, \frac{2\pi}{a}m_2, \frac{2\pi}{a}m_3\right)$$

である。したがって，結晶構造因子は

$$\begin{aligned}
&F(\boldsymbol{G}_m) \\
&= \sum_{j=1}^{8} f_j \exp(-i\boldsymbol{G}_m \cdot \boldsymbol{r}_j) \\
&= f_{\mathrm{A}}[1 + \exp\{-i\pi(m_1 + m_2)\} \\
&\qquad + \exp\{-i\pi(m_1 + m_3)\} \\
&\qquad + \exp\{-i\pi(m_2 + m_3)\}] \\
&\quad + f_{\mathrm{B}}[\exp(-i\pi m_1) + \exp(-i\pi m_2) \\
&\qquad + \exp(-i\pi m_3) \\
&\qquad + \exp\{-i\pi(m_1 + m_2 + m_3)\}]
\end{aligned}$$

である。

$$\begin{aligned}
&1 + \exp\{-i\pi(m_1 + m_2)\} \\
&\ + \exp\{-i\pi(m_1 + m_3)\} \\
&\ + \exp\{-i\pi(m_2 + m_3)\}
\end{aligned}$$

および

$$\begin{aligned}
&\exp(-i\pi m_1) + \exp(-i\pi m_2) \\
&+ \exp(-i\pi m_3) \\
&+ \exp\{-i\pi(m_1 + m_2 + m_3)\}
\end{aligned}$$

はともに m_1，m_2，m_3 に偶数と奇数が混じる場合には 0 となる。したがって，0 とならないためには，m_1，m_2，m_3 がすべて偶数またはすべて奇数でなければならない。具体的には

$$F(\boldsymbol{G}_m) = \begin{cases} 4(f_{\rm A} + f_{\rm B}) & \begin{pmatrix} m_1, m_2, m_3 \\ \text{がすべて偶数} \end{pmatrix} \\ 4(f_{\rm A} - f_{\rm B}) & \begin{pmatrix} m_1, m_2, m_3 \\ \text{がすべて奇数} \end{pmatrix} \\ 0 & (\text{それ以外}) \end{cases}$$

となる。

[第 4 章]

4.1 $\mathcal{E} = \dfrac{hc}{\lambda} = 1.29 \times 10^{-15}\,\mathrm{J} = 8.05 \times 10^{3}\,\mathrm{eV}$

である。

4.2 $100\,\mathrm{eV} \simeq 1.6 \times 10^{-17}\,\mathrm{J}$ の運動エネルギーをもつ電子は，式(4.4)より，

$$\omega = \frac{\mathcal{E}}{\hbar} = \frac{1.6 \times 10^{-17}\,\mathrm{J}}{1.054571726 \times 10^{-34}\,\mathrm{J\,s}} \simeq 1.5 \times 10^{17}\,\mathrm{s^{-1}}$$

という角振動数をもつ波である。

運動量の大きさは，

$$\begin{aligned} p &= \sqrt{2m_{\rm e}\mathcal{E}} \\ &= \sqrt{2 \times 9.10938291 \times 10^{-31}\,\mathrm{kg} \times 1.6 \times 10^{-17}\,\mathrm{J}} \\ &\simeq 5.4 \times 10^{-24}\,\mathrm{kg\ m\ s^{-1}} \end{aligned}$$

となることから [*1]，式(4.4)より，

$$k = \frac{p}{\hbar} \simeq \frac{5.4 \times 10^{-24}\,\mathrm{kg\ m\ s^{-1}}}{1.05457172610^{-34}\,\mathrm{J\,s}} \simeq 5.1 \times 10^{10}\,\mathrm{m^{-1}}$$

という波数，あるいは

$$\lambda = \frac{2\pi}{k} \simeq \frac{2 \times 3.14}{5.1 \times 10^{10}\,\mathrm{m^{-1}}} \simeq 1.2 \times 10^{-10}\,\mathrm{m} = 0.12\,\mathrm{nm}$$

という波長をもつ波となる。

*1 電子の速さが v であるとき，相対論から，電子の質量は $m_{\rm e} = \frac{m_0}{\sqrt{1-(v/c_0)^2}}$ としなければならないが，ここでは，電子の速さ v は光速 c_0 に比べて十分小さいので $m_{\rm e}$ は静止質量 m_0 に等しいと近似した。

4.3 相対論では，運動量 p の粒子のエネルギー $\mathcal{E}$ は

$$\mathcal{E} = \sqrt{{m_0}^2{c_0}^4 + p^2{c_0}^2}$$

で与えられる。ただし，m_0 は粒子の静止質量を，c_0 は真空中の光速を表す。したがって，加速電圧を V とすれば

$$\sqrt{{m_0}^2{c_0}^4 + p^2{c_0}^2} = m_0c^2 + eV$$

となる。ここで，e は電気素量である。この式を運動量 p について解くと

$$p = \sqrt{2m_0eV\left(1 + \frac{eV}{2m_0{c_0}^2}\right)}$$

となるから，粒子の波長 λ は

$$\lambda = \frac{h}{\sqrt{2m_0eV\left(1 + \frac{eV}{2m_0{c_0}^2}\right)}}$$

で与えられる。この式に数値を代入すると

$$\lambda = 3.70 \times 10^{-12}\,\mathrm{m}$$

となる。ちなみに，相対論効果を考慮しない場合，粒子の波長 λ は

$$\lambda = \frac{h}{\sqrt{2m_0eV}}$$

で与えられ，この式に数値を代入すると

$$\lambda = 3.88 \times 10^{-12}\,\mathrm{m}$$

となり，相対論を考慮した場合と比べて 5% 程度波長を長く見積もってしまう。

[第 5 章]

5.1 $\mathcal{E} - \mu \gg k_{\rm B}T$ において $e^{(\mathcal{E}-\mu)/k_{\rm B}T} \gg 1$ となるのでフェルミ分布関数は

$$f(\mathcal{E}, T) = \frac{1}{e^{(\mathcal{E}-\mu)/k_{\rm B}T} + 1} \simeq e^{-\frac{\mathcal{E}-\mu}{k_{\rm B}T}}$$

のように近似できる。ボース分布関数も同様に

$$f(\mathcal{E}, T) = \frac{1}{e^{(\mathcal{E}-\mu)/k_{\rm B}T} - 1} \simeq e^{-\frac{\mathcal{E}-\mu}{k_{\rm B}T}}$$

のように近似でき，結果が一致することが確かめられる。図に $\mathcal{E} - \mu \gg k_{\rm B}T$ においてフェルミ分布関数およびボース分布関数が近似的にボルツマン分布に一致する様子を示す。なお，この図では $\mu = 0$ としてある。

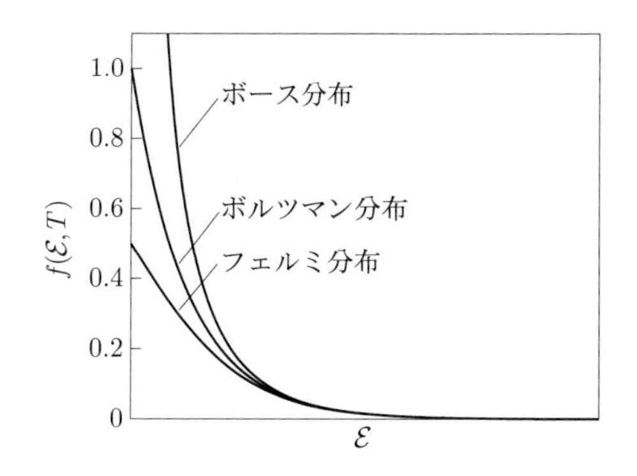

図　フェルミ分布関数およびボース分布関数は $\mathcal{E}-\mu \gg k_{\mathrm{B}}T$ において近似的にボルツマン分布に一致する。

[第6章]

6.1

d

$+e$　$-e$　$+e$　$-e$　$+e$　$-e$　$+e$　$-e$　$+e$

$j=\cdots-4$　-3　-2　-1　0　1　2　3　$4\cdots$

図　1次元イオン結晶のマーデルング定数を求める。

図に示すような，陽イオンと陰イオンが交互に間隔 d で並んでいる1次元結晶を考える。陽イオンおよび陰イオンの電荷はそれぞれ $Z_{+}=+1$，$Z_{-}=-1$ とし，陽イオンの1つを座標原点に設定する。原点に位置する陽イオンについて式(6.18)を求めることにする。

$$V_0=\frac{e^2}{4\pi\varepsilon_0}\sum_{j\neq 0}\frac{Z_0 Z_j}{r_{0j}}$$

において，$Z_0=+1$ であり，$Z_j=(-1)^j$ であることと，$r_{0j}=|j|d$ であることより，

$$V_0=\frac{e^2}{4\pi\varepsilon_0}\sum_{j\neq 0}\frac{(-1)^j}{|j|d}=\frac{e^2}{2\pi\varepsilon_0 d}\sum_{j=1}^{\infty}\frac{(-1)^j}{|j|}$$

となる。これを最近接イオンどうしでつくられるポテンシャルエネルギー $-\frac{e^2}{4\pi\varepsilon_0 d}$ で割ることによってマーデルング定数は

$$M=-2\sum_{j=1}^{\infty}\frac{(-1)^j}{|j|}$$
$$=2\left(1-\frac{1}{2}+\frac{1}{3}-\frac{1}{4}+\frac{1}{5}-\frac{1}{6}+\cdots\right)$$

となる。ここで，

$$\log(1+x)=x-\frac{x^2}{2}+\frac{x^3}{3}-\frac{x^4}{4}+\frac{x^5}{5}-\frac{x^6}{6}+\cdots$$

であることを用いると，マーデルング定数は

$$M=2\log 2\simeq 1.386$$

と求められる。

[第7章]

7.1　2種類のバネにつながっているので同じ質量の原子でも，バネ定数 K_1 のバネが右側にある原子と左側にある原子との2つの場合に区別される。それぞれの原子に関する運動方程式は

$$M\frac{\mathrm{d}^2u_j^{(1)}}{\mathrm{d}t^2}=-K_1\left(u_j^{(1)}-u_j^{(2)}\right)-K_2\left(u_j^{(1)}-u_{j-1}^{(2)}\right)\qquad(1)$$

$$M\frac{\mathrm{d}^2u_j^{(2)}}{\mathrm{d}t^2}=-K_1\left(u_j^{(2)}-u_j^{(1)}\right)-K_2\left(u_j^{(2)}-u_{j+1}^{(1)}\right)\qquad(2)$$

で与えられる。これらの運動方程式の解を

$$u_j^{(1)}=C_1e^{ijka}e^{-i\omega t}$$
$$u_j^{(2)}=C_2e^{ijka}e^{-i\omega t}$$

と仮定して，式(1)と式(2)に代入して整理すると，C_1, C_2 の連立1次方程式

$$\begin{bmatrix}K_1+K_2-M\omega^2 & -K_1-K_2e^{-ika}\\ -K_1-K_2e^{ika} & K_1+K_2-M\omega^2\end{bmatrix}\begin{bmatrix}C_1\\ C_2\end{bmatrix}=\begin{bmatrix}0\\ 0\end{bmatrix}$$

が得られる。ここで，C_1, C_2 が0でない解となるためには係数行列の行列式について

$$\begin{vmatrix}K_1+K_2-M\omega^2 & -K_1-K_2e^{-ika}\\ -K_1-K_2e^{ika} & K_1+K_2-M\omega^2\end{vmatrix}=0\qquad(3)$$

でなければならない。式(3)は ω^2 の2次方程式になっており，これを解くと

$$\omega^2=\frac{K_1+K_2}{M}\pm\frac{1}{M}\sqrt{(K_1+K_2)^2-4K_1K_2\sin^2\frac{ka}{2}}\qquad(4)$$

が得られる。これがバネ定数の異なる2種類のバネによってつながっている1次元格子の格子振動の分散関係を与える。この式は，式(7.10)において

$$K \to \frac{1}{M}, \frac{1}{M_{\mathrm{A}}} \to K_1, \frac{1}{M_{\mathrm{B}}} \to K_2$$

のように置き換えた式であるから，7.2 節で扱った 2 種類の原子からなる 1 次元の格子振動に関する議論がそのまま成り立つ。式(4)で与えられる分散関係を示すと図 1 のようになる。なお，この図では $K_1 < K_2$ の場合を示している。

この問題は，例えば Si の [1 1 1] 方向の格子振動の分散曲線を求めることに相当する。Si における [1 1 1] 方向の原子の配列を図 2 に示す。図中の破線は [1 1 1] 方向に垂直な原子面を示す。図 2 からわかるように，それぞれの原子面は等間隔に並んでいない。原子面の間隔が長い場合と比べると，短い場合には原子間の結合の数密度が 3 倍であるために原子面間のバネ定数が強いことに相当する。図 2 の上部には，異なるバネで原子面間がつながれている様子を概念的に示している。

図 3 に，理論計算によって求めた Si の [1 1 1] 方向の格子振動の分散関係を示す。実線は LO, LA フォノンの分散関係を，破線は TO, TA フォノンの分散関係を示している。LO, LA フォノンの分散関係は，図 1 に示した分散関係と同様であることがわかる。このように，図 2 からわかるように [1 1 1] 方向の配列で見ると，2 つの場合に区別されることが，Si が単原子からなる結晶であるのに光学モードを生じる理由である。

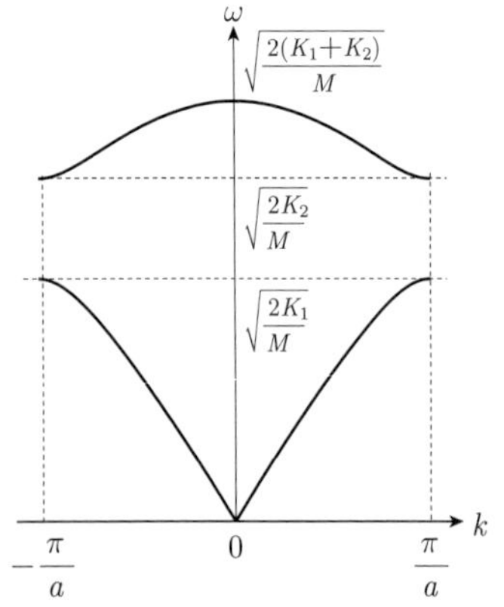

図 1　バネ定数の異なる 2 種類のバネによってつながっている 1 次元格子の格子振動の分散関係

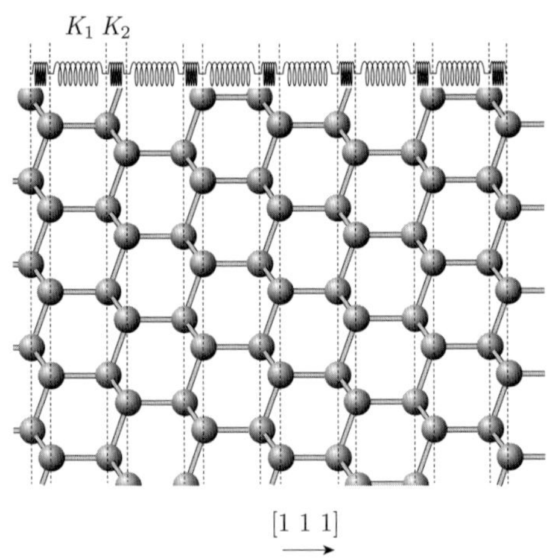

図 2　Si における [1 1 1] 方向の原子の配列。

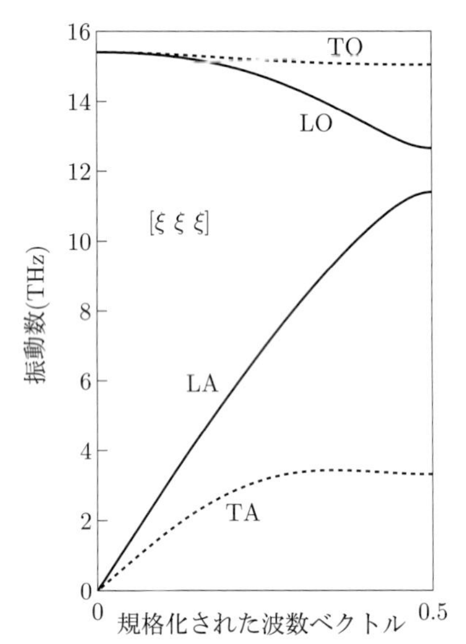

図 3　Si の [1 1 1] 方向の格子振動の分散関係

[第 8 章]

8.1　式(8.9)は，1 次元格子では

$$\sum_{\boldsymbol{k}} f(\boldsymbol{k}) = \frac{L}{2\pi} \int_{\text{逆格子単位胞}} f(\boldsymbol{k}) \mathrm{d}\boldsymbol{k}$$

のように，2 次元格子では

$$\sum_{\boldsymbol{k}} f(\boldsymbol{k}) = \frac{S}{(2\pi)^2} \int_{\text{逆格子単位胞}} f(\boldsymbol{k}) \mathrm{d}\boldsymbol{k}$$

のように修正される。ただし，$L = |N_1 \boldsymbol{a}_1|$, $S = |N_1 \boldsymbol{a}_1 \times N_2 \boldsymbol{a}_2|$ である。

また，逆格子空間での積分 $\int f(\boldsymbol{k}) \mathrm{d}\boldsymbol{k}$ については，1 次元格子では $\mathrm{d}\boldsymbol{k} = 2\mathrm{d}k$ に，2 次元格子では $\mathrm{d}\boldsymbol{k} = 2\pi k \mathrm{d}k$ に修正される。その

結果，式(8.12)は，1 次元格子では

$$C = \frac{L}{2\pi}\int_0^{k_\mathrm{D}} \frac{\hbar^2 v^2 k^2}{k_\mathrm{B}T^2} \frac{\exp\left(\frac{\hbar vk}{k_\mathrm{B}T}\right)}{\left\{\exp\left(\frac{\hbar vk}{k_\mathrm{B}T}\right)-1\right\}^2} 2\mathrm{d}k$$

$$= \frac{L}{\pi}\int_0^{k_\mathrm{D}} \frac{\hbar^2 v^2 k^2}{k_\mathrm{B}T^2} \frac{\exp\left(\frac{\hbar vk}{k_\mathrm{B}T}\right)}{\left\{\exp\left(\frac{\hbar vk}{k_\mathrm{B}T}\right)-1\right\}^2} \mathrm{d}k$$

のように，2 次元格子では

$$C = \frac{2S}{(2\pi)^2}\int_0^{k_\mathrm{D}} \frac{\hbar^2 v^2 k^2}{k_\mathrm{B}T^2} \times \frac{\exp\left(\frac{\hbar vk}{k_\mathrm{B}T}\right)}{\left\{\exp\left(\frac{\hbar vk}{k_\mathrm{B}T}\right)-1\right\}^2} 2\pi k\mathrm{d}k$$

$$= \frac{S}{\pi}\int_0^{k_\mathrm{D}} \frac{\hbar^2 v^2 k^3}{k_\mathrm{B}T^2} \frac{\exp\left(\frac{\hbar vk}{k_\mathrm{B}T}\right)}{\left\{\exp\left(\frac{\hbar vk}{k_\mathrm{B}T}\right)-1\right\}^2} \mathrm{d}k$$

のようになる。ここで，1 次元格子では縦モードが 1 つのみであることを，2 次元格子では縦モードが 1 つ，横モードが 1 つであることを考慮した。逆格子空間における積分範囲の上限を与えるデバイ波数は，1 次元格子では

$$k_\mathrm{D} = \frac{\pi N}{L}$$

によって，2 次元格子では

$$k_\mathrm{D} = \left(\frac{4\pi N}{S}\right)^{1/2}$$

によって与えられる。ただし，1 次元格子については $N = N_1$，2 次元格子については $N = N_1 N_2$ とした。
最後に $x = \frac{\hbar vk}{k_\mathrm{B}T}$ として変数変換を行うことによって，1 次元格子の比熱は

$$C = Nk_\mathrm{B}\left(\frac{T}{\Theta_\mathrm{D}}\right)\int_0^{\Theta_\mathrm{D}/T} \frac{x^2 e^x}{(e^x-1)^2}\mathrm{d}x$$

のように，2 次元格子の比熱は

$$C = 4Nk_\mathrm{B}\left(\frac{T}{\Theta_\mathrm{D}}\right)^2\int_0^{\Theta_\mathrm{D}/T} \frac{x^3 e^x}{(e^x-1)^2}\mathrm{d}x$$

のように求めることができる。

8.2 Si の慣用単位胞の体積中には 8 個の原子が含まれるので，1 mol の Si の体積はアボガドロ定数 N_A を用いて $\frac{N_\mathrm{A}a^3}{8}$ と求められ，単位体積あたりの比熱は $\overline{C} = \frac{8C}{N_\mathrm{A}a^3}$ より $\overline{C} = 1.66\times 10^6\,\mathrm{J\,K^{-1}\,m^{-3}}$ となる。したがって，平均自由行程は

$$\Lambda = \frac{3\lambda}{\overline{C}\langle v\rangle} = 4.5\times 10^{-8}\,\mathrm{m} = 45\,\mathrm{nm}$$

と求められる。

[第 9 章]

9.1 いずれの結晶構造も面心立方構造であるから，格子定数を a とすれば原子数密度は $\frac{4}{a^3}$ で与えられる。また，いずれの原子も 1 価であるから，1 個の原子が 1 個の自由電子を供給すると考えてよい。したがって，電気伝導に関わる電子密度も $n = \frac{4}{a^3}$ で与えられるから，それぞれの金属について値を求めると，Au では $n = 5.90\times 10^{28}\,\mathrm{m^{-3}}$，Ag では $n = 5.86\times 10^{28}\,\mathrm{m^{-3}}$，Cu では $n = 8.47\times 10^{28}\,\mathrm{m^{-3}}$ となる。
これらの数値を式(9.14)に代入してフェルミエネルギーを求めると，Au では $\mathcal{E}_\mathrm{F} = 5.53\,\mathrm{eV}$，Ag では $\mathcal{E}_\mathrm{F} = 5.50\,\mathrm{eV}$，Cu では $\mathcal{E}_\mathrm{F} = 7.03\,\mathrm{eV}$ となる。

9.2 9.2.4 項で行った 3 次元自由電子の電子比熱を求める方法と同様にゾンマーフェルト展開を用いる。

1 次元自由電子の場合　式(9.33)で与えた 1 次元自由電子の状態密度から，ゾンマーフェルト展開の第 2 項までを用いて，自由電子の全エネルギー E および個数 N を求めると，それぞれ

$$E = \frac{L}{\pi}\sqrt{\frac{2m_\mathrm{e}}{\hbar^2}}\left\{\frac{2}{3}\mu^{3/2} + \frac{\pi^2}{12}(k_\mathrm{B}T)^2\mu^{-1/2}\right\} \tag{1}$$

$$N = \frac{L}{\pi}\sqrt{\frac{2m_\mathrm{e}}{\hbar^2}}\left\{2\mu^{1/2} - \frac{\pi^2}{12}(k_\mathrm{B}T)^2\mu^{-3/2}\right\} \tag{2}$$

となる。式(2)が 0 K における自由電子の個数と等しいことから，$\mathcal{E}_\mathrm{F} \gg k_\mathrm{B}T$ という条件では，化学ポテンシャル μ は近似的に

$$\mu = \mathcal{E}_\mathrm{F}\left\{1 + \frac{\pi^2}{12}\left(\frac{k_\mathrm{B}T}{\mathcal{E}_\mathrm{F}}\right)^2\right\} \tag{3}$$

と表すことができる。したがって 1 次元自由電子の場合，温度上昇によって化学ポテンシャル μ が増加することがわかる。式(3)

を式(1)に代入すると自由電子の全エネルギーは

$$E=\frac{L}{\pi}\sqrt{\frac{2m_e}{\hbar^2}}\left\{\frac{2}{3}\mathcal{E}_F{}^{3/2}+\frac{\pi^2}{6}(k_BT)^2\mathcal{E}_F{}^{-1/2}\right\}$$

と近似することができる。したがって，電子比熱は

$$C_{el}=\frac{\partial E}{\partial T}$$
$$=\frac{L\pi}{3}\sqrt{\frac{2m_e}{\hbar^2}}k_B{}^2T\mathcal{E}_F{}^{-1/2}$$

と求められる。よって，フェルミエネルギー $\mathcal{E}_F$ が増加すると電子比熱は減少することがわかる。また，フェルミエネルギー $\mathcal{E}_F$ における1次元自由電子の状態密度 $D(\mathcal{E}_F)_{1D}$ を用いて電子比熱を書き改めると

$$C_{el}=\frac{\pi^2}{3}k_B{}^2TD(\mathcal{E}_F)_{1D}$$

となり，式(9.43)と同じ形式をしていることがわかる。

2次元自由電子の場合　式(9.30)で与えた2次元自由電子の状態密度から，ゾンマーフェルト展開の第2項までを用いて，自由電子の全エネルギー E および個数 N を求めると，それぞれ

$$E=\frac{S}{2\pi}\left(\frac{2m_e}{\hbar^2}\right)\left\{\frac{1}{2}\mu^2+\frac{\pi^2}{6}(k_BT)^2\right\} \tag{4}$$

$$N=\frac{S}{2\pi}\left(\frac{2m_e}{\hbar^2}\right)\mu \tag{5}$$

となる。式(5)が0Kにおける自由電子の個数と等しいことから，$\mathcal{E}_F \gg k_BT$ という条件では，化学ポテンシャル μ は近似的に

$$\mu=\mathcal{E}_F \tag{6}$$

と表すことができる。したがって2次元自由電子の場合，温度によって化学ポテンシャル μ は変化しないことがわかる。式(6)を式(4)に代入すると自由電子の全エネルギーは

$$E=\frac{S}{2\pi}\left(\frac{2m_e}{\hbar^2}\right)\left\{\frac{1}{2}\mathcal{E}_F{}^2+\frac{\pi^2}{6}(k_BT)^2\right\}$$

と近似することができる。したがって，電子比熱は

$$C_{el}=\frac{\partial E}{\partial T}$$
$$=\frac{S}{6\pi}\left(\frac{2m_e}{\hbar^2}\right)k_B{}^2T$$

と求められる。2次元自由電子の場合，電子比熱はフェルミエネルギー $\mathcal{E}_F$ に依存しないことがわかる。また，フェルミエネルギー $\mathcal{E}_F$ における2次元自由電子の状態密度 $D(\mathcal{E}_F)_{2D}$ を用いて電子比熱を書き改めると

$$C_{el}=\frac{\pi^2}{3}k_B{}^2TD(\mathcal{E}_F)_{2D}$$

となり，1次元自由電子，3次元自由電子と同様の形式をしていることがわかる。

[第10章]

10.1

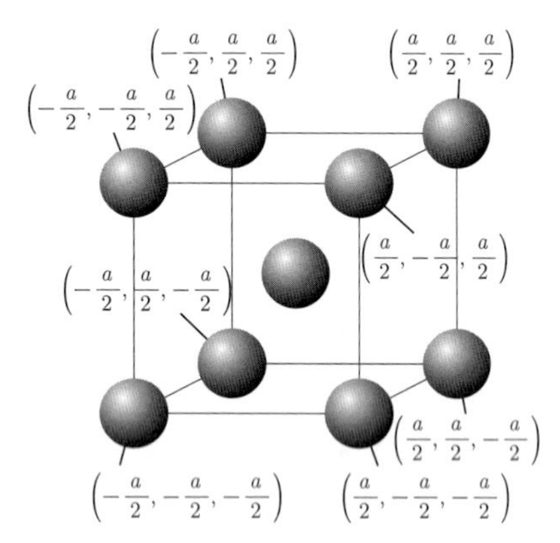

図　格子定数 a の体心立方構造。
体心にある原子を中心として最近接原子は $\left(\pm\frac{a}{2},\pm\frac{a}{2},\pm\frac{a}{2}\right)$，$\left(\pm\frac{a}{2},\pm\frac{a}{2},\mp\frac{a}{2}\right)$，$\left(\pm\frac{a}{2},\mp\frac{a}{2},\pm\frac{a}{2}\right)$，$\left(\mp\frac{a}{2},\pm\frac{a}{2},\pm\frac{a}{2}\right)$ に位置する。

体心立方構造では，図に示すように，最近接原子の組み合わせとして $\boldsymbol{R}_n-\boldsymbol{R}_{n'}=\left(\pm\frac{a}{2},\pm\frac{a}{2},\pm\frac{a}{2}\right)$，$\left(\pm\frac{a}{2},\pm\frac{a}{2},\mp\frac{a}{2}\right)$，$\left(\pm\frac{a}{2},\mp\frac{a}{2},\pm\frac{a}{2}\right)$，$\left(\mp\frac{a}{2},\pm\frac{a}{2},\pm\frac{a}{2}\right)$ の8通りが考えられるので，式(10.36)から

$$\begin{aligned}\mathcal{E}_0-\mathcal{E}+t\Big\{&e^{i(k_x+k_y+k_z)\frac{a}{2}}+e^{-i(k_x+k_y+k_z)\frac{a}{2}}\\&+e^{i(k_x+k_y-k_z)\frac{a}{2}}+e^{-i(k_x+k_y-k_z)\frac{a}{2}}\\&+e^{i(k_x-k_y+k_z)\frac{a}{2}}+e^{-i(k_x-k_y+k_z)\frac{a}{2}}\\&+e^{i(-k_x+k_y+k_z)\frac{a}{2}}+e^{-i(-k_x+k_y+k_z)\frac{a}{2}}\Big\}=0\end{aligned}$$

が得られる。これを $\mathcal{E}$ について解くことで，バンド分散

$$\mathcal{E}(\boldsymbol{k})=\mathcal{E}_0+2t\Big[\cos\left\{(k_x+k_y+k_z)\frac{a}{2}\right\}$$
$$+\cos\left\{(k_x+k_y-k_z)\frac{a}{2}\right\}$$

$$+\cos\left\{(k_x - k_y + k_z)\frac{a}{2}\right\}$$
$$\left.+\cos\left\{(-k_x + k_y + k_z)\frac{a}{2}\right\}\right]$$
$$= \mathcal{E}_0 + 8t\cos\frac{k_x a}{2}\cos\frac{k_y a}{2}\cos\frac{k_z a}{2} \tag{1}$$

が得られる。例えば $k = k_x = k_y = k_z$ として，式(1)に代入して $\mathcal{E}$ と k の関係を求めると

$$\mathcal{E}(k) = \mathcal{E}_0 + 8t\cos^3\frac{ka}{2}$$

となるので，図のようになる。ただし，この図では $t < 0$ とした。

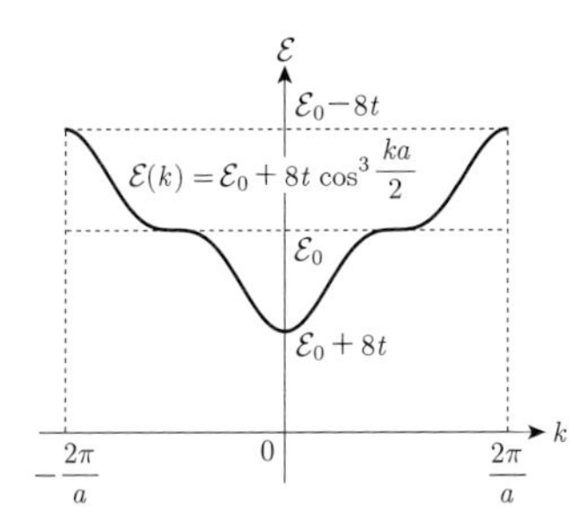

図　強結合近似によって得られた体心立方構造におけるエネルギー $\mathcal{E}$ と波数 k $(= k_x = k_y = k_z)$ の関係

10.2 1s 原子軌道のみを考えるので，式(10.33)において μ についての総和をとる必要はない。したがって，

$$\sum_{\boldsymbol{R}_n}\sum_{j=1}^{m} c_j e^{i\boldsymbol{k}\cdot(\boldsymbol{R}_n+\boldsymbol{r}_j-\boldsymbol{R}_{n'}-\boldsymbol{r}_{j'})} \times\left\{\langle n'j'|\hat{H}|nj\rangle - \mathcal{E}\langle n'j'|nj\rangle\right\} \tag{3}$$

のように簡略化される。式(3)に対して問題文の式(1)および式(2)を適用すると

$$\begin{cases} c_{\mathrm{A}}\left(\mathcal{E}_{\mathrm{A}} - \mathcal{E}\right) + c_{\mathrm{B}}t^*\left(e^{i\frac{ka}{2}} + e^{-i\frac{ka}{2}}\right) = 0 \\ c_{\mathrm{B}}\left(\mathcal{E}_{\mathrm{B}} - \mathcal{E}\right) + c_{\mathrm{A}}t\left(e^{i\frac{ka}{2}} + e^{-i\frac{ka}{2}}\right) = 0 \end{cases}$$

となる。これは c_{A} および c_{B} の連立 1 次方程式である。c_{A} および c_{B} がともにゼロでない解をもつためには係数行列の行列式がゼロである必要があるので

$$\begin{vmatrix} \mathcal{E}_{\mathrm{A}} - \mathcal{E} & t^*\left(e^{i\frac{ka}{2}} + e^{-i\frac{ka}{2}}\right) \\ t\left(e^{i\frac{ka}{2}} + e^{-i\frac{ka}{2}}\right) & \mathcal{E}_{\mathrm{B}} - \mathcal{E} \end{vmatrix}$$
$$= (\mathcal{E}_{\mathrm{A}} - \mathcal{E})(\mathcal{E}_{\mathrm{B}} - \mathcal{E}) - 4|t|^2\cos^2\frac{ka}{2} = 0 \tag{4}$$

でなければならない。式(4)を $\mathcal{E}$ について解くことでバンド分散

$$\mathcal{E} = \frac{\mathcal{E}_{\mathrm{A}} + \mathcal{E}_{\mathrm{B}}}{2} \pm \frac{\sqrt{(\mathcal{E}_{\mathrm{A}} - \mathcal{E}_{\mathrm{B}})^2 + 16|t|^2\cos^2\frac{ka}{2}}}{2}$$

が得られる。例えば，$\mathcal{E}_{\mathrm{A}} = 3$，$\mathcal{E}_{\mathrm{A}} = 2$，$|t| = 1$ として図示すると図のように 2 つのバンドが形成されることがわかる。

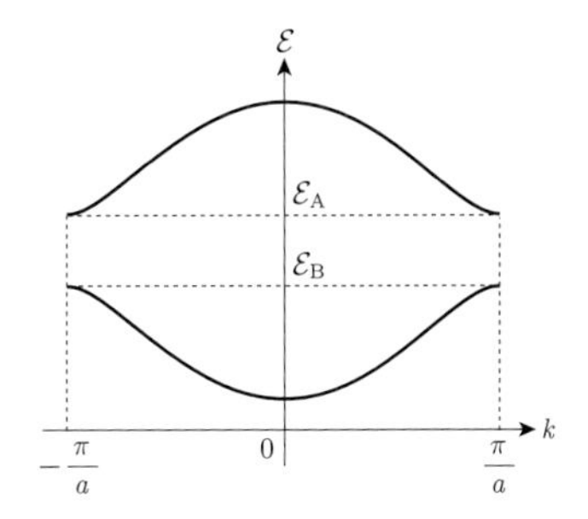

図　強結合近似によって得られた 2 種類の原子 A および B からなる 1 次元結晶におけるエネルギー $\mathcal{E}$ と波数 k の関係

[第 11 章]

11.1 結晶中の電子の速度 v_{e} は

$$v_{\mathrm{e}} = \frac{1}{\hbar}\frac{\partial\mathcal{E}(k)}{\partial k} = \frac{\mathcal{E}_1 a}{\hbar}\sin ka$$

で与えられる。外力 F が加えられたときに波数 k の時間変化は

$$k(t) = \frac{1}{\hbar}Ft + k(0)$$

であるから，速度の時間変化は

$$v_{\mathrm{e}} = \frac{\mathcal{E}_1 a}{\hbar}\sin\left\{\frac{Fa}{\hbar}t + k(0)a\right\}$$

となる。したがって，ブロッホ振動の振動数は

$$\nu = \frac{Fa}{2\pi\hbar}$$

である。

11.2 体心立方格子の [1 1 1] 方向のバンド分散

$$\mathcal{E}(k) = \mathcal{E}_0 + 8t\cos^3\frac{ka}{2}$$

を式(11.10)に代入すると

$$m_{\mathrm{e}}^* = \frac{\hbar^2}{6ta^2\cos\frac{ka}{2}\left(2\sin^2\frac{ka}{2} - \cos^2\frac{ka}{2}\right)}$$

が得られる。

ただし，243 ページで説明しているように，3次元 $\boldsymbol{k}$ 空間において [1 1 1] 方向の有効質量を求めるためには，実際には $(k_x, k_y, k_z) = \frac{1}{\sqrt{3}}(\xi, \xi, \xi)$ として，$m_\mathrm{e}^* = \left\{\frac{1}{\hbar^2}\frac{\partial^2 \mathcal{E}(\xi)}{\partial \xi^2}\right\}^{-1}$ を用いて計算しなければならない。このとき

$$\mathcal{E}(\xi) = \mathcal{E}_0 + 8t\cos^3\frac{\xi a}{2\sqrt{3}}$$

であるので，有効質量は

$$m_\mathrm{e}^* = \frac{\hbar^2}{2ta^2\cos\frac{\xi a}{2\sqrt{3}}\left(2\sin^2\frac{\xi a}{2\sqrt{3}} - \cos^2\frac{\xi a}{2\sqrt{3}}\right)}$$

となる。

[第12章]

12.1 実際に波動関数 $\varphi(\boldsymbol{r})$ に $\left[\hat{H}_0, \boldsymbol{r}\right]$ を作用させると，

$$\begin{aligned}
&\left[\hat{H}_0, \boldsymbol{r}\right]\varphi(\boldsymbol{r}) \\
&= \hat{H}_0\boldsymbol{r}\varphi(\boldsymbol{r}) - \boldsymbol{r}\hat{H}_0\varphi(\boldsymbol{r}) \\
&= -\frac{\hbar^2}{2m_\mathrm{e}}\Delta\left\{\boldsymbol{r}\varphi(\boldsymbol{r})\right\} + \boldsymbol{r}\frac{\hbar^2}{2m_\mathrm{e}}\Delta\psi(\boldsymbol{r}) \\
&= -\frac{\hbar^2}{2m_\mathrm{e}}\nabla\varphi(\boldsymbol{r}) - \frac{\hbar^2}{2m_\mathrm{e}}\left[\frac{\partial}{\partial x}\left\{\boldsymbol{r}\frac{\partial}{\partial x}\varphi(\boldsymbol{r})\right\}\right. \\
&\quad \left. + \frac{\partial}{\partial y}\left\{\boldsymbol{r}\frac{\partial}{\partial y}\varphi(\boldsymbol{r})\right\} + \frac{\partial}{\partial z}\left\{\boldsymbol{r}\frac{\partial}{\partial z}\varphi(\boldsymbol{r})\right\}\right] \\
&\quad + \boldsymbol{r}\frac{\hbar^2}{2m_\mathrm{e}}\Delta\varphi(\boldsymbol{r}) \\
&= -\frac{\hbar^2}{2m_\mathrm{e}}\nabla\varphi(\boldsymbol{r}) - \frac{\hbar^2}{2m_\mathrm{e}}\nabla\varphi(\boldsymbol{r}) \\
&\quad - \boldsymbol{r}\frac{\hbar^2}{2m_\mathrm{e}}\Delta\psi(\boldsymbol{r}) + \boldsymbol{r}\frac{\hbar^2}{2m_\mathrm{e}}\Delta\psi(\boldsymbol{r}) \\
&= -\frac{\hbar^2}{m_\mathrm{e}}\nabla\varphi(\boldsymbol{r})
\end{aligned}$$

となることから，

$$\left[\hat{H}_0, \boldsymbol{r}\right] = -\frac{\hbar^2}{m_\mathrm{e}}\nabla$$

が成り立つことが確かめられた。

12.2

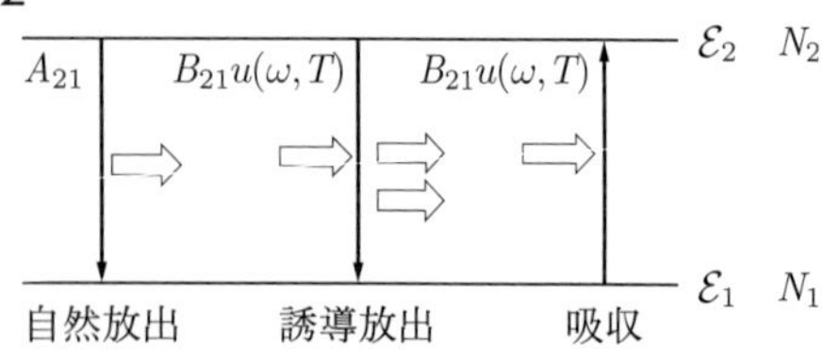

図　2 準位系と光学遷移

図に示すような 2 準位系を考える。高いエネルギー $\mathcal{E}_2$ をもつ準位に分布する原子数を N_2，低いエネルギー $\mathcal{E}_1$ をもつ準位に分布する原子数を N_1 とする。2 準位間には自然放出，誘導放出，吸収による遷移が生じる。自然放出が光子のエネルギー密度とは無関係に生じる遷移であるのに対して，誘導放出および吸収は光子のエネルギー密度に比例して生じる遷移であるので，それぞれの遷移確率を A_{21}，$B_{21}u(\omega, T)$，$B_{12}u(\omega, T)$ と表すことにする。ここで，2 準位間のエネルギー差 $\mathcal{E}_2 - \mathcal{E}_1$ が光子のエネルギー $\hbar\omega$ に等しいとして，温度 T における角振動数 ω をもつ光子のエネルギー密度 $u(\omega, T)$ を考える。A_{21}, B_{21}, B_{12} は**アインシュタインの $\boldsymbol{A}$ 係数，$\boldsymbol{B}$ 係数** (Einstein A coefficient, B coefficients) と呼ばれる。図に示すような 3 つの遷移によって，それぞれの準位の原子数の時間変化は

$$\begin{aligned}
\frac{\mathrm{d}N_2}{\mathrm{d}t} &= N_1B_{12}u(\omega, T) - N_2A_{21} \\
&\quad - N_2B_{21}u(\omega, T) \\
\frac{\mathrm{d}N_1}{\mathrm{d}t} &= -N_1B_{12}u(\omega, T) + N_2A_{21} \\
&\quad + N_2B_{21}u(\omega, T)
\end{aligned}$$

で与えられる。

熱平衡状態では，

$$\frac{\mathrm{d}N_1}{\mathrm{d}t} = \frac{\mathrm{d}N_2}{\mathrm{d}t} = 0$$

となることから

$$N_1B_{12}u(\omega, T) = N_2A_{21} + N_2B_{21}u(\omega, T)$$

が得られる。上の式を $u(\omega, T)$ について解くと

$$u(\omega, T) = \frac{A_{21}}{(N_1/N_2)B_{12} - B_{21}} \qquad (1)$$

と求められる。ここで，$\hbar\omega = \mathcal{E}_2 - \mathcal{E}_1$ より，ボルツマン分布から，2 準位に分布する原子数の比は

$$\frac{N_2}{N_1} = e^{-\frac{\mathcal{E}_2 - \mathcal{E}_1}{k_\mathrm{B}T}} = e^{-\frac{\hbar\omega}{k_\mathrm{B}T}}$$

となる。この逆数を式(1)に代入すれば

$$u(\omega, T) = \frac{A_{21}/B_{21}}{(B_{12}/B_{21})e^{\frac{\hbar\omega}{k_\mathrm{B}T}} - 1}$$

が得られ，この式とプランクの法則が等しい

ことから

$$A_{21} = \frac{\hbar\omega^3}{\pi^2 c^3} B_{21},\ B_{12} = B_{21}$$

となることがわかる。ただし，c は物質中における光速であり，物質の屈折率を n_r とすれば，真空中における光速 c_0 と $c = \frac{c_0}{n_\mathrm{r}}$ という関係にある。物質中においてプランクの法則を修正する理由は光速の変化にともなって光の波数の大きさが変わるためである。例えば物質の屈折率が $n_\mathrm{r} > 1$ であるとき，$c < c_0$ となるから，同じ角振動数 ω の光について波数 k は $\frac{\omega}{c_0}$ から $\frac{\omega}{c}$ へと増加する。その結果，物質中における単位体積あたりの光子の状態密度は真空中の場合と比べて $\left(\frac{c_0}{c}\right)^3$ 倍される。あるいは屈折率 n_r を用いて表せば ${n_\mathrm{r}}^3$ 倍される。

ここで，考えている 2 準位系をバンド間遷移に対応させると，式(12.95)で表される遷移確率 $w_{\mathrm{v},\boldsymbol{k}_\mathrm{v}\to\mathrm{c},\boldsymbol{k}_\mathrm{c}}$ は $B_{12}u(\omega,T)$ に等しくなる。ただし，式(12.95)では，ある方向に進行し，かつある方向に偏光した平面波で表される光を考えているのに対して，光子のエネルギー密度 $u(\omega,T)$ の場合はあらゆる方向に進行する光を考えなければならない。進行方向は 3 次元の自由度があるので 3 倍に，また偏光方向は光の進行方向と垂直であり 2 通りあるので 2 倍になり，合わせて 6 倍すればよい。すなわち，

$$u(\omega,T) = 6\varepsilon|\boldsymbol{E}|^2$$

である。ただし，ε は物質の誘電率である。以上のことから，アインシュタインの B 係数は

$$\begin{aligned} B_{12} &= B_{21} \\ &= \frac{\pi e^2}{3{m_\mathrm{e}}^2\omega^2\varepsilon\hbar} \\ &\quad \times \left| \int_{\text{単位胞}} \phi^*_{\mathrm{c},\boldsymbol{k}_\mathrm{c}}(\boldsymbol{r})\,\hat{\boldsymbol{p}}\,\phi_{\mathrm{v},\boldsymbol{k}_\mathrm{v}}(\boldsymbol{r})\mathrm{d}\boldsymbol{r} \right|^2 \end{aligned}$$

となる。また，アインシュタインの A 係数は

$$A_{21} = \frac{n_\mathrm{r} e^2\omega}{3\pi {m_\mathrm{e}}^2 {c_0}^3 \varepsilon_0 \hbar} \times \left| \int_{\text{単位胞}} \phi^*_{\mathrm{c},\boldsymbol{k}_\mathrm{c}}(\boldsymbol{r})\,\hat{\boldsymbol{p}}\,\phi_{\mathrm{v},\boldsymbol{k}_\mathrm{v}}(\boldsymbol{r})\mathrm{d}\boldsymbol{r} \right|^2$$

となる。これらを用いることによって，式(12.98)および式(12.99)が得られる。

[第 14 章]

14.1 $m_\mathrm{c}^* = 0.1m_\mathrm{e} = 9.10 \times 10^{-32}\,\mathrm{kg}$，$k_\mathrm{B} = 1.38 \times 10^{-23}\,\mathrm{J\ T^{-1}}$，$\hbar = 1.05 \times 10^{-34}\,\mathrm{J\ s}$ を式(14.22)に代入すると $N_\mathrm{c} = 8.0 \times 10^{23}\,\mathrm{m^{-3}} = 8.0 \times 10^{17}\,\mathrm{cm^{-3}}$ である。

索　引

■マ

■ヤ

■ラ

著者紹介

矢口　裕之　博士（工学）

1986年　東京大学工学部物理工学科卒業
1991年　東京大学大学院工学系研究科物理工学専攻博士課程単位取得退学
1991年　東京大学工学部物理工学科助手
1998年　埼玉大学工学部電気電子システム工学科助教授
2009年　埼玉大学大学院理工学研究科数理電子情報部門教授

著　書（いずれも共著）
『基礎物理2　電磁気・波動・熱』（実教出版）
『電気数学』（実教出版）
『理工学のための線形代数』（培風館）

NDC 428　318 p　26cm

初歩から学ぶ固体物理学

2017年2月20日　第1刷発行
2025年1月20日　第16刷発行

著　者　矢口裕之
発行者　篠木和久
発行所　株式会社　講談社

〒112-8001　東京都文京区音羽2-12-21
販　売　(03) 5395-5817
業　務　(03) 5395-3615

編　集　株式会社　講談社サイエンティフィク
代表　堀越俊一
〒162-0825　東京都新宿区神楽坂2-14　ノービィビル
編　集　(03) 3235-3701

印刷所　株式会社双文社印刷
製本所　大口製本印刷株式会社

落丁本・乱丁本は，購入書店名を明記のうえ，講談社業務宛にお送り下さい．送料小社負担にてお取替えします．なお，この本の内容についてのお問い合わせは講談社サイエンティフィク宛にお願いいたします．定価はカバーに表示してあります．

Printed in Japan

ISBN 978-4-06-153294-6